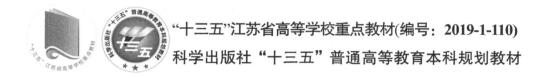

"十三五"江苏省高等学校重点教材(编号：2019-1-110)

科学出版社"十三五"普通高等教育本科规划教材

数学物理方程：
模型、方法与应用

（第二版）

刘文军　王曰朋　主编

蒋飞达　黄　瑜　吴　斌　陈克旺　编

科学出版社

北　京

内 容 简 介

本书是结合作者多年的教学经验，根据理工科"数学物理方程"教学大纲的要求及数学类、大气科学类等专业的需要而编写的. 本书以方法为主线，内容包括典型模型定解问题的建立、方程的分类与标准型、行波法、分离变量法、积分变换法和格林函数法等. 在此基础上，介绍了研究偏微分方程定性理论的极值原理和能量方法，探讨了贝塞尔函数与勒让德函数的应用. 最后，简要介绍了典型方程的数值解法与可视化.

本书叙述注重启发性、系统性与应用性，把较难的概念与尽量浅显的例子适当结合，将方法运用于各种应用驱动的偏微分方程模型中，并补充和扩展了相关知识到交叉应用领域. 全书纸质内容与数字课程一体化设计，紧密配合，并配有较多的典型例题和习题，可供读者阅读与练习.

本书可作为数学与应用数学、信息与计算科学等数学类专业和大气科学类、海洋科学类及电子与信息类等理工科专业的本科生和研究生教材，也可作为相关研究人员的参考书或自学用书.

图书在版编目(CIP)数据

数学物理方程: 模型、方法与应用/刘文军，王曰朋主编; 蒋飞达等编.
—2 版. —北京: 科学出版社, 2021.12
"十三五"江苏省高等学校重点教材
ISBN 978-7-03-070601-0

Ⅰ.①数… Ⅱ.①刘… ②王… ③蒋… Ⅲ.①数学物理方程-高等学校-教材 Ⅳ.①O175.24

中国版本图书馆 CIP 数据核字(2021)第 228850 号

责任编辑: 许 蕾 曾佳佳/责任校对: 王萌萌
责任印制: 吴兆东/封面设计: 许 瑞

科学出版社 出版
北京东黄城根北街 16 号
邮政编码: 100717
http://www.sciencep.com
固安县铭成印刷有限公司印刷
科学出版社发行 各地新华书店经销
*
2017 年 12 月第 一 版 开本: 787×1092 1/16
2021 年 12 月第 二 版 印张: 20 3/4
2024 年 7 月第十一次印刷 字数: 572 000
定价: 99.00 元
(如有印装质量问题, 我社负责调换)

前　言

"数学物理方程" 是以物理学及其他各门自然科学中所产生的偏微分方程 (及积分方程、微分积分方程等) 为研究对象的一门数学基础课程. 其探讨物理现象的数学模型, 即寻求物理现象的数学描述, 并对模型已确立的定解问题研究其数学解法, 然后根据解答来诠释和预见物理现象, 或者根据物理事实来修正原有模型. 连续介质力学、电磁学、量子力学、大气与海洋运动等方面的基本方程都属于数学物理方程的范围, 这些方程能够反映未知函数关于时间变量的偏导数和关于空间变量的偏导数之间的制约关系.

本书作者以多年来为数学类、大气科学类、海洋科学类和电子与信息类等理工科专业本科生开设的 "数学物理方程" 课程的教学实践为基础, 参阅了国内外的相关文献, 编写了这本以模型、方法与应用为主线的教材. 十分荣幸, 本书能入选 "十三五" 江苏省高等学校重点教材立项而修订再版. 在第一版基础上, 我们着重作了如下的改动:

(1) 融入思政元素　为提升学生的民族自豪感、引导学生树立远大的理想, 在第一版教材历史人物介绍的基础上进行扩充, 并适当加入了一些国内杰出学者的简介. 为提高学生的数学素养, 将数学思维与哲学思想融入教材的编写之中. 另外, 在我们制作的数字资源中也注重从辩证思维的角度揭示课程内容的历史由来.

(2) 拓宽教材广度　典型方程的数值解法在科学与工程领域中具有广泛的应用价值. 近年来, 随着计算机技术与计算方法的飞速发展, 科学与工程计算已成为科技创新的重要研究手段. 但国内高校理工类专业较少开设 "偏微分方程数值解" 课程. 借鉴国内外优秀 "偏微分方程" 教材编写经验, 在新版教材中增加了第 10 章有关典型方程的数值解法与可视化.

(3) 深化章节深度　对第 1、3、7、9 章进行了较大幅度修订. 一方面, 对这些章节在内容组织上重新梳理; 另一方面, 补充部分应用实例以适应专业基础课程教学之需要. 另外, 在各章重要知识点处以批注的形式提出更进一步的问题探索或思维过程剖析.

(4) 强化练习实践　为更好地适应课程教学的高阶性、创新性和挑战度, 新版教材扩充了较多能够强化求解方法、深化理解运用的习题, 以及部分综合性训练, 并根据知识点的归属进行了编排.

(5) 增加数字资源　为适应信息时代课程教学的新形势, 适应学生的个性化学习, 本教材采用 "纸质书＋数字化资源" 的出版形式, 制作了包含 PPT 课件、微视频等数字资源以二维码等形式增加在本教材中, 提供了程序代码供读者下载参考 (请访问科学商城 www.ecsponline.com, 检索图书名称, 在图书详情页 "资源下载" 栏目中获取本书程序代码). 读者可与 "爱课程 (中国大学 MOOC)" 网上刘文军教授等主讲的 "数学物理方程" 课程 (https://www.icourse163.org/course/NUIST-1461957161) 配套使用.

第二版内容共分 10 章. 第 1 章为绪论, 引入了偏微分方程的基本概念, 导出了几类典型方程和相应的定解问题, 介绍了线性叠加原理, 最后以阿米巴变形虫的生态模型作为应用举例. 第 2 章对于两个自变量和多个自变量的二阶线性偏微分方程, 分别介绍了它们的分类及其标准型. 第 3~7 章以偏微分方程的各种求解方法为主线展开叙述, 分别涉及行波法、分离变量法、傅里叶变换法、拉普拉斯变换法和格林函数法. 第 3 章针对一维、三维和二维波动方程的初值问题分别介绍了特征线方法、球平均法和降维法, 同时给出了一维波动方程的达朗贝尔公式、三维和二维波动方程的泊松公式, 并介绍了它们的物理意义; 作为应用, 以弦振动方程为例介绍了系统的精确可控性, 以高维波动方程为例介绍了正压大气的地转适应过程. 第 4 章介绍了求解有界区域上偏微分方程的重要方法——分离变量法, 以及量子力学、变分资料同化中的一些数学思想或理论问题. 第 5、6 章分别讨论了傅里叶变换和拉普拉斯变换这两种积分变换方法, 介绍了它们的定义、性质以及在求解微分积分方程中的应用; 作为知识的扩展, 还介绍了傅里叶变换在海洋学中的应用, 以及拉普拉斯变换在大气对流扩散方程中的应用. 第 7 章引入了格林函数的概念, 介绍了求解特殊区域上的格林函数和拉普拉斯方程的 Dirichlet 问题的镜像法, 并介绍了三种典型方程的基本解. 第 8 章介绍了两种重要的定性分析方法: 极值原理与能量方法. 第 9 章引入了两类常用的特殊函数: 贝塞尔函数和勒让德函数, 介绍了它们的概念、性质以及在求解偏微分方程定解问题中的应用. 第 10 章借助典型方程的数值求解过程, 介绍了有限差分方法、PDE 工具箱有限元法的思想、原理与实施步骤等, 以及利用深度学习求解偏微分方程这一前沿领域.

本书可作为数学与应用数学、信息与计算科学等数学类专业和大气科学类、海洋科学类及电子与信息类等理工科专业的本科生及研究生教材, 也可作为相关研究人员的参考书或自学用书. 由于本书的各章内容基本上是独立的, 因此教师可根据教学要求适当选取教学内容. 例如, 32 学时的课程可讲授第 1 章至第 5 章的内容, 48 学时的课程可讲授第 1 章至第 7 章的内容, 64 学时的课程可完整讲授第 1 章至第 10 章的内容. 书中带 "∗" 的为选讲内容.

本书的出版得到了国家自然科学基金 (11771216, 11771214, 41375115)、"十三五" 江苏省高等学校重点教材项目和南京信息工程大学教材建设基金的资助. 全书的编写得到了南京信息工程大学张建伟教授、李顺杰博士、张学兵博士、王玉婵博士、李景诗博士等同事的热心帮助, 以及多届学生的使用反馈. 自第一版出版以来, 许多同行和读者给予了大量的关心和鼓励, 提出了很多有益的建议与修改意见. 在此, 我们一并表示衷心的感谢. 对本书的应用与拓展素材感兴趣的读者可进一步阅读我们主编的《大气科学中的数学方法 (第二版)》一书, 里面对摄动方法、有限元方法、变分伴随方法等有更为详细的介绍. 这两本书为南京信息工程大学李刚教授生前所承担的中国气象局与南京信息工程大学共建项目——"数学物理方法及其在大气科学中的应用" 精品教材建设的延续成果, 在此对李刚教授表示深切的怀念和敬意.

作　者

2021 年 12 月

目　　录

第 1 章 绪　论

随着科学技术的进步和计算手段的提高, 用数学方法研究自然科学和工程技术中具体问题的领域越来越广. 用数学方法研究实际问题的第一步就是建立关于所考察对象的数学模型, 从数量上刻画各物理量之间的关系. 有时候所建立的数学模型是一个含有未知函数的偏导数方程, 这就涉及数学的一个分支——偏微分方程. 这个分支的发展过程充分显示了数学理论与社会实践密切相关、互相推动的关系.

数学物理方程是学习上述分支的一门基础课程. 通过学习, 希望能体会到: 如何将实际问题抽象、归纳为数学问题, 即建立数学模型; 如何利用实际问题的有关知识和特性启发解决数学问题的思路; 如何利用数学问题的结果解释实际问题中的各种现象; 如何从实际问题出发检验数学方法和结果的优劣.

本章的内容是介绍数学物理方程的基本概念 (阶、线性和非线性、定解问题、定解条件、定解问题的解、定解问题的适定性、线性叠加原理等) 以及几个经典问题的物理背景.

田 微课 1.1-1

1.1　引入与基本概念

1.1.1　引入

在 "高等数学" 课程中学过一个例子: 证明函数 $u = \dfrac{1}{\sqrt{x^2 + y^2 + z^2}}$ 满足

田 课件 1.1

$$\frac{\partial^2 u}{\partial x^2} + \frac{\partial^2 u}{\partial y^2} + \frac{\partial^2 u}{\partial z^2} = 0. \tag{1.1.1}$$

这里的方程(1.1.1)称为**拉普拉斯**[①]**方程**, 它是下面将介绍的偏微分方程中很重要的一种方程.

事实上, 记 $r = \sqrt{x^2 + y^2 + z^2}$, 可计算偏导数

田 微课 1.1-2

$$\frac{\partial u}{\partial x} = -\frac{1}{r^2}\frac{\partial r}{\partial x} = -\frac{1}{r^2}\frac{x}{r} = -\frac{x}{r^3}, \quad \frac{\partial^2 u}{\partial x^2} = -\frac{1}{r^3} + \frac{3x}{r^4}\frac{\partial r}{\partial x} = -\frac{1}{r^3} + \frac{3x^2}{r^5}.$$

再由函数关于自变量的对称性可类似得出 $\dfrac{\partial^2 u}{\partial y^2}, \dfrac{\partial^2 u}{\partial z^2}$. 最后, 求和即可得证方程(1.1.1).

1.1.2　基本概念和定义

1. 偏微分方程与偏微分方程组

联系着几个自变量、未知函数及其偏导数 (且必须有) 的等式称为**偏微分方程**, 其一般形式为

$$F(x, y, \cdots, u, \underline{u_x, u_y, \cdots, u_{xx}, u_{xy}, \cdots}) = 0.$$

---

① Pierre-Simon Laplace, 1749～1827, 法国分析学家、概率论学家和物理学家, 法国科学院院士、法兰西学院院士.

例如,

$$u_{xxy} + xu_{yy} + 2u = 5x, \tag{1.1.2}$$

$$u_x u_{xx} + xuu_y = \sin(3x). \tag{1.1.3}$$

涉及几个未知函数及其偏导数的有限多个偏微分方程构成**偏微分方程组**.

2. 偏微分方程的阶

出现在偏微分方程中<u>最高阶</u>偏导数的阶数称作该偏微分方程的**阶**. 例如, 方程(1.1.1)和方程(1.1.3) 为二阶偏微分方程, 方程(1.1.2)为三阶偏微分方程.

3. 线性与非线性偏微分方程

田 微课 1.1-3

偏微分方程称为**线性的**, 如果它关于未知函数及其所有偏导数是线性的. 否则, 称为**非线性的**.

在线性偏微分方程中, 如果其不含自由项 (即不含未知函数及其偏导数的项), 则称它为**线性齐次偏微分方程**; 如果其含有自由项, 则称它为**线性非齐次偏微分方程**, 其一般形式为

$$\sum_{|\boldsymbol{\alpha}| \leqslant k} a_{\boldsymbol{\alpha}}(\boldsymbol{x}) D^{|\boldsymbol{\alpha}|} u = f(\boldsymbol{x}),$$

其中, $\boldsymbol{x} = (x_1, x_2, \cdots, x_n)$ 表示 $\Omega \subset \mathbb{R}^n$ 上的点, $\boldsymbol{\alpha} = (\alpha_1, \alpha_2, \cdots, \alpha_n)$ 表示多重指标,

$$|\boldsymbol{\alpha}| = \alpha_1 + \alpha_2 + \cdots + \alpha_n, \quad D^{|\boldsymbol{\alpha}|} u = \frac{\partial^{|\boldsymbol{\alpha}|} u}{\partial x_1^{\alpha_1} \partial x_2^{\alpha_2} \cdots \partial x_n^{\alpha_n}}.$$

例如, 方程 (1.1.1) 为线性齐次偏微分方程, 方程 (1.1.2) 为线性非齐次偏微分方程, 方程

$$u_{tt} - a^2 u_{xx} = f(x,t) \qquad\qquad \text{(波动方程)}$$

和

$$u_t - a^2 u_{xx} = f(x,t) \qquad\qquad \text{(热传导方程)}$$

均为二阶线性非齐次偏微分方程.

在非线性偏微分方程中, 如果其关于未知函数的所有最高阶偏导数总体来说是线性的 (其系数可依赖于自变量、未知函数及其低阶偏导数), 则称它为**拟线性偏微分方程**, 其一般形式为

$$\sum_{|\boldsymbol{\alpha}| = k} a_{\boldsymbol{\alpha}}(D^{k-1}u, \cdots, Du, u, \boldsymbol{x}) D^{|\boldsymbol{\alpha}|} u + G(D^{k-1}u, \cdots, Du, u, \boldsymbol{x}) = 0.$$

进一步地, 如果最高阶偏导数的系数不依赖于未知函数及其低阶偏导数 (但可依赖于自变量), 则称这种拟线性偏微分方程为**半线性偏微分方程**, 其一般形式为

$$\sum_{|\boldsymbol{\alpha}| = k} a_{\boldsymbol{\alpha}}(\boldsymbol{x}) D^{|\boldsymbol{\alpha}|} u + G(D^{k-1}u, \cdots, Du, u, \boldsymbol{x}) = 0.$$

不是拟线性偏微分方程的非线性偏微分方程称作**完全非线性偏微分方程**, 它关于未知函数的最高阶偏导数是非线性的. 例如, 方程 (1.1.3) 为拟线性偏微分方程, 方程

$$u_t + uu_x = 0 \qquad\qquad \text{(冲击波方程)}$$

为一阶拟线性偏微分方程, 方程

$$u_t + kuu_x + u_{xxx} = 0 \qquad\qquad \text{(KdV 方程)}$$

为三阶半线性偏微分方程, 方程

$$u_t + u_x^2 = 0 \qquad\qquad \text{(哈密顿-雅可比方程)}$$

为一阶完全非线性偏微分方程, 方程

$$u_{xx}u_{yy} - u_{xy}u_{yx} = f(x,y) \qquad\qquad \text{(蒙日-安培方程)}$$

为二阶完全非线性偏微分方程.

4. 偏微分方程的解

　　函数 $u = u(\boldsymbol{x})$ 称为 k 阶偏微分方程的 **(古典) 解**, 如果它在区域 Ω 内具有 k 阶连续偏导数, 且代入 k 阶偏微分方程后等式成立. 若 k 阶偏微分方程的解还满足某些附加条件, 称该解为**特解**; 若 k 阶偏微分方程解的表达式中含有 <u>k 个任意函数</u> (而不是 k 个任意常数, 这一点与常微分方程不同), 则称它为 k 阶偏微分方程的**通解**.

　　下面给出几个简单的求解偏微分方程的例子.

　　例 1.1.1　求解下列线性偏微分方程的通解 (其中, $u = u(x,y)$):

　　(1) $u_x = \cos x$;

　　(2) $u_{xy} = \mathrm{e}^x$.

　　解　(1) 方程两边对 x 积分, 得通解

$$u = \sin x + \varphi(y),$$

★ 问题思考
为何是任意函数?

其中, $\varphi(y)$ 为关于 y 的任意函数.

　　(2) 方程两边对 y 积分, 得

$$\frac{\partial u}{\partial x} = \int \mathrm{e}^x \mathrm{d}y = y\mathrm{e}^x + \psi(x),$$

其中, $\psi(x)$ 为关于 x 的任意函数. 两边再对 x 积分, 得通解

$$u = y\mathrm{e}^x + g(x) + h(y),$$

其中, $g(x)$ 为任意一次可微函数, $h(y)$ 为关于 y 的任意函数.

　　例 1.1.2　求解线性非齐次偏微分方程 $tu_{xt} + 2u_x = 2xt$ (其中, $u = u(x,t)$).

　　解　设 $u_x = v$, 有

$$tv_t + 2v = 2xt, \quad 即 \quad v_t + \frac{2}{t}v = 2x.$$

这是一阶线性非齐次常微分方程 (可把 x 看成参数, v 看成 t 的一元函数), 其通解为

$$v = \mathrm{e}^{-\int \frac{2}{t}\mathrm{d}t}\left[\int 2x\mathrm{e}^{\int \frac{2}{s}\mathrm{d}s}\mathrm{d}t + c(x)\right] = \frac{2}{3}xt + c(x)t^{-2},$$

其中, $c(x)$ 为关于 x 的任意函数. 两边关于 x 积分, 得通解

$$u(x,t) = \frac{1}{3}x^2t + t^{-2}h(x) + g(t),$$

其中, $h(x)$ 为关于 x 的任意函数, $g(t)$ 为关于 t 的任意函数.

⊞ 微课 1.1-4

1.1.3　一些典型的偏微分方程

　　设 $x = (x_1, x_2, \cdots, x_n) \in \mathbb{R}^n$, 定义

$$\Delta = \frac{\partial^2}{\partial x_1^2} + \frac{\partial^2}{\partial x_2^2} + \cdots + \frac{\partial^2}{\partial x_n^2}$$

为 n 维拉普拉斯算子, 定义

$$\boldsymbol{\nabla} = \left(\frac{\partial}{\partial x_1}, \frac{\partial}{\partial x_2}, \cdots, \frac{\partial}{\partial x_n} \right)$$

为哈密顿算子. 设 $\boldsymbol{A} = P(x,y,z)\vec{i} + Q(x,y,z)\vec{j} + R(x,y,z)\vec{k}$, 定义

$$\mathrm{div}\boldsymbol{A} = P_x + Q_y + R_z$$

为散度算子, 定义

$$\mathrm{rot}\boldsymbol{A} = \{R_y - Q_z, P_z - R_x, Q_x - P_y\} = \begin{vmatrix} \vec{i} & \vec{j} & \vec{k} \\ \frac{\partial}{\partial x} & \frac{\partial}{\partial y} & \frac{\partial}{\partial z} \\ P & Q & R \end{vmatrix}$$

为旋度算子.

例 1.1.3　n 维波动方程

$$u_{tt} - a^2 \Delta u = 0.$$

例 1.1.4　三维热传导方程

$$u_t - a^2(u_{xx} + u_{yy} + u_{zz}) = 0.$$

例 1.1.5　n 维拉普拉斯方程

$$-\Delta u = 0.$$

例 1.1.6　三维泊松 (Poisson) 方程

$$-(u_{xx} + u_{yy} + u_{zz}) = f(x,y,z).$$

例 1.1.7　薛定谔 (Schrödinger) 方程

$$i\hbar\psi_t + \frac{\hbar^2}{2m}\Delta\psi - V\psi = 0$$

是量子力学中的基本方程, 其描述微观粒子状态的波函数为 $\psi(x,y,z,t)$、质量为 m 的微观粒子在势场 $V(x,y,z)$ 中的运动, 其中, $h = 2\pi\hbar$ 是 Planck 常数.

例 1.1.8　极小曲面方程

$$(1 + f_y^2)f_{xx} - 2f_x f_y f_{xy} + (1 + f_x^2)f_{yy} = 0,$$

其在几何学、广义相对论以及工程技术中均有重要的应用.

例 1.1.9　描写大气运动的基本方程组 (6 个独立方程)

$$\begin{cases} \dfrac{\partial \rho}{\partial t} + \boldsymbol{\nabla} \cdot (\rho\boldsymbol{V}) = 0 & \text{(连续性方程)} \\[2mm] \dfrac{\partial \boldsymbol{V}}{\partial t} + (\boldsymbol{V} \cdot \boldsymbol{\nabla})\boldsymbol{V} = -\dfrac{1}{\rho}\boldsymbol{\nabla}p + \dfrac{1}{\rho}\boldsymbol{f} & \text{(运动方程)} \\[2mm] \dfrac{\partial e}{\partial t} + \boldsymbol{V} \cdot \boldsymbol{\nabla}e = -\dfrac{\rho}{p}\boldsymbol{\nabla} \cdot \boldsymbol{V} + \dfrac{1}{\rho}\boldsymbol{f} \cdot \boldsymbol{V} & \text{(能量方程)} \\[2mm] e = (p,\rho) & \text{(状态方程)} \end{cases} \tag{1.1.4}$$

★ 发展历史
偏微分方程的
发展简史

$$
\begin{cases}
\dfrac{\partial \rho}{\partial t} + \dfrac{\partial(\rho u)}{\partial x} + \dfrac{\partial(\rho v)}{\partial y} + \dfrac{\partial(\rho w)}{\partial z} = 0 & \text{(连续性方程)} \\[3mm]
\dfrac{\partial u}{\partial t} + u\dfrac{\partial u}{\partial x} + v\dfrac{\partial u}{\partial y} + w\dfrac{\partial u}{\partial z} = -\dfrac{1}{\rho}\dfrac{\partial p}{\partial x} + \dfrac{1}{\rho}f_x & \text{(运动方程)} \\[3mm]
\dfrac{\partial v}{\partial t} + u\dfrac{\partial v}{\partial x} + v\dfrac{\partial v}{\partial y} + w\dfrac{\partial v}{\partial z} = -\dfrac{1}{\rho}\dfrac{\partial p}{\partial y} + \dfrac{1}{\rho}f_y & \text{(运动方程)} \\[3mm]
\dfrac{\partial w}{\partial t} + u\dfrac{\partial w}{\partial x} + v\dfrac{\partial w}{\partial y} + w\dfrac{\partial w}{\partial z} = -\dfrac{1}{\rho}\dfrac{\partial p}{\partial z} + \dfrac{1}{\rho}f_z & \text{(运动方程)} \\[3mm]
\dfrac{\partial e}{\partial t} + u\dfrac{\partial e}{\partial x} + v\dfrac{\partial e}{\partial y} + w\dfrac{\partial e}{\partial z} = -\dfrac{\rho}{p}\left(\dfrac{\partial u}{\partial x} + \dfrac{\partial v}{\partial y} + \dfrac{\partial w}{\partial z}\right) & \\[3mm]
\qquad\qquad\qquad\qquad\qquad + \dfrac{1}{\rho}(uf_x + vf_y + wf_z) & \text{(能量方程)} \\[3mm]
e = (p, \rho) & \text{(状态方程)}
\end{cases}
$$

其中, ρ 为密度, $\boldsymbol{V} = u\boldsymbol{i} + v\boldsymbol{j} + w\boldsymbol{k}$ 为流速, p 为气压, e 为内能, 它们都是关于 (x, y, z, t) 的未知函数; $\boldsymbol{f} = f_x\boldsymbol{i} + f_y\boldsymbol{j} + f_z\boldsymbol{k}$ 为重力, 是已知函数.

注 1.1.1 方程组(1.1.4)中第二个式子的左端为欧拉 (Euler) 观点下的加速度表示, 其与拉格朗日 (Lagrange) 观点下的加速度表示 $\dfrac{\mathrm{d}\boldsymbol{V}}{\mathrm{d}t}$ 实质上是一致的, 即有

$$
\frac{\mathrm{d}\boldsymbol{V}}{\mathrm{d}t} = \frac{\partial \boldsymbol{V}}{\partial t} + (\boldsymbol{V} \cdot \boldsymbol{\nabla})\boldsymbol{V}.
$$

推广到更一般的物理量 (无论矢量、标量) 有

$$
\frac{\mathrm{d}(\cdot)}{\mathrm{d}t} = \frac{\partial(\cdot)}{\partial t} + (\boldsymbol{V} \cdot \boldsymbol{\nabla})(\cdot).
$$

该式的物理意义: 个别变化=局地变化 + 牵连变化 (其中, 牵连变化 = 平流变化 + 对流变化).

注 1.1.2 由上述方程组可以得到不可压缩无旋流动的数学模型. 事实上, 不可压缩流动即认为 ρ 为常数, 这时连续性方程组 (1.1.4) 中第一个式子为

$$
\frac{\partial u}{\partial x} + \frac{\partial v}{\partial y} + \frac{\partial w}{\partial z} = 0.
$$

考虑到无旋流动 (此为引入速度势函数的前提条件), 因此 $\mathrm{rot}\boldsymbol{V} = 0$, 即

$$
\mathrm{rot}\boldsymbol{V} = \left(\frac{\partial w}{\partial y} - \frac{\partial v}{\partial z}\right)\boldsymbol{i} + \left(\frac{\partial u}{\partial z} - \frac{\partial w}{\partial x}\right)\boldsymbol{j} + \left(\frac{\partial v}{\partial x} - \frac{\partial u}{\partial y}\right)\boldsymbol{k} = 0.
$$

从而

$$
\frac{\partial w}{\partial y} = \frac{\partial v}{\partial z}, \quad \frac{\partial u}{\partial z} = \frac{\partial w}{\partial x}, \quad \frac{\partial v}{\partial x} = \frac{\partial u}{\partial y}.
$$

因此, 存在速度势函数 φ, 使 $\boldsymbol{V} = \boldsymbol{\nabla}\varphi$, 即

$$
u = \frac{\partial \varphi}{\partial x}, \quad v = \frac{\partial \varphi}{\partial y}, \quad w = \frac{\partial \varphi}{\partial z}.
$$

代入连续性方程, 得速度势 φ 满足三维拉普拉斯方程

$$
\frac{\partial^2 \varphi}{\partial x^2} + \frac{\partial^2 \varphi}{\partial y^2} + \frac{\partial^2 \varphi}{\partial z^2} = 0.
$$

结合边界条件求得了速度势 φ, 就可以得到流场中的速度分布.

1.2　典型方程的导出

本节将通过几个不同的物理模型推导出数学物理方程中的几类典型方程. 一方面, 可对微分方程建模进行有益的训练; 另一方面, 可了解几类典型方程的物理背景. 需要注意的是, 建模的主导思想是抓住主要因素, 忽略次要因素.

田 课件 1.2

1.2.1　波动方程

在自然世界中, 存在着许多波动现象, 它是一种重要且常见的物质运动形式, 如声波、水波等. 历史上许多科学家, 如伯努利、达朗贝尔①、欧拉、拉格朗日等在研究乐器等物体中的弦振动问题时, 都对波动方程理论做出过重要贡献. 1746 年, 达朗贝尔在他的论文《张紧的弦振动时形成的曲线的研究》中, 将偏导数的概念引入对弦振动的数学描述, 开启了偏微分方程第一次真正意义上的成功.

我们基于数学建模的思想, 来探讨弦的微小横振动问题.

1. 问题的提出

设有一根长为 L 的均匀柔软富有弹性的细弦, 在外力的作用下作微小横振动. 试确定弦的运动方程.

田 微课 1.2-1

2. 问题的分析

要确定弦的运动方程, 需要明确: 要研究的物理量是什么? 被研究的物理量遵循哪些物理定律? 如何按物理定律写出数学物理方程?

以弦的平衡位置为 x 轴, 以 $u(x,t)$ 表示弦上 x 点 t 时刻的横向位移, 拟导出 u 所满足的方程, 如图 1.2.1 所示.

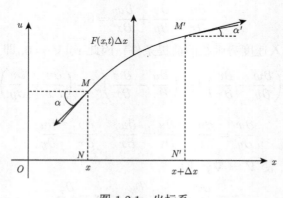

图 1.2.1　坐标系

3. 术语解释与理想化假设

细弦: 与张力相比, 弦的质量可以忽略;
柔软: 弦可弯曲, 张力的方向总沿切线方向;

---

① Jean le Rond d'Alembert, 1717~1783, 法国数学家、物理学家, 法国科学院院士、法兰西学院院士、柏林科学院院士.

横振动: 弦只在平面上运动;

微小: 振幅及倾角都很小 $(u_x = \tan \alpha \approx 0,\ \alpha \approx 0)$.

4. 方程的建立 (微元法)

(1) 任取弧 $\overset{\frown}{MM'}$, 欲对其用牛顿 (Newton) 第二运动定律 $(F = ma)$.

(2) 受力分析: 受外力、张力共同作用.

设弦上各点的张力为 $T(x, t)$, 弦的质量密度为 $\rho(x, t)$, 作用于弦的外力密度为 $F(x, t)$, 其方向沿 u 轴方向.

(3) 推导.

水平方向 (仅有张力分量且没有位移):

$$\left.\begin{array}{l} T(x + \Delta x) \cos \alpha' - T(x) \cos \alpha = 0 \\ \alpha, \alpha' \approx 0 \Rightarrow \cos \alpha, \cos \alpha' \approx 1 \end{array}\right\} \Rightarrow T(x + \Delta x) = T(x) \Rightarrow T\text{与}x\text{无关}.$$

弧长未变 $(\Delta S = \int_x^{x+\Delta x} \sqrt{1 + u_x^2}\mathrm{d}x \approx \Delta x (u_x \approx 0)) \Rightarrow$ 在微小振动的情况下, 这一小段弦的长度在振动过程中可以认为是不变的, 由胡克 (Hooke) 定律, T 与时间 t 无关. 所以, T 为常数.

垂直方向 (受张力分量、外力, 位移为 $u(x, t)$):

$$(T \sin \alpha' - T \sin \alpha) + \bar{F}(x, t) \Delta x = \rho \Delta x \bar{u}_{tt},$$

其中, ρ 为线密度, 因弦均匀故为常数; $\bar{u}_{tt}$ 为加速度 u_{tt} 在弧段 $\overset{\frown}{MM'}$ 上的均值; $\bar{F}(x, t)$ 为平均外力密度.

因 $\sin \alpha \approx \tan \alpha = u_x$, 则有

$$T[u_x(x + \Delta x, t) - u_x(x, t)] + \bar{F}(x, t) \Delta x = \rho \Delta x \bar{u}_{tt}.$$

两边除以 Δx, 得

$$T \frac{u_x(x + \Delta x, t) - u_x(x, t)}{\Delta x} + \bar{F}(x, t) = \rho \bar{u}_{tt}.$$

令 $\Delta x \to 0$ 并由偏导数的定义, 得

$$T u_{xx}(x, t) + F(x, t) = \rho u_{tt}.$$

从而有

$$u_{tt} = a^2 u_{xx} + f(x, t), \qquad \text{(弦的强迫振动方程, 非齐次)}$$

其中, $a^2 = \dfrac{T}{\rho}$, $f(x, t) = \dfrac{F(x, t)}{\rho}$.

在有些情况下, 还可能得到如下方程:

$$u_{tt} = a^2 u_{xx} - \mu u_t + f(x, t), \qquad \text{(受迫阻尼弦振动方程)}$$

$$u_{tt} = a^2 u_{xx} \ (\mu = f = 0). \qquad \text{(弦的自由横振动方程, 齐次)}$$

5. 方程的应用: 其他实际问题

★ 问题思考
如何导出方程?

上面的方程也可以用来刻画杆的纵振动、高频传输线内电流流动、浅水重力波等问题, 称为**一维波动方程**.

在大气与海洋科学中, 用以描述重力波、正压不稳定、地形罗斯贝波、地转湍流以及海啸波等重要现象的浅水正压方程组本身就是波动方程. 事实上, 考虑如下一维线性浅水方程组

$$\begin{cases} u_t + gh_x = 0, & x_1 < x < x_2, \quad t > 0, \\ h_t + Hu_x = 0, & x_1 < x < x_2, \quad t > 0, \end{cases}$$

其中, u 和 h 分别为扰动速度和扰动自由面高度, g 和 H 分别为重力加速度和平均流动高度且都设为常数. 由于包含着散度项和压力梯度项, 这个一阶方程组可用来描述重力波运动, 故称为重力波方程. 对上述方程组作一简单处理后, 可分别转化为如下关于 u 和 h 的一维波动方程:

$$u_{tt} = a^2 u_{xx}, \qquad h_{tt} = a^2 h_{xx},$$

这里 $a = \sqrt{gH}$ 称为波速. 如果将 $H = H(x)$ 视为海底深度, 该方程组还可以用来描述海啸波高度随时间的演变过程, 见图 1.2.2.

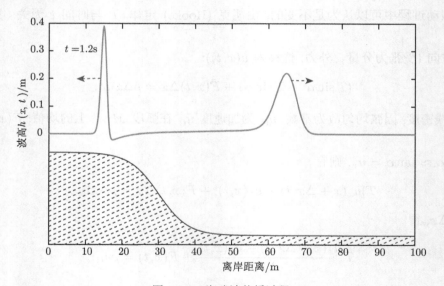

图 1.2.2　海啸波传播过程

实际应用中还有如下的高维波动方程:

$$u_{tt} = a^2(u_{xx} + u_{yy}) + f(x, y, t), \ (x, y) \in \Omega, \qquad \text{(二维波动方程: 均匀薄膜横振动)}$$

$$\frac{\partial^2 \boldsymbol{E}}{\partial t^2} = c^2 \Delta \boldsymbol{E}, \qquad \text{(电场——三维波动方程 (严镇军, 2004))}$$

$$\frac{\partial^2 \boldsymbol{H}}{\partial t^2} = c^2 \Delta \boldsymbol{H}. \qquad \text{(磁场——三维波动方程 (严镇军, 2004))}$$

注 1.2.1　这里, 我们基于牛顿第二定律和胡克定律导出了弦振动方程. 实际上, 我们也可以使用其他的推导方法, 比如: 利用动量守恒、积分次序交换定理 (王明新, 2005)、哈密顿变分原理 (胡嗣柱等, 1997).

1.2.2 热传导方程

人类生存在季节交替、气候变幻的自然界中, 冷热现象是他们最早观察和认识的自然现象之一. 热学是研究物质处于热状态时的有关性质和规律的物理学分支. 1811 年, 傅里叶[①]向巴黎科学院提交了自己的文章《热的传播》, 在论文中推导出著名的热传导方程.

1. 问题的提出

在 $\mathbb{R}^3$ 中, 考虑一各向同性的物体 Ω (图 1.2.3), 其内部有热源且与周围介质有热交换, 求物体内部的温度 $u(x, y, z, t)$ 分布.

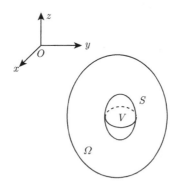

田 微课 1.2-3

图 1.2.3 各向同性的物体

2. 问题的分析: 满足的物理规律

(1) **能量守恒**: 在 Ω 内任取一部分 V, 在任意时间段 $[t_1, t_2]$ 内, 有

V 中增加的热量 (Q_2)＝通过边界 S 流入的热量 $(-Q_1)$ + 内部热源产生的热量 (Q_3).

(2) **傅里叶 (Fourier) 热力学定律**:

$$\mathrm{d}Q_1 = -k\frac{\partial u}{\partial n}\mathrm{d}S\mathrm{d}t,$$

其中, $\mathrm{d}Q_1$ 为 $\mathrm{d}t$ 时间内流出 $\mathrm{d}S$ 的热量; k 为热传导系数; $\dfrac{\partial u}{\partial n}$ 为温度 u 沿 $\mathrm{d}S$ 的外法线 $\boldsymbol{n}$ 的方向导数.

3. 方程的建立

我们分别计算上述几个热量. 时间段 $[t_1, t_2]$ 内经边界 S 流出的热量为

$$Q_1 = -\int_{t_1}^{t_2}\oiint_S k\frac{\partial u}{\partial n}\mathrm{d}S\mathrm{d}t = -\int_{t_1}^{t_2}\oiint_S k\boldsymbol{\nabla} u \cdot \boldsymbol{n}\mathrm{d}S\mathrm{d}t = -\int_{t_1}^{t_2}\iiint_V k\Delta u\mathrm{d}V\mathrm{d}t,$$

其中, 最后一个等号用到了如下高斯 (Gauss) 公式:

$$\oiint_S [P\cos(n, x) + Q\cos(n, y) + R\cos(n, z)]\,\mathrm{d}S = \iiint_V \left(\frac{\partial P}{\partial x} + \frac{\partial Q}{\partial y} + \frac{\partial R}{\partial z}\right)\mathrm{d}V;$$

时间段 $[t_1, t_2]$ 内 V 中增加的热量为

$$Q_2 = \iiint_V c\rho[u(x, y, z, t_2) - u(x, y, z, t_1)]\mathrm{d}v = \int_{t_1}^{t_2}\iiint_V c\rho\frac{\partial u}{\partial t}\mathrm{d}V\mathrm{d}t;$$

---

① Jean-Baptiste Joseph Fourier, 1768~1830, 法国数学家、物理学家.

时间段 $[t_1, t_2]$ 内热源产生的热量为

$$Q_3 = \int_{t_1}^{t_2} \iiint_V F(x, y, z, t)\mathrm{d}x\mathrm{d}y\mathrm{d}z\mathrm{d}t,$$

其中, $F(x, y, z, t)$ 为内部热源的密度, 即单位时间内在单位体积上内部热源产生的热量.

由前面提到的能量守恒, 有

$$Q_2 = -Q_1 + Q_3.$$

将上述计算的各量代入, 得

$$\int_{t_1}^{t_2} \iiint_V c\rho \frac{\partial u}{\partial t}\mathrm{d}V\mathrm{d}t = \int_{t_1}^{t_2} \iiint_V k\Delta u\mathrm{d}V\mathrm{d}t + \int_{t_1}^{t_2} \iiint_V F\mathrm{d}V\mathrm{d}t.$$

由时间段 $[t_1, t_2]$ 及区域 V 的任意性, 有 (对任意 $(x, y, z) \in \Omega,\ t \geqslant 0$)

$$c\rho \frac{\partial u}{\partial t} = k\Delta u + F(x, y, z, t)$$

或

$$u_t = a^2 \Delta u + f(x, y, z, t), \qquad \text{(三维热传导方程)}$$

其中, $a^2 = \dfrac{k}{c\rho}$, $f = \dfrac{F}{c\rho}$.

若物体内部无热源, 则有

$$u_t = a^2 \Delta u. \qquad \text{(三维齐次热传导方程)}$$

4. 方程的应用: 其他实际问题

上面的方程也可以用来刻画气体的扩散、液体的渗透等问题, 又称**扩散方程**. 实际应用中还有如下的低维热传导方程:

$$u_t = a^2 u_{xx}, \qquad \text{(一维热传导方程: 侧面绝热的均匀细杆的温度分布)}$$
$$u_t = a^2(u_{xx} + u_{yy}). \qquad \text{(二维热传导方程: 侧面绝热的均匀薄板的温度分布)}$$

对于不同形状的物体, 我们可以通过引入相应的坐标系, 导出方程的如下其他形式.

(1) **三维球对称问题的热传导方程**

$$\frac{\partial u}{\partial t} - a^2\left(\frac{\partial^2 u}{\partial r^2} + \frac{2}{r}\frac{\partial u}{\partial r}\right) = f(r, t).$$

事实上, 考虑半径为 R 的球体, 以球心为坐标原点, 并引入球坐标, 由于 $r^2 = x_1^2 + x_2^2 + x_3^2$, 从而球内的温度为 $u(r, t)$, 则有

$$\frac{\partial u}{\partial x_i} = \frac{x_i}{r}\frac{\partial u}{\partial r}, \quad \frac{\partial^2 u}{\partial x_i^2} = \frac{x_i^2}{r^2}\frac{\partial^2 u}{\partial r^2} + \frac{r^2 - x_i^2}{r^3}\frac{\partial u}{\partial r}, \quad \Delta u = \sum_{i=1}^{3}\frac{\partial^2 u}{\partial x_i^2} = \frac{\partial^2 u}{\partial r^2} + \frac{2}{r}\frac{\partial u}{\partial r}.$$

(2) **二维轴对称问题的热传导方程**

$$\frac{\partial u}{\partial t} - a^2\left(\frac{\partial^2 u}{\partial r^2} + \frac{1}{r}\frac{\partial u}{\partial r} + \frac{\partial^2 u}{\partial z^2}\right) = f(r, z, t).$$

事实上, 考虑一高为 H, 半径为 R 的圆柱形物体, 引入柱坐标系, 取柱体的轴线为 Z 轴, 下底落在 $Z = 0$ 平面上, 可计算得到上述方程.

1.2.3　位势方程

1.2.2 节中所研究的温度分布问题, 温度 u 满足的方程为 $u_t = a^2\Delta u + f(x,y,z,t)$. 如果外界环境不随时间 t 变化, 那么, 不管物体的初始温度怎样, 随着时间的推移, 物体内的温度总会趋于某种稳定状态, 即温度的分布趋于定常. 此时, 可以认为温度函数 u 与时间 t 无关, 即 $u_t = 0$. 相应地, 温度 u 所满足的方程就变成

$$\Delta u = F(x,y,z),$$

其中, $F(x,y,z) = -\dfrac{f(x,y,z)}{a^2}$. 此方程称为**三维泊松方程**. 若稳定温度场中无热源, 则温度 u 满足的方程为

$$\Delta u = 0.$$

此方程称为**三维拉普拉斯方程**.

当考虑平面上的稳定温度场时, 温度函数满足二维拉普拉斯方程

$$u_{xx} + u_{yy} = 0,$$

或二维泊松方程

$$u_{xx} + u_{yy} = F(x,y).$$

田 微课 1.2-4

拉普拉斯方程和泊松方程统称为**位势方程**.

1.2.4　流体力学基本方程组

利用质量守恒定律、动量守恒定律和能量守恒定律可建立连续分布于空间某区域中的理想流体的运动规律, 导出相应的偏微分方程组(1.1.4). 有兴趣的读者可参见文献戴嘉尊 (2003), 限于篇幅此处不再赘述.

由上可见, 偏微分方程总是在一定的假设下表达一类物理现象的主要特征, 是沟通数学与物理、工程等问题的桥梁, 也是解决实际问题的有力工具.

★ 应用拓展
数值天气预报的
基本方程组

注 1.2.2　数学物理方程导出的三个步骤:
(1) 从所研究的系统中划出一小部分, 分析邻近部分与这一部分的相互作用;
(2) 根据物理学的规律 (见姚端正 (2001) 归纳的常用规律), 以算式表达这个作用;
(3) 化简、整理, 即得所研究问题满足的方程.

1.3　定解条件与定解问题

由 1.2 节知道, 数学物理方程是在推导过程中产生的, 是一般物理规律的数学表达. 仅仅依靠方程 (组) 对于我们研究具体物理问题的要求还是不够的, 因为方程本身并没有向我们传递研究对象所处的具体环境条件和历史条件. 例如, 当预报风、压、温、湿等气象要素时, 需要明确其所属区域 (比如是东北地区还是华东地区) 和地表面情况 (是沙漠、绿地还是湖泊) 等. 另外, 预报到未来时刻的当前气象要素又如何给出呢? 这些都要做具体考虑. 从数学上来讲, 单个偏微分方程一般有无穷多解. 如何确定我们感兴趣的解呢? 这就需要附加一些条件, 称为**定解条件**.

田 课件 1.3

田 微课 1.3-1

根据问题的物理意义, 常见的定解条件可分为**初始条件**和**边界条件**两大类. 一个偏微分方程与定解条件一起构成对于具体问题的完整描述, 称为**定解问题**. 即有

$$定解问题 \begin{cases} 泛定方程: 描述一个具体物理过程的偏微分方程. \\ 定解条件 \begin{cases} 初始条件: 表示初始状态的条件; \\ 边界条件: 描述边界上的约束情况. \end{cases} \end{cases}$$

本节研究如何将一个具体的物理问题所具有的特定条件用数学公式表达出来, 进而掌握如何将一个物理问题表达为数学上的定解问题.

1.3.1 初始条件

分别以三类典型问题为例来说明初始条件的表达式.

(1) 弦振动问题 $\begin{cases} 弦在开始时刻的位移: u(x,0) = \phi(x),\ x \in \Omega\ 或\ 0 \leqslant x \leqslant L; \\ 弦在开始时刻的速度: u_t(x,0) = \psi(x),\ x \in \Omega\ 或\ 0 \leqslant x \leqslant L. \end{cases}$

(2) 热传导问题——开始时刻温度分布: $u(x,0) = \phi(x),\ x \in \Omega\ 或\ 0 \leqslant x \leqslant L.$

(3) 拉普拉斯方程及泊松方程——与时间无关: 不提初始条件.

注 1.3.1 对于不同类型的方程, 初始条件的个数有别 $\left(\dfrac{\partial^m u}{\partial t^m} \to m 个初始条件 \right)$.

1.3.2 边界条件

分别以三类典型问题为例来说明边界约束的几种类型.

1. **弦振动问题**

以右端点 $x = L$ 为例, 有如下三种情形.

(1) 固定端 (端点保持不动)

$$u(L,t) = 0,\ t \geqslant 0;$$

(2) 自由端 (端点可以在垂直于 x 轴的直线上自由滑动, 没有受到垂直方向的外力)

$$T \left. \frac{\partial u}{\partial x} \right|_{x=L} = 0, \quad 即有 \quad u_x(L,t) = 0;$$

(3) 弹性支承端 (端点固定在一弹性支承上, 此时支承的伸缩满足胡克定律)

$$Tu_x|_{x=L} = -ku|_{x=L}, \quad 即有 \quad u_x(L,t) + \sigma u(L,t) = 0,\ \sigma = k/T.$$

以上三种情形的右端均为 0, 称为**齐次边界条件**. 在数学上, 也可以将右端的 0 替以关于 t 的已知函数 $f(t)$, 以考虑更加一般的边界条件. 此时, 称为**非齐次边界条件**.

2. **热传导问题**

(1) 温度分布已知 (设 $\partial\Omega$ 为 Ω 的边界)   田 微课 1.3-2

$$u(x,y,z,t)|_{(x,y,z)\in\partial\Omega} = f(x,y,z,t),\ t \geqslant 0;$$

(2) 物体与周围介质绝热 ($\partial\Omega$ 上热量流动为 0)

$$\left. \frac{\partial u}{\partial n} \right|_{\partial\Omega} = 0,\ t \geqslant 0;$$

(3) 物体与周围介质有热交换

$$\left(\frac{\partial u}{\partial n} + \sigma u\right)\bigg|_{\partial\Omega} = \sigma u_1|_{\partial\Omega},$$

其推导如下:

$$\left.\begin{array}{l}\text{傅里叶热传导定律: } \mathrm{d}Q = -k\dfrac{\partial u}{\partial n}\mathrm{d}s\mathrm{d}t \\[2mm] \text{牛顿热交换定律: } \mathrm{d}Q = h(u - u_1)\mathrm{d}s\mathrm{d}t\end{array}\right\} \xrightarrow{\text{热量守恒}} \left(\frac{\partial u}{\partial n} + \frac{h}{k}u\right)\bigg|_{\partial\Omega} = \frac{h}{k}u_1|_{\partial\Omega}.$$

3. 位势方程

拉普拉斯方程、泊松方程也有类似三种边界条件 (但与时间变量 t 无关).

4. 三类基本边界条件

以上边界条件, 可归结为三种类型 (f 为定义在 $\partial\Omega$ 上的已知函数).

(1) 第一类边界条件 (狄利克雷[①]边界条件: 在边界上直接给出未知函数的值)

$$u|_{\partial\Omega} = f;$$

(2) 第二类边界条件 (诺依曼[②]边界条件: 在边界上给出未知函数沿边界的外法线方向导数的值)

$$\frac{\partial u}{\partial n}\bigg|_{\partial\Omega} = f;$$

(3) 第三类边界条件 (罗宾[③]边界条件: 在边界上给出未知函数及其沿边界的外法线方向导数的某一线性组合的值)

$$\left(\frac{\partial u}{\partial n} + \sigma u\right)\bigg|_{\partial\Omega} = f.$$

5. 其他边界条件

除以上三类基本边界条件, 有时由于物理上合理性的需要还需要对方程中的未知函数加以其他附加条件 (如周期性、有限值、单值性等限制), 这些附加条件称为**自然边界条件**. 例如, $u(\theta + 2\pi) = u(\theta)$, $u|_{\partial\Omega}$ 取有限值等.

在有些情形下还涉及 (不同介质界面处的) **衔接条件**. 例如, 研究两种不同材质的杆接成的一根杆的纵振动问题时涉及如下条件:

$$\begin{cases} u_1|_{x=x_0} = u_2|_{x=x_0} & \text{(位移)} \\[2mm] E_1\dfrac{\partial u_1}{\partial x}\bigg|_{x=x_0} = E_2\dfrac{\partial u_2}{\partial x}\bigg|_{x=x_0} & \text{(张力)} \end{cases}$$

★ 应用拓展
高温作业专用
服装设计

1.3.3 定解问题

偏微分方程加上相应的定解条件所构成的问题称为**定解问题**. 根据定解条件类型的不同可将定解问题进行如下分类.

---

① Johann Peter Gustav Lejeune Dirichlet, 1805~1859, 德国数学家, 柏林科学院院士.

② Carl Gottfried Neumann, 1832~1925, 德国数学家、理论物理学家, 柏林科学院院士.

③ Victor Gustave Robin, 1855~1897, 法国数学分析师和应用数学家.

1. 初值问题 (柯西问题)

只有初始条件而无边界条件的定解问题 (泛定方程 + 初始条件). 例如, 对于无限长的弦, 它在振动过程中不提边界条件, 相应的初值问题为

$$
\begin{cases}
u_{tt} = a^2 u_{xx}, & -\infty < x < +\infty, \quad t > 0, \\
u(x,0) = \phi(x), \quad u_t(x,0) = \psi(x), & -\infty < x < +\infty.
\end{cases}
$$

2. (内) 边值问题

只有边界条件而无初始条件的定解问题 (泛定方程 + 边界条件). 例如, 拉普拉斯方程和泊松方程与时间 t 无关, 不能提初始条件, 相应的定解问题只有边值问题. 根据边界条件的三种不同类型, 可分别得到第一、二、三类边值问题.

(1) **第一类边值问题 (Dirichlet 问题)**: 方程与第一类边界条件组成的定解问题. 例如,

$$
\begin{cases}
\Delta u = f(x,y,z), & (x,y,z) \in \Omega, \\
u|_{\partial\Omega} = \varphi(x,y,z), & (x,y,z) \in \partial\Omega.
\end{cases}
$$

(2) **第二类边值问题 (Neumann 问题)**: 方程与第二类边界条件组成的定解问题. 例如,

$$
\begin{cases}
\Delta u = f(x,y,z), & (x,y,z) \in \Omega, \\
\left.\dfrac{\partial u}{\partial n}\right|_{\partial\Omega} = \varphi(x,y,z), & (x,y,z) \in \partial\Omega.
\end{cases}
$$

(3) **第三类边值问题 (Robin 问题)**: 方程与第三类边界条件组成的定解问题. 例如,

$$
\begin{cases}
\Delta u = f(x,y,z), & (x,y,z) \in \Omega, \\
\left.\left(\dfrac{\partial u}{\partial n} + \sigma u\right)\right|_{\partial\Omega} = \varphi(x,y,z), & (x,y,z) \in \partial\Omega.
\end{cases}
$$

3. 初边值问题 (混合问题)

既有初始条件又有边界条件的定解问题 (泛定方程 + 初始条件 + 边界条件). 例如, 一维齐次弦振动方程的混合问题:

$$
\begin{cases}
u_{tt} = a^2 u_{xx}, & 0 < x < l, \quad t > 0, \\
u(x,0) = \phi(x), \quad u_t(x,0) = \psi(x), & 0 \leqslant x \leqslant l, \\
u_x(0,t) = u_x(l,t) = 0, & t \geqslant 0.
\end{cases}
$$

4. 混合边值问题

不同边界部分满足不同类型的边界条件的定解问题 (如例 1.3.2).

5. 外边值问题

定解条件依然在有界闭区域上给出, 而泛定方程定义在区域 G 的外部. 例如, 在流体力学的绕流问题中, 常需要确定某有界区域 G 外部流场的速度分布. 如果流体不可压缩, 运动是无旋的, 那么速度势 φ 满足的定解问题就是位势方程的 Neumann 外边值问题:

$$\begin{cases} \Delta\varphi = 0, & (x,y,z) \in \mathbb{R}^3 \setminus \overline{G}, \\ \left.\dfrac{\partial\varphi}{\partial n}\right|_{\partial G} = \psi(x,y,z), \\ \lim_{r \to +\infty} \varphi(x,y,z) = 0, \quad r = \sqrt{x^2+y^2+z^2}, \end{cases}$$

其中, $\overline{G}$ 为区域 G 及其边界构成的闭区域, $\mathbb{R}^3 \setminus \overline{G}$ 表示在三维空间 $\mathbb{R}^3$ 中除去闭区域 $\overline{G}$. 应该注意的是, 为了保证外问题解的唯一性, 在无穷远处需要对所求函数加以一定的限制.

1.3.4 例题

例 1.3.1 一长为 L、初始温度为 $\phi(x)$ 的均匀细杆, 其侧表面与周围介质无热交换, 内部有密度为 $g(x,t)$ 的热源, 右端绝热, 左端与温度为 u_1 的介质有热交换. 试写出杆内温度分布的定解问题.

解 这是内部有热源的杆的热传导问题. 由题意, 有

定解问题 $\begin{cases} \text{泛定方程: } u_t = a^2 u_{xx} + \dfrac{g(x,t)}{c\rho}, \quad 0 < x < L, \quad t > 0, \quad \text{(一维非齐次热传导方程)} \\ \text{初始条件: } u(x,0) = \phi(x), \quad 0 \leqslant x \leqslant L, \\ \text{边界条件: } \begin{cases} u_x(L,t) = 0, & t \geqslant 0, \\ (-u_x + \sigma u)|_{x=0} = \sigma u_1, & t \geqslant 0. \end{cases} \end{cases}$

例 1.3.2 一长为 L 的弹性杆, 一端固定, 另一端被拉离平衡位置 b 长度而静止, 放手任其振动, 试求杆振动的定解问题.

解 由题意, 有

定解问题 $\begin{cases} \text{泛定方程: } u_{tt} = a^2 u_{xx}, \quad 0 < x < L, \quad t > 0, & \text{(一维波动方程)} \\ \text{初始条件}(t=0): \begin{cases} u_t(x,0) = 0, & 0 \leqslant x \leqslant L, \\ u(x,0) = \dfrac{x}{L}b, & 0 \leqslant x \leqslant L, \end{cases} & \begin{matrix}\text{(初始时刻速度为0)}\\ \text{(初始位移: 每点均有伸长)}\end{matrix} \\ \text{边界条件: } \begin{cases} u(0,t) = 0, & t \geqslant 0, \\ u_x(L,t) = 0, & t \geqslant 0. \end{cases} & \begin{matrix}\text{($x=0$端: 固定, 位移为0)}\\ \text{($x=L$端: 放手任其振动,}\\ \text{未受位移方向的外力)}\end{matrix} \end{cases}$

例 1.3.3 一边长为 l 的正方形薄板 (图 1.3.1), 其 $y=0$ 边保持恒温 T, 其他三边保持 $0℃$. 求稳恒状态下板内温度的定解问题.

解 因板内温度分布达到稳恒状态, 相应的定解问题为

$$\begin{cases} u_{xx} + u_{yy} = 0, & 0 < x < l, \quad 0 < y < l, \\ u|_{x=0} = 0, \quad u|_{x=l} = 0, & 0 \leqslant y \leqslant l, \\ u|_{y=0} = T, \quad u|_{y=l} = 0, & 0 \leqslant x \leqslant l. \end{cases}$$

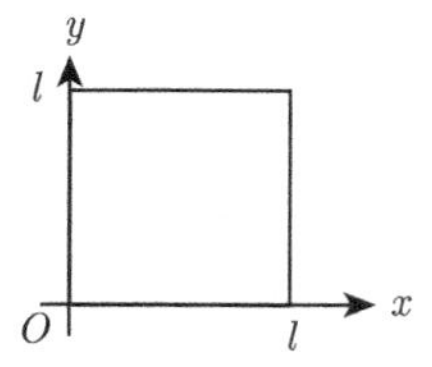

图 1.3.1 正方形薄板

1.4　定解问题的适定性

当针对具体物理问题建立了相应的数学模型 (定解问题) 之后, 首先要考虑该问题提法的合理性 (或者说, 数学模型的可解性), 然后才能考虑该问题的求解方法. "提法的合理性", 在数学上的含义是为了使该定解问题正确反映客观实际, 它必须有解存在, 且只有一个解, 以及解对定解数据 (初始数据或者边界数据) 是连续依赖的 (称为解的稳定性).

田 课件 1.4

1.4.1　定解问题的解

在指定范围内满足方程, 同时满足所给定解条件的函数称为定解问题的**解**. 既然要求解函数满足方程, 其当然应该具有方程中出现的各个偏导数且一般说它们应该是连续的以保证函数可微 (在建立方程时常采用略去高阶无穷小的方法, 这种做法的基础是函数可微), 这样的解称为**古典解**.

田 微课 1.4

但在某些实际问题中有时出现这样一种情况: 函数在个别的点 (线、面) 上不可导或导数不连续, 其不满足古典解的要求, 但其在实际问题中是有意义的, 人们不得不放宽对解的概念的要求 (比如, 只需要其满足原方程的某种积分形式), 承认其也是一种解. 为区别于古典解, 把这种解称为**弱解**. 尽管弱解的连续性降低, 但对实际物理问题来说却常常较原来的方程更接近于真解, 故弱解也常称为**物理解**.

1.4.2　解的唯一性

一般情况下, 实际问题的解应该是唯一确定的. 因此, 与实际问题相应的定解问题的解应该是唯一的. 如果相应的定解问题的解不唯一, 则说明在构造解决问题的数学模型时可能存在某些问题. 可能是在建立方程时, 某些物理方面的假设失实, 或者是略去小量时欠妥, 也可能是定解条件给得不合适. 一般来说, 定解条件给得过多, 会造成解不存在; 定解条件给得太少, 会造成解不唯一.

当然, 也会有些特殊的情形. 有些实际问题的解本身就允许相差个常数如电势问题. 因此, 有些定解问题, 它的解可能不唯一, 但在实际问题中还是有意义的.

1.4.3　解的稳定性

在实际问题中, 所有的观测数据都不可避免地带有误差. 在对应的定解问题中, 这种误差常常出现在定解条件及自由项中. 这种误差必然导致定解问题的解与 "真实情况" 的差距 (这里给 "真实情况" 加上引号是因为它仅仅是指如果定解条件及自由项没有误差时所得的解, 这个解与真正的实际情况还是有差距的). 这种差距是不可避免的, 关键是能否容忍.

如果定解条件或自由项发生微小改变时, 解的相应改变也是微小的, 则称定解问题为**稳定的**. 否则, 称为**不稳定的**.

★ 应用拓展

蝴蝶效应

1.4.4　解的适定性

如果一个定解问题的解存在、唯一、稳定, 则称该问题为**适定的** (well-posed). 否则, 称它为**不适定的** (ill-posed). 由上面的讨论可见, 定解问题适定性的讨论对于检查定解问题能否在允许范围内真实地反映实际问题常常是有效的. 根据实际问题构造数学模型常常会出现误差. 根据数学模型求出的解能否真实地反映实际情况要经过实践的检验, 但数学问题的求解常常费时费力. 在定解问题求解之前, 如果先考虑一下适定性, 有助于发现建立的数学模型是否存在失误. 对适定性的讨论在数学上一般是较困难的, 实际工作中常常可以利用数学工作者已得出的一些结论.

本书所讨论的波动方程的初值问题及初边值问题, 热传导方程的初值问题及初边值问题, 拉普拉斯 (泊松) 方程的边值问题, 均是适定的.

1.4.5 不适定性问题的例子

如果对定解问题的提法不合适, 就可能导致问题的不适定性. 阿达马[①]在瑞士数学会 1917 年的一次会议上给出如下著名的例子, 说明拉普拉斯方程的初值问题是不适定的.

例 1.4.1 拉普拉斯方程的初值问题

$$\begin{cases} \Delta u = u_{xx} + u_{yy} = 0, & x > 0, \quad y \in \mathbb{R}, \\ u(0,y) = \phi_0(y), \quad u_x(0,y) = \psi_0(y), & y \in \mathbb{R} \end{cases} \tag{1.4.1}$$

是不适定的.

证明 考虑问题(1.4.1)对初值的扰动问题

$$\begin{cases} \Delta u = u_{xx} + u_{yy} = 0, & x > 0, \quad y \in \mathbb{R}, \\ u(0,y) = \phi_0(y), \quad u_x(0,y) = \psi_0(y) + \dfrac{1}{n}\sin(ny), & y \in \mathbb{R}. \end{cases} \tag{1.4.2}$$

由 1.5 节的叠加原理知, 问题(1.4.2)的解为 $u = u(x,y) = u_0(x,y) + u_1(x,y)$, 其中, $u_0(x,y)$ 是问题(1.4.1) 的解, 而 $u_1(x,y)$ 是问题

$$\begin{cases} \Delta u = u_{xx} + u_{yy} = 0, & x > 0, \quad y \in \mathbb{R}, \\ u(0,y) = 0, \quad u_x(0,y) = \dfrac{1}{n}\sin(ny), & y \in \mathbb{R} \end{cases} \tag{1.4.3}$$

的解. 可以验证 (或类比后面的例 5.3.7 进行求解), 问题(1.4.3)的唯一解是

$$u_1(x,y) = \frac{1}{n^2}\sin(ny)\sinh(nx), \quad x \geqslant 0, \quad y \in \mathbb{R}.$$

显然 $\left|\dfrac{1}{n}\sin(ny)\right| \leqslant \dfrac{1}{n} \to 0$, $n \to \infty$, 但是对一切 $x > 0$, 当 $n \to \infty$ 时,

$$\sup_{y\in\mathbb{R}}|u(x,y) - u_0(x,y)| = \sup_{y\in\mathbb{R}}|u_1(x,y)| = \frac{1}{n^2}|\sinh(nx)| = \frac{1}{n^2}\left|\frac{\mathrm{e}^{nx} - \mathrm{e}^{-nx}}{2}\right| \to \infty.$$

尽管定解条件中关于边界数据的扰动 $\left|\dfrac{1}{n}\sin(ny)\right|$ 很小, 但对应解的变化 $|u(x,y) - u_0(x,y)|$ 可能很大. 所以, 问题(1.4.1)是不适定的.

例 1.4.2 双曲型方程的边值问题

$$\begin{cases} u_{xy} = 0, & 0 < x < 1, \quad 0 < y < 1, \\ u(0,y) = f_1(y), \quad u(1,y) = f_2(y), & 0 \leqslant y \leqslant 1, \\ u(x,0) = g_1(x), \quad u(x,1) = g_2(x), & 0 \leqslant x \leqslant 1 \end{cases}$$

是不适定的.

[①] Jacques Salomon Hadamard, 1865~1963, 法国数学家.

证明　泛定方程的通解为 $u(x,y)=f(x)+g(y)$, 其中, $f(x),g(y)$ 为任意一阶可微函数. 由边界条件得

$$f(0)+g(y)=f_1(y),\quad f(1)+g(y)=f_2(y)\Rightarrow f_1(y)-f_2(y)=f(0)-f(1)=\text{常数},$$
$$f(x)+g(0)=g_1(x),\quad f(x)+g(1)=g_2(x)\Rightarrow g_1(x)-g_2(x)=g(0)-g(1)=\text{常数}.$$

若 f_1,f_2,g_1,g_2 不满足上述关系, 则该定解问题无解.

1.4.6　反问题和数值天气预报

1. 反问题

反问题中有这样一个有趣的问题 (张关泉等, 1997): 仅仅通过鼓的声音能否判断出鼓的形状? 即"盲人听鼓"问题. 该问题最早由丹麦著名物理学家洛伦兹[①] 在 1910 年的一次演讲中提出. 以耳代目, 可能吗? 乐器的材质确定后, 其发出的音调与其形状密切相关, 音乐家经常可以凭借丰富的经验通过音色确定鼓面的形状和大小. 这一经验性的方法可以找到数学上的依据吗? 数学家经过近一个世纪的研究, 终于给出了数学上严密的回答: 这是不可能的! 1992 年, 数学家 Gordon 等构造出了两面同声鼓, 这两面鼓有着相同的音调, 但是却有着不同的形状. 也就是说单凭音色给出的谱是不可能唯一确定鼓的形状的. 尽管如此, 还是能从鼓声中得到相当多的信息, 如鼓的面积有多大、周边有多长, 甚至鼓的内部是否有洞, 数学家都一一给出了计算公式.

由鼓的材质和形状推知鼓的音色 (谱或频率) 是传统的正问题, 而由鼓的音色 (谱或频率) 推知鼓的信息 (形状、面积、周长等) 就是一个反问题了. 反问题是相对于正问题而言的. 传统的数学物理方程的定解问题 (正问题), 是由给定的数学物理方程和相应的定解条件来求定解问题的解. 反问题的研究是由解的部分已知信息来确定定解问题中的某些未知量, 如微分方程中的系数、区域的边界或者某些定解条件, 即由定解问题解的部分信息, 来求定解问题中的一些缺失信息. 数学物理反问题是一个新兴的研究领域. 近几十年来, 反问题已经成为应用数学中发展最为迅猛的领域之一, 这主要是因为其他应用学科和工程技术领域中涌现出许多急切需要解决的反问题, 推动了反问题理论的发展, 如无损探伤、雷达侦察、信号和图像处理、石油勘探、地震波的运动等多个学科都有意义重大的反问题.

与反问题密切相关的一个现代的重要成果是计算机断层扫描 (computed tomography, CT) 成像, 其来源于工程师试图帮助医师不经手术就能了解患者内部器官病变程度的尝试. 这是 X 射线自 Roentgen 发明 (获 1900 年诺贝尔奖) 以来在医疗诊断上的重大进展, 其发明人 Hounsfield 和 Cormack 因此获得了 1979 年的诺贝尔生理学或医学奖. CT 技术是医学、电子技术、计算机图像和反问题相结合的产物, 它利用计算机收集穿越人体的 X 射线在每个方向上的能量衰减, 来重建体内器官的二维密度图像, 以此生成可供医疗诊断的透视图. 在数学上该问题可以化为一个与 Radon 变换相关的线性积分方程中密度函数的反演问题. 继之而起的是基于三维 Radon 变换的核磁共振成像, 在诊断效果和无伤害性方面更为优越.

绝大多数反问题都是不适定的. 这是因为很多反问题都可以转化为具有全连续算子的第一类积分方程. 众所周知, 这样的积分方程即使有界也是不稳定的; 另外, 观测误差的存在往往导致数据资料跃出算子的值域, 这使得该算子方程无解. 这也往往是导致反问题不适定的一个原因. 所以, 反问题和不适定问题是紧密联系在一起的.

[①] Ludvig Valentin Lorenz, 1829~1891, 丹麦数学家和物理学家.

2. 数值天气预报

在数值天气预报中, 借助地面观测、探空、雷达、气象卫星等获取的重要数据来源, 利用资料同化方法, 使观测到的大气状态与模式大气状态相融合, 起到对模式初始场和边界条件优化和调整的作用, 从而使模式预报更加接近于真实大气. 如何利用现有的观测和同化技术, 以获得更完善的初始场和边界条件, 已成为当代气象学最前沿最重要的研究课题之一.

★ 拓展知识
我国学者的贡献

气象资料同化一般定义为将观测资料纳入动力学模式 (或向前数值预报模型), 以便改进预报准确度的过程. 资料同化方法包括变分法和序列法. 变分同化问题可视为拟合问题或反演问题. 反演问题就是由已知的所有时刻观测资料透过动力方程反演出初始值, 但由于这种反问题的通常不适定特点, 就需要用到先验知识或正则化技巧来求解. 而序列法以卡尔曼滤波器为典型, 它能将资料信息在时间方向上向前传播, 给出整个系统状态的估计, 最著名的例子是在阿波罗成功登月中的应用. 另外, 卡尔曼滤波也可以用来反演与观测相拟合的预报方程初始值. 我国在资料同化方面的研究已步入世界先进水平行列, 研制并开发出了自己的 GRAPES 全球数值预报系统, 为社会发展和应用发挥了重要作用.

可见, 数值天气预报不应当简单地进行数值积分, 应充分考虑问题的不适定性, 采用某种方法消除解的不稳定性. 从这个意义上讲, 反问题和不适定问题的研究理论与方法在有关国计民生的气象预报问题中是大有用武之地的.

1.5 线性叠加原理

1.5.1 引入

田 课件 1.5

从 "线性代数" 课程中知道: 若 ξ_1, ξ_2 分别为齐次线性方程组 $Ax = 0$ 的解, 则 $k_1\xi_1 + k_2\xi_2$ 也是 $Ax = 0$ 的解. $k_1\xi_1 + k_2\xi_2$ 称为 ξ_1, ξ_2 的线性组合 (叠加).

在物理和工程技术等学科中, 经常出现这样的现象: 几种不同原因综合所产生的效果等于这些不同原因单独 (即假设其他原因不存在时) 的累加. 例如, 作用在同一物体上的几个外力所产生的加速度等于用这些单个外力各自单独作用所产生的加速度的累加. 这种累加效应称为**线性叠加原理**. 这种规律若用数学关系来描述 (如代数式、方程等), 其关系将是线性的.

线性叠加原理具有相当的普适性, 在复杂问题简化和求解过程中扮演着重要角色. 线性定解问题 (泛定方程和定解条件均为线性的定解问题) 的一个非常重要的特性是其满足叠加原理. 这是后面章节中要学习的分离变量法的理论基础.

1.5.2 线性定解问题

1. 线性微分算子

田 微课 1.5

考虑自变量 $x = (x_1, x_2, \cdots, x_n)$ 的二阶线性偏微分方程

$$L[u] := \sum_{i,j=1}^{n} a_{ij}(x)\frac{\partial^2 u}{\partial x_i \partial x_j} + \sum_{i=1}^{n} b_i(x)\frac{\partial u}{\partial x_i} + c(x)u = f(x)$$

其中, $a_{ij}(x) = a_{ji}(x)$. 则 L 是二阶线性偏微分算子, 其满足

$$L[c_1 u_1 + c_2 u_2] = c_1 L[u_1] + c_2 L[u_2], \quad \forall 常数 c_1, c_2.$$

2. 线性边界条件

考虑边界条件

$$L_0[u] := \left(\alpha u + \beta \frac{\partial u}{\partial n}\right)\bigg|_{\partial\Omega} = \phi,$$

则 L_0 亦为线性算子; 当 $\beta \neq 0$ 时, L_0 为一阶线性偏微分算子.

1.5.3 叠加原理

(无限) 叠加原理:

$$\text{若 } u_i(i = 1, 2, \cdots) \text{满足} \begin{cases} L[u_i] = f_i(\text{线性方程或线性定解条件}), \\ \displaystyle\sum_{i=1}^{\infty} c_i u_i \ (\text{收敛}) = u \text{且可逐项微分两次}, \\ \displaystyle\sum_{i=1}^{\infty} c_i f_i \ (\text{收敛}) = f; \end{cases}$$

$$\Rightarrow \text{则一定有} L\left[\sum_{i=1}^{\infty} c_i u_i\right] = \sum_{i=1}^{\infty} c_i f_i, \text{即} L[u] = f.$$

特例 1: $f_i = 0$ 时为齐次方程情形.

特例 2: 设 $V(x, t)$ 是

$$\begin{cases} V_t = a^2 V_{xx} + f(x, t), & 0 < x < L, \quad t > 0, \\ V(x, 0) = 0, & 0 \leqslant x \leqslant L, \\ V(0, t) = V(L, t) = 0, & t \geqslant 0 \end{cases}$$

的解, $W(x, t)$ 是

$$\begin{cases} W_t = a^2 W_{xx}, & 0 < x < L, \quad t > 0, \\ W(x, 0) = \phi(x), & 0 \leqslant x \leqslant L, \\ W(0, t) = W(L, t) = 0, & t \geqslant 0 \end{cases}$$

的解, 则 $U(x, t) = V(x, t) + W(x, t)$ 是

$$\begin{cases} U_t = a^2 U_{xx} + f(x, t), & 0 < x < L, \quad t > 0, \\ U(x, 0) = \phi(x), & 0 \leqslant x \leqslant L, \\ U(0, t) = U(L, t) = 0, & t \geqslant 0 \end{cases}$$

★ **数学思想**

化归思想: 将非
齐次问题约化为
齐次问题

的解.

1.5.4 应用: 将一个复杂问题化为较简单问题求解

例 1.5.1 求泊松方程 $u_{xx} + u_{yy} = x^2 - 3xy + 2y^2$ 的通解.

思路: 分别考虑

(1) $V_{xx} + V_{yy} = x^2 - 3xy + 2y^2$ 的一个特解 $V(x, y)$;

(2) $W_{xx} + W_{yy} = 0$ 的通解 $W(x,y)$.

解 对 (1), 设 $V(x,y) = ax^4 + bx^3y + cy^4$, 代入方程, 得

$$V_{xx} + V_{yy} = 12ax^2 + 6bxy + 12cy^2 = x^2 - 3xy + 2y^2,$$

因此

$$a = \frac{1}{12}, \ b = -\frac{1}{2}, \ c = \frac{1}{6}.$$

从而

$$V(x,y) = \frac{1}{12}(x^4 - 6x^3y + 2y^4).$$

对 (2), 作替换 $x = \xi$, $y = \eta\mathrm{i}$ ($\mathrm{i} = \sqrt{-1}$), 有 (请读者推导一下)

$$W_{\xi\xi} - W_{\eta\eta} = 0.$$

令 $s = \xi + \eta$, $t = \xi - \eta$, 有 (请读者推导一下)

$$W_{st} = 0.$$

则

$$W = f(s) + g(t) = f(\xi + \eta) + g(\xi - \eta) = f(x - \mathrm{i}y) + g(x + \mathrm{i}y).$$

从而

$$u(x,y) = V + W = f(x - \mathrm{i}y) + g(x + \mathrm{i}y) + \frac{1}{12}(x^4 - 6x^3y + 2y^4).$$

1.5.5 叠加原理不成立的一个例子

在使用叠加原理前, 需检查方程是否是线性的. 对非线性方程, 叠加原理将失效. 例如, 对一阶非线性方程

$$u_t + uu_x = 0,$$

容易验证 $u(x,t) = \dfrac{x}{t+1}$ 是方程的一个解, 但 $\dfrac{cx}{t+1}$ 并非方程的解, 除非 $c = 1$ 或 $c = 0$.

1.6 应用: 阿米巴变形虫的动力学建模与稳定性分析*

1.6.1 问题的提出

阿米巴 (amoebae) 变形虫的运动是在扩散和趋药性两种机制的作用下进行的. 扩散运动遵循种群从密度大的区域向密度小的区域扩散的规律, 以争取种群的最佳生存条件; 趋药性运动是由阿米巴本身产生的化学吸引剂浓度变化而诱导的运动, 其可描述为当食物供给充足时, 其密度分布一般是均匀分布的; 而当食物供给稀少时, 这种生物就开始分泌出一种有吸引作用的化学物质, 诱导阿米巴变形虫朝着化学浓度高的地方移动, 并团聚在一起.

试建立一个数学模型, 用以描述阿米巴变形虫的运动行为.

★ 数学思想
建模思想

1.6.2 模型的假设

为简便起见, 只在一维空间中进行讨论, 并假定在任一垂直于 x 轴的截面上的模型参数都是相同的. 令 $a(x,t)$ 为 x 在 t 时刻的每单元长度的阿米巴变形虫数量, 即 (x,t) 处的种群密度. 令 $c(x,t)$ 为 (x,t) 处按单位长度的质量计算在内的化学吸引剂浓度. 根据阿米巴变形虫的运动特点, 做如下假设:

(1) 阿米巴变形虫会从高密度区域向低密度区域扩散;

(2) 阿米巴变形虫会朝化学吸引剂浓度高的区域运动.

1.6.3　模型的建立

采用微元法建立阿米巴变形虫的运动模型. 为此任取一个区间 $[x_1, x_2]$, 阿米巴变形虫数量对时间的变化率应当等于单位时间内 $[x_1, x_2]$ 上阿米巴变形虫数量的变化, 即单位时间内在 $x = x_1$ 处进入这个区域的阿米巴变形虫数量减去在 $x = x_2$ 处离开这个区域的阿米巴变形虫数量. 若以 $\Phi(x, t)$ 表示在 t 时刻经过 x 处阿米巴变形虫数量的通量, 那么

$$\frac{\mathrm{d}}{\mathrm{d}t} \int_{x_1}^{x_2} a(x, t)\,\mathrm{d}x = \Phi(x_1, t) - \Phi(x_2, t).$$

根据微积分基本原理, 有

$$\Phi(x_1, t) - \Phi(x_2, t) = -\int_{x_1}^{x_2} \frac{\partial}{\partial x} \Phi(x, t)\,\mathrm{d}x,$$

因此

$$\frac{\mathrm{d}}{\mathrm{d}t} \int_{x_1}^{x_2} a(x, t)\,\mathrm{d}x = -\int_{x_1}^{x_2} \frac{\partial}{\partial x} \Phi(x, t)\,\mathrm{d}x.$$

将左端的求导和求积交换次序后得到

$$\int_{x_1}^{x_2} \left[\frac{\partial}{\partial t} a(x, t) + \frac{\partial}{\partial x} \Phi(x, t) \right] \mathrm{d}x = 0.$$

于是由积分区间的任意性, 得

$$\frac{\partial a}{\partial t} + \frac{\partial \Phi}{\partial x} = 0,$$

此为守恒定律的微分形式.

由上面的假设 (1) 和 (2), 可认为 Φ 是扩散运动的通量 Φ_a 与趋药性运动的通量 Φ_C 的叠加, 即

$$\Phi = \Phi_a + \Phi_C.$$

因为在扩散运动中, 阿米巴变形虫从高密度的区域向低密度的区域运动, 梯度 a_x 越大, 通量 Φ_a 也越大. 因此, 假设 Φ_a 应与 a_x 成正比, 设比例为 k, 则

$$\Phi_a = -k \frac{\partial a}{\partial x},$$

其中, $k > 0$ 为游动系数, 负号的出现是由于当梯度为负值时, 通量应为正.

同样地, 还可以推出 Φ_C 应与化学吸引剂浓度的梯度 $\frac{\partial C}{\partial x}$ 成正比. 但必须注意的是, 当浓度梯度给定时, 若阿米巴变形虫的数量增加一倍, 则其通量也应增大一倍, 即 Φ_C 还与 $a(x, t)$ 成比例. 因此

$$\Phi_C = \lambda a(x, t) \frac{\partial C}{\partial x},$$

其中, $\lambda > 0$ 为衡量趋药性强度的比例系数. 公式右端没有出现负号, 其原因是阿米巴变形虫是从吸引剂浓度较低的地方向浓度较高的地方运动.

综上可得关于阿米巴变形虫数量的守恒方程

$$\frac{\partial a}{\partial t} = \frac{\partial}{\partial x}\left(k\frac{\partial a}{\partial x} - \lambda a\frac{\partial C}{\partial x}\right), \tag{1.6.1}$$

此式是关于未知数 a 和 C 的一个非线性偏微分方程.

由于含有两个未知函数, 因此还需要附加一个条件: 吸引剂数量的总量守恒, 即在区间 $[x_1, x_2]$ 中吸引剂数量对时间的变化率等于在该区间的流入通量减去流出通量, 再加上每单位时间内该区间中阿米巴所分泌的吸引剂数量. 于是

$$\frac{\mathrm{d}}{\mathrm{d}t}\int_{x_1}^{x_2} C(x,t)\,\mathrm{d}x = \Phi_{\mathrm{d}}(x_1,t) - \Phi_{\mathrm{d}}(x_2,t) + \int_{x_1}^{x_2} Q(x,t)\,\mathrm{d}x,$$

其中, Φ_{d} 为化学吸引剂扩散时的通量; $Q(x,t)$ 为 t 时刻在 x 处每单位长度的阿米巴分泌的化学吸引剂数量. 进一步可得化学吸引剂守恒律的微分形式

$$\frac{\partial C}{\partial t} = -\frac{\partial \Phi_{\mathrm{d}}}{\partial x} + Q.$$

化学吸引剂的随机扩散运动与阿米巴变形虫的扩散运动一样, 其通量与浓度的梯度成正比, 即

$$\Phi_{\mathrm{d}} = -D\frac{\partial C}{\partial x},$$

其中, D 为吸引剂的扩散系数. 对于化学吸引剂生成项 Q, 可假设它存在如下简单的线性形式:

$$Q = q_1 a - q_2 C,$$

其中, q_1 为阿米巴变形虫的分泌率, q_2 为吸引剂的衰减率. 于是

$$\frac{\partial C}{\partial t} = D\frac{\partial^2 C}{\partial x^2} + q_1 a - q_2 C. \tag{1.6.2}$$

由方程 (1.6.1) 和方程 (1.6.2), 得到了刻画阿米巴变形虫运动的基本方程组

$$\begin{cases} \dfrac{\partial a}{\partial t} = \dfrac{\partial}{\partial x}\left(k\dfrac{\partial a}{\partial x} - \lambda a\dfrac{\partial C}{\partial x}\right), \\ \dfrac{\partial C}{\partial t} = D\dfrac{\partial^2 C}{\partial x^2} + q_1 a - q_2 C. \end{cases} \tag{1.6.3}$$

1.6.4 稳定性分析

如果常数 a_0, C_0 满足条件

$$q_1 a_0 = q_2 C_0,$$

则有常数解

$$a(x,t) = a_0, \quad C(x,t) = C_0.$$

这是一个平衡解, 它表示阿米巴变形虫的密度和化学吸引剂浓度都是均匀分布的. 下面研究其稳定性问题, 即平衡解受到小扰动后, 这个扰动随着时间的增长是衰减还是增加.

按照稳定性的分析方法, 作变换

$$a(x,t) = a_0 + \tilde{a}(x,t), \quad C(x,t) = C_0 + \tilde{C}(x,t),$$

其中, $\tilde{a}$ 和 $\tilde{C}$ 分别为 a 和 C 的小扰动, 表示它们与平衡解的偏差. 将作变换后的公式代入式(1.6.3), 得非线性扰动方程组

$$
\begin{cases}
\tilde{a}_t = \dfrac{\partial}{\partial x}\left(k\tilde{a}_x - la_0\tilde{C}_x - l\tilde{a}\tilde{C}_{xx}\right), \\
\tilde{C}_t = D\tilde{C}_{xx} + q_1\tilde{a} - q_2\tilde{C}.
\end{cases}
\tag{1.6.4}
$$

对式(1.6.4)的第一式线性化后得线性方程组

$$
\begin{cases}
\tilde{a}_t = k\tilde{a}_{xx} - la_0\tilde{C}_{xx}, \\
\tilde{C}_t = D\tilde{C}_{xx} + q_1\tilde{a} - q_2\tilde{C}.
\end{cases}
\tag{1.6.5}
$$

在给定适当的初始和边界条件下, 可以用本书后面要介绍的分离变量法来求方程组(1.6.5)的解.

设方程组(1.6.5)有如下形式的解

$$
\tilde{a}(x,t) = c_1 \mathrm{e}^{\alpha t}\mathrm{e}^{\mathrm{i}\beta x}, \quad \tilde{C}(x,t) = c_2 \mathrm{e}^{\alpha t}\mathrm{e}^{\mathrm{i}\beta x},
\tag{1.6.6}
$$

其中, c_1, c_2, α, β 为待定系数. 将式(1.6.6)代入式(1.6.5), 经过计算得到

$$
\begin{cases}
q_1 c_1 + \left(\alpha + D\beta^2 + q_2\right)c_2 = 0, \\
\left(\alpha + k\beta^2\right)c_1 - la_0\beta^2 c_2 = 0.
\end{cases}
$$

将上述方程组看成 c_1, c_2 的齐次线性方程组, 则由线性代数的知识可知, 要使 c_1, c_2 有非零解, 其系数行列式必为零, 即

$$
\alpha^2 + \left(k\beta^2 + D\beta^2 + q_2\right)\alpha + kq_2\beta^2 + kD\beta^4 - q_1 la_0\beta^2 = 0,
$$

此为一个关于 α 的一元二次方程, 其有实根的充要条件是判别式大于或等于零, 即

$$
\Delta = \left(k\beta^2 + D\beta^2 + q_2\right)\alpha - 4\left(kq_2\beta^2 + kD\beta^4 - q_1 la_0\beta^2\right) \geqslant 0.
$$

此外, 由于 k, D, q_2 均为正常数, 则不难推出该方程两根均为负值的充分必要条件为

$$
kD\beta^2 + kq_2 > q_1 la_0,
\tag{1.6.7}
$$

这就是平衡状态为稳定时各常数之间应满足的充要条件.

下面再来寻找平衡状态不稳定的条件.

事实上, 如果有

$$
kq_2 < q_1 la_0,
\tag{1.6.8}
$$

则当 β 在零附近变化时, 不等式(1.6.7)总是不成立的, 因此, 平衡状态在长波扰动时将出现不稳定现象.

1.6.5　结论与应用

由条件(1.6.8)可知, 当游动系数 k 或化学吸引剂的衰减率 q_2 很小, 或者当分泌率 q_1 或趋药性强度 l 很大时, 不稳定平衡就会出现. 例如, 当食物供给突然中断时, 吸引剂就会产生, 稳定性遭到破坏, 阿米巴变形虫将出现聚集现象. 由此可见, 阿米巴变形虫的聚集现象是由系统不稳定引起的.

历史人物: 柯西

柯西 (Augustin-Louis Cauchy, 1789~1857), 法国数学家、物理学家. 主要从事微积分理论基础和复变函数论的研究, 对弹性力学亦有深入研究.

1789 年柯西出生于巴黎. 幼年时就经常去他父亲所在的法国参议院办公室, 在那里接受指导进行学习. 之后于 1802 年入中学, 他的拉丁文、希腊文以及数学成绩非常优秀, 深受老师赞扬. 1805 年考入综合工科学校, 在那里主要学习数学和力学; 1807 年考入桥梁公路学校, 1810 年以优异成绩毕业, 前往瑟堡参加海港建设工程. 其凭借极大的学习兴趣, 在业余时间悉心攻读有关数学各方面的书籍, 从数论到天文学等, 内容范围涉及相当广泛.

柯西在数学上的最大贡献是在微积分中引进了极限概念, 并以极限为基础建立了逻辑清晰的分析体系. 这是柯西对人类科学发展所做的巨大贡献. 事实上, 在数学其他领域和方向, 有很多数学定理和公式也都冠有他的名字, 如柯西不等式、柯西条件及柯西问题等.

柯西是弹性力学数学理论的奠基人. 1823 年, 他在《弹性体及流体 (弹性或非弹性) 平衡和运动的研究》一文中, 提出弹性体平衡和运动的一般方程, 给出应力和应变的严格定义, 提出它们可分别用六个分量表示. 这些结果对于流体运动方程同样有意义, 在此基础上提出的流体方程比现在通用的纳维-斯托克斯方程仅忽视了压力梯度项.

柯西于 1832~1833 年在意大利都灵大学担任数学物理教授期间, 尝试用幂级数法研究常微分方程, 首先证明了方程解的存在和唯一性. 其最大贡献就是通过计算幂级数, 证明逐步逼近收敛, 其极限就是方程的解. 柯西在前人工作的基础上开始了偏微分方程解的存在性研究, 由此揭开了偏微分方程理论研究的序幕. 柯西关于微分方程解的原则性存在思想是建立在他的 "柯西问题" 的提法基础之上的. 另外, 在一阶偏微分方程理论的研究中, 柯西给出了特征线等基本概念, 也认识到傅里叶变换在解微分方程中的重要作用.

当仰望现代数学大厦, 品味以柯西命名的数学公式时, 让我们记住百年前曾经有这样一位勤奋忙碌而伟大的数学家——柯西.

人物介绍: 曾庆存

曾庆存 (1935~), 我国著名气象学和地球流体力学家. 主要从事大气科学等方面的研究.

1956 年, 毕业于北京大学物理系; 1961 年, 在苏联科学院应用地球物理研究所获副博士学位; 回国后先后在中国科学院地球物理研究所和大气物理研究所工作, 曾任大气物理研究所所长、中国气象学会理事长、中国工业与应用数学学会理事长; 1980 年, 当选为中国科学院学部委员 (院士); 1994 年, 当选为俄罗斯科学院外籍院士; 1995 年, 当选为第三世界科学院院士, 2016 年, 获第 61 届国际气象组织奖; 2019 年度国家最高科学技术奖获奖人.

曾庆存在气象卫星遥感方面做出了开创性和基础性的贡献. 为适应国家发展的需要, 曾庆存一头扎入当时在中国尚是空白的气象卫星和大气遥感领域的研究工作, 带领团队解决了卫星大气红外遥感的基础理论问题, 其第一次把大气遥感问题发展成系统理论. 曾庆存所提出的 "最佳信息层" 理论, 为卫星遥感通道的选择提供了重要指引. 1974 年, 完成出版《大气红外遥测原理》一书. 这本书是当时国际上第一本系统讲述卫星大气红外遥感定量理论的专著, 被广泛应用于中国乃至世界气象卫星遥感领域的研究中.

数值天气预报是基于大气运动的偏微分方程组, 利用当前天气状况作为输入数据, 计算和预报未来天气的学科. 曾庆存是国际数值天气预报的奠基人之一, 其首创 "半隐式差分法", 在国际上首次成功求解斜压大气原始方程组, 能预报出描述大气运动的风速、风向、温度和湿度等变量. 为国际上推进大气科学和地球流体力学发展成为现代先进学科做出了关键性贡献.

在引领和指挥大气科学发展方向的同时, 曾庆存还为我国气象事业培养了一批又一批优秀研究生和青年学者. 耄耋之年的曾庆存仍然对年轻的科研工作者寄予厚望: "我曾立志攀上大气科学的珠峰, 但种种原因所限, 没能登上顶峰, 大概只在 8600 米处建立了一个营地, 供后来者继续攀登. 真诚地希望年轻人们勇于攀登, 直达无限风光的顶峰. "

习　题　1

◎ 基本概念和定义

1.1 对下列偏微分方程, 指出它的阶, 并指出它是线性的还是非线性的. 若是线性的, 请再指出它是齐次的还是非齐次的; 若是非线性的, 请再指出它是否是拟线性的 (或进一步, 半线性的).

(1) $u_x^3 + 2uu_y = xy$;　　　　　　　　　　　　(2) $uu_y - 6xyu_x = 0$;

(3) $u_{xx} - x^2 u_y = \sin x$;　　　　　　　　　　(4) $u_{xx}^3 + u_x^3 - \cos u = \mathrm{e}^x$;

(5) $u_y u_{yyx} - u_x u_{xxy} + u^5 = f(x,y)$;　　　(6) $u_t - 3uu_x + 6u_{xxx} = 0$.

1.2 验证下列函数是方程 $u_{xx} + u_{yy} = 0$ 的解.

(1) $u(x,y) = x^2 - y^2$;

(2) $u(x,y) = \mathrm{e}^x \sin y$;

(3) $u(x,y) = 2xy$;

1.3 验证函数

$$u = \phi(xy) + x\psi\left(\frac{y}{x}\right)$$

是方程 $x^2 u_{xx} - y^2 u_{yy} = 0$ 的通解.

1.4 求 $u_{xx} - 4u_{xy} + 3u_{yy} = 0$ 的通解, 假设解的形式是 $u(x,y) = f(\lambda x + y)$, 其中, λ 是未知的参数.

1.5 求下列线性偏微分方程的通解 (其中, $u = u(x,y)$).

(1) $u_{xx} + cu = 0$ (提示: 分 $c > 0, c = 0, c < 0$);

(2) $u_{yy} + u_y = 0$.

◎ 拉普拉斯算子的不同形式转化

1.6 证明二维拉普拉斯算子在极坐标系 (r, θ) 下可以写成

$$\Delta u = \frac{\partial^2 u}{\partial r^2} + \frac{1}{r}\frac{\partial u}{\partial r} + \frac{1}{r^2}\frac{\partial^2 u}{\partial \theta^2}.$$

1.7 证明三维拉普拉斯算子在柱面坐标系 (r, θ, z) 下可以写成

$$\Delta u = \frac{\partial^2 u}{\partial r^2} + \frac{1}{r}\frac{\partial u}{\partial r} + \frac{1}{r^2}\frac{\partial^2 u}{\partial \theta^2} + \frac{\partial^2 u}{\partial z^2}.$$

1.8 证明三维拉普拉斯算子在球坐标系 (r, θ, ϕ) 下可以写成

$$\Delta u = \frac{\partial^2 u}{\partial r^2} + \frac{2}{r}\frac{\partial u}{\partial r} + \frac{1}{r^2}\left(\frac{\partial^2 u}{\partial \theta^2} + \cot\theta\frac{\partial u}{\partial \theta} + \frac{1}{\sin^2\theta}\frac{\partial^2 u}{\partial \phi^2}\right).$$

◎ 一些典型的偏微分方程

1.9 如果 $u_x = v_y$ 和 $v_x = -u_y$, 证明 u 和 v 分别满足拉普拉斯方程 $\Delta u = 0$ 和 $\Delta v = 0$.

1.10 在波方程 $U_{tt} = \Delta U$ 中, 令 $U = \mathrm{e}^{ikt}u$, 在热方程 $U_t = \Delta U$ 中令 $U = \mathrm{e}^{-k^2 t}u$, 证明 $u(x,y,z)$ 满足 Helmholtz 方程 $\Delta U + k^2 U = 0$.

◎ 典型偏微分方程解的验证

1.11 验证:

(1) $u(x,t) = \cos x \cos t$ 是波动方程 $u_{tt} - u_{xx} = 0$ 的解;

(2) $u(x,t) = f(x - at) + g(x + at)$ 是波动方程 $u_{tt} - a^2 u_{xx} = 0$ 的通解, 其中, f, g 是任意两个二次可微函数.

1.12 验证

$$u(x,y,t) = A\cos(\sqrt{m^2 + n^2}\,ct)\cos(mx)\cos(ny) + B\sin(\sqrt{m^2 + n^2}\,ct)\sin(mx)\sin(ny)$$

是波动方程 $u_{tt} - c^2(u_{xx} + u_{yy}) = 0$ 的解.

1.13 验证:

(1) $u(x,t) = \sin x \mathrm{e}^{-9t}$ 是热传导方程 $u_t - 9u_{xx} = 0$ 的解;

(2) $u(x,t) = \dfrac{1}{\sqrt{4\pi at}} \mathrm{e}^{-\frac{x^2}{4at}}$ 是热传导方程 $u_t - au_{xx} = 0$ 的解.

1.14 验证:

(1) $u(x,y) = \ln\dfrac{1}{\sqrt{x^2+y^2}}$, $\mathrm{e}^{ax}\cos(ay)$, $\mathrm{e}^{ax}\sin(ay)$ 均是二维拉普拉斯方程 $u_{xx} + u_{yy} = 0$ 的解;

(2) $u_n(r,\theta) = r^n\cos(n\theta)$, $r^n\sin(n\theta)\,(n = 0,1,2,\cdots)$ 是拉普拉斯方程 $u_{rr} + \dfrac{1}{r}u_r + \dfrac{1}{r^2}u_{\theta\theta} = 0$ 的解;

(3) $u(x,y) = x^3 + y^2 + \mathrm{e}^x(\cos x\sin y\cosh y - \sin x\cos y\sinh y)$ 是泊松方程 $u_{xx} + u_{yy} = 6x + 2$ 的解.

1.15 验证 $u(x,y,t) = \dfrac{1}{\sqrt{t^2 - x^2 - y^2}}$ 在锥 $t^2 - x^2 - y^2 > 0$ 中都满足波动方程

$$\frac{\partial^2 u}{\partial t^2} = \frac{\partial^2 u}{\partial x^2} + \frac{\partial^2 u}{\partial y^2}.$$

◎ 代表性偏微分方程的导出

1.16 一根长为 L 的柔软匀质轻弦, 其一端固定在以角速度 ω 转动的竖直杆上. 由于惯性离心力的作用, 弦的平衡位置是水平的. 试导出此弦相对于水平线的横振动方程.

1.17 绝对柔软而均匀的弦线有一端固定, 在它本身重力作用下, 此线处于铅垂平衡位置. 试导出此线的微小横振动方程.

1.18 推导弦的阻尼振动波方程

$$u_{tt} + au_t = c^2 u_{xx},$$

其中, 阻尼与速率成比例, a 为常数. 考虑恢复力与弦的位移成比例, 就有方程

$$u_{tt} + au_t + bu = c^2 u_{xx},$$

其中, b 为常数. 这个方程称为电报方程.

1.19 细杆 (或弹簧) 受某种外界原因而产生纵向振动. 以 $u(x,t)$ 表示静止时在 x 点处的点在时刻 t 离开原来位置的偏移, 假设振动过程发生的张力服从胡克定律. 试证明 $u(x,t)$ 满足方程

$$\frac{\partial}{\partial t}\left(\rho(x)\frac{\partial u}{\partial t}\right) = \frac{\partial}{\partial x}\left(E\frac{\partial u}{\partial x}\right),$$

其中, ρ 为杆的密度, E 为杨氏模量.

1.20 在单性杆纵振动时, 若考虑摩阻力的影响, 并设摩阻力密度函数 (即单位质量所受的摩阻力) 与杆件在该点的速度大小成正比 (比例系数设为 b), 但方向相反. 试导出这时位移函数所满足的微分方程.

1.21 导出匀质膜的微小振动问题, 设作用于膜的外力密度为 $F(x,y,t)$.

1.22 一均匀细杆直径为 l, 假设它在同一截面上的温度是相同的. 杆的表面和周围介质发生热交换, 服从于规律 $\mathrm{d}Q = k_1(u - u_1)\mathrm{d}s\mathrm{d}t$. 又假设杆的密度为 ρ, 比热为 c, 热传导系数为 k. 试导出此时温度 u 满足的方程.

1.23 砼 (混凝土) 内部储藏着热量, 称为水化热, 在它浇筑后逐渐放出, 放热速度和它所储藏的水化热成正比. 以 $Q(t)$ 表示它在单位体积中所储的热量, Q_0 为初始时刻所储的热量, 则 $\dfrac{\mathrm{d}Q}{\mathrm{d}t} = -\beta Q$, 其中, β 为常数. 又假设砼的比热为 c, 密度为 ρ, 热传导系数为 k. 求它在浇后温度 u 满足的方程.

1.24 推导连续方程

$$\rho_t + \operatorname{div}(\rho u) = 0$$

和流体动力学中的欧拉方程

$$\rho[u_t + (u \cdot \operatorname{grad})u] + \operatorname{grad} p = 0.$$

◎ 初始条件与边界条件

1.25 长为 L 的均匀细弦, 两端 $x=0$ 和 $x=L$ 固定, 弦中张力为 T, 在 $x=x_0$ 处以横向力 F 拉弦, 达到稳定后放手任其振动. 试写出初始条件.

1.26 在杆纵向振动时, 假设 (1) 端点固定; (2) 端点自由; (3) 端点固定在弹性支承上. 试分别导出这三种情况下所对应的边界条件.

1.27 考虑长为 L 的均匀细杆的热传导问题. 若 (1) 杆的两端保持温度为零; (2) 杆的两端绝热; (3) 杆的一端温度恒为零, 另一端绝热. 试写出该热传导问题在以上三种情况下的边界条件.

◎ 定解问题

1.28 长为 L 的均匀杆, 侧面绝缘, 一端温度为零, 另一端有恒定热流 q 进入 (即单位时间内通过单位截面积流入的热量为 q), 杆的初始温度分布是 $\dfrac{x(L-x)}{2}$. 试写出相应的定解问题.

1.29 长为 l 的均匀柔软的细弦, 拉紧后两端固定, 不受外力作用也没有初始位移, 初始速度为 $9\sin\left(\dfrac{\pi}{l}x\right)$. 试写出此弦振动的定解问题.

1.30 已知 $u(x,t)=\mathrm{e}^{-at}\sin(bx)$ 是下列定解问题

$$\begin{cases} u_t = \alpha u_{xx}, & 0<x<\pi, \quad t>0, \\ u|_{x=0}=u|_{x=\pi}=0, & t>0, \\ u|_{t=0}=\sin(\beta x), & 0 \leqslant x \leqslant \pi \end{cases}$$

的解, 求 a,b 的值.

1.31 长为 l 的均匀柔软的细弦, 拉紧后左端固定, 右端连接在一个弹性支承上, 初始位移如图所示, 初始速度为零, 在振动时弦身不受外力作用, 而弦的右端点受位移方向的外力 $F=A\cos(\omega t)$ 的作用. 试写出此弦振动的定解问题.

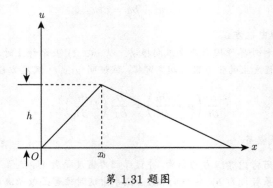

第 1.31 题图

1.32 半无限长的细棒, 初始温度为零, 在端点处每单位时间输入热量 Q_0(常数). 试写出相应的定解问题.

◎ 定解问题的适定性

1.33 (1) 证明 $\dfrac{1}{n^k}\mathrm{e}^{n^2 t}\sin nx$ 是问题

$$\begin{cases} u_t + u_{xx} = 0, & -\infty < x < +\infty, \quad t>0, \\ u(x,0)=\dfrac{\sin nx}{n^k}, & -\infty < x < +\infty \end{cases}$$

的解, 其中, $k>0$, n 为正整数.

(2) 说明定解问题

$$\begin{cases} u_t + u_{xx} = 0, & -\infty < x < +\infty, \quad t>0, \\ u(x,0)=20, & -\infty < x < +\infty \end{cases}$$

的解 $u(x,t)=20$ 是不适定的.

1.34 考虑柯西问题

$$\begin{cases} \Delta u + u = 0, & -\infty < x < +\infty, \quad y > 0, \\ u(x,0) = \phi(x), \quad u_y(x,0) = \psi(x), & -\infty < x < +\infty, \end{cases}$$

其中, $\phi(x), \psi(x)$ 为 $(-\infty, +\infty)$ 上的有界连续函数. 问: 这个问题的解是否适定?

◎ 叠加原理及其应用

1.35 求泊松方程 $u_{xx} + u_{yy} = x^2 + 3xy + y^2$ 的通解.

1.36 设函数 $u_1(x,t)$ 和 $u_2(x,t)$ 分别是定解问题

$$\begin{cases} u_{tt} = a^2 u_{xx}, & 0 < x < l, \quad t > 0, \\ u(x,0) = \phi(x), \quad u_t(x,0) = \psi(x), & 0 \leqslant x \leqslant l, \\ u(0,t) = u(l,t) = 0, & t \geqslant 0 \end{cases}$$

和

$$\begin{cases} u_{tt} = a^2 u_{xx} + f(x,t), & 0 < x < l, \quad t > 0, \\ u(x,0) = 0, \quad u_t(x,0) = 0, & 0 \leqslant x \leqslant l, \\ u(0,t) = u(l,t) = 0, & t \geqslant 0 \end{cases}$$

的解, 试证明函数 $u(x,t) = u_1(x,t) + u_2(x,t)$ 是定解问题

$$\begin{cases} u_{tt} = a^2 u_{xx} + f(x,t), & 0 < x < l, \quad t > 0, \\ u(x,0) = \phi(x), \quad u_t(x,0) = \psi(x), & 0 \leqslant x \leqslant l, \\ u(0,t) = u(l,t) = 0, & t \geqslant 0 \end{cases}$$

的解.

◎ 应用拓展

1.37 大气污染问题可归结为三维箱形模式, 再分割为若干个三向的单元体, 体内物质变化主要由物质扩散、物质迁移和物质改变速率三部分组成, 试建立大气污染扩散的方程模型; 并在大气连续稳定排放下, 风速为常数且风向取 x 轴正向, 污染物在 x 方向平移作用大于弥散作用, 在其他两个方向弥散作用大于平移作用的假设条件下具体求解该方程.

1.38 对气体动力学方程关于常数态 $u = 0, \rho = \rho_0, p_0 = p(\rho_0)$ 进行小扰动并线性化, 其中, $c_0^2 = p'(\rho_0)$. 定义速度势 ϕ 为 $\boldsymbol{u} = \boldsymbol{\nabla}\phi$, 则有扰动方程

$$\begin{aligned} & \rho_t + \rho_0 \operatorname{div}\boldsymbol{u} = 0, \\ & p - p_0 = -\rho_0 \phi_t = c_0^2(\rho - \rho_0), \\ & \rho - \rho_0 = -\frac{\rho_0}{c_0^2}\phi_t. \end{aligned}$$

证明 f 和 $\boldsymbol{u}$ 满足三维波方程

$$f_{tt} = c_0^2 \Delta f, \quad \boldsymbol{u}_{tt} = c_0^2 \Delta \boldsymbol{u},$$

其中, $f = p, \rho,$ 或者 $\phi, \Delta \equiv \dfrac{\partial^2}{\partial x^2} + \dfrac{\partial^2}{\partial y^2} + \dfrac{\partial^2}{\partial z^2}$.

1.39 考虑具有电阻 R, 感应系数 L, 电容 C 和单位长度漏电导 G 的均匀电传输线在 x 点处 t 时刻的电流 $I(x,t)$ 和电压 $V(x,t)$.

(1) 证明 I 和 V 满足方程组

$$\begin{cases} LI_t + RI = -V_x, \\ CV_t + GV = -I_x. \end{cases}$$

推导电报方程

$$u_{xx} - c^{-2}u_{tt} - au_t - bu = 0, \quad u = I \quad 或 \quad V,$$

其中, $c^2 = (LC)^{-1}$, $a = RC + LG$, $b = RG$.

(2) 证明电报方程可写成

$$u_{tt} - c^2 u_{xx} + (p+q)u_t + pqu = 0,$$

其中, $p = \dfrac{G}{C}$, $q = \dfrac{R}{L}$.

(3) 利用变换 $u = v \exp\left[-\dfrac{1}{2}(p+q)t\right]$ 将上面的方程变为

$$v_{tt} - c^2 v_{xx} = \frac{1}{4}(p-q)^2 v.$$

(4) 当 $p = q$ 时, 证明存在一个形如 $u(x,t) = e^{-pt} f(x \pm ct)$ 的传播方向任意的不受扰动的解, 其中, f 是任意二次可微函数.

若 $u(x,t) = A \exp[i(kx - \omega t)]$ 是电报方程

$$u_{tt} - c^2 u_{xx} - \alpha u_t - \beta u = 0, \quad \alpha = p + q, \quad \beta = pq$$

的解, 证明色散关系

$$\omega^2 + i\alpha\omega - (c^2 k^2 + \beta^2) = 0$$

成立.

利用色散关系证明解具有如下形式, 即

$$u(x,t) = \exp\left(-\frac{1}{2pt}\right) \exp\left[i\left(kx - \frac{t}{2}\sqrt{4c^2 k^2 + (4q - p^2)}\right)\right].$$

当 $p^2 = 4q$, 证明解表现为衰减的非色散波.

(5) 找到满足下面条件的 I 和 V 的方程:

① 无损耗的传输线 ($R = G = 0$);

② 理想的海底电缆 ($L = G = 0$);

③ Heaviside 的无失真传输线 ($R/L = G/C = $ 常数 $= k$).

1.40 一维的等熵流体流动是由欧拉方程

$$u_t + uu_x = -\frac{1}{\rho}p_x, \quad \rho_t + (\rho u)_x = 0, \quad p = p(\rho)$$

得到.

(1) 证明 u 和 ρ 满足一维波动方程

$$\begin{bmatrix} u \\ \rho \end{bmatrix}_{tt} - c^2 \begin{bmatrix} u \\ \rho \end{bmatrix}_{xx} = 0,$$

其中, $c^2 = \dfrac{\mathrm{d}p}{\mathrm{d}\rho}$ 为声速.

(2) 对于可压缩绝热的气体, 状态方程是 $p = A\rho^\gamma$, 其中, A 和 γ 是常数. 证明

$$c^2 = \frac{\gamma p}{\rho}.$$

1.41 概率分布函数 $u(x,t)$ 在非平衡态统计力学的演化可以用 Fokker-Planck 方程

$$\frac{\partial u}{\partial t} = \frac{\partial}{\partial x}\left(\frac{\partial u}{\partial t} + x\right)u$$

描述.

(1) 假设 $u(x,t) = e^t v(\xi, \tau)$, 用变量代换 $\xi = xe^t$ 和 $v = ue^{-t}$ 来证明 Fokker-Planck 方程 $v_t = e^{2t} v_{\xi\xi}$.

(2) 对变量 t 到 τ 作适当的变换, 将上述方程化为标准的扩散方程 $v_t = v_{\xi\xi}$.

第 2 章　二阶线性偏微分方程的分类与标准型

第 1 章, 对几种不同的物理问题确立了相应的定解问题. 接下来的工作是如何求解问题, 并研究解的性质. 为此, 还需要把一般形式的偏微分方程化成标准型, 再给出解决标准型的基本方法. 所以, 很有必要把二阶线性偏微分方程进行分类和化简.

1.5 节给出了二阶线性偏微分方程的一般形式

$$\sum_{i,j=1}^{n} a_{ij} \frac{\partial^2 u}{\partial x_i \partial x_j} + \sum_{i=1}^{n} b_i \frac{\partial u}{\partial x_i} + cu = f, \quad a_{ij} = a_{ji},$$

田 课件 2.1

其中, a_{ij}, b_i, c 和 f 都为实值函数. 当 $n = 2$ 时可以写成

$$a_{11} u_{xx} + 2a_{12} u_{xy} + a_{22} u_{yy} + b_1 u_x + b_2 u_y + cu = f(x, y).$$

田 微课 2.1-1

该式极类似于二次曲线 (代数方程) $ax^2 + 2bxy + cy^2 + dx + ey = f$, 尽管二者之间没有必要的联系. 记 $\delta = b^2 - ac$, 二次曲线可进行如下划分 (表 2.0.1).

表 2.0.1　二次曲线分类

$\delta > 0$	双曲线	$\dfrac{x^2}{a^2} - \dfrac{y^2}{b^2} = 1$
$\delta = 0$	抛物线	$\dfrac{x}{a} - \dfrac{y^2}{b^2} = 1$
$\delta < 0$	椭　圆	$\dfrac{x^2}{a^2} + \dfrac{y^2}{b^2} = 1$

受此启发, 本章将证明如下二阶线性偏微分方程的分类 (记 $\Delta = a_{12}^2 - a_{11} a_{22}$) (表 2.0.2).

表 2.0.2　二阶线性偏微分方程分类

$\Delta > 0$	双曲型方程	$u_{xx} - a^2 u_{yy} = f$
$\Delta = 0$	抛物型方程	$u_x - a^2 u_{yy} = f$
$\Delta < 0$	椭圆型方程	$u_{xx} + u_{yy} = f$

2.1　两个自变量方程的分类与化简

考察两个自变量 x, y 的二阶线性偏微分方程

$$a_{11} u_{xx} + 2a_{12} u_{xy} + a_{22} u_{yy} + b_1 u_x + b_2 u_y + cu = f, \tag{2.1.1}$$

其中, a_{ij}, b_i, c, f 都为 $(x, y) \in \Omega$ (xOy 面上某一区域) 的连续可微实值函数, 且 a_{ij} $(i, j = 1, 2)$ 不同时为零.

　　任务: 利用自变量的非奇异变换将方程 (2.1.1) 在 Ω 内某点 (x_0, y_0) 的邻域内变换到新自变量的坐标系中, 方程的高阶导数项具有三类方程中之一的形式.

　　非奇异变换: 即自变量变换

$$\begin{cases} \xi = \xi(x, y), \\ \eta = \eta(x, y), \end{cases} \tag{2.1.2}$$

雅可比 (Jacobi) 行列式为

$$J = \frac{\partial(\xi, \eta)}{\partial(x, y)} = \begin{vmatrix} \xi_x & \xi_y \\ \eta_x & \eta_y \end{vmatrix} \neq 0. \tag{2.1.3}$$

　　由隐函数存在定理可知该变换是可逆的, 即存在逆变换

$$\begin{cases} x = x(\xi, \eta), \\ y = y(\xi, \eta). \end{cases}$$

2.1.1　方程的化简

　　对 $u(x, y) = u(\xi(x, y), \eta(x, y))$, 直接计算有

$$u_x = u_\xi \xi_x + u_\eta \eta_x, \quad u_y = u_\xi \xi_y + u_\eta \eta_y,$$

$$\begin{aligned} u_{xx} &= (u_{\xi\xi}\xi_x + u_{\xi\eta}\eta_x)\xi_x + (u_{\eta\xi}\xi_x + u_{\eta\eta}\eta_x)\eta_x + u_\xi\xi_{xx} + u_\eta\eta_{xx} \\ &= u_{\xi\xi}\xi_x^2 + 2u_{\xi\eta}\xi_x\eta_x + u_{\eta\eta}\eta_x^2 + u_\xi\xi_{xx} + u_\eta\eta_{xx}, \end{aligned}$$

$$\begin{aligned} u_{xy} &= (u_{\xi\xi}\xi_y + u_{\xi\eta}\eta_y)\xi_x + (u_{\eta\xi}\xi_y + u_{\eta\eta}\eta_y)\eta_x + u_\xi\xi_{xy} + u_\eta\eta_{xy} \\ &= u_{\xi\xi}\xi_x\xi_y + u_{\xi\eta}(\xi_x\eta_y + \xi_y\eta_x) + u_{\eta\eta}\eta_x\eta_y + u_\xi\xi_{xy} + u_\eta\eta_{xy}, \end{aligned}$$

$$\begin{aligned} u_{yy} &= (u_{\xi\xi}\xi_y + u_{\xi\eta}\eta_y)\xi_y + (u_{\eta\xi}\xi_y + u_{\eta\eta}\eta_y)\eta_y + u_\xi\xi_{yy} + u_\eta\eta_{yy} \\ &= u_{\xi\xi}\xi_y^2 + 2u_{\xi\eta}\xi_y\eta_y + u_{\eta\eta}\eta_y^2 + u_\xi\xi_{yy} + u_\eta\eta_{yy}. \end{aligned}$$

田 微课 2.1-2

将其代入方程 (2.1.1), 有

$$A_{11}u_{\xi\xi} + 2A_{12}u_{\xi\eta} + A_{22}u_{\eta\eta} + A_1 u_\xi + B_1 u_\eta + C_1 u = F, \tag{2.1.4}$$

其中,

$$\begin{cases} A_{11} = a_{11}\xi_x^2 + 2a_{12}\xi_x\xi_y + a_{22}\xi_y^2, \\ A_{12} = a_{11}\xi_x\eta_x + a_{12}(\xi_x\eta_y + \xi_y\eta_x) + a_{22}\xi_y\eta_y, \\ A_{22} = a_{11}\eta_x^2 + 2a_{12}\eta_x\eta_y + a_{22}\eta_y^2 \end{cases}$$

及

$$\begin{cases} A_1 = a_{11}\xi_{xx} + 2a_{12}\xi_{xy} + a_{22}\xi_{yy} + b_1\xi_x + b_2\xi_y, \\ B_1 = a_{11}\eta_{xx} + 2a_{12}\eta_{xy} + a_{22}\eta_{yy} + b_1\eta_x + b_2\eta_y, \\ C_1 = c, \quad F = f. \end{cases}$$

易证, $A_{12}^2 - A_{11}A_{22} = J^2(a_{12}^2 - a_{11}a_{22})$. 事实上, 可由下列矩阵性质推导得到

$$\begin{bmatrix} A_{11} & A_{12} \\ A_{12} & A_{22} \end{bmatrix} = \begin{bmatrix} \xi_x & \xi_y \\ \eta_x & \eta_y \end{bmatrix} \begin{bmatrix} a_{11} & a_{12} \\ a_{12} & a_{22} \end{bmatrix} \begin{bmatrix} \xi_x & \xi_y \\ \eta_x & \eta_y \end{bmatrix}^{\mathrm{T}}.$$

希望选取一个变换 (2.1.2), 使方程 (2.1.4) 有比方程 (2.1.1) 更简单的形式. 注意到 A_{11} 与 A_{22} 有相同的形式, 若能解出

$$a_{11}\phi_x^2 + 2a_{12}\phi_x\phi_y + a_{22}\phi_y^2 = 0 \tag{2.1.5}$$

的两个线性无关解 $\phi_1(x,y)$, $\phi_2(x,y)$, 就取

田 微课 2.1-3

$$\begin{cases} \xi = \phi_1(x,y), \\ \eta = \phi_2(x,y), \end{cases}$$

便能保证 $A_{11} = A_{22} \equiv 0$.

下面求解方程 (2.1.5). 假设 $\phi_x^2 + \phi_y^2 \neq 0$, 不妨设 $\phi_y \neq 0$, 则方程 (2.1.5) 等价于

$$a_{11}\left(\frac{\phi_x}{\phi_y}\right)^2 + 2a_{12}\frac{\phi_x}{\phi_y} + a_{22} = 0.$$

沿着曲线 $\phi(x,y) = c$ 有 $0 = \mathrm{d}\phi = \phi_x\mathrm{d}x + \phi_y\mathrm{d}y$, 则 $\frac{\phi_x}{\phi_y} = -\frac{\mathrm{d}y}{\mathrm{d}x}$, 方程 (2.1.5) 等价于

$$a_{11}\left(\frac{\mathrm{d}y}{\mathrm{d}x}\right)^2 - 2a_{12}\frac{\mathrm{d}y}{\mathrm{d}x} + a_{22} = 0, \tag{2.1.6}$$

称为偏微分方程 (2.1.1) 的 **特征方程**.

设 $a_{11} \neq 0$, 则方程 (2.1.6) 分解为

$$\begin{cases} \dfrac{\mathrm{d}y}{\mathrm{d}x} = \dfrac{a_{12} + \sqrt{\Delta}}{a_{11}}, \\ \dfrac{\mathrm{d}y}{\mathrm{d}x} = \dfrac{a_{12} - \sqrt{\Delta}}{a_{11}}, \end{cases} \quad \text{(特征线方程)} \tag{2.1.7}$$

其中, $\Delta = a_{12}^2 - a_{11}a_{22}$. 方程 (2.1.7) 的解称为方程 (2.1.1) 的 **特征线**.

对符号 Δ 分情况讨论.

(1) $\Delta > 0$

方程 (2.1.6) 有两族不同的实解曲线 $\phi_1(x,y) = c_1$, $\phi_2(x,y) = c_2$, 取

田 微课 2.1-4

$$\begin{cases} \xi = \phi_1(x,y), \\ \eta = \phi_2(x,y), \end{cases}$$

有 $A_{11} = A_{22} \equiv 0$ 且 $A_{12} \neq 0$ (否则 $\Delta = 0$). 由方程 (2.1.4) 可得

$$2A_{12}u_{\xi\eta} + A_1 u_\xi + B_1 u_\eta + C_1 u = F.$$

因为 $A_{12} \neq 0$, 则

$$u_{\xi\eta} = A_2 u_\xi + B_2 u_\eta + C_2 u + F_2,$$

称为 **双曲型方程的第一标准形式**.

令

$$\begin{cases} \alpha = \dfrac{1}{2}(\xi + \eta), \\ \beta = \dfrac{1}{2}(\xi - \eta), \end{cases}$$

即

$$\begin{cases} \xi = \alpha + \beta, \\ \eta = \alpha - \beta, \end{cases}$$

则

$$u_{\alpha\alpha} - u_{\beta\beta} = A_3 u_\alpha + B_3 u_\beta + C_3 u + F_3,$$

称为**双曲型方程的第二标准形式**.

事实上,

$$u_\xi = u_\alpha \alpha_\xi + u_\beta \beta_\xi = \frac{1}{2} u_\alpha + \frac{1}{2} u_\beta,$$

$$u_{\xi\eta} = \frac{1}{2} u_{\alpha\alpha} \alpha_\eta + \frac{1}{2} u_{\alpha\beta} \beta_\eta + \frac{1}{2} u_{\beta\alpha} \alpha_\eta + \frac{1}{2} u_{\beta\beta} \beta_\eta$$

$$= \frac{1}{4} u_{\alpha\alpha} - \frac{1}{4} u_{\alpha\beta} + \frac{1}{4} u_{\beta\alpha} - \frac{1}{4} u_{\beta\beta}$$

$$= \frac{1}{4}(u_{\alpha\alpha} - u_{\beta\beta}).$$

(2) $\Delta = 0$

方程 (2.1.6) 只有一族实解曲线 $\phi_1(x,y) = C$, 再任取一个与 $\phi_1(x,y)$ 函数无关的 $\phi_2(x,y)$. 取

$$\begin{cases} \xi = \phi_1(x,y), \\ \eta = \phi_2(x,y), \end{cases}$$

则 ξ 满足方程 (2.1.5), 故有 $A_{11} \equiv 0$. 又 $\Delta = 0$, 故 $a_{12}^2 = a_{11} a_{22}$. 不妨设 $a_{11} > 0$, 则

$$A_{12} = a_{11} \xi_x \eta_x + a_{12}(\xi_x \eta_y + \xi_y \eta_x) + a_{22} \xi_y \eta_y$$
$$= (\sqrt{a_{11}} \xi_x + \sqrt{a_{22}} \xi_y)(\sqrt{a_{11}} \eta_x + \sqrt{a_{22}} \eta_y) = 0.$$

此时 $A_{22} \neq 0$ (否则, ϕ_2 也满足方程 (2.1.5), 与方程 (2.1.6) 仅有一族解曲线矛盾).

由方程 (2.1.4) 可得

$$u_{\eta\eta} = A_4 u_\xi + B_4 u_\eta + C_4 u + F_4,$$

称为**抛物型方程的标准形式**.

令 $v = u e^{-\frac{1}{2} \int_{\eta_0}^{\eta} B_4(\xi,\tau) d\tau}$, 则

$$v_{\eta\eta} = A_4' v_\xi + C_4' v + F_4'.$$

若取 $A_4' = 1$, $C_4' = 0$, $F_4' = -f(\xi,\eta)$, 可得热传导方程

$$\frac{\partial v}{\partial \xi} = \frac{\partial^2 v}{\partial \eta^2} + f(\xi,\eta).$$

注 2.1.1 $\phi_2(x,y)$ 取法的特殊情况——取

$$\eta = \phi_2(x,y) = \begin{cases} y, & \xi_x \neq 0, \\ x, & \xi_y \neq 0. \end{cases}$$

(3) $\Delta < 0$

与方程 (2.1.6) 对应的二次代数方程无实根, 但有两个共轭复根 $p(x,y) \pm iq(x,y)$, 利用 $\dfrac{dy}{dx} = p(x,y) \pm iq(x,y)$ 解出方程 (2.1.6) 的两个复共轭的通积分 $\phi_1(x,y) = \alpha + i\beta = c_1$, $\phi_2(x,y) = $

$\alpha - \mathrm{i}\beta = c_2$, 其中, $\alpha = \alpha(x,y)$, $\beta = \beta(x,y)$ 为 x, y 的实函数. 取变换

$$\begin{cases} \xi = \alpha(x,y), \\ \eta = \beta(x,y), \end{cases}$$

易证 ξ, η 是函数无关的.

事实上, 因 $\phi(x,y) = \alpha + \mathrm{i}\beta = c_1$ 满足方程组 (2.1.7) 中第一个式子, 故

$$\frac{\mathrm{d}y}{\mathrm{d}x} = -\frac{\phi_x}{\phi_y} = \frac{a_{12} + \mathrm{i}\sqrt{-\Delta}}{a_{11}},$$

即

$$a_{11}\phi_x = -(a_{12} + \mathrm{i}\sqrt{-\Delta})\phi_y.$$

因此

$$a_{11}(\xi_x + \mathrm{i}\eta_x) = -(a_{12} + \mathrm{i}\sqrt{-\Delta})(\xi_y + \mathrm{i}\eta_y)$$
$$= (-a_{12}\xi_y + \sqrt{-\Delta}\eta_y) + \mathrm{i}(-a_{12}\eta_y - \sqrt{-\Delta}\xi_y).$$

即

$$\begin{cases} a_{11}\xi_x = -a_{12}\xi_y + \sqrt{-\Delta}\eta_y, \\ a_{11}\eta_x = -a_{12}\eta_y - \sqrt{-\Delta}\xi_y. \end{cases}$$

由于 $\Delta < 0$, 从而 $a_{11} \neq 0$, 于是

$$\frac{\partial(\xi,\eta)}{\partial(x,y)} = \begin{vmatrix} \xi_x & \xi_y \\ \eta_x & \eta_y \end{vmatrix} = \xi_x\eta_y - \eta_x\xi_y$$
$$= \left(-\frac{a_{12}}{a_{11}}\xi_y + \frac{\sqrt{-\Delta}}{a_{11}}\eta_y\right)\eta_y - \left(-\frac{a_{12}}{a_{11}}\eta_y - \frac{\sqrt{-\Delta}}{a_{11}}\xi_y\right)\xi_y$$
$$= \frac{\sqrt{-\Delta}}{a_{11}}(\xi_y^2 + \eta_y^2) \neq 0.$$

(否则有 $\xi_y = 0$, $\eta_y = 0$, 则 $\xi_x = 0$, $\eta_x = 0$, 从而 $\phi_x = \phi_y = 0$. 与 $\phi_x^2 + \phi_y^2 \neq 0$ 的假设不符) 所以 ξ, η 函数无关.

因 $\xi + \mathrm{i}\eta$ 满足方程 (2.1.5), 有

$$a_{11}(\xi_x + \mathrm{i}\eta_x)^2 + 2a_{12}(\xi_x + \mathrm{i}\eta_x)(\xi_y + \mathrm{i}\eta_y) + a_{22}(\xi_y + \mathrm{i}\eta_y)^2 = 0.$$

实虚分开, 得

$$\begin{cases} a_{11}\xi_x^2 + 2a_{12}\xi_x\xi_y + a_{22}\xi_y^2 = a_{11}\eta_x^2 + 2a_{12}\eta_x\eta_y + a_{22}\eta_y^2, \\ a_{11}\xi_x\eta_x + a_{12}(\xi_x\eta_y + \xi_y\eta_x) + a_{22}\eta_y\xi_y = 0. \end{cases}$$

则

$$\begin{cases} A_{11} = A_{22}, \\ A_{12} = 0. \end{cases}$$

由方程 (2.1.4) 可得

$$u_{\xi\xi} + u_{\eta\eta} = A_5 u_\xi + B_5 u_\eta + C_5 u + F_5,$$

称为**椭圆型方程的标准形式**.

田 微课 2.1-5

当 $A_5 = B_5 = C_5 = F_5 = 0$ 时, 为拉普拉斯方程; $A_5 = B_5 = C_5 = 0$ 时, 为泊松方程.

2.1.2 方程的分类

定义 2.1.1 若在点 (x_0, y_0) 处 $\Delta > 0$ $(\Delta = 0, \Delta < 0)$, 则称方程**在点** (x_0, y_0) **为双曲 (抛物, 椭圆) 型**的. 如果方程 (2.1.1) 在 Ω 内每点均为双曲 (抛物, 椭圆) 型的, 则称方程 (2.1.1) 在 Ω 内为**双曲 (抛物, 椭圆) 型**的.

以上用数学方法分类的三类典型的二阶线性偏微分方程, 恰好分别表示了三类典型的物理现象, 这不是一种巧合, 而是数学与现实世界完美和谐的又一例证.

★ 问题探究
为什么用 Δ 来对方程分类?

注 2.1.2 除上述三种类型, 有些方程在区域 Ω 内为**变型方程**或**混合型方程**, 该类方程与跨音速、超音速流动理论有着直接联系, 在流体力学、特别是空气动力学中有着重要应用.

(1) 典型的线性混合型方程是特里科米 (F. G. Tricomi) 最早系统研究过的方程

$$yu_{xx} + u_{yy} = 0,$$

其判别式 $\Delta = -y$, 故在上半平面 $(y > 0)$ 内属于椭圆型, 在下半平面 $(y < 0)$ 内是双曲型. 当所考察的区域 Ω 包含 x 轴上一线段时, 方程在 Ω 内就是混合型的.

(2)* 可压缩流体的二维定常无旋运动方程

$$\left(1 - \frac{\varphi_x^2}{c^2}\right)\varphi_{xx} - \frac{2\varphi_x\varphi_y}{c^2}\varphi_{xy} + \left(1 - \frac{\varphi_y^2}{c^2}\right)\varphi_{yy} = 0$$

★ 历史人物
谷超豪

是拟线性混合型方程, 式中 φ 为速度势, c 为局部音速, 它是速度 $q = \sqrt{\varphi_x^2 + \varphi_y^2}$ 的函数. 此方程在 $q < c$(即亚音速) 的区域中是椭圆型的, 在 $q > c$(即超音速) 的区域中是双曲型的.

我国学者吴新谋、谷超豪、丁夏畦等在双曲型和混合型偏微分方程等方面取得了许多重要的研究成果.

2.1.3 例题

例 2.1.1 化方程 $x^2u_{xx} + 2xyu_{xy} + y^2u_{yy} = 0$ 为标准形式.

解 因 $a_{11} = x^2$, $a_{12} = xy$, $a_{22} = y^2$, 故 $\Delta = a_{12}^2 - a_{11}a_{22} = 0$, 因而方程为抛物型方程. 当 $x \neq 0, y = 0$ 或 $x = 0, y \neq 0$ 时, 方程为 $x^2u_{xx} = 0$ 或 $y^2u_{yy} = 0$, 已为标准型.

当 $x \neq 0, y \neq 0$ 时, 特征线方程为

田 微课 2.1-6

$$\frac{\mathrm{d}y}{\mathrm{d}x} = \frac{a_{12}}{a_{11}} = \frac{y}{x},$$

解得特征线 (即解曲线) 为 $y = Cx$.

作自变量变换 $\xi = \dfrac{y}{x}$, $\eta = y\left(\text{由 } \xi_x = -\dfrac{y}{x^2} \neq 0\right)$, 则

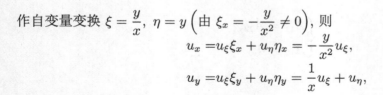

$$u_x = u_\xi\xi_x + u_\eta\eta_x = -\frac{y}{x^2}u_\xi,$$

$$u_y = u_\xi\xi_y + u_\eta\eta_y = \frac{1}{x}u_\xi + u_\eta,$$

$$u_{xx} = -\frac{y}{x^2}\left[u_{\xi\xi}\left(-\frac{y}{x^2}\right) + u_{\xi\eta}\cdot 0\right] + \frac{2y}{x^3}u_\xi = \frac{y^2}{x^4}u_{\xi\xi} + \frac{2y}{x^3}u_\xi,$$

$$u_{xy} = -\frac{y}{x^2}\left(u_{\xi\xi}\cdot\frac{1}{x} + u_{\xi\eta}\right) - \frac{1}{x^2}u_\xi = -\frac{y}{x^3}u_{\xi\xi} - \frac{y}{x^2}u_{\xi\eta} - \frac{1}{x^2}u_\xi,$$

$$u_{yy} = \frac{1}{x}\left(u_{\xi\xi}\cdot\frac{1}{x} + u_{\xi\eta}\right) + u_{\eta\xi}\cdot\frac{1}{x} + u_{\eta\eta} = \frac{1}{x^2}u_{\xi\xi} + \frac{2}{x}u_{\xi\eta} + u_{\eta\eta}.$$

代入原方程, 得

$$\left(\frac{y^2}{x^2} - \frac{2xy^2}{x^3} + \frac{y^2}{x^2}\right)u_{\xi\xi} + \left(\frac{2y^2}{x} - \frac{2xy^2}{x^2}\right)u_{\xi\eta} + y^2 u_{\eta\eta} + \left(\frac{2x^2y}{x^3} - \frac{2xy}{x^2}\right)u_\xi = 0.$$

即

$$\eta^2 u_{\eta\eta} = 0 \quad \text{或} \quad u_{\eta\eta} = 0\ (y \neq 0).$$

例 2.1.2 将 Tricomi 方程 $yu_{xx} + u_{yy} = 0$ 化为标准形式.

解 因 $\Delta = -y$, 故当 $y > 0$ 时为椭圆型, 当 $y = 0$ 时为抛物型且已是标准形式, 当 $y < 0$ 时为双曲型 (见图 2.1.1). 特征方程为

$$y\left(\frac{\mathrm{d}y}{\mathrm{d}x}\right)^2 + 1 = 0.$$

(1) 当 $y > 0$ 时, 特征线方程为 $\dfrac{\mathrm{d}y}{\mathrm{d}x} = \pm\mathrm{i}\dfrac{1}{\sqrt{y}}$ (因为 $\mathrm{d}x = \pm\mathrm{i}\sqrt{y}\mathrm{d}y$, $\displaystyle\int\mathrm{d}x = \pm\mathrm{i}\int\sqrt{y}\mathrm{d}y$), 其通解为

$$x + \mathrm{i}\frac{2}{3}y^{\frac{3}{2}} = C_1, \quad x - \mathrm{i}\frac{2}{3}y^{\frac{3}{2}} = C_2.$$

作变换

$$\begin{cases} \xi = x, \\ \eta = \dfrac{2}{3}y^{\frac{3}{2}}, \end{cases}$$

则

$$u_x = u_\xi\xi_x + u_\eta\eta_x = u_\xi,$$

$$u_y = u_\xi\xi_y + u_\eta\eta_y = \sqrt{y}u_\eta,$$

$$u_{xx} = u_{\xi\xi}\xi_x + u_{\xi\eta}\eta_x = u_{\xi\xi},$$

$$u_{yy} = \frac{1}{2\sqrt{y}}u_\eta + \sqrt{y}(u_{\eta\xi}\xi_y + u_{\eta\eta}\eta_y) = \frac{1}{2\sqrt{y}}u_\eta + yu_{\eta\eta}.$$

代入原方程得

$$yu_{\xi\xi} + yu_{\eta\eta} + \frac{1}{2\sqrt{y}}u_\eta = 0.$$

即

$$u_{\xi\xi} + u_{\eta\eta} + \frac{1}{3\eta}u_\eta = 0\ (\eta > 0).$$

(2) 当 $y < 0$ 时, 特征线方程为 $\dfrac{\mathrm{d}y}{\mathrm{d}x} = \pm\dfrac{1}{\sqrt{-y}}$, 其通解为

$$x - \frac{2}{3}(-y)^{\frac{3}{2}} = C_1, \quad x + \frac{2}{3}(-y)^{\frac{3}{2}} = C_2.$$

作变换

$$\begin{cases} \xi = x - \dfrac{2}{3}(-y)^{\frac{3}{2}}, \\[2mm] \eta = x + \dfrac{2}{3}(-y)^{\frac{3}{2}}, \end{cases}$$

则

$$u_x = u_\xi \xi_x + u_\eta \eta_x = u_\xi + u_\eta,$$

$$u_y = u_\xi \xi_y + u_\eta \eta_y = \sqrt{-y}(u_\xi - u_\eta),$$

$$u_{xx} = u_{\xi\xi}\xi_x + u_{\xi\eta}\eta_x + u_{\eta\xi}\xi_x + u_{\eta\eta}\eta_x = u_{\xi\xi} + 2u_{\xi\eta} + u_{\eta\eta},$$

$$u_{yy} = -\frac{1}{2}(-y)^{-\frac{1}{2}}(u_\xi - u_\eta) + \sqrt{-y}(u_{\xi\xi}\xi_y + u_{\xi\eta}\eta_y - u_{\eta\xi}\xi_y - u_{\eta\eta}\eta_y)$$

$$= -\frac{1}{2}(-y)^{-\frac{1}{2}}(u_\xi - u_\eta) - yu_{\xi\xi} + 2yu_{\xi\eta} - yu_{\eta\eta}.$$

代入原方程得

$$4yu_{\xi\eta} - \frac{1}{2}(-y)^{-\frac{1}{2}}(u_\xi - u_\eta) = 0.$$

即

$$u_{\xi\eta} - \frac{1}{6(\xi - \eta)}(u_\xi - u_\eta) = 0 \quad (\xi < \eta).$$

★ 历史人物
齐民友

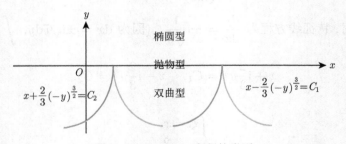

图 2.1.1　Tricomi 方程的类型

　　问题: 考虑推广的 Tricomi 方程 $y^m u_{xx} + u_{yy} = 0$ (其中, m 是正的奇数), 或 Keldysh 方程 $u_{xx} + yu_{yy} = 0$, 结果如何?

　　例 2.1.3　求初值问题的解

$$\begin{cases} u_{xx} + 2u_{xy} - 3u_{yy} = 0, \\ u(x,0) = 3x^2, \quad u_y(x,0) = 0. \end{cases}$$

　　解　先把给定的方程化为标准型. 因 $a_{11} = 1$, $a_{12} = 1$, $a_{22} = -3$, 故 $\Delta = 4 > 0$. 特征线方程为 $\dfrac{\mathrm{d}y}{\mathrm{d}x} = 3$, $\dfrac{\mathrm{d}y}{\mathrm{d}x} = -1$. 其通解为

$$y - 3x = C_1, \quad y + x = C_2.$$

　　作变换

$$\begin{cases} \xi = y - 3x, \\ \eta = y + x, \end{cases}$$

则

$$u_x = -3u_\xi + u_\eta, \quad u_y = u_\xi + u_\eta,$$

$$u_{xx} = 9u_{\xi\xi} - 6u_{\xi\eta} + u_{\eta\eta}, \quad u_{xy} = -3u_{\xi\xi} - 2u_{\xi\eta} + u_{\eta\eta},$$

$$u_{yy} = u_{\xi\xi} + 2u_{\xi\eta} + u_{\eta\eta}.$$

代入原方程, 整理得双曲型方程的标准型 $u_{\xi\eta} = 0$.

依次关于 ξ 和 η 积分两次, 得通解 $u = F(\xi) + G(\eta)$. 代回原自变量, 得通解

$$u(x, y) = F(y - 3x) + G(y + x),$$

其中, F, G 为任意两个可微函数. 进一步, 由初始条件得

$$F(-3x) + G(x) = 3x^2, \quad F'(-3x) + G'(x) = 0.$$

解得

$$F(x) = \frac{1}{4}x^2 - \frac{3}{4}C, \quad G(x) = \frac{3}{4}x^2 + \frac{3}{4}C.$$

所以, 原定解问题的解为

$$u(x, y) = \frac{1}{4}(y - 3x)^2 + \frac{3}{4}(y + x)^2 = y^2 + 3x^2.$$

2.1.4 常系数方程的进一步简化

当式 (2.1.1) 的系数 a_{ij}, b_i, c 都为常数时, 前面得到的三类方程的标准形式可进一步化简. 做法为: 引入变换 $u(\xi, \eta) = V(\xi, \eta)\mathrm{e}^{\lambda\xi + \mu\eta}$, 其中, λ, μ 是待定常数; 求出导数

$$
\begin{aligned}
u_\xi &= V_\xi \mathrm{e}^{\lambda\xi + \mu\eta} + \lambda V \mathrm{e}^{\lambda\xi + \mu\eta} = (V_\xi + \lambda V)\mathrm{e}^{\lambda\xi + \mu\eta}, \\
u_\eta &= (V_\eta + \mu V)\mathrm{e}^{\lambda\xi + \mu\eta}, \\
u_{\xi\xi} &= (V_{\xi\xi} + 2\lambda V_\xi + \lambda^2 V)\mathrm{e}^{\lambda\xi + \mu\eta}, \\
u_{\xi\eta} &= (V_{\xi\eta} + \lambda V_\eta + \mu V_\xi + \lambda\mu V)\mathrm{e}^{\lambda\xi + \mu\eta}, \\
u_{\eta\eta} &= (V_{\eta\eta} + 2\mu V_\eta + \mu^2 V)\mathrm{e}^{\lambda\xi + \mu\eta}.
\end{aligned}
$$

田 微课 2.1-7

代入某一标准形式. 特取 λ, μ 使一阶偏导数项或函数项的系数为零.

例 2.1.4 判断方程 $u_{xx} + 4u_{xy} + 5u_{yy} + u_x + 2u_y = 0$ 的类型, 并化简.

解 因 $a_{11} = 1$, $a_{12} = 2$, $a_{22} = 5$, 故 $\Delta = a_{12}^2 - a_{11}a_{22} = -1 < 0$, 因而方程为椭圆型. 特征线方程为 $\dfrac{\mathrm{d}y}{\mathrm{d}x} = \dfrac{a_{12} \pm \sqrt{-\Delta}\,\mathrm{i}}{a_{11}} = 2 \pm \mathrm{i}$, 特征线为 $y - (2+\mathrm{i})x = C_1$, $y - (2-\mathrm{i})x = C_2$. 作变换

$$
\begin{cases}
\xi = y - 2x, \\
\eta = -x,
\end{cases}
$$

则

$$u_x = -2u_\xi - u_\eta, \quad u_y = u_\xi,$$

$$u_{xx} = -2u_{\xi\xi}(-2) - 2u_{\xi\eta}(-1) - u_{\eta\xi}(-2) - u_{\eta\eta}(-1) = 4u_{\xi\xi} + 4u_{\xi\eta} + u_{\eta\eta},$$

$$u_{xy} = -2u_{\xi\xi} - 2u_{\xi\eta} \times 0 - u_{\eta\xi} - u_{\eta\eta} \times 0 = -2u_{\xi\xi} - u_{\eta\xi},$$

$$u_{yy} = u_{\xi\xi} + u_{\xi\eta} \times 0 = u_{\xi\xi}.$$

代入原方程, 得椭圆方程的标准形式

$$u_{\xi\xi} + u_{\eta\eta} - u_\eta = 0. \tag{2.1.8}$$

令 $u = V\mathrm{e}^{\lambda\xi + \mu\eta}$, 则

$$u_\xi = (V_\xi + \lambda V)e^{\lambda\xi+\mu\eta},$$

$$u_\eta = (V_\eta + \mu V)e^{\lambda\xi+\mu\eta},$$

$$u_{\xi\xi} = (V_{\xi\xi} + 2\lambda V_\xi + \lambda^2 V)e^{\lambda\xi+\mu\eta},$$

$$u_{\eta\eta} = (V_{\eta\eta} + 2\mu V_\eta + \mu^2 V)e^{\lambda\xi+\mu\eta}.$$

代入方程 (2.1.8), 得

$$V_{\xi\xi} + V_{\eta\eta} + 2\lambda V_\xi + (2\mu - 1)V_\eta + (\lambda^2 + \mu^2 - \mu)V = 0. \tag{2.1.9}$$

取 $\lambda = 0$, $\mu = \dfrac{1}{2}$, 则方程 (2.1.8) 化简为

$$V_{\xi\xi} + V_{\eta\eta} - \frac{1}{4}V = 0.$$

★ 应用拓展
非常系数标准型
$u_{\xi\xi} - \xi u_\eta = 0$
能否进一步
化简?

2.1.5　几类特定类型方程的通解

例 2.1.3 在求初值问题的解时用到的方法是先将方程化简为标准型 $u_{\xi\eta} = \varphi(\xi,\eta)$, 再通过积分两次求通解. 下面给出几种标准型求通解的更一般结果.

(1) 设双曲型方程 $u_{\xi\eta} + a(\eta)u_\xi = \varphi(\xi,\eta)$, 其中, $a(\eta)$, $\varphi(\xi,\eta)$ 均为已知的可积函数, 则其通解为

$$u(\xi,\eta) = e^{-\int a(\eta)d\eta}\left\{\int e^{\int a(\eta)d\eta}\left[\int \varphi(\xi,\eta)d\xi\right]d\eta + f(\xi) + g(\eta)\right\},$$

其中, f 与 g 均为任意有二次连续导数的函数.

(2) 设抛物型方程 $u_{\xi\xi} + a(\eta)u = \varphi(\xi,\eta)$, 其中, $a(\eta)$, $\varphi(\xi,\eta)$ 均为已知的可积函数, 则

① 若 $a(\eta) = 0$, 其通解为

$$u(\xi,\eta) = \iint \varphi(\xi,\eta)d\xi d\xi + \xi f(\eta) + g(\eta).$$

② 若 $a(\eta) > 0$, 其通解为

$$u(\xi,\eta) = \left[-\frac{1}{\sqrt{a(\eta)}}\int \varphi(\xi,\eta)\sin(\sqrt{a(\eta)}\xi)d\xi + f(\eta)\right]\cos(\sqrt{a(\eta)}\xi)$$

$$+ \left[\frac{1}{\sqrt{a(\eta)}}\int \varphi(\xi,\eta)\cos(\sqrt{a(\eta)}\xi)d\xi + g(\eta)\right]\sin(\sqrt{a(\eta)}\xi).$$

③ 若 $a(\eta) < 0$, 其通解为

$$u(\xi,\eta) = \left[\frac{1}{2\sqrt{-a(\eta)}}\int \varphi(\xi,\eta)e^{-\sqrt{-a(\eta)}\xi}d\xi + f(\eta)\right]e^{\sqrt{-a(\eta)}\xi}$$

$$+ \left[-\frac{1}{2\sqrt{-a(\eta)}}\int \varphi(\xi,\eta)e^{\sqrt{-a(\eta)}\xi}d\xi + f(\eta)\right]e^{-\sqrt{-a(\eta)}\xi}.$$

2.2　多个自变量方程的分类与化简

考察 n 个自变量 $x_1, x_2, \cdots, x_n$ 的二阶线性偏微分方程

$$\sum_{i,j=1}^{n} a_{ij}(x)\frac{\partial^2 u}{\partial x_i \partial x_j} + \sum_{i=1}^{n} b_i(x)\frac{\partial u}{\partial x_i} + c(x)u + f(x) = 0, \tag{2.2.1}$$

其中, $x = (x_1, x_2, \cdots, x_n)$, a_{ij}, b_i, c 及 f 为 n 维空间中某区域 Ω 上适当光滑的函数, 并且 $a_{ij}(x) = a_{ji}(x)$ 不全为零. 在一般情况下, 不能像两个自变量情形那样将方程在一个区域内化成标准形式, 但仍可把方程化为若干类型.

2.2.1 两个自变量情形的回顾

回顾两个自变量的情形并从另一个角度来分析. 利用方程 (2.1.1) 的二阶导数项的系数, 定义二次型

$$\begin{aligned}
Q(x,y) &= a_{11}x^2 + 2a_{12}xy + a_{22}y^2 \\
&= (x,y)\begin{bmatrix} a_{11} & a_{12} \\ a_{12} & a_{22} \end{bmatrix}\begin{bmatrix} x \\ y \end{bmatrix} = \boldsymbol{X}^{\mathrm{T}}\boldsymbol{A}\boldsymbol{X},
\end{aligned}$$

其中, $\boldsymbol{A} = \begin{bmatrix} a_{11} & a_{12} \\ a_{12} & a_{22} \end{bmatrix}$ 为对称矩阵. 记 $\boldsymbol{A}$ 的两个实特征值为 λ_1 和 λ_2 (注意对称矩阵的特征值为实数), 则有

$$\lambda_1\lambda_2 = |\boldsymbol{A}| = a_{11}a_{22} - a_{12}^2 = -\Delta.$$

进而, 方程的分类可用表 2.2.1 归纳.

⊞ 课件 2.2

⊞ 微课 2.2-1

表 **2.2.1** 两个自变量方程的分类

双曲型	$\Delta > 0$	$\lambda_1\lambda_2 < 0$	λ_1, λ_2 异号	$Q(x,y)$ 不定且非退化
抛物型	$\Delta = 0$	$\lambda_1\lambda_2 = 0$	λ_1, λ_2 有且仅有一个为 0 (因 a_{11}, a_{12}, a_{22} 不能同时为零)	$Q(x,y)$ 退化
椭圆型	$\Delta < 0$	$\lambda_1\lambda_2 > 0$	λ_1, λ_2 同号	$Q(x,y)$ 正定或负定

2.2.2 多个自变量方程的分类

回到式 (2.2.1), 由其二阶偏导数的系数定义二次型

$$\begin{aligned}
Q(x) &= Q(x_1, x_2, \cdots, x_n) = \sum_{i,j=1}^{n} a_{ij}(x)x_i x_j \\
&= (x_1, x_2, \cdots, x_n)\begin{bmatrix} a_{11} & a_{12} & \cdots & a_{1n} \\ a_{21} & a_{22} & \cdots & a_{2n} \\ \vdots & \vdots & & \vdots \\ a_{n1} & a_{n2} & \cdots & a_{nn} \end{bmatrix}\begin{bmatrix} x_1 \\ x_2 \\ \vdots \\ x_n \end{bmatrix} = \boldsymbol{x}^{\mathrm{T}}\boldsymbol{A}\boldsymbol{x},
\end{aligned}$$

其中, $\boldsymbol{A} = (a_{ij}(x))_{n\times n}$ 是对称矩阵.

类似于两个自变量的情形, 有如下分类:

(1) 二次型 $Q(\lambda)$ 在点 x^0 处为非退化且不定 (即 $\boldsymbol{A}$ 的特征值全非零且不同号), 则称式 (2.2.1) 在点 x^0 处为**超双曲型**的. 特别地, 若二次型 $Q(\lambda)$ 的正惯性指数或负惯性指数为 $n-1$(即 $\boldsymbol{A}$ 的特征值中有 $n-1$ 个同号), 则称式 (2.2.1) 在点 x^0 处为**双曲型**的.

(2) 二次型 $Q(\lambda)$ 在点 x^0 处为退化二次型 (即 $\boldsymbol{A}$ 至少有一个特征值为零), 则称式 (2.2.1) 在点 x^0 处为**超抛物型**的. 特别地, 若二次型 $Q(\lambda)$ 的正惯性指数或负惯性指数为 $n-1$ (即 $\boldsymbol{A}$ 的特征值中有 $n-1$ 个同号), 则称式 (2.2.1) 在点 x^0 处为**抛物型**的.

(3) 二次型 $Q(\lambda)$ 在点 x^0 处为正定或负定 (即 $\boldsymbol{A}$ 的特征值全同号), 则称式 (2.2.1) 在点 x^0 处为**椭圆型**的.

例 2.2.1　　拉普拉斯方程 $u_{xx} + u_{yy} + u_{zz} = 0$ 相应的二次型为 $Q(x,y,z) = x^2 + y^2 + z^2$ 正定, 其矩阵特征值均为 1, 1, 1, 因此为椭圆型方程.

声波方程 $u_{tt} - a^2(u_{xx} + u_{yy} + u_{zz}) = 0$ 相应的二次型为 $Q(t,x,y,z) = t^2 - a^2(x^2 + y^2 + z^2)$ 既非退化也非正定或负定, 其矩阵特征值为 1, $-a^2$, $-a^2$, $-a^2$, 因此为双曲型方程.

热传导方程 $u_t - a^2(u_{xx} + u_{yy} + u_{zz}) = 0$ 相应的二次型为 $Q(t,x,y,z) = -a^2(x^2 + y^2 + z^2)$ 为退化的, 其矩阵特征值为 0, $-a^2$, $-a^2$, $-a^2$, 因此为抛物型方程.

注 2.2.1　　对拟线性偏微分方程, 上述分类方法仍适用. 例如, 考虑方程

$$u_{tt} + u_{xx} + (1+u_x^2)u_{yy} + xuu_{zz} = 0.$$

其系数矩阵为

$$\boldsymbol{A} = \begin{bmatrix} 1 & 0 & 0 & 0 \\ 0 & 1 & 0 & 0 \\ 0 & 0 & 1+u_x^2 & 0 \\ 0 & 0 & 0 & xu \end{bmatrix}$$

$\boldsymbol{A}$ 的特征值为 1, 1, $1+u_x^2$, xu. 故当 $xu > 0$ 时, 方程为椭圆型; 当 $xu = 0$ 时, 方程为抛物型; 当 $xu < 0$ 时, 方程为双曲型.

2.2.3　常系数的多个自变量方程的化简

设式 (2.2.1) 的系数 a_{ij}, b_i, c 都为常数, 则 $\boldsymbol{A} = (a_{ij})_{n \times n}$ 为 n 阶实对称非零矩阵. 作自变量的非奇异线性变换 (利用 "线性代数" 课程中化对称矩阵为对角型的方法), 得 $\boldsymbol{B} = (b_{ij})_{n \times n}$ 使

$$\boldsymbol{B}\boldsymbol{A}\boldsymbol{B}^{\mathrm{T}} = \begin{bmatrix} i_1 & 0 & \cdots & 0 \\ 0 & i_2 & \cdots & 0 \\ \vdots & \vdots & & \vdots \\ 0 & 0 & \cdots & i_n \end{bmatrix}$$

田 微课 2.2-2

其中, $i_k \in \{-1, 0, 1\}$, $k = 1, 2, \cdots, n$. 令

$$\begin{cases} \xi_1 = b_{11}x_1 + b_{12}x_2 + \cdots + b_{1n}x_n, \\ \xi_2 = b_{21}x_1 + b_{22}x_2 + \cdots + b_{2n}x_n, \\ \qquad \cdots \\ \xi_n = b_{n1}x_1 + b_{n2}x_2 + \cdots + b_{nn}x_n, \end{cases}$$

则式 (2.2.1) 可化为标准形式

$$\sum_{i=1}^{p} \frac{\partial^2 u}{\partial \xi_i^2} - \sum_{j=p+1}^{p+q} \frac{\partial^2 u}{\partial \xi_j^2} + \sum_{i=1}^{n} B_i \frac{\partial u}{\partial \xi_i} + C_1 u + F = 0.$$

当 $p = 1$, $q = n - 1$ 时, 得双曲型方程的标准形式

$$\frac{\partial^2 u}{\partial \xi_1^2} - \sum_{j=2}^{n} \frac{\partial^2 u}{\partial \xi_j^2} + \sum_{i=1}^{n} B_i \frac{\partial u}{\partial \xi_i} + C_1 u + F = 0;$$

当 $p = n - 1$, $q = 0$ 时, 得抛物型方程的标准形式

$$\sum_{i=1}^{n-1} \frac{\partial^2 u}{\partial \xi_i^2} + \sum_{i=1}^{n} B_i \frac{\partial u}{\partial \xi_i} + C_1 u + F = 0;$$

当 $p = n$, $q = 0$ 时, 得椭圆型方程的标准形式

$$\sum_{i=1}^{n} \frac{\partial^2 u}{\partial \xi_i^2} + \sum_{i=1}^{n} B_i \frac{\partial u}{\partial \xi_i} + C_1 u + F = 0.$$

例 2.2.2 判断方程 $5u_{xx} - 2u_{xy} + 6u_{xz} + 5u_{yy} - 6u_{yz} + 3u_{zz} = 0$ 的类型, 并将其化为标准型.

解 方程对应二次型的系数矩阵为

$$\boldsymbol{A} = \begin{bmatrix} 5 & -1 & 3 \\ -1 & 5 & -3 \\ 3 & -3 & 3 \end{bmatrix}.$$

先求正交阵 $\boldsymbol{B}$, 使 $\boldsymbol{BAB}^{\mathrm{T}}$ 为对角阵; 再作变换

$$\begin{bmatrix} \widehat{\xi} \\ \widehat{\eta} \\ \widehat{\zeta} \end{bmatrix} = \boldsymbol{B} \begin{bmatrix} x \\ y \\ z \end{bmatrix}, \tag{2.2.2}$$

即

$$\begin{bmatrix} x \\ y \\ z \end{bmatrix} = \boldsymbol{B}^{-1} \begin{bmatrix} \widehat{\xi} \\ \widehat{\eta} \\ \widehat{\zeta} \end{bmatrix} = \boldsymbol{B}^{\mathrm{T}} \begin{bmatrix} \widehat{\xi} \\ \widehat{\eta} \\ \widehat{\zeta} \end{bmatrix}.$$

即可化原方程为标准型. 直接计算, 得

$$|\lambda \boldsymbol{E} - \boldsymbol{A}| = \lambda(\lambda - 4)(\lambda - 9).$$

故 $\boldsymbol{A}$ 的特征值是 $\lambda_1 = 0$, $\lambda_2 = 4$, $\lambda_3 = 9$, 因而方程为抛物型. 与 λ_1, λ_2, λ_3 对应的特征向量是

$$\beta_1 = [-1,\ 1,\ 2]^{\mathrm{T}}, \quad \beta_2 = [1,\ 1,\ 0]^{\mathrm{T}}, \quad \beta_3 = [1,\ -1,\ 1]^{\mathrm{T}}$$

它们两两正交, 再进行单位化, 即得正交矩阵

$$\boldsymbol{B} = \begin{bmatrix} \dfrac{-1}{\sqrt{6}} & \dfrac{1}{\sqrt{6}} & \dfrac{2}{\sqrt{6}} \\ \dfrac{1}{\sqrt{2}} & \dfrac{1}{\sqrt{2}} & 0 \\ \dfrac{1}{\sqrt{3}} & \dfrac{-1}{\sqrt{3}} & \dfrac{1}{\sqrt{3}} \end{bmatrix}.$$

★ 问题探索
能避免求特征值和特征向量吗?

考虑变换式 (2.2.2), 原方程化为

$$4u_{\eta\eta} + 9u_{\zeta\zeta} + 低阶项 = 0.$$

进一步令

$$\begin{bmatrix} \widehat{\xi} \\ \widehat{\eta} \\ \widehat{\zeta} \end{bmatrix} = \begin{bmatrix} 1 & 0 & 0 \\ 0 & \dfrac{1}{2} & 0 \\ 0 & 0 & \dfrac{1}{3} \end{bmatrix} \begin{bmatrix} \xi \\ \eta \\ \zeta \end{bmatrix},$$

则 $u_\eta = \dfrac{1}{2}u_{\widehat{\eta}}$, $u_\zeta = \dfrac{1}{3}u_{\widehat{\zeta}}$, $u_{\eta\eta} = \dfrac{1}{4}u_{\widehat{\eta}\widehat{\eta}}$, $u_{\zeta\zeta} = \dfrac{1}{9}u_{\widehat{\zeta}\widehat{\zeta}}$. 原方程进一步化为

$$u_{\widehat{\eta}\widehat{\eta}} + u_{\widehat{\zeta}\widehat{\zeta}} + 低阶项 = 0,$$

所用变换为

$$\begin{bmatrix} \widehat{\xi} \\ \widehat{\eta} \\ \widehat{\zeta} \end{bmatrix} = \begin{bmatrix} 1 & 0 & 0 \\ 0 & \dfrac{1}{2} & 0 \\ 0 & 0 & \dfrac{1}{3} \end{bmatrix} \begin{bmatrix} \dfrac{-1}{\sqrt{6}} & \dfrac{1}{\sqrt{6}} & \dfrac{2}{\sqrt{6}} \\ \dfrac{1}{\sqrt{2}} & \dfrac{1}{\sqrt{2}} & 0 \\ \dfrac{1}{\sqrt{3}} & \dfrac{-1}{\sqrt{3}} & \dfrac{1}{\sqrt{3}} \end{bmatrix} \begin{bmatrix} x \\ y \\ z \end{bmatrix} = \begin{bmatrix} \dfrac{-1}{\sqrt{6}} & \dfrac{1}{\sqrt{6}} & \dfrac{2}{\sqrt{6}} \\ \dfrac{1}{2\sqrt{2}} & \dfrac{1}{2\sqrt{2}} & 0 \\ \dfrac{1}{3\sqrt{3}} & \dfrac{-1}{3\sqrt{3}} & \dfrac{1}{3\sqrt{3}} \end{bmatrix} \begin{bmatrix} x \\ y \\ z \end{bmatrix}.$$

历史人物: 谷超豪

谷超豪 (1926~2012), 我国著名数学家. 1948 年毕业于浙江大学数学系; 1959 年获莫斯科大学物理-数学科学博士学位; 1980 年当选中国科学院学部委员 (院士). 主要从事偏微分方程、微分几何、数学物理等方面的研究; 1982 年, 谷超豪基于对非线性双曲型和多元混合型偏微分方程的研究成果获得国家自然科学奖二等奖; 2009 年度国家最高科学技术奖获奖人.

谷超豪早期从事微分几何的研究, 是苏步青教授所领导的中国微分几何学派的中坚, 在一般空间微分几何学的研究中取得了系统和重要的研究成果. 他的博士论文《无限连续变换拟群》被认为是继 20 世纪伟大几何学家嘉当之后, 第一个对这一领域做出的重要推进.

在混合型方程研究中, 他首先发展了弗里得里斯所提出的正对称方程组的高阶可微分解的理论, 并将其应用于多个自变数的混合型方程, 发现了一系列重要的新现象, 深刻地揭示了混合型方程的本质, 把多元混合型方程的理论推进到一个崭新的阶段.

在与杨振宁合作时, 谷超豪最早得到经典规范场初始值问题解的存在性, 对经典规范场的数学理论做出了突出贡献. 后来谷超豪又给出了所有可能的球对称的规范场的表示; 首次将纤维丛上的和乐群的理论应用于闭环路位相因子的研究, 揭示了规范场的数学本质, 并应邀在著名数学物理杂志《物理报告》上发表专辑.

谷超豪生前共培养 30 多名博士、硕士研究生, 多位在数学界崭露头角, 成为中国数学界的骨干, 被誉为"桃李满天下, 一门九院士", 如李大潜、洪家兴、穆穆等中国科学院院士 6 人、中国工程院院士 3 人都是谷超豪的学生.

历史人物: 科瓦列夫斯卡娅

柯瓦列夫斯卡娅 (Sofia Kovalevskaya, 1850~1891), 俄国女数学家. 主要从事偏微分方程和刚体旋转理论等方面的研究.

柯瓦列夫斯卡娅出生于莫斯科, 早年就展现出特有的数学天分, 14 岁的时候就独立地推导出了今天我们熟知的所有三角函数公式, 惊动了当时的科学家尼古拉·基尔托夫, 惊呼她为 "帕斯卡再世". 1869 年经由维也纳来到海德堡大学学习, 她的天才与勤奋很快便赢得了众多人的钦佩.

1870 年, 在其老师的推荐下, 她启程前往柏林大学拜见了仰慕已久的数学大师魏尔斯特拉斯. 在魏尔斯特拉斯的指导下, 柯瓦列夫斯卡娅在分析学、力学等方面, 尤其是偏微分方程上, 取得了一系列成果. 1874 年, 24 岁的她凭借研究偏微分方程、椭圆积分和土星光环等内容的三篇论文获得了历史上第一个正式授予女性的博士学位. 1888 年获得法国科学院鲍廷奖, 并成为圣彼得堡科学院院士, 是俄国历史上获此称号的第一个女性.

绕定点刚体运动的一个形象例子就是旋转而不倒的陀螺运动. 用数学描述绕定点刚体运动的工作是相当困难的, 尽管这项研究早已被欧拉和拉格朗日这样最杰出的数学家尝试过, 但鲜有实质性进展. 富有洞察力的柯瓦列夫斯卡娅创造性地把椭圆积分运用到了研究之中, 巧妙地借助阿贝尔函数对绕定点刚体运动进行了有效描述, 最终于 1888 年突破性地解决了困扰学界的百年难题——刚体绕定点转动问题, 轰动了整个欧洲科学界. 柯瓦列夫斯卡娅的导师魏尔斯特拉斯也欣慰地称, 这是他晚年最大的快乐之一. 也正是这项研究, 开辟了数学分析方法应用于力学研究的新方向.

在关于偏微分方程的研究中, 柯瓦列夫斯卡娅解决了偏微分方程解析解的存在性和唯一性问题, 建立了偏微分方程理论中的一个基本定理——柯西-柯瓦列夫斯卡娅定理. 这也是柯瓦列夫斯卡娅最知名的工作之一. 此定理奠定了偏微分方程理论发展的基础, 为用微分方程来定义解析函数建立了逻辑基础.

1889 年, 斯德哥尔摩大学鉴于柯瓦列夫斯卡娅杰出的成就, 决定聘她为终身数学教授. 时至今日, 柯瓦列夫斯卡娅的名字仍然在数学物理的星空中闪耀, 不断激励着后来者.

习　题　2

◎ 方程类型的判定

2.1 判定下列方程的类型:

(1) $u_{xx} + 4u_{xy} - 3u_{yy} + 2u_x + 6u_y = 0$;

(2) $(1 + x^2) u_{xx} + (1 + y^2) u_{yy} + xu_x + yu_y = 0$;

(3) $x^2 u_{xx} - y^2 u_{yy} = 0$;

(4) $u_{xx} + (x + y)^2 u_{yy} = 0$;

(5) $u_{xx} + xyu_{yy} = 0$;

(6) $\mathrm{sgn}(y)u_{xx} + 2u_{xy} + \mathrm{sgn}(x)u_{yy} = 0$, 其中, $\mathrm{sgn}(x) = \begin{cases} 1, & x > 0, \\ 0, & x = 0, \\ -1, & x < 0. \end{cases}$

◎ 方程化简为标准型

2.2 将下列常系数二阶偏微分方程化简为标准型:

(1) $u_{xx} + 2u_{xy} - 3u_{yy} + 2u_x + 6u_y = 0$;

(2) $u_{xx} + 4u_{xy} + 5u_{yy} + u_x + 2u_y = 0$;

(3) $au_{xx} + 2au_{xy} + au_{yy} + bu_x + cu_y + u = 0$, 其中, a, b, c 为常数, 且 $a \neq 0$.

2.3 写出下列方程为双曲型、抛物型、椭圆型的区域, 并将方程改写为标准型.

(1) $xu_x + u_{yy} = x^2$;　　　　　　　　　　　(2) $u_{xx} + y^2 u_{yy} = y$;

(3) $u_{xx} + yu_{yy} + \dfrac{1}{2}u_y = 0$;　　　　　　　(4) $x^2 u_{xx} - 2xyu_{xy} + y^2 u_{yy} = \mathrm{e}^x$;

(5) $u_{xx} - yu_{xy} + xu_x + yu_y + u = 0$;　　　(6)* $u_{xx} + xyu_{yy} = 0$.

2.4 证明两个自变量的二阶线性方程经可逆变换后的类型不会改变, 也就是说, 经可逆变换后的判别式 $\overline{\Delta} = A_{12}^2 - A_{11}A_{22}$ 与变换之前的判别式 $\Delta = a_{12}^2 - a_{11}a_{22}$ 的符号相同.

◎ 常系数方程的进一步简化

2.5 引入新变量 $v = ue^{-(a\xi+b\eta)}$ 将下面的方程改写成 $v_{\xi\eta} = cv$ 的形式, 其中, a 和 b 是待定系数, c 为常数.

(1) $u_{xx} - u_{yy} + 3u_x - 2u_y + u = 0$;

(2) $3u_{xx} + 7u_{xy} + 2u_{yy} + u_y + u = 0$.

2.6 给定抛物型方程

$$u_{xx} = au_t + bu_x + cu + f,$$

其中, a, b, c 为常数. 证明当 $c = -b^2/4$ 时, 通过代换 $u = ve^{bx/2}$ 可将方程化为如下形式

$$v_{xx} = av_t + g,$$

其中, $g = fe^{-bx/2}$.

2.7 证明两个自变量的二阶常系数线性椭圆型方程一定可以经过非奇异变换及函数变换 $u = e^{\lambda\xi+\mu\eta}v$ 将其化成 $v_{\xi\xi} + v_{\eta\eta} + cv = f$ 的形式, 其中, λ 和 μ 是待定常数.

◎ 化简后方程的求解

2.8 求下列方程的通解:

(1) $x^2u_{xx} + 2xyu_{xy} + y^2u_{yy} + xyu_x + y^2u_y = 0$;

(2) $ru_{tt} - c^2ru_{rr} - 2c^2u_r = 0$, 其中, c 为常数;

(3) $4u_{xx} + 12u_{xy} + 9u_{yy} - 9u = 9$;

(4) $u_{xx} + u_{xy} - 2u_{yy} - 3u_x - 6u_y = 9(2x - y)$;

(5) $yu_{xx} + 3yu_{xy} + 3u_x = 0$, $y \neq 0$;

(6) $4u_{xx} + u_{yy} = 0$;

(7) $u_{xx} + 4u_{xy} + 4u_{yy} = 0$;

(8) $3u_{xx} + 4u_{xy} - \frac{4}{3}u_{yy} = 0$;

(9) $u_{xy} + yu_{yy} + \sin(x + y) = 0$.

2.9 求解下列定解问题

(1) $\begin{cases} u_{xy} = x^2y, & -\infty < x, y < +\infty, \\ u(x,0) = x^2, & -\infty < x < +\infty, \\ u(1,y) = \cos y, & -\infty < y < +\infty. \end{cases}$

(2) $\begin{cases} 4y^2u_{xx} + 2(1-y^2)u_{xy} - u_{yy} - \dfrac{2y}{1+y^2}(2u_x - u_y) = 0, & -\infty < x, y < +\infty, \\ u(x,0) = f(x), \quad u_y(x,0) = g(x), & -\infty < x < +\infty. \end{cases}$

2.10 考虑方程

$$u_{xx} - 2au_{xy} - 3a^2u_{yy} + au_y + u_x = 0.$$

(1) 依据于实参数 a, 确定方程的类型;

(2) 化方程为标准形式;

(3) 求这个方程的通解.

2.11* 举出这样的函数 $\varphi, \psi \in C^2(\mathbb{R})$, 使得柯西问题

$$u_{xx} + 5u_{xy} - 6u_{yy} = 0, \quad u|_{y=6x} = \varphi(x), \quad u_y|_{y=6x} = \psi(x)$$

(1) 有解. 这解是否唯一?

(2) 无解.

◎ 多个自变量方程的分类和化简

2.12 判定下述方程类型:

$$u_{xx} - 4u_{xy} + 2u_{xz} + 4u_{yy} + u_{zz} = 0.$$

2.13 求下列方程的标准型:

(1) $u_{xx} + 2u_{xy} - 2u_{xz} + 2u_{yy} + 6u_{zz} = 0$;

(2) $4u_{xx} - 4u_{xy} - 2u_{yz} + u_y + u_z = 0$;

(3) $u_{xy} - u_{xz} + u_x + u_y - u_z = 0$;

(4) $u_{xx} + 2u_{xy} + 2u_{yy} + 2u_{yz} + 2u_{yt} + 2u_{xt} + 2u_{tt} = 0$;

(5) $2u_{xy} + 2u_{xz} - 2u_{yz} - 2u_{xt} + 2u_{yt} + 2u_{zt} = 0$.

2.14 求 $u_{xx} + 2u_{xy} + 2u_{xz} + u_{yy} + 2u_{yz} + u_{zz} - u = 0$ 的通解.

第 3 章 波动方程的初值问题与行波法

波动方程是最典型的二阶双曲型方程, 在物理、力学和工程技术中有着广泛的应用. 学习波动方程具有重要的理论意义和应用价值. 本章讨论用直接积分的方法求解波动方程的初值问题, 根据解的物理意义, 又称为行波法. 本章将先对一维情形求出方程的通解, 再由给定的初始条件导出特解——达朗贝尔 (d'Alembert) 公式; 利用球平均法推导出三维情形解的泊松公式; 采用降维法求出二维情形解的泊松公式.

3.1 一维波动方程的初值问题

本节的思路如下:

$$
\text{一维波动方程的初值问题}
\begin{cases}
\text{无界弦的}
\begin{cases}
\text{自由振动 } (u_{tt}=a^2 u_{xx}, -\infty < x < +\infty)\text{: 经非奇异变换化为标准} \\
\quad \text{型后直接积分得通解, 代入初始条件得特解 (达朗贝尔公式);} \\
\text{受迫振动 } (u_{tt}=a^2 u_{xx}+f, -\infty < x < +\infty)\text{: 由叠加原理分解为} \\
\quad \text{齐次问题 + 零初值的非齐次问题 (由齐次化原理得解).}
\end{cases} \\
\text{半无界弦的振动问题 } (u_{tt}=a^2 u_{xx}+f, 0 < x < +\infty)\text{: 以某种方式延拓 } f \text{ 及} \\
\quad \text{初始函数, 转成无限长弦的振动, 求出解后限制在半无界区域上.}
\end{cases}
$$

3.1.1 无界弦的自由振动

在第 1 章所提弦的微小横振动问题中, 如果弦未受到任何外力作用, 而且只研究其中的一小段, 那么在不太长的时间里, 两端的影响都来不及传到, 不妨认为两端都不存在, 弦是 "无限长", 于是可提出下面的定解问题

$$
\begin{cases}
u_{tt}=a^2 u_{xx}, & -\infty < x < +\infty, \quad t > 0, \\
u(x,0)=\phi(x), \quad u_t(x,0)=\psi(x), & -\infty < x < +\infty,
\end{cases} \tag{3.1.1}
$$

其中, $\phi(x), \psi(x)$ 分别为初值位移和初始速度.

1. 泛定方程的通解

采用 2.1 节中的方法, 特征方程为

$$
\left(\frac{\mathrm{d}x}{\mathrm{d}t}\right)^2 - a^2 = 0,
$$

特征线方程为 $\dfrac{\mathrm{d}x}{\mathrm{d}t} = \pm a$, 其通解 (特征线) 为 $x+at=C_1, x-at=C_2$. 作变换

$$
\begin{cases}
\xi = x+at, \\
\eta = x-at,
\end{cases}
$$

则

$$
u_x = u_\xi \xi_x + u_\eta \eta_x = u_\xi + u_\eta,
$$

$$u_t = u_\xi \xi_t + u_\eta \eta_t = a(u_\xi - u_\eta),$$

$$u_{xx} = u_{\xi\xi} \xi_x + u_{\xi\eta} \eta_x + u_{\eta\xi} \xi_x + u_{\eta\eta} \eta_x = u_{\xi\xi} + 2u_{\xi\eta} + u_{\eta\eta},$$

$$u_{tt} = a(u_{\xi\xi} \xi_t + u_{\xi\eta} \eta_t - u_{\eta\xi} \xi_t - u_{\eta\eta} \eta_t) = a^2(u_{\xi\xi} - 2u_{\xi\eta} + u_{\eta\eta}).$$

代入方程组(3.1.1)中第一个式子, 得

$$u_{\xi\eta} = 0.$$

两边依次关于 η, ξ 积分, 得

$$u(\xi, \eta) = \int f(\xi)\mathrm{d}\xi + G(\eta) = F(\xi) + G(\eta),$$

其中, F, G 为两个可微的任意单度量函数. 代回原自变量 ξ, η, 得方程组(3.1.1)第一个式子的通解

$$u(x, t) = F(x + at) + G(x - at). \tag{3.1.2}$$

2. 定解问题的特解——达朗贝尔公式

下面利用初始条件方程组(3.1.1)中第二个式子来确定式(3.1.2)中的任意函数 F 和 G. 将方程组(3.1.1)中第二个式子代入通解(3.1.2), 有

$$u(x, 0) = \phi(x) = F(x) + G(x),$$

$$u_t(x, 0) = \psi(x) = a[F'(x) - G'(x)].$$

则

$$F(x) - G(x) = \frac{1}{a}\int_{x_0}^{x} \psi(\xi)\mathrm{d}\xi + C,$$

其中, x_0 为任意一点, C 为常数. 进而, 有

$$F(x) = \frac{1}{2}\phi(x) + \frac{1}{2a}\int_{x_0}^{x} \psi(\xi)\mathrm{d}\xi + \frac{C}{2},$$

$$G(x) = \frac{1}{2}\phi(x) - \frac{1}{2a}\int_{x_0}^{x} \psi(\xi)\mathrm{d}\xi - \frac{C}{2}.$$

将 $F(x)$ 和 $G(x)$ 中的 x 分别换成 $x+at$ 和 $x-at$ 后一并代入式(3.1.2), 即得初值问题(3.1.1)解的表达式

$$u(x, t) = \frac{1}{2}[\phi(x + at) + \phi(x - at)] + \frac{1}{2a}\int_{x-at}^{x+at} \psi(\xi)\mathrm{d}\xi, \tag{3.1.3}$$

称为**达朗贝尔公式**或无界弦自由振动问题的达朗贝尔解.

例 3.1.1 求解初值问题

$$\begin{cases} u_{tt} = a^2 u_{xx}, & -\infty < x < +\infty, \quad t > 0, \\ u(x, 0) = \cos x, \quad u_t(x, 0) = 6, & -\infty < x < +\infty. \end{cases}$$

解 此时 $\phi(x) = \cos x, \psi(x) = 6$. 故由达朗贝尔公式(3.1.3), 有

$$u(x, t) = \frac{1}{2}[\cos(x + at) + \cos(x - at)] + \frac{1}{2a}\int_{x-at}^{x+at} 6\mathrm{d}\xi = \cos x \cos(at) + 6t.$$

有些例子虽然不能直接应用达朗贝尔公式, 但可利用达朗贝尔解的导出思路进行求解, 见例 2.1.3; 也可以利用适当变换, 将方程化为可直接应用达朗贝尔公式的形式.

★ 归纳总结
达朗贝尔解的导
出思路

例 3.1.2 求解有阻尼的波动方程的初值问题

$$\begin{cases} u_{tt} = a^2 u_{xx} - 2k u_t - k^2 u, & -\infty < x < +\infty, \quad t > 0, \\ u(x,0) = \phi(x), \quad u_t(x,0) = \psi(x), & -\infty < x < +\infty. \end{cases}$$

解 泛定方程含有阻尼项, 不能直接用达朗贝尔公式, 但可将阻尼作用表示为其解中带一个随时间成指数衰减的因子, 即令 $u(x,t) = \mathrm{e}^{-\alpha t} v(x,t), \alpha > 0$ 为一待定常数. 于是, 有

$$u_t = \mathrm{e}^{-\alpha t}(v_t - \alpha v), \quad u_{tt} = \mathrm{e}^{-\alpha t}(v_{tt} - 2\alpha v_t + \alpha^2 v), \quad u_{xx} = \mathrm{e}^{-\alpha t} v_{xx}.$$

代入泛定方程得

$$v_{tt} = a^2 v_{xx} - 2(k-\alpha)v_t - (k^2 - 2k\alpha + \alpha^2)v.$$

取 $\alpha = k$, 原定解问题化为

$$\begin{cases} v_{tt} = a^2 v_{xx}, & -\infty < x < +\infty, \quad t > 0, \\ v(x,0) = \mathrm{e}^{k \cdot 0} u(x,0) = \phi(x), & -\infty < x < +\infty, \\ v_t(x,0) = \dfrac{\mathrm{d}}{\mathrm{d}t}\left[\mathrm{e}^{kt} u(x,t)\right]_{t=0} = k\phi(x) + \psi(x), & -\infty < x < +\infty. \end{cases}$$

由达朗贝尔公式(3.1.3), 有

$$v(x,t) = \frac{1}{2}[\phi(x+at) + \phi(x-at)] + \frac{1}{2a}\int_{x-at}^{x+at}[k\phi(\xi) + \psi(\xi)]\mathrm{d}\xi.$$

从而原问题的解为

$$u(x,t) = \frac{1}{2\mathrm{e}^{kt}}[\phi(x+at) + \phi(x-at)] + \frac{1}{2a\mathrm{e}^{kt}}\int_{x-at}^{x+at}[k\phi(\xi) + \psi(\xi)]\mathrm{d}\xi.$$

3. 达朗贝尔解的适定性

定理 3.1.1 假设 $\phi(x) \in C^2(\mathbb{R}^1)$ (二阶连续可微), $\psi(x) \in C^1(\mathbb{R}^1)$, 则对任意给定的 $T > 0$, 初值问题(3.1.1)的达朗贝尔解在区域 $\mathbb{R}^1 \times [0,T]$ 上是适定的.

证明 从达朗贝尔公式的推导可见, 只要 $\phi \in C^2, \psi \in C^1$, 达朗贝尔解是满足初值问题(3.1.1)的, 即达朗贝尔解是存在的. 其唯一性也容易证明: 若有两解 $u_1(x,t), u_2(x,t)$ 具有同样的初始条件, 则 $\omega = u_1 - u_2$ 满足零初始条件下的式(3.1.1) (即取 $\phi(x) \equiv \varphi(x) \equiv 0$), 进而由式(3.1.3) 有 $\omega \equiv 0$.

下面证明解的稳定性.

设初始条件有两组 $(\phi_i, \psi_i, i = 1, 2)$, 且它们相差很小 $(|\phi_1(x) - \phi_2(x)| < \delta, |\psi_1(x) - \psi_2(x)| < \delta, x \in \mathbb{R}^1)$, 记 $u_i(i = 1, 2)$ 表示相应于这两组初始条件的解, 证明: 在有限的时间内, 当初始条件有了微小改变时, 其解也只有微小改变. 事实上, 由达朗贝尔公式, 有

$$|u_1 - u_2| \leqslant \frac{1}{2}|\phi_1(x+at) - \phi_2(x+at)| + \frac{1}{2}|\phi_1(x-at) - \phi_2(x-at)|$$

$$+ \frac{1}{2a}\int_{x-at}^{x+at}|\psi_1(\xi) - \psi_2(\xi)|\mathrm{d}\xi$$

$$\leqslant \delta + \frac{2at}{2a}\delta \leqslant (1+T)\delta < \varepsilon,$$

只要 $0 < \delta < \dfrac{\varepsilon}{1+T}$.

注 3.1.1 当 $\phi \in C^2(\mathbb{R}^1), \psi \in C^1(\mathbb{R}^1)$ 时, 由式(3.1.3)定义的函数 $u(x,t)$ 为问题(3.1.1)的**古典解**. 当 ϕ, ψ 不满足该条件时, 由式(3.1.3)定义的函数 $u(x,t)$ 常称为问题(3.1.1)的**广义解** (如例 3.1.3).

例 3.1.3 求解初值问题

$$\begin{cases} u_{tt} = a^2 u_{xx}, & -\infty < x < +\infty, \quad t > 0, \\ u(x,0) = \phi(x), \quad u_t(x,0) = 0, & -\infty < x < +\infty, \end{cases}$$

其中,

$$\phi(x) = \begin{cases} 1 - |x|, & |x| \leqslant 1, \\ 0, & |x| > 1. \end{cases}$$

解 此时初始位移 $\phi(x) \notin C^2(\mathbb{R}^1)$ (图 3.1.1), 下面求广义解. 由式(3.1.3), 有

$$u(x,t) = \frac{1}{2}[\phi(x+at) + \phi(x-at)].$$

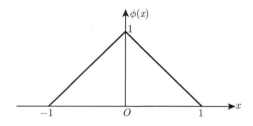

图 3.1.1 初始位移 $\phi(x)$

计算可得其解的情况如下:

(1) 当 $0 \leqslant at < \dfrac{1}{2}$ 时, 有

$$u(x,t) = \begin{cases} 0, & x \leqslant -1 - at, \\ (1 + x + at)/2, & -1 - at < x \leqslant -1 + at, \\ 1 + x, & -1 + at < x \leqslant -at, \\ 1 - at, & -at < x \leqslant at, \\ 1 - x, & at < x \leqslant 1 - at, \\ (1 - x + at)/2, & 1 - at < x \leqslant 1 + at, \\ 0, & x > 1 + at. \end{cases}$$

(2) 当 $\dfrac{1}{2} \leqslant at < 1$ 时, 有

$$u(x,t) = \begin{cases} 0, & x \leqslant -1 - at, \\ (1 + x + at)/2, & -1 - at < x \leqslant -at, \\ (1 - x - at)/2, & -at < x \leqslant -1 + at, \\ 1 - at, & -1 + at < x \leqslant 1 - at, \\ (1 + x - at)/2, & 1 - at < x \leqslant at, \\ (1 - x + at)/2, & at < x \leqslant 1 + at, \\ 0, & x > 1 + at. \end{cases}$$

(3) 当 $at \geqslant 1$ 时, 有

$$u(x,t) = \begin{cases} 0, & x \leqslant -1 - at, \\ (1 + x + at)/2, & -1 - at < x \leqslant -at, \\ (1 - x - at)/2, & -at < x \leqslant 1 - at, \\ 0, & 1 - at < x \leqslant 1 + at, \\ (1 + x - at)/2, & -1 + at < x \leqslant at, \\ (1 - x + at)/2, & at < x \leqslant 1 + at, \\ 0, & x > 1 + at. \end{cases}$$

分别令 $at = 0, \dfrac{1}{4}, \dfrac{3}{4}, \dfrac{5}{4}$, 分别可用图 3.1.2~ 图 3.1.5 表示出 $u(x,t)$.

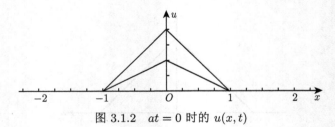

图 3.1.2　$at = 0$ 时的 $u(x,t)$

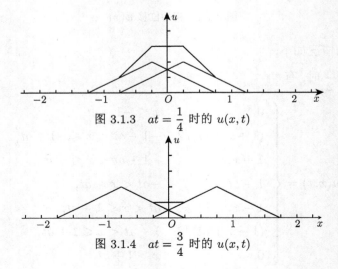

图 3.1.3　$at = \dfrac{1}{4}$ 时的 $u(x,t)$

图 3.1.4　$at = \dfrac{3}{4}$ 时的 $u(x,t)$

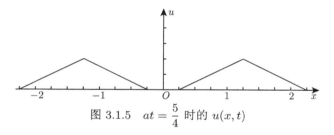

图 3.1.5 $at = \dfrac{5}{4}$ 时的 $u(x,t)$

要观察 $u(x,t)$ 在其他时刻的变化, 可以通过计算机模拟 (不妨取 $a = 1$) 得到图 3.1.6.

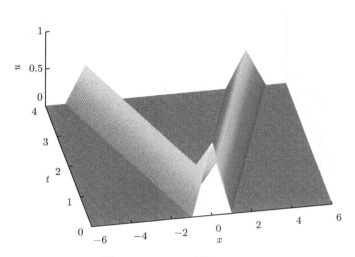

图 3.1.6 $a = 1$ 时的 $u(x,t)$

注 3.1.2   正如例 3.1.3 中所看到的那样, 当初始条件 $\phi(x), \psi(x)$ 不再满足定理 3.1.1 的条件, 而是仅在 $\mathbb{R}^1$ 上连续, 则 $u(x,t)$ 的达朗贝尔表达式已不是一个古典解, 而是弱解或广义解. 关于这种弱解的初值问题也是适定的.

3.1.2   波的传播

1. 达朗贝尔解的物理意义

下面说明达朗贝尔公式(3.1.3)的物理意义. 由于它是从式(3.1.2)推导所得, 故只需说明式(3.1.2)中函数的物理意义即可.

方便起见, 记

$$u(x,t) = F(x+at) + G(x-at) := u_1(x,t) + u_2(x,t),$$

显然, $u_1(x,t), u_2(x,t)$ 都是方程 $u_{tt} = a^2 u_{xx}$ 的解, 且 $u = u_1 + u_2$.

首先考察 $u_2(x,t) = G(x-at)$. 给定 t 的不同值, 就得到弦在各时刻的振动状态. 当 $t = 0$ 时, $u_2(x,0) = G(x)$, 它对应的是初始状态, 如图 3.1.7 中实线所示; 经时间 $t = t_0$ 之后, $u_2(x,t_0) = G(x-at_0)$, 它表明, 在 (x,u) 平面上 $t = t_0$ 时刻的弦位移图形 (即波形) 相对于初始时刻的波形向右平移了距离 at_0, 如图 3.1.7 中虚线所示.

随着时间的推移, 波形继续向右移动, 而形状保持不变. 因时间段 t_0 内波形右移了距离 at_0, 故 a 恰好为波移动的速度.

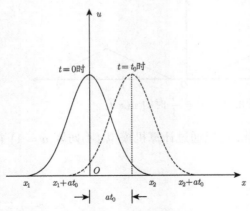

图 3.1.7　右传播波

这种形如 $u_2(x,t) = G(x - at)$ 的解所描述的弦振动规律称为**右传播波**或**右行波**. 类似地, $u_1(x,t) = F(x + at)$ 保持波形 $F(x)$ 以速度 a 向左移动, 称为**左传播波**或**左行波**. 因此, 达朗贝尔解(3.1.3)表明初值问题(3.1.1) 的解是由 ϕ 和 ψ 确定的左、右行波 $\dfrac{1}{2}\phi(x \pm at) + \dfrac{1}{2a}\Psi(x \pm at)$ 的叠加 (其中, Ψ 是 ψ 的一个原函数). 这就是达朗贝尔解的物理意义. 这种构造解的方法称为**行波法**.

例 3.1.4 (初始位移引起的波动)　一根无限长弦的初始位移为 $u(x,0) = \dfrac{1}{1 + 4x^2}$, 从静止开始运动, 求其在任意时刻的位移.

解　定解问题为

$$
\begin{cases}
u_{tt} = a^2 u_{xx}, & -\infty < x < +\infty, \quad t > 0, \\
u(x,0) = \dfrac{1}{1 + 4x^2}, \quad u_t(x,0) = 0, & -\infty < x < +\infty.
\end{cases}
$$

由达朗贝尔公式得

$$
u(x,t) = \frac{1}{2}[\phi(x + at) + \phi(x - at)] = \frac{1}{2}\frac{1}{1 + 4(x + at)^2} + \frac{1}{2}\frac{1}{1 + 4(x - at)^2}.
$$

取 $at = 0, 0.5$ 和 1, 弦的位移如图 3.1.8 所示, 其中, 实线表示解的波形, 虚线分别表示左、右传播波.

要观察 $u(x,t)$ 在其他时刻的变化, 可以通过计算机模拟 (不妨取 $a = 1$) 得到图 3.1.9 (我们将在本书后面的例 10.1.1 通过 MATLAB 编程给出另一个可视化的例子).

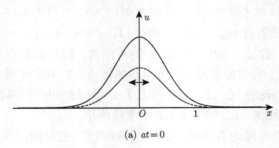

(a) $at = 0$

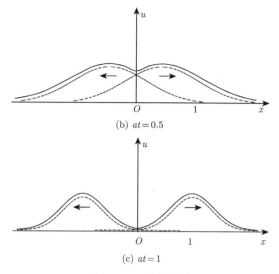

(b) $at = 0.5$

(c) $at = 1$

图 3.1.8 弦的位移

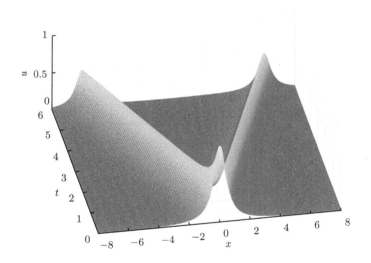

★ 程序代码
Fig_3_1_9

图 3.1.9 $a = 1$ 时对应的 $u(x, t)$ 的时空变化情况

例 3.1.5 (初始速度引起的波动) 一根无限长弦的初始位移为 0, 以初始速度 $u_t(x, 0) = \begin{cases} 0, & |x| > 2 \\ 1, & |x| \leqslant 2 \end{cases}$ 开始振动, 求其在任意时刻的位移.

解 定解问题为

$$\begin{cases} u_{tt} = a^2 u_{xx}, & -\infty < x < +\infty, \quad t > 0, \\ u(x, 0) = 0, \quad u_t(x, 0) = \psi(x), & -\infty < x < +\infty, \end{cases}$$

其中,

$$\psi(x) = \begin{cases} 0, & |x| > 2, \\ 1, & |x| \leqslant 2. \end{cases}$$

由达朗贝尔公式得

$$u(x,t) = \frac{1}{2a}\int_{x-at}^{x+at} \psi(\xi)\mathrm{d}\xi = \frac{1}{2}[H(x+at) - H(x-at)],$$

其中,

$$H(x) = \frac{1}{a}\int_{x_0}^{x} \psi(\xi)\mathrm{d}\xi = \begin{cases} 0, & x \leqslant -2, \\ \dfrac{1}{a}\displaystyle\int_{-2}^{x}\mathrm{d}\tau = \dfrac{x+2}{a}, & -2 < x \leqslant 2, \\ \dfrac{1}{a}\displaystyle\int_{-2}^{2}\mathrm{d}\tau = \dfrac{4}{a}, & x > 2. \end{cases}$$

取 $at = 0, 1, 2$ 和 4, 弦的位移如图 3.1.10 所示, 其中, 实线表示解的波形, 虚线分别表示左、右传播波.

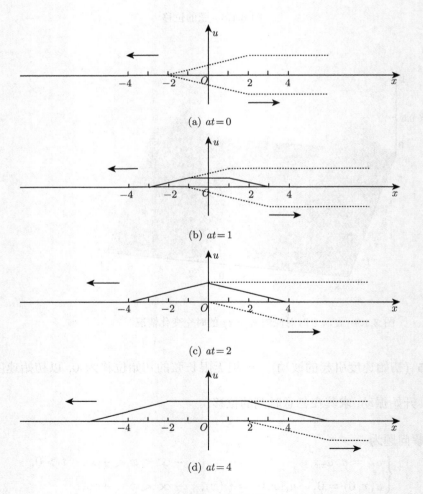

(a) $at = 0$

(b) $at = 1$

(c) $at = 2$

(d) $at = 4$

图 3.1.10　弦的位移

要观察 $u(x,t)$ 在其他时刻的变化, 可以通过计算机模拟 (不妨取 $a = 1$) 得到图 3.1.11.

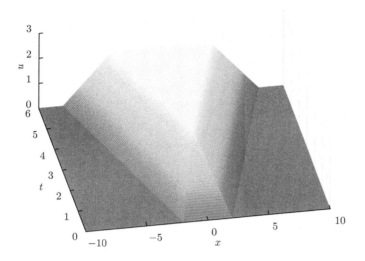

图 3.1.11　当 $a = 1$ 时更多时刻对应的 $u(x, t)$

★ 程序代码
Fig_3_1_11

2. 依赖区间、决定区域和影响区域

依赖区间: 由达朗贝尔公式(3.1.3)可知, 解在任一点 (x_0, t_0) 的值为

$$u(x_0, t_0) = \frac{1}{2}[\phi(x_0 + at_0) + \phi(x_0 - at_0)] + \frac{1}{2a}\int_{x_0 - at_0}^{x_0 + at_0} \psi(\xi)\mathrm{d}\xi.$$

可以看出, u 在点 (x_0, t_0) 的值由 ϕ 在点 $x_0 - at_0$ 和 $x_0 + at_0$ 的值以及 ψ 在区间 $[x_0 - at_0, x_0 + at_0]$ 上的值唯一确定. 在 $t = t_0$ 时刻之前 $u(x_0, t_0)$ 不会受到距离点 x_0 大于 at_0 的初始值的影响. 区间 $[x_0 - at_0, x_0 + at_0]$ 称为点 (x_0, t_0) 的**依赖区间**, 见图 3.1.12.

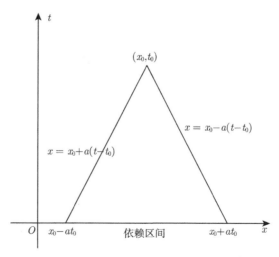

图 3.1.12　依赖区间

决定区域: 在 x 轴上任取一区间 $[x_1, x_2]$, 过点 $(x_1, 0)$ 和 $(x_2, 0)$ 分别作直线 $x = x_1 + at$ 和 $x = x_2 - at$, 构成一个三角形区域 G, 见图 3.1.13. G 内任一点 (x, t) 的依赖区间都落在 $[x_1, x_2]$ 内, 故 $u(x, t)$ 在 G 内任一点 (x, t) 的值都完全由初值函数 ϕ 和 ψ 在区间 $[x_1, x_2]$ 上的值来确

定, 而与此区间外的数据无关. 这个区域 G 就称为区间 $[x_1, x_2]$ 的 **决定区域**. 即在区间 $[x_1, x_2]$ 上给定初值 ϕ 和 ψ, 就可以确定解在决定区域 G 内的值.

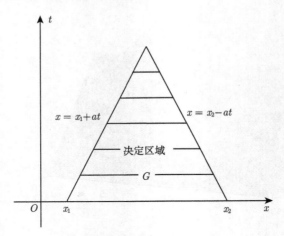

图 3.1.13　决定区域

影响区域: 过点 $(x_1, 0)$ 和 $(x_2, 0)$ 分别作直线 $x = x_1 - at$ 和 $x = x_2 + at$. 经过 t 时刻后, 受到区间 $[x_1, x_2]$ 上初值扰动影响的区域是 $R = \{x_1 - at \leqslant x \leqslant x_2 + at, t \geqslant 0\}$, 见图 3.1.14. 此区域内任一点 (x, t) 的依赖区间都全部或有一部分落在 $[x_1, x_2]$ 内, 故解在这种点的值与初始函数在区间 $[x_1, x_2]$ 上的值有关. 此区域外任一点的依赖区间都不会和区间 $[x_1, x_2]$ 相交, 故解在这种点的值与初始函数在区间 $[x_1, x_2]$ 的值无关. 称这个区域为区间 $[x_1, x_2]$ 的 **影响区域**. 简言之, 影响区域是那些使得解的值受到区间 $[x_1, x_2]$ 上初始函数的值影响的点所构成的集合.

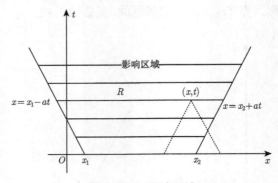

图 3.1.14　影响区域

从上面的讨论可以看出, 两条直线 $x \pm at = c$(常数) 对一维波动方程的解起着重要的作用, 这两条直线就称为波动方程(3.1.1)的 **特征线** (或解的间断线), 所以行波法又称为 **特征线法**.

田 微课 3.1-3

3.1.3　无界弦的受迫振动和齐次化原理

当弦受到外力 $f(x, t)$ 作用而产生振动时, 有如下非齐次方程的初值问题

$$\begin{cases} u_{tt} = a^2 u_{xx} + f(x, t), & -\infty < x < +\infty, \quad t > 0, \\ u(x, 0) = \phi(x), \quad u_t(x, 0) = \psi(x), & -\infty < x < +\infty. \end{cases} \tag{3.1.4}$$

由叠加原理知, 若 $\nu(x,t)$, $\omega(x,t)$ 分别是初值问题

$$\begin{cases} \nu_{tt} = a^2 \nu_{xx}, & -\infty < x < +\infty, \quad t > 0, \\ \nu(x,0) = \phi(x), \quad \nu_t(x,0) = \psi(x), & -\infty < x < +\infty \end{cases} \tag{3.1.5}$$

和

$$\begin{cases} \omega_{tt} = a^2 \omega_{xx} + f(x,t), & -\infty < x < +\infty, \quad t > 0, \\ \omega(x,0) = 0, \quad \omega_t(x,0) = 0, & -\infty < x < +\infty \end{cases} \tag{3.1.6}$$

的解, 则 $u = \nu + \omega$ 是初值问题(3.1.4) 的解.

问题(3.1.5)的解可由达朗贝尔公式(3.1.3)直接给出. 因此, 为求解问题(3.1.4), 只需求解问题(3.1.6). 对问题(3.1.6), 若能设法将非齐次项消除掉 (即将方程变为齐次方程), 便同样可由达朗贝尔公式(3.1.3)得到解. 为此, 引入冲量原理.

1. 冲量原理 (齐次化原理或杜阿梅尔原理)

问题(3.1.6)中的 $f(x,t) = \dfrac{F(x,t)}{\rho}$ 是单位质量弦所受的外力, 这是从初始时刻 $t = 0$ 一直延续到时刻 t 的持续作用力. 由叠加原理, 可将持续力 $f(x,t)$ 所引起的振动 (即问题(3.1.6)的解), 视为一系列前后相继的瞬时力 $f(x,\tau)$ $(0 \leqslant \tau \leqslant t)$ 所引起的振动 $r(x,t;\tau)$ 的叠加, 即

$$\omega(x,t) = \lim_{\Delta\tau \to 0} \sum_{\tau=0}^{t} r(x,t;\tau).$$

现在来分析瞬时力 $f(x,\tau)$ 所引起的振动是怎样的. 从物理的角度考虑, 力对系统的作用对于时间的累积是给系统一定的冲量. 考虑在短时间间隔 $\Delta\tau$ 内 $f(x,\tau)$ 对系统的作用, 则 $f(x,\tau)\Delta\tau$ 表示在 $\Delta\tau$ 内的冲量. 这个冲量使系统的动量即速度有一改变量 (因 $f(x,\tau)$ 是单位质量弦所受外力, 故动量在数值上等于速度). 若把 $\Delta\tau$ 时间内得到的速度改变量看成在 $t = \tau$ 时刻一瞬间集中得到的, 而在 $\Delta\tau$ 的其余时间则认为没有冲量的作用 (即没有外力的作用), 则在 $\Delta\tau$ 时间内, 瞬时力 $f(x,\tau)$ 所引起振动的定解问题可表示为

$$\begin{cases} r_{tt} = a^2 r_{xx}, & -\infty < x < +\infty, \quad \tau < t < \tau + \Delta\tau, \\ r|_{t=\tau} = 0, \quad r_t|_{t=\tau} = f(x,\tau)\Delta\tau, & -\infty < x < +\infty. \end{cases}$$

为便于求解, 设 $r(x,t;\tau) = h(x,t;\tau)\Delta\tau$, 则有

$$\begin{cases} h_{tt} = a^2 h_{xx}, & -\infty < x < +\infty, \quad t > \tau, \\ h|_{t=\tau} = 0, \quad h_t|_{t=\tau} = f(x,\tau), & -\infty < x < +\infty. \end{cases} \tag{3.1.7}$$

由上述分析可看出, 欲求解问题(3.1.6), 只需求解式(3.1.7)即可, 而

$$\omega(x,t) = \lim_{\Delta\tau \to 0} \sum_{\tau=0}^{t} r(x,t;\tau) = \lim_{\Delta\tau \to 0} \sum_{\tau=0}^{t} h(x,t;\tau)\Delta\tau,$$

即

$$\omega(x,t) = \int_0^t h(x,t;\tau)\mathrm{d}\tau. \tag{3.1.8}$$

以上这种用瞬时冲量的叠加代替持续作用力来解决定解问题(3.1.6)的方法, 称为**冲量原理**

或**杜阿梅尔**[①]**原理**, 可归结为如下定理.

定理 3.1.2 (齐次化原理)　设 $f(x,t) \in C^1(\mathbb{R}^1 \times [0,\infty))$. 若 $h(x,t;\tau)$ 是初值问题(3.1.7)的解, 则由积分式(3.1.8) 所定义的函数 $\omega(x,t)$ 是初值问题(3.1.6)的解, 其中, $\tau \geqslant 0$ 是参数.

证明　由式(3.1.8)和含参变量积分的求导公式, 有

$$\omega_t = h(x,t;t) + \int_0^t h_t(x,t;\tau)\mathrm{d}\tau = \int_0^t h_t(x,t;\tau)\mathrm{d}\tau,$$

$$\omega_{tt} = h_t|_{\tau=t} + \int_0^t h_{tt}(x,t;\tau)\mathrm{d}\tau = f(x,t) + a^2 \int_0^t h_{xx}(x,t;\tau)\mathrm{d}\tau,$$

★ 问题思考
含参变量积分的
求导公式

$$\omega_{xx} = \int_0^t h_{xx}(x,t;\tau)\mathrm{d}\tau.$$

代入问题(3.1.6)中的泛定方程和定解条件均满足.

2. 纯受迫振动问题(3.1.6)的解

对于问题(3.1.7), 令 $t' = t - \tau$, 有

$$\begin{cases} h_{t't'} = a^2 h_{xx}, & -\infty < x < +\infty, \quad t' > 0, \\ h|_{t'=0} = 0, \quad h_t|_{t'=0} = f(x,\tau), & -\infty < x < +\infty. \end{cases} \tag{3.1.9}$$

故由达朗贝尔公式(3.1.3), 有

$$h(x,t;\tau) = \frac{1}{2a} \int_{x-at'}^{x+at'} f(\xi,\tau)\mathrm{d}\xi = \frac{1}{2a} \int_{x-a(t-\tau)}^{x+a(t-\tau)} f(\xi,\tau)\mathrm{d}\xi.$$

代入式(3.1.8), 有

$$\omega(x,t) = \int_0^t h(x,t;\tau)\mathrm{d}\tau = \frac{1}{2a} \int_0^t \int_{x-a(t-\tau)}^{x+a(t-\tau)} f(\xi,\tau)\mathrm{d}\xi\mathrm{d}\tau. \tag{3.1.10}$$

此即**纯受迫振动问题(3.1.6)的解**. 注意到式(3.1.10)的被积函数区域为 (ξ,τ) 平面上过点 (x,t) 向下作两特征线与 ξ 轴所围三角形区域, 如图 3.1.15 所示.

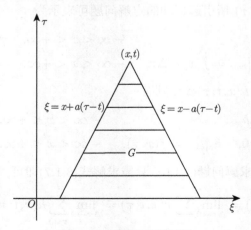

图 3.1.15　被积函数区域

---

① Jean-Marie Constant Duhamel, 1797~1872, 法国数学家、物理学家, 法国科学院院士.

例 3.1.6 求解初值问题

$$\begin{cases} u_{tt} = 4u_{xx} + 2x, & -\infty < x < +\infty, \quad t > 0, \\ u(x,0) = 0, \quad u_t(x,0) = 0, & -\infty < x < +\infty. \end{cases}$$

解 此处 $a = 2$, $f(x,t) = 2x$, 故由式(3.1.10)有

$$u(x,t) = \frac{1}{4} \int_0^t \int_{x-2(t-\tau)}^{x+2(t-\tau)} 2\xi \mathrm{d}\xi \mathrm{d}\tau$$

$$= \frac{1}{4} \int_0^t \{[x+2(t-\tau)]^2 - [x-2(t-\tau)]^2\} \mathrm{d}\tau$$

$$= xt^2.$$

3. 一般受迫振动问题(3.1.4)的解

定理 3.1.3 假设 $\phi(x) \in C^2(\mathbb{R}^1)$, $\psi(x) \in C^1(\mathbb{R}^1)$, $f(x,t) \in C^1(\mathbb{R}^1 \times (0,\infty))$, 则初值问题(3.1.4)存在唯一解

$$u(x,t) = \frac{1}{2}[\phi(x+at) + \phi(x-at)] + \frac{1}{2a} \int_{x-at}^{x+at} \psi(\xi)\mathrm{d}\xi$$

$$+ \frac{1}{2a} \int_0^t \int_{x-a(t-\tau)}^{x+a(t-\tau)} f(\xi,\tau)\mathrm{d}\xi\mathrm{d}\tau, \tag{3.1.11}$$

称为**一维非齐次波动方程初值问题解的 Kirchhoff 公式**. 进一步地, 对任意 $T > 0$, 问题(3.1.4)的解在区域 $\mathbb{R}^1 \times [0,T]$ 上是适定的.

证明 由本小节开头所述, 初值问题(3.1.4)解的表达式为式(3.1.11). 唯一性和稳定性由类似于定理 3.1.1的证明方法可证.

性质 3.1.1 假设 $\phi(x)$, $\psi(x)$ 和 $f(x,t)$ 满足定理 3.1.3的条件, 且关于变量 x 是奇 (偶, 周期为 T) 的函数, 则问题(3.1.4)的解$u(x,t)$ 关于x 也是奇 (偶, 周期为 T) 的函数.

证明 只对奇函数情形给出证明, 其他情形类似可证. 设 $u(x,t)$ 是问题(3.1.4)的解, 定义 $\omega(x,t) = -u(-x,t)$, 则有 (令 $\xi = -x$)

$$\omega_x(x,t) = u_\xi(-x,t), \quad \omega_t(x,t) = -u_t(-x,t),$$

$$\omega_{xx}(x,t) = -u_{\xi\xi}(-x,t), \quad \omega_{tt}(x,t) = -u_{tt}(-x,t).$$

从而有

$$\omega_{tt}(x,t) - a^2\omega_{xx}(x,t) = -u_{tt}(-x,t) + a^2 u_{\xi\xi}(-x,t) = -f(-x,t) = f(x,t).$$

故 $\omega(x,t)$ 满足方程组(3.1.4)中第一个式子. 又

$$\omega(x,0) = -u(-x,0) = -\phi(-x) = \phi(x), \quad \omega_t(x,0) = -u_t(-x,0) = -\psi(-x) = \psi(x),$$

故 $\omega(x,t)$ 满足方程组(3.1.4)中第二个式子. 再由定理 3.1.3关于解的唯一性, 得 $\omega(x,t) = u(x,t)$, 即 $-u(-x,t) = u(x,t)$.

例 3.1.7 求解初值问题

$$\begin{cases} u_{tt} - 4u_{xx} = \mathrm{e}^x - \mathrm{e}^{-x}, & -\infty < x < +\infty, \quad t > 0, \\ u(x,0) = x, \quad u_t(x,0) = \sin x, & -\infty < x < +\infty. \end{cases}$$

解　利用 Kirchhoff 公式(3.1.11), 得

$$u(x,t) = \frac{1}{2}[\phi(x+at) + \phi(x-at)]$$

$$+ \frac{1}{2a}\int_{x-at}^{x+at}\psi(\xi)\mathrm{d}\xi + \frac{1}{2a}\int_0^t\int_{x-a(t-\tau)}^{x+a(t-\tau)}f(\xi,\tau)\mathrm{d}\xi\mathrm{d}\tau$$

$$= \frac{1}{2}(x+2t+x-2t) + \frac{1}{4}\int_{x-2t}^{x+2t}\sin\xi\mathrm{d}\xi + \frac{1}{4}\int_0^t\int_{x-2(t-\tau)}^{x+2(t-\tau)}(\mathrm{e}^\xi - \mathrm{e}^{-\xi})\mathrm{d}\xi\mathrm{d}\tau$$

$$= x + \frac{1}{2}\sin x\sin(2t) - \frac{1}{2}\sin(hx) + \frac{1}{2}\sinh x\cosh(2t).$$

易见, 解 $u(x,t)$ 关于 x 是奇函数.

4. 基于格林公式对式(3.1.11)的推导*

重新考虑非齐次方程的初值问题 (3.1.4), 作为兴趣, 也可以**不使用叠加原理**而**改用格林公式**来推导其求解式(3.1.11).

由坐标变换 $y = at$, 问题 (3.1.4)可化为

$$\begin{cases} u_{xx} - u_{yy} = h(x,y), & -\infty < x < +\infty, \quad t > 0, \\ u(x,0) = \phi(x), \quad u_y(x,0) = g(x), & -\infty < x < +\infty, \end{cases} \tag{3.1.12}$$

其中, $h(x,y) = -\dfrac{f}{a^2}$, $g(x) = \dfrac{\psi}{a}$.

设 $P_0(x_0,y_0)$ 为 xy 平面上任意一点, $Q_0(x_0,0)$ 为 x 轴上的点, 则方程组(3.1.12)中第一个式子的特征线 $x \pm y = C$ 为过点 P_0 两斜率分别为 ± 1 的直线, 交 x 轴于 $P_1(x_0 - y_0, 0)$ 和 $P_2(x_0 + y_0, 0)$, 如图 3.1.16 所示.

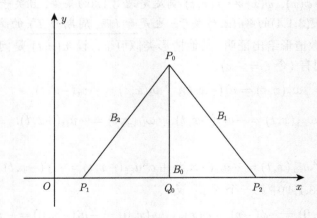

图 3.1.16　三角区域

记 D 为 $\triangle P_0P_1P_2$ 的内部区域, ∂D 为其边界. 积分方程组(3.1.12)中第一个式子的两端, 得

$$\iint\limits_D (u_{xx} - u_{yy})\mathrm{d}x\mathrm{d}y = \iint\limits_D h(x,y)\mathrm{d}x\mathrm{d}y. \tag{3.1.13}$$

由格林公式, 得

$$\iint\limits_{D} (u_{xx} - u_{yy})\mathrm{d}x\mathrm{d}y = \oint\limits_{\partial D} u_x\mathrm{d}y + u_y\mathrm{d}x. \qquad (3.1.14)$$

注意到 $\partial D = P_1P_2 + P_2P_0 + P_0P_1$, 且

$$\int_{P_0P_1} (u_x\mathrm{d}y + u_y\mathrm{d}x) = \int_{P_0Q_0 + Q_0P_1} (u_x\mathrm{d}x + u_y\mathrm{d}y) = \int_{P_0Q_0} u_y\mathrm{d}y + \int_{Q_0P_1} u_x\mathrm{d}x$$

$$= u(x_0, 0) - u(x_0, y_0) + u(x_0 - y_0, 0) - u(x_0, 0)$$

$$= u(x_0 - y_0, 0) - u(x_0, y_0),$$

$$\int_{P_1P_2} (u_x\mathrm{d}y + u_y\mathrm{d}x) = \int_{x_0-y_0}^{x_0+y_0} u_y\mathrm{d}x,$$

$$\int_{P_2P_0} (u_x\mathrm{d}y + u_y\mathrm{d}x) = \int_{P_2P_0} (-u_x\mathrm{d}x - u_y\mathrm{d}y) = u(x_0 + y_0, 0) - u(x_0, y_0).$$

因此

$$\oint\limits_{\partial D} u_x\mathrm{d}y + u_y\mathrm{d}x = -2u(x_0, y_0) + u(x_0 - y_0, 0) + u(x_0 + y_0, 0) + \int_{x_0-y_0}^{x_0+y_0} u_y\mathrm{d}x. \qquad (3.1.15)$$

由二重积分的计算, 有

$$\iint\limits_{D} h(x, y)\mathrm{d}x\mathrm{d}y = \int_0^{y_0} \mathrm{d}y \int_{y+x_0-y_0}^{-y+x_0+y_0} h(x, y)\mathrm{d}x. \qquad (3.1.16)$$

结合式(3.1.13)∼ 式(3.1.16), 得

$$u(x_0, y_0) = \frac{1}{2}[u(x_0 + y_0, 0) + u(x_0 - y_0, 0)] + \frac{1}{2}\int_{x_0-y_0}^{x_0+y_0} u_y\mathrm{d}x$$

$$- \frac{1}{2}\int_0^{y_0} \int_{y+x_0-y_0}^{-y+x_0+y_0} h(x, y)\mathrm{d}x\mathrm{d}y.$$

由 (x_0, y_0) 的任意性和初始条件, 有

$$u(x, y) = \frac{1}{2}[\phi(x + y) + \phi(x - y)] + \frac{1}{2}\int_{x-y}^{x+y} g(\xi)\mathrm{d}\xi$$

$$- \frac{1}{2}\int_0^y \mathrm{d}y \int_{x-(y-\eta)}^{x+(y-\eta)} h(\xi, \eta)\mathrm{d}\xi\mathrm{d}\eta.$$

代回原变量 $y = at$ 并作变换 $\eta = a\tau$, 得

$$u(x, t) = \frac{1}{2}[\phi(x + at) + \phi(x - at)] + \frac{1}{2a}\int_{x-at}^{x+at} \psi(\xi)\mathrm{d}\xi + \frac{1}{2a}\int_0^t \int_{x-a(t-\tau)}^{x+a(t-\tau)} f(\xi, \tau)\mathrm{d}\xi\mathrm{d}\tau.$$

例 3.1.8 求解初值问题

$$\begin{cases} u_{xx} - u_{yy} = 5, & -\infty < x < +\infty, \quad y > 0, \\ u(x, 0) = \sin x, \quad u_y(x, 0) = 2x, & -\infty < x < +\infty. \end{cases}$$

解   任取 (x_0, y_0), 如图 3.1.17 所示. 特征线为 $x + y = x_0 + y_0$ 及 $x - y = x_0 - y_0$, 则

$$u(x_0, y_0) = \frac{1}{2}[\sin(x_0 + y_0) + \sin(x_0 - y_0)] + \frac{1}{2}\int_{x_0-y_0}^{x_0+y_0} 2\xi \mathrm{d}\xi - \frac{1}{2}\int_0^{y_0}\int_{y+x_0-y_0}^{-y+x_0+y_0} 5\mathrm{d}x\mathrm{d}y$$

$$= \frac{1}{2}[\sin(x_0 + y_0) + \sin(x_0 - y_0)] + 2x_0 y_0 - \frac{5}{2}y_0^2.$$

由 (x_0, y_0) 的任意性, 有

$$u(x, y) = \frac{1}{2}[\sin(x + y) + \sin(x - y)] + 2xy - \frac{5}{2}y^2.$$

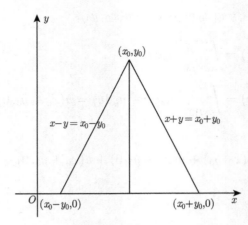

图 3.1.17   三角区域

3.1.4   半无界弦的振动和延拓法

⊞ 微课 3.1-4

下面研究半无界弦 $(0 \leqslant x < \infty)$ 的振动问题, 分别讨论端点固定 $(u(0, t) = 0)$ 与端点自由 $(u_x(0, t) = 0)$ 两种情形. **延拓法**的主要思想是把半无界弦看成一根无界弦的一半, 这根无界弦在振动过程中始终满足端点条件.

1. 端点固定

(1) 齐次端点条件

考虑定解问题[①]

$$\begin{cases} u_{tt} = a^2 u_{xx} + f(x, t), & 0 < x < +\infty, \quad t > 0, \\ u(x, 0) = \phi(x), \quad u_t(x, 0) = \psi(x), & 0 \leqslant x < +\infty, \\ u(0, t) = 0, & t \geqslant 0. \end{cases} \tag{3.1.17}$$

为了利用 Kirchhoff 公式求解, 把初始条件和 f 延拓到 $-\infty < x < 0$. 设这时定解问题为

$$\begin{cases} U_{tt} = a^2 U_{xx} + F(x, t), & -\infty < x < +\infty, \quad t > 0, \\ U(x, 0) = \Phi(x), \quad U_t(x, 0) = \Psi(x), & -\infty < x < +\infty, \end{cases} \tag{3.1.18}$$

其中, 对 $x \geqslant 0$, 有 $\Phi(x) = \phi(x)$, $\Psi(x) = \psi(x)$, $F(x, t) = f(x, t)$, 则在 $-\infty < x < +\infty$, $t > 0$ 上, 有

$$U(x, t) = \frac{1}{2}[\Phi(x + at) + \Phi(x - at)] + \frac{1}{2a}\int_{x-at}^{x+at} \Psi(\xi)\mathrm{d}\xi$$

---

① 为了保持边界条件与初始条件的相容性, 由 $u(0, t) = 0$ 得 $u(0, 0) = 0$ 及 $u_t(0, 0) = 0$, 故 $\phi(x)$ 及 $\psi(x)$ 应满足 $\phi(0) = 0$, $\psi(0) = 0$.

$$+ \frac{1}{2a} \int_0^t \int_{x-a(t-\tau)}^{x+a(t-\tau)} F(\xi, \tau) \mathrm{d}\xi \mathrm{d}\tau. \tag{3.1.19}$$

问题是对 $x < 0$, 如何定义 $\Phi(x), \Psi(x)$ 和 $F(x, t)$, 或者说, 如何把 $\phi(x), \psi(x)$ 和 $f(x, t)$ 延拓到 $x < 0$, 使 $u(0, t) = 0$.

由微积分知, 若一个连续函数 $g(x)$ 在 $(-\infty, +\infty)$ 上是奇函数, 则必有 $g(0) = 0$. 故要使解 $u(x, t)$ 满足 $u(0, t) = 0$, 只要 $u(x, t)$ 是 x 的奇函数即可. 而由性质 3.1.1, 只要 $F(x, t), \Phi(x)$, $\Psi(x)$ 是 x 的奇函数. 为此, 只需要对 ϕ, ψ 和 f 关于 x 作**奇延拓**[①]. 故可如下定义:

$$\Phi(x) = \begin{cases} \phi(x), & x \geqslant 0, \\ -\phi(-x), & x < 0, \end{cases}$$

$$\Psi(x) = \begin{cases} \psi(x), & x \geqslant 0, \\ -\psi(-x), & x < 0, \end{cases}$$

$$F(x, t) = \begin{cases} f(x, t), & x \geqslant 0, \quad t \geqslant 0, \\ -f(-x, t), & x < 0, \quad t \geqslant 0. \end{cases}$$

因此, 通过 ϕ, ψ 和 f 的奇延拓, 得到定解问题(3.1.18)及其解 $U(x, t)$.

问题(3.1.17)的解 $u(x, t)$ 就是 $U(x, t)$ 在 $0 \leqslant x < +\infty$, $t \geqslant 0$ 上的限制, 即改用已知函数 ϕ, ψ 和 f 表示所求的解.

当 $x - at \geqslant 0$ 时, 有

$$u(x, t) = \frac{1}{2}[\phi(x+at) + \phi(x-at)] + \frac{1}{2a} \int_{x-at}^{x+at} \psi(\xi) \mathrm{d}\xi + \frac{1}{2a} \int_0^t \int_{x-a(t-\tau)}^{x+a(t-\tau)} f(\xi, \tau) \mathrm{d}\xi \mathrm{d}\tau.$$

当 $x - at < 0$, $x > 0$ 时, 有

$$u(x, t) = \frac{1}{2}[\phi(x+at) - \phi(at-x)]$$

$$+ \frac{1}{2a} \int_{at-x}^{x+at} \psi(\xi) \mathrm{d}\xi \quad \left(\text{有} \int_{x-at}^{at-x} \Psi(\xi) \mathrm{d}\xi = 0, \text{奇函数积分的性质} \right)$$

$$+ \frac{1}{2a} \left[\int_0^{t-\frac{x}{a}} \int_{a(t-\tau)-x}^{x+a(t-\tau)} f(\xi, \tau) \mathrm{d}\xi \mathrm{d}\tau \left(\text{有} \int_{x-a(t-\tau)}^{a(t-\tau)-x} F(\xi, \tau) \mathrm{d}\xi = 0, \ \tau < t - \frac{x}{a} \right) \right.$$

$$\left. + \int_{t-\frac{x}{a}}^t \int_{x-a(t-\tau)}^{x+a(t-\tau)} f(\xi, \tau) \mathrm{d}\xi \mathrm{d}\tau \right]. \left(\text{有} \ \tau \geqslant t - \frac{x}{a} \Leftrightarrow x - a(t-\tau) \geqslant 0 \right)$$

注 3.1.3 当 $x - at < 0$, $x > 0$ 时, 二重积分 $\int_0^t \int_{x-a(t-\tau)}^{x+a(t-\tau)} F(\xi, \tau) \mathrm{d}\xi \mathrm{d}\tau$ 的计算也可以由二重积分的性质得到. 事实上, 由图 3.1.18 可以看出.

$$\int_0^t \int_{x-a(t-\tau)}^{x+a(t-\tau)} F(\xi, \tau) \mathrm{d}\xi \mathrm{d}\tau$$

$$:= \iint_D F(\xi, \tau) \mathrm{d}\xi \mathrm{d}\tau$$

---

① 实际上, 可用的延拓方式有多种, 只要其满足相应的端点条件和连续性条件即可. 当然, 这里取奇延拓相对简单些.

$$= \iint\limits_{D_1} F(\xi,\tau)\mathrm{d}\xi\mathrm{d}\tau + \iint\limits_{D_2} F(\xi,\tau)\mathrm{d}\xi\mathrm{d}\tau + \iint\limits_{D_3} F(\xi,\tau)\mathrm{d}\xi\mathrm{d}\tau$$

$$= \iint\limits_{D_3} F(\xi,\tau)\mathrm{d}\xi\mathrm{d}\tau \quad \text{(注意到积分区域 } D_2 \text{ 与 } D_1 \text{ 关于 } \tau \text{ 轴对称)}$$

$$= \int_0^{t-\frac{x}{a}} \int_{a(t-\tau)-x}^{x+a(t-\tau)} f(\xi,\tau)\mathrm{d}\xi\mathrm{d}\tau + \int_{t-\frac{x}{a}}^{t} \int_{x-a(t-\tau)}^{x+a(t-\tau)} f(\xi,\tau)\mathrm{d}\xi\mathrm{d}\tau.$$

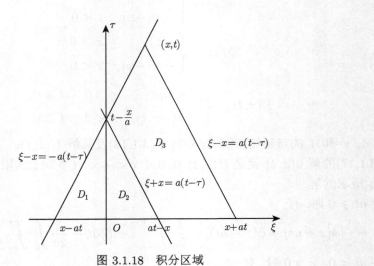

图 3.1.18　积分区域

例 3.1.9　求解定解问题

$$\begin{cases} u_{tt} = a^2 u_{xx} + \dfrac{1}{2}(x-t), & 0 < x < +\infty, \quad t > 0, \\ u(x,0) = \sin x, \quad u_t(x,0) = 1 - \cos x, & 0 \leqslant x < +\infty, \\ u(0,t) = 0, & t \geqslant 0. \end{cases}$$

解　把 $\phi(x) = \sin x$, $\psi(x) = 1 - \cos x$, $f(x,t) = \dfrac{1}{2}(x-t)$ 关于 x 奇延拓到 $(-\infty,0)$, 即定义

$$\Phi(x) = \sin x, \quad -\infty < x < +\infty,$$

$$\Psi(x) = \begin{cases} 1 - \cos x & x \geqslant 0, \\ -(1 - \cos x), & x < 0, \end{cases}$$

$$F(x,t) = \begin{cases} \dfrac{1}{2}(x-t), & x \geqslant 0, \quad t > 0, \\ -\dfrac{1}{2}(-x-t), & x < 0, \quad t > 0. \end{cases}$$

得到新定解问题的解

$$U(x,t) = \frac{1}{2}[\Phi(x+at) + \Phi(x-at)] + \frac{1}{2a}\int_{x-at}^{x+at} \Psi(\xi)\mathrm{d}\xi$$

$$+ \frac{1}{2a} \int_0^t \int_{x-a(t-\tau)}^{x+a(t-\tau)} F(\xi, \tau) \mathrm{d}\xi \mathrm{d}\tau.$$

限制在 $0 \leqslant x < +\infty,\ t \geqslant 0$ 上, 得到:

当 $x - at \geqslant 0$ 时, 有

$$u(x, t) = \sin x \cos(at) + t - \frac{1}{a} \sin(at) \cos x + \frac{xt^2}{4} - \frac{t^3}{12};$$

当 $x - at < 0,\ x > 0$ 时, 有

$$u(x, t) = \left(1 - \frac{1}{a}\right) \sin x \cos(at) + \frac{x}{a} - \frac{1}{12a^3}(x^3 - 3ax^2 t - 3a^3 xt^2 + 3a^2 xt^2).$$

例 3.1.10 求解定解问题

$$\begin{cases} u_{tt} = 4u_{xx}, & 0 < x < +\infty, \quad t > 0, \\ u(x, 0) = |\sin x|, \quad u_t(x, 0) = 0, & 0 \leqslant x < +\infty, \\ u(0, t) = 0, & t \geqslant 0. \end{cases}$$

解 当 $x - 2t \geqslant 0$ 时, 有

$$u(x, t) = \frac{1}{2}[\phi(x + 2t) + \phi(x - 2t)] = \frac{1}{2}[|\sin(x + 2t)| + |\sin(x - 2t)|];$$

当 $x - 2t < 0,\ x > 0$ 时, 有

$$u(x, t) = \frac{1}{2}[\phi(x + 2t) - \phi(2t - x)] = \frac{1}{2}[|\sin(x + 2t)| - |\sin(2t - x)|],$$

注意到此时满足 $u(0, t) = 0$.

(2) 非齐次端点条件

考虑定解问题

$$\begin{cases} u_{tt} = a^2 u_{xx} + f(x, t), & 0 < x < +\infty, \quad t > 0, \\ u(x, 0) = \phi(x), \quad u_t(x, 0) = \psi(x), & 0 \leqslant x < +\infty, \\ u(0, t) = p(t), & t \geqslant 0. \end{cases}$$

可令 $V(x, t) = u(x, t) - p(t)$, 则 $V(x, t)$ 满足

$$\begin{cases} V_{tt} = a^2 V_{xx} + f(x, t) - p''(t), & 0 < x < +\infty, \quad t > 0, \\ V(x, 0) = \phi(x) - p(0), \quad V_t(x, 0) = \psi(x) - p'(0), & 0 \leqslant x < +\infty, \\ V(0, t) = 0, & t \geqslant 0. \end{cases}$$

此时, 端点条件已化为齐次形式. 利用前述方法可得解 $V(x, t)$, 从而得到 $u(x, t) = V(x, t) + p(t)$.

2. 端点自由

(1) 齐次端点条件

考虑定解问题

$$\begin{cases} u_{tt} = a^2 u_{xx} + f(x, t), & 0 < x < +\infty, \quad t > 0, \\ u(x, 0) = \phi(x), \quad u_t(x, 0) = \psi(x), & 0 \leqslant x < +\infty, \\ u_x(0, t) = 0, & t \geqslant 0. \end{cases} \tag{3.1.20}$$

类似地, 因为 $u_x(0,t) = 0$. 可把 ϕ, ψ, f 偶延拓, 即令

$$\Phi(x) = \begin{cases} \phi(x), & x \geqslant 0, \\ \phi(-x), & x < 0, \end{cases}$$

$$\Psi(x) = \begin{cases} \psi(x), & x \geqslant 0, \\ \psi(-x), & x < 0, \end{cases}$$

$$F(x,t) = \begin{cases} f(x,t), & x \geqslant 0, \quad t \geqslant 0, \\ f(-x,t), & x < 0, \quad t \geqslant 0. \end{cases}$$

则 $\Phi(x), \Psi(x)$ 和 $F(x,t)$ 在 $-\infty < x < +\infty$ 上是偶函数. 由性质 3.1.1, 初值问题(3.1.18)的解 (由式(3.1.19) 给出) 关于 x 是偶函数. 问题(3.1.20)的解 $u(x,t)$ 就是 $U(x,t)$ 在 $0 \leqslant x < +\infty$, $t \geqslant 0$ 上的限制, 即

当 $x - at \geqslant 0$ 时, 有

$$u(x,t) = \frac{1}{2}[\phi(x+at) + \phi(x-at)] + \frac{1}{2a}\int_{x-at}^{x+at} \psi(\xi)d\xi + \frac{1}{2a}\int_0^t \int_{x-a(t-\tau)}^{x+a(t-\tau)} f(\xi,\tau)d\xi d\tau;$$

当 $x - at < 0$, $x > 0$ 时, 有

$$u(x,t) = \frac{1}{2}[\phi(x+at) + \phi(at-x)]$$

$$+ \frac{1}{2a}\left[\int_0^{at-x} \psi(\xi)d\xi + \int_0^{x+at} \psi(\xi)d\xi\right] \left(\text{有} \int_{x-at}^0 \Psi(\xi)d\xi = \int_0^{at-x} \psi(\xi)d\xi\right)$$

$$+ \frac{1}{2a}\left\{\int_0^{t-\frac{x}{a}} \left[\int_0^{a(t-\tau)-x} f(\xi,\tau)d\xi \left(\text{有} \int_{x-a(t-\tau)}^0 F(\xi,\tau)d\xi = \int_0^{a(t-\tau)-x} f(\xi,\tau)d\xi\right)\right.\right.$$

$$\left.\left. + \int_0^{x+a(t-\tau)} f(\xi,\tau)d\xi\right] d\tau\right\}$$

$$+ \frac{1}{2a}\int_{t-\frac{x}{a}}^t \int_{x-a(t-\tau)}^{x+a(t-\tau)} f(\xi,\tau)d\xi d\tau. \left(\text{有} \tau \geqslant t - \frac{x}{a} \Leftrightarrow x - a(t-\tau) \geqslant 0\right)$$

例 3.1.11　求解定解问题

$$\begin{cases} u_{tt} = u_{xx}, & 0 < x < +\infty, \quad t > 0, \\ u(x,0) = \cos\left(\frac{\pi x}{2}\right), \quad u_t(x,0) = 0, & 0 \leqslant x < +\infty, \\ u_x(0,t) = 0, & t \geqslant 0. \end{cases}$$

解　当 $x - t \geqslant 0$ 时, 有

$$u(x,t) = \frac{1}{2}\left\{\cos\left[\frac{\pi}{2}(x+t)\right] + \cos\left[\frac{\pi}{2}(x-t)\right]\right\} = \cos\left(\frac{\pi}{2}x\right)\cos\left(\frac{\pi}{2}t\right);$$

当 $x - t < 0$, $x > 0$ 时, 有

$$u(x,t) = \frac{1}{2}\left\{\cos\left[\frac{\pi}{2}(x+t)\right] + \cos\left[\frac{\pi}{2}(t-x)\right]\right\} = \cos\left(\frac{\pi}{2}x\right)\cos\left(\frac{\pi}{2}t\right).$$

注 3.1.4 在例 3.1.11 中, 若改取

$$u(x,0) = \begin{cases} \cos\left(\dfrac{\pi x}{2}\right), & 3 \leqslant x \leqslant 5, \\ 0, & \text{其他,} \end{cases}$$

则相应的弱解 $u(x,t)$ 的时空变化情况如图 3.1.19 所示. 从中可以观察到, 左行波遇到边界后反射形成右行波.

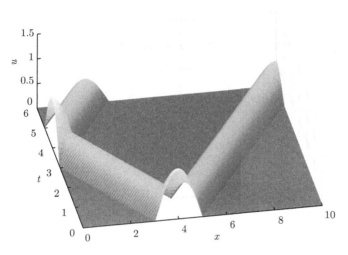

★ 程序代码
Fig_3_1_19

图 3.1.19 波的反射现象

(2) 非齐次端点条件

考虑定解问题

$$\begin{cases} u_{tt} = a^2 u_{xx} + f(x,t), & 0 < x < +\infty, \quad t > 0, \\ u(x,0) = \phi(x), \quad u_t(x,0) = \psi(x), & 0 \leqslant x < +\infty, \\ u_x(0,t) = q(t), & t \geqslant 0. \end{cases}$$

可令 $V(x,t) = u(x,t) - xq(t)$, 化为齐次端点问题.

3.1.5 端点固定的有界弦的振动*

由于波在边界处的不断反射, 有界弦振动问题相比于无界弦要复杂得多. 现在来考察长为 l 端点固定的弦的振动问题:

$$\begin{cases} u_{tt} = a^2 u_{xx}, & 0 < x < l, \quad t > 0, \\ u(x,0) = \phi(x), \quad u_t(x,0) = \psi(x), & 0 \leqslant x \leqslant l, \\ u(0,t) = 0, \quad u(l,t) = 0. & t \geqslant 0. \end{cases} \tag{3.1.21}$$

由前面讨论知, 泛定方程的通解为 $u(x,t) = F(x+at) + G(x-at)$. 代入初始条件, 得

$$u(x,0) = F(x) + G(x) = \phi(x), \quad u_t(x,0) = a[F'(x) - G'(x)] = \psi(x), \quad 0 \leqslant x \leqslant l.$$

解得

$$F(\xi) = \frac{1}{2}\phi(\xi) + \frac{1}{2a}\int_0^\xi \psi(\tau)\mathrm{d}\tau + \frac{C}{2}, \quad 0 \leqslant \xi \leqslant l, \tag{3.1.22}$$

$$G(\eta) = \frac{1}{2}\phi(\eta) - \frac{1}{2a}\int_0^\eta \psi(\tau)\mathrm{d}\tau - \frac{C}{2}, \quad 0 \leqslant \eta \leqslant l. \tag{3.1.23}$$

因此

$$u(x,t) = \frac{1}{2}[\phi(x+at) + \phi(x-at)] + \frac{1}{2a}\int_{x-at}^{x+at}\psi(\tau)\mathrm{d}\tau, \quad 0 \leqslant x+at \leqslant l, \quad 0 \leqslant x-at \leqslant l.$$

故解在区域 $0 \leqslant t \leqslant \min\left\{\dfrac{x}{a}, \dfrac{l-x}{a}\right\}$ 内由初值唯一确定.

对比较大的时刻, 解还依赖于边界条件. 代入边界条件, 得

$$u(0,t) = F(at) + G(-at) = 0, \quad t \geqslant 0, \tag{3.1.24}$$

$$u(l,t) = F(l+at) + G(l-at) = 0, \quad t \geqslant 0. \tag{3.1.25}$$

若令 $\alpha = -at$, 则式(3.1.24)化为

$$G(\alpha) = -F(-\alpha), \quad \alpha \leqslant 0. \tag{3.1.26}$$

若令 $\alpha = l+at$, 则式(3.1.25)化为

$$F(\alpha) = -G(2l-\alpha), \quad \alpha \geqslant l. \tag{3.1.27}$$

在式(3.1.22)中取 $\xi = -\eta$, 得

$$F(-\eta) = \frac{1}{2}\phi(-\eta) + \frac{1}{2a}\int_0^{-\eta}\psi(\tau)\mathrm{d}\tau + \frac{C}{2}, \quad 0 \leqslant -\eta \leqslant l. \tag{3.1.28}$$

由式(3.1.26)和式(3.1.28), 得

$$G(\eta) = -\frac{1}{2}\phi(-\eta) - \frac{1}{2a}\int_0^{-\eta}\psi(\tau)\mathrm{d}\tau - \frac{C}{2}, \quad -l \leqslant \eta \leqslant 0, \tag{3.1.29}$$

从而, $G(\eta)$ 的范围被延拓到 $-l \leqslant \eta \leqslant l$.

在式(3.1.23)中取 $\eta = 2l-\xi$, 得

$$G(2l-\xi) = \frac{1}{2}\phi(2l-\xi) - \frac{1}{2a}\int_0^{2l-\xi}\psi(\tau)\mathrm{d}\tau - \frac{C}{2}, \quad 0 \leqslant 2l-\xi \leqslant l. \tag{3.1.30}$$

在式(3.1.27)中取 $\alpha = \xi$, 得

$$F(\xi) = -G(2l-\xi), \quad \xi \geqslant l. \tag{3.1.31}$$

将式(3.1.30)代入式(3.1.31), 有

$$F(\xi) = -\frac{1}{2}\phi(2l-\xi) + \frac{1}{2a}\int_0^{2l-\xi}\psi(\tau)\mathrm{d}\tau + \frac{C}{2}, \quad l \leqslant \xi \leqslant 2l. \tag{3.1.32}$$

从而, $F(\xi)$ 的范围被延拓到 $0 \leqslant \xi \leqslant 2l$.

类似地进行下去, 可得 $F(\xi)$ (对所有 $\xi \geqslant 0$) 和 $G(\eta)$ (对所有 $\eta \leqslant l$). 因此, 对所有 $0 \leqslant x \leqslant l$ 和 $t \geqslant 0$, 解唯一确定.

例 3.1.12　求解定解问题

$$\begin{cases} u_{tt} = a^2 u_{xx}, & 0 < x < l, \quad t > 0, \\ u(x,0) = \sin\dfrac{\pi x}{l}, \quad u_t(x,0) = 0, & 0 \leqslant x \leqslant l, \\ u(0,t) = 0, \quad u(l,t) = 0, & t \geqslant 0. \end{cases}$$

解 由式(3.1.22)和式(3.1.23), 有

$$F(\xi) = \frac{1}{2}\sin\frac{\pi\xi}{l} + \frac{C}{2}, \quad 0 \leqslant \xi \leqslant l,$$
$$G(\eta) = \frac{1}{2}\sin\frac{\pi\eta}{l} - \frac{C}{2}, \quad 0 \leqslant \eta \leqslant l.$$

由式(3.1.29), 得

$$G(\eta) = -\frac{1}{2}\sin\left(-\frac{\pi\eta}{l}\right) - \frac{C}{2} = \frac{1}{2}\sin\frac{\pi\eta}{l} - \frac{C}{2}, \quad -l \leqslant \eta \leqslant 0.$$

由式(3.1.32), 有

$$F(\xi) = -\frac{1}{2}\sin\left[\frac{\pi}{l}(2l-\xi)\right] + \frac{C}{2} = \frac{1}{2}\sin\frac{\pi\xi}{l} + \frac{C}{2}, \quad l \leqslant \xi \leqslant 2l. \tag{3.1.33}$$

再次使用式(3.1.26)和式(3.1.33), 有

$$G(\eta) = \frac{1}{2}\sin\frac{\pi\eta}{l} - \frac{C}{2}, \quad -2l \leqslant \eta \leqslant -l.$$

持续进行下去, 可得解

$$u(x,t) = F(x+at) + G(x-at) = \frac{1}{2}\left\{\sin\left[\frac{\pi}{l}(x+at)\right] + \sin\left[\frac{\pi}{l}(x-at)\right]\right\} = \sin\frac{\pi x}{l}\cos\frac{\pi at}{l},$$

对所有 $x \in (0,l)$ 和所有 $t > 0$.

3.1.6 解的先验估计*

先验估计是各类数学物理方程或更一般的偏微分方程理论中一个常用的方法, 其基本点是先假定所讨论的定解问题有解存在, 然后导出解应当满足的估计. 先验估计本身提供了关于解的有界性、渐近性等信息, 由此可得到相应定解问题解的唯一性和稳定性, 并可结合其他分析方法导出一些定解问题的存在性. 这里, 对一维波动方程的解, 导出一些简单的估计式.

例 3.1.13 设 $u(x,t)$ 满足定解问题(3.1.1)且 $\psi(x) \equiv 0$, 则对任意 $p \in [1,+\infty)$, 下列两式成立.

(1) $\displaystyle\int_{-\infty}^{+\infty} |u(x,t)|^p \mathrm{d}x \leqslant \int_{-\infty}^{+\infty} |\phi(x)|^p \mathrm{d}x, \quad \forall\, t \geqslant 0;$

(2) $\displaystyle\int_{-\infty}^{+\infty} |u(x,t)|^p \mathrm{d}t \leqslant \frac{1}{a}\int_{-\infty}^{+\infty} |\phi(x)|^p \mathrm{d}x, \quad \forall\, x \in (-\infty,+\infty).$

证明 由达朗贝尔公式(3.1.3), 有

$$u(x,t) = \frac{1}{2}[\phi(x+at) + \phi(x-at)],$$

故由 L^p 模的三角不等式, 有

$$\left[\int_{-\infty}^{+\infty} |u(x,t)|^p \mathrm{d}x\right]^{\frac{1}{p}} \leqslant \frac{1}{2}\left[\int_{-\infty}^{+\infty} |\phi(x+at)|^p \mathrm{d}x\right]^{\frac{1}{p}} + \frac{1}{2}\left[\int_{-\infty}^{+\infty} |\phi(x-at)|^p \mathrm{d}x\right]^{\frac{1}{p}}$$
$$= \left[\int_{-\infty}^{+\infty} |\phi(\xi)|^p \mathrm{d}\xi\right]^{\frac{1}{p}}$$

及

$$\left[\int_{-\infty}^{+\infty} |u(x,t)|^p \mathrm{d}t\right]^{\frac{1}{p}} \leqslant \frac{1}{2}\left[\int_{-\infty}^{+\infty} |\phi(x+at)|^p \mathrm{d}t\right]^{\frac{1}{p}} + \frac{1}{2}\left[\int_{-\infty}^{+\infty} |\phi(x-at)|^p \mathrm{d}t\right]^{\frac{1}{p}}$$
$$= \frac{1}{a^{\frac{1}{p}}}\left[\int_{-\infty}^{+\infty} |\phi(\eta)|^p \mathrm{d}\eta\right]^{\frac{1}{p}}.$$

3.2 三维波动方程的初值问题

三维波动方程可描述声波、电磁波和光波等在空间中的传播, 称为**球面波**. 本节考虑三维波动方程的初值问题, 设法将三维问题转化为一维问题, 借助或仿照 3.1 节的方法来求解.

⊞ 课件 3.2

考察三维齐次波动方程的初值问题

$$\begin{cases} u_{tt} = a^2(u_{xx} + u_{yy} + u_{zz}), & (x, y, z) \in \mathbb{R}^3, \quad t > 0, \\ u|_{t=0} = \phi(x, y, z), \quad u_t|_{t=0} = \psi(x, y, z), & (x, y, z) \in \mathbb{R}^3, \end{cases} \tag{3.2.1}$$

其中, ϕ, ψ 满足一定的光滑性条件. 为导出三维问题与一维问题的联系, 先讨论三维波动方程的一种特殊情形——球对称情形.

3.2.1 三维齐次波动方程的球对称解

如图 3.2.1, 引入球坐标系 (r, θ, φ), 即

$$\begin{cases} x = r \sin\theta \cos\varphi, \\ y = r \sin\theta \sin\varphi, \\ z = r \cos\theta, \end{cases}$$

⊞ 微课 3.2-1

$$0 \leqslant r < +\infty, \quad 0 \leqslant \theta \leqslant \pi, \quad 0 \leqslant \varphi \leqslant 2\pi,$$

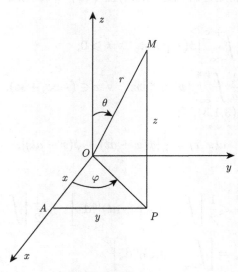

图 3.2.1 球坐标系

则方程组 (3.2.1) 中第一个式子可以写成

$$u_{tt} = a^2 \left[\frac{1}{r^2} \frac{\partial}{\partial r} \left(r^2 \frac{\partial u}{\partial r} \right) + \frac{1}{r^2 \sin\theta} \frac{\partial}{\partial \theta} \left(\sin\theta \frac{\partial u}{\partial \theta} \right) + \frac{1}{r^2 \sin^2\theta} \frac{\partial^2 u}{\partial \varphi^2} \right], \tag{3.2.2}$$

其中, $u = u(r, \theta, \varphi, t)$. **球对称解**, 是指在球面上各点的值都相等的解 (设球心为原点), 即 $u(x, y, z, t) = u(r, t)$ 与 θ 和 φ 无关. 故当 u 是球对称函数时, 方程(3.2.2) 可化为

$$u_{tt} = a^2 \left(u_{rr} + \frac{2}{r} u_r \right), \quad r > 0, \quad t > 0, \tag{3.2.3}$$

或者等价地写成

$$(ru)_{tt} = ru_{tt} = a^2(ru_{rr} + 2u_r) = a^2(ru)_{rr}.$$

★ 基本思路
将三维问题转化
为一维问题

或令 $ru = \nu$, 则有 $\nu_{tt} = a^2 \nu_{rr}$, 其通解可表示为

$$\nu = F(r + at) + G(r - at), \quad r > 0, \quad t > 0,$$

其中, $F(r + at)$ 表示沿 r 负方向传播的行波——收敛波, 而 $G(r - at)$ 表示沿 r 正方向传播的行波——发散波. 从而

$$u(r, t) = \frac{F(r + at) + G(r - at)}{r}, \quad r > 0, \quad t > 0,$$

其中, F, G 是任意两个二阶连续可微函数.

注意到齐次端点条件 $u(0, t) = 0$, $t > 0$ 自然成立. 若考虑初始条件

$$u(r, 0) = \phi(r), \quad u_t(r, 0) = \psi(r), \quad r \geqslant 0, \tag{3.2.4}$$

则类似于 3.1.4 节的讨论, 可得到初边值问题(3.2.3)和问题(3.2.4) 的解

$$u(r, t) = \begin{cases} \dfrac{1}{2r}[(r + at)\phi(r + at) + (r - at)\phi(r - at)] + \dfrac{1}{2ar} \displaystyle\int_{r-at}^{r+at} \xi\psi(\xi)\mathrm{d}\xi, & r - at \geqslant 0, \\ \dfrac{1}{2r}[(r + at)\phi(r + at) - (at - r)\phi(at - r)] + \dfrac{1}{2ar} \displaystyle\int_{at-r}^{r+at} \xi\psi(\xi)\mathrm{d}\xi, & r - at < 0, \quad r > 0. \end{cases}$$

3.2.2 三维齐次波动方程初值问题的泊松公式和球平均法

⊞ 微课 3.2-2

1. 主要结果

现在考虑一般情况下 (u 未必是球对称函数时) 问题(3.2.1)的解.

回顾一维齐次波动方程的达朗贝尔解

$$u(x, t) = \frac{1}{2}[\phi(x + at) + \phi(x - at)] + \frac{1}{2a} \int_{x-at}^{x+at} \psi(\xi)\mathrm{d}\xi.$$

可将其改写成

★ 温故而知新
达朗贝尔解的
新发现

$$u(x, t) = \frac{\partial}{\partial t} \left[t \frac{1}{2at} \int_{x-at}^{x+at} \phi(\xi)\mathrm{d}\xi \right] + t \frac{1}{2at} \int_{x-at}^{x+at} \psi(\xi)\mathrm{d}\xi,$$

其中, $[x - at, x + at]$ 为以 x 为中心, 以 at 为半径的区域; $\dfrac{1}{2at} \displaystyle\int_{x-at}^{x+at} \phi(\xi)\mathrm{d}\xi$ 为初始位移 ϕ 在 $[x - at, x + at]$ 上的算术平均值; $\dfrac{1}{2at} \displaystyle\int_{x-at}^{x+at} \psi(\xi)\mathrm{d}\xi$ 为初始速度 ψ 在 $[x - at, x + at]$ 上的算术平均值.

受此启发, 在以 $M(x,y,z)$ 为中心, 以 at 为半径的球面上作初始函数 ϕ 与 ψ 的平均值, 分别为

$$\frac{1}{4\pi a^2 t^2}\iint\limits_{S_{at}^M}\phi(\xi,\eta,\zeta)\mathrm{d}S,\quad \frac{1}{4\pi a^2 t^2}\iint\limits_{S_{at}^M}\psi(\xi,\eta,\zeta)\mathrm{d}S.$$

则问题(3.2.1)的解应该是 (待证)

$$\begin{aligned}u(x,y,z,t)&=\frac{\partial}{\partial t}\left[t\frac{1}{4\pi a^2 t^2}\iint\limits_{S_{at}^M}\phi(\xi,\eta,\zeta)\mathrm{d}S\right]+t\frac{1}{4\pi a^2 t^2}\iint\limits_{S_{at}^M}\psi(\xi,\eta,\zeta)\mathrm{d}S\\&=\frac{1}{4\pi a^2}\frac{\partial}{\partial t}\iint\limits_{S_{at}^M}\frac{\phi(\xi,\eta,\zeta)}{t}\mathrm{d}S+\frac{1}{4\pi a^2}\iint\limits_{S_{at}^M}\frac{\psi(\xi,\eta,\zeta)}{t}\mathrm{d}S,\end{aligned}\quad(3.2.5)$$

其中, S_{at}^M 为以 $M(x,y,z)$ 为中心, 以 at 为半径的球面, 式(3.2.5)称为三维齐次波动方程初值问题的**泊松公式**.

为简化计算, 将式(3.2.5)在球面坐标系下化为累次积分. 球面 S_{at}^M 的方程为 $(\xi-x)^2+(\eta-y)^2+(\zeta-z)^2=(at)^2$. 设 $p(\xi,\eta,\zeta)$ 为球面上的点, 则

$$\begin{cases}\xi=x+at\sin\theta\cos\varphi,\\\eta=y+at\sin\theta\sin\varphi,\\\zeta=z+at\cos\theta,\end{cases}$$

$$\mathrm{d}S=a^2 t^2\sin\theta\mathrm{d}\theta\mathrm{d}\varphi.$$

于是

$$\begin{aligned}&u(x,y,z,t)\\&=\frac{\partial}{\partial t}\left[t\frac{1}{4\pi a^2 t^2}\int_0^{2\pi}\int_0^{\pi}\phi(\xi,\eta,\zeta)a^2 t^2\sin\theta\mathrm{d}\theta\mathrm{d}\varphi\right]\\&\quad+t\frac{1}{4\pi a^2 t^2}\int_0^{2\pi}\int_0^{\pi}\psi(\xi,\eta,\zeta)a^2 t^2\sin\theta\mathrm{d}\theta\mathrm{d}\varphi\\&=\frac{\partial}{\partial t}\left[\frac{t}{4\pi}\int_0^{2\pi}\int_0^{\pi}\phi(x+at\sin\theta\cos\varphi,y+at\sin\theta\sin\varphi,z+at\cos\theta)\sin\theta\mathrm{d}\theta\mathrm{d}\varphi\right]\\&\quad+\frac{t}{4\pi}\int_0^{2\pi}\int_0^{\pi}\psi(x+at\sin\theta\cos\varphi,y+at\sin\theta\sin\varphi,z+at\cos\theta)\sin\theta\mathrm{d}\theta\mathrm{d}\varphi.\end{aligned}\quad(3.2.6)$$

2. 泊松公式(3.2.5)的推导

(1) 推导思想——球平均法

一般情况下, ru 未必满足一维波动方程. 设法找一个与 u 有关的球对称函数 $\bar{u}$, 通过 $\bar{u}$ 把 u 求出来. 考虑 u 在球面 S_r^M 上的平均值, 即

$$\bar{u}(r,t)=\frac{1}{4\pi r^2}\iint\limits_{S_r^M}u(\xi,\eta,\zeta,t)\mathrm{d}S=\frac{1}{4\pi}\iint\limits_{S_1}u\mathrm{d}\omega,\quad(3.2.7)$$

其中,

$$\begin{cases} \xi = x + r\sin\theta\cos\varphi, \\ \eta = y + r\sin\theta\sin\varphi, \\ \zeta = z + r\cos\theta, \end{cases}$$

$$r \geqslant 0, \quad 0 \leqslant \theta \leqslant \pi, \quad 0 \leqslant \varphi \leqslant 2\pi,$$

是球面 S_r^M 上点的坐标, S_1 表示球心在原点的单位球面, $\mathrm{d}\omega$ 是单位球面上的面积元, 且有 $\mathrm{d}S = r^2\mathrm{d}\omega = r^2\sin\theta\mathrm{d}\theta\mathrm{d}\varphi$, 则

$$u(x,y,z,t) = \overline{u}(0,t) = \lim_{r \to 0} \overline{u}(r,t).$$

这种处理问题的方法称为**球面平均值法**或**球平均法**.

(2) 证明 $r\overline{u}$ 满足一维波动方程

$$[r\overline{u}(r,t)]_{tt} = a^2[r\overline{u}(r,t)]_{rr}. \tag{3.2.8}$$

设 B_r^M 表示中心为 M、半径为 r 的球域. 对方程组(3.2.1)中第一个式子的两边在 B_r^M 上积分, 并利用高斯公式及式(3.2.7), 有

$$\begin{aligned} \iiint_{B_r^M} u_{tt}\mathrm{d}x\mathrm{d}y\mathrm{d}z &= a^2 \iiint_{B_r^M} [(u_x)_x + (u_y)_y + (u_z)_z]\mathrm{d}x\mathrm{d}y\mathrm{d}z \\ &= a^2 \oiint_{S_r^M} (u_x, u_y, u_z) \cdot \boldsymbol{n}\mathrm{d}S = a^2 \oiint_{S_r^M} \frac{\partial u}{\partial n}\mathrm{d}S \\ &= a^2 \oiint_{S_1} \frac{\partial u}{\partial r}r^2\mathrm{d}\omega = 4\pi a^2 r^2 \frac{\partial \overline{u}}{\partial r}. \end{aligned}$$

另外, 由于

$$\iiint_{B_r^M} u_{tt}\mathrm{d}x\mathrm{d}y\mathrm{d}z = \frac{\partial^2}{\partial t^2}\int_0^r \oiint_{S_\rho^M} u\mathrm{d}S\mathrm{d}\rho = \frac{\partial^2}{\partial t^2}\int_0^r \oiint_{S_1} u\rho^2\mathrm{d}\omega\mathrm{d}\rho = 4\pi\frac{\partial^2}{\partial t^2}\int_0^r \rho^2\overline{u}\mathrm{d}\rho,$$

故有

$$\frac{\partial^2}{\partial t^2}\int_0^r \rho^2\overline{u}\mathrm{d}\rho = a^2 r^2 \frac{\partial \overline{u}}{\partial r}.$$

此式两端关于 r 求导, 有

$$\frac{\partial^2}{\partial t^2}(r^2\overline{u}) = a^2\frac{\partial}{\partial r}\left(r^2\frac{\partial \overline{u}}{\partial r}\right).$$

于是 $\overline{u}$ 满足

$$\frac{\partial^2\overline{u}}{\partial t^2} = \frac{a^2}{r^2}\frac{\partial}{\partial r}\left(r^2\frac{\partial \overline{u}}{\partial r}\right), \quad \text{即} \quad \frac{\partial^2(r\overline{u})}{\partial t^2} = a^2\frac{\partial^2(r\overline{u})}{\partial r^2}.$$

(3) 泊松公式

由前面知, 方程(3.2.8)的通解是

$$r\overline{u}(r,t) = F(r+at) + G(r-at). \tag{3.2.9}$$

对式(3.2.9)两边分别关于 r 和 t 求导, 有

$$\frac{\partial(r\overline{u})}{\partial r} = r\frac{\partial \overline{u}}{\partial r} + \overline{u}(r,t) = F'(r+at) + G'(r-at),$$

$$\frac{1}{a}\frac{\partial(r\overline{u})}{\partial t} = F'(r+at) - G'(r-at).$$

将此二式相加, 得

$$\frac{\partial(r\overline{u})}{\partial r} + \frac{1}{a}\frac{\partial(r\overline{u})}{\partial t} = r\left(\frac{\partial\overline{u}}{\partial r} + \frac{1}{a}\frac{\partial\overline{u}}{\partial t}\right) + \overline{u}(r,t) = 2F'(r+at).$$

令 $r \to 0$, 有 $u(x,y,z,t) = \overline{u}(0,t) = 2F'(at)$. 另外, 在相加后所得式中取 $t=0$, 有

$$2F'(r) = \left[\frac{\partial(r\overline{u})}{\partial r} + \frac{1}{a}\frac{\partial(r\overline{u})}{\partial t}\right]\Bigg|_{t=0}$$

$$= \left[\frac{\partial}{\partial r}\left(r\frac{1}{4\pi r^2}\iint\limits_{S_r^M} u\mathrm{d}S\right) + \frac{1}{a}\frac{\partial}{\partial t}\left(r\frac{1}{4\pi r^2}\iint\limits_{S_r^M} u\mathrm{d}S\right)\right]_{t=0}$$

$$= \left(\frac{1}{4\pi}\frac{\partial}{\partial r}\iint\limits_{S_r^M}\frac{u}{r}\mathrm{d}S + \frac{1}{4a\pi}\frac{\partial}{\partial t}\iint\limits_{S_r^M}\frac{u_t}{r}\mathrm{d}S\right)_{t=0} = \frac{1}{4\pi}\frac{\partial}{\partial r}\iint\limits_{S_r^M}\frac{\phi}{r}\mathrm{d}S + \frac{1}{4a\pi}\iint\limits_{S_r^M}\frac{\psi}{r}\mathrm{d}S.$$

从而, 用 at 取代 r, 得证式(3.2.5).

定理 3.2.1   若 $\phi(x,y,z) \in C^3$, $\psi(x,y,z) \in C^2$, 则泊松公式(3.2.5)表达的 $u(x,y,z,t)$ 在 $\mathbb{R}^3 \times (0,\infty)$ 内二阶连续可微, 且为三维波动方程初值问题的古典解.

例 3.2.1   求解初值问题

$$\begin{cases} u_{tt} = a^2(u_{xx} + u_{yy} + u_{zz}), & (x,y,z) \in \mathbb{R}^3, \quad t > 0, \\ u(x,y,z,0) = x+y+z, \quad u_t(x,y,z,0) = 0, & (x,y,z) \in \mathbb{R}^3. \end{cases}$$

解   由泊松公式(3.2.6), 得

$$u(x,y,z,t)$$

$$= \frac{1}{4\pi}\frac{\partial}{\partial t}\left\{t\int_0^{2\pi}\int_0^{\pi}[x+y+z+at(\sin\theta\cos\varphi + \sin\theta\sin\varphi + \cos\theta)]\sin\theta\mathrm{d}\theta\mathrm{d}\varphi\right\}$$

$$= \frac{1}{4\pi}\frac{\partial}{\partial t}\left[t(x+y+z)\int_0^{2\pi}\mathrm{d}\varphi\int_0^{\pi}\sin\theta\mathrm{d}\theta\right.$$

$$\left. + at^2\int_0^{2\pi}(\sin\varphi + \cos\varphi)\mathrm{d}\varphi\int_0^{\pi}\sin^2\theta\mathrm{d}\theta + at^2\int_0^{2\pi}\mathrm{d}\varphi\int_0^{\pi}\sin\theta\cos\theta\mathrm{d}\theta\right]$$

$$= x+y+z.$$

例 3.2.2   求解初值问题

$$\begin{cases} u_{tt} = a^2(u_{xx} + u_{yy} + u_{zz}), & (x,y,z) \in \mathbb{R}^3, \quad t > 0, \\ u(x,y,z,0) = yz, \quad u_t(x,y,z,0) = xz, & (x,y,z) \in \mathbb{R}^3. \end{cases}$$

解   法一: 此处 $\phi = yz$, $\psi = xz$, 由泊松公式(3.2.6), 有

$$u(x,y,z,t)$$

$$= \frac{1}{4\pi}\frac{\partial}{\partial t}\int_0^{2\pi}\int_0^{\pi} t\sin\theta(y+at\sin\theta\sin\varphi)(z+at\cos\theta)\mathrm{d}\theta\mathrm{d}\varphi$$

$$+ \frac{t}{4\pi}\int_0^{2\pi}\int_0^{\pi}\sin\theta(x+at\sin\theta\cos\varphi)(z+at\cos\theta)\mathrm{d}\theta\mathrm{d}\varphi$$

$$= \frac{1}{4\pi}\frac{\partial}{\partial t}\int_0^{2\pi}\int_0^{\pi} t\sin\theta(yz + zat\sin\theta\sin\varphi + yat\cos\theta + a^2t^2\sin\theta\cos\theta\sin\varphi)\mathrm{d}\theta\mathrm{d}\varphi$$

$$+ \frac{t}{4\pi} \int_0^{2\pi} \int_0^{\pi} \sin\theta (xz + xat\cos\theta + zat\sin\theta\cos\varphi + a^2 t^2 \sin\theta\cos\theta\cos\varphi) \mathrm{d}\theta\mathrm{d}\varphi.$$

而由三角函数的周期性、正交性和定积分的性质, 有

$$\int_0^{2\pi} \sin\varphi\mathrm{d}\varphi = \int_0^{2\pi} \cos\varphi\mathrm{d}\varphi = 0, \qquad \int_0^{\pi} \cos\theta\mathrm{d}\theta = \int_0^{\pi} \sin\theta\cos\theta\mathrm{d}\theta = 0.$$

因此

$$u(x,y,z,t) = \frac{1}{4\pi}\frac{\partial}{\partial t}\left(2\pi tyz\int_0^{\pi}\sin\theta\mathrm{d}\theta\right) + \frac{t}{4\pi}2\pi xz\int_0^{\pi}\sin\theta\mathrm{d}\theta = yz + txz.$$

法二: 由于定解问题是线性的, 故由叠加原理, 可令 $u = u^1 + u^2 + u^3$, 其中, u^1, u^2, u^3 分别满足如下定解问题

$$\begin{cases} u_{tt}^1 = a^2 u_{xx}^1, \\ u^1|_{t=0} = 0, \quad u_t^1|_{t=0} = xz, \end{cases}$$

$$\begin{cases} u_{tt}^2 = a^2 u_{yy}^2, \\ u^2|_{t=0} = yz, \quad u_t^2|_{t=0} = 0, \end{cases}$$

$$\begin{cases} u_{tt}^3 = a^2 u_{zz}^3, \\ u^3|_{t=0} = 0, \quad u_t^3|_{t=0} = 0. \end{cases}$$

由达朗贝尔公式(3.1.3)可分别求得以上三个定解问题的解, 为

$$u^1 = \frac{1}{2a}\int_{x-at}^{x+at} z\xi\mathrm{d}\xi = xzt,$$
$$u^2 = \frac{1}{2}[z(y+at) + z(y-at)] = yz,$$
$$u^3 = 0.$$

因此

$$u = xzt + yz.$$

注 3.2.1 例 3.2.2 的解法二使用叠加原理将三维波动方程的初值问题化为了若干一维波动方程的初值问题, 进而利用达朗贝尔公式简化了计算. 此方法一般对具有类似于 $f(x)g(y)h(z)$ 这种变量分离的初始条件的定解问题有效, 其中, $f(x), g(y), h(z)$ 三个函数中至少有两个函数需仅是单变量的零次或一次幂函数.

3.2.3 泊松公式的物理意义

田 微课 3.2-3

由泊松公式(3.2.5)可知, 定解问题(3.2.1)的解在 $M(x,y,z)$ 点 t 时刻的值, 由以 M 为中心, at 为半径的球面 S_{at}^M 上的初始值确定. 这是由于初值的影响是以速度 a 在时间 t 内从球面 S_{at}^M 上传播到 M 点的缘故.

具体言之, 如图 3.2.2 所示, 设初始扰动限于空间某区域 Ω 内 (即在 Ω 外 $\phi \equiv 0, \psi \equiv 0$), 记 d 和 D 分别为 M 点到区域 Ω 的最近和最远距离, 则

(1) 当 $at < d$, 即 $t < \dfrac{d}{a}$ 时, S_{at}^M 与 Ω 不相交, S_{at}^M 上的初始函数 ϕ, ψ 为 0, 故 $u(M,t) = 0$. 这说明扰动的 "前锋" 尚未到达 M.

(2) 当 $d \leqslant at \leqslant D$, 即 $\dfrac{d}{a} \leqslant t \leqslant \dfrac{D}{a}$ 时, S_{at}^M 与 Ω 相交, S_{at}^M 上的初始函数不为 0, 故 u 一般

不为 0. 这表明扰动正在经过 M 点.

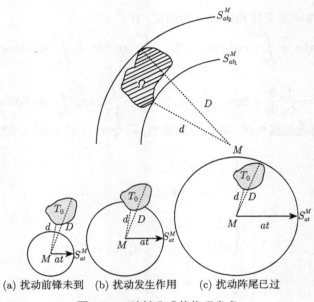

(a) 扰动前锋未到   (b) 扰动发生作用   (c) 扰动阵尾已过

图 3.2.2   泊松公式的物理意义

(3) 当 $at > D$, 即 $t > \dfrac{D}{a}$ 时, S_{at}^M 与 Ω 也不相交, 因而同样 $u(M, t) = 0$, 这表明扰动的 "阵尾" 已传过 M 点, M 点又恢复到静止状态.

三维空间的初始局部扰动, 在不同的时间内对空间每一点发生影响, 且波的传播有清晰的 "前锋" 与 "阵尾", 这种现象在物理上称为**惠更斯**[①]**原理**或**无后效现象**. 现实生活空间中声音的传播就是一例: 从某处发出声音, 经过一段时间后, 才能听到, 再经过一段时间之后恢复到静止状态. 惠更斯原理对信号的传送与接收具有重要的意义.

例 3.2.3   高大气中有一半径为 1 的球形薄膜, 薄膜内的压强超过大气的数值为 P_0, 假定该薄膜突然消失, 将会在大气中激起三维波, 试求球外任意位置的附加压强 P.

解   设薄膜球心到球外任意一点的距离为 d, 则其定解问题为

$$
\begin{cases}
P_{tt} = a^2(P_{xx} + P_{yy} + P_{zz}), & (x, y, z) \in \mathbb{R}^3, \quad t > 0, \\
P(x, y, z, 0) = \begin{cases} P_0, & d \leqslant 1, \\ 0, & d > 1, \end{cases} \quad P_t(x, y, z, 0) = 0, & (x, y, z) \in \mathbb{R}^3.
\end{cases}
$$

当 $d - 1 \leqslant at \leqslant d + 1$ 时, 由泊松公式 (3.2.5) 有

$$
P(x, y, z, t) = \frac{1}{4a^2\pi} \frac{\partial}{\partial t} \iint\limits_{S_{at}^M} \frac{\phi(\xi, \eta, \zeta)}{t} \, \mathrm{d}S
$$

$$
= \frac{1}{4a^2\pi} \frac{\partial}{\partial t} \int_0^{2\pi} \mathrm{d}\varphi \int_0^\alpha \frac{P_0}{t} a^2 t^2 \sin\theta \mathrm{d}\theta
$$

---

① Christiaan Huygens, 1629~1695, 荷兰物理学家、天文学家、数学家和发明家, 法国皇家科学院院士.

$$= \frac{1}{4a^2\pi} \frac{\partial}{\partial t} [2\pi P_0 a^2 t (1 - \cos\alpha)]$$

$$= \frac{1}{4a^2\pi} \frac{\partial}{\partial t} \left[2\pi P_0 a^2 t \left(1 - \frac{d^2 + a^2 t^2 - 1}{2dat} \right) \right]$$

$$= \frac{1}{4a^2\pi} \frac{\partial}{\partial t} \left\{ -\frac{\pi P_0 a}{d} \left[(d - at)^2 - 1 \right] \right\}$$

$$= \frac{P_0}{2d} (d - at),$$

而当 $at < d-1$ 和 $at > d+1$ 时, $P(x,y,z,t) \equiv 0$.

田 微课 3.2-4

3.2.4 三维非齐次波动方程的初值问题和推迟势

考虑非齐次波动方程的初值问题

$$\begin{cases} u_{tt} = a^2(u_{xx} + u_{yy} + u_{zz}) + f(x,y,z,t), & (x,y,z) \in \mathbb{R}^3, \quad t > 0, \\ u|_{t=0} = \phi(x,y,z), \quad u_t|_{t=0} = \psi(x,y,z), & (x,y,z) \in \mathbb{R}^3. \end{cases} \tag{3.2.10}$$

该问题可分解为下面的两个问题

$$\begin{cases} \nu_{tt} = a^2(\nu_{xx} + \nu_{yy} + \nu_{zz}), & (x,y,z) \in \mathbb{R}^3, \quad t > 0, \\ \nu|_{t=0} = \phi(x,y,z), \quad \nu_t|_{t=0} = \psi(x,y,z), & (x,y,z) \in \mathbb{R}^3. \end{cases} \tag{3.2.11}$$

$$\begin{cases} \omega_{tt} = a^2(\omega_{xx} + \omega_{yy} + \omega_{zz}) + f(x,y,z,t), & (x,y,z) \in \mathbb{R}^3, \quad t > 0, \\ \omega|_{t=0} = 0, \quad \omega_t|_{t=0} = 0, & (x,y,z) \in \mathbb{R}^3. \end{cases} \tag{3.2.12}$$

设问题(3.2.11)和问题(3.2.12)的解分别为 $\nu(x,y,z,t)$, $\omega(x,y,z,t)$. 由叠加原理, 有问题 (3.2.10) 的解 $u = \nu + \omega$.

问题(3.2.11)的解 ν 可由泊松公式(3.2.5)给出, 故只需求出问题(3.2.12)的解 ω.

对于问题(3.2.12), 同一维齐次波动方程的初值问题一样, 齐次化原理对三维问题也成立. 即问题(3.2.12) 的解可以表示为

$$\omega(x,y,z,t) = \frac{1}{4a^2\pi} \int_0^t \oiint_{S_{a(t-\tau)}^M} \frac{f(\xi,\eta,\zeta,\tau)}{t-\tau} \mathrm{d}S \mathrm{d}\tau.$$

作代换 $\tau = t - \dfrac{r}{a}$, 变为

$$\omega(x,y,z,t) = \frac{1}{4a^2\pi} \int_0^{at} \oiint_{S_r^M} \frac{f\left(\xi,\eta,\zeta,t-\dfrac{r}{a}\right)}{r} \mathrm{d}S \mathrm{d}r$$

$$= \frac{1}{4a^2\pi} \iiint_{r \leqslant at} \frac{f\left(\xi,\eta,\zeta,t-\dfrac{r}{a}\right)}{r} \mathrm{d}\xi \mathrm{d}\eta \mathrm{d}\zeta. \tag{3.2.13}$$

因此, 在时刻 t 位于 $M(x,y,z)$ 处的函数 ω 的值由 f 在时刻 $\tau = t - \dfrac{r}{a}$ 时的值在以 M 为中心、at 为半径的球体中的体积分表示, 故称积分(3.2.13)为**推迟势**.

综合上述分析, 可得如下定理.

定理 3.2.2　若 $\phi \in C^3(\mathbb{R}^3)$, $\psi \in C^2(\mathbb{R}^3)$ 和 $f \in C^2(\mathbb{R}^3 \times [0, \infty))$, 则三维非齐次波动方程(3.2.1)的解 u 可表示为

$$u(x, y, z, t) = \frac{1}{4a^2\pi} \frac{\partial}{\partial t} \iint\limits_{S_{at}^M} \frac{\phi(\xi, \eta, \zeta)}{t} \mathrm{d}S + \frac{1}{4a^2\pi} \iint\limits_{S_{at}^M} \frac{\psi(\xi, \eta, \zeta)}{t} \mathrm{d}S$$

$$+ \frac{1}{4a^2\pi} \iiint\limits_{r \leqslant at} \frac{f\left(\xi, \eta, \zeta, t - \dfrac{r}{a}\right)}{r} \mathrm{d}\xi \mathrm{d}\eta \mathrm{d}\zeta. \tag{3.2.14}$$

公式(3.2.14)称为初值问题(3.2.10)解的 **Kirchhoff** 公式.

例 3.2.4　求解初值问题

$$\begin{cases} u_{tt} = a^2(u_{xx} + u_{yy} + u_{zz}) + 2(y - t), & (x, y, z) \in \mathbb{R}^3, \quad t > 0, \\ u(x, y, z, 0) = x + y + z, \quad u_t(x, y, z, 0) = 0, & (x, y, z) \in \mathbb{R}^3. \end{cases} \tag{3.2.15}$$

解　由例 3.2.1, 仅需计算推迟势

$$\frac{1}{4a^2\pi} \iiint\limits_{r \leqslant at} \frac{f(\xi, \eta, \zeta, t - \dfrac{r}{a})}{r} \mathrm{d}\xi \mathrm{d}\eta \mathrm{d}\zeta$$

$$= \frac{1}{4a^2\pi} \int_0^{at} \int_0^{2\pi} \int_0^{\pi} \frac{2\left(y + r\sin\theta\sin\varphi - t + \dfrac{r}{a}\right)}{r} r^2 \sin\theta \mathrm{d}\theta \mathrm{d}\varphi \mathrm{d}r$$

$$= yt^2 - \frac{t^3}{3}.$$

因此定解问题的解为

$$u(x, y, z, t) = x + y + z + yt^2 - \frac{t^3}{3}.$$

例 3.2.5　求解初值问题

$$\begin{cases} u_{tt} = a^2(u_{xx} + u_{yy}) + c^2 u, & (x, y) \in \mathbb{R}^2, \quad t > 0, \\ u(x, y, 0) = \phi(x, y), \quad u_t(x, y, 0) = 0, & (x, y) \in \mathbb{R}^2. \end{cases}$$

解　令 $\nu(x, y, z, t) = \mathrm{e}^{\frac{c}{a}z} u(x, y, t)$, 则 ν 满足三维波动方程的初值问题

$$\begin{cases} \nu_{tt} = a^2(\nu_{xx} + \nu_{yy} + \nu_{zz}), & (x, y, z) \in \mathbb{R}^3, \quad t > 0, \\ \nu(x, y, z, 0) = \mathrm{e}^{\frac{c}{a}z}\phi(x, y), \quad \nu_t(x, y, z, 0) = 0, & (x, y, z) \in \mathbb{R}^3. \end{cases}$$

由泊松公式(3.2.5), 有

$$\nu(x, y, z, t) = \frac{1}{4a^2\pi} \frac{\partial}{\partial t} \left[\iint\limits_{S_{at}^M} \frac{\mathrm{e}^{\frac{c}{a}\zeta}\phi(\xi, \eta)}{t} \mathrm{d}S \right]$$

注意到球面 S_{at}^M 的方程为 $(\xi - x)^2 + (\eta - y)^2 + (\zeta - z)^2 = (at)^2$, 即

$$\zeta = z \pm \sqrt{(at)^2 - (\xi - x)^2 - (\eta - y)^2},$$

故

$$\sqrt{1 + \left(\frac{\partial \zeta}{\partial \xi}\right)^2 + \left(\frac{\partial \zeta}{\partial \eta}\right)^2} = \frac{at}{\sqrt{(at)^2 - (\xi - x)^2 - (\eta - y)^2}}.$$

将把面积的曲面积分化为 (ξ, η) 平面上的二重积分, 并注意到球面 S_{at}^M 上下两半都投影于同一

圆面, 有

$$\nu(x,y,z,t)$$

$$=\frac{1}{4a^2\pi}\frac{\partial}{\partial t}\left\{\frac{1}{t}\iint\limits_{(\xi-x)^2+(\eta-y)^2\leqslant(at)^2}\left[\mathrm{e}^{\frac{c}{a}(z+\sqrt{(at)^2-(\xi-x)^2-(\eta-y)^2})}\right.\right.$$

$$\left.\left.+\mathrm{e}^{\frac{c}{a}(z-\sqrt{(at)^2-(\xi-x)^2-(\eta-y)^2})}\right]\phi(\xi,\eta)\frac{at}{\sqrt{(at)^2-(\xi-x)^2-(\eta-y)^2}}\mathrm{d}\xi\mathrm{d}\eta\right\}$$

$$=\frac{\mathrm{e}^{\frac{c}{a}z}}{2\pi a}\frac{\partial}{\partial t}\iint\limits_{(\xi-x)^2+(\eta-y)^2\leqslant(at)^2}\frac{\cosh\left[\frac{c}{a}\sqrt{(at)^2-(\xi-x)^2-(\eta-y)^2}\right]\phi(\xi,\eta)}{\sqrt{(at)^2-(\xi-x)^2-(\eta-y)^2}}\mathrm{d}\xi\mathrm{d}\eta.$$

所以

$$u(x,y,t)=\frac{1}{2\pi a}\frac{\partial}{\partial t}\iint\limits_{(\xi-x)^2+(\eta-y)^2\leqslant(at)^2}\frac{\cosh\left[\frac{c}{a}\sqrt{(at)^2-(\xi-x)^2-(\eta-y)^2}\right]\phi(\xi,\eta)}{\sqrt{(at)^2-(\xi-x)^2-(\eta-y)^2}}\mathrm{d}\xi\mathrm{d}\eta.$$

注 3.2.2 当 $c=0$ $\left(\text{从而 }\cosh\left[\frac{c}{a}\sqrt{(at)^2-(\xi-x)^2-(\eta-y)^2}\right]=1\right)$ 且初始速度为 ψ 时, 可类似推得下节式(3.3.4).

3.3 二维波动方程的初值问题

3.3.1 二维齐次波动方程的初值问题

考察初值问题

$$\begin{cases}u_{tt}=a^2(u_{xx}+u_{yy}), & (x,y)\in\mathbb{R}^2, \quad t>0,\\u|_{t=0}=\phi(x,y),\quad u_t|_{t=0}=\psi(x,y), & (x,y)\in\mathbb{R}^2.\end{cases}\tag{3.3.1}$$

采用**降维法**, 即采用三维波动方程初值问题的解来求二维波动问题解的表示式. 为此把初始函数 $\phi(x,y)$ 和 $\psi(x,y)$ 分别看成三元函数 $\Phi(x,y,z)=\phi(x,y)$, $\Psi(x,y,z)=\psi(x,y)$, 则由泊松公式(3.2.5)知, 定解问题

⊞ 课件 3.3

$$\begin{cases}U_{tt}=a^2(U_{xx}+U_{yy}+U_{zz}), & (x,y,z)\in\mathbb{R}^3, \quad t>0,\\U|_{t=0}=\Phi(x,y,z)=\phi(x,y),\\U_t|_{t=0}=\Psi(x,y,z)=\psi(x,y), & (x,y,z)\in\mathbb{R}^3\end{cases}\tag{3.3.2}$$

的解为

$$U(x,y,z,t)=\frac{1}{4a^2\pi}\frac{\partial}{\partial t}\iint\limits_{S_{at}^M}\frac{\Phi(\xi,\eta,\zeta)}{t}\mathrm{d}S+\frac{1}{4a^2\pi}\iint\limits_{S_{at}^M}\frac{\Psi(\xi,\eta,\zeta)}{t}\mathrm{d}S,$$

其中, 球面 $S_{at}^M=\{(\xi,\eta,\zeta)|(\xi-x)^2+(\eta-y)^2+(\zeta-z)^2=(at)^2\}$.

现计算球面 S_{at}^M 上的积分

⊞ 微课 3.3

$$\iint\limits_{S_{at}^M}\frac{\Phi(\xi,\eta,\zeta)}{t}\mathrm{d}S=\iint\limits_{S_{上}}\frac{\Phi(\xi,\eta,\zeta)}{t}\mathrm{d}S+\iint\limits_{S_{下}}\frac{\Phi(\xi,\eta,\zeta)}{t}\mathrm{d}S,$$

★ 问题思考
降维方法的其他
应用

其中, 上半球面 $S_{\text{上}}$ 为 $\zeta = z + \sqrt{(at)^2 - (\xi - x)^2 - (\eta - y)^2}$; 下半球面 $S_{\text{下}}$ 为

$$\zeta = z - \sqrt{(at)^2 - (\xi - x)^2 - (\eta - y)^2},$$

它们的面积元为

$$\mathrm{d}S = \sqrt{1 + \zeta_\xi^2 + \zeta_\eta^2}\,\mathrm{d}\xi\mathrm{d}\eta = \frac{at}{\sqrt{(at)^2 - (\xi - x)^2 - (\eta - y)^2}}\mathrm{d}\xi\mathrm{d}\eta,$$

且 $S_{\text{上}}, S_{\text{下}}$ 在平面 (ξ, η) 上的投影区域均为圆域

$$C_{at}^M = \{(\xi, \eta)|(\xi - x)^2 + (\eta - y)^2 \leqslant a^2 t^2\}.$$

因此

$$\oiint_{S_{at}^M} \frac{\Phi(\xi, \eta, \zeta)}{t}\mathrm{d}S = 2\iint_{C_{at}^M} \frac{\phi(\xi, \eta)}{t} \frac{at}{\sqrt{(at)^2 - (\xi - x)^2 - (\eta - y)^2}}\mathrm{d}\xi\mathrm{d}\eta.$$

同理

$$\oiint_{S_{at}^M} \frac{\Psi(\xi, \eta, \zeta)}{t}\mathrm{d}S = 2\iint_{C_{at}^M} \frac{\psi(\xi, \eta)}{t} \frac{at}{\sqrt{(at)^2 - (\xi - x)^2 - (\eta - y)^2}}\mathrm{d}\xi\mathrm{d}\eta.$$

从而

$$U(x, y, z, t) = \frac{1}{2a\pi}\frac{\partial}{\partial t}\iint_{C_{at}^M} \frac{\phi(\xi, \eta)}{\sqrt{(at)^2 - (\xi - x)^2 - (\eta - y)^2}}\mathrm{d}\xi\mathrm{d}\eta$$
$$+ \frac{1}{2a\pi}\iint_{C_{at}^M} \frac{\psi(\xi, \eta)}{\sqrt{(at)^2 - (\xi - x)^2 - (\eta - y)^2}}\mathrm{d}\xi\mathrm{d}\eta. \tag{3.3.3}$$

易见 U 与 z 无关. 因此, 式(3.3.3)为二维齐次波动方程初值问题(3.3.1)的解, 即

$$u(x, y, t) = \frac{1}{2a\pi}\frac{\partial}{\partial t}\iint_{C_{at}^M} \frac{\phi(\xi, \eta)}{\sqrt{(at)^2 - (\xi - x)^2 - (\eta - y)^2}}\mathrm{d}\xi\mathrm{d}\eta$$
$$+ \frac{1}{2a\pi}\iint_{C_{at}^M} \frac{\psi(\xi, \eta)}{\sqrt{(at)^2 - (\xi - x)^2 - (\eta - y)^2}}\mathrm{d}\xi\mathrm{d}\eta. \tag{3.3.4}$$

这就是**二维波动方程初值问题的泊松公式**.

利用极坐标变换 $\xi = x + r\cos\theta$, $\eta = y + r\sin\theta$, 式(3.3.4)也可写成

$$u(x, y, t) = \frac{1}{2a\pi}\frac{\partial}{\partial t}\left(\int_0^{at}\int_0^{2\pi} \frac{\phi(x + r\cos\theta, y + r\sin\theta)}{\sqrt{a^2t^2 - r^2}}r\mathrm{d}\theta\mathrm{d}r\right)$$
$$+ \frac{1}{2a\pi}\left(\int_0^{at}\int_0^{2\pi} \frac{\psi(x + r\cos\theta, y + r\sin\theta)}{\sqrt{a^2t^2 - r^2}}r\mathrm{d}\theta\mathrm{d}r\right). \tag{3.3.5}$$

3.3.2　二维非齐次波动方程的初值问题

考虑非齐次波动方程的初值问题

$$\begin{cases} u_{tt} = a^2(u_{xx} + u_{yy}) + f(x, y, t), & (x, y) \in \mathbb{R}^2, \quad t > 0, \\ u|_{t=0} = \phi(x, y), \quad u_t|_{t=0} = \psi(x, y), & (x, y) \in \mathbb{R}^2. \end{cases} \tag{3.3.6}$$

利用叠加原理和齐次化原理, 可得其解为

$$u(x,y,\tau) = \frac{1}{2a\pi}\frac{\partial}{\partial t}\iint\limits_{C_{at}^M}\frac{\phi(\xi,\eta)}{\sqrt{(at)^2-(\xi-x)^2-(\eta-y)^2}}\mathrm{d}\xi\mathrm{d}\eta$$

$$+\frac{1}{2a\pi}\iint\limits_{C_{at}^M}\frac{\psi(\xi,\eta)}{\sqrt{(at)^2-(\xi-x)^2-(\eta-y)^2}}\mathrm{d}\xi\mathrm{d}\eta$$

$$+\frac{1}{2a^2\pi}\int_0^{at}\iint\limits_{C_\tau^M}\frac{f(\xi,\eta,t-\frac{\tau}{a})}{\sqrt{\tau^2-(\xi-x)^2-(\eta-y)^2}}\mathrm{d}\xi\mathrm{d}\eta\mathrm{d}\tau, \tag{3.3.7}$$

其中,

$$C_\tau^M = \{(\xi,\eta)|(\xi-x)^2+(\eta-y)^2 \leqslant \tau^2\}.$$

利用极坐标变换并令 $\tau = a(t-s)$, 进一步有

$$u(x,y,t) = \frac{1}{2a\pi}\frac{\partial}{\partial t}\left[\int_0^{at}\int_0^{2\pi}\frac{\phi(x+r\cos\theta,y+r\sin\theta)}{\sqrt{a^2t^2-r^2}}r\mathrm{d}\theta\mathrm{d}r\right]$$

$$+\frac{1}{2a\pi}\left[\int_0^{at}\int_0^{2\pi}\frac{\psi(x+r\cos\theta,y+r\sin\theta)}{\sqrt{a^2t^2-r^2}}r\mathrm{d}\theta\mathrm{d}r\right]$$

$$+\frac{1}{2a\pi}\int_0^t\int_0^{a(t-s)}\int_0^{2\pi}\frac{f(x+r\cos\theta,y+r\sin\theta,s)}{\sqrt{a^2(t-s)^2-r^2}}r\mathrm{d}\theta\mathrm{d}r\mathrm{d}s. \tag{3.3.8}$$

3.3.3 泊松公式的物理意义

二维空间波的传播与三维空间波的传播有所不同, 三维空间的泊松公式的积分是球面上的曲面积分, 而二维空间的泊松公式的积分是圆域上的二重积分.

如图 3.3.1 所示, 设初始扰动在 Oxy 平面上某一有界区域 S 内, 而其他处没有初始扰动 (即在 S 外, $\phi \equiv 0$, $\psi \equiv 0$), 考察 S 外的点 $M(x,y)$ 在时刻 t 的状态 $u(x,y,t)$. 由泊松公式知: 解

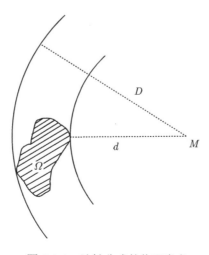

★ 问题思考
二维情形和三维
的区别

图 3.3.1 泊松公式的物理意义

u 依赖于以 M 为中心、at 为半径的圆域 C_{at}^M 上的初始函数. 设 d, D 分别为自点 M 到扰动区域 S 的最近、最远距离, 则

(1) 当 $at < d$, 即 $0 \leqslant t < \dfrac{d}{a}$ 时, 积分区域 C_{at}^M 与初始扰动区域 S 不相交, 此时 $u = 0$. 表明 U 处于静止状态, 扰动尚未到达点 M.

(2) 当 $d \leqslant at \leqslant D$, 即 $\dfrac{d}{a} \leqslant t \leqslant \dfrac{D}{a}$ 时, 积分区域 C_{at}^M 与初始扰动区域 S 相交, 此时 $u \neq 0$, 表明扰动到达点 M.

(3) 当 $at > D$, 即 $t > \dfrac{D}{a}$ 时, 积分区域 C_{at}^M 包含了扰动区域 S, 所以积分值一般不为 0. 只有当 $t \to \infty$ 时, 才有 $u \to 0$. 这是因为被积函数的分母中含有 at 的缘故. 平面上初始局部扰动的这种传播现象, 即对平面上每一点的扰动不是在有限时间内发生的影响, 而是有持久的效果, 波的传播有清晰的 "前锋" 但没有 "阵尾", 称为**波的弥散**, 或称为**波有后效现象**.

例如, 在平静的湖面上, 投入一石子, 可以清楚地看见波传播的前阵面, 但没有后阵面.

例 3.3.1　已知二维波动的初始速度为零, 初始位移集中在单位圆内为 1, 即
$$u(x,y,0) = \phi(x,y) = \begin{cases} 1 & x^2 + y^2 \leqslant 1, \\ 0, & x^2 + y^2 > 1, \end{cases}$$
求 $u(0,0,t)$ 的值.

解　采用式(3.3.5), 分两种情况计算:

(1) 当 $at \leqslant 1$, 即 $t \leqslant \dfrac{1}{a}$ 时, 区域 $C_{at}^M : \xi^2 + \eta^2 \leqslant a^2 t^2$ 在单位圆内, 这时 $\phi(\xi,\eta) = 1$. 于是, 由式(3.3.5), 有
$$u(0,0,t) = \frac{1}{2a\pi} \frac{\partial}{\partial t} \int_0^{at} \int_0^{2\pi} \frac{1}{\sqrt{a^2 t^2 - r^2}} r\mathrm{d}\theta\mathrm{d}r$$
$$= \frac{1}{2a\pi} 2\pi \frac{\partial}{\partial t} \left(-\sqrt{a^2 t^2 - r^2}\right)\Big|_0^{at} = \frac{1}{a}\frac{\partial}{\partial t}(at) = 1.$$

(2) 当 $at > 1$, 即 $t > \dfrac{1}{a}$ 时, 有
$$u(0,0,t) = \frac{1}{2a\pi} \frac{\partial}{\partial t} \int_0^1 \int_0^{2\pi} \frac{1}{\sqrt{a^2 t^2 - r^2}} r\mathrm{d}\theta\mathrm{d}r$$
$$= -\frac{1}{a}\frac{\partial}{\partial t}\left(\sqrt{a^2 t^2 - r^2}\right)\Big|_0^1 = 1 - \frac{at}{\sqrt{a^2 t^2 - 1}}.$$

这说明此波动有后效现象, 且当 $t \to +\infty$ 时, $u(0,0,t) \to 0$.

例 3.3.2　求解初值问题
$$\begin{cases} u_{tt} = a^2(u_{xx} + u_{yy}), & (x,y) \in \mathbb{R}^2, \quad t > 0, \\ u(x,y,0) = x^2(x+y), \quad u_t(x,y,0) = 0, & (x,y) \in \mathbb{R}^2. \end{cases}$$

解　利用二维泊松公式(3.3.5), 有
$$u(x,y,t) = \frac{1}{2a\pi} \frac{\partial}{\partial t} \int_0^{at} \int_0^{2\pi} \frac{\phi(x + r\cos\theta, y + r\sin\theta)}{\sqrt{a^2 t^2 - r^2}} r\mathrm{d}\theta\mathrm{d}r$$

$$=\frac{1}{2a\pi}\frac{\partial}{\partial t}\int_0^{at}\int_0^{2\pi}\frac{(x+r\cos\theta)^2(x+r\cos\theta+y+r\sin\theta)}{\sqrt{a^2t^2-r^2}}r\mathrm{d}\theta\mathrm{d}r$$

$$=\frac{1}{2a\pi}\frac{\partial}{\partial t}\int_0^{at}\frac{r}{\sqrt{a^2t^2-r^2}}\int_0^{2\pi}[x^2(x+y)+x^2r(\cos\theta+\sin\theta)+2xr(x+y)\cos\theta$$

$$+2xr^2\cos^2\theta+2xr^2\sin\theta\cos\theta+(x+y)r^2\cos^2\theta+r^3\cos^3\theta+r^3\cos^2\theta\sin\theta]\mathrm{d}\theta\mathrm{d}r$$

$$=\frac{1}{2a\pi}\frac{\partial}{\partial t}\int_0^{at}\frac{2\pi x^2(x+y)+2\pi xr^2+\pi(x+y)r^2}{\sqrt{a^2t^2-r^2}}r\mathrm{d}r$$

$$=\frac{1}{a}\frac{\partial}{\partial t}\left[x^2(x+y)at+\frac{1}{3}(at)^3(3x+y)\right]$$

$$=x^2(x+y)+a^2t^2(3x+y).$$

3.4 依赖区域、决定区域、影响区域和特征锥

对一维情形, 利用达朗贝尔公式给出了初值问题的依赖区域、决定区域、影响区域等概念. 对于二维和三维情形也有类似的概念.

3.4.1 二维情形

任取一点 $M_0(x_0,y_0,t_0)$, 由二维齐次波动方程的初值问题(3.3.1)解的泊松公式(3.3.4), 得

$$u(x_0,y_0,t_0)=\frac{1}{2a\pi}\frac{\partial}{\partial t}\iint_{C_{at_0}^{M_0}}\frac{\phi(\xi,\eta)}{\sqrt{(at_0)^2-(\xi-x_0)^2-(\eta-y_0)^2}}\mathrm{d}\xi\mathrm{d}\eta$$

$$+\frac{1}{2a\pi}\iint_{C_{at_0}^{M_0}}\frac{\psi(\xi,\eta)}{\sqrt{(at_0)^2-(\xi-x_0)^2-(\eta-y_0)^2}}\mathrm{d}\xi\mathrm{d}\eta.$$

由此可见, $u(x_0,y_0,t_0)$ 只依赖于初值函数 ϕ,ψ 在圆域 (而不是圆周)

$$C_{at_0}^{M_0}=\{(x,y)|(x-x_0)^2+(y-y_0)^2\leqslant(at_0)^2\}$$

上的值, 而与该圆域外初值函数的值无关. 称圆域 $C_{at_0}^{M_0}$ 为点 $M_0(x_0,y_0,t_0)$ 的**依赖区域**. 它是锥体

$$K_1=\{(x,y,t)|(x-x_0)^2+(y-y_0)^2\leqslant a^2(t-t_0)^2,\ 0\leqslant t\leqslant t_0\}$$

与平面 $t=0$ 相交截得的圆域 (图 3.4.1).

对于锥体 K_1 中的任一点 $M_1(x_1,y_1,t_1)$, 它的依赖区域 $C_{at_1}^{M_1}$ 都包含在圆域 $C_{at_0}^{M_0}$ 内. 因此, 圆域 $C_{at_0}^{M_0}$ 内的初值函数决定了 K_1 内每一点 u 处的值, 故称锥 K_1 为圆域为 $C_{at_0}^{M_0}$ 的**决定区域**.

在平面 $t=0$ 上任给一点 $(x_0,y_0,0)$ 作一锥体域 (图 3.4.2)

$$K_2=\{(x,y,t)|(x-x_0)^2+(y-y_0)^2\leqslant a^2t^2,\ t\geqslant0\}.$$

锥体 K_2 中任一点 (x,y,t) 的依赖区域都包含给定点 $(x_0,y_0,0)$, 即解受到 $(x_0,y_0,0)$ 上定义的初值 $\phi(x_0,y_0,0)$ 和 $\psi(x_0,y_0,0)$ 的影响, 而 K_2 外任一点的依赖区域都不包含点 $(x_0,y_0,0)$. 称锥体 K_2 为点 $(x_0,y_0,0)$ 的**影响区域**.

从上面的讨论可以看出, 锥面

$$(x-x_0)^2+(y-y_0)^2\leqslant a^2(t-t_0)^2,\quad 0\leqslant t\leqslant t_0$$

起着重要作用, 称为**特征锥面**. 特征锥面连同其内部称为**特征锥**.

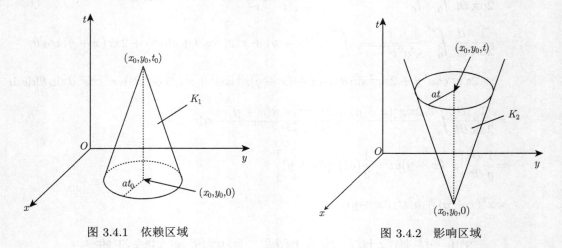

图 3.4.1   依赖区域   图 3.4.2   影响区域

3.4.2   三维情形

类似于二维情形的分析, 对于三维波动方程, 由公式(3.2.5)知, 解 u 在任何一点 $M_0(x_0, y_0, z_0, t_0)$ 的依赖区域为球面

$$S_{at_0}^{M_0} = \{(x, y, z) | (x - x_0)^2 + (y - y_0)^2 + (z - z_0)^2 = a^2 t_0^2\},$$

它是锥面

$$K_3 = \{(x, y, z, t) | (x - x_0)^2 + (y - y_0)^2 + (z - z_0)^2 = a^2 (t - t_0)^2, \ 0 \leqslant t \leqslant t_0\}$$

与超平面 $t = 0$ 相交所截得到的球面. 这个锥面就称为三维波动方程的**特征锥面**. 特征锥面连同其内部称为**特征锥**, 即

$$K_4 = \{(x, y, z, t) | (x - x_0)^2 + (y - y_0)^2 + (z - z_0)^2 \leqslant a^2 (t - t_0)^2, \ 0 \leqslant t \leqslant t_0\}.$$

特征锥 K_4 中任一点的依赖区域都落在以 x_0 为球心, 以 at_0 为半径的球域

$$B_{at_0}^{M_0} = \{(x, y, z) | (x - x_0)^2 + (y - y_0)^2 + (z - z_0)^2 \leqslant a^2 t_0^2\}$$

中. 因此, 球域 $B_{at_0}^{M_0}$ 中的初值函数决定了 K_4 内每一点处 u 的值, 故称特征锥 K_4 为球域 $B_{at_0}^{M_0}$ 的**决定区域**.

在超平面 $t = 0$ 上任取一点 $(x_0, y_0, z_0, 0)$, 锥面

$$K_5 = \{(x, y, z, t) | (x - x_0)^2 + (y - y_0)^2 + (z - z_0)^2 = a^2 (t - t_0)^2, \ t \geqslant 0\}$$

称为点 $(x_0, y_0, z_0, 0)$ 的**影响区域**, 即初值函数在点 $(x_0, y_0, z_0, 0)$ 处的值只影响到解 u 在锥面 K_5 上点的取值, 而不影响 u 在 K_5 外的点的取值.

3.5   应用: 系统的精确可控性——以弦振动方程为例*

现在讨论关于系统的控制论问题. 这样的系统, 工程师们称为 "带分布参数的系统".

考虑一条拉紧的长为 L 的弦, 端点 $x = 0$ 固定, 而假设在 $x = 1$ 处的端点的位置可以被控制成一个已知的连续可微的时间函数. 那么, 弦的运动成为关于某个控制函数 $\mu(t)$ 的定解问

题的解

$$\begin{cases} u_{tt} = u_{xx}, & 0 < x < 1, \quad t > 0, \\ u(x,0) = f(x), & 0 \leqslant x \leqslant 1, \\ u_t(x,0) = g(x), & 0 \leqslant x \leqslant 1, \\ u(0,t) = 0, & t \geqslant 0, \\ u(1,t) = \mu(t), & t \geqslant 0. \end{cases} \tag{3.5.1}$$

想要解决下述控制问题: 寻找最小值 $T > 0$, 使得对于任意的初始数据 f、g, 存在控制 $\mu(t)$, 以致问题 (3.5.1)的解 $u(x,t)$ 有

$$u(x,T) = u_t(x,T) = 0, \quad 0 \leqslant x \leqslant 1 \tag{3.5.2}$$

的性质. 可以看到, 如果式(3.5.2)能够实现, 那么, 只要当 $t \geqslant T$ 时 $\mu(t) = 0$, 弦就将对于一切 $t > T$ 保持静止. 于是, 想要解决的问题是, 怎样摇动一根弦, 使之在最短可能时间内停止.

实际上, 没有阐述上述控制问题的解 $u(x,t)$ 所要求的光滑性质, 可被考虑的初始数据的光滑性质也未定义. 为明确起见, 要求控制问题的解 $u \in C^2(R) \cap C^1(\bar{R})$, 其中, $R = \{(x,t) : 0 < x < 1, t > 0\}$, 至于什么是初始数据 f 和 g 必须满足的光滑和相容条件以后再定. 因为 $u(1,t) \equiv \mu(t)$, 故已经加给 $u(x,t)$ 的光滑条件意味着 μ 是一个连续可微的函数.

引入两个定理, 它们在后面问题的分析求解中具有重要作用.

定理 3.5.1 设 Ω 为 xt 平面中的一开集, $u \in C^2(\Omega)$ 为 Ω 中问题 (3.5.1)中波动方程的任一解. 那么

(1) $\partial_t u - c\partial_x u$ 在 Ω 中形如 "$x - ct = $ 常数" 的任一线段上为常数;

(2) $\partial_t u + c\partial_x u$ 在 Ω 中形如 "$x + ct = $ 常数" 的任一线段上为常数.

定理 3.5.2 (唯一性) 考虑区域 $R = \{(x,t) : 0 < x < L, t > 0\}$, 设 $u, v \in C^2(R) \cap C^1(\bar{R})$ 为式(3.5.1)中波动方程在 R 中的解, 使得

$$u(x,0) = v(x,0), \quad u_t(x,0) = v_t(x,0), \quad 0 \leqslant x < L$$

及

$$B_0[u] = B_0[v], \quad B_t[u] = B_t[v], \quad t \geqslant 0,$$

其中, B_0 和 B_t 为任一边界算子. 那么, 在 R 中 $u \equiv v$.

首先, 求得当 $T = 2$ 时能保证式(3.5.2) 成立的控制函数 $\mu(t)$ 的某些必要条件. 由定理 3.5.1 注意到, 沿着形如 "$x + t = $ 常数" 和 "$x - t = $ 常数" 的特征线, 函数 $\partial_t u + \partial_x u$ 和 $\partial_t u - \partial_x u$ 一定分别是常数. 利用这个事实, 如图 3.5.1 所示, 容易构造 u_t 和 u_x 在 R 的边界上的值. 如果用形如 "$x - t = $ 常数" 的特征线连接点 $P(1,t)$, $P'(x,0)$, 那么, 通过定理 3.5.1, μ' 的值可以同 f 和 g 的值相比较. 于是, 得到

$$2\mu'(t) = -f'(1-t) + g(1-t), \quad 0 \leqslant t \leqslant 1.$$

类似地, 如果用形如 "$x + t = $ 常数" 的特征线连接点 $Q(0,t)$ 和 $Q'(x,0)$, 那么, 通过定理 3.5.1 得到

$$-2\mu'(1+t) = -f'(t) + g(t), \quad 0 \leqslant t \leqslant 1.$$

这样, 得到条件

$$\mu'(t) = H(t) = \begin{cases} \dfrac{1}{2}[g(1-t) - f'(1-t)], & 0 \leqslant t \leqslant 1, \\ -\dfrac{1}{2}[g(t-1) + f'(t-1)], & 1 \leqslant t \leqslant 2. \end{cases} \tag{3.5.3}$$

注意到 $\mu(2) = 0$, 常微分方程 (3.5.3)说明 $\mu(t)$ 是唯一的, 且为

$$\mu(t) = -\int_t^2 H(s)\mathrm{d}s. \tag{3.5.4}$$

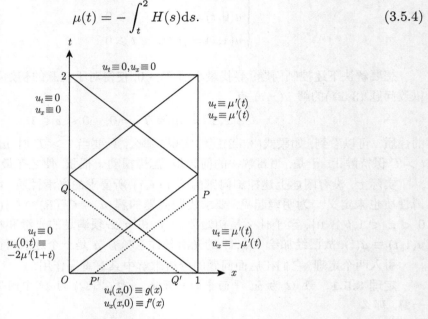

图 3.5.1　式(3.5.1)解的边界值

按定理 3.5.2, 对于任一个 $\mu \in C^1[0,2]$, 问题(3.5.1)最多只有一个解. 当通过式 (3.5.4)决定 μ 而且数据 f 和 g 满足适当的条件时, 所希望的问题(3.5.1)的解存在并满足最优性准则, 这可以用定理 3.5.1来证明. 假设 $f \in C^2[0,1]$, $g \in C^1[0,1]$, 由式(3.5.4)知, $\mu \in C^1[0,2]$ 的充分必要条件是 $g(0) = 0$, 而 $\mu \in C^2[0,2]$ 的充分必要条件是 $g(0) = 0$ 及 $f''(0) = 0$. 另外, 从式(3.5.4)可知 $\mu(0) = 0$. 因此, 如果 $u(x,t) \in C^1(\bar{R})$, 则至少有 $f(1) = 0$. 类似地, 必须要求 $f(0) = 0$.

于是, 由定理 3.5.1可知, 具备当 $0 \leqslant x \leqslant 1$ 时 $u(x,2) = u_t(x,2) = 0$ 这种条件的问题 (3.5.1) 的任一解, 必须满足

$$(\partial_t - \partial_x)u = \begin{cases} g(x-t) - f'(x+t), & 0 \leqslant x-t \leqslant 1, \\ -[g(t-x) + f'(t-x)], & -1 \leqslant x-t \leqslant 0, \\ 0, & -2 \leqslant x-t \leqslant -1 \end{cases} \tag{3.5.5}$$

和

$$(\partial_t + \partial_x)u = \begin{cases} g(x+t) + f'(x-t), & 0 \leqslant x+t \leqslant 1, \\ 0, & 1 \leqslant x+t \leqslant 2, \\ 0, & 2 \leqslant x+t \leqslant 3. \end{cases} \tag{3.5.6}$$

微分算子 $\partial_t + \partial_x$ 和 $\partial_t - \partial_x$ 分别与 $(\boldsymbol{i}+\boldsymbol{j})/\sqrt{2}$ 和 $(\boldsymbol{i}-\boldsymbol{j})/\sqrt{2}$ 方向上的方向导数成正比 (其中, $\boldsymbol{i}$ 和 $\boldsymbol{j}$ 分别为 t 和 x 正方向上的单位向量). 因此, 如果由式 (3.5.5) 和式(3.5.6)定义的函数 $u(x,t)$ 有连续导数 $(\partial_t - \partial_x)u$, $(\partial_t - \partial_x)^2u$, $(\partial_t + \partial_x)u$ 及 $(\partial_t + \partial_x)^2u$, 那么 u_t, u_x, u_{tt} 及 u_{xx} 也同样存在和连续.

因此, 保证由式 (3.5.5)和式 (3.5.6)右边定义的函数属于 $C^2(R) \cap C^1(R)$ 类的数据 f 和 g 的条件是平凡的. 这些条件如下

$$g(0) = 0, \quad f(0) = f(1) = f''(0) = 0,$$
$$g(1) + f'(1) = 0, \quad g'(1) + f''(1) = 0. \tag{3.5.7}$$

定义如下容许函数的类:

$$\Omega = \{(f, g) : f \in C^2[0,1], g \in C^1[0,1] \text{且满足式 (3.5.7)}\}.$$

若 $(f, g) \in \Omega$, 且假设从式(3.5.5) 和式 (3.5.6)解出了 $u(x,t)$, 那么, 实质上已经证明了: $u \in C^2(R) \cap C^1(\bar{R})$; u 是当 μ 通过式(3.5.4)定义时问题 (3.5.1)的解; $u(x, 2) = u_t(x, 2) \equiv 0, 0 \leqslant x \leqslant 1$.

另一方面, 断言 "对于一般的容许数据, 不存在在少于两个单位时间内可引起弦趋于停止状态的控制函数 μ". 实际上, 若存在在少于两个单位时间内可引起弦趋于停止状态的控制函数 μ, 那么问题(3.5.1)的解在矩形 $\{(x,t) : 0 \leqslant x \leqslant 1, 0 \leqslant t \leqslant T\}$(图 3.5.2) 的特征线 AB 以上恒等于零. 于是, 对于 $\triangle BEF$ 的任一 (x,t), 由定理 3.5.1可知

$$u_t(x,t) + u_x(x,t) = g(x) + f'(x). \tag{3.5.8}$$

然而, 式(3.5.8)的左边对于 $\triangle BEF$ 中的 (x,t) 恒等于零. 因此, f 和 g 除满足容许性外还必须满足相容性关系, 这样就证实了断言.

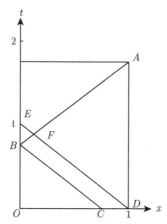

图 3.5.2 摇动一根弦使其停止: $T < 2$

总结结果, 有下述定理.

定理3.5.3 存在正数 T, 使得对于满足条件 (3.5.7)的任意数据 $f \in C^2[0,1]$ 和 $g \in C^1[0,1]$, 在 $[0,\infty)$ 上存在一个控制函数 μ 使得振动问题 (3.5.1)有一个解 $\mu \in C^2(R) \cap C^1(\bar{R})(R = \{(x,t) : 0 < x < 1, t > 0\})$, 对于一切 $0 \leqslant x \leqslant 1, t \geqslant T$, 有 $u(x,t) \equiv 0$. $T = 2$ 是这样的 T 的最小值. 此时控制函数 μ 是唯一的, 并由

$$\mu(t) = \begin{cases} -\displaystyle\int_t^2 H(s)\mathrm{d}s, & 0 \leqslant t \leqslant 2, \\ 0, & t > 2 \end{cases}$$

给出, 其中,

$$H(s) = \begin{cases} \dfrac{1}{2}[g(1-s) - f'(1-s)], & 0 \leqslant s \leqslant 1, \\ -\dfrac{1}{2}[g(s-1) + f'(s-1)], & 1 \leqslant s \leqslant 2. \end{cases}$$

3.6 拓展: 正压大气的地转适应过程——以高维波动方程为例*

人们很早发现, 在地球的中高纬度地区, 大尺度天气系统的水平气压梯度力与科氏力 (由地球旋转所致) 基本上处于平衡状态, 此时实际风场接近地转风场, 即风场与气压场基本处于地转平衡状态. 一旦局部有地转偏差出现, 原来的平衡可能受到破坏, 接下来在向新的准地转平衡重新调整的过程即为地转适应过程. 这是大气运动中的一个基本动力过程. 了解地转适应过程的物理机制对于我们理解天气系统的动力演变具有十分重要的意义. 正压大气是一种最简单的大气状态, 许多动力过程都可以利用正压模式得到近似模拟. 本节将通过讨论正压大气的地转适应过程, 揭示地转适应过程的物理机制.

3.6.1 由正压方程组到三维波动方程

我们首先从正压方程组出发, 导出描述地转适应过程的方程组, 然后转化为三维波动方程的初值问题.

1. 正压地转适应方程组

一个简单的线性正压方程组可表达为

$$\begin{cases} \dfrac{\partial u}{\partial t} - fv + \dfrac{\partial \Phi}{\partial x} = 0, \\ \dfrac{\partial v}{\partial t} + fu + \dfrac{\partial \Phi}{\partial y} = 0, \\ \dfrac{\partial \Phi}{\partial t} + c_0^2 \left(\dfrac{\partial u}{\partial x} + \dfrac{\partial v}{\partial y} \right) = 0, \end{cases} \tag{3.6.1}$$

其中, $c_0 = \sqrt{gH}$, H 为等温大气高度, f 是地转参数 (为讨论问题的方便, 在接下来的推导过程取为常数 f_0, 意味着不再考虑地球球面所引起的 f 随纬度变化), Φ 表示重力位势, u, v 分别为 x, y 两个方向的水平风速. 涡度和散度是由速度场决定的物理量, 它们分别是流体旋转运动和膨胀运动的量度. 而铅直涡度 $\zeta = \dfrac{\partial v}{\partial x} - \dfrac{\partial u}{\partial y}$ 和水平散度 $\delta = \dfrac{\partial u}{\partial x} + \dfrac{\partial v}{\partial y}$ 是水平流场的物理属性, 它们从不同角度描写了水平流场的特征.

对于无散运动, 引入流函数 Ψ, 相应的水平速度表示为 $u = -\dfrac{\partial \Psi}{\partial y}$, $v = \dfrac{\partial \Psi}{\partial x}$, 此时涡度 $\zeta = \dfrac{\partial v}{\partial x} - \dfrac{\partial u}{\partial y} = \Delta \Psi$; 对于无旋运动, 引进速度势函数 χ 来表示水平速度场, 则有 $u = \dfrac{\partial \chi}{\partial x}$, $v = \dfrac{\partial \chi}{\partial y}$, 水平散度 $\delta = \dfrac{\partial u}{\partial x} + \dfrac{\partial v}{\partial y} = \Delta \chi$. 而在一般情形下, 水平速度可以分解为无散和无旋二部分的运动速度之和

$$\begin{cases} u = -\dfrac{\partial \Psi}{\partial y} + \dfrac{\partial \chi}{\partial x}, \\ v = \dfrac{\partial \Psi}{\partial x} + \dfrac{\partial \chi}{\partial y}, \end{cases} \tag{3.6.2}$$

利用散度方程、涡度方程代替水平运动方程后, 原方程组(3.6.1)变为

$$\begin{cases} \dfrac{\partial \zeta}{\partial t} + f_0 \chi = 0, \\ \dfrac{\partial \chi}{\partial t} - f_0 \zeta + \Delta \Phi = 0, \\ \dfrac{\partial \Phi}{\partial t} + c_0^2 \chi = 0. \end{cases} \tag{3.6.3}$$

将方程组(3.6.2)代入方程组(3.6.3), 得到

$$\begin{cases} \Delta\left(\dfrac{\partial \Psi}{\partial t} + f_0\chi\right) = 0, \\ \Delta\left(\dfrac{\partial \chi}{\partial t} - f_0\Psi + \Phi\right) = 0, \\ \dfrac{\partial \Phi}{\partial t} + c_0^2\Delta\chi = 0. \end{cases} \quad (3.6.4)$$

因上述方程中, $F_1 = \dfrac{\partial \Psi}{\partial t} + f_0\chi$ 和 $F_2 = \dfrac{\partial \chi}{\partial t} - f_0\Psi + \Phi$ 是 (x, y) 平面上的调和函数, 若仅在某有限区域内出现有界的初始非地转扰动, 则可假定 F_1 和 F_2 在无穷远处为零. 根据极值原理, F_1 和 F_2 在整个 (x, y) 平面上也为零. 因此, 方程组 (3.6.4)可简化为

$$\begin{cases} \dfrac{\partial \Psi}{\partial t} + f_0\chi = 0, \\ \dfrac{\partial \chi}{\partial t} - f_0\Psi + \Phi = 0, \\ \dfrac{\partial \Phi}{\partial t} + c_0^2\Delta\chi = 0. \end{cases} \quad (3.6.5)$$

这就是奥布霍夫 (Obukhov) 正压地转适应方程组.

若要进一步描写不平衡风场、气压场的具体变化规律, 还需给出初始条件 $(\chi, \Psi, \Phi)|_{t=0} = (\chi_0, \Psi_0, \Phi_0)$. 为了刻画风场与气压场的不满足地转风关系, 令 $\chi_0 \neq 0$ 或 $\Psi_0 \neq \dfrac{\Phi_0}{f_0}$. 于是, 有关地转适应过程的讨论, 数学上转化为求解方程组(3.6.5)的柯西问题.

2. 三维波动方程

由于地转适应过程中散度是重要的, 运动表现为准位势性质, 这里借助方程组(3.6.5)第一和第三个方程消去第二个方程中的变量 Ψ、Φ 形成一个新的方程用以考虑 χ 的变化情况

$$\frac{\partial^2 \chi}{\partial t^2} - c_0^2\Delta\chi + f_0^2\chi = 0, \quad (3.6.6)$$

以上表明位势运动满足广义波动方程, 即线性 Klein-Gordon 方程, 这里用来描述重力惯性外波. 要求解方程(3.6.6)还需给出如下初始条件

$$\begin{cases} \chi|_{t=0} = \chi_0(x, y), \\ \dfrac{\partial \chi}{\partial t}\Big|_{t=0} = f_0\Psi_0 - \Phi_0 = g_0(x, y), \end{cases} \quad (3.6.7)$$

若 $\chi_0 \neq 0$, 表示初始场中存在位势运动; 而 $g_0 \neq 0$ 则表示初始场中涡旋部分.

和传统的波动方程相比, 方程(3.6.6)右端多了一项 $f_0^2\chi$. 为此, 做如下变量变换

$$\chi_1(M', t) = \chi_1(x, y, \xi, t) = \chi(x, y, t)\cos\frac{f_0\xi}{c_0}, \quad (3.6.8)$$

相应地, 方程(3.6.6)和初始条件(3.6.7)变换为

$$\begin{cases} \dfrac{\partial^2 \chi_1}{\partial t^2} = c_0^2\left(\dfrac{\partial^2 \chi_1}{\partial x^2} + \dfrac{\partial^2 \chi_1}{\partial y^2} + \dfrac{\partial^2 \chi_1}{\partial \xi^2}\right), \\ \chi_1|_{t=0} = \chi_0(x, y)\cos\dfrac{f_0\xi}{c_0}, \\ \dfrac{\partial \chi_1}{\partial t}\Big|_{t=0} = g_0(x, y)\cos\dfrac{f_0\xi}{c_0}, \end{cases} \quad (3.6.9)$$

这是一个典型三维波动方程初值问题, 根据第 3.2 节球平均法求解的结果 (泊松公式) 即可得到

$$\chi_1(M',t) = \frac{1}{4\pi c_0}\left[\frac{\partial}{\partial t}\iint_{s_r^{M'}}\frac{\chi_0(x',y')\cos\frac{f_0\xi'}{c_0}}{r}\,\mathrm{d}s + \iint_{s_r^{M'}}\frac{g_0(x',y')\cos\frac{f_0\xi'}{c_0}}{r}\,\mathrm{d}s\right], \quad (3.6.10)$$

其中, $r = c_0 t$, 积分区域是以 M' 为心, 以 r 为半径的球面 $s_r^{M'}$. 由于初始条件 χ_0, g_0 仅仅是 x 和 y 的函数, 与 ξ 无关, 所以

$$\chi(x,y,t) = \chi_1(x,y,\xi=0,t)$$

$$= \frac{1}{2\pi c_0}\frac{\partial}{\partial t}\iint_{C_{c_0 t}^M}\frac{\chi_0(x',y')\cos\frac{f_0}{c_0}\sqrt{(c_0 t)^2-(x'-x)^2-(y'-y)^2}}{\sqrt{(c_0 t)^2-(x'-x)^2-(y'-y)^2}}\,\mathrm{d}x'\mathrm{d}y'$$

$$+ \frac{1}{2\pi c_0}\iint_{C_{c_0 t}^M}\frac{g_0(x',y')\cos\frac{f_0}{c_0}\sqrt{(c_0 t)^2-(x'-x)^2-(y'-y)^2}}{\sqrt{(c_0 t)^2-(x'-x)^2-(y'-y)^2}}\,\mathrm{d}x'\mathrm{d}y', \quad (3.6.11)$$

这里的积分区域 $C_{c_0 t}^M$ 是以 $M(x,y)$ 点为心, 以 $c_0 t$ 为半径的圆域, 即 $C_{c_0 t}^M = \{(x',y')|(x'-x)^2-(y'-y)^2 \leqslant (c_0 t)^2\}$. 在极坐标变换下 $x' = x + \rho\cos\theta, y' = y + \rho\cos\theta$, 解表达式(3.6.11)可进一步变为

$$\chi(x,y,t) = \frac{1}{2\pi c_0}\frac{\partial}{\partial t}\int_0^{c_0 t}\int_0^{2\pi}\frac{\chi_0(x+\rho\cos\theta,y+\rho\cos\theta)\cos\frac{f_0}{c_0}\sqrt{(c_0 t)^2-\rho^2}}{\sqrt{(c_0 t)^2-\rho^2}}\rho\mathrm{d}\rho\mathrm{d}\theta$$

$$+ \frac{1}{2\pi c_0}\int_0^{c_0 t}\int_0^{2\pi}\frac{g_0(x+\rho\cos\theta,y+\rho\cos\theta)\cos\frac{f_0}{c_0}\sqrt{(c_0 t)^2-\rho^2}}{\sqrt{(c_0 t)^2-\rho^2}}\rho\mathrm{d}\rho\mathrm{d}\theta. \quad (3.6.12)$$

由关系式(3.6.12)可以看出, 当初始时刻 χ_0 和 g_0 不全为零时, 由非地转扰动所激发出来的重力惯性外波, 其传播过程可通过 $\chi(x,y,t)$ 得到描述, 波有后效现象能清晰可见, 扰动能量也会随着波的传播由局部区域散布到更广阔的空间中去, $\chi(x,y,t)$ 将随时间衰减, 到一定程度时, 即可认为达到新的地转平衡状态.

3.6.2 地转适应过程特例分析

下面看一个特殊例子. 考虑定义在一个半径为 R 的圆域 S_0 内的非零初始 χ_0 和 g_0,

$$\begin{cases} \chi_0 = \text{const.}, g_0 = \text{const.}, r \leqslant R^2, \\ \chi_0 = 0, g_0 = 0, r > R^2, \end{cases} \quad (3.6.13)$$

其中, $r = x^2 + y^2$. 当 $c_0 t \gg r + R$ 时, (3.6.11)中的积分区域是以原点为圆心, 半径为 R 的圆域 S_0. 这种条件下, (3.6.11)可近似表示为

$$\chi(x,y,t) \simeq \frac{R^2}{2c_0}\left[\chi_0\frac{\partial}{\partial t}\frac{\cos\frac{f_0}{c_0}\sqrt{(c_0 t)^2-r^2}}{\sqrt{(c_0 t)^2-r^2}} + g_0\frac{\cos\frac{f_0}{c_0}\sqrt{(c_0 t)^2-r^2}}{\sqrt{(c_0 t)^2-r^2}}\right]. \quad (3.6.14)$$

根据上式, 原点处的速度势可简化为

$$\chi(0, 0, t) \simeq -\frac{\chi_0 R}{2c_0 t}\left(\frac{Rf_0}{c_0}\sin f_0 t + \frac{R}{c_0 t}\cos f_0 t\right) + \frac{g_0 R^2}{2c_0^2 t}\cos f_0 t. \tag{3.6.15}$$

由上述关系式可以看出, 当 t 充分大时, χ 作简谐振荡, 周期近似为 $2\pi f_0^{-1}$, 振幅则按 t^{-1} 衰减, 当 $t \to \infty$ 时, $\chi \to 0$. 实际上, 只要 χ 衰减到一定程度即可认为新的平衡状态已经建立起来. 需要注意的是, 这种衰减不是摩擦消耗引起的, 而是扰动能量频散的结果. 因此, 重力惯性波对能量的频散是地转适应过程最基本的物理机制.

历史人物: 达朗贝尔

达朗贝尔 (Jean-Baptiste le Rond d'Alembert, 1717~1783), 法国数学家、力学家、物理学家、哲学家和音乐理论家. 他对力学的发展做了重大贡献, 同时也是数学分析中一些重要分支的开拓者.

达朗贝尔没有受过正规的大学教育, 靠自学掌握了牛顿和当时著名数理科学家们的著作. 1741 年, 凭借自己的努力, 达朗贝尔进入了法国科学院担任天文学助理院士. 此后的两年里, 他对力学做了大量研究, 并发表了多篇论文和多部著作; 1746 年, 达朗贝尔被提升为数学副院士; 1741~1748 年之间先后当选法国科学院院士、柏林科学院院士和英国皇家学会会士; 1750 年以后, 他停止了自己的科学研究, 投身到了具有里程碑性质的法国启蒙运动中去.

达朗贝尔在力学方面的主要贡献体现在三个方面: 在动力学基础的建立方面, 提出了自己的运动三大定律, 并阐述了著名的达朗贝尔原理, 对牛顿力学体系的建立产生了重要影响; 在流体力学研究方面, 他第一次引入了流体速度和加速度分量概念, 与当时的欧拉、克莱罗和伯努利等齐名; 作为天体力学的奠基者之一, 其主要贡献发表在著作《分点岁差和地球章动的研究》和《宇宙体系的几个要点研究》中.

作为数学分析的开拓者之一, 达朗贝尔在极限概念、无穷级数理论和微分方程理论研究方面有丰硕的研究成果. 达朗贝尔在《动力学》一书中首先提出了 "偏微分方程" 的概念. 在 1746 年发表的论文《张紧的弦振动时形成的曲线的研究》中, 他首先导出了波动方程, 并得行波解的表示. 此外, 他还引进了分离变量的思想, 后来发展成为求解偏微分方程的一种重要的基本方法.

达朗贝尔对青年科学家十分热情, 非常支持青年科学家的工作, 也愿意在事业上帮助他们. 达朗贝尔曾经为著名科学家拉格朗日、拉普拉斯推荐工作. 达朗贝尔不仅照亮了科学事业的今天, 也点亮了科学事业的明天.

习 题 3

◎ 直接利用达朗贝尔公式求解问题

3.1 利用达朗贝尔公式求下列初值问题的解 (其中, $-\infty < x < +\infty, t > 0$):

(1) $u_{tt} - c^2 u_{xx} = 0, \quad u(x, 0) = 0, \quad u_t(x, 0) = 1$;

(2) $u_{tt} - c^2 u_{xx} = 0, \quad u(x, 0) = \sin x, \quad u_t(x, 0) = x^2$;

(3) $u_{tt} - c^2 u_{xx} = 0, \quad u(x, 0) = x^3, \quad u_t(x, 0) = x$;

(4) $u_{tt} - c^2 u_{xx} = 0, \quad u(x, 0) = \cos x, \quad u_t(x, 0) = e^{-1}$;

(5) $u_{tt} - c^2 u_{xx} = 0, \quad u(x, 0) = \ln\left(1 + x^2\right), \quad u_t(x, 0) = 2$;

(6) $u_{tt} - c^2 u_{xx} = 0, \quad u(x, 0) = x, \quad u_t(x, 0) = \sin x$.

3.2 求解无界弦的自由振动问题, 设初始位移为 $\varphi(x)$, 初始速度为 $-a\varphi'(x)$.

3.3 求解无限长理想传输线上电压和电流的传播情况, 设初始电压分布为 $A\cos kx$, 初始电流分布为 $\sqrt{\dfrac{C}{L}}\,A\cos kx$.

3.4 细圆锥杆的纵振动方程为 $u_{tt} = a^2\left(u_{xx} + \dfrac{2}{x}u_x\right)$, 试求其通解. (提示: 令 $v(x,t) = xu(x,t)$)

◎ 利用推导达朗贝尔公式的方法求解

3.5 求解下列初值问题 (其中, $-\infty < x, y < +\infty$):

(1) $\begin{cases} u_{xx} + 2u_{xy} - 3u_{yy} = 0, \\ u(x,0) = 3x^2, \quad u_y(x,0) = 0; \end{cases}$ (2) $\begin{cases} u_{xx} + u_{xy} - 2u_{yy} = 0, \\ u(x,0) = \cos x, \quad u_y(x,0) = x. \end{cases}$

3.6 证明由波方程所刻画的信号问题

$$\begin{cases} u_{tt} = c^2 u_{xx}, & x > 0, \quad t > 0, \\ u(x,0) = u_t(x,0) = 0, & x > 0, \\ u(0,t) = U(t), & t > 0 \end{cases}$$

的解是

$$u(x,t) = U\left(t - \frac{x}{c}\right) H\left(t - \frac{x}{c}\right),$$

其中, H 为单位阶梯函数.

3.7 求解弦振动方程的古尔萨问题

$$\begin{cases} u_{tt} = u_{xx}, & -\infty < x < +\infty, \quad t > 0, \\ u(x,-x) = \varphi(x), \quad u(x,x) = \psi(x), & -\infty < x < +\infty. \end{cases}$$

3.8 问初始条件 $\varphi(x)$ 与 $\psi(x)$ 满足怎样的条件时, 齐次波动方程初值问题的解仅由右传播波组成?

3.9 证明方程 $\dfrac{\partial}{\partial x}\left[\left(1 - \dfrac{x}{h}\right)^2 \dfrac{\partial u}{\partial x}\right] = \dfrac{1}{a^2}\left(1 - \dfrac{x}{h}\right)^2 \dfrac{\partial^2 u}{\partial t^2}$ 的通解为

$$u(x,t) = \left[\, f_1(x+t) + f_2(x-t)\,\right]/(h-x),$$

其中, h 为已知常数. 若 $u(x,0) = \varphi(x), u_t(x,0) = \psi(x), -\infty < x < +\infty$, 求其特解.

3.10 用行波法证明

$$\begin{cases} u_{tt} = a^2 u_{xx}, & -\infty < x < +\infty, \quad t > 0, \\ u(ct,t) = \varphi(t), \quad u_x(ct,t) = \psi(t), & t > 0 \end{cases}$$

的解为

$$u = \frac{a+c}{2a}\varphi\left(\frac{at+x}{a+c}\right) + \frac{a-c}{2a}\varphi\left(\frac{at-x}{a-c}\right) + \frac{a^2-c^2}{2a}\int_{at-x/a+c}^{at+x/a+c} \psi(\xi)\mathrm{d}\xi,$$

其中, $c \neq \pm a$.

3.11 试求满足方程 $u_{tt} = a^2 u_{xx}$ 和 $u_t^2 = u_x^2$ 的公共解.

◎ 求解有阻尼的波动方程的初值问题

3.12 试求解有阻尼的波动方程的初值问题

$$\begin{cases} v_{tt} - v_{xx} + 2v_t + v = 0, & -\infty < x < +\infty, \quad t > 0, \\ v(x,0) = x, \quad v_t(x,0) = 1, & -\infty < x < +\infty. \end{cases}$$

3.13 设初始位移和速度分别为 $\phi(x)$ 和 $\psi(x)$, 在 $G/C = R/L$ 条件下求无限长传输线上的电报方程

$$CLu_{tt} - u_{xx} + (CR + LG)\,u_t + GRu = 0$$

的通解, 其中, C, L, R, G 为常数.

3.14 若上述电报方程具有形如

$$u(x,t) = \mu(t)\,f(x - at)$$

的解 (称为阻尼波), 问此时 C, L, R, G 之间应成立什么关系?

◎ 直接使用 Kirchhoff 公式求解问题

3.15 利用 Kirchhoff 公式求下列初值问题的解:
(1) $u_{tt} - c^2 u_{xx} = x$, $u(x,0) = 0$, $u_t(x,0) = 3$;
(2) $u_{tt} - c^2 u_{xx} = x + ct$, $u(x,0) = x$, $u_t(x,0) = \sin x$;
(3) $u_{tt} - c^2 u_{xx} = \mathrm{e}^x$, $u(x,0) = 5$, $u_t(x,0) = x^2$;
(4) $u_{tt} - c^2 u_{xx} = \sin x$, $u(x,0) = \cos x$, $u_t(x,0) = 1 + x$;
(5) $u_{tt} - c^2 u_{xx} = x\mathrm{e}^t$, $u(x,0) = \sin x$, $u_t(x,0) = 0$;
(6) $u_{tt} - c^2 u_{xx} = 2$, $u(x,0) = x^2$, $u_t(x,0) = \cos x$.

3.16 求解定解问题

$$\begin{cases} u_{xx} - u_{yy} = 1, & -\infty < x < +\infty, \quad y > 0, \\ u(x,0) = \sin x, \quad v_y(x,0) = x, & -\infty < x < +\infty. \end{cases}$$

◎ 利用齐次化原理求解问题

3.17 利用齐次化原理求解

$$\begin{cases} v_{tt} = v_{xx} + t\sin x, & -\infty < x < +\infty, \quad t > 0, \\ v(x,0) = 0, \quad v_t(x,0) = 0, & -\infty < x < +\infty. \end{cases}$$

3.18 利用齐次化原理求解

$$\begin{cases} v_{tt} = v_{xx} + 1, & -\infty < x < +\infty, \quad t > 0, \\ v(x,0) = x^2, \quad v_t(x,0) = 1, & -\infty < x < +\infty. \end{cases}$$

3.19 (一维热传导方程的齐次化原理) 如果 $\omega(x,t;\tau)$ 是齐次方程的初值问题

$$\begin{cases} \omega_t = a^2 \omega_{xx}, & -\infty < x < +\infty, \quad t > \tau \geqslant 0, \\ \omega(x,t;\tau)|_{t=\tau} = f(x,\tau), & -\infty < x < +\infty \end{cases}$$

的解, 其中, $\tau \geqslant 0$ 为参数, 则函数

$$u(x,t) = \int_0^t \omega(x,t;\tau)\mathrm{d}\tau$$

是初值问题

$$\begin{cases} u_t = a^2 u_{xx} + f(x,t), & -\infty < x < +\infty, \quad t > 0, \\ u(x,0) = 0, & -\infty < x < +\infty \end{cases}$$

的解.

◎ 利用延拓法求解问题

3.20 利用延拓法求解齐次固定端点条件下的初边值问题

$$\begin{cases} u_{tt} - 4u_{xx} = 0, & 0 < x < +\infty, \quad t > 0, \\ u(x,0) = x^4, \quad u_t(x,0) = 0, & 0 \leqslant x < +\infty, \\ u(0,t) = 0, & t \geqslant 0. \end{cases}$$

3.21 利用延拓法求解齐次端点自由条件下的初边值问题

$$\begin{cases} u_{tt} - 9u_{xx} = 0, & 0 < x < +\infty, \quad t > 0, \\ u(x,0) = 0, \quad u_t(x,0) = x^3, & 0 \leqslant x < +\infty, \\ u_x(0,t) = 0, & t \geqslant 0. \end{cases}$$

3.22 求解初边值问题

$$\begin{cases} u_{tt} - 16u_{xx} = x + 2t, & 0 < x < +\infty, \quad t > 0, \\ u(x,0) = \sin x, \quad u_t(x,0) = x^2, & 0 \leqslant x < +\infty, \\ u(0,t) = 3t^2, & t \geqslant 0. \end{cases}$$

3.23 求解初边值问题

$$\begin{cases} u_{tt} - c^2 u_{xx} = 0, & 0 < x < +\infty, \quad t > 0, \\ u(x,0) = f(x), \quad u_t(x,0) = 0, & 0 \leqslant x < +\infty, \\ u_x(0,t) + hu(0,t) = 0, & t \geqslant 0, \end{cases}$$

其中, $h =$ 常数, 并写出 f 的相容性条件.

3.24 半无限长弦的初始位移和初始速度都为 0, 端点振动规律为 $u_x(0,t) = A\cos\omega t$, 求解半无限弦的振动规律.

3.25 使用先求通解再代入初始条件的方法, 重新求解无外力作用下半无界弦的自由振动问题, 并讨论解的物理意义.

3.26 求解初边值问题

$$\begin{cases} u_{tt} = a^2 u_{xx}, & 0 < x < +\infty, \quad t > 0, \\ u(x,0) = u_t(x,0) = 0, & 0 \leqslant x < +\infty, \\ u_x(0,t) = q(t), & t \geqslant 0, \end{cases}$$

其中, $q(t) \in C^2$, 且 $q(0) = q'(0) = 0$.

3.27 先求出半无界区域上波动方程的定解问题

$$\begin{cases} u_{tt} = u_{xx}, & 0 < x < +\infty, \quad t > 0, \\ u(x,0) = u_t(x,0) = 0, & 0 \leqslant x < +\infty, \\ u(0,t) = \dfrac{t}{1+t}, & t \geqslant 0 \end{cases}$$

的解 $u(x,t)$, 然后证明对任意 $c > 0$, 极限 $\lim\limits_{x \to +\infty} u(cx, x)$ 存在, 并求出该极限.

3.28 考虑半无界初边值问题

$$\begin{cases} u_{tt} - u_{xx} = 0, & 0 < x < +\infty, \quad t > 0, \\ u(x,0) = x^2, \quad u_t(x,0) = 0, & 0 \leqslant x < +\infty, \\ u_x(0,t) = At, & t > 0, \end{cases}$$

(1) 利用延拓法求解该定解问题的解;

(2) 求常数 A 使得解 $u(x,t)$ 在点 $(1,2)$ 处的取值为零.

3.29* 通过在 $x=0$ 和 $x=l$ 处将 f 和 g 延拓为偶函数, 求解初边值问题

$$\begin{cases} u_{tt} - c^2 u_{xx} = 0, & 0 < x < l, \quad t > 0, \\ u(x,0) = f(x), \quad u_t(x,0) = g(x), & 0 \leqslant x \leqslant l, \\ u_x(0,t) = 0, \quad u_x(1,t) = 0, & t \geqslant 0. \end{cases}$$

3.30* 求解初边值问题

$$\begin{cases} u_{tt} - 4u_{xx} = 0, & 0 < x < 1, \quad t > 0, \\ u(x,0) = 0, \quad u_t(x,0) = x(1-x), & 0 \leqslant x \leqslant 1, \\ u(0,t) = 0, \quad u(1,t) = 0, & t \geqslant 0. \end{cases}$$

◎ **球对称问题的求解**

3.31 求解三维波动方程的初值问题

$$\begin{cases} u_{tt} = u_{xx} + u_{yy} + u_{zz}, & -\infty < x, y, z < +\infty, \quad t > 0, \\ u|_{t=0} = 0, \quad u_t|_{t=0} = r^m, & -\infty < x, y, z < +\infty, \end{cases}$$

其中, $m \geqslant 0, r = \sqrt{x^2 + y^2 + z^2}$.

3.32 半径为 R 的球内含有气体, 在初始时刻时是静止的, 在球内的初始压缩率为 s_0, 在球外为零. 无论何时, 压缩率与速度势的关系为 $s = \left(1/c^2\right) u_t$, 并且速度势满足方程

$$u_{tt} = a^2 u_{xx}.$$

试对所有的 $t > 0$, 确定压缩率.

◎ **三维齐次波动方程的初值问题的求解**

3.33 利用泊松公式求解下列三维齐次波动方程的初值问题:

(1) $\begin{cases} u_{tt} = a^2 \left(u_{xx} + u_{yy} + u_{zz}\right), & -\infty < x, y, z < +\infty, \quad t > 0, \\ u|_{t=0} = x + 2y, \quad u_t|_{t=0} = 0, & -\infty < x, y, z < +\infty; \end{cases}$

(2) $\begin{cases} u_{tt} = a^2 \left(u_{xx} + u_{yy} + u_{zz}\right), & -\infty < x, y, z < +\infty, \quad t > 0, \\ u|_{t=0} = x^2 + yz, \quad u_t|_{t=0} = 0, & -\infty < x, y, z < +\infty; \end{cases}$

(3) $\begin{cases} u_{tt} = a^2 \left(u_{xx} + u_{yy} + u_{zz}\right), & -\infty < x, y, z < +\infty, \quad t > 0, \\ u|_{t=0} = 0, \quad u_t|_{t=0} = 2xy, & -\infty < x, y, z < +\infty. \end{cases}$

3.34 求解半无界区域上的三维齐次波动方程的初边值问题

$$\begin{cases} u_{tt} = u_{xx} + u_{yy} + u_{zz}, & -\infty < x, y < +\infty, \quad z > 0, \quad t > 0, \\ u|_{t=0} = \phi(x,y,z), \quad u_t|_{t=0} = \psi(x,y,z), & -\infty < x, y < +\infty, \quad z \geqslant 0, \\ \dfrac{\partial u}{\partial z} = 0, & -\infty < x, y < +\infty, \quad z = 0, \quad t \geqslant 0. \end{cases}$$

◎ **使用叠加原理求解问题**

3.35 利用叠加原理和达朗贝尔公式求解习题 3.33.

3.36 若 $u = u(x,y,z,t)$ 是三维齐次波动方程的初值问题

$$\begin{cases} u_{tt} = u_{xx} + u_{yy} + u_{zz}, & -\infty < x, y, z < +\infty, \quad t > 0, \\ u|_{t=0} = f(x) + g(y), \quad u_t|_{t=0} = \varphi(y) + \psi(z), & -\infty < x, y, z < +\infty \end{cases}$$

的解, 试求解的表达式.

◎ 三维非齐次波动方程的初值问题的求解

3.37 求解三维无界空间的受迫振动问题:

(1) $\begin{cases} u_{tt} - a^2 \Delta u = f_0 \cos t \ (f_0 \text{为常数}), & -\infty < x, y, z < +\infty, \quad t > 0, \\ u|_{t=0} = 0, \quad u_t|_{t=0} = 0, & -\infty < x, y, z < +\infty; \end{cases}$

(2) $\begin{cases} u_{tt} = u_{xx} + u_{yy} + u_{zz} + 2xyz, & -\infty < x, y, z < +\infty, \quad t > 0, \\ u|_{t=0} = x^2 + y^2 - 2z^2, \quad u_t|_{t=0} = 1, & -\infty < x, y, z < +\infty; \end{cases}$

(3) $\begin{cases} u_{tt} = u_{xx} + u_{yy} + u_{zz} + 2(y - t), & -\infty < x, y, z < +\infty, \quad t > 0, \\ u|_{t=0} = x + z, \quad u_t|_{t=0} = x^2 + yz, & -\infty < x, y, z < +\infty. \end{cases}$

3.38 利用适当方法求解三维波动方程的初值问题

$$\begin{cases} u_{tt} = 8\left(u_{xx} + u_{yy} + u_{zz}\right) + t^2 x^2, & -\infty < x, y, z < +\infty, \quad t > 0, \\ u|_{t=0} = y^2, \quad u_t|_{t=0} = z^2, & -\infty < x, y, z < +\infty. \end{cases}$$

◎ 二维齐次波动方程的初值问题的求解

3.39 求解二维齐次波动方程的初值问题

$$\begin{cases} u_{tt} = a^2 \left(u_{xx} + u_{yy}\right), & -\infty < x, y < +\infty, \quad t > 0, \\ u(x, y, 0) = x^3(x + y), \quad u_t(x, y, 0) = 0, & -\infty < x, y < +\infty. \end{cases}$$

3.40 求二维齐次波动方程的轴对称解 (即二维波动方程的形如 $u = u(r, t)$ 的解, 这里 $r = \sqrt{x^2 + y^2}$).

3.41 利用叠加原理, 求下列二维波动方程初值问题的解:

(1) $\begin{cases} u_{tt} = u_{xx} + u_{yy}, & (x, y) \in \mathbb{R}^2, \quad t > 0, \\ u(x, y, 0) = x^2 - y^2, \quad u_t(x, y, 0) = x^2 + y^2, & (x, y) \in \mathbb{R}^2; \end{cases}$

(2) $\begin{cases} u_{tt} = u_{xx} + u_{yy} + t \sin y, & (x, y) \in \mathbb{R}^2, \quad t > 0, \\ u(x, y, 0) = x^2, \quad u_t(x, y, 0) = \sin y, & (x, y) \in \mathbb{R}^2. \end{cases}$

3.42 设 $\phi_1, \phi_2 \in C^2$, $\varphi_1, \varphi_2 \in C^1$. 利用叠加原理和达朗贝尔公式, 证明二维波动方程初值问题

$$\begin{cases} u_{tt} = a^2(u_{xx} + u_{yy}), & (x, y) \in \mathbb{R}^2, \quad t > 0, \\ u(x, y, 0) = \phi_1(x) + \phi_2(y), \quad u_t(x, y, 0) = \varphi_1(x) + \varphi_2(y), & (x, y) \in \mathbb{R}^2 \end{cases}$$

的解是

$$u(x, y, t) = \frac{1}{2}\left[\phi_1(x + at) + \phi_1(x - at) + \phi_2(y + at) + \phi_2(y - at)\right]$$
$$+ \frac{1}{2a}\int_{x-at}^{x+at} \varphi_1(\xi)\,\mathrm{d}\xi + \frac{1}{2a}\int_{y-at}^{y+at} \varphi_2(\xi)\mathrm{d}\xi.$$

◎ 降维法的应用

3.43 试用降维法由三维齐次波动方程初值问题的泊松公式推导出一维波动方程的达朗贝尔公式.

3.44 试用降维法由二维齐次波动方程初值问题的泊松公式推导出一维波动方程的达朗贝尔公式.

◎ 二维非齐次波动方程的初值问题的求解

3.45 (二维非齐次波动方程的齐次化原理) 如果 $\omega(x, y, t; \tau)$ 是二维非齐次方程初值问题

$$\begin{cases} \omega_{tt} = a^2(\omega_{xx} + \omega_{yy}), & (x, y) \in \mathbb{R}^2, \quad t > \tau \geqslant 0, \\ \omega(x, y, t; \tau)|_{t=\tau} = 0, \quad \omega_t(x, y, t; \tau)|_{t=\tau} = f(x, y, \tau), & (x, y) \in \mathbb{R}^2 \end{cases}$$

的解, 其中, $\tau \geqslant 0$ 为参数, 则函数

$$u(x, y, t) = \int_0^t \omega(x, y, t; \tau)\mathrm{d}\tau$$

是二维非齐次波动方程的零初值问题

$$\begin{cases} u_{tt} = a^2(u_{xx} + u_{yy}) + f(x, y, t), & (x, y) \in \mathbb{R}^2, \quad t > 0, \\ u|_{t=0} = 0, \quad u_t|_{t=0} = 0, & (x, y) \in \mathbb{R}^2 \end{cases}$$

的解.

3.46 试导出二维非齐次波动方程的零初值问题

$$\begin{cases} u_{tt} = a^2(u_{xx} + u_{yy}) + f(x, y, t), & (x, y) \in \mathbb{R}^2, \quad t > 0, \\ u|_{t=0} = 0, \quad u_t|_{t=0} = 0, & (x, y) \in \mathbb{R}^2 \end{cases}$$

的求解公式.

第 4 章　分离变量法

第 3 章讨论了无界或半无界问题, 介绍了波动方程初值问题的求解方法. 本章讨论有界问题, 介绍解决有界问题的有效方法——**分离变量法**. 它是求解数学物理定解问题的最普遍、最基本的方法之一, 适用于解一些常见区域 (如有限区间、矩形域、圆域、长方体、球面、圆柱体等) 上的混合问题和边值问题.

分离变量法来源于物理学中如下事实: 机械振动总可以分解为具有各种频率和振幅的简谐振动的叠加; 而每个简谐振动常具有 $A\sin(kx)\cos(\omega t+\delta)$ 的驻波形式, 即可以表示成只含变量 x 的函数与只含变量 t 的函数的乘积——变量分离. 由此启发在解线性定解问题时可尝试满足齐次方程和齐次边界条件的具有变量分离形式的解的叠加

$$u(x,t)=\sum_{n=1}^{\infty}C_nX_n(x)T_n(t).$$

求 $X_n(x)$ 和 $T_n(t)$ 的问题归结为求解常微分方程的边值问题 (即特征值问题), 再利用初始条件确定各项中的任意常数 C_n, 使 $u(x,t)$ (如傅里叶级数 $\sum_{n=1}^{\infty}N_n\sin\dfrac{n\pi}{l}x\cos\left(\dfrac{na\pi}{l}t+\alpha_n\right)$ 的形式) 成为问题的解. 故分离变量法又称为**傅里叶级数法**, 而在讨论波动方程时也被称为**驻波法**.

本章先回顾常微分方程的求解方法, 介绍施图姆–刘维尔 (Sturm–Liouville) 特征值问题及广义傅里叶级数的概念, 它们是分离变量法求解定解问题的基础. 然后在不同的坐标系下, 运用分离变量法求解三类方程的几个齐次定解问题. 最后, 讨论非齐次问题的处理方法.

4.1　正交函数系和广义傅里叶级数

在 "高等数学" 课程中, 学习了三角函数系和傅里叶级数的知识. 本节中, 进一步推广这些.

4.1.1　正交函数系

田 课件 4.1

众所周知, 三角函数系

$$1,\cos x,\sin x,\cos(2x),\sin(2x),\cdots,\cos(nx),\sin(nx),\cdots$$

具有正交性, 即其中任何两个不同函数的乘积在区间 $[-\pi,\pi]$ 上的积分等于零. 例如,

$$\int_{-\pi}^{\pi}\sin(kx)\cos(nx)\mathrm{d}x=0,\qquad n,k=1,2,\cdots.$$

一般地, 有如下定义.

定义 4.1.1　设有一族定义在 $[a,b]$ 上的函数

$$\varphi_0(x),\varphi_1(x),\cdots,\varphi_n(x),\cdots,$$

若满足

田 微课 4.1

$$\int_a^b\varphi_m(x)\varphi_n(x)\mathrm{d}x\begin{cases}=0,&m\neq n,\\\neq 0,&m=n,\end{cases}\qquad m,n=0,1,\cdots,$$

则称该函数系为 $[a,b]$ 上的**正交函数系**, 简称**正交系**, 常记为 $\{\varphi_n\}_{n=0}^{\infty}$ 或 $\{\varphi_n\}$.

例如, 函数系

$$1, \cos\frac{\pi x}{l}, \sin\frac{\pi x}{l}, \cdots, \cos\frac{n\pi x}{l}, \sin\frac{n\pi x}{l}, \cdots$$

为 $[-l, l]$ 上的正交函数系.

一个函数 $\varphi(x)$, 若积分 $\displaystyle\int_a^b \varphi^2(x)\mathrm{d}x$ 存在, 则称 φ **平方可积**, 记为 $\varphi \in L^2([a,b])$. 数

$$\|\varphi\|_2 = \left[\int_a^b \varphi^2(x)\mathrm{d}x\right]^{\frac{1}{2}}$$

称为 φ 在 $L^2([a,b])$ 中的**范数**.

一个正交函数系 $\{\varphi_n\}$, 若满足 $\|\varphi_n\|_2 = 1$, $n = 0, 1, 2, \cdots$, 则称 $\{\varphi_n\}$ 为**标准正交系**, 或归一化 (规范化) 的正交系. 例如, 函数系

$$\frac{1}{\sqrt{2\pi}}, \frac{\cos x}{\sqrt{\pi}}, \frac{\sin x}{\sqrt{\pi}}, \cdots, \frac{\cos(nx)}{\sqrt{\pi}}, \frac{\sin(nx)}{\sqrt{\pi}}, \cdots$$

为 $[-\pi, \pi]$ 上的标准正交系.

定义 4.1.2 设 $\rho(x) > 0$, 若函数系 $\{\varphi_n\}$ 在 $[a,b]$ 上满足

$$\int_a^b \varphi_m(x)\varphi_n(x)\rho(x)\mathrm{d}x \begin{cases} = 0, & m \neq n, \\ \neq 0, & m = n, \end{cases} \quad m, n = 0, 1, \cdots,$$

则称函数系 $\{\varphi_n\}$ 在 $[a,b]$ **关于权函数** $\rho(x)$ **正交**.

一个函数 $\varphi(x)$, 若积分 $\displaystyle\int_a^b \varphi^2(x)\rho(x)\mathrm{d}x$ 存在, 则称 φ **关于权函数** $\rho(x) > 0$ **平方可积**.

4.1.2 广义傅里叶级数

在 "高等数学" 课程中学过, 满足 Dirichlet 条件的函数可按三角函数系展成傅里叶级数, 即有如下定理.

定理 4.1.1 设 $f(x)$ 是以 $2l$ 为周期的函数, 如果它在 $[-l, l]$ 上满足 (Dirichlet 条件)

(1) 连续或只有有限个第一类间断点,

(2) 至多有有限个极值点,

则在 $[-l, l]$ 上 $f(x)$ 可以展成傅里叶级数

$$f(x) \sim \frac{a_0}{2} + \sum_{n=1}^{\infty}\left(a_n\cos\frac{n\pi x}{l} + b_n\sin\frac{n\pi x}{l}\right),$$

并且当 x 是 $f(x)$ 的连续 (或间断) 点时, 级数收敛于 $f(x)$ $\left(\text{或}\dfrac{1}{2}[f(x^-) + f(x^+)]\right)$, 其中,

$$\begin{cases} a_n = \dfrac{1}{l}\displaystyle\int_{-l}^{l} f(x)\cos\dfrac{n\pi x}{l}\mathrm{d}x, & n = 0, 1, 2, \cdots, \\[3mm] b_n = \dfrac{1}{l}\displaystyle\int_{-l}^{l} f(x)\sin\dfrac{n\pi x}{l}\mathrm{d}x, & n = 1, 2, \cdots. \end{cases}$$

特别地, 当 f 是偶函数时,

$$f(x) \sim \frac{a_0}{2} + \sum_{n=1}^{\infty} a_n\cos\frac{n\pi x}{l},$$

★ 应用拓展
勒让德多项式、
切比雪夫多项式
等正交多项式族
在函数逼近中的
应用

★ 问题思考
傅里叶级数的
几何意义

★ 发展历史
傅里叶级数的发
展史与当前应用

其中,

$$a_n = \frac{2}{l} \int_0^l f(x) \cos \frac{n\pi x}{l} \mathrm{d}x, \quad n = 0, 1, 2, \cdots;$$

当 f 是奇函数时,

$$f(x) \sim \sum_{n=1}^{\infty} b_n \sin \frac{n\pi x}{l},$$

其中,

$$b_n = \frac{2}{l} \int_0^l f(x) \sin \frac{n\pi x}{l} \mathrm{d}x, \quad n = 1, 2, \cdots.$$

由于三角函数系是正交函数系, 因而自然会提出这样的问题: 一个函数是否可按正交函数系展成函数项级数? 若可能, 如何展开呢? 下面的定理可回答这些问题.

定理 4.1.2 设 $\{\varphi_n\}$ 是定义在 $[a,b]$ 上的一个关于权函数 $\rho(x)$ 平方可积的正交函数系, $f(x)$ 是 $[a,b]$ 上的给定函数且 $f(x)$ 可表示成如下一致收敛的级数形式

$$f(x) = \sum_{n=0}^{\infty} C_n \varphi_n(x), \tag{4.1.1}$$

则

$$C_n = \frac{\displaystyle\int_a^b f(x)\varphi_n(x)\rho(x)\mathrm{d}x}{\displaystyle\int_a^b \varphi_n^2(x)\rho(x)\mathrm{d}x}, \quad n = 0, 1, 2, \cdots. \tag{4.1.2}$$

按照式(4.1.2)确定系数的方法所得的级数(4.1.1), 显然是通常意义下傅里叶级数的推广, 称为 $f(x)$ 按关于权函数 $\rho(x)$ 正交的函数系 $\{\varphi_n\}$ 展开的**广义傅里叶级数**; 由式(4.1.2)确定的系数 c_n 称为**广义傅里叶系数**.

类似地, 可定义双变量正交函数系 $\{\varphi_{mn}(x,y)\}$ 将 $f(x,y)$ 按 $\{\varphi_{mn}(x,y)\}$ 展开成广义傅里叶级数

$$f(x,y) = \sum_{n=0}^{\infty} \sum_{m=0}^{\infty} C_{mn} \varphi_{mn}(x,y),$$

其中,

$$C_{mn} = \frac{\displaystyle\iint_{\mathbb{R}} f(x,y)\varphi_{mn}(x,y)\mathrm{d}x\mathrm{d}y}{\displaystyle\iint_{\mathbb{R}} \varphi_{mn}^2(x,y)\mathrm{d}x\mathrm{d}y}.$$

★ 应用拓展
基于广义傅里叶
级数的信号的
频谱分析

4.2   施图姆–刘维尔特征值问题

4.2.1   二阶线性齐次常微分方程的求解

求解特征值问题时, 常遇到二阶线性齐次常微分方程的求解问题.
对二阶常系数线性齐次常微分方程

$$y'' + py' + qy = 0, \tag{4.2.1}$$

田 课件 4.2

可利用**特征根法**求解.

设方程(4.2.1)对应的特征方程 $r^2 + pr + q = 0$ 的两个根为 r_1, r_2. 根据 r_1, r_2 的不同情形, 有下面的已知结论:

田 微课 4.2-1

(1) 当 r_1, r_2 为相异实根时, $y(x) = C_1 \mathrm{e}^{r_1 x} + C_2 \mathrm{e}^{r_2 x}$;

(2) 当 $r_1 = r_2 = r$ 为相等实根时, $y(x) = (C_1 + C_2 x)\mathrm{e}^{rx}$;

(3) 当 $r_{1,2} = \alpha \pm \mathrm{i}\beta$ 为共轭复根时, $y(x) = \mathrm{e}^{\alpha x}[C_1 \cos(\beta x) + C_2 \sin(\beta x)]$.

对于二阶变系数的**欧拉方程**

$$x^2 y'' + a_1 x y' + a_2 y = 0,$$

若令 $x = \mathrm{e}^t$, 可将其化为关于 t 的常系数方程

$$\frac{\mathrm{d}^2 y}{\mathrm{d}t^2} + (a_1 - 1)\frac{\mathrm{d}y}{\mathrm{d}t} + a_2 y = 0.$$

再用特征根法求解, 最后用 $t = \ln x$ 回代, 得到关于 x 的解.

4.2.2 二阶线性齐次偏微分方程问题的变量分离解

通过变量代换, 二阶线性常系数齐次偏微分方程及一维情形下的线性齐次边界条件总可以化为如下**标准形式**:

$$\begin{cases} a u_{xx} + b u_{yy} + c u_x + d u_y + e u = 0 \\ [h u(\cdot, y) + k u_x(\cdot, y)]_{\text{边界点 (如 } x=l \text{ 处)}} = 0, \end{cases} \tag{4.2.2}$$

其中, a,b,c,d,e,h,k 都为常数, 且 a,b 不全为零, h,k 不全为零.

例如, 当 $a = -b$ 时为双曲型, $a = 0$ 或 $b = 0$ 时为抛物型, $a = b$ 时为椭圆型; 当 $k = 0$ 时为 Dirichlet 边界, $h = 0$ 时为 Neumann 边界, $h,k \neq 0$ 时为 Robin 边界.

下面求解其**变量分离形式的非零解** $u(x,y) = X(x)Y(y)$.

将 u 代入泛定方程, 得

$$a X''(x)Y(y) + b X(x)Y''(y) + c X'(x)Y(y) + d x(x)Y'(y) + e X(x)Y(y) = 0.$$

即

$$\frac{a X''(x) + c X'(x)}{X(x)} = -\frac{b Y''(y) + d Y'(y)}{Y(y)} - e.$$

左端仅是 x 的函数, 右端仅是 y 的函数. 欲使所有变量 x,y 均相等, 两端必为**常数**, 记作

$$\frac{a X''(x) + c X'(x)}{X(x)} = -\frac{b Y''(y) + d Y'(y)}{Y(y)} - e = -\lambda.$$

于是

$$\begin{cases} a X''(x) + c X'(x) + \lambda X(x) = 0, \\ b Y''(y) + d Y'(y) + (e - \lambda)Y(y) = 0, \end{cases}$$

★ 数学思想
求解过程中所蕴含的数学思想

即化为了两个常微分方程.

将 u 代入边界条件, 有

$$[h X(l) + k X'(l)]Y(y) = 0.$$

欲求非零解 $u(x,y)$, 应有 $Y(y) \neq 0$, 故需

$$h X(l) + k X'(l) = 0.$$

因此, 欲求解偏微分方程问题(4.2.2), 只需: 先解常微分方程的边值问题

$$\begin{cases} aX''(x) + cX'(x) + \lambda X(x) = 0, \\ [hX(\cdot) + kX'(\cdot)]_{\text{边界点}} = 0, \end{cases}$$

得到 λ 及其对应的非零 $X(x)$; 再将 λ 代入 $bY''(y) + dY'(y) + (e - \lambda)Y(y) = 0$, 结合其他定解条件求解非零 $Y(y)$.

4.2.3　施图姆–刘维尔问题

田 微课 4.2-2

1. 施图姆–刘维尔方程

在分离变量法中, 常遇到下面含参数 λ 的二阶线性齐次常微分方程

$$a_1(x)\frac{\mathrm{d}^2 y}{\mathrm{d}x^2} + a_2(x)\frac{\mathrm{d}y}{\mathrm{d}x} + [a_3(x) + \lambda]y = 0, \quad a < x < b, \tag{4.2.3}$$

其中, $a_1(x) \neq 0$. 乘以适当的函数后, 方程(4.2.3)可化成

$$\frac{\mathrm{d}}{\mathrm{d}x}\left[k(x)\frac{\mathrm{d}y}{\mathrm{d}x}\right] - q(x)y + \lambda\rho(x)y = 0, \quad a < x < b. \tag{4.2.4}$$

事实上, 将方程(4.2.3)两端同乘以函数 $\rho(x)$, 有

$$\rho(x)a_1(x)\frac{\mathrm{d}^2 y}{\mathrm{d}x^2} + \rho(x)a_2(x)\frac{\mathrm{d}y}{\mathrm{d}x} + \rho(x)[a_3(x) + \lambda]y = 0. \tag{4.2.5}$$

方程(4.2.4)可写成

$$k(x)\frac{\mathrm{d}^2 y}{\mathrm{d}x^2} + k'(x)\frac{\mathrm{d}y}{\mathrm{d}x} + [-q(x) + \lambda\rho(x)]y = 0. \tag{4.2.6}$$

比较方程(4.2.5)和方程(4.2.6), 有

$$\rho(x)a_1(x) = k(x), \quad \rho(x)a_2(x) = k'(x).$$

从而

$$[\rho(x)a_1(x)]' = \rho(x)a_2(x) = \frac{a_2(x)}{a_1(x)}\rho(x)a_1(x).$$

即

$$\rho(x) = \frac{1}{a_1(x)}\mathrm{e}^{\int_{x_0}^{x}\frac{a_2(t)}{a_1(t)}\mathrm{d}t},$$

其中, x_0 为 $[a, b]$ 中任一点. 进而

$$k(x) = \mathrm{e}^{\int_{x_0}^{x}\frac{a_2(t)}{a_1(t)}\mathrm{d}t}, \quad q(x) = -\rho(x)a_3(x) = -\frac{a_3(x)}{a_1(x)}\mathrm{e}^{\int_{x_0}^{x}\frac{a_2(t)}{a_1(t)}\mathrm{d}t}.$$

方程(4.2.4)称为**施图姆**[①]**–刘维尔**[②]**方程**, 其中, $k(x), q(x), \rho(x)$ 为实函数. 为了保证解的存在性, 假定 $q(x), \rho(x)$ 连续, 而 $k(x)$ 连续可微.

注 4.2.1　在分离变量法中遇到的常微分方程都是方程(4.2.4) (或方程(4.2.3)) 的特例. 例如, 当 $k(x) = 1$, $q(x) = 0$, $\rho(x) = 1$, $a = 0$, $b = l$ 时, 方程(4.2.4) 变为

$$y'' + \lambda y = 0, \quad 0 < x < l.$$

当 $k(x) = x$, $q(x) = \frac{n^2}{x}$, $\rho(x) = x$, $a = 0$ 时, 方程(4.2.4)变为n **阶贝塞尔**[③]**方程**

$$\frac{\mathrm{d}}{\mathrm{d}x}\left(x\frac{\mathrm{d}y}{\mathrm{d}x}\right) - \frac{n^2}{x}y + \lambda xy = 0, \quad 0 < x < b,$$

---

① Jacques Charles François Sturm, 1803~1855, 法国数学家.

② Joseph Liouville, 1809~1882, 法国数学家.

③ Friedrich Wilhelm Bessel, 1784~1846, 德国天文学家、数学家.

即

$$x^2y'' + xy' + (\lambda x^2 - n^2)y = 0, \quad 0 < x < b.$$

当 $k(x) = 1 - x^2$, $q(x) = 0$, $\rho(x) = 1$, $a = 0$, $b = 1$ 时, 方程(4.2.4)变为**勒让德**[①]**方程**

$$\frac{\mathrm{d}}{\mathrm{d}x}\left[(1 - x^2)\frac{\mathrm{d}y}{\mathrm{d}x}\right] + \lambda y = 0, \quad 0 < x < 1,$$

即

$$(1 - x^2)y'' - 2xy' + \lambda y = 0, \quad 0 < x < 1.$$

在应用分离变量法求解具有柱对称或球对称的数学物理问题时, 将会遇到上述贝塞尔方程或勒让德方程. 这两类方程的解一般不能用初等函数来表达, 我们将在第 9 章引入两类特殊函数后来进行求解.

2. 正则与奇异

施图姆–刘维尔方程(4.2.4)常分为**正则**和**奇异**两种类型. 若在 $[a, b]$ 上, $k(x) > 0$, $\rho(x) > 0$, 则称方程(4.2.4)在 (a, b) 上是**正则**的; 当区间是无穷或半无穷时, 或者当 $k(x)$ 或 $\rho(x)$ 在有限区间 $[a, b]$ 的一个或两个端点处为零时, 方程(4.2.4) 称为在 (a, b) 上是**奇异**的. 例如, 勒让德方程在 $(0, 1)$ 上是奇异的.

3. 特征值问题

根据 $k(x)$ 在端点 a, b 处的不同取值可给予施图姆–刘维尔方程(4.2.4)相应的边界条件.

当 $k(a), k(b) > 0$ 时, 给予**边界条件**

$$\begin{cases} k_1 y'(a) + k_2 y(a) = 0, \\ l_1 y'(b) + l_2 y(b) = 0, \end{cases}$$

其中, k_1, k_2, l_1, l_2 为实数, 且 k_1 与 k_2 不同时为零, l_1 与 l_2 不同时为零. 如果还有 $k(a) = k(b)$, 则可给予**周期性边界条件**

$$y(a) = y(b), \quad y'(a) = y'(b).$$

当 $k(b) \neq 0$, $k(a) = 0$ 时, 对端点 a 处给予**自然边界条件 (有界性条件)**

$$|y(a)| < \infty.$$

对于 $k(b) = 0$, $k(a) \neq 0$ 的情况, 或者 $k(a) = k(b) = 0$ 的情况, 可类似地给予边界条件.

施图姆–刘维尔方程(4.2.4)若带上上述边界条件之一, 就得到一个二阶线性常微分方程的**两点边值问题**, 称该问题为**施图姆–刘维尔问题**. $y \equiv 0$ 一定是它的解 (平凡解). 现在要问: 是否存在参数 λ 的一些值, 使得该问题有非零解? 这样的一类问题也称为**特征值问题** (或固有值问题), 而使得施图姆–刘维尔问题有非零解的参数 λ 的值称为此问题的**特征值** (或固有值), 相应的非零解 $y(x)$ 称为是与特征值 λ 相对应的**特征函数** (或固有函数).

★ 知识类比 矩阵的特征值和特征向量

例 4.2.1 求解特征值问题

$$\begin{cases} y''(x) + \lambda y(x) = 0, \quad 0 < x < l, \\ y(0) = y(l) = 0. \end{cases}$$

---

① Adrien-Marie Legendre, 1752~1833, 法国数学家, 巴黎科学院院士.

解 对 λ 取值的三种情形加以讨论.

(1) 当 $\lambda = -\beta^2 < 0$, $\beta > 0$ 时, 方程的通解是

$$y(x) = C_1 \mathrm{e}^{\beta x} + C_2 \mathrm{e}^{-\beta x}.$$

由边界条件得

$$y(0) = C_1 + C_2 = 0, \quad y(l) = C_1 \mathrm{e}^{\beta l} + C_2 \mathrm{e}^{-\beta l} = 0.$$

由此解得 $C_1 = C_2 = 0$. 从而 $y(x) \equiv 0$, 不符合非零解的要求. 因此, λ 不能小于零.

(2) 当 $\lambda = 0$ 时, 方程的通解为

$$y(x) = C_1 x + C_2.$$

由边界条件, 得

$$y(0) = C_2 = 0, \quad y(l) = C_1 l + C_2 = 0.$$

由此解得 $C_1 = C_2 = 0$, 从而 $y(x) \equiv 0$. 同样, 它也不是所需要的解.

(3) 当 $\lambda = \beta^2 > 0$, $\beta > 0$ 时, 方程的通解为

$$y(x) = C_1 \cos(\beta x) + C_2 \sin(\beta x).$$

由 $y(0) = 0$, 得 $C_1 = 0$, 从而 $y(x) = C_2 \sin(\beta x)$. 为求非零解, 设 $C_2 \neq 0$. 由 $y(l) = 0$, 得 $\sin(\beta l) = 0$. 从而 $\beta = \beta_n = \dfrac{n\pi}{l}, n = 1, 2, \cdots$.

因此, 所求的特征值为

$$\lambda = \lambda_n = \beta_n^2 = \left(\frac{n\pi}{l}\right)^2, \quad n = 1, 2, \cdots.$$

对应于 λ_n 的特征函数为

$$y_n(x) = A_n \sin \frac{n\pi x}{l}, \quad n = 1, 2, \cdots,$$

其中, A_n 为任意非零常数.

注 4.2.2 本例中, $0 < \lambda_1 < \lambda_2 < \cdots < \lambda_n < \cdots$ 且 $\lambda_n \to +\infty$ $(n \to +\infty)$.

例 4.2.2 求解特征值问题

$$\begin{cases} y''(x) + \lambda y(x) = 0, & 0 < x < l, \\ y'(0) = y'(l) = 0. \end{cases}$$

解 对于 λ 取值的三种情况进行讨论.

(1) 当 $\lambda = -\beta^2 < 0$, $\beta > 0$ 时, 方程的通解 $y(x) = C_1 \mathrm{e}^{\beta x} + C_2 \mathrm{e}^{-\beta x}$ 满足

$$y'(x) = C_1 \beta \mathrm{e}^{\beta x} - C_2 \beta \mathrm{e}^{-\beta x}.$$

由边界条件, 得

$$y'(0) = (C_1 - C_2)\beta = 0,$$
$$y'(l) = (C_1 \mathrm{e}^{\beta l} - C_2 \mathrm{e}^{-\beta l})\beta = 0.$$

⊞ 微课 4.2-3

由此解得 $C_1 = C_2 = 0$, 从而 $y(x) \equiv 0$, 不符合非零解的要求.

(2) 当 $\lambda = 0$ 时, 方程的通解满足 $y'(x) = C_1$. 由边界条件得 $y'(x) \equiv 0$, 故 $y(x)$ 恒为常数, 从而可得非零常数解 $y_0(x) \equiv B_0 \neq 0$.

★ 问题思考

本例与例 4.2.1
求解的异同点

(3) 当 $\lambda = \beta^2 > 0$, $\beta > 0$ 时, 方程的通解 $y(x) = C_1 \cos(\beta x) + C_2 \sin(\beta x)$ 满足

$$y'(x) = -C_1 \beta \sin(\beta x) + C_2 \beta \cos(\beta x).$$

由边界条件, 得

$$y'(0) = C_2\beta = 0, \qquad y'(l) = -C_1\beta\sin(\beta l) + C_2\beta\cos(\beta l) = 0.$$

故 $C_2 = 0$ 且 $C_1\sin(\beta l) = 0$. 为求非零解, 设 $C_1 \neq 0$, 故 $\sin(\beta l) = 0$, 从而 $\beta = \beta_n = \dfrac{n\pi}{l}$, $n = 1, 2, \cdots$.

因此, 综合 (2) 和 (3), 所求的特征值为 $\lambda = \lambda_n = \beta_n^2 = \left(\dfrac{n\pi}{l}\right)^2$, $n = 0, 1, 2, \cdots$. 对应于 λ_n 的特征函数为

$$y_n(x) = B_n\cos(\beta_n x) = B_n\cos\frac{n\pi x}{l}, \quad n = 0, 1, 2, \cdots,$$

其中, B_n 为任意非零常数.

注 4.2.3 本例中, $0 = \lambda_0 < \lambda_1 < \lambda_2 < \cdots < \lambda_n < \cdots$ 且 $\lambda_n \to +\infty$ $(n \to +\infty)$.

例 4.2.3 求解特征值问题

$$\begin{cases} y''(x) + \lambda y(x) = 0, & 0 < x < l, \\ y(0) = 0, & y'(l) + hy(l) = 0 \ (h > 0). \end{cases}$$

解 易知, 当 $\lambda \leqslant 0$ 时, 没有非零解. 当 $\lambda = \beta^2, \beta > 0$ 时, 方程的通解为

$$y(x) = C_1\cos(\beta x) + C_2\sin(\beta x).$$

由边界条件, 得

$$C_1 = 0, \quad C_2[\beta\cos(\beta l) + h\sin(\beta l)] = 0.$$

为求非零解, 设 $C_2 \neq 0$, 所以 $\beta\cos(\beta l) + h\sin(\beta l) = 0$. 记 $\gamma = \beta l$, 则 $\tan\gamma = k\gamma$, 其中, $k = -\dfrac{1}{hl}$. 此方程的根 (取正根) 可看成正切曲线 $y_1 = \tan\gamma$ 与直线 $y_2 = k\gamma$ 的交点的横坐标. 显然它们的交点有无穷个, 依次设为 $0 < \gamma_1 < \gamma_2 < \cdots < \gamma_n < \cdots$ (图 4.2.1), 其中, $\left(n - \dfrac{1}{2}\right)\pi < \gamma_n < \left(n + \dfrac{1}{2}\right)\pi$, $n = 1, 2, \cdots$. 则所求的特征值为

$$\lambda_n = \beta_n^2 = \frac{\gamma_n^2}{l^2}, \quad n = 1, 2, \cdots.$$

对应于 λ_n 的特征函数为

$$y_n(x) = C_n\sin(\beta_n x) = C_n\sin\left(\frac{\gamma_n}{l}x\right), \quad n = 1, 2, \cdots.$$

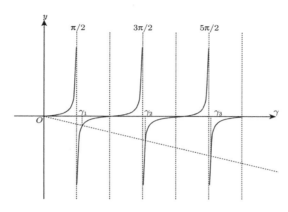

图 4.2.1 方程的解

例 4.2.4　求解特征值问题

$$\begin{cases} y''(x) + \lambda y(x) = 0, & 0 \leqslant x \leqslant 2\pi, \\ y(x) = y(x + 2\pi), & 0 \leqslant x \leqslant 2\pi. \end{cases}$$

解　易知, 当 $\lambda < 0$ 时, 没有非零解. 当 $\lambda = 0$ 时, 有非零常数解, $y_0(x) \equiv A_0 \neq 0$. 当 $\lambda = \beta^2 > 0, \beta > 0$ 时, 方程的通解为

$$y(x) = C_1 \cos(\beta x) + C_2 \sin(\beta x).$$

由周期性边界条件, 得 $\beta = n\ (n = 1, 2, \cdots)$. 综上, 可得特征值和对应的特征函数

$$\lambda_n = \beta_n^2 = n^2, \quad y_n(x) = A_n \cos(nx) + B_n \sin(nx), \quad n = 0, 1, 2, \cdots.$$

例 4.2.5　求解特征值问题

$$\begin{cases} x^2 \dfrac{\mathrm{d}^2 y}{\mathrm{d}x^2} + x \dfrac{\mathrm{d}y}{\mathrm{d}x} + \lambda y = 0, & 1 < x < \mathrm{e}, \\ y(1) = y(\mathrm{e}) = 0. \end{cases}$$

解　该方程是欧拉方程, 可通过变换 $x = \mathrm{e}^t$ 来求解. 这里将采用欧拉方程的另外一种求解方法. 对于 λ 取值的三种情况进行讨论.

(1) 当 $\lambda < 0$ 时, 设解的形式为 $y = x^m$, 代入方程, 得

$$x^2 m(m-1)x^{m-2} + x m x^{m-1} + \lambda x^m = 0,$$

故有 $m = \pm\sqrt{-\lambda}$, 从而

$$y = C_1 x^{\sqrt{-\lambda}} + C_2 x^{-\sqrt{-\lambda}}.$$

代入端点条件, 得 $C_1 = C_2 = 0$, 此时仅有零解, 故没有负特征值.

(2) 当 $\lambda = 0$ 时, 方程为 $xy'' + y' = 0$, 解得 $y = A \ln x + B$. 代入端点条件, 得 $A = B = 0$, 此时仅有零解, 故没有零特征值.

(3) 当 $\lambda = \beta^2 > 0, \beta > 0$ 时, 同 (1), 设 $y = x^m$, 得 $m = \pm \mathrm{i}\beta$. 方程的通解为

$$y(x) = C_1 \cos(\beta \ln x) + C_2 \sin(\beta \ln x).$$

由 $y(1) = 0$, 得 $C_1 = 0$. 由 $y(\mathrm{e}) = 0$, 得 $C_2 \sin \beta = 0$. 故得特征值和对应的特征函数

$$\lambda_n = \beta_n^2 = (n\pi)^2, \quad y_n(x) = A_n \sin(n\pi \ln x), \quad n = 1, 2, \cdots.$$

表 4.2.1 列出了几个常见特征值问题的特征值和特征函数.

4. 施图姆–刘维尔特征值理论*

关于特征值与特征函数, 有下面一些基本结论, 它们是分离变量法能够进行的关键所在.

田 微课 4.2-4

定理 4.2.1　设施图姆–刘维尔问题中对应于不同特征值 λ_m 和 λ_n 的特征函数 $y_m(x)$ 和 $y_n(x)$ 在 $[a, b]$ 上连续可微, 则 $y_m(x)$ 和 $y_n(x)$ 在 $[a, b]$ 上**关于权函数 $\rho(x)$ 正交**.

推论 4.2.1　区间 $[a, b]$ 上的周期施图姆–刘维尔问题, 属于不同特征值的特征函数在 $[a, b]$ 上**关于权函数 $\rho(x)$ 正交**.

定理 4.2.2　若 $\rho(x) > 0, x \in (a, b)$, 则施图姆–刘维尔问题的所有特征值都是**实的**, 且相应的特征函数也可以取成实的.

定理 4.2.3　正则但非周期的施图姆–刘维尔问题的所有特征值都是**单重的**, 即在允许相差一个常数因子的定义下是唯一的.

表 4.2.1 常见特征值问题的特征值和特征函数

施图姆–刘维尔方程	边界条件	特征值	特征函数
$y''(x) + \lambda y(x) = 0,$ $0 < x < l$	$y(0) = y(l) = 0$	$\lambda_n = \left(\dfrac{n\pi}{l}\right)^2,$ $n = 1, 2, \cdots$	$y_n(x) = A_n \sin \dfrac{n\pi x}{l},$ $n = 1, 2, \cdots$
	$y'(0) = y'(l) = 0$	$\lambda_n = \left(\dfrac{n\pi}{l}\right)^2,$ $n = 0, 1, 2, \cdots$	$y_n(x) = B_n \cos \dfrac{n\pi x}{l},$ $n = 0, 1, 2, \cdots$
	$y(0) = 0,$ $y'(l) + hy(l) = 0$	$\lambda_n = \dfrac{\gamma_n^2}{l^2}, n = 1, 2, \cdots,$ 其中, γ_n 是方程 $\tan\gamma = -\dfrac{\gamma}{hl}$ 的第 n 个正根	$y_n(x) = C_n \sin\left(\dfrac{\gamma_n}{l} x\right),$ $n = 1, 2, \cdots$
	$y(0) = y'(l) = 0$	$\lambda_n = \left[\dfrac{(2n-1)\pi}{2l}\right]^2,$ $n = 1, 2, \cdots$	$y_n(x) = C_n \sin\left[\dfrac{(2n-1)\pi}{2l} x\right],$ $n = 1, 2, \cdots.$
	$y'(0) = y(l) = 0$	λ_n 同上	$y_n(x) = D_n \cos\left[\dfrac{(2n-1)\pi}{2l} x\right],$ $n = 1, 2, \cdots$
$y''(x) + \lambda y(x) = 0,$ $0 \leqslant x \leqslant 2\pi$	$y(x) = y(x+2\pi),$ $0 \leqslant x \leqslant 2\pi$	$\lambda_n = n^2,$ $n = 0, 1, 2, \cdots$	$y_n(x) = A_n \cos(nx)$ $+ B_n \sin(nx), n = 0, 1, 2, \cdots$
$y''(x) + \lambda y(x) = 0,$ $-\pi < x < \pi$	$y(-\pi) = y(\pi)$ $y'(-\pi) = y'(\pi)$	$\lambda_n = n^2,$ $n = 0, 1, 2, \cdots$	$y_n(x) = A_n \cos(nx)$ $+ B_n \sin(nx), n = 0, 1, 2, \cdots$
$y''(x) + ay'(x)$ $+ \lambda y(x) = 0, 0 < x < l$	$y(0) = y(l)$	$\lambda_n = \dfrac{a^2}{4} + \left(\dfrac{n\pi}{l}\right)^2,$ $n = 1, 2, \cdots$	$y_n(x) = A_n \mathrm{e}^{-\frac{a}{2}x} \sin \dfrac{n\pi x}{l},$ $n = 1, 2, \cdots$
欧拉方程 $x^2 y''(x) + xy'(x)$ $+ \lambda y(x) = 0, 1 < x < \mathrm{e}$	$y(1) = y(\mathrm{e}) = 0$	$\lambda_n = (n\pi)^2,$ $n = 1, 2, \cdots$	$y_n(x) = A_n \sin(n\pi \ln x),$ $n = 1, 2, \cdots$
γ 阶贝塞尔方程 $\dfrac{\mathrm{d}}{\mathrm{d}x}(x\dfrac{\mathrm{d}y}{\mathrm{d}x}) - \dfrac{\gamma^2}{x}y$ $+ \lambda xy = 0, 0 < x < l$	$\|y(0)\| < +\infty$ $y'(l) + hy(l) = 0$	$\lambda_m^{(\gamma)} = \left(\dfrac{\mu_{m\gamma}}{l}\right)^2,$ $m = 1, 2, \cdots,$ $\mu_{m\gamma}$ 为 $\mathrm{J}_\gamma(x) = 0$ 的正根	$y_{m\gamma}(x) = D_{m\gamma}\mathrm{J}_\gamma\left(\dfrac{\mu_{m\gamma}}{l} x\right),$ $m = 1, 2, \cdots$
勒让德方程 $(1-x^2)y''(x)$ $-2xy'(x) + \lambda xy = 0,$ $-1 < x < 1$	$\|y(\pm 1)\| < +\infty$	$\lambda_n = n(n+1),$ $n = 0, 1, 2, \cdots$	$y_n(x) = A_n \mathrm{P}_n(x),$ 其中, $\mathrm{P}_n(x) = \dfrac{1}{2^n n!}\dfrac{\mathrm{d}^n}{\mathrm{d}x^n}(x^2-1)^n$ 为勒让德多项式

定理 4.2.4 若 $\rho(x) > 0, x \in (a, b)$, 则施图姆–刘维尔问题存在下列无穷多个实的特征值, 它们按大小可排成一列

$$\lambda_0 < \lambda_1 < \lambda_2 < \cdots < \lambda_n < \cdots,$$

其中, $\lambda_n \to +\infty \ (n \to +\infty)$. 且 $\lambda_n(n = 0, 1, 2, \cdots)$ 对应的特征函数 $y_n(x)$ 在区间 (a, b) 内恰好有 n 个零点. 特征函数的全体 $\{y_n(x)\}$ 构成一个完备正交系.

进一步地, 若函数 $f(x)$ 在 $[a,b]$ 上满足 Dirichlet 条件和施图姆–刘维尔问题的边界条件, 则 $f(x)$ 可按特征函数系 $\{y_n(x)\}$ 展开为广义傅里叶级数, 即

$$f(x) = \sum_{n=1}^{\infty} C_n y_n(x), \tag{4.2.7}$$

其中,

$$C_n = \frac{\displaystyle\int_a^b f(x) y_n(x) \rho(x) \mathrm{d}x}{\displaystyle\int_a^b y_n^2 \rho(x) \mathrm{d}x}, \quad n = 0, 1, 2, \cdots. \tag{4.2.8}$$

且等式在积分平均的意义

$$\lim_{n \to \infty} \int_a^b [f(x) - S_n(x)]^2 \rho(x) \mathrm{d}x = 0$$

★ 问题思考
本小节所列定理
的证明

下成立, 这里

$$S_n(x) = \sum_{k=0}^{n} C_k y_k(x), \quad n = 0, 1, 2, \cdots.$$

如果 $f(x)$ 在 $[a,b]$ 上有一阶连续导数和分段连续的二阶导数, 则级数 (4.2.7) 在 $[a,b]$ 上绝对且一致收敛于 $f(x)$.

4.3　齐次方程和齐次边界条件的定解问题

本节使用分离变量法求解有界区域 (区间) 上的三类方程的定解问题.

田 课件 4.3

4.3.1　波动方程的初边值问题

1. 两端固定有界弦的自由振动

例 4.3.1　考虑长为 l 两端固定的弦, 由初始位移 $\phi(x)$ 及初始速度 $\psi(x)$ 引起的振动问题

$$\begin{cases} u_{tt} = a^2 u_{xx}, & 0 < x < l, \quad t > 0, \\ u(x,0) = \phi(x), \quad u_t(x,0) = \psi(x), & 0 \leqslant x \leqslant l, \\ u(0,t) = u(l,t) = 0, & t \geqslant 0. \end{cases} \tag{4.3.1}$$

思路分析: 此定解问题中泛定方程和边界条件都是线性和齐次的, 可利用叠加原理. 因此, 用分离变量法求解, 先通过解的初值问题找出带有齐次方程的无穷多个变量分离形式的特解, 再做这些特解的叠加 (线性组合), 最后利用初始条件确定叠加系数, 得到原问题的解.

田 微课 4.3-1

解　使用分离变量法的如下几个步骤.

第一步: 分离变量

设问题 (4.3.1) 有非零的变量分离解 $u(x,t) = X(x)T(t)$, 将其代入泛定方程, 得

★ 实例引入
音乐频率与弦长
的关系: 梅森
定律

$$X(x)T''(t) = a^2 X''(x) T(t)$$

或

$$\frac{T''(t)}{a^2 T(t)} = \frac{X''(x)}{X(x)}.$$

★ 问题思考
是否一定有变量
分离形式的解

左端仅是 t 的函数, 右端仅是 x 的函数, 要使等号对所有 $0 < x < l$, $t > 0$ 成立, 两端必为常数,

记作

$$\frac{T''(t)}{a^2 T(t)} = \frac{X''(x)}{X(x)} = -\lambda.$$

于是

$$T''(t) + \lambda a^2 T(t) = 0, \quad t > 0, \tag{4.3.2}$$

$$X''(x) + \lambda X(x) = 0, \quad 0 < x < l. \tag{4.3.3}$$

因 $T(t) \not\equiv 0$, 利用边界条件 $u(0,t) = X(0)T(t) = 0, u(l,t) = X(l)T(t) = 0$, 推知

$$X(0) = X(l) = 0. \tag{4.3.4}$$

第二步：解特征值问题

求解由方程(4.3.3)和条件(4.3.4)组成的特征值问题

$$\begin{cases} X''(x) + \lambda X(x) = 0, & 0 < x < l, \\ X(0) = X(l) = 0. \end{cases} \tag{4.3.5}$$

由例 4.2.1 知, 问题(4.3.5)的特征值和对应的特征函数为

$$\lambda_n = \left(\frac{n\pi}{l}\right)^2 > 0, \quad X_n(x) = C_n \sin \frac{n\pi x}{l}, \quad n = 1, 2, \cdots.$$

第三步：求解其他常微分方程, 得特解 $u_n(x,t)$

对于每一个 $\lambda = \lambda_n$, 代入方程(4.3.2), 求解 $T = T_n(t)$:

$$T''(t) + \lambda_n a^2 T(t) = 0, \quad n = 1, 2, \cdots,$$

其通解为

$$\begin{aligned} T_n(t) &= A_n \cos\left(\sqrt{\lambda_n} at\right) + B_n \sin\left(\sqrt{\lambda_n} at\right) \\ &= A_n \cos \frac{n\pi at}{l} + B_n \sin \frac{n\pi at}{l}, \quad n = 1, 2, \cdots, \end{aligned} \tag{4.3.6}$$

其中, A_n, B_n 都为任意常数.

于是得到满足定解问题(4.3.1)中泛定方程和边界条件的变量分离特解

$$\begin{aligned} u_n(x,t) &= X_n(x)T_n(t) \\ &= C_n \sin \frac{n\pi x}{l} \left(A_n \cos \frac{n\pi at}{l} + B_n \sin \frac{n\pi at}{l}\right) \\ &= \left(a_n \cos \frac{n\pi at}{l} + b_n \sin \frac{n\pi at}{l}\right) \sin \frac{n\pi x}{l}, \quad n = 1, 2, \cdots, \end{aligned} \tag{4.3.7}$$

其中, $a_n = A_n C_n, b_n = B_n C_n$ 为任意常数.

式(4.3.7)表示的特解有无穷多个, 但一般来说, 其中的任意一个并不一定能满足问题(4.3.1)中的初始条件 (因当 $t = 0$ 时,

$$u_n(x,0) = a_n \sin \frac{n\pi x}{l}, \quad \frac{\partial u_n}{\partial t}\Big|_{t=0} = b_n \frac{n\pi a}{l} \sin \frac{n\pi x}{l}$$

为固定函数, 而初值 $\phi(x)$ 和 $\psi(x)$ 是任意函数), 因此这些特解中的任意一个, 一般还不是问题的解.

第四步：特解 $u_n(x,t)$ 的叠加

由于泛定方程和边界条件都是线性齐次的, 可利用叠加原理将诸 u_n 叠加起来, 得到的函数项级数

$$u(x,t) = \sum_{n=1}^{\infty} u_n(x,t) = \sum_{n=1}^{\infty} \left(a_n \cos \frac{n\pi at}{l} + b_n \sin \frac{n\pi at}{l} \right) \sin \frac{n\pi x}{l} \qquad (4.3.8)$$

也满足问题(4.3.1)中泛定方程和边界条件, 只要级数(4.3.8)收敛且对 x, t 均二次逐项可微, 下面的问题是如何确定常系数 a_n, b_n 使 $u(x,t)$ 满足问题(4.3.1) 中的初始条件.

第五步：系数 a_n, b_n 的确定

将式(4.3.8)代入初始条件, 得

$$\begin{cases} \phi(x) = u(x,0) = \sum_{n=1}^{\infty} a_n \sin \frac{n\pi x}{l}, \\ \psi(x) = u_t(x,0) = \sum_{n=1}^{\infty} b_n \frac{n\pi a}{l} \sin \frac{n\pi x}{l}. \end{cases}$$

这表明 $a_n, b_n \frac{n\pi a}{l}$ 分别是函数 $\phi(x), \psi(x)$ 在 $[0,l]$ 上关于特征函数系 $\sin \frac{n\pi x}{l}$ 展开的系数 (对本例具体问题而言, 恰是傅里叶正弦级数的系数). 用 $\sin \frac{n\pi x}{l}$ 分别乘以上两式, 再对 x 在 $[0,l]$ 上积分, 并利用 $\sin \frac{n\pi x}{l}$ 在 $[0,l]$ 上的正交性

$$\int_0^l \sin \frac{n\pi x}{l} \sin \frac{k\pi x}{l} \mathrm{d}x = \begin{cases} 0, & n \neq k, \\ \dfrac{l}{2}, & n = k, \end{cases}$$

★ 问题思考
分离变量法求解
过程的结构图

可得 (对本例具体问题而言, 可直接写出, 对一般问题, 可由式(4.3.3)给出)

$$\begin{cases} a_n = \dfrac{2}{l} \displaystyle\int_0^l \phi(x) \sin \frac{n\pi x}{l} \mathrm{d}x, \\ b_n = \dfrac{2}{n\pi a} \displaystyle\int_0^l \psi(x) \sin \frac{n\pi x}{l} \mathrm{d}x, \end{cases} \qquad n = 1, 2, \cdots. \qquad (4.3.9)$$

★ 发展历史
分离变量法的发
展史与当前应用

这样, 定解问题(4.3.1)的解形式上由级数(4.3.8)给出, 其中, 系数 a_n, b_n 由式 (4.3.9) 确定.

第六步：解的存在唯一性

以上由分离变量法和叠加原理得到的定解问题(4.3.1)的级数解(4.3.8)仅是一个形式解, 因用式(4.3.8) 中级数表示的 $u(x,t)$ 要有意义, 必须使式(4.3.8)中的级数收敛且关于 x, t 均二次可微. 如果对初值函数 ϕ 和 ψ 加上适当的光滑性条件, 可以证明这个形式的解的确是一个古典解, 这就是下面的结论.

定理 4.3.1 **(古典解存在定理)** 若函数 $\phi(x) \in C^3([0,l]), \psi(x) \in C^2([0,l])$ 且满足相容性条件: $\phi(0) = \phi(l) = \phi''(0) = \phi''(l) = \psi(0) = \psi(l) = 0$, 则定解问题(4.3.1) 存在古典解, 且可由级数(4.3.8) 给出, 其中, 系数 a_n, b_n 由式(4.3.9)确定.

定理 4.3.2 **(唯一性定理)** 若 $u(x,t)$ 是问题(4.3.1)的古典解, 则它是唯一的.

注 4.3.1 关于定理 4.3.1的证明, 参见陈才生 (2008) 的文献. 定理 4.3.2的证明可由后面的能量方法得到, 见定理 8.2.4.

注 4.3.2 下面用分离变量法求解各种定解问题时, 除非特别说明, 一般是求形式解, 不再列出古典存在的有关条件.

解的物理意义： 由级数(4.3.8)知, 定解问题(4.3.1)的解是

$$u_n(x, t) = \left(a_n \cos \frac{n\pi a}{l} t + b_n \sin \frac{n\pi a}{l} t\right) \sin \left(\frac{n\pi}{l} x\right)$$
$$= \sqrt{a_n^2 + b_n^2} \cos \left(\frac{n\pi a}{l} t + \alpha_n\right) \sin \left(\frac{n\pi}{l} x\right)$$
$$:= N_n \cos (\omega_n t + \alpha_n) \sin \left(\frac{n\pi}{l} x\right)$$

田 微课 4.3-2

的线性叠加, 其中,

$$N_n = \sqrt{a_n^2 + b_n^2}, \quad \omega_n = \frac{n\pi a}{l}, \quad \sin \alpha_n = -\frac{b_n}{N_n}, \quad \cos \alpha_n = \frac{a_n}{N_n}.$$

在物理上, N_n 称为波的**振幅**, ω_n 称为波的**频率**, α_n 称为波的**相位角**. 注意到波的传播速度 a 仅依赖于弦本身, 因此, 当 n 固定时, 频率 ω_n 也称为**固有频率**.

实际上, $u_n(x, t) = N_n \sin \left(\frac{n\pi}{l} x\right) \cos (\omega_n t + \alpha_n)$ 代表如下的振动波: 在所考虑的振动弦上的各点均以同一频率作简谐振动, 它们的相位角相同, 而振幅 $\left|N_n \sin \left(\frac{n\pi}{l} x\right)\right|$ 依赖于点 x 的位置. 特别地, 弦上位于 $x = ml/n$ $(m = 0, 1, 2, \cdots, n)$ 处的点在振动中保持不动, 这些点称为**节点**. 弦的这种形态的振动称为**驻波**. 于是级数(4.3.8)可以看成一系列频率成倍增长、相位角不同、振幅不同的驻波的线性叠加而成, 因此分离变量法又称为**驻波法**.

声学上, 弦所发出的声音的音调由其振动的频率决定, 而声音的弦度 (或大小) 则取决于其振动的振幅. 弦所能发出的最低音所对应的频率就是其最低固有频率, 即 $\omega_1 = \frac{\pi a}{l}$. 这个音称为**基音**. 其余的频率 ω_k 均是 ω_1 的整数倍, 称为**泛音**. 一般来说, 弦所发出的声音是由其基音与泛音叠加而成的.

★ 应用拓展
音乐中的数学文化: 声音的和谐

例 4.3.2 求定解问题

$$\begin{cases} u_{tt} = a^2 u_{xx}, & 0 < x < l, \quad t > 0, \\ u(x, 0) = \sin \frac{\pi x}{l}, \quad u_t(x, 0) = 0, & 0 \leqslant x \leqslant l, \\ u(0, t) = u(l, t) = 0, & t \geqslant 0. \end{cases}$$

田 微课 4.3-3

解 这个问题的级数解形式已由式(4.3.8)给出

$$u(x, t) = \sum_{n=1}^{\infty} \left(a_n \cos \frac{n\pi at}{l} + b_n \sin \frac{n\pi at}{l}\right) \sin \frac{n\pi x}{l},$$

其中,

$$a_n = \frac{2}{l} \int_0^l \sin \frac{\pi x}{l} \sin \frac{n\pi x}{l} \mathrm{d}x = \begin{cases} 1, & n = 1, \\ 0, & n \neq 1, \end{cases}$$
$$b_n = 0.$$

所以 $u(x, t) = \cos \frac{\pi at}{l} \sin \frac{\pi x}{l}$, 与例 3.1.12 中行波法得到的结果一致. 取 $a = l = 1$, 且 t 的取值范围为 $[0, 2]$, 采用 MATLAB 可图示出如图 4.3.1 所示的结果.

★ 程序代码
Fig_4_3_1.m

2. 两端自由有界杆的自由纵振动

例 4.3.3 考虑长为 l 两端自由的均匀细杆, 由初始位移 $\phi(x)$ 及初始速度 $\psi(x)$ 引起的自由纵振动问题

$$\begin{cases} u_{tt} = a^2 u_{xx}, & 0 < x < l, \quad t > 0, \\ u(x, 0) = \phi(x), \quad u_t(x, 0) = \psi(x), & 0 \leqslant x \leqslant l, \\ u_x(0, t) = u_x(l, t) = 0, & t \geqslant 0. \end{cases}$$

(4.3.10)

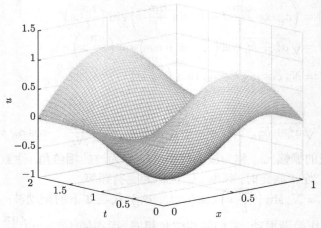

图 4.3.1　两端固定有界弦的自由振动的求解结果

解　与例 4.3.2 不同的是, 这里的边界条件是第二类的. 令 $u(x,t) = X(x)T(t)$, 代入泛定方程, 得

$$\frac{T''(t)}{a^2 T(t)} = \frac{X''(x)}{X(x)}.$$

左端仅是 t 的函数, 右端仅是 x 的函数, 要使等号对所有 $0 < x < l$, $t > 0$ 成立, 两端必为常数, 记作

$$\frac{T''(t)}{a^2 T(t)} = \frac{X''(x)}{X(x)} = -\lambda.$$

于是

$$T''(t) + \lambda a^2 T(t) = 0, \quad t > 0,$$

$$X''(x) + \lambda X(x) = 0, \quad 0 < x < l.$$

★ 问题思考
本例与例 4.3.1
求解过程的
异同点

结合边界条件, 得特征值问题

$$\begin{cases} X''(x) + \lambda X(x) = 0, & 0 < x < l, \\ X'(0) = X'(l) = 0. \end{cases}$$

由例 4.2.2知, 其特征值和对应的特征函数为

$$\lambda_n = \left(\frac{n\pi}{l}\right)^2 \geqslant 0, \quad X_n(x) = A_n \cos \frac{n\pi x}{l}, \quad n = 0, 1, 2, \cdots.$$

对每一个 λ_n, 求解 $T = T_n(t)$:

$$T''(t) + \lambda_n a^2 T(t) = 0, \quad n = 0, 1, 2, \cdots,$$

其通解为

$$T_n(t) = \begin{cases} C_0 + D_0 t, & n = 0, \\ C_n \cos \dfrac{n\pi a t}{l} + D_n \sin \dfrac{n\pi a t}{l}, & n = 1, 2, \cdots, \end{cases}$$

其中, $C_n, D_n (n = 0, 1, 2, \cdots)$ 都为任意常数. 因此

$$u_n(x,t) = T_n(t) X_n(x) = \begin{cases} (C_0 + D_0 t) A_0, & n = 0, \\ \left(C_n \cos \dfrac{n\pi a t}{l} + D_n \sin \dfrac{n\pi a t}{l}\right) A_n \cos \dfrac{n\pi x}{l}, & n = 1, 2, \cdots, \end{cases}$$

满足问题(4.3.10)中的泛定方程和边界条件.

利用叠加原理, 设所求的形式解为

$$u(x,t) = a_0 + b_0 t + \sum_{n=1}^{\infty} \left(a_n \cos \frac{n\pi at}{l} + b_n \sin \frac{n\pi at}{l} \right) \cos \frac{n\pi x}{l},$$

其中, 系数由问题(4.3.10)中的初始条件确定, 即

$$\begin{cases} \phi(x) = u(x,0) = a_0 + \sum_{n=1}^{\infty} a_n \cos \frac{n\pi x}{l}, \\ \psi(x) = u_t(x,0) = b_0 + \sum_{n=1}^{\infty} b_n \frac{n\pi a}{l} \cos \frac{n\pi x}{l}. \end{cases}$$

从而得

$$\begin{cases} a_0 = \frac{1}{l} \int_0^l \phi(x)\mathrm{d}x, \quad a_n = \frac{2}{l} \int_0^l \phi(x) \cos \frac{n\pi x}{l} \mathrm{d}x, \\ b_0 = \frac{1}{l} \int_0^l \psi(x)\mathrm{d}x, \quad b_n = \frac{2}{n\pi a} \int_0^l \psi(x) \cos \frac{n\pi x}{l} \mathrm{d}x, \end{cases} \quad n = 1, 2, \cdots.$$

注 4.3.3 根据上述计算过程, 当 $a = 1$, $l = \pi$, $\phi(x) = \sin x$, $\psi(x) = \cos x$, $t \in [0,2]$ 时, 可以给出相应解的具体表达式.

为直观起见, 这里取迭代次数 $n = 50$, 采用 MATLAB 软件可模拟出 ★ 程序代码

图 4.3.2 所示的结果. Fig_4_3_2.m

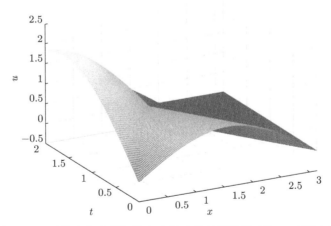

图 4.3.2 两端自由有界杆的自由振动的求解结果 (前 50 项叠加)

3. 边界固定的矩形膜的自由振动*

例 4.3.4 考虑长为 a, 宽为 b 的边界固定的矩形膜, 由初始位移 $\phi(x,y)$ 和初始速度 $\psi(x,y)$ 引起的自由纵振动问题

$$\begin{cases} u_{tt} = c^2(u_{xx} + u_{yy}), & 0 < x < a, \quad 0 < y < b, \quad t > 0, \\ u(x,y,0) = \phi(x,y), \quad u_t(x,y,0) = \psi(x,y), & 0 \leqslant x \leqslant a, \quad 0 \leqslant y \leqslant b, \\ u(0,y,t) = u(a,y,t) = 0, & 0 \leqslant y \leqslant b, \quad t \geqslant 0, \\ u(x,0,t) = u(x,b,t) = 0, & 0 \leqslant x \leqslant a, \quad t \geqslant 0. \end{cases} \quad (4.3.11)$$

解 使用两次分离变量法. 令 $u(x,y,t) = U(x,y)T(t)$, 代入泛定方程, 得

$$\frac{T''(t)}{c^2 T(t)} = \frac{\Delta U}{U(x,y)} = -\gamma,$$

其中, γ 为分离常数, $\Delta U = U_{xx} + U_{yy}$. 于是

$$T''(t) + \gamma c^2 T(t) = 0, \quad t > 0, \tag{4.3.12}$$

$$\Delta U + \gamma U(x,y) = 0, \quad 0 < x < a, \quad 0 < y < b. \tag{4.3.13}$$

再设 $U(x,y) = X(x)Y(y)$, 代入方程(4.3.13), 得

$$\frac{X''(x)}{X(x)} = -\frac{Y''(y)}{Y(y)} - \gamma = -\lambda.$$

结合边界条件 $u(0,y,t) = X(0)Y(y)T(t) = 0$ 和 $u(a,y,t) = X(a)Y(y)T(t) = 0$, 得特征值问题

$$\begin{cases} X''(x) + \lambda X(x) = 0, & 0 < x < a, \\ X(0) = X(a) = 0. \end{cases}$$

由例 4.2.1知, 其特征值和对应的特征函数为

$$\lambda_m = \left(\frac{m\pi}{a}\right)^2 > 0, \quad X_m(x) = A_m \sin\frac{m\pi x}{a}, \quad m = 1,2,\cdots.$$

类似地, 得特征值问题

$$\begin{cases} Y''(y) + \mu Y(y) = 0, & 0 < y < b, \\ Y(0) = Y(b) = 0, \end{cases}$$

其特征值和对应的特征函数为

$$\mu_n = \left(\frac{n\pi}{b}\right)^2 > 0, \quad Y_n(y) = B_n \sin\frac{n\pi y}{b}, \quad n = 1,2,\cdots.$$

从而, 得到满足方程(4.3.13)及齐次边界条件的解

$$U_{mn}(x,y) = X_m(x)Y_n(y) = A_m B_n \sin\frac{m\pi x}{a} \sin\frac{n\pi y}{b}.$$

以 λ_m, μ_n 代入方程(4.3.12)(记 $\gamma_{mn} = \lambda_m + \mu_n$), 求解 $T = T_{mn}(t)$:

$$T''_{mn}(t) + \pi^2 \left(\frac{m^2}{a^2} + \frac{n^2}{b^2}\right) c^2 T_{mn}(t) = 0, \quad m,n = 1,2,\cdots,$$

其通解为

$$T_{mn}(t) = C_{mn} \cos\left(\pi\sqrt{\frac{m^2}{a^2} + \frac{n^2}{b^2}} ct\right) + D_{mn} \sin\left(\pi\sqrt{\frac{m^2}{a^2} + \frac{n^2}{b^2}} ct\right),$$

其中, $C_{mn}, D_{mn}(m,n = 0,1,2,\cdots)$ 都为任意常数. 因此

$$\begin{aligned} u_{mn}(x,y,t) =& X_m(x)Y_n(y)T_{mn}(t) \\ =& A_m B_n \sin\frac{m\pi x}{a} \sin\frac{n\pi y}{b} \\ & \times \left[C_{mn} \cos\left(\pi\sqrt{\frac{m^2}{a^2} + \frac{n^2}{b^2}} ct\right) + D_{mn} \sin\left(\pi\sqrt{\frac{m^2}{a^2} + \frac{n^2}{b^2}} ct\right) \right] \end{aligned}$$

满足问题(4.3.11)中的泛定方程和边界条件.

利用叠加原理, 设所求的形式解为

$$u(x,y,t) = \sum_{n=1}^{\infty}\sum_{m=1}^{\infty} \left[a_{mn} \cos\left(\pi\sqrt{\frac{m^2}{a^2} + \frac{n^2}{b^2}} ct\right) \right.$$

$$+b_{mn}\sin\left(\pi\sqrt{\frac{m^2}{a^2}+\frac{n^2}{b^2}}ct\right)\right]\sin\frac{m\pi x}{a}\sin\frac{n\pi y}{b},$$

其中, 系数由问题(4.3.11)中的初始条件确定, 即

$$\begin{cases}\phi(x,y)=u(x,y,0)=\displaystyle\sum_{n=1}^{\infty}\sum_{m=1}^{\infty}a_{mn}\sin\frac{m\pi x}{a}\sin\frac{n\pi y}{b},\\\psi(x,y)=u_t(x,y,0)=\displaystyle\sum_{n=1}^{\infty}\sum_{m=1}^{\infty}b_{mn}\pi\sqrt{\frac{m^2}{a^2}+\frac{n^2}{b^2}}c\sin\frac{m\pi x}{a}\sin\frac{n\pi y}{b}.\end{cases}$$

从而, 得

$$\begin{cases}a_{mn}=\dfrac{4}{ab}\displaystyle\int_0^a\int_0^b\phi(x,y)\sin\frac{m\pi x}{a}\sin\frac{n\pi y}{b}\mathrm{d}x\mathrm{d}y,\\b_{mn}=\dfrac{4}{abc\pi\sqrt{\dfrac{m^2}{a^2}+\dfrac{n^2}{b^2}}}\displaystyle\int_0^a\int_0^b\psi(x,y)\sin\frac{m\pi x}{a}\sin\frac{n\pi y}{b}\mathrm{d}x\mathrm{d}y,\end{cases}\quad n=1,2,\cdots.$$

我们将在本书后面的例 10.5.1 用 MATLAB 的 PDE 工具箱求解类似的波动方程的初边值问题.

4. 边界固定立方体中波的传播问题*

例 4.3.5 考虑三维波动问题

$$\begin{cases}u_{tt}=c^2(u_{xx}+u_{yy}+u_{zz}), & 0<x<a, \quad 0<y<b, \quad 0<z<d, \quad t>0,\\u(x,y,z,0)=\phi(x,y,z),\\u_t(x,y,z,0)=\psi(x,y,z), & 0\leqslant x\leqslant a, \quad 0\leqslant y\leqslant b, \quad 0\leqslant z\leqslant d,\\u(0,y,z,t)=u(a,y,z,t)=0, & 0\leqslant y\leqslant b, \quad 0\leqslant z\leqslant d, \quad t\geqslant 0,\\u(x,0,z,t)=u(x,b,z,t)=0, & 0\leqslant x\leqslant a, \quad 0\leqslant z\leqslant d, \quad t\geqslant 0,\\u(x,y,0,t)=u(x,y,d,t)=0, & 0\leqslant x\leqslant a, \quad 0\leqslant y\leqslant b, \quad t\geqslant 0.\end{cases}$$

解 类似地, 可求得形式解

$$u(x,y,z,t)=\sum_{n=1}^{\infty}\sum_{m=1}^{\infty}\sum_{l=1}^{\infty}\left[a_{lmn}\cos\left(\sqrt{\lambda}ct\right)\right.$$
$$\left.+b_{lmn}\sin\left(\sqrt{\lambda}ct\right)\right]\sin\frac{l\pi x}{a}\sin\frac{m\pi y}{b}\sin\frac{n\pi z}{d},$$

其中, $\lambda=\left(\dfrac{l^2}{a^2}+\dfrac{m^2}{b^2}+\dfrac{n^2}{d^2}\right)\pi^2$, 系数

$$\begin{cases}a_{lmn}=\dfrac{8}{abd}\displaystyle\int_0^a\int_0^b\int_0^d\phi(x,y,z)\sin\frac{l\pi x}{a}\sin\frac{m\pi y}{b}\sin\frac{n\pi z}{d}\mathrm{d}x\mathrm{d}y\mathrm{d}z,\\b_{lmn}=\dfrac{8}{abcd\sqrt{\lambda}}\displaystyle\int_0^a\int_0^b\int_0^d\psi(x,y,z)\sin\frac{l\pi x}{a}\sin\frac{m\pi y}{b}\sin\frac{n\pi z}{d}\mathrm{d}x\mathrm{d}y\mathrm{d}z.\end{cases}$$

⊞ 微课 4.3-4

4.3.2 热传导方程的初边值问题

1. 一维情形

例 4.3.6 设有一个均匀细杆, 长为 l, 两端点的坐标为 $x=0$, $x=l$. 杆的侧面是绝热的, 且在端点 $x=0$ 处温度为零, 而在另一端 $x=l$ 处杆的热量自由地发散到周围温度是零介质中去. 已知初始温度为 $\phi(x)$, 求杆上的温度变化规律.

分析: 问题可以化为求解下列热传导问题

$$\begin{cases} u_t = a^2 u_{xx}, & 0 < x < l, \quad t > 0, \\ u(x,0) = \phi(x), & 0 \leqslant x \leqslant l, \\ u(0,t) = 0, \ u_x(l,t) + hu(l,t) = 0, & t \geqslant 0. \end{cases} \tag{4.3.14}$$

解   这是一个热传导方程的混合初边值问题. 设 $u(x,t) = X(x)T(t)$, 代入泛定方程, 得

$$\frac{T'(t)}{a^2 T(t)} = \frac{X''(x)}{X(x)} = -\lambda.$$

★ 实例引入
生活中的热传导
现象

于是

$$T'(t) + \lambda a^2 T(t) = 0, \quad t > 0, \tag{4.3.15}$$

$$X''(x) + \lambda X(x) = 0, \quad 0 < x < l.$$

结合边界条件得特征值问题

$$\begin{cases} X''(x) + \lambda X(x) = 0, & 0 < x < l, \\ X(0) = X'(l) + hX(l) = 0. \end{cases}$$

由例 4.2.3知, 其特征值及对应的特征函数为

$$\lambda_n = \frac{\gamma_n{}^2}{l^2}, \quad X_n(x) = B_n \sin\left(\frac{\gamma_n}{l}x\right), \quad n = 1, 2, \cdots.$$

其中, γ_n 为方程 $\tan\gamma = -\dfrac{\gamma}{hl}$ 的第 n 个正根. 由定理 4.2.4 知, 特征函数系 $\left\{\sin\left(\dfrac{\gamma_n}{l}x\right)\right\}$ 是正交的.

对每一个 $\lambda = \lambda_n$, 代入式(4.3.15), 求解 $T = T_n(t)$:

$$T'(t) + \lambda_n a^2 T(t) = 0, \quad n = 1, 2, \cdots,$$

得通解

$$T_n(t) = A_n \mathrm{e}^{-\lambda_n a^2 t}, \quad n = 1, 2, \cdots.$$

因此

$$u_n(x,t) = T_n(t) X_n(x) = A_n B_n \mathrm{e}^{-\lambda_n a^2 t} \sin\left(\frac{\gamma_n}{l}x\right), \quad n = 1, 2, \cdots$$

满足问题(4.3.14)中的泛定方程和边界条件.

利用叠加原理, 设所求的形式解为

$$u(x,t) = \sum_{n=1}^{\infty} u_n(x,t) = \sum_{n=1}^{\infty} C_n \mathrm{e}^{-\lambda_n a^2 t} \sin\left(\frac{\gamma_n}{l}x\right),$$

★ 问题思考
本例与例 4.3.1
所得形式解的
结构的异同点

其中, 系数由问题(4.3.14)中的初始条件确定, 即

$$\phi(x) = u(x,0) = \sum_{n=1}^{\infty} C_n \sin\left(\frac{\gamma_n}{l}x\right),$$

两端乘以 $\sin\left(\dfrac{\gamma_n}{l}x\right)$ 并利用正交性, 得

★ 应用拓展
利用热传导方程
研究高温防护服
的设计

$$C_n = \frac{\displaystyle\int_0^l \phi(x) \sin\left(\frac{\gamma_n}{l}x\right) \mathrm{d}x}{\displaystyle\int_0^l \sin^2\left(\frac{\gamma_n}{l}x\right) \mathrm{d}x}.$$

我们将在本书后面的例 10.1.2 通过 MATLAB 编程给出关于本例题结果的一个可视化的例子, 并将在第 10.2 节基于有限差分方法介绍热传导方程初边值问题的数值求解.

2. 二维情形*

例 4.3.7 考虑长为 a, 宽为 b, 边界恒为 0℃ 的矩形板中的热传导问题

$$\begin{cases} u_t = c^2(u_{xx} + u_{yy}), & 0 < x < a, \quad 0 < y < b, \quad t > 0, \\ u(x,y,0) = \phi(x,y), & 0 \leqslant x \leqslant a, \quad 0 \leqslant y \leqslant b, \\ u(0,y,t) = u(a,y,t) = 0, & 0 \leqslant y \leqslant b, \quad t \geqslant 0, \\ u(x,0,t) = u(x,b,t) = 0, & 0 \leqslant x \leqslant a, \quad t \geqslant 0. \end{cases}$$

解 设 $u(x,y,t) = U(x,y)T(t)$, 代入泛定方程, 得

$$\frac{T'(t)}{c^2 T(t)} = \frac{\Delta U}{U(x,y)} = -\gamma.$$

于是

$$T'(t) + \gamma c^2 T(t) = 0, \quad t > 0. \tag{4.3.16}$$

$$\Delta U + \gamma U(x,y) = 0, \quad 0 \leqslant x \leqslant a, \quad 0 \leqslant y \leqslant b. \tag{4.3.17}$$

同例 4.3.4的求解, 得到满足方程(4.3.17)及齐次边界条件的解

$$U_{mn}(x,y) = A_m B_n \sin\frac{m\pi x}{a}\sin\frac{n\pi y}{b}, \quad m,n = 1,2,\cdots$$

及其所对应的

$$\gamma_{mn} = \pi^2\left(\frac{m^2}{a^2} + \frac{n^2}{b^2}\right), \quad m,n = 1,2,\cdots.$$

以 γ_{mn} 代入方程(4.3.16), 得其通解

$$T_{mn}(t) = C_{mn}\mathrm{e}^{-\gamma_{mn}c^2 t}, \quad m,n = 1,2,\cdots.$$

因此

$$u_{mn}(x,y,t) = T_{mn}(t)U_{mn}(x,y) = A_m B_n C_{mn}\mathrm{e}^{-\gamma_{mn}c^2 t}\sin\frac{m\pi x}{a}\sin\frac{n\pi y}{b}$$

满足泛定方程和边界条件 $(m,n = 1,2,\cdots)$.

利用叠加原理, 设所求的形式解为

$$u(x,y,t) = \sum_{m=1}^{\infty}\sum_{n=1}^{\infty} u_{mn}(x,y,t) = \sum_{m=1}^{\infty}\sum_{n=1}^{\infty} a_{mn}\mathrm{e}^{-\pi^2\left(\frac{m^2}{a^2}+\frac{n^2}{b^2}\right)c^2 t}\sin\frac{m\pi x}{a}\sin\frac{n\pi y}{b},$$

其系数由初始条件确定, 即

$$\phi(x,y) = u(x,y,0) = \sum_{m=1}^{\infty}\sum_{n=1}^{\infty} a_{mn}\sin\frac{m\pi x}{a}\sin\frac{n\pi y}{b}\mathrm{d}x\mathrm{d}y$$

从而

$$a_{mn} = \frac{4}{ab}\int_0^a\int_0^b \phi(x,y)\sin\frac{m\pi x}{a}\sin\frac{n\pi y}{b}\mathrm{d}x\mathrm{d}y.$$

例 4.3.8 考虑定解问题

$$\begin{cases} u_t = c^2(u_{xx} + u_{yy}), & 0 < x < a, \quad 0 < y < b, \quad t > 0, \\ u(x,y,0) = \phi(x,y), & 0 \leqslant x \leqslant a, \quad 0 \leqslant y \leqslant b, \\ u_x(0,y,t) = u_x(a,y,t) = 0, & 0 \leqslant y \leqslant b, \quad t \geqslant 0, \\ u(x,0,t) = u(x,b,t) = 0, & 0 \leqslant x \leqslant a, \quad t \geqslant 0. \end{cases}$$

解　类似于例 4.3.3和例 4.3.7的求解, 可得形式解

$$u(x,y,t) = \sum_{m=0}^{\infty}\sum_{n=1}^{\infty} a_{mn} \mathrm{e}^{-\pi^2\left(\frac{m^2}{a^2}+\frac{n^2}{b^2}\right)c^2 t}\cos\frac{m\pi x}{a}\sin\frac{n\pi y}{b},$$

其中,

$$a_{mn} = \begin{cases} \dfrac{2}{ab}\displaystyle\int_0^a\int_0^b \phi(x,y)\sin\frac{n\pi y}{b}\mathrm{d}x\mathrm{d}y, & m=0,\quad n=1,2,\cdots, \\[3mm] \dfrac{4}{ab}\displaystyle\int_0^a\int_0^b \phi(x,y)\cos\frac{m\pi x}{a}\sin\frac{n\pi y}{b}\mathrm{d}x\mathrm{d}y, & m,n=1,2,\cdots. \end{cases}$$

3. 三维情形*

例 4.3.9　考虑定解问题

$$\begin{cases} u_t = c^2(u_{xx}+u_{yy}+u_{zz}), & 0<x<a, \quad 0<y<b, \quad 0<z<d, \quad t>0, \\ u(x,y,z,0) = \phi(x,y,z), & \\ u_t(x,y,z,0) = \psi(x,y,z), & 0\leqslant x\leqslant a, \quad 0\leqslant y\leqslant b, \quad 0\leqslant z\leqslant d, \\ u(0,y,z,t) = u(a,y,z,t) = 0, & 0\leqslant y\leqslant b, \quad 0\leqslant z\leqslant d, \quad t\geqslant 0, \\ u(x,0,z,t) = u(x,b,z,t) = 0, & 0\leqslant x\leqslant a, \quad 0\leqslant z\leqslant d, \quad t\geqslant 0, \\ u(x,y,0,t) = u(x,y,d,t) = 0, & 0\leqslant x\leqslant a, \quad 0\leqslant y\leqslant b, \quad t\geqslant 0. \end{cases}$$

解　类似于例 4.3.5和例 4.3.7的求解, 可得形式解

$$u(x,y,z,t) = \sum_{l=1}^{\infty}\sum_{m=1}^{\infty}\sum_{n=1}^{\infty} a_{lmn}\mathrm{e}^{-\pi^2\left(\frac{l^2}{a^2}+\frac{m^2}{b^2}+\frac{n^2}{d^2}\right)ct}\sin\frac{l\pi x}{a}\sin\frac{m\pi x}{b}\sin\frac{n\pi y}{d},$$

其中,

$$a_{lmn} = \frac{8}{abd}\int_0^a\int_0^b\int_0^d \phi(x,y,z)\sin\frac{l\pi x}{a}\sin\frac{m\pi x}{b}\sin\frac{n\pi y}{d}\mathrm{d}x\mathrm{d}y\mathrm{d}z.$$

4.3.3　拉普拉斯方程的边值问题

1. 矩形域的 Dirichlet 问题

例 4.3.10　考虑长为 a, 宽为 b 的矩形平板上温度分布的平衡状态问题

$$\begin{cases} \Delta u = u_{xx}+u_{yy} = 0, & 0<x<a, \quad 0<y<b, \\ u(x,0) = f(x), \quad u(x,b) = g(x), & 0\leqslant x\leqslant a, \\ u(0,y) = u(a,y) = 0, & 0\leqslant y\leqslant b, \end{cases} \tag{4.3.18}$$

其中, $f(x)$ 为已知的连续函数且满足相容性条件 $f(0) = f(a) = 0$.

解　设 $u(x,y) = X(x)Y(y)$, 代入泛定方程, 得

田 微课 4.3-5

$$\frac{X''(x)}{X(x)} = -\frac{Y''(y)}{Y(y)} = -\lambda.$$

于是

$$X''(x) + \lambda X(x) = 0, \quad 0<x<a,$$
$$Y''(y) - \lambda Y(y) = 0, \quad 0<y<b.$$

结合边界条件 $u(0,y) = X(0)Y(y) = 0$ 及 $u(a,y) = X(a)Y(y)$, 得特征值问题

$$\begin{cases} X''(x) + \lambda X(x) = 0, & 0<x<a, \\ X(0) = X(a) = 0. \end{cases}$$

由例 4.2.1知, 其特征值和对应的特征函数为

★ 问题思考
此时特征值问题
的构造方法

$$\lambda_n = \left(\frac{n\pi}{a}\right)^2, \quad X_n(x) = C_n \sin\frac{nx\pi}{a}, \quad n = 1, 2, \cdots.$$

方程 $Y''(y) - \lambda_n Y(y) = 0$ 的通解为

$$Y_n(y) = A_n \mathrm{e}^{\frac{n\pi}{a}y} + B_n \mathrm{e}^{-\frac{n\pi}{a}y}, \quad n = 1, 2, \cdots.$$

因此

$$u_n(x,y) = X_n(x)Y_n(y) = \left(A_n \mathrm{e}^{\frac{n\pi}{a}y} + B_n \mathrm{e}^{-\frac{n\pi}{a}y}\right) C_n \sin\frac{n\pi x}{a}, \quad n = 1, 2, \cdots$$

满足泛定方程组(4.3.18)中第一个和第三个式子.

利用叠加原理, 设所求的形式解为

$$u(x,y) = \sum_{n=1}^{\infty} \left(a_n \mathrm{e}^{\frac{n\pi}{a}y} + b_n \mathrm{e}^{-\frac{n\pi}{a}y}\right) \sin\frac{n\pi x}{a},$$

其系数由方程组 (4.3.18)中第二个式子确定, 即

$$\begin{cases} f(x) = u(x,0) = \sum_{n=1}^{\infty}(a_n + b_n)\sin\dfrac{n\pi x}{a}, \\ g(x) = u(x,b) = \sum_{n=1}^{\infty}\left(a_n \mathrm{e}^{\frac{n\pi b}{a}} + b_n \mathrm{e}^{-\frac{n\pi b}{a}}\right)\sin\dfrac{n\pi x}{a}. \end{cases}$$

★ 问题思考
此时叠加系数的
确定方法

所以

$$\begin{cases} a_n + b_n = \dfrac{2}{a}\displaystyle\int_0^a f(x)\sin\dfrac{n\pi x}{a}\mathrm{d}x := f_n, \\ a_n \mathrm{e}^{\frac{n\pi}{a}y} + b_n \mathrm{e}^{-\frac{n\pi}{a}y} = \dfrac{2}{a}\displaystyle\int_0^a g(x)\sin\dfrac{n\pi x}{a}\mathrm{d}x := g_n, \end{cases}$$

解得

$$\begin{cases} a_n = \dfrac{f_n \mathrm{e}^{-\frac{n\pi b}{a}} - g_n}{\mathrm{e}^{-\frac{n\pi b}{a}} - \mathrm{e}^{\frac{n\pi b}{a}}}, \\ b_n = \dfrac{g_n - f_n \mathrm{e}^{\frac{n\pi b}{a}}}{\mathrm{e}^{-\frac{n\pi b}{a}} - \mathrm{e}^{\frac{n\pi b}{a}}}. \end{cases}$$

从而

$$u(x,y) = \sum_{n=1}^{\infty} \left\{ \frac{\left[\mathrm{e}^{\frac{n\pi}{a}(y-b)} - \mathrm{e}^{\frac{n\pi}{a}(b-y)}\right] f_n + \left(\mathrm{e}^{-\frac{n\pi}{a}y} - \mathrm{e}^{\frac{n\pi}{a}y}\right) g_n}{\mathrm{e}^{-\frac{n\pi b}{a}} - \mathrm{e}^{\frac{n\pi b}{a}}} \right\} \sin\frac{n\pi x}{a}$$

$$= \frac{2}{a}\sum_{n=1}^{\infty} \left[\frac{\sinh\dfrac{n\pi(b-y)}{a}}{\sinh\dfrac{n\pi b}{a}} \int_0^a f(x)\sin\frac{n\pi x}{a}\mathrm{d}x \right.$$

$$\left. + \frac{\sinh\dfrac{n\pi y}{a}}{\sinh\dfrac{n\pi b}{a}} \int_0^a g(x)\sin\frac{n\pi x}{a}\mathrm{d}x \right] \sin\frac{n\pi x}{a}.$$

注 4.3.4 对于矩形域的一般 Dirichlet 问题

$$\begin{cases} \Delta u = 0, & 0 < x < a, \quad 0 < y < b, \\ u(x,0) = f(x), \quad u(x,b) = g(x), & 0 \leqslant x \leqslant a, \\ u(0,y) = h(x), \quad u(a,y) = k(x), & 0 \leqslant x \leqslant b, \end{cases}$$

可利用叠加原理, 将其分解为两个类似于例 4.3.10的定解问题 (即每个定解问题仅有一个非齐次边界条件) 分别用类似于例 4.3.10的方法再将两个解加起来即得原定解问题的解.

2. 矩形域的 Neumann 问题

例 4.3.11   考虑 Neumenn 问题

$$
\begin{cases}
\Delta u = u_{xx} + u_{yy} = 0, & 0 < x < a, \quad 0 < y < b, \\
u_y(x,0) = f(x), \quad u_y(x,b) = g(x), & 0 \leqslant x \leqslant a, \\
u_x(0,y) = u_x(a,y) = 0, & 0 \leqslant y \leqslant b,
\end{cases}
\tag{4.3.19}
$$

其中, $f(x), g(x)$ 为已知的连续函数且满足相容性条件

$$
\int_0^a [f(x) - g(x)]\mathrm{d}x = 0.
\tag{4.3.20}
$$

解   设 $u(x,y) = X(x)Y(y)$, 代入泛定方程, 得

$$
X''(x) + \lambda X(x) = 0, \quad 0 < x < a,
$$
$$
Y''(y) - \lambda Y(y) = 0, \quad 0 < y < b.
$$

结合边界条件(4.3.19)中第三个式子得特征值问题

$$
\begin{cases}
X''(x) + \lambda X(x) = 0, & 0 < x < a, \\
X'(0) = X'(a) = 0.
\end{cases}
$$

由例 4.2.2知, 其特征值和对应的特征函数为

$$
\lambda_n = \left(\frac{n\pi}{a}\right)^2, \quad X_n(x) = C_n \cos \frac{n\pi x}{a}, \quad n = 0, 1, 2, \cdots.
$$

方程 $Y''(y) - \lambda_n Y(y) = 0$ 的通解为

$$
Y_n(y) = \begin{cases}
A_0 + B_0 y, & n = 0, \\
A_n \mathrm{e}^{\frac{n\pi}{a} y} + B_n \mathrm{e}^{-\frac{n\pi}{a} y}, & n = 1, 2, \cdots.
\end{cases}
$$

因此

$$
u_n(x,y) = X_n(x)Y_n(y) = \begin{cases}
C_0(A_0 + B_0 y), & n = 0, \\
C_n \cos \frac{n\pi x}{a} \left(A_n \mathrm{e}^{\frac{n\pi}{a} y} + B_n \mathrm{e}^{-\frac{n\pi y}{a}} \right), & n = 1, 2, \cdots
\end{cases}
$$

满足泛定方程组 (4.3.19)中第一个和第三个式子.

利用叠加原理, 设所求的形式解为

$$
u(x,y) = a_0 + b_0 y + \sum_{n=1}^{\infty} \left(a_n \mathrm{e}^{\frac{n\pi y}{a}} + b_n \mathrm{e}^{-\frac{n\pi y}{a}} \right) \cos \frac{n\pi x}{a},
$$

其中, 系数由方程组(4.3.19)中第二个式子确定, 即

$$
\begin{cases}
f(x) = u_y(x,0) = b_0 + \sum_{n=1}^{\infty} \frac{n\pi}{a}(a_n - b_n) \cos \frac{n\pi x}{a}, \\
g(x) = u_y(x,b) = b_0 + \sum_{n=1}^{\infty} \frac{n\pi}{a} \left(a_n \mathrm{e}^{\frac{n\pi b}{a}} - b_n \mathrm{e}^{-\frac{n\pi b}{a}} \right) \cos \frac{n\pi x}{a}.
\end{cases}
$$

所以

$$\begin{cases} b_0 = \dfrac{1}{a} \int_0^a f(x)\mathrm{d}x, \\[2mm] b_0 = \dfrac{1}{a} \int_0^a g(x)\mathrm{d}x, \\[2mm] \dfrac{n\pi}{a}(a_n - b_n) = \dfrac{2}{a} \int_0^a f(x) \cos \dfrac{n\pi x}{a}\mathrm{d}x, \\[2mm] \dfrac{n\pi}{a}\left(a_n \mathrm{e}^{\frac{n\pi b}{a}} - b_n \mathrm{e}^{-\frac{n\pi b}{a}}\right) = \dfrac{2}{a} \int_0^a g(x) \cos \dfrac{n\pi x}{a}\mathrm{d}x. \end{cases} \qquad (4.3.21)$$

由方程组 (4.3.21)中第一个和第二个式子知

$$\int_0^a [f(x) - g(x)]\mathrm{d}x = 0.$$

这是后面将介绍的 Neumann 问题解存在的必要条件 (相容性条件).

由方程组(4.3.21)中第三个和第四个式子, 得

★ 问题思考

存在相容性条件

的原因

$$\begin{cases} a_n - b_n = \dfrac{2}{n\pi} \int_0^a f(x) \cos \dfrac{n\pi x}{a}\mathrm{d}x := f_n, \\[2mm] a_n \mathrm{e}^{\frac{n\pi b}{a}} - b_n \mathrm{e}^{-\frac{n\pi b}{a}} = \dfrac{2}{n\pi} \int_0^a g(x) \cos \dfrac{n\pi x}{a}\mathrm{d}x := g_n. \end{cases}$$

解得

$$\begin{cases} a_n = \dfrac{g_n - f_n \mathrm{e}^{-\frac{n\pi b}{a}}}{\mathrm{e}^{\frac{n\pi b}{a}} - \mathrm{e}^{-\frac{n\pi b}{a}}}, \\[3mm] b_n = \dfrac{g_n - f_n \mathrm{e}^{\frac{n\pi b}{a}}}{\mathrm{e}^{\frac{n\pi b}{a}} - \mathrm{e}^{-\frac{n\pi b}{a}}}. \end{cases}$$

从而

$$\begin{aligned} u(x, y) =& a_0 + \left[\frac{1}{a} \int_0^a f(x)\mathrm{d}x\right] y \\ &+ \sum_{n=1}^{\infty} \left[\frac{\mathrm{e}^{\frac{n\pi y}{a}}\left(g_n - f_n\mathrm{e}^{-\frac{n\pi b}{a}}\right) + \mathrm{e}^{-\frac{n\pi y}{a}}\left(g_n - f_n \mathrm{e}^{\frac{n\pi b}{a}}\right)}{\mathrm{e}^{\frac{n\pi b}{a}} - \mathrm{e}^{-\frac{n\pi b}{a}}}\right] \cos \frac{n\pi x}{a} \\ =& a_0 + \frac{y}{a} \int_0^a f(x)\mathrm{d}x + \frac{2}{\pi} \sum_{n=1}^{\infty} \left[\frac{\cosh \dfrac{n\pi y}{a}}{n \sinh \dfrac{n\pi v}{a}} \int_0^a g(x) \cos \frac{n\pi x}{a}\mathrm{d}x \right.\\ &\left.- \frac{\cosh \dfrac{n\pi(b - y)}{a}}{n \sinh \dfrac{n\pi b}{a}} \int_0^a f(x) \cos \frac{n\pi x}{a}\mathrm{d}x\right] \cos \frac{n\pi x}{a}, \end{aligned}$$

其中, a_0 为任意常数 (即定解问题的解相差一个常数).

注 4.3.5 一般地, 拉普拉斯方程的 Neumann 问题

$$\begin{cases} \Delta u = 0, & x \in \Omega, \\ \dfrac{\partial u}{\partial n} = f, & x \in \partial\Omega \end{cases} \qquad (4.3.22)$$

有解的必要条件是

$$\oint_{\partial\Omega} f\mathrm{d}s = 0.$$

事实上, 由高斯公式, 有

$$0 = \int_{\Omega} \Delta u \mathrm{d}x = \oint_{\partial\Omega} \frac{\partial u}{\partial n} \mathrm{d}s = \oint_{\partial\Omega} f \mathrm{d}s.$$

注 4.3.6   类似地, 可求解问题

$$\begin{cases} \Delta u = u_{xx} + u_{yy} = 0, & 0 < x < a, \quad 0 < y < b, \\ u_y(x,0) = 0, \quad u_y(x,b) = 0, & 0 \leqslant x \leqslant a, \\ u_x(0,y) = h(y), \quad u_x(a,y) = k(y), & 0 \leqslant y \leqslant b, \end{cases} \quad (4.3.23)$$

其中, $h(y), k(y)$ 为已知的连续函数且满足相容性条件

$$\int_0^b [h(y) - k(y)] \mathrm{d}y = 0. \quad (4.3.24)$$

问题: 如何求解更一般 Neumenn 问题

$$\begin{cases} \Delta u = u_{xx} + u_{yy} = 0, & 0 < x < a, \quad 0 < y < b, \\ u_y(x,0) = f(x), \quad u_y(x,b) = g(x), & 0 \leqslant x \leqslant a, \\ u_x(0,y) = h(y), \quad u_x(a,y) = k(y), & 0 \leqslant y \leqslant b, \end{cases} \quad (4.3.25)$$

其中, $f(x), g(x), h(y), k(y)$ 为已知的连续函数且满足相容性条件

$$\int_0^a [f(x) - g(x)] \mathrm{d}x + \int_0^b [h(y) - k(y)] \mathrm{d}y = 0. \quad (4.3.26)$$

分析: 一般地, 不可将问题 (4.3.25) 分解为问题 (4.3.19) 和问题 (4.3.23) 来解. 因问题 (4.3.19) 和问题 (4.3.23) 有解的必要条件分别是条件(4.3.20)和条件 (4.3.24); 而一般情况下, 从条件 (4.3.26)推不出问题 (4.3.20)和问题 (4.3.24). 为此, Grunbery 提供了一种解法, 感兴趣的读者可参见 Debnath(2006) 的文献.

3. 矩形域的 Dirichlet-Neumann 混合问题*

例 4.3.12   求解 Dirichlet-Neumann 混合边值问题

$$\begin{cases} \Delta u = u_{xx} + u_{yy} = 0, & 0 < x < a, \quad 0 < y < b, \\ u(x,0) = f(x), \quad u(x,b) = g(x), & 0 \leqslant x \leqslant a, \\ u_x(0,y) = u_x(a,y) = 0, & 0 \leqslant y \leqslant b, \end{cases}$$

其中, $f(x), g(x)$ 为已知的连续函数.

解   求解过程的前面部分同例 4.3.11, 可设形式解为

$$u(x,y) = a_0 + b_0 y + \sum_{n=1}^{\infty} \left(a_n \mathrm{e}^{\frac{n\pi b}{a}} + b_n \mathrm{e}^{-\frac{n\pi b}{a}} \right) \cos \frac{n\pi b}{a},$$

其中, 系数由边界条件 (4.2.52) 确定, 即

$$\begin{cases} f(x) = u(x,0) = a_0 + \sum_{n=1}^{\infty} (a_n + b_n) \cos \frac{n\pi x}{a}, \\ g(x) = u(x,b) = a_0 + b b_0 + \sum_{n=1}^{\infty} \left(a_n \mathrm{e}^{\frac{n\pi b}{a}} + b_n \mathrm{e}^{-\frac{n\pi b}{a}} \right) \cos \frac{n\pi b}{a}. \end{cases}$$

所以

$$
\begin{cases}
a_0 = \dfrac{1}{a} \displaystyle\int_0^a f(x)\mathrm{d}x, \\[2mm]
a_0 + bb_0 = \dfrac{1}{a} \displaystyle\int_0^a g(x)\mathrm{d}x, \\[2mm]
a_n + b_n = \dfrac{2}{a} \displaystyle\int_0^a f(x)\cos\dfrac{n\pi x}{a}\mathrm{d}x := f_n, \\[2mm]
a_n\mathrm{e}^{\frac{n\pi b}{a}} + b_n\mathrm{e}^{-\frac{n\pi b}{a}} = \dfrac{2}{a} \displaystyle\int_0^a g(x)\cos\dfrac{n\pi x}{a}\mathrm{d}x := g_n.
\end{cases}
$$

解得

$$
\begin{cases}
a_0 = \dfrac{1}{a} \displaystyle\int_0^a f(x)\mathrm{d}x, \\[2mm]
b_0 = \dfrac{1}{ab} \displaystyle\int_0^a [g(x) - f(x)]\mathrm{d}x, \\[2mm]
a_n = \dfrac{\mathrm{e}^{-\frac{n\pi b}{a}} f_n - g_n}{\mathrm{e}^{-\frac{n\pi b}{a}} - \mathrm{e}^{\frac{n\pi b}{a}}}, \\[2mm]
b_n = \dfrac{g_n - \mathrm{e}^{\frac{n\pi b}{a}} f_n}{\mathrm{e}^{-\frac{n\pi b}{a}} - \mathrm{e}^{\frac{n\pi b}{a}}}.
\end{cases}
$$

从而

$$
\begin{aligned}
u(x,y) =& \frac{1}{a}\int_0^a f(x)\mathrm{d}x + \frac{y}{ab}\int_0^a [g(x) - f(x)]\mathrm{d}x \\
&+ \sum_{n=1}^\infty \left[\frac{\mathrm{e}^{\frac{n\pi y}{a}}\left(\mathrm{e}^{-\frac{n\pi b}{a}} f_n - g_n\right) + \mathrm{e}^{-\frac{n\pi y}{a}}\left(g_n - \mathrm{e}^{\frac{n\pi b}{a}} f_n\right)}{\mathrm{e}^{-\frac{n\pi b}{a}} - \mathrm{e}^{\frac{n\pi b}{a}}} \right] \cos\frac{n\pi x}{a} \\
=& \frac{1}{a}\int_0^a f(x)\mathrm{d}x + \frac{2}{a}\sum_{n=1}^\infty \left[\frac{\sinh\dfrac{n\pi(b-y)}{a}}{\sinh\dfrac{n\pi b}{a}} \int_0^a f(x)\cos\frac{n\pi x}{a}\mathrm{d}x \right. \\
&\left. + \frac{\sinh\dfrac{n\pi y}{a}}{\sinh\dfrac{n\pi b}{a}} \int_0^a g(x)\cos\frac{n\pi x}{a}\mathrm{d}x \right] \cos\frac{n\pi x}{a} + \frac{y}{ab}\int_0^a [g(x) - f(x)]\mathrm{d}x.
\end{aligned}
$$

4. 圆域的 Dirichlet 问题

例 4.3.13 考虑稳定状态下半径为 a 的薄圆盘的温度分布问题

$$
\begin{cases}
\Delta u = u_{xx} + u_{yy} = 0, & x^2 + y^2 < a^2, \\
u(x,y) = f(x,y), & x^2 + y^2 = a^2.
\end{cases}
\tag{4.3.27}
$$

解 令 $x = r\cos\theta, y = r\sin\theta$, 则问题化成极坐标形式, 并考虑到圆盘中心的温度值有限, 以及 (r,θ) 与 $(r, \theta + 2\pi)$ 表示同一点, 有

$$
\begin{cases}
\Delta u = u_{rr} + \dfrac{1}{r}u_r + \dfrac{1}{r^2}u_{\theta\theta} = 0, & 0 < r < a, \quad 0 \leqslant \theta \leqslant 2\pi, \\[2mm]
u(a,\theta) = f(\theta), & 0 \leqslant \theta \leqslant 2\pi, \\[2mm]
|u(0,\theta)| < \infty, & 0 \leqslant \theta \leqslant 2\pi, \\[2mm]
u(r,\theta) = u(r, \theta + 2\pi), & 0 \leqslant r \leqslant a, \quad 0 \leqslant \theta \leqslant 2\pi.
\end{cases}
$$

田 微课 4.3-6

令 $u(r,\theta) = R(r)\Phi(\theta)$, 代入泛定方程, 有
$$\frac{r^2 R''(r) + r R'(r)}{R(r)} = -\frac{\Phi''(\theta)}{\Phi(\theta)} := \lambda.$$

于是
$$\Phi''(\theta) + \lambda\Phi(\theta) = 0, \quad 0 \leqslant \theta \leqslant 2\pi,$$
$$r^2 R''(r) + r R'(r) - \lambda R(r) = 0, \quad 0 < r < a,$$
$$|R(0)| < \infty, \quad \Phi(\theta) = \Phi(\theta + 2\pi).$$

由例 4.3.6知, 特征值问题
$$\begin{cases} \Phi''(\theta) + \lambda\Phi(\theta) = 0, & 0 \leqslant \theta \leqslant 2\pi, \\ \Phi(\theta) = \Phi(\theta + 2\pi), & 0 \leqslant \theta \leqslant 2\pi \end{cases}$$

的特征值和对应的特征函数为
$$\lambda_n = n^2, \quad \Phi_n(\theta) = A_n \cos(n\theta) + B_n \sin(n\theta), \quad n = 0, 1, 2, \cdots.$$

对每一个 $\lambda = \lambda_n$, 求解 $R = R_n(r)$:
$$r^2 R''(r) + r^1 R'(r) - \lambda_n R(r) = 0, \quad n = 0, 1, 2, \cdots.$$

当 $\lambda_0 = 0$ 时, 方程为 $r R'' + R' = 0$, 故
$$R'(r) = D_0 \mathrm{e}^{-\int \frac{1}{r} \mathrm{d}r} = D_0 \frac{1}{r},$$

从而
$$R_0(r) = D_0 \ln r + C_0.$$

当 $\lambda_n = n^2 \ (n = 1, 2, \cdots)$ 时, 方程为欧拉方程. 作变换 $r = \mathrm{e}^t$, 可化为
$$\frac{\mathrm{d}^2 R}{\mathrm{d}t^2} - n^2 R = 0,$$

解得
$$R_n(t) = C_n \mathrm{e}^{nt} + D_n \mathrm{e}^{-nt}, \quad n = 0, 1, 2, \cdots,$$

进而
$$R_n(r) = C_n r^n + D_n r^{-n}, \quad n = 1, 2, \cdots.$$

由 $R(0)$ 的有界性, 推得 $D_n = 0 \ (n = 0, 1, 2, \cdots)$. 故
$$R_n(r) = C_n r^n, \quad n = 0, 1, 2, \cdots.$$

因此
$$u_n(r,\theta) = R_n(r)\Phi_n(\theta) = C_n r^n [A_n \cos(n\theta) + B_n \sin(n\theta)], \quad n = 0, 1, 2, \cdots.$$

利用叠加原理, 设所求的形式解为
$$u(r,\theta) = \frac{a_0}{2} + \sum_{n=1}^{\infty} r^n [a_n \cos(n\theta) + b_n \sin(n\theta)], \tag{4.3.28}$$

其中, 系数由边界条件 $u(a,\theta) = f(\theta)$ 确定, 即
$$f(\theta) = u(a,\theta) = \frac{a_0}{2} + \sum_{n=1}^{\infty} a^n [a_n \cos(n\theta) + b_n \sin(n\theta)].$$

从而

$$\begin{cases} a_n = \dfrac{1}{a^n \pi} \displaystyle\int_0^{2\pi} f(t) \cos(nt)\mathrm{d}t, & n = 0, 1, 2, \cdots, \\[3mm] b_n = \dfrac{1}{a^n \pi} \displaystyle\int_0^{2\pi} f(t) \sin(nt)\mathrm{d}t, & n = 1, 2, \cdots. \end{cases} \tag{4.3.29}$$

注 4.3.7 问题(4.3.27)的解(4.3.28)的积分形式为

$$u(r, \theta) = \frac{1}{2\pi} \int_0^{2\pi} \frac{a^2 - r^2}{a^2 - 2ar\cos(\theta - t) + r^2} f(t)\mathrm{d}t, \quad 0 \leqslant r \leqslant a, \quad 0 \leqslant \theta \leqslant 2\pi,$$

称为圆域内的泊松公式.

事实上, 将式(4.3.29)代入式(4.3.28), 有

$$\begin{aligned} u(r, \theta) &= \frac{1}{2\pi} \int_0^{2\pi} f(t)\mathrm{d}t + \frac{1}{\pi} \sum_{n=1}^{\infty} \frac{r^n}{a^n} \int_0^{2\pi} f(t)\left[\cos(nt)\cos(n\theta) + \sin(nt)\sin(n\theta)\right]\mathrm{d}t \\[2mm] &= \frac{1}{2\pi} \int_0^{2\pi} f(t)\left\{1 + \sum_{n=1}^{\infty} 2\left(\frac{r}{a}\right)^n \cos\left[n(\theta - t)\right]\right\}\mathrm{d}t \\[2mm] &= \frac{1}{2\pi} \int_0^{2\pi} f(t)\left\{1 + \sum_{n=1}^{\infty}\left[\left(\frac{r}{a}\right)^n \mathrm{e}^{ni(\theta - t)} + \left(\frac{r}{a}\right)^n \mathrm{e}^{-ni(\theta - t)}\right]\right\}\mathrm{d}t \\[2mm] &= \frac{1}{2\pi} \int_0^{2\pi} f(t)\left[1 + \frac{\dfrac{r}{a}\mathrm{e}^{i(\theta - t)}}{1 - \dfrac{r}{a}\mathrm{e}^{i(\theta - t)}} + \frac{\dfrac{r}{a}\mathrm{e}^{-i(\theta - t)}}{1 - \dfrac{r}{a}\mathrm{e}^{-i(\theta - t)}}\right]\mathrm{d}t \\[2mm] &= \frac{1}{2\pi} \int_0^{2\pi} f(t) \frac{1 - \left(\dfrac{r}{a}\right)^2}{1 - 2\left(\dfrac{r}{a}\right)\cos(\theta - t) + \left(\dfrac{r}{a}\right)^2}\mathrm{d}t. \end{aligned}$$

注 4.3.8 对于圆域外的 Dirichlet 问题

$$\begin{cases} u_{rr} + \dfrac{1}{r}u_r + \dfrac{1}{r^2}u_{\theta\theta} = 0, & r > a, \quad 0 \leqslant \theta \leqslant 2\pi, \\[2mm] u(a, \theta) = f(\theta) = 0, & 0 \leqslant \theta \leqslant 2\pi, \\[2mm] |u(r, \theta)| < \infty, & (r \to \infty). \end{cases}$$

类似可得其形式解为

$$u(r, \theta) = \frac{1}{2\pi} \int_0^{2\pi} \frac{r^2 - a^2}{a^2 - 2ar\cos(\theta - t) + r^2} f(t)\mathrm{d}t, \quad r \geqslant a, \quad 0 \leqslant \theta \leqslant 2\pi.$$

例 4.3.14 求解定解问题

$$\begin{cases} u_{xx} + u_{yy} = 0, & x^2 + y^2 < a^2, \\[2mm] u(x, y) = p + q\sin\theta, & x^2 + y^2 = a^2, \end{cases}$$

其中, θ 为 x, y 的函数.

解 由例 4.3.13知, 解的表达式为式(4.3.28)且

$$\begin{aligned} a_0 &= \frac{1}{\pi} \int_0^{2\pi} (p + q\sin\theta)\mathrm{d}\theta = 2p, \\[2mm] a_n &= \frac{1}{a^n \pi} \int_0^{2\pi} (p + q\sin\theta)\cos(n\theta)\mathrm{d}\theta \end{aligned}$$

$$=\frac{q}{a^n\pi}\int_0^{2\pi}\sin\theta\cos(n\theta)\mathrm{d}\theta=0,\quad n=1,2,\cdots,$$

$$b_n=\frac{1}{a^n\pi}\int_0^{2\pi}(p+q\sin\theta)\sin(n\theta)\mathrm{d}\theta$$

$$=\frac{q}{a^n\pi}\int_0^{2\pi}\sin\theta\sin(n\theta)\mathrm{d}\theta=\begin{cases}\dfrac{q}{a^n},&n=1,\\[2mm]0,&n\neq1.\end{cases}$$

所以

$$u(r,\theta)=p+\frac{q}{a}r\sin\theta=p+\frac{q}{a}y.$$

5. 圆域的 Neumann 问题*

例 4.3.15　求解圆域的 Neumann 问题

$$\begin{cases}\Delta u=0,&0<r<a,\\[2mm]\dfrac{\partial u}{\partial n}=\dfrac{\partial u}{\partial r}=f(\theta),&r=a,\end{cases}\tag{4.3.30}$$

其中, $f(\theta)$ 满足相容性条件

$$\int_0^{2\pi}f(\theta)\mathrm{d}\theta=0.$$

解　设 $u(r,\theta)=R(r)\Phi(\theta)$, 同 Dirichlet 问题 (4.3.27), 可求得泛定方程的解为

$$u(r,\theta)=\frac{a_0}{2}+\sum_{n=1}^{\infty}r^n\left[a_n\cos(n\theta)+b_n\sin(n\theta)\right].$$

对 r 微分, 有

$$\left.\frac{\partial u}{\partial r}\right|_{r=a}=\left.\left\{\sum_{n=1}^{\infty}nr^{n-1}\left[a_n\cos(n\theta)+b_n\sin(n\theta)\right]\right\}\right|_{r=a}=f(\theta),$$

于是

$$\begin{cases}a_n=\dfrac{1}{n\pi a^{n-1}}\displaystyle\int_0^{2\pi}f(t)\cos(nt)\mathrm{d}t,&n=1,2,\cdots,\\[4mm]b_n=\dfrac{1}{n\pi a^{n-1}}\displaystyle\int_0^{2\pi}f(t)\sin(nt)\mathrm{d}t,&n=1,2,\cdots.\end{cases}$$

所以, 定解问题的解为

$$u(r,\theta)=\frac{a_0}{2}+\sum_{n=1}^{\infty}\int_0^{2\pi}\frac{r^n}{n\pi a^{n-1}}\left[\cos(n\theta)\cos(nt)+\sin(n\theta)\sin(nt)\right]f(t)\mathrm{d}t,$$

$$=\frac{a_0}{2}+\frac{a}{\pi}\int_0^{2\pi}\left\{\sum_{n=1}^{\infty}\frac{1}{n}\left(\frac{r}{a}\right)^n\cos\left[n(\theta-t)\right]\right\}f(t)\mathrm{d}t.\tag{4.3.31}$$

注 4.3.9　问题(4.3.30)的解(4.3.31)的积分形式为

$$u(r,\theta)=\frac{a_0}{2}-\frac{a}{2\pi}\int_0^{2\pi}\ln\left[a^2-2ar\cos(\theta-t)+r^2\right]f(t)\mathrm{d}t.$$

注 4.3.10　对于圆域外的 Neumann 问题

$$\begin{cases}\Delta u=0,&r>a,\\[2mm]\dfrac{\partial u}{\partial n}=-\dfrac{\partial u}{\partial r}=f(\theta),&r=a.\end{cases}$$

类似可得其解为

$$u(r,\theta) = \frac{a_0}{2} + \frac{a}{2\pi} \int_0^{2\pi} \ln\left[a^2 - 2ar\cos(\theta - t) + r^2\right] f(t)\mathrm{d}t.$$

6. 立方体内的 Dirichlet 问题*

例 4.3.16 考虑边长为 a 的立方体内的稳态温度分布问题

$$\begin{cases} \Delta u = u_{xx} + u_{yy} + u_{zz} = 0, & 0 < x < \pi, \quad 0 < y < \pi, \quad 0 < z < \pi, \\ u(x,y,0) = f(x,y), \quad u(x,y,\pi) = 0, & 0 \leqslant x \leqslant \pi, \quad 0 \leqslant y \leqslant \pi, \\ u(x,0,z) = u(x,\pi,z) = 0, & 0 \leqslant x \leqslant \pi, \quad 0 \leqslant z \leqslant \pi, \\ u(0,y,z) = u(\pi,y,z) = 0, & 0 \leqslant y \leqslant \pi, \quad 0 \leqslant z \leqslant \pi. \end{cases}$$

解 设 $u(x,y,z) = X(x)Y(y)Z(z)$, 代入泛定方程, 得

$$\frac{X''(x)}{X(x)} + \frac{Y''(y)}{Y(y)} = -\frac{Z''(z)}{Z(z)} := \lambda = \mu + (\lambda - \mu).$$

于是

$$\begin{cases} X''(x) - \mu X(x) = 0, & 0 < x < \pi, \\ Y''(y) - (\lambda - \mu)Y(y) = 0, & 0 < y < \pi, \\ Z''(z) + \lambda Z(z) = 0, & 0 < z < \pi. \end{cases}$$

再分离边界条件, 得到关于 X 的特征值问题

$$\begin{cases} X''(x) - \mu X(x) = 0, & 0 < x < \pi, \\ X(0) = X(\pi) = 0. \end{cases}$$

由例 4.2.1知, 其特征值和对应的特征函数为

$$\mu_m = -m^2, \quad X_m(x) = C_m \sin(mx), \quad m = 1, 2, \cdots.$$

类似地, 关于 Y 的特征值问题

$$\begin{cases} Y''(x) - (\lambda - \mu)Y(x) = 0, & 0 < y < \pi, \\ Y(0) = Y(\pi) = 0 \end{cases}$$

的特征值和对应的特征函数为

$$\lambda_{mn} - \mu_m = -n^2, \quad Y_n(x) = C_n \sin(ny), \quad n = 1, 2, \cdots.$$

由上面两个特征值, 有 $\lambda_{mn} = -(m^2 + n^2)$. 于是

$$Z''(z) - (m^2 + n^2)Z(z) = 0$$

的解为

$$Z = C \sinh\left[\sqrt{m^2 + n^2}(\pi + F)\right].$$

代入条件 $Z(\pi) = 0$, 得

$$Z = C \sinh\left[\sqrt{m^2 + n^2}(\pi - z)\right].$$

于是, 满足齐次边界条件的拉普拉斯方程的形式解为

$$u(x,y,z) = \sum_{m=1}^{\infty} \sum_{n=1}^{\infty} a_{mn} \sinh\left[\sqrt{m^2 + n^2}(\pi - z)\right] \sin(mx) \sin(ny).$$

最后, 应用非齐次边界条件, 得

$$f(x,y) = u(x,y,0) = \sum_{m=1}^{\infty} \sum_{n=1}^{\infty} a_{mn} \sinh\left(\sqrt{m^2 + n^2}\pi\right) \sin(mx) \sin(ny).$$

两端乘以 $\sin(kx)\sin(ly)$, 再对 x, y 分别从 0 到 π 积分, 由特征函数系的正交性, 得

$$a_{mn}\sinh\left(\sqrt{m^2+n^2}\pi\right) = \frac{4}{\pi^2}\int_0^\pi\int_0^\pi f(x,y)\sin(kx)\sin(ly)\mathrm{d}x\mathrm{d}y.$$

因此, 得到立方体内的 Dirichlet 问题的解为

$$u(x,y,z) = \sum_{m=1}^\infty\sum_{n=1}^\infty b_{mn}\frac{\sinh\left[\sqrt{m^2+n^2}(\pi-z)\right]}{\sinh\left(\sqrt{m^2+n^2}\pi\right)}\sin(mx)\sin(ny),$$

其中, $b_{mn} = a_{mn}\sinh\left(\sqrt{m^2+n^2}\pi\right).$

4.4　非齐次方程和齐次边界条件的定解问题

本节处理非齐次方程的定解问题. 由于非齐次项的出现, 不能直接利用前一节的分离变量法 (分离变量 → 解特征值问题 → 解其他常微分方程 → 叠加 → 确定系数), 必须采用新的方法. 为此, 先回顾求解二阶线性非齐次常微分方程的常数变易法.

常数变易法回顾: 对于二阶线性非齐次常微分方程

$$y''(t) + p(t)y'(t) + q(t)y(t) = f(t),$$

若对应的齐次方程

$$y''(t) + p(t)y'(t) + q(t)y(t) = 0$$

有通解

$$y(t) = C_1y_1(t) + C_2y_2(t)\quad(C_1, C_2\text{为常数}),$$

则可设非齐次方程有解

$$y(t) = C_1(t)y_1(t) + C_2(t)y_2(t),$$

其中, $C_1(t)$ 和 $C_2(t)$ 可由解下列方程组求得 (请读者推导一下!),

$$\begin{cases} C_1'(t)y_1(t) + C_2'(t)y_2(t) = 0, \\ C_1'(t)y_1'(t) + C_2'(t)y_2'(t) = f(t). \end{cases} \tag{4.4.1}$$

田 课件 4.4

田 微课 4.4-1

受上述思想启发, 首先引入 "特征函数法" 来求解非齐次方程和齐次边界条件的偏微分方程的定解问题: 先按照相应的齐次方程和边界条件选择适当的特征函数集, 直接假设待定系数函数写出级数形式解, 再利用该非齐次泛定方程和初始条件确定待定的系数函数.

★ 实例引入
外力作用下的振动问题: 塔科马吊桥垮塌

通过观察特征函数法所求出解的表达式, 还将引入另外一种求解方法: "分离变量法 + 齐次化原理 + 叠加原理".

4.4.1　波动方程的初边值问题

例 4.4.1　考虑图 4.4.1 所示的两端固定弦的受迫振动问题

$$\begin{cases} u_{tt} = a^2u_{xx} + f(x,t), & 0 < x < l,\quad t > 0, \\ u(x,0) = \phi(x),\quad u_t(x,0) = \psi(x), & 0 \leqslant x \leqslant l, \\ u(0,t) = u(l,t) = 0, & t \geqslant 0. \end{cases} \tag{4.4.2}$$

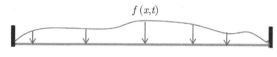

图 4.4.1 弦的受迫振动

分析一: 由于泛定方程中非齐次项 $f(x,t)$ 的出现, 若以 $u(x,t) = X(x)T(t)$ 代入方程, 不能实现变量分离. 为此, 类比解线性非齐次常微分方程的**常数变易法**, 采用**特征函数法**.

解 方法一: 特征函数法*

田 微课 4.4-2

第一步: 对应齐次问题的特征函数系

问题 (4.4.2) 所对应的齐次问题为

$$\begin{cases} u_{tt} = a^2 u_{xx}, & 0 < x < l, \quad t > 0 \\ u(x,0) = \phi(x), \quad u_t(x,0) = \psi(x), & 0 \leqslant x \leqslant l, \\ u(0,t) = u(l,t) = 0, & t \geqslant 0. \end{cases}$$

通过分离变量 $u(x,t) = X(x)T(t)$ 后, 得到的特征值问题为

$$\begin{cases} X''(x) + \lambda X(x) = 0, & 0 < x < l, \\ X(0) = X(l) = 0. \end{cases}$$

由此解得特征函数为

$$X_n(x) = C_n \sin \frac{n\pi x}{l}, \quad n = 1, 2, \cdots.$$

第二步: $T_n(t)$ 的方程和初始条件

类比常数变易法, 设问题 (4.4.2) 的形式解为

$$u(x,t) = \sum_{n=1}^{\infty} T_n(t) \sin \frac{n\pi x}{l}, \quad T_n(t) \ (n = 1, 2, \cdots) \ \text{为待定函数}, \tag{4.4.3}$$

则式 (4.4.3) 满足边界条件 $u(0,t) = u(l,t) = 0$. 将式 (4.4.3) 代入泛定方程, 得

$$\sum_{n=1}^{\infty} \left[T_n''(t) + a^2 \left(\frac{n\pi}{l} \right)^2 T_n(t) \right] \sin \frac{n\pi x}{l} = f(x,t).$$

此等式的左端是右端函数 $f(x,t)$ 关于变量 x 的傅里叶正弦展开, 故有

$$T_n''(t) + \left(\frac{n\pi a}{l} \right)^2 T_n(t) = \frac{2}{l} \int_0^l f(x,t) \sin \frac{n\pi x}{l} \mathrm{d}x := f_n(t), \quad n = 1, 2, \cdots. \tag{4.4.4}$$

又将式 (4.4.3) 代入初始条件, 有

$$\begin{cases} \phi(x) = u(x,0) = \sum_{n=1}^{\infty} T_n(0) \sin \frac{n\pi x}{l}, \\ \psi(x) = u_t(x,0) = \sum_{n=1}^{\infty} T_n'(0) \sin \frac{n\pi x}{l}. \end{cases}$$

于是

$$\begin{cases} T_n(0) = \frac{2}{l} \int_0^l \phi(x) \sin \frac{n\pi x}{l} \mathrm{d}x := a_n, \\ T_n'(0) = \frac{2}{l} \int_0^l \psi(x) \sin \frac{n\pi x}{l} \mathrm{d}x := b_n. \end{cases} \tag{4.4.5}$$

第三步：$T_n(t)$ 的求解

下面用常微分方程的常数变易法求解关于 $T_n(t)$ 的定解问题 (4.4.4) 和问题 (4.4.5) (也可以利用后面章节将介绍的拉普拉斯变换方法求解).

因齐次方程 $T_n''(t) + \left(\dfrac{n\pi a}{l}\right)^2 T_n(t) = 0$ 的通解为 $T_n(t) = C_1 \cos \dfrac{n\pi at}{l} + C_2 \sin \dfrac{n\pi at}{l}$, 故设问题 (4.4.4) 的通解为

$$T_n(t) = C_1(t) \cos \frac{n\pi at}{l} + C_2(t) \sin \frac{n\pi at}{l},$$

其中, $C_1(t), C_2(t)$ 由式 (4.4.1) 确定, 即

$$C_1'(t) = \frac{D_1}{D} = \frac{\begin{vmatrix} 0 & y_2 \\ f_n(t) & y_2' \end{vmatrix}}{\begin{vmatrix} y_1 & y_2 \\ y_1' & y_2' \end{vmatrix}} = \frac{-y_2 f_n(t)}{y_1 y_2' - y_2 y_1'} = \frac{-\sin \dfrac{n\pi at}{l} f_n(t)}{\dfrac{n\pi a}{l}\left(\cos^2 \dfrac{n\pi at}{l} + \sin^2 \dfrac{n\pi at}{l}\right)}$$

$$= -\frac{l}{n\pi a} \sin \frac{n\pi at}{l} f_n(t),$$

$$C_2'(t) = \frac{D_2}{D} = \frac{l}{n\pi a} \cos \frac{n\pi at}{l} f_n(t).$$

于是

$$\begin{cases} C_1(t) = -\dfrac{l}{n\pi a} \displaystyle\int_0^t \sin \dfrac{n\pi a\tau}{l} f_n(\tau)\mathrm{d}\tau + c_1, \\ C_2(t) = \dfrac{l}{n\pi a} \displaystyle\int_0^t \cos \dfrac{n\pi a\tau}{l} f_n(\tau)\mathrm{d}\tau + c_2, \end{cases} \quad c_1, c_2 为任意常数.$$

从而

$$T_n(t) = -\frac{l}{n\pi a} \cos \frac{n\pi at}{l} \int_0^t \sin \frac{n\pi a\tau}{l} f_n(\tau)\mathrm{d}\tau + c_1 \cos \frac{n\pi at}{l}$$

$$+ \frac{l}{n\pi a} \sin \frac{n\pi at}{l} \int_0^t \cos \frac{n\pi a\tau}{l} f_n(\tau)\mathrm{d}\tau + c_2 \sin \frac{n\pi at}{l}$$

$$= c_1 \cos \frac{n\pi at}{l} + c_2 \sin \frac{n\pi at}{l} + \frac{l}{n\pi a} \int_0^t f_n(\tau) \sin \frac{n\pi a(t-\tau)}{l}\mathrm{d}\tau.$$

代入式 (4.4.5), 得

$$T_n(0) = c_1 = a_n, \quad T_n'(0) = c_2 \frac{n\pi a}{l} = b_n,$$

因此

$$T_n(t) = a_n \cos \frac{n\pi at}{l} + \frac{b_n l}{n\pi a} \sin \frac{n\pi at}{l} + \frac{l}{n\pi a} \int_o^t f_n(\tau) \sin \frac{n\pi a(t-\tau)}{l}\mathrm{d}\tau. \tag{4.4.6}$$

第四步：非齐次问题的解

将式 (4.4.6) 代入式 (4.4.3), 得定解问题 (4.4.2) 的解为

$$u(x,t) = \sum_{n=1}^\infty \left(a_n \cos \frac{n\pi at}{l} + \frac{b_n l}{n\pi a} \sin \frac{n\pi at}{l} \right) \sin \frac{n\pi x}{l}$$

$$+ \sum_{n=1}^\infty \frac{l}{n\pi a} \left[\int_0^t f_n(\tau) \sin \frac{n\pi a(t-\tau)}{l}\mathrm{d}\tau \right] \sin \frac{n\pi x}{l}$$

$$:= u_1(x,t) + u_2(x,t), \tag{4.4.7}$$

其中, a_n, b_n 由式 (4.4.4) 和式 (4.4.5) 确定.

分析二： 观察上述方法求出的定解问题 (4.4.2) 解的表达式 (4.4.7)，记其为 $u(x,t) = u_1(x,t) + u_2(x,t)$，其中，$u_1(x,t) = \sum\limits_{n=1}^{\infty} \left(a_n \cos \dfrac{n\pi at}{l} + \dfrac{b_n l}{n\pi a} \sin \dfrac{n\pi at}{l} \right) \sin \dfrac{n\pi x}{l}$，$u_2(x,t) = \sum\limits_{n=1}^{\infty} \dfrac{l}{n\pi a}$ $\left[\int_0^t f_n(\tau) \sin \dfrac{n\pi a(t-\tau)}{l} \mathrm{d}\tau \right] \sin \dfrac{n\pi x}{l}$. 可见，$u_1(x,t)$ 与式 (4.3.8) 一致，恰为齐次定解问题 (4.3.1) 的形式解. 而由叠加原理，$u_2(x,t)$ 应该是零初始条件下非齐次问题

$$\begin{cases} u_{tt} = a^2 u_{xx} + f(x,t), & 0 < x < l,\ t > 0, \\ u(x,0) = u_t(x,0) = 0, & 0 \leqslant x \leqslant l, \\ u(0,t) = u(l,t) = 0, & t \geqslant 0 \end{cases} \tag{4.4.8}$$

的形式解. 因此，原定解问题 (4.4.2) 可由叠加原理分解为问题 (4.3.1) 和问题 (4.4.8). 问题 (4.3.1) 表示由初值引起的振动，可由分离变量法求解；问题 (4.4.8) 表示仅由强迫外力引起的振动 (我们将在本书后面的例 10.3.2 基于有限差分方法举例介绍在强迫外力下弦振动方程的共振现象)，也可由下面的齐次化原理转为齐次问题后利用分离变量法求解.

定理 4.4.1 **(齐次化原理)** 如果 $w(x,t;\tau)$ 是定解问题

$$\begin{cases} w_{tt} = a^2 w_{xx}, & 0 \leqslant x < l, \quad t > \tau, \\ w|_{t=\tau} = 0, \quad w_t|_{t=\tau} = f(x,\tau), & 0 \leqslant x \leqslant l, \\ w|_{x=0} = w|_{x=l} = 0, & t \geqslant \tau \end{cases} \tag{4.4.9}$$

的解，其中，$\tau \geqslant 0$ 是参数，则

$$u_2(x,t) = \int_0^t w(x,t;\tau) \mathrm{d}\tau$$

是定解问题 (4.4.8) 的解.

方法二：分离变量法 + 齐次化原理 + 叠加原理

第一步：分离变量法求解齐次问题 (4.3.1)

由前节已求得齐次问题 (4.3.1) 的形式解为

$$u_1(x,t) = \sum_{n=1}^{\infty} \left(a_n \cos \frac{n\pi at}{l} + b_n \sin \frac{n\pi at}{l} \right) \sin \frac{n\pi x}{l},$$

其中，

$$\begin{cases} a_n = \dfrac{2}{l} \int_0^l \phi(x) \sin \dfrac{n\pi x}{l} \mathrm{d}x, \\ b_n = \dfrac{2}{n\pi a} \int_0^l \varphi(x) \sin \dfrac{n\pi x}{l} \mathrm{d}x, \end{cases} \quad n = 1, 2, \cdots.$$

第二步：齐次化原理求解零初值问题 (4.4.8)

令 $t' = t - \tau$，则问题 (4.4.9) 可化为

$$\begin{cases} w_{t't'} = a^2 w_{xx}, & 0 \leqslant x < l, \quad t' > 0, \\ w|_{t'=0} = 0, \quad w_{t'}|_{t'=0} = f(x,\tau), & 0 \leqslant x \leqslant l, \\ w|_{x=0} = w|_{x=l} = 0, & t' \geqslant 0, \end{cases} \tag{4.4.10}$$

由前节齐次方程齐次边界条件的分离变量法，有 (式 (4.3.8))

$$w(x,t,t') = \sum_{n=1}^{\infty} f_n(\tau) \sin \frac{n\pi at'}{l} \sin \frac{n\pi x}{l},$$

其中,

$$f_n(\tau) = \frac{2}{n\pi a} \int_0^l f(\xi,\tau) \sin \frac{n\pi\xi}{l} \mathrm{d}\xi, \quad n=1,2,\cdots.$$

由齐次化原理得

$$\begin{aligned}
u_2(x,t) &= \int_0^t w(x,t,\tau)\mathrm{d}\tau = \int_0^t \sum_{n=1}^\infty f_n(\tau) \sin \frac{n\pi a(t-\tau)}{l} \sin \frac{n\pi x}{l} \mathrm{d}\tau \\
&= \sum_{n=1}^\infty \left[\int_0^t f_n(\tau) \sin \frac{n\pi a(t-\tau)}{l} \mathrm{d}\tau \right] \sin \frac{n\pi x}{l} \\
&= \int_0^t \int_0^l \underbrace{\left[\frac{2}{n\pi a} \sum_{n=1}^\infty \sin \frac{n\pi\xi}{l} \sin \frac{n\pi a(t-\tau)}{l} \sin \frac{n\pi x}{l} \right]}_{:=G(x,t;\xi,\tau)\,(\text{即 7.5.2 节中的 Green 函数})} f(\xi,\tau)\mathrm{d}\xi\mathrm{d}\tau.
\end{aligned}$$

第三步：叠加原理求解定解问题 (4.4.2)

由叠加原理, 定解问题 (4.4.2) 的解为

$$\begin{aligned}
u(x,t) &= u_1(x,t) + u_2(x,t) \\
&= \sum_{n=1}^\infty \left(a_n \cos \frac{n\pi at}{l} + b_n \sin \frac{n\pi at}{l} \right) \sin \frac{n\pi x}{l} \\
&\quad + \int_0^t \int_0^l \left[\frac{2}{\pi a} \sum_{n=1}^\infty \frac{1}{n} \sin \frac{n\pi\xi}{l} \sin \frac{n\pi a(t-\tau)}{l} \sin \frac{n\pi x}{l} \right] f(\xi,\tau)\mathrm{d}\xi\mathrm{d}\tau.
\end{aligned}$$

★ 数学思想
本题求解过程中
用到的数学思想
与方法

4.4.2 热传导方程的初边值问题

例 4.4.2 考虑内部有热源的, 长为 l 的均匀杆的热传导问题

$$\begin{cases} u_t = a^2 u_{xx} + f(x,t), & 0 \leqslant x < l, \quad t>0, \\ u(x,0) = \phi(x), & 0 \leqslant x \leqslant l, \\ u(0,t) = u(l,t) = 0, & t \geqslant 0. \end{cases} \tag{4.4.11}$$

解 方法一：特征函数法

因问题 (4.4.11) 对应齐次问题的特征函数为 $\{\sin \frac{n\pi x}{l}\}$, 故可设问题 (4.4.11) 的形式解为

$$u(x,t) = \sum_{n=1}^\infty T_n(t) \sin \frac{n\pi x}{l},$$

其中, $T_n(t)(n=1,2,\cdots)$ 为待定函数, 并设

$$f(x,t) = \sum_{n=1}^\infty f_n(t) \sin \frac{n\pi x}{l},$$

其中,

$$f_n(t) = \frac{2}{l} \int_0^l f(\xi,t) \sin \frac{n\pi\xi}{l} \mathrm{d}\xi, \quad n=1,2,\cdots.$$

则 $T_n(t)$ 满足

$$\begin{cases} T_n'(t) + \left(\frac{n\pi a}{l} \right)^2 T_n(t) = f_n(t), \\ T_n(0) = \frac{2}{l} \int_0^l \phi(x) \sin \frac{n\pi x}{l} \mathrm{d}x = \phi_n. \end{cases}$$

★ 问题思考
本例与例 4.4.1
求解过程的
异同点

解得

$$T_n(t) = \mathrm{e}^{-\int_0^t \left(\frac{n\pi a}{l}\right)^2 \mathrm{d}s}\left[\phi_n + \int_0^t \mathrm{e}^{\int_0^\tau \left(\frac{n\pi a}{l}\right)^2 \mathrm{d}s} f_n(\tau)\mathrm{d}\tau\right]$$

$$= \phi_n \mathrm{e}^{-\left(\frac{n\pi a}{l}\right)^2 t} + \int_0^t f_n(\tau)\mathrm{e}^{-\left(\frac{n\pi a}{l}\right)^2 (t-\tau)}\mathrm{d}\tau.$$

因此, 定解问题(4.4.11) 的解为

$$u(x,t) = \sum_{n=1}^\infty \phi_n \mathrm{e}^{-\left(\frac{n\pi a}{l}\right)^2 t} \sin\frac{n\pi x}{l}$$

$$+ \sum_{n=1}^\infty \left[\int_0^t f_n(\tau)\mathrm{e}^{-\left(\frac{n\pi a}{l}\right)^2 (t-\tau)}\mathrm{d}\tau\right]\sin\frac{n\pi x}{l}$$

$$= \int_0^l \left[\frac{2}{l}\sum_{n=1}^\infty \mathrm{e}^{-\left(\frac{n\pi a}{l}\right)^2 t}\sin\frac{n\pi \xi}{l}\sin\frac{n\pi x}{l}\right]\phi(\xi)\mathrm{d}\xi$$

$$+ \int_0^t \int_0^l \underbrace{\left[\frac{2}{l}\sum_{n=1}^\infty \mathrm{e}^{-\left(\frac{n\pi a}{l}\right)^2 (t-\tau)}\sin\frac{n\pi \xi}{l}\sin\frac{n\pi x}{l}\right]}_{:=G(x,t;\xi,\tau)\,(\text{即 } 7.5.1 \text{ 节中的 Green 函数})} f(\xi,\tau)\mathrm{d}\xi\mathrm{d}\tau.$$

方法二：分离变量法 + 齐次化原理 + 叠加原理*

第一步：分离变量法求解齐次问题

$$\begin{cases} u_t = a^2 u_{xx}, & 0 \leqslant x < l, \quad t > 0, \\ u(x,0) = \phi(x), & 0 \leqslant x \leqslant l, \\ u(0,t) = u(l,t) = 0, & t \geqslant 0. \end{cases} \tag{4.4.12}$$

可得形式解为

$$u_1(x,t) = \sum_{n=1}^\infty \phi_n \mathrm{e}^{-\left(\frac{n\pi a}{l}\right)^2 t}\sin\frac{n\pi x}{l},$$

其中,

$$\phi_n = \frac{2}{l}\int_0^l \phi(\xi)\sin\frac{n\pi \xi}{l}\mathrm{d}\xi.$$

第二步：齐次化原理求解零初值问题

$$\begin{cases} u_t = a^2 u_{xx} + f(x,t), & 0 \leqslant x < l, \quad t > 0, \\ u(x,0) = 0, & 0 \leqslant x \leqslant l, \\ u(0,t) = u(l,t) = 0, & t \geqslant 0. \end{cases} \tag{4.4.13}$$

先解

$$\begin{cases} w_t = a^2 w_{xx}, & 0 < x < l, \quad t > \tau, \\ w|_{t=\tau} = f(x,\tau), & 0 \leqslant x \leqslant l, \\ w|_{x=0} = w|_{x=l} = 0, & t \geqslant \tau. \end{cases} \tag{4.4.14}$$

令 $t' = t - \tau$, 则问题 (4.4.14) 可化为

$$\begin{cases} w_{t'} = a^2 w_{xx}, & 0 < x < l, \quad t' > 0, \\ w|_{t'=0} = f(x,\tau), & 0 \leqslant x \leqslant l, \\ w|_{x=0} = w|_{x=l} = 0, & t' \geqslant 0. \end{cases} \tag{4.4.15}$$

由第一步, 有

$$w(x,t,t') = \sum_{n=1}^{\infty} f_n(\tau) \mathrm{e}^{-\left(\frac{n\pi a}{l}\right)^2 t'} \sin \frac{n\pi x}{l},$$

其中,

$$f_n(\tau) = \frac{2}{l} \int_0^l f(\xi,\tau) \sin \frac{n\pi \xi}{l} \mathrm{d}\xi.$$

故由齐次化原理得问题 (4.4.13) 的形式解为

$$u_2(x,t) = \int_0^t w(x,t,\tau) \mathrm{d}\tau = \int_0^t \sum_{n=1}^{\infty} f_n(\tau) \mathrm{e}^{-\left(\frac{n\pi a}{l}\right)^2 (t-\tau)} \sin \frac{n\pi x}{l} \mathrm{d}\tau$$

$$= \int_0^t \int_0^l \left[\frac{2}{l} \sum_{n=1}^{\infty} \mathrm{e}^{-\left(\frac{n\pi a}{l}\right)^2 (t-\tau)} \sin \frac{n\pi \xi}{l} \sin \frac{n\pi x}{l} \right] f(\xi,\tau) \mathrm{d}\xi \mathrm{d}\tau.$$

第三步: 叠加原理求解定解问题 (4.4.2)

由叠加原理, 定解问题 (4.4.2) 的解为

$$u(x,t) = u_1(x,t) + u_2(x,t)$$

$$= \sum_{n=1}^{\infty} \phi_n \mathrm{e}^{-\left(\frac{n\pi a}{l}\right)^2 t} \sin \frac{n\pi x}{l}$$

$$+ \int_0^t \int_0^l \left[\frac{2}{l} \sum_{n=1}^{\infty} \mathrm{e}^{-\left(\frac{n\pi a}{l}\right)^2 (t-\tau)} \sin \frac{n\pi \xi}{l} \sin \frac{n\pi x}{l} \right] f(\xi,\tau) \mathrm{d}\xi \mathrm{d}\tau.$$

4.5　非齐次边界条件的处理

4.3 节和 4.4 节所讨论的问题, 边界条件都是齐次的. 对于带有非齐次边界条件的定解问题, 这里将寻求适当的变换, 使之归结为齐次边界条件的问题.

4.5.1　变换的选取

1. 第一类边界条件且非齐次项与时间有关的情形

设有定解问题

$$\begin{cases} u_{tt} = a^2 u_{xx} + f(x,t), & 0 < x < l, \quad t > 0, \\ u(x,0) = \phi(x), \quad u_t(x,0) = \psi(x), & 0 \leqslant x \leqslant l, \\ u(0,t) = p(t), \quad u(l,t) = q(t), & t \geqslant 0. \end{cases} \tag{4.5.1}$$

作变换 $u(x,t) = v(x,t) + w(x,t)$, 若能找到辅助函数 $w(x,t)$ 使之满足

$$w(0,t) = p(t), \quad w(l,t) = q(t), \tag{4.5.2}$$

则新未知函数 $v(x,t) = u(x,t) - w(x,t)$ 便满足齐次边界条件 $v(0,t) = 0, v(l,t) = 0$.

为使式(4.5.2)成立, 可取 $w(x,t)$ 为 x 的线性函数

$$w(x,t) = A(t)x + B(t).$$

代入式(4.5.2), 有

$$\begin{cases} w(0,t) = B(t) = p(t), \\ w(l,t) = A(t)l + B(t) = q(t). \end{cases} \tag{4.5.3}$$

⊞ 课件 4.5

⊞ 微课 4.5-1

于是

$$\begin{cases} A(t) = \dfrac{1}{l}[q(t) - p(t)], \\ B(t) = p(t). \end{cases}$$

从而

$$w(x,t) = \frac{1}{l}[q(t) - p(t)]x + p(t). \tag{4.5.4}$$

这样, 问题(4.5.1)可化为关于 $v(x,t)$ 的齐次边界条件 (与接下来的情形不同, 本情形转化后得到的有可能仍是非齐次方程) 的定解问题 (注意到 $w_{xx} = 0$)

$$\begin{cases} v_{tt} = a^2 v_{xx} + f(x,t) - w_{tt}, & 0 < x < l, \quad t > 0, \\ v(x,0) = \phi(x) - w(x,0), \quad v_t(x,0) = \psi(x) - w_t(x,0), & 0 \leqslant x \leqslant l, \\ v(0,t) = v(l,t) = 0, & t \geqslant 0. \end{cases} \tag{4.5.5}$$

可用 4.4 节的方法求解.

2. 第一类边界条件且非齐次项与时间无关的情形

问题(4.5.5)为非齐次方程和齐次边界条件的定解问题. 若 $f(x,t), p(t), q(t)$ 依次换为 $f(x)$, A, B, 即与时间无关, 则可适当选取 $w(x)$, 使问题(4.5.1)转化为齐次方程和齐次边界条件的定解问题.

事实上, 作变换 $u(x,t) = v(x,t) + w(x)$, 代入问题(4.5.1), 有

$$\begin{cases} v_{tt} = a^2 v_{xx} + [a^2 w_{xx} + f(x)], \\ v(x,0) = u(x,0) - w(x) = \phi(x) - w(x), \quad v_t(x,0) = u_t(x,0) = \psi(x), \\ v(0,t) = u(0,t) - w(0) = A - w(0), \\ v(l,t) = u(l,t) - w(l) = B - w(l). \end{cases} \tag{4.5.6}$$

故只需取 $w(x)$, 使之满足

$$\begin{cases} a^2 w_{xx} + f(x) = 0, & 0 < x < l, \\ w(0) = A, \quad w(l) = B. \end{cases}$$

★ 问题思考
该边值问题的
求解方法

即取

$$w(x) = A + \frac{(B-A)x}{l} + \frac{x}{a^2 l} \int_0^l \left[\int_0^\eta f(\xi)\mathrm{d}\xi \right] \mathrm{d}\eta - \frac{1}{a^2} \int_0^x \left[\int_0^\eta f(\xi)\mathrm{d}\xi \right] \mathrm{d}\eta.$$

3. 其他类型的边界条件

式(4.5.4)选取 $w(x,t)$ 为 x 的线性函数, 这是因为边界条件是第一类的. 以上方法对其他类型边界条件仍适用. 下面归纳几种不同边界条件及可相应选取的函数 $w(x,t)$.

(1) $u(0,t) = p(t), u_x(l,t) = q(t)$, 可取 $w(x,t) = q(t)x + p(t)$;

(2) $u_x(0,t) = p(t), u(l,t) = q(t)$, 可取 $w(x,t) = p(t)(x - l) + q(t)$;

(3) $u_x(0,t) = p(t), u_x(l,t) = q(t)$, 可取 $w(x,t) = p(t)x + \dfrac{q(t) - p(t)}{2l}x^2$.

4.5.2 例题

例 4.5.1 求解定解问题

$$\begin{cases} u_{tt} = a^2 u_{xx} + k, & 0 < x < l, \quad t > 0, \\ u(x,0) = 0, \quad u_t(x,0) = 0, & 0 \leqslant x \leqslant l, \\ u(0,t) = u(l,t) = 0, & t \geqslant 0, \end{cases}$$

微课 4.5-2

其中, k 为常数.

解　令 $u(x,t) = v(x,t) + w(x)$, 代入定解问题, 得

$$\begin{cases} v_{tt} = a^2 v_{xx} + a^2 w_{xx} + k, & 0 < x < l, \quad t > 0, \\ v(x,0) = -w(x), \quad v_t(x,0) = 0, & 0 \leqslant x \leqslant l, \\ v(0,t) = -w(0), \quad v(l,t) = -w(l), & t \geqslant 0. \end{cases}$$

取 $w(x)$ 满足

$$\begin{cases} a^2 w_{xx} + k = 0, & 0 < x < l, \\ w(0) = w(l) = 0, \end{cases}$$

即

$$w(x) = \frac{k}{2a^2}(lx - x^2),$$

则 $v(x,t)$ 满足

$$\begin{cases} v_{tt} = a^2 v_{xx}, & 0 < x < l, \quad t > 0, \\ v(x,0) = -\dfrac{k}{2a^2}(lx - x^2), \quad v_t(x,0) = 0, & 0 \leqslant x \leqslant l, \\ v(0,t) = v(l,t) = 0, & t \geqslant 0. \end{cases}$$

由式(4.3.8)知, 其形式解为

$$v(x,t) = \sum_{n=1}^{\infty} a_n \cos \frac{n\pi a t}{l} \sin \frac{n\pi x}{l},$$

其中,

$$a_n = \frac{2}{l} \int_0^l \frac{k}{2a^2}(x^2 - lx) \sin \frac{n\pi x}{l} \mathrm{d}x = \begin{cases} -\dfrac{4kl^2}{n^3 \pi^3 a^2}, & n\text{为奇数}, \\ 0, & n\text{为偶数}. \end{cases}$$

因此

$$u(x,t) = v(x,t) + w(x)$$
$$= \sum_{n=1}^{\infty} \frac{-4kl^2}{\pi^3 a^2} \frac{1}{(2n-1)^3} \cos \frac{(2n-1)\pi a t}{l} \sin \frac{(2n-1)\pi x}{l} + \frac{k}{2a^2}(lx - x^2).$$

例 4.5.2　求解定解问题

$$\begin{cases} u_{xx} + u_{yy} = 0, & 0 < x < a, \quad 0 < y < \infty, \\ u(0,y) = 0, \quad u(a,y) = B, & 0 \leqslant y < \infty, \\ u(x,0) = 0, \quad u(x,\infty)\text{有限}, & 0 \leqslant x \leqslant a. \end{cases}$$

解　令 $u(x,y) = v(x,y) + w(x,y)$, 取 $w(x,y)$ 使之满足

$$w(0,y) = 0, \quad w(a,y) = B.$$

由式(4.5.4), 即取 $w(x,y) = \dfrac{B}{a}x$, 则 $v(x,y)$ 满足

$$\begin{cases} v_{xx} + v_{yy} = 0, & 0 < x < a, \quad 0 < y < \infty, \\ v(0,y) = 0, \quad v(a,y) = 0, & 0 \leqslant y < \infty, \\ v(x,0) = -\dfrac{B}{a}x, \quad v(x,\infty) \text{有限}, & 0 \leqslant x \leqslant a. \end{cases} \tag{4.5.7}$$

用分离变量法求得满足方程组(4.5.7)中第一个和第二个式子的解为

$$v(x,y) = \sum_{n=1}^{\infty} \left(a_n \mathrm{e}^{\frac{n\pi y}{a}} + b_n \mathrm{e}^{\frac{-n\pi y}{a}} \right) \sin \frac{n\pi x}{a},$$

其中, a_n 和 b_n 为待定系数. 再由方程组(4.5.7)中第三个式子可求得

$$a_n = 0, \quad b_n = -\frac{2}{a} \int_0^a \frac{B}{a} x \sin \frac{n\pi x}{a} \mathrm{d}x = -\frac{2B}{n^2\pi^2} \int_0^{n\pi} t \sin t \mathrm{d}t = (-1)^n \frac{2B}{n\pi}.$$

故

$$v(x,y) = \frac{2B}{\pi} \sum_{n=1}^{\infty} \frac{(-1)^n}{n} \mathrm{e}^{-\frac{n\pi y}{a}} \sin \frac{n\pi x}{a}.$$

★ 应用拓展
本节方法的拓展
应用实例

因此, 原定解问题的解为

$$u(x,y) = \frac{2B}{\pi} \sum_{n=1}^{\infty} \frac{(-1)^n}{n} \mathrm{e}^{-\frac{n\pi y}{a}} \sin \frac{n\pi x}{a} + \frac{B}{a}x.$$

4.6 应用: 量子力学中的一些思想*

施图姆–刘维尔问题来源于许多物理问题, 这里介绍由量子力学中的一些思想导出的施图姆–刘维尔问题.

考虑一个由状态函数 $\psi(\boldsymbol{r},t)$ 指定的系统, 其中, $\boldsymbol{r}$ 表示三维空间中点的位置向量, t 表示时间. 可将 ψ 视为一个概率分布, 因此 ψ 满足

$$1 = (\psi,\psi) = \iiint_{\mathbb{R}^3} |\psi(\boldsymbol{r},t)|^2 \mathrm{d}\boldsymbol{r},$$

即对任意时间 t, ψ 的总质量都为 1.

量子力学的一个基本原则如下: 在每一个系统中, 存在一个线性算子 H, 使得

$$\mathrm{i}\hbar \frac{\partial \psi}{\partial t} = H\psi,$$

其中, $\hbar = \dfrac{h}{2\pi}$ 为约化普朗克常数, h 为普朗克常数 (值约为 6.626×10^{-34}J·s). 算子 H 具有 Hermitian 性质, 即

$$(Hy_1, y_2) = (y_1, Hy_2).$$

冯·诺依曼关于量子力学的一个关键思想如下: 任意一个系统的可观察属性对应于一个线性的 Hermitian 算子 A, 并且对任何可观察属性的测量都会产生 A 的一个特征值. 例如, 动量对应的算子是 $-\mathrm{i}\hbar\boldsymbol{\nabla}$, 能量对应的算子是 $\mathrm{i}\hbar\dfrac{\partial}{\partial t}$.

假设忽略这些背景来考虑一个特殊的系统, 从而得出施图姆–刘维尔问题. 考虑一个质量为 m 的粒子在势场 $V(\boldsymbol{r},t)$ 中运动, 如果 p 是粒子的动量, 那么可以用如下方式表示能量

$$E = \frac{p^2}{2m} + V(\boldsymbol{r}, t),$$

其中, 右端的第一项为动能, 第二项为势能. 将这个经典的能量关系式量子化, 即用势能 $V(\boldsymbol{r}, t)\psi$ 和动能 $\dfrac{(-i\hbar\boldsymbol{\nabla})^2}{2m}\psi = -\dfrac{\hbar^2}{2m}\Delta\psi$ 来表示能量 $i\hbar\dfrac{\partial}{\partial t}\psi$, 可得

$$i\hbar\frac{\partial\psi}{\partial t} = -\frac{\hbar^2}{2m}\Delta\psi + V(\boldsymbol{r}, t)\psi. \tag{4.6.1}$$

这个重要的恒等式称为薛定谔 (Schrödinger) 方程, 它可以控制波函数的演化.

　　为简便起见, 假设势场 V 不依赖于时间 t. 下面利用分离变量法求解方程(4.6.1). 设 $\psi(\boldsymbol{r}, t) = \alpha(\boldsymbol{r})T(t)$, 代入方程(4.6.1)中, 得到

$$i\hbar\frac{(\mathrm{d}T/\mathrm{d}t)(t)}{T(t)} = -\frac{\hbar^2}{2m\alpha(\boldsymbol{r})}\Delta\alpha(\boldsymbol{r}) + V(\boldsymbol{r}).$$

左端仅为 t 的函数, 右端仅为 $\boldsymbol{r}$ 的函数, 要使得对所有的 t 和 $\boldsymbol{r}$ 成立, 两端必须为常数, 记作

$$i\hbar\frac{(\mathrm{d}T/\mathrm{d}t)(t)}{T(t)} = -\frac{\hbar^2}{2m\alpha(\boldsymbol{r})}\Delta\alpha(\boldsymbol{r}) + V(\boldsymbol{r}) = \lambda.$$

于是可得特征值问题

$$i\hbar\frac{\mathrm{d}T}{\mathrm{d}t} - \lambda T = 0, \quad \left(\text{或}i\hbar\frac{\partial\psi}{\partial t} - \lambda\psi = 0\right),$$

和

$$-\frac{\hbar^2}{2m}\Delta\alpha + (V(\boldsymbol{r}) - \lambda)\alpha = 0,$$

其中, α 满足的方程称为与时间无关的 Schrödinger 方程. 与经典物理学相反, 这里的粒子系统的能量必须是从方程(4.6.1)的边值问题中得到的特征值之一. 这种能量称为量子化的.

4.7　拓展: 局部观测资料下的变分同化问题——以热传导方程为例*

　　资料变分同化方法, 是综合利用模式的动力学信息和各种观测中所包含的信息, 对模式的初边值条件和参数进行最优反演确定. 这种方法将动力约束和各种观测资料约束统一考虑, 以分析场与观测场的偏差最小为目标, 也就是将同化问题转换为泛函极小值的问题. 整体观测资料条件下的变分同化方法, 能有效抑制高频噪声的影响, 是一种非常有效的方法. 然而在实际问题中, 由于观测手段等因素的限制, 往往很难获得整体观测资料, 而只能得到局部观测资料. 由于局部观测资料条件下的变分同化方法得到的解往往不适定, 因而通常的变分同化方法失效. 变分同化方法结合正则化方法可以克服问题的不适定性.

　　本节我们以一维热传导方程的初边值问题为例, 简要阐述一类简单模式在局部观测条件下的初值反演问题的不适定性, 并结合 Tikhonove 正则化思想和变分同化方法介绍一种稳定的反演初值方法. 更为详细的讨论可参见滕加俊等 (2007) 的结果.

4.7.1　局部观测条件下初值反演问题的不适定性

　　我们考虑一维热传导方程初边值问题

$$\begin{cases} \dfrac{\partial u(x, t)}{\partial t} - a^2\dfrac{\partial^2 u(x, t)}{\partial x^2} = 0, & 0 < x < 1, t > 0, \\ u(0, t) = u(1, t) = 0, & t \geqslant 0, \\ u(x, 0) = u_0(x), & 0 \leqslant x \leqslant 1, \end{cases} \tag{4.7.1}$$

其中, 系数 $a > 0$ 为常数, $u_0(x)$ 为初值. 在 $u_0(x)$ 给定的情况下, 利用第 4.3 节的分离变量法可得定解问题 (4.7.1) 的精确解为

$$u(x, t) = \sum_{n=1}^{\infty} c_n \mathrm{e}^{-a^2 n^2 \pi^2 t} \sin(n\pi x), \tag{4.7.2}$$

其中,

$$c_n = 2 \int_0^1 u_0(x) \sin(n\pi x)\mathrm{d}x, \quad n = 1, 2, \cdots. \tag{4.7.3}$$

由偏微分方程理论可知, 当初值 $u_0(x)$ 具有一定的光滑性时, 解存在、唯一且稳定.

设在 t_0 的局部观测资料 $g^{\mathrm{obs}}(x)$(函数值 $u(x, t_0)$ 的测量值) 已知, 反演初值函数 $\widehat{u}_0(x)$. 局部观测资料 $g^{\mathrm{obs}}(x)$ 与精确值 $u(x, t_0)$ 满足关系

$$g^{\mathrm{obs}}(x) = u(x, t_0) + \epsilon H(x), \tag{4.7.4}$$

其中, $\epsilon > 0$, $H(x) \in C^2([0, 1])$ 满足

$$\int_0^1 H^2(x)\mathrm{d}x \leqslant 1. \tag{4.7.5}$$

下面利用通常的变分同化方法对初值进行反演. 引入目标泛函

$$J[g(x)] = \frac{1}{2} \int_0^1 |u^g(x, t_0) - g^{\mathrm{obs}}(x)|^2 \mathrm{d}x, \quad g(x) \in C([0, 1]), \tag{4.7.6}$$

其中, $u^g(x, t_0)$ 对应于初值 $g(x)$ 满足定解问题 (4.7.1) 的预报解. 泛函(4.7.6)取最小值时, 对应的 $g(x) = \widehat{u}_0(x)$ 就是通常变分同化法在局部观测资料 $g^{\mathrm{obs}}(x)$ 下得到的初值.

将(4.7.2)代入变分同化泛函(4.7.6), 得

$$J[g(x)] = \frac{1}{2} \int_0^1 \left| \sum_{n=1}^{\infty} c_n^g \mathrm{e}^{-a^2 n^2 \pi^2 t_0} \sin(n\pi x) - \sum_{n=1}^{\infty} \widehat{g}_n \sin(n\pi x) \right|^2 \mathrm{d}x, \tag{4.7.7}$$

其中, $\widehat{g}_n = 2 \int_0^1 g^{\mathrm{obs}}(x) \sin(n\pi x)\mathrm{d}x$. 当 $\dfrac{\partial J[g(x)]}{\partial c_n^g} = 0, n = 1, 2, \cdots$ 时, 泛函(4.7.6)的极小值 (最优初值) 为

$$\widehat{u}_0(x) = \sum_{n=1}^{\infty} c_n^g \sin(n\pi x) = \sum_{n=1}^{\infty} \widehat{g}_n \mathrm{e}^{a^2 n^2 \pi^2 t_0} \sin(n\pi x). \tag{4.7.8}$$

式(4.7.8)中由于产生了因子 $\mathrm{e}^{a^2 n^2 \pi^2 t_0} (\lim_{n \to \infty} \mathrm{e}^{a^2 n^2 \pi^2 t_0} = +\infty)$, 因此当 $g^{\mathrm{obs}}(x)$ 相对于精确值有小的扰动时, 变分同化解(4.7.8)将会有很大的扰动, 故通常的变分同化问题是不适定的. 由此可见, 通常的变分同化方法利用局部观测资料反演初值问题失效.

4.7.2 变分同化方法结合正则化思想的实施

为了克服通常变分同化方法在局部观测资料反演初值问题中的不适定性, 本小节将结合 Tikhonove 正则化思想的变分同化方法介绍一种稳定的反演初值方法.

由于泛函(4.7.6)不能很好地反演模式(4.6.1)的初值, 故结合 Tikhononv 正则化思想对初值反演问题加上适当的约束, 即在泛函(4.7.6)中引入罚项及正则化参数, 建立新的目标泛函

$$\begin{aligned} J^*[g(x)] = &\frac{1}{2} \int_0^1 |u^g(x, t_0) - g^{\mathrm{obs}}(x)|^2 \mathrm{d}x \\ &+ \frac{\gamma}{2} \int_0^T \int_0^1 \left(\frac{\partial u^g(x, t)}{\partial x} \right)^2 \mathrm{d}x\mathrm{d}t, \quad g(x) \in C([0, 1]), \end{aligned} \tag{4.7.9}$$

其中, 最后一项称为**罚项**, $\gamma > 0$ 称为**正则化参数**.

将(4.7.2)代入变分同化泛函(4.7.9), 得

$$J^*[g(x)] = \frac{1}{2} \int_0^1 \left| \sum_{n=1}^{\infty} c_n^g \mathrm{e}^{-a^2 n^2 \pi^2 t_0} \sin(n\pi x) - \sum_{n=1}^{\infty} \widehat{g}_n \sin(n\pi x) \right|^2 \mathrm{d}x$$

$$+ \frac{\gamma}{2} \int_0^T \int_0^1 \left(\sum_{n=1}^{\infty} c_n^g n\pi \mathrm{e}^{-a^2 n^2 \pi^2 t_0} \cos(n\pi x) \right)^2 \mathrm{d}x \mathrm{d}t. \tag{4.7.10}$$

当 $\dfrac{\partial J^*[g(x)]}{\partial c_n^g} = 0 (n = 1, 2, \cdots)$ 时, 泛函(4.7.10)的极小值 (最优初值) 为

$$\widehat{u}_0(x) = \sum_{n=1}^{\infty} c_n^g \sin(n\pi x) = \sum_{n=1}^{\infty} \frac{\mathrm{e}^{-a^2 n^2 \pi^2 t_0}}{A_n} \widehat{g}_n \sin(n\pi x), \tag{4.7.11}$$

其中, $A_n = \mathrm{e}^{-2a^2 n^2 \pi^2 t_0} + \dfrac{\gamma}{2a^2}(1 - \mathrm{e}^{-2a^2 n^2 \pi^2 T})$.

对比泛函(4.7.7)和(4.7.9), 可得

(1) 当 $\gamma = 0$ 时, $A_n = \mathrm{e}^{-2a^2 n^2 \pi^2 t_0}$, 此时 $\dfrac{\mathrm{e}^{-a^2 n^2 \pi^2 t_0}}{A_n} = \mathrm{e}^{a^2 n^2 \pi^2 t_0}$, 泛函(4.7.7)和泛函(4.7.9) 完全相同.

(2) 当 $\gamma \neq 0$ 时, $n \to \infty$, $\quad A_n \to \dfrac{\gamma}{2a^2}$, 此时 $\dfrac{\mathrm{e}^{-a^2 n^2 \pi^2 t_0}}{A_n} \to 0$, 选择合适的 γ 可以保证最优初值(4.7.11)的稳定. 因此, 罚项和正则化参数的引入克服了反问题的不适定性.

下面分析反演初值(4.7.11)与精确值的误差. 由式(4.7.2)和式(4.7.11)可得初值误差为

$$E_{IC}(x) = \widehat{u}_0(x) - u_0(x) = \sum_{n=1}^{\infty} \epsilon \frac{h_n}{A_n} \mathrm{e}^{-a^2 n^2 \pi^2 t_0} \sin(n\pi x)$$

$$+ \sum_{n=1}^{\infty} \left(\frac{1}{A_n} \mathrm{e}^{-2a^2 n^2 \pi^2 t_0} - 1 \right) c_n \sin(n\pi x), \tag{4.7.12}$$

其中, $h_n = 2 \int_0^1 H(x) \sin(n\pi x) \mathrm{d}x$. 由误差式(4.7.12)可知, 初值误差有两部分组成. 第一部分是由于观测误差 ϵ 引起的, 第二部分反映出变分同化方法结合正则化思想得到的最优初值与原问题精确解 $u_0(x)$ 之间的 "拟合" 程度. 利用 Parseval 等式①和 Young 不等式②可以得到初值的误差估计为

$$\|E_{IC}(x)\|_{L^2[0,1]} \leqslant \frac{a}{\sqrt{2(1 - \mathrm{e}^{-2a^2 \pi^2 T})}} \frac{\epsilon}{\sqrt{\gamma}} + \frac{\|u_0(x)\|_{L^2[0,1]} \mathrm{e}}{(2a^2)^\nu} \gamma^\nu,$$

其中, $\nu = \dfrac{1}{2a^2 \pi^2 t_0} > 0$. 故当 $\epsilon \to 0$ 时, 同时选取正则化参数 γ 使得 $\dfrac{\epsilon^2}{\gamma} \to 0$, 有 $\|E_{IC}(x)\|_{L^2[0,1]} \to 0$.

---

① **Parseval 等式**　设 $f(x)$ 是 $[-\pi, \pi]$ 上的可积和平方可积函数, 且 $f(x) = \dfrac{a_0}{2} + \sum_{n=1}^{\infty} (a_n \cos(nx) + b_n \sin(nx))$, 则 $\dfrac{a_0^2}{2} +$ $\sum_{n=1}^{\infty}(a_n^2 + b_n^2) = \dfrac{1}{\pi} \int_{-\pi}^{\pi} f^2(x) \mathrm{d}x$, 其中, $a_n = \dfrac{1}{\pi} \int_{-\pi}^{\pi} f(x) \cos(nx) \mathrm{d}x$, $n = 0, 1, \cdots$, $b_n = \dfrac{1}{\pi} \int_{-\pi}^{\pi} f(x) \sin(nx) \mathrm{d}x$, $n = 1, \cdots$.

② **Young 不等式**　设 $a > 0, b > 0, p > 1, q > 1, \dfrac{1}{p} + \dfrac{1}{q} = 1$, 则有 $ab \leqslant \dfrac{a^p}{p} + \dfrac{b^q}{q}$.

历史人物: 施图姆

施图姆 (Jacques Charles François Sturm, 1803~1855), 法国数学家. 主要从事代数方程、微分方程等方面的研究, 在微分几何、几何光学和分析力学方面也有重要贡献.

施图姆出生于日内瓦, 早年靠给富人孩子教学为生. 1819 年施图姆父亲的逝世, 16 岁的他改变了自己学业的方向, 离开了人文学科, 转而学习数学. 1821 年, 西蒙·卢利尔在日内瓦学院教他数学, 立即看出他的数学天赋, 引领其走上数学研究道路. 1823 在巴黎 Bulletin Universel 获得职位. 1830 年被任命为洛林学院数学教授. 1836 年被选为巴黎科学院的成员. 1840 年成为巴黎综合工科学校教授. 1841 年被任命为巴黎科学院的力学教授. 施图姆是柏林学院成员、圣彼得堡学院成员以及英国皇家学会成员. 曾获得英国皇家学会科普利奖章和荣誉军团勋章.

施图姆最为著名的数学成果是他与约瑟夫·刘维尔共同命名的施图姆-刘维尔理论. 施图姆、刘维尔在一些由边界条件确定的函数空间中, 引入埃尔米特算子, 解决了施图姆-刘维尔特征值问题. 这个理论提出了特征值的存在性和渐近性, 以及特征函数族的正交完备性, 其在偏微分方程理论中极其重要, 是应用分离变量法解决波动方程和热传导方程等定解问题的基础.

施图姆的研究结果已广泛应用于数学物理、地球物理和量子力学等众多领域. 为表彰施图姆的贡献, 其名位于埃菲尔铁塔上铭刻的七十二人名之列.

历史人物: 刘维尔

刘维尔 (Joseph Liouville, 1809~1882), 法国著名数学家. 主要从事数学、力学和天文学的研究, 成果非常丰富.

1825 年, 刘维尔到巴黎综合理工学院学习. 两年后, 进入法国国立路桥学院深造. 1831 年 11 月, 被选为巴黎综合理工学院 L. 马蒂厄 (Mathieu) 的分析与力学课助教. 1836 年, 取得博士学位. 1851 年, 获得了法兰西学院的数学教席.

刘维尔的学术研究范围十分广泛, 从数学分析、数论到力学和天文学领域都有成果. 他主要的成就在数学方面, 尤其对双周期椭圆函数、微分方程边值问题、数论中代数数的丢番图逼近问题和超越数有深入研究. 刘维尔建立了双周期椭圆函数的一套完整理论体系. 他构造了所谓的"刘维尔数"并证明了其超越性, 是第一个证实超越数的存在的人. 此外, 他还是解析数论的奠基人.

刘维尔和施图姆在 1830 年代一起研究了热传导方程, 创造了逐次逼近法. 随后他研究了更一般的二次微分方程, 以及确定带边界条件的常微分方程的特征值与特征函数的问题, 得到了许多重要结论, 与施图姆一起创建了施图姆-刘维尔理论. 这个理论在应用数学中十分重要, 是应用分离变量法求解偏微分方程的基础.

除了杰出的学术成就, 刘维尔在推动数学交流上成绩斐然. 1836 年, 刘维尔创办了《纯粹与应用数学》杂志, 其以迅速传播数学方面的新成就而著称. 1846 年, 刘维尔在该杂志率先发表伽罗瓦的论文《论方程的根式可解性条件》, 当时距伽罗瓦身亡已经有 14 年. 刘维尔为这篇论文作序, 并向数学界推荐, 这才使得数学界认识到伽罗瓦的天才工作.

习 题 4

◎ 正交函数系及其性质

4.1 试证函数系 $\cos nx, n = 0, 1, 2, \cdots$ 和 $\sin nx, n = 1, 2, \cdots$ 都分别是 $[0, \pi]$ 上的正交函数系, 但他们合起来却不是 $[0, \pi]$ 上的正交函数系.

4.2 证明每一个正交函数系中的两个函数是线性无关的.

4.3 (1) 在区间 $[-1, 1]$ 上, 用 Gram-Schmidt 正交化方法将 $\{1, x, x^2, x^3, \cdots\}$ 正交化.

(2) 问题同上, 但取权函数 $\rho(x) = \dfrac{1}{\sqrt{1-x^2}}$ (注: 题 (1) 中相当于取权函数为 $\rho(x) = 1$).

◎ 求函数的傅里叶级数

4.4 将下列函数在两种不同定义情形下分别展成傅里叶级数:

(1) $f(x) = x$,　(i) $-\pi \leqslant x \leqslant \pi$,　(ii) $0 \leqslant x \leqslant 2\pi$;

(2) $f(x) = x^2$,　(i) $-\pi \leqslant x \leqslant \pi$,　(ii) $0 \leqslant x \leqslant 2\pi$.

4.5 将下列函数分别展成傅里叶级数:

(1) $f(x) = \sqrt{1 - \cos x}$,　$-\pi \leqslant x \leqslant \pi$;

(2) $f(x) = x - [x]$,　$x \in [-1/2, 1/2]$;

(3) $f(x) = \begin{cases} x, & 0 \leqslant x \leqslant 1, \\ 1, & 1 < x < 2, \\ 3 - x, & 2 \leqslant x \leqslant 3. \end{cases}$

4.6 将函数 $f(x) = 2x^2$ $(1 \leqslant x \leqslant \pi)$ 分别展开成正弦级数和余弦级数.

◎ 求解常微分方程

4.7 求微分方程 $\dfrac{\mathrm{d}^2 y}{\mathrm{d}x^2} - 2\dfrac{\mathrm{d}y}{\mathrm{d}x} + 5y = 0$ 的通解.

4.8 求微分方程 $y'' + 6y' + 9y = 0$ 满足初始条件 $y(0) = 1, y'(0) = 1$ 的特解.

4.9 求欧拉方程 $x^2 y'' + 3xy' + y = 0$ 的通解.

4.10 求欧拉方程 $x^3 y''' + x^2 y'' - 4xy' = 3x^2$ 的通解.

◎ 求解特征值问题

4.11 求解下列各特征值问题, 证明各题中特征函数的正交性, 并算出归一因子:

(1) $\begin{cases} y''(x) + \lambda y(x) = 0, & a < x < b, \\ y(a) = y(b) = 0; \end{cases}$　　(2) $\begin{cases} y''(x) + \lambda y(x) = 0, & 0 < x < l, \\ y'(0) = y(l) = 0; \end{cases}$

(3) $\begin{cases} y''(x) + \lambda y(x) = 0, & -\pi < x < \pi, \\ y(-\pi) = y(\pi), \ y'(-\pi) = y'(\pi); \end{cases}$　　(4) $\begin{cases} X''(x) + \lambda X(x) = 0, & 0 < x < l, \\ \alpha_1 X(0) + \beta_1 X'(0) = \alpha_2 X(l) + \beta_2 X'(l) = 0. \end{cases}$

4.12 求解下列特征值问题:

(1) $\begin{cases} y''(x) - 2a y'(x) + \lambda y(x) = 0, & 0 < x < 1, \\ y(0) = y(1) = 0; \end{cases}$　　(2) $\begin{cases} (r^2 R')' + \lambda r^2 R = 0, & 0 < r < a, \\ |R(0)| < +\infty, \ R(a) = 0. \end{cases}$

◎ 特征值理论的证明

4.13 在区间 $[0, l]$ 上给定特征值问题

$$\begin{cases} (k(x)y')' + \lambda \rho(x) y(x) = 0, \\ y(0) = y(l) = 0, \end{cases}$$

其中, $k(x) > k_0 \geqslant 0$, $\rho(x) > \rho_0 \geqslant 0$. 试证其特征值为正, 且对应于不同特征值的特征函数带权函数 $\rho(x)$ 正交.

4.14 考虑施图姆-刘维尔问题

$$\begin{cases} y''(x) + \lambda y(x) = 0, & 0 < x < 1, \\ y'(0) - y(0) = y'(1) + y(1) = 0. \end{cases}$$

(1) 证明所有的特征值 λ_n 是正的;

(2) 求出所有的特征值 λ_n 和对应的特征函数 $y_n(x)$;

(3) 证明当 $n \to +\infty$ 时, $\lambda_n \sim n^2 \pi^2$.

4.15 在区间 $[a, b]$ 上给定特征值问题

$$\begin{cases} (p(x)y''(x))'' + (q(x)y'(x))' + [\lambda \rho(x) - r(x)] y(x) = 0, \\ y(a) = p(a)y''(a) = y'(b) = (p(x)y''(x))'|_{b} = 0, \end{cases}$$

试证, 在 $p(x), q(x), \rho(x), r(x)$ 满足一定的条件下, 对应于不同特征值的特征函数正交.

4.16 在区间 $[a,b]$ 上给定特征值问题

$$\begin{cases} (p(x)y'(x))' + [\lambda\rho(x) - q(x)]y(x) = 0, \\ y(b) = \alpha_{11}y(a) + \alpha_{12}y'(a), \ y'(b) = \alpha_{21}y(a) + \alpha_{22}y'(a), \end{cases}$$

其中, $p(a) = p(b)$. 试证明, 当 $\begin{vmatrix} \alpha_{11} & \alpha_{12} \\ \alpha_{21} & \alpha_{22} \end{vmatrix} = 1$ 时, 对应于不同特征值的特征函数正交.

◎ 使用分离变量法求解齐次波动方程的初边值问题

4.17 求解下列定解问题:

(1) $$\begin{cases} u_{tt} = a^2 u_{xx}, & 0 < x < 1, \quad t > 0, \\ u(x,0) = 0, \quad u_t(x,0) = x(1-x), & 0 \leqslant x \leqslant 1, \\ u(0,t) = u(1,t) = 0, & t \geqslant 0; \end{cases}$$

(2) $$\begin{cases} u_{tt} = u_{xx}, & 0 < x < \pi, \quad t > 0, \\ u(x,0) = \sin^3 x, \quad u_t(x,0) = \sin(2x), & 0 \leqslant x \leqslant \pi, \\ u(0,t) = u(\pi,t) = 0, & t \geqslant 0; \end{cases}$$

(3) $$\begin{cases} u_{tt} = a^2 u_{xx}, & 0 < x < L, \quad t > 0, \\ u(x,0) = 0, \quad u_t(x,0) = x, & 0 \leqslant x \leqslant L, \\ u(0,t) = u_x(L,t) = 0, & t \geqslant 0; \end{cases}$$

(4) $$\begin{cases} u_{tt} = a^2 u_{xx}, & 0 < x < \pi, \quad t > 0, \\ u(x,0) = x, \quad u_t(x,0) = \cos(2x), & 0 \leqslant x \leqslant \pi, \\ u(0,t) = u_x(\pi,t) = 0, & t \geqslant 0; \end{cases}$$

(5) $$\begin{cases} u_{tt} + a^2 u_{xxxx} = 0, & 0 < x < l, \quad t > 0, \\ u(x,0) = x(x-l), \quad u_t(x,0) = 0, & 0 \leqslant x \leqslant l, \\ u(0,t) = u(l,t) = u_{xx}(0,t) = u_{xx}(l,t) = 0, & t \geqslant 0. \end{cases}$$

4.18 (数学与音乐) 演奏琵琶是把弦的某一点向旁拨开一个小距离, 然后放手任其自由振动. 设弦长为 l, 被拨开的点在弦长的 $1/n$ (n 为正整数) 处, 拨开距离为 h, 试求解弦的振动. 注意: 在解答中, 不存在 n 谐音以及 n 整倍数次谐音. 因此, 在不同位置拨弦 (n 不同), 发出的声音的音色也就不同.

4.19 设 $u(x,t)$ 是定解问题

$$\begin{cases} u_{tt} = 4u_{xx}, & 0 < x < 1, \quad t > 0, \\ u(x,0) = 4\sin^3 \pi x, \quad u_t(x,0) = 30x(1-x), & 0 \leqslant x \leqslant 1, \\ u(0,t) = u(1,t) = 0, & t \geqslant 0 \end{cases}$$

的解.

(1) 求 $f\left(\dfrac{1}{3}\right)$, 其中, $f(t) = \displaystyle\int_0^1 [u_t^2(x,t) + 4u_x^2(x,t)]\mathrm{d}x$;

(2) 求 $u(x,2)$.

4.20 求出所有这样的 $k > 0$, 对这些 k, 对某个光滑函数 $\varphi(x)$, 存在问题

$$\begin{cases} u_{tt} = 9u_{xx}, & 0 < x < \pi, \quad t > 0, \\ u(x,0) = 0, \quad u_t(x,0) = \varphi(x), & 0 \leqslant x \leqslant 1, \\ u(0,t) = u_x(\pi,t) - ku(\pi,t) = 0, & t \geqslant 0 \end{cases}$$

的无界解.

4.21 求解二维波动方程的定解问题

$$\begin{cases} u_{tt} = c^2(u_{xx} + u_{yy}), & 0 < x < a, \quad 0 < y < b, \quad t > 0, \\ u(x,y,0) = xy(x-a)(y-b), \quad u_t(x,y,0) = 0), & 0 \leqslant x \leqslant a, \quad 0 \leqslant y \leqslant b, \\ u(0,y,t) = u(a,y,t) = 0, & 0 \leqslant y \leqslant b, \quad t \geqslant 0, \\ u(x,0,t) = u(x,b,t) = 0, & 0 \leqslant x \leqslant a, \quad t \geqslant 0. \end{cases}$$

◎ 使用分离变量法求解齐次热传导方程的初边值问题

4.22 一长为 l 的均匀细杆侧面绝热, $x = 0$ 端温度保持为 $0°C$, 而在 $x = l$ 端杆的热量自由散发到温度为 $0°C$ 的环境中去. 设 $t = 0$ 时, 杆中的温度分布为 $\dfrac{u_0}{l}x$, 此后杆上各点的温度分布函数 $u(x,t)$ 满足

$$\begin{cases} u_t = a^2 u_{xx}, & 0 < x < l, \quad t > 0, \\ u(0,t) = 0, \quad \left(u_x + \dfrac{h}{k}u\right)\Big|_{x=l} = 0, & t \geqslant 0, \\ u(x,0) = \dfrac{u_0}{l}x, & 0 \leqslant x \leqslant l. \end{cases}$$

试求解 $u(x,t)$.

4.23 对于定解问题

$$\begin{cases} u_t - u_{xx} - \beta u = 0, & 0 < x < \rho, \quad t > 0, \\ u(x,0) = \sin\dfrac{\pi x}{\rho}, & 0 \leqslant x \leqslant \rho, \\ u(0,t) = u(\rho,t) = 0, & t \geqslant 0, \end{cases}$$

试确定 ρ, β 满足的关系, 使得 $u(x,t)$ 满足 $\lim\limits_{t \to +\infty} |u(x,t)| = 0$ 成立.

4.24 考虑初边值问题

$$\begin{cases} u_t = u_{xx} + hu, & 0 < x < \pi, \quad t > 0, \\ u(x,0) = x(\pi - x), & 0 \leqslant x \leqslant \pi, \\ u(0,t) = u(\pi,t) = 0, & t \geqslant 0, \end{cases}$$

其中, h 为常数. (1) 求该问题的形式解; (2) 对任意 $x \in (0,\pi)$, 极限 $\lim\limits_{t \to +\infty} u(x,t)$ 是否存在?

4.25 请利用上一题的求解思想, 考虑下述问题:

在铀块中, 除了中子的扩散运动以外, 还进行着中子的增殖过程, 每秒钟在单位体积中产生的中子数正比于该处的中子浓度 u, 从而可表为 βu (β 是表示增殖快慢的常数). 研究厚度为 L 的层状铀块, 求临界厚度 (铀块厚度超过临界厚度, 则中子浓度将随着时间而急剧增长以致铀块爆炸, 原子弹爆炸就是这个原理).

4.26 考虑初边值问题

$$\begin{cases} u_t = u_{xx} + \alpha u, & 0 < x < 1, \quad t > 0, \\ u(x,0) = f(x), & 0 \leqslant x \leqslant 1, \\ u(0,t) = u(\pi,t) = 0, & t \geqslant 0. \end{cases}$$

(1) 当 $\alpha = -1$, $f(x) = x$ 时, 求该问题的解 $u(x,t)$;

(2) 证明对任意 $\alpha \leqslant 0$ 和连续函数 $f(x)$, 上述问题的解 $u(x,t)$ 满足 $\lim\limits_{t \to +\infty} u(x,t) = 0$;

(3) 当 $\pi^2 < \alpha < 4\pi^2$ 时, 是否对任意的连续函数 $f(x)$, 解 $u(x,t)$ 的极限 $\lim\limits_{t \to +\infty} u(x,t)$ 一定存在? 如果结论是否定的话, 寻求对函数 $f(x)$ 的充分和必要条件, 使得极限 $\lim\limits_{t \to +\infty} u(x,t)$ 一定存在.

◎ 使用分离变量法求解齐次拉普拉斯方程的边值问题

4.27 求下列矩形区域上拉普拉斯方程边值问题的解:

$$\begin{cases} u_{xx} + u_{yy} = 0, & 0 < x < a, \quad 0 < y < b, \\ u(0,y) = 0, \quad u(a,y) = Ay, & 0 \leqslant y \leqslant b, \\ u_y(x,0) = 0, \quad u_y(x,b) = 0, & 0 \leqslant x \leqslant a, \end{cases}$$

其中, A 为常数.

4.28 利用圆域内 Dirichlet 边值问题解的表达式, 求解边值问题

$$\begin{cases} \Delta u = u_{xx} + u_{yy} = 0, & x^2 + y^2 < a^2, \\ u(x, y) = f, & x^2 + y^2 = a^2. \end{cases}$$

其中, f 分别为: (1) $f = A$; (2) $f = A\cos\theta$; (3) $f = A\sin^2\theta + B\cos^2\theta$, A, B 为常数.

4.29 一根无限长导体圆柱壳, 半径为 a. 把它充电到电势为 $v = \begin{cases} v_1, & 0 < \varphi < \pi, \\ v_2, & \pi < \varphi < 2\pi, \end{cases}$ 求圆壳内电场中的电势分布.

4.30 求解扇形圆环上的边值问题

$$\begin{cases} \Delta u = 0, & a < r < b, \quad 0 < \theta < \alpha, \\ u(a, \theta) = \varphi_1(\theta), \quad u(b, \theta) = \varphi_2(\theta), & 0 \leqslant \theta \leqslant \alpha, \\ u(r, 0) = \psi_1(r), \quad u(r, \alpha) = \psi_2(r), & a \leqslant r \leqslant b. \end{cases}$$

4.31 求解下列泊松方程的边值问题

$$\begin{cases} \Delta u = u_{rr} + r^{-1}u_r + r^{-2}u_{\theta\theta} = 1, & 1 < r < 2, \quad 0 \leqslant \theta \leqslant 2\pi, \\ u(1, \theta) = \dfrac{5}{4} + \cos^2\theta, & 0 \leqslant \theta \leqslant 2\pi, \\ u(2, \theta) = 1 + \sin^2\theta, & 0 \leqslant \theta \leqslant 2\pi. \end{cases}$$

◎ 求解非齐次常微分方程

4.32 求方程 $y'' + 3y' + 2y = x$ 的一个特解.

4.33 求微分方程 $y'' + 6y' + 9y = 5xe^{-3x}$ 的一个特解.

4.34 求方程 $y'' + 4y = x + 1 + \sin x$ 的通解.

4.35 利用常数变易法求方程 $x'' + x = \dfrac{1}{\cos t}$ 的通解.

◎ 求解非齐次波动方程的初边值问题

4.36 求解下列初边值问题

(1) $\begin{cases} u_{tt} = a^2 u_{xx} + A, & 0 < x < L, \quad t > 0, \\ u(x, 0) = 0, \quad u_t(x, 0) = v_0, & 0 \leqslant x \leqslant L, \\ u(0, t) = u_x(L, t) = 0, & t \geqslant 0, \end{cases}$ 其中, A, v_0 为常数;

(2) $\begin{cases} u_{tt} = a^2 u_{xx} + A\sin\omega t\cos\dfrac{\pi x}{L}, & 0 < x < L, \quad t > 0, \\ u(x, 0) = 0, \quad u_t(x, 0) = v_0, & 0 \leqslant x \leqslant L, \\ u_x(0, t) = u_x(L, t) = 0, & t \geqslant 0; \end{cases}$

(3) $\begin{cases} u_{tt} = a^2 u_{xx} + x(\pi - x)t, & 0 < x < \pi, \quad t > 0, \\ u(x, 0) = \sin x, \quad u_t(x, 0) = 0, & 0 \leqslant x \leqslant \pi, \\ u(0, t) = u(\pi, t) = 0, & t \geqslant 0; \end{cases}$

(4) $\begin{cases} u_{tt} - a^2 u_{xx} + 2bu_t = f(x, t) \left(0 < b < \dfrac{\pi a}{L}\right), & 0 < x < L, \quad t > 0, \\ u(x, 0) = 0, \quad u_t(x, 0) = 0, & 0 \leqslant x \leqslant L, \\ u_x(0, t) = u_x(L, t) = 0, & t \geqslant 0. \end{cases}$

4.37 证明波动方程的齐次化原理 (Duhamel 原理): 如果 $\omega(x, t; \tau)$ 是齐次方程的初边值问题

$$\begin{cases} \omega_{tt} - a^2 \omega_{xx} = 0, & 0 < x < l, \quad t > 0, \\ \omega(0, t; \tau) = \omega(l, t; \tau) = 0, & t \geqslant 0, \\ \omega(x, 0; \tau) = 0, \quad \omega_t(x, 0; \tau) = f(x, \tau), & 0 \leqslant x \leqslant l \end{cases}$$

的解, 其中, $\tau \geqslant 0$ 为参数, 那么函数

$$u(x,t) = \int_0^t \omega(x, t-\tau; \tau)\mathrm{d}\tau$$

是初边值问题

$$\begin{cases} u_{tt} - a^2 u_{xx} = f(x,t), & 0 < x < l, \quad t > 0, \\ u(0,t) = u(l,t) = 0, & t \geqslant 0, \\ u(x,0) = u_t(x,0) = 0, & 0 \leqslant x \leqslant l \end{cases}$$

的解.

◎ 求解非齐次热传导方程的初边值问题

4.38 证明热传导方程的齐次化原理 (Duhamel 原理): 如果 $\omega(x,t;\tau)$ 是齐次方程的初边值问题

$$\begin{cases} \omega_t = a^2 \omega_{xx}, & 0 < x < l, \quad t > 0, \\ \omega(0,t;\tau) = \omega(l,t;\tau) = 0, & t \geqslant 0, \\ \omega(x,0;\tau) = f(x,\tau), & 0 \leqslant x \leqslant l \end{cases}$$

的解, 其中, $\tau \geqslant 0$ 为参数, 则函数

$$u(x,t) = \int_0^t \omega(x, t-\tau; \tau)\mathrm{d}\tau$$

是初边值问题

$$\begin{cases} u_t = a^2 u_{xx} + f(x,t), & 0 < x < l, \quad t > 0, \\ u(0,t) = u(l,t) = 0, & t \geqslant 0, \\ u(x,0) = 0, & 0 \leqslant x \leqslant l \end{cases}$$

的解.

4.39 求下列定解问题的解:

$$\begin{cases} u_t = a^2 u_{xx} + A\sin(\omega t), & 0 < x < 1, \quad t > 0, \\ u(x,0) = \varphi(x), & 0 \leqslant x \leqslant 1, \\ u_x(0,t) = u_x(1,t) = 0, & t \geqslant 0, \end{cases}$$

其中, $A, \omega \neq 0$ 为常数.

4.40 求解具有放射性衰变的热传导方程的混合问题

$$\begin{cases} u_t = a^2 u_{xx} + Ae^{-\alpha x}, & 0 < x < L, \quad t > 0, \\ u(x,0) = \phi(x), & 0 \leqslant x \leqslant L, \\ u(0,t) = u(L,t) = 0, & t \geqslant 0, \end{cases}$$

其中, $A, \alpha > 0$ 为常数.

4.41 有一段长为 π 的均匀细棒, 它的表面和两端都绝热, 一端在原点, 初始温度是 x, 内部有常温的热源 $C > 0$. 求棒内的温度分布.

4.42 均匀细导线, 每单位长的电阻为 R, 通以恒定的电流 I. 导线表面跟周围温度为零的介质进行热量交换. 试求解线上温度变化, 设初始温度和两端温度都是零.

◎ 求解非齐次泊松方程的边值问题

4.43 求下列定解问题的解

$$\begin{cases} u_{xx} + u_{yy} = 2, & 0 < x < 1, \quad 0 < y < 1, \\ u(x,0) = u(x,1) = 0, & 0 \leqslant x \leqslant 1, \\ u(0,y) = u(1,y) = 0, & 0 \leqslant y \leqslant 1. \end{cases}$$

◎ 求解非齐次边界条件下的定解问题

4.44 一长为 l 的均匀细杆, 一端 $x = l$ 保持温度为零, 另一端 $x = 0$ 的温度为 t, 杆的初始温度为零. 求此杆的温度分布.

4.45 有一块沿 y 轴及 z 轴两方向无限扩展的均匀平板, 平板的厚度为 1, 坐标原点位于平板一面上的某点. 已知平板的湿含量 (每立方米容积的物质中所含的水量) 最初为 A (常数). 今水分在平板两面以等速率 P 扩散, 试求平板内各点从开始干燥算起的湿含量 $u(x, t)$.

4.46 一长为 l 的均匀细杆, 一端保持温度恒为零, 另一端给以随时间衰减的热量 $Be^{-\alpha t}$, 初始温度为零. 求此杆的温度分布和随时间的改变.

4.47 求解下列非齐次边界条件下的定解问题

(1) $\begin{cases} u_{tt} = u_{xx} + e^x, & 0 < x < l, \quad t > 0, \\ u(x, 0) = 0, \quad u_t(x, 0) = 0, & 0 \leqslant x \leqslant l, \\ u(0, t) = -1, \quad u(l, t) = t, & t \geqslant 0; \end{cases}$

(2) $\begin{cases} u_{tt} = u_{xx} + 1, & 0 < x < 1, \quad t > 0, \\ u(x, 0) = x, \quad u_t(x, 0) = 0, & 0 \leqslant x \leqslant 1, \\ u(0, t) = 0, \quad u(1, t) = 1 + t, & t \geqslant 0; \end{cases}$

(3) $\begin{cases} u_t = a^2 u_{xx} + f(x), & 0 < x < L, \quad t > 0, \\ u(x, 0) = \phi(x), & 0 \leqslant x \leqslant L, \qquad \text{其中, } A, B \text{ 为常数;} \\ u(0, t) = A, \quad u(L, t) = B, & t \geqslant 0, \end{cases}$

(4) $\begin{cases} u_{xx} + u_{yy} = f(x, y), & 0 < x < a, \quad 0 < y < b, \\ u(0, y) = \varphi_1(y), \quad u(a, y) = \varphi_2(y), & 0 \leqslant y \leqslant b, \\ u(x, 0) = \psi_1(x), \quad u(x, b) = \psi_2(x), & 0 \leqslant x \leqslant a. \end{cases}$

4.48 给定定解问题

$$\begin{cases} u_t - u_{xx} = \beta(u_0 - u), & 0 < x < l, \quad t > 0, \\ u(0, t) = u_1, \quad u(l, t) = u_2, & t \geqslant 0, \\ u(x, 0) = f(x), & 0 < x, \quad 0 \leqslant x \leqslant l, \end{cases}$$

其中, β, u_0, u_1, u_2 都为常数. 试证明在变换 $u(x, t) = u_0 + v(x, t)e^{-\beta t}$ 之下, 此定解问题可以转化为

$$\begin{cases} v_t - v_{xx} = 0, & 0 < x < l, \quad t > 0, \\ v(0, t) = (u_1 - u_0)e^{\beta t}, \quad v(l, t) = (u_2 - u_0)e^{\beta t}, & t \geqslant 0, \\ v(x, 0) = f(x) - u_0, & 0 < x, \quad 0 \leqslant x \leqslant l, \end{cases}$$

并由此求出当 $u_1 = u_2 = u_0$ 时 $u(x, t)$ 的表达式.

4.49 求解下列初边值问题

(1) $\begin{cases} u_{tt} - a^2 u_{xx} = -\dfrac{\omega^2 x}{l}, & 0 < x < l, \quad t > 0, \\ u(0, t) = \omega t, \quad u(l, t) = \cos(\omega t), & t \geqslant 0, \qquad \text{其中, } \omega \text{ 是常数;} \\ u|_{t=0} = x/l, \quad u_t|_{t=0} = \omega(1 - x/l), & 0 \leqslant x \leqslant l, \end{cases}$

(2) $\begin{cases} u_{tt} - u_{xx} = u_x, & 0 < x < l, \quad t > 0, \\ u(0, t) = t, \quad u(l, t) = 0, & t \geqslant 0, \\ u(x, 0) = u_t(x, 0) = 0, & 0 \leqslant x \leqslant l; \end{cases}$

(3) $\begin{cases} u_{tt} - u_{xx} = e^x, & 0 < x < l, \quad t > 0, \\ u(0, t) = 0, \quad u(l, t) = t, & t \geqslant 0, \\ u(x, 0) = u_t(x, 0) = 0, & 0 \leqslant x \leqslant l. \end{cases}$

第 5 章　傅里叶变换

求解数学物理方程的重要方法之一是积分变换法. 积分变换, 就是把函数 $f(x)$ 经过积分运算转为另一类函数 $F(\alpha)$, 其一般表示为

$$F(\alpha) = \int_a^b f(x)K(\alpha,x)\mathrm{d}x,$$

其中, α 为一个参变量, $K(\alpha,x)$ 为一个确定的二元函数, 称为积分变换的核. 不同的核与不同的积分区域, 构成不同的积分变换.

积分变换法主要通过上述函数变换来简化定解问题的求解. 对含多个自变量的线性偏微分方程, 可通过对未知函数施行积分变换来减少方程中自变量的个数, 将偏微分方程化为常微分方程或较少变量的偏微分方程, 从而使问题得到简化.

在本章和第 6 章中, 将分别介绍傅里叶变换和拉普拉斯变换来求解无界或半无界区域上的定解问题.

5.1　傅里叶变换的引入与定义

在 4.1 节中回顾了周期函数的傅里叶级数, 那么一个定义在 $(-\infty,+\infty)$ 区间的非周期函数还能进行傅里叶级数展开吗? 本小节首先将傅里叶级数扩展到连续变化的情形, 即傅里叶积分, 再由此引入傅里叶变换的定义.

5.1.1　傅里叶积分

设 $f(x)$ 在 $[-l,l]$ 上满足 Dirichlet 条件, 则 $f(x)$ 在 $[-l,l]$ 上可展成傅里叶级数, 且在 $f(x)$ 的连续点 x 处, 成立

田 课件 5.1

$$f(x) = \frac{a_0}{2} + \sum_{n=1}^{+\infty}\left(a_n\cos\frac{n\pi x}{l} + b_n\sin\frac{n\pi x}{l}\right),$$

其中,

田 微课 5.1

$$\begin{cases} a_n = \dfrac{1}{l}\displaystyle\int_{-l}^{l} f(t)\cos\frac{n\pi t}{l}\mathrm{d}t, & n = 0,1,2,\cdots, \\[2mm] b_n = \dfrac{1}{l}\displaystyle\int_{-l}^{l} f(t)\sin\frac{n\pi t}{l}\mathrm{d}t, & n = 1,2,\cdots. \end{cases}$$

假定 $f(x)$ 在 $(-\infty,+\infty)$ 上绝对可积, 即 $\displaystyle\int_{-\infty}^{+\infty}|f(t)|\mathrm{d}t < +\infty$, 则当 $l\to\infty$ 时, 形式上有 (记 $\alpha_n = \dfrac{n\pi}{l}, \Delta\alpha_n = \alpha_n - \alpha_{n-1} = \dfrac{\pi}{l}$)

$$f(x) = \frac{1}{2l}\int_{-l}^{l} f(t)\mathrm{d}t + \sum_{n=1}^{\infty}\frac{1}{l}\int_{-l}^{l} f(t)\left(\cos\frac{n\pi t}{l}\cos\frac{n\pi x}{l} + \sin\frac{n\pi t}{l}\sin\frac{n\pi x}{l}\right)\mathrm{d}t$$

$$= \frac{1}{2l} \int_{-l}^{l} f(t) \mathrm{d}t + \sum_{n=1}^{\infty} \frac{1}{l} \int_{-l}^{l} f(t) \cos\left[\frac{n\pi}{l}(x-t)\right] \mathrm{d}t$$

$$= \frac{1}{2l} \int_{-l}^{l} f(t) \mathrm{d}t + \frac{1}{\pi} \sum_{n=1}^{\infty} \left\{ \int_{-l}^{l} f(t) \cos\left[\alpha_n(x-t)\right] \mathrm{d}t \right\} \Delta\alpha_n$$

$$\to 0 + \underbrace{\frac{1}{\pi} \int_{0}^{+\infty} \left\{ \int_{-\infty}^{+\infty} f(t) \cos\left[\alpha(x-t)\right] \mathrm{d}t \right\} \mathrm{d}\alpha}_{\text{称为} f(x) \text{的傅里叶积分公式}} \tag{5.1.1}$$

$$= \mathrm{i}\frac{1}{2\pi} \int_{-\infty}^{+\infty} \underbrace{\left\{ \int_{-\infty}^{+\infty} f(t) \sin\left[\alpha(x-t)\right] \mathrm{d}t \right\}}_{\text{关于}\alpha\text{为奇函数}} \mathrm{d}\alpha + \frac{1}{2\pi} \int_{-\infty}^{+\infty} \underbrace{\left\{ \int_{-\infty}^{+\infty} f(t) \cos\left[\alpha(x-t)\right] \mathrm{d}t \right\}}_{\text{关于}\alpha\text{为偶函数}} \mathrm{d}\alpha$$

$$= \frac{1}{2\pi} \int_{-\infty}^{+\infty} \left[\int_{-\infty}^{+\infty} f(t) \mathrm{e}^{\alpha(x-t)\mathrm{i}} \mathrm{d}t \right] \mathrm{d}\alpha \quad (\text{利用欧拉公式}: \mathrm{e}^{\mathrm{i}\beta} = \cos\beta + \mathrm{i}\sin\beta)$$

$$= \frac{1}{2\pi} \int_{-\infty}^{+\infty} \mathrm{e}^{\mathrm{i}\alpha x} \underbrace{\left[\int_{-\infty}^{+\infty} f(t) \mathrm{e}^{-\mathrm{i}\alpha t} \mathrm{d}t \right]}_{\text{记为} F(\alpha), \text{称为} f(x) \text{的傅里叶变换} \mathscr{F}[f(x)]} \mathrm{d}\alpha \tag{5.1.2}$$

$$= \underbrace{\frac{1}{2\pi} \int_{-\infty}^{+\infty} \mathrm{e}^{\mathrm{i}\alpha x} F(\alpha) \mathrm{d}\alpha}_{\text{记为}\mathscr{F}^{-1}[F(\alpha)], \text{称为} F(\alpha) \text{的傅里叶逆变换}}, \tag{5.1.3}$$

即

$$f(x) = \mathscr{F}^{-1}[F(\alpha)] = \mathscr{F}^{-1}[\mathscr{F}[f(x)]].$$

5.1.2 傅里叶变换的定义

1. 一元函数情形

定义 5.1.1 设 $f(x)$ 在 $(-\infty, +\infty)$ 上的任一有限区间上满足 Dirichlet 条件, 在 $(-\infty, +\infty)$ 上绝对可积, 称广义积分

$$F(\alpha) = \int_{-\infty}^{+\infty} f(x) \mathrm{e}^{-\mathrm{i}\alpha x} \mathrm{d}x \tag{5.1.4}$$

为 $f(x)$ 的**傅里叶变换**, 记为 $F(\alpha) = \mathscr{F}[f(x)]$, $F(\alpha)$ 称为 $f(x)$ 的**像函数**; 称

$$f(x) = \frac{1}{2\pi} \int_{-\infty}^{+\infty} F(\alpha) \mathrm{e}^{\mathrm{i}\alpha x} \mathrm{d}\alpha \tag{5.1.5}$$

为 $F(\alpha)$ 的**傅里叶逆变换**, 记为 $f(x) = \mathscr{F}^{-1}[F(\alpha)]$, $f(x)$ 称为 $F(\alpha)$ 的**像原函数**.

物理上通常认为, $f(x)$ 代表一个 "信号", $F(\alpha)$ 是信号 $f(x)$ 的频谱分布函数. 由 $f(x)$ 求 $F(\alpha)$ 的过程称为傅里叶分析, 而由 $F(\alpha)$ 求 $f(x)$ 的过程称为 "反演". 在式 (5.1.4) 中令 $\alpha = 0$, 得到 $F(0) = \int_{-\infty}^{+\infty} f(x) \mathrm{d}x$. 这意味着频谱在 $\alpha = 0$ 的值等于信号 $f(x)$ 的面积. 另一方面, 在式 (5.1.5) 中令 $x = 0$, 得到 $f(0) = \frac{1}{2\pi} \int_{-\infty}^{+\infty} F(\alpha) \mathrm{d}\alpha$, 即频谱的积分给出函数在原点取值的 2π 倍.

例 5.1.1 求函数的傅里叶变换, 其中, $a > 0$ 为常数.

(1) $f(x) = \mathrm{e}^{-a|x|}$;

(2) $f(x) = \begin{cases} 1, & |x| \leqslant a, \\ 0, & |x| > a. \end{cases}$

★ 知识拓展
傅里叶变换
时域 v.s. 频域

解　(1) 由定义, 有

$$F(\alpha) = \int_{-\infty}^{+\infty} \mathrm{e}^{-a|x|}\mathrm{e}^{-\mathrm{i}\alpha x}\mathrm{d}x = \int_{-\infty}^{0} \mathrm{e}^{x(a-\mathrm{i}\alpha)}\mathrm{d}x + \int_{0}^{+\infty} \mathrm{e}^{x(-a-\mathrm{i}\alpha)}\mathrm{d}x$$

$$= \int_{0}^{+\infty} \mathrm{e}^{-ay}\mathrm{e}^{\mathrm{i}\alpha y}\mathrm{d}y + \int_{0}^{+\infty} \mathrm{e}^{-ax}\mathrm{e}^{-\mathrm{i}\alpha x}\mathrm{d}x = \int_{0}^{+\infty} \mathrm{e}^{-ax}\left(\mathrm{e}^{\mathrm{i}\alpha x} + \mathrm{e}^{-\mathrm{i}\alpha x}\right)\mathrm{d}x$$

$$= 2\int_{0}^{+\infty} \mathrm{e}^{-ax}\cos(\alpha x)\mathrm{d}x = \frac{2a}{a^2 + \alpha^2}.$$

(2) 由定义, 有

$$F(\alpha) = \int_{-a}^{a} \mathrm{e}^{-\mathrm{i}\alpha x}\mathrm{d}x = \int_{-a}^{a} [\cos(\alpha x) - \mathrm{i}\sin(\alpha x)]\mathrm{d}x = 2\int_{0}^{a} \cos(\alpha x)\mathrm{d}x = \frac{2\sin(a\alpha)}{\alpha}. \qquad (5.1.6)$$

注5.1.1　在式 (5.1.6) 中允许取 $\alpha = 0$. 事实上, 由式 (5.1.6) 的最后一个等号有 $\lim\limits_{\alpha \to 0} F(\alpha) = 2\lim\limits_{\alpha \to 0} \dfrac{\sin(a\alpha)}{\alpha} = 2a$. 而由式 (5.1.6) 的倒数第二个等号有　$F(0) = 2\int_{0}^{a} \cos 0\mathrm{d}x = 2a$. 因此, 对所有的 α, 频谱分布函数由式 (5.1.6) 表示 (图 5.1.1).

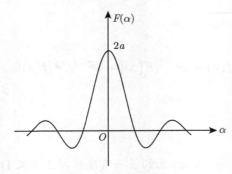

图 5.1.1　频谱分布函数 $F(\alpha)$

2. 多元函数情形

类似地, 可定义多元函数的傅里叶变换. 设 $x = (x_1, x_2, \cdots, x_n) \in \mathbb{R}^n$, $\alpha = (\alpha_1, \alpha_2, \cdots, \alpha_n) \in \mathbb{R}^n$, $\alpha \cdot x = x_1\alpha_1 + x_2\alpha_2 + \cdots + x_n\alpha_n$, 则式 (5.1.5) 变为

$$f(x) = \frac{1}{(2\pi)^n} \int_{\mathbb{R}^n} \mathrm{e}^{\mathrm{i}\alpha \cdot x} \left[\int_{\mathbb{R}^n} f(t)\mathrm{e}^{-\mathrm{i}\alpha \cdot t}\mathrm{d}t \right] \mathrm{d}\alpha.$$

令

$$F(\alpha) = \int_{\mathbb{R}^n} f(x)\mathrm{e}^{-\mathrm{i}\alpha \cdot x}\mathrm{d}x, \qquad (5.1.7)$$

则

$$f(x) = \frac{1}{(2\pi)^n} \int_{\mathbb{R}^n} F(\alpha)\mathrm{e}^{\mathrm{i}\alpha \cdot x}\mathrm{d}\alpha, \qquad (5.1.8)$$

称式 (5.1.7) 为 $f(x)$ 的 n **维傅里叶变换**, 记为 $F(\alpha) = \mathscr{F}[f(x)]$; 而称式 (5.1.8) 为 $F(\alpha)$ 的 n **维傅里叶逆变换**, 记为 $f(x) = \mathscr{F}^{-1}[F(\alpha)]$.

5.1.3 傅里叶正弦变换与余弦变换

在傅里叶变换中 $f(x)$ 定义在 $(-\infty, +\infty)$ 上, 但有些定解问题中 $f(x)$ 仅定义在半无穷区间上, 此时不可用傅里叶变换. 为了在这种情况下使用傅里叶变换求解定解问题, 需引入傅里叶正弦变换和余弦变换.

设 $f(x)$ 是 $(-\infty, +\infty)$ 上的奇函数, 即 $f(-x) = -f(x)$, 则

$$\int_{-\infty}^{+\infty} f(t)\cos(\alpha t)dt = 0, \quad \int_{-\infty}^{+\infty} f(t)\sin(\alpha t)dt = 2\int_0^{+\infty} f(t)\sin(\alpha t)dt.$$

由式 (5.1.1), 有

$$f(x) = \frac{1}{\pi}\int_0^{+\infty}\int_{-\infty}^{+\infty} f(t)[\cos(\alpha t)\cos(\alpha x) + \sin(\alpha t)\sin(\alpha x)]dt d\alpha$$

$$= \frac{2}{\pi}\int_0^{+\infty}\int_0^{+\infty} f(t)\sin(\alpha t)\sin(\alpha x)dt d\alpha$$

$$= \frac{2}{\pi}\int_0^{+\infty} \sin(\alpha x)\left[\int_0^{+\infty} f(t)\sin(\alpha t)dt\right]d\alpha.$$

若定义

$$F_s(\alpha) = \int_0^{+\infty} f(x)\sin(\alpha x)dx, \tag{5.1.9}$$

则

$$f(x) = \frac{2}{\pi}\int_0^{+\infty} F_s(\alpha)\sin(\alpha x)d\alpha, \tag{5.1.10}$$

称式 (5.1.9) 为 $f(x)$ 的**傅里叶正弦变换**, 记为 $F_s(\alpha) = \mathscr{F}_s[f(x)]$; 而称式 (5.1.10) 为 $F_s(\alpha)$ 的**傅里叶正弦逆变换**, 记为 $f(x) = \mathscr{F}_s^{-1}[F_s(\alpha)]$.

类似地, 称

$$\mathscr{F}_c[f(x)] = F_c(\alpha) = \int_0^{+\infty} f(x)\cos(\alpha x)dx$$

为 $f(x)$ 的**傅里叶余弦变换**, 而称

$$\mathscr{F}_c^{-1}[F_c(\alpha)] = f(x) = \frac{2}{\pi}\int_0^{+\infty} F_c(\alpha)\cos(\alpha x)d\alpha$$

为 $F_c(\alpha)$ 的**傅里叶余弦逆变换**.

例 5.1.2 (1) 求函数的傅里叶正弦变换

$$f(x) = \begin{cases} 0, & 0 < x < a, \\ x, & a \leqslant x < b, \\ 0, & x \geqslant b; \end{cases}$$

(2) 求函数的傅里叶余弦变换

$$f(x) = \begin{cases} e^{ax}, & 0 < x \leqslant b, \\ 0, & x > b. \end{cases}$$

解 由定义,

$$\mathscr{F}_s[f(x)] = \int_0^{+\infty} f(x)\sin(\alpha x)\mathrm{d}x = \int_a^b x\sin(\alpha x)\mathrm{d}x$$

$$= \frac{a\cos(a\alpha) - b\cos(b\alpha)}{\alpha} - \frac{\sin(a\alpha) - \sin(b\alpha)}{\alpha^2}.$$

$$\mathscr{F}_c[f(x)] = \int_0^{+\infty} f(x)\cos(\alpha x)\mathrm{d}x = \int_0^b \mathrm{e}^{ax}\cos(\alpha x)\mathrm{d}x$$

$$= \frac{1}{a^2+\alpha^2}\mathrm{e}^{ax}[\alpha\sin(\alpha x) + a\cos(\alpha x)]\big|_{x=0}^b$$

$$= \frac{1}{a^2+\alpha^2}\left\{\mathrm{e}^{ab}\left[\alpha\sin(\alpha b) + a\cos(\alpha b)\right] - a\right\}.$$

★ 问题思考
傅里叶变换与
傅里叶级数的
联系与区别

5.2 傅里叶变换的性质

5.2.1 傅里叶变换的基本性质

1. 一元函数情形

下面介绍傅里叶变换的几个基本性质. 设 $\mathscr{F}[f(x)] = F(\alpha)$, 且约定: 所涉及的需进行傅里叶变换的函数总是满足变换条件的.

田 课件 5.2

(1) **线性性质**

傅里叶变换和逆变换都是线性变换, 即

$$\mathscr{F}[c_1 f_1(x) + c_2 f_2(x)] = c_1\mathscr{F}[f_1(x)] + c_2\mathscr{F}[f_2(x)] = c_1 F_1(\alpha) + c_2 F_2(\alpha),$$

$$\mathscr{F}^{-1}[c_1 F_1(\alpha) + c_2 F_2(\alpha)] = c_1\mathscr{F}^{-1}[F_1(\alpha)] + c_2\mathscr{F}^{-1}[F_2(\alpha)] = c_1 f_1(x) + c_2 f_2(x).$$

其中, c_1, c_2 为任意常数.

田 微课 5.2

证明 由定义及积分的可加性, 得证.

(2) **位移性质**

设 x_0 为任意实常数, 则

$$\mathscr{F}[f(x \pm x_0)] = \mathrm{e}^{\pm \mathrm{i}\alpha x_0}\mathscr{F}[f(x)].$$

证明 由定义, 有

$$\mathscr{F}[f(x \pm x_0)] = \int_{-\infty}^{+\infty} f(x \pm x_0)\mathrm{e}^{-\mathrm{i}\alpha x}\mathrm{d}x = \int_{-\infty}^{+\infty} f(t)\mathrm{e}^{-\mathrm{i}\alpha(t \mp x_0)}\mathrm{d}t$$

$$= \mathrm{e}^{\pm \mathrm{i}\alpha x_0}\int_{-\infty}^{+\infty} f(t)\mathrm{e}^{-\mathrm{i}\alpha t}\mathrm{d}t = \mathrm{e}^{\pm \mathrm{i}\alpha x_0}\mathscr{F}[f(x)].$$

(3) **相似性质 (伸缩性质)**

设 c 为任意非零实常数, 则

$$\mathscr{F}[f(cx)] = \frac{1}{|c|}F\left(\frac{\alpha}{c}\right).$$

证明 对 $c \neq 0$, 有

$$\mathscr{F}[f(cx)] = \int_{-\infty}^{+\infty} f(cx)\mathrm{e}^{-\mathrm{i}\alpha x}\mathrm{d}x = \frac{1}{|c|}\int_{-\infty}^{+\infty} f(t)\mathrm{e}^{-\mathrm{i}\frac{\alpha}{c}t}\mathrm{d}t = \frac{1}{|c|}F\left(\frac{\alpha}{c}\right).$$

(4) 微分性质

若当 $|x| \to +\infty$ 时, $f(x) \to 0$, $f^{(k)}(x) \to 0$ $(k = 1, 2, \cdots, n-1)$, 则

$$\mathscr{F}[f'(x)] = \mathrm{i}\alpha\mathscr{F}[f(x)], \quad \mathscr{F}[f''(x)] = (\mathrm{i}\alpha)^2\mathscr{F}[f(x)], \cdots, \quad \mathscr{F}[f^{(n)}(x)] = (\mathrm{i}\alpha)^n\mathscr{F}[f(x)].$$

证明 我们只证明第一个等式, 其他等式类似可证. 由定义和分部积分, 有

$$\mathscr{F}[f'(x)] = \int_{-\infty}^{+\infty} f'(x)\mathrm{e}^{-\mathrm{i}\alpha x}\mathrm{d}x$$

$$= f(x)\,\mathrm{e}^{-\mathrm{i}\alpha x}\Big|_{-\infty}^{+\infty} + \mathrm{i}\alpha\int_{-\infty}^{+\infty} f(x)\mathrm{e}^{-\mathrm{i}\alpha x}\mathrm{d}x = \mathrm{i}\alpha\mathscr{F}[f(x)].$$

注 5.2.1 利用该微分性质, 可把一个常微分方程转化为代数方程, 把一个偏微分方程转化为常微分方程.

(5) 积分性质

$$\mathscr{F}\left[\int_{x_0}^{x} f(\xi)\mathrm{d}\xi\right] = \frac{1}{\mathrm{i}\alpha}\mathscr{F}[f(x)].$$

证明 由微分性质及变上限积分求导性质, 有

$$\mathrm{i}\alpha\mathscr{F}\left[\int_{x_0}^{x} f(\xi)\mathrm{d}\xi\right] = \mathscr{F}\left[\frac{\mathrm{d}}{\mathrm{d}x}\int_{x_0}^{x} f(\xi)\mathrm{d}\xi\right] = \mathscr{F}[f(x)].$$

(6) 乘多项式性质

$$\mathscr{F}[xf(x)] = \mathrm{i}\frac{\mathrm{d}}{\mathrm{d}\alpha}F(\alpha), \cdots, \quad \mathscr{F}[x^n f(x)] = \mathrm{i}^n\frac{\mathrm{d}^n F(\alpha)}{\mathrm{d}\alpha^n}.$$

证明 由定义, 有

$$\mathscr{F}[xf(x)] = \int_{-\infty}^{+\infty} xf(x)\mathrm{e}^{-\mathrm{i}\alpha x}\mathrm{d}x = -\frac{1}{\mathrm{i}}\frac{\mathrm{d}}{\mathrm{d}\alpha}\int_{-\infty}^{+\infty} f(x)\mathrm{e}^{-\mathrm{i}\alpha x}\mathrm{d}x = \mathrm{i}\frac{\mathrm{d}}{\mathrm{d}\alpha}F(\alpha).$$

同理可证其他等式.

(7) 卷积定理

定义 $f(x)$ 和 $g(x)$ 的卷积运算为

$$(f * g)(x) = \int_{-\infty}^{+\infty} f(x-t)g(t)\mathrm{d}t,$$

★ 知识拓展
卷积是什么?

则有

$$\mathscr{F}[(f * g)(x)] = F(\alpha)G(\alpha), \quad \mathscr{F}^{-1}[F(\alpha)G(\alpha)] = (f * g)(x).$$

证明 由定义, 有

$$\mathscr{F}[(f * g)(x)] = \int_{-\infty}^{+\infty} \mathrm{e}^{-\mathrm{i}\alpha x}\left[\int_{-\infty}^{+\infty} f(x-t)g(t)\mathrm{d}t\right]\mathrm{d}x$$

$$= \int_{-\infty}^{+\infty} g(t)\left[\int_{-\infty}^{+\infty} f(x-t)\mathrm{e}^{-\mathrm{i}\alpha x}\mathrm{d}x\right]\mathrm{d}t$$

$$= \int_{-\infty}^{+\infty} g(t)\left[\int_{-\infty}^{+\infty} f(s)\mathrm{e}^{-\mathrm{i}\alpha(t+s)}\mathrm{d}s\right]\mathrm{d}t$$

$$= \int_{-\infty}^{+\infty} f(s)\mathrm{e}^{-\mathrm{i}\alpha s}\mathrm{d}s \int_{-\infty}^{+\infty} g(t)\mathrm{e}^{-\mathrm{i}\alpha t}\mathrm{d}t$$

$$= F(\alpha)G(\alpha).$$

两边取逆变换, 有

$$\mathscr{F}^{-1}[F(\alpha)G(\alpha)] = (f * g)(x).$$

注 5.2.2 该定理表明, 傅里叶变换可化卷积运算为乘积运算, 而傅里叶逆变换可化乘积运算为卷积运算.

(8) 像函数的卷积定理

$$\mathscr{F}[f(x)g(x)] = \frac{1}{2\pi}[F * G](\alpha), \quad \mathscr{F}^{-1}[F * G](\alpha) = 2\pi f(x)g(x).$$

证明 由定义, 有

$$\begin{aligned}
\mathscr{F}[f(x)g(x)] &= \int_{-\infty}^{+\infty} f(x)g(x)\mathrm{e}^{-\mathrm{i}\alpha x}\mathrm{d}x \\
&= \int_{-\infty}^{+\infty} f(x)\left[\frac{1}{2\pi}\int_{-\infty}^{+\infty} G(\lambda)\mathrm{e}^{\mathrm{i}\lambda x}\mathrm{d}\lambda\right]\mathrm{e}^{-\mathrm{i}\alpha x}\mathrm{d}x \\
&= \frac{1}{2\pi}\int_{-\infty}^{+\infty} G(\lambda)\left[\int_{-\infty}^{+\infty} f(x)\mathrm{e}^{-\mathrm{i}(\alpha-\lambda)x}\mathrm{d}x\right]\mathrm{d}\lambda \\
&= \frac{1}{2\pi}\int_{-\infty}^{+\infty} G(\lambda)F(\alpha-\lambda)\mathrm{d}\lambda \\
&= \frac{1}{2\pi}[F * G](\alpha).
\end{aligned}$$

两边取逆变换可得第二个等式.

2. 多元函数情形

对于多元函数的傅里叶变换, 以上性质类似地成立.

3. 正 (余) 弦变换的微分性质

微分性质: 若当 $|x| \to +\infty$ 时, $f(x), f'(x) \to 0$, 则

$$\mathscr{F}_s[f''(x)] = (\mathrm{i}\alpha)^2 F_s(\alpha) + \alpha f(0), \quad \mathscr{F}_c[f''(x)] = (\mathrm{i}\alpha)^2 F_c(\alpha) - f'(0).$$

证明 由定义和分部积分, 有

$$\begin{aligned}
\mathscr{F}_s[f''(x)] &= \int_0^{+\infty} f''(x)\sin(\alpha x)\mathrm{d}x \\
&= f'(x)\sin(\alpha x)\big|_{x=0}^{x=+\infty} - \alpha\int_0^{+\infty} f'(x)\cos(\alpha x)\mathrm{d}x \\
&= -\alpha f(x)\cos(\alpha x)\big|_{x=0}^{x=+\infty} - \alpha^2\int_0^{+\infty} f(x)\sin(\alpha x)\mathrm{d}x \\
&= -\alpha^2 F_s(\alpha) + \alpha f(0), \\
\mathscr{F}_c[f''(x)] &= \int_0^{+\infty} f''(x)\cos(\alpha x)\mathrm{d}x \\
&= f'(x)\cos(\alpha x)\big|_{x=0}^{x=+\infty} + \alpha\int_0^{+\infty} f'(x)\sin(\alpha x)\mathrm{d}x \\
&= -f'(0) + \alpha f(x)\sin(\alpha x)\big|_{x=0}^{x=+\infty} - \alpha^2\int_0^{+\infty} f(x)\cos(\alpha x)\mathrm{d}x \\
&= -f'(0) - \alpha^2 F_c(\alpha).
\end{aligned}$$

5.2.2 例子

下面给出一些具体例子, 根据傅里叶变换的定义和性质求具体函数的傅里叶变换.

例 5.2.1 求高斯函数 $f(x) = e^{-x^2}$ 的傅里叶变换.

解 由定义、分部积分公式及乘多项式性质, 有

$$F(\alpha) = \int_{-\infty}^{+\infty} f(x)e^{-i\alpha x}dx = \int_{-\infty}^{+\infty} e^{-x^2}e^{-i\alpha x}dx = -\frac{1}{i\alpha}\int_{-\infty}^{+\infty} e^{-x^2}de^{-i\alpha x}$$

$$= -\frac{1}{i\alpha}e^{-x^2-i\alpha x}\Big|_{x=-\infty}^{x=+\infty} - \frac{1}{i\alpha}\int_{-\infty}^{+\infty} 2xe^{-x^2}e^{-i\alpha x}dx$$

$$= \frac{2i}{\alpha}\mathscr{F}[xf(x)] = -\frac{2}{\alpha}\frac{d}{d\alpha}F(\alpha).$$

即

$$\frac{d}{d\alpha}F(\alpha) + \frac{\alpha}{2}F(\alpha) = 0.$$

而

$$F(0) = \int_{-\infty}^{+\infty} e^{-x^2}dx = \sqrt{\pi},$$

故

$$F(\alpha) = \sqrt{\pi}e^{-\frac{\alpha^2}{4}}.$$

例 5.2.2 求 $f(x) = e^{-bx^2}$ $(b > 0)$ 的傅里叶变换.

解 由上例及相似性质, 有

$$\mathscr{F}[e^{-bx^2}] = F[e^{-(\sqrt{b}x)^2}] = \frac{1}{\sqrt{b}}F\left(\frac{\alpha}{\sqrt{b}}\right) = \left(\frac{\pi}{b}\right)^{\frac{1}{2}}e^{-\frac{\alpha^2}{4b}}. \tag{5.2.1}$$

注 5.2.3 在式 (5.2.1) 中取 $b = (4a^2t)^{-1}$, 则有 $\mathscr{F}(e^{-\frac{x^2}{4a^2t}}) = 2a\sqrt{\pi t}e^{-\alpha^2 a^2 t}$, 或

$$\mathscr{F}^{-1}(e^{-\alpha^2 a^2 t}) = \frac{1}{2a\sqrt{\pi t}}e^{-\frac{x^2}{4a^2t}}. \tag{5.2.2}$$

注 5.2.4 因

$$\mathscr{F}[e^{-bx^2}] = \int_{-\infty}^{+\infty} e^{-bx^2}e^{-i\alpha x}dx = \int_{-\infty}^{+\infty} e^{-bx^2}[\cos(\alpha x) - i\sin(\alpha x)]dx$$

$$= 2\int_0^{+\infty} e^{-bx^2}\cos(\alpha x)dx,$$

故

$$\int_0^{+\infty} e^{-bx^2}\cos(\alpha x)dx = \frac{\sqrt{\pi}}{2\sqrt{b}}e^{-\frac{\alpha^2}{4b}}. \tag{5.2.3}$$

5.3 傅里叶变换的应用

傅里叶变换可用来求解常微分方程、积分方程、微分积分方程以及偏微分方程, 其步骤是: 通过傅里叶变换将所求方程化为关于 "像" (解的傅里叶变换) 的代数方程或常微分方程; 通过求解代数方程或常微分方程得到 "像" 的表达式; 通过傅里叶逆变换得到 "原像" (原方程的解). 本节将通过典型例题的求解, 来阐述傅里叶变换的具体应用.

5.3.1 求解常微分方程

例 5.3.1 用傅里叶变换法解常微分方程

$$y''(x) + y'(x) - xy(x) = 0.$$

解 记 $\mathscr{F}[y(x)] = Y(\alpha)$. 对方程两端作傅里叶变换, 利用线性性质、微分性质和乘多项式性质, 有

$$(\mathrm{i}\alpha)^2 Y(\alpha) + \mathrm{i}\alpha Y(\alpha) - \mathrm{i}\frac{\mathrm{d}}{\mathrm{d}\alpha}Y(\alpha) = 0,$$

田 课件 5.3

即

$$\frac{\mathrm{d}}{\mathrm{d}\alpha}Y(\alpha) - (\mathrm{i}\alpha^2 + \alpha)Y(\alpha) = 0.$$

解得

$$Y(\alpha) = c\mathrm{e}^{\mathrm{i}\frac{\alpha^3}{3} + \frac{\alpha^2}{2}}.$$

对两端作傅里叶逆变换, 有

$$y(x) = \mathscr{F}^{-1}[Y(\alpha)] = \frac{c}{2\pi}\int_{-\infty}^{+\infty}\mathrm{e}^{\mathrm{i}\frac{\alpha^3}{3} + \frac{\alpha^2}{2}}\mathrm{e}^{\mathrm{i}\alpha x}\mathrm{d}\alpha = \frac{c}{2\pi}\int_{-\infty}^{+\infty}\mathrm{e}^{\mathrm{i}(\frac{\alpha^3}{3} + \alpha x) + \frac{\alpha^2}{2}}\mathrm{d}\alpha.$$

5.3.2　求解热传导方程的初值问题

将二元函数 $u(x,t)$ 关于变量 $x\,(-\infty < x < +\infty)$ 的傅里叶变换记为

田 微课 5.3-1

$$U(\alpha,t) = \mathscr{F}[u(x,t)] = \int_{-\infty}^{+\infty}u(x,t)\mathrm{e}^{-\mathrm{i}\alpha x}\mathrm{d}x.$$

对 $u_t(x,t)$ 关于变量 x 作傅里叶变换, 有

$$\mathscr{F}[u_t(x,t)] = \int_{-\infty}^{+\infty}u_t(x,t)\mathrm{e}^{-\mathrm{i}\alpha x}\mathrm{d}x = \frac{\partial}{\partial t}\left[\int_{-\infty}^{+\infty}u(x,t)\mathrm{e}^{-\mathrm{i}\alpha x}\mathrm{d}x\right] = U_t(\alpha,t).$$

而利用傅里叶变换的微分性质, 有

$$\mathscr{F}[u_{xx}(x,t)] = (\mathrm{i}\alpha)^2\mathscr{F}[u(x,t)] = -\alpha^2 U(\alpha,t).$$

例 5.3.2　求解初值问题

$$\begin{cases}u_t = a^2 u_{xx} + f(x,t), & -\infty < x < +\infty, \quad t > 0, \\ u(x,0) = \phi(x), & -\infty < x < +\infty.\end{cases} \tag{5.3.1}$$

解　对 $u(x,t)$, $f(x,t)$ 和 $\phi(x)$ 关于 x 进行傅里叶变换, 记

$$\mathscr{F}[u(x,t)] = U(\alpha,t), \quad \mathscr{F}[f(x,t)] = F(\alpha,t), \quad \mathscr{F}[\phi(x)] = \Phi(\alpha).$$

在泛定方程和定解条件两端关于 x 作傅里叶变换, 利用线性性质和微分性质, 有 (这里假设当 $|x| \to +\infty$ 时, u, $u_x \to 0$)

$$\begin{cases}U_t(\alpha,t) = a^2(\mathrm{i}\alpha)^2 U(\alpha,t) + F(\alpha,t) = -\alpha^2 a^2 U(\alpha,t) + F(\alpha,t), \quad t > 0, \\ U(\alpha,0) = \Phi(\alpha).\end{cases}$$

则偏微分方程的初值问题, 转化为了关于 t 的常微分方程的初值问题 (α 看作参数). 解得

$$U(\alpha,t) = \Phi(\alpha)\mathrm{e}^{-\alpha^2 a^2 t} + \int_0^t F(\alpha,\tau)\mathrm{e}^{-\alpha^2 a^2(t-\tau)}\mathrm{d}\tau.$$

对两端关于 α 作傅里叶逆变换, 并利用卷积定理, 有

$$\begin{aligned}u(x,t) &= \mathscr{F}^{-1}[U(\alpha,t)] = \mathscr{F}^{-1}[\Phi(\alpha)\mathrm{e}^{-\alpha^2 a^2 t}] + \mathscr{F}^{-1}\left[\int_0^t F(\alpha,\tau)\mathrm{e}^{-\alpha^2 a^2(t-\tau)}\mathrm{d}\tau\right] \\ &= \mathscr{F}^{-1}[\Phi(\alpha)] * \mathscr{F}^{-1}[\mathrm{e}^{-\alpha^2 a^2 t}] + \int_0^t \mathscr{F}^{-1}[F(\alpha,\tau)] * \mathscr{F}^{-1}[\mathrm{e}^{-\alpha^2 a^2(t-\tau)}]\mathrm{d}\tau \\ &= \phi(x) * \mathscr{F}^{-1}[\mathrm{e}^{-\alpha^2 a^2 t}] + \int_0^t f(x,\tau) * \mathscr{F}^{-1}[\mathrm{e}^{-\alpha^2 a^2(t-\tau)}]\mathrm{d}\tau.\end{aligned}$$

又

$$\mathscr{F}^{-1}\left[\mathrm{e}^{-\alpha^2 a^2 t}\right] = \frac{1}{2a\sqrt{\pi t}}\mathrm{e}^{-\frac{x^2}{4a^2 t}},$$

因此, 有

$$u(x,t) = \phi(x) * \left(\frac{1}{2a\sqrt{\pi t}}\mathrm{e}^{-\frac{x^2}{4a^2 t}}\right) + \int_0^t f(x,\tau) * \left[\frac{1}{2a\sqrt{\pi(t-\tau)}}\mathrm{e}^{-\frac{x^2}{4a^2(t-\tau)}}\right]\mathrm{d}\tau$$

$$= \frac{1}{2a\sqrt{\pi t}}\int_{-\infty}^{+\infty}\mathrm{e}^{-\frac{(x-\xi)^2}{4a^2 t}}\phi(\xi)\mathrm{d}\xi + \int_0^t\int_{-\infty}^{+\infty}\frac{f(\xi,\tau)}{2a\sqrt{\pi(t-\tau)}}\mathrm{e}^{-\frac{(x-\xi)^2}{4a^2(t-\tau)}}\mathrm{d}\xi\mathrm{d}\tau. \qquad (5.3.2)$$

注 5.3.1 (1) 这里用到了如下结论: 一阶线性非齐次常微分方程的初值问题

$$\begin{cases} \dfrac{\mathrm{d}y}{\mathrm{d}t} + p(t)y = q(t), \\ y(t_0) = y_0 \end{cases}$$

的解为

$$y(t) = \mathrm{e}^{-\int_{t_0}^t p(s)\mathrm{d}s}\left[y_0 + \int_{t_0}^t q(\tau)\mathrm{e}^{\int_{t_0}^\tau p(s)\mathrm{d}s}\mathrm{d}\tau\right].$$

(2) 若记

$$G(x,t) = \begin{cases} \dfrac{1}{2a\sqrt{\pi t}}\mathrm{e}^{-\frac{x^2}{4a^2 t}}, & t > 0, \\ 0, & t \leqslant 0, \end{cases}$$

★ *知识拓展*
高斯核的
物理含义

则有

$$u(x,t) = \int_{-\infty}^{+\infty} G(x-\xi,t)\phi(\xi)\mathrm{d}\xi + \int_0^t\int_{-\infty}^{+\infty} G(x-\xi,t-\tau)f(\xi,\tau)\mathrm{d}\xi\mathrm{d}\tau$$

$$= \phi(x) * G(x,t) + \int_0^t f(x,\tau) * G(x,t-\tau)\mathrm{d}\tau.$$

称 $G(x,t)$ 为**热核**, 或问题 (5.3.1) **的解核**, 或一维热传导方程初值问题的**基本解**. $G(x,t)$ 又称为**高斯核**, 它是应用数学和统计学中最重要的函数之一. 感兴趣的读者可将它与普通的高斯分布 $G(x) = \dfrac{1}{\sqrt{2\pi}\sigma}\mathrm{e}^{-\frac{x^2}{2\sigma^2}}$ 相比较, 可参见顾樵 (2012) 的文献.

(3) 由此例可见, 用傅里叶变换求解定解问题时不必像行波法或分离变量法那样分齐次和非齐次方程, 都是按同样的步骤进行.

(4) 以上求得的仅是形式解, 通过分析论证, 有下面的定理.

定理 5.3.1 设 $\phi(x)$ 在 $(-\infty, +\infty)$ 上连续且有界, $f(x,t)$ 在 $(-\infty, +\infty) \times [0, +\infty)$ 上连续且有界, 则由式 (5.3.2) 表示的函数 $u(x,t)$ 是问题 (5.3.1) 的有界古典解.

(5) 从例 5.3.2 可归纳出傅里叶变换方法解定解问题的主要步骤:

① 选用偏微分方程中适当的 (比如在整个数轴上变化的) 自变量作积分变量, 对泛定方程和定解条件作傅里叶变换, 利用微分性质 $\mathscr{F}[f^{(n)}(x)] = (\mathrm{i}\alpha)^n\mathscr{F}[f(x)]$, 就能得到关于未知函数像函数的常微分方程的定解问题.

② 解常微分方程的定解问题, 求得解的像函数.

③ 对像函数作逆变换 (常可以查傅里叶变换表), 得原定解问题的解.

(6) 对于高维热传导方程的初值问题

$$\begin{cases} u_t = a^2 \Delta u + f(x_1, x_2, \cdots, x_n, t), & x \in \mathbb{R}^n, \quad t > 0, \\ u(x_1, x_2, \cdots, x_n, 0) = \phi(x_1, x_2, \cdots, x_n), & x \in \mathbb{R}^n. \end{cases}$$

类似地, 可用 n 维傅里叶变换求出其解的表达式. 以三维问题为例, 有

$$u(x, y, z, t) = \iiint\limits_{\mathbb{R}^3} G(x - \xi, y - \eta, z - \zeta, t) \phi(\xi, \eta, \zeta) \mathrm{d}\xi \mathrm{d}\eta \mathrm{d}\zeta$$

$$+ \int_0^t \mathrm{d}\tau \iiint\limits_{\mathbb{R}^3} G(x - \xi, y - \eta, z - \zeta, t - \tau) f(\xi, \eta, \zeta, \tau) \mathrm{d}\xi \mathrm{d}\eta \mathrm{d}\zeta$$

$$= \phi(x, y, z) * G(x, y, z, t) + \int_0^t f(x, y, z, \tau) * G(x, y, z, t - \tau) \mathrm{d}\tau,$$

其中,

$$G(x, y, z, t) = \begin{cases} \dfrac{1}{(4\pi a^2 t)^{\frac{3}{2}}} \mathrm{e}^{-\frac{x^2 + y^2 + z^2}{4a^2 t}}, & t > 0, \\ 0, & t \leqslant 0. \end{cases}$$

例 5.3.3 求解初值问题

$$\begin{cases} u_t = a^2 u_{xx} + b, & -\infty < x < +\infty, \quad t > 0, \\ u(x, 0) = \sin(5x), & -\infty < x < +\infty, \end{cases}$$

其中, b 为常数.

解 由式 (5.3.2), 有

$$u(x, t) = \frac{1}{2a\sqrt{\pi t}} \int_{-\infty}^{+\infty} \mathrm{e}^{-\frac{(x - \xi)^2}{4a^2 t}} \sin(5\xi) \mathrm{d}\xi + \frac{1}{2a\sqrt{\pi}} \int_0^t \int_{-\infty}^{+\infty} \frac{b}{\sqrt{t - \tau}} \mathrm{e}^{-\frac{(x - \xi)^2}{4a^2 (t - \tau)}} \mathrm{d}\xi \mathrm{d}\tau$$

$$:= u_1(x, t) + u_2(x, t).$$

而

$$u_1(x, t) = \frac{1}{2a\sqrt{\pi t}} \int_{-\infty}^{+\infty} \mathrm{e}^{-\frac{(x - \xi)^2}{4a^2 t}} \sin(5\xi) \mathrm{d}\xi$$

$$= \frac{1}{2a\sqrt{\pi t}} \frac{1}{2\mathrm{i}} \int_{-\infty}^{+\infty} \left[\mathrm{e}^{-\frac{(x - \xi)^2}{4a^2 t} + 5\xi \mathrm{i}} - \mathrm{e}^{-\frac{(x - \xi)^2}{4a^2 t} - 5\xi \mathrm{i}} \right] \mathrm{d}\xi$$

$$= \frac{1}{2a\sqrt{\pi t}} \frac{1}{2\mathrm{i}} 2a\sqrt{t} \int_{-\infty}^{+\infty} \left[\mathrm{e}^{-\eta^2 - \mathrm{i}(10a\eta\sqrt{t})} \mathrm{e}^{\mathrm{i}5x} - \mathrm{e}^{-\eta^2 + \mathrm{i}(10a\eta\sqrt{t})} \mathrm{e}^{-\mathrm{i}5x} \right] \mathrm{d}\eta$$

$$= \frac{1}{2\sqrt{\pi} \mathrm{i}} \left[\mathrm{e}^{\mathrm{i}5x} \int_{-\infty}^{+\infty} \mathrm{e}^{-\eta^2} \mathrm{e}^{-\mathrm{i}(10a\sqrt{t})\eta} \mathrm{d}\eta - \mathrm{e}^{-\mathrm{i}5x} \int_{-\infty}^{+\infty} \mathrm{e}^{-\eta^2} \mathrm{e}^{\mathrm{i}(10a\sqrt{t})\eta} \mathrm{d}\eta \right]$$

$$= \frac{1}{2\sqrt{\pi} \mathrm{i}} \left\{ \mathrm{e}^{\mathrm{i}5x} \mathscr{F}\left[\mathrm{e}^{-\eta^2} \right]_{\alpha = 10a\sqrt{t}} - \mathrm{e}^{-\mathrm{i}5x} \mathscr{F}\left[\mathrm{e}^{-\eta^2} \right]_{\alpha = -10a\sqrt{t}} \right\}$$

$$= \frac{1}{2\sqrt{\pi} \mathrm{i}} \sqrt{\pi} (\mathrm{e}^{\mathrm{i}5x} - \mathrm{e}^{-\mathrm{i}5x}) \mathrm{e}^{-\frac{100a^2 t}{4}} = \mathrm{e}^{-25a^2 t} \sin(5x),$$

$$u_2(x, t) = \frac{1}{2a\sqrt{\pi}} \int_0^t \int_{-\infty}^{+\infty} \frac{b}{\sqrt{t - \tau}} \mathrm{e}^{-\frac{(x - \xi)^2}{4a^2 (t - \tau)}} \mathrm{d}\xi \mathrm{d}\tau = \frac{b}{2a\sqrt{\pi}} \int_0^t \int_{-\infty}^{+\infty} 2a \mathrm{e}^{-\eta^2} \mathrm{d}\eta \mathrm{d}\tau$$

$$= \frac{b}{2a\sqrt{\pi}} 2at \int_{-\infty}^{+\infty} \mathrm{e}^{-\eta^2} \mathrm{d}\eta = bt.$$

故

$$u(x,t) = \mathrm{e}^{-25a^2t}\sin(5x) + bt.$$

例 5.3.4 求解初值问题

$$\begin{cases} u_t = a^2 u_{xx} + tu, & -\infty < x < +\infty, \quad t > 0, \\ u(x,0) = \phi(x), & -\infty < x < +\infty. \end{cases} \tag{5.3.3}$$

解 记 $\mathscr{F}[u(x,t)] = U(\alpha,t)$, $\mathscr{F}[\phi(x)] = \Phi(\alpha)$. 对问题 (5.3.3) 关于 x 作傅里叶变换, 得带参数 α 的关于 t 的常微分方程的初值问题

$$\begin{cases} U_t(\alpha,t) + (\alpha^2 a^2 - t)U(\alpha,t) = 0, & t > 0, \\ U(\alpha,0) = \Phi(\alpha). \end{cases}$$

解得

$$U(\alpha,t) = \Phi(\alpha)\mathrm{e}^{-(\alpha^2 a^2 t - \frac{t^2}{2})}, \quad t \geqslant 0.$$

于是

$$\begin{aligned} u(x,t) &= \mathscr{F}^{-1}[U(\alpha,t)] = \mathscr{F}^{-1}\left[\Phi(\alpha)\mathrm{e}^{-(\alpha^2 a^2 t - \frac{t^2}{2})}\right] \\ &= \phi(x) * \mathscr{F}^{-1}\left[\mathrm{e}^{-(\alpha^2 a^2 t - \frac{t^2}{2})}\right] \\ &= \phi(x) * \left\{\mathrm{e}^{\frac{t^2}{2}}\mathscr{F}^{-1}\left[\mathrm{e}^{-\alpha^2 a^2 t}\right]\right\} \\ &= \phi(x) * \left(\mathrm{e}^{\frac{t^2}{2}}\frac{1}{2a\sqrt{\pi t}}\mathrm{e}^{-\frac{x^2}{4a^2 t}}\right) \\ &= \frac{\mathrm{e}^{\frac{t^2}{2}}}{2a\sqrt{\pi t}}\int_{-\infty}^{+\infty}\phi(\xi)\mathrm{e}^{-\frac{(x-\xi)^2}{4a^2 t}}\mathrm{d}\xi. \end{aligned}$$

5.3.3 求解波动方程的初值问题

例 5.3.5 求解初值问题

$$\begin{cases} u_{tt} = a^2 u_{xx} + f(x,t), & -\infty < x < +\infty, \quad t > 0, \\ u(x,0) = \phi(x), \quad u_t(x,0) = \psi(x), & -\infty < x < +\infty. \end{cases} \tag{5.3.4}$$

解 记

$$\mathscr{F}[u(x,t)] = U(\alpha,t), \quad \mathscr{F}[f(x,t)] = F(\alpha,t), \quad \mathscr{F}[\phi(x)] = \Phi(\alpha), \quad \mathscr{F}[\psi(x)] = \Psi(\alpha).$$

对式 (5.3.4) 关于 x 作傅里叶变换, 得带参数 α 的关于 t 的常微分方程的初值问题

$$\begin{cases} U_{tt}(\alpha,t) + \alpha^2 a^2 U(\alpha,t) = F(\alpha,t), & t > 0, \\ U(\alpha,0) = \Phi(\alpha), \quad U_t(\alpha,0) = \Psi(\alpha). \end{cases}$$

田 微课 5.3-2

解得

$$U(\alpha,t) = \Phi(\alpha)\cos(\alpha a t) + \frac{1}{\alpha a}\Psi(\alpha)\sin(\alpha a t) + \frac{1}{\alpha a}\int_0^t F(\alpha,\tau)\sin[\alpha a(t-\tau)]\mathrm{d}\tau.$$

于是

$$\begin{aligned} u(x,t) = \mathscr{F}^{-1}[U(\alpha,t)] = {}&\mathscr{F}^{-1}[\Phi(\alpha)\cos(\alpha a t)] + \frac{1}{a}\mathscr{F}^{-1}\left[\frac{1}{\alpha}\Psi(\alpha)\sin(\alpha a t)\right] \\ &+ \frac{1}{a}\int_0^t \mathscr{F}^{-1}\left[\frac{1}{\alpha}F(\alpha,\tau)\sin[\alpha a(t-\tau)]\right]\mathrm{d}\tau. \end{aligned}$$

由定义及欧拉关系式 $\cos x = \dfrac{e^{ix} + e^{-ix}}{2}$, 有

$$
\begin{aligned}
\mathscr{F}^{-1}[\Phi(\alpha)\cos(\alpha at)] &= \frac{1}{2\pi}\int_{-\infty}^{+\infty}\Phi(\alpha)\cos(\alpha at)e^{i\alpha x}d\alpha \\
&= \frac{1}{4\pi}\int_{-\infty}^{+\infty}\Phi(\alpha)\left(e^{i\alpha at}+e^{-i\alpha at}\right)e^{i\alpha x}d\alpha \\
&= \frac{1}{4\pi}\int_{-\infty}^{+\infty}\Phi(\alpha)\left[e^{i\alpha(x+at)}+e^{i\alpha(x-at)}\right]d\alpha \\
&= \frac{1}{2}[\phi(x+at)+\phi(x-at)]
\end{aligned}
$$

及（利用 $\sin x = \dfrac{e^{ix}-e^{-ix}}{2i}$）

$$
\begin{aligned}
\mathscr{F}^{-1}\left[\frac{1}{\alpha}\Psi(\alpha)\sin(\alpha at)\right] &= \frac{1}{2\pi}\int_{-\infty}^{+\infty}\frac{1}{\alpha}\Psi(\alpha)\sin(\alpha at)e^{i\alpha x}d\alpha \\
&= \frac{1}{4\pi i}\int_{-\infty}^{+\infty}\frac{1}{\alpha}\Psi(\alpha)\left(e^{i\alpha at}-e^{-i\alpha at}\right)e^{i\alpha x}d\alpha \\
&= \frac{1}{4\pi}\int_{-\infty}^{+\infty}\frac{1}{i\alpha}\Psi(\alpha)\left[e^{i\alpha(x+at)}-e^{i\alpha(x-at)}\right]d\alpha \\
&= \frac{1}{4\pi}\int_{-\infty}^{+\infty}\Psi(\alpha)\int_{x-at}^{x+at}e^{i\alpha\xi}d\xi d\alpha \\
&= \frac{1}{4\pi}\int_{x-at}^{x+at}\int_{-\infty}^{+\infty}\Psi(\alpha)e^{i\alpha\xi}d\alpha d\xi \\
&= \frac{1}{2}\int_{x-at}^{x+at}\psi(\xi)d\xi,
\end{aligned}
$$

$$
\mathscr{F}^{-1}\left[\frac{1}{\alpha}F(\alpha,\tau)\sin[\alpha a(t-\tau)]\right] = \frac{1}{2}\int_{x-a(t-\tau)}^{x+a(t-\tau)}f(\xi,\tau)d\xi.
$$

故原定解问题 (5.3.4) 的解为

$$
u(x,t) = \frac{1}{2}[\phi(x+at)+\phi(x-at)] + \frac{1}{2a}\int_{x-at}^{x+at}\psi(\xi)d\xi + \frac{1}{2a}\int_0^t\int_{x-a(t-\tau)}^{x+a(t-\tau)}f(\xi,\tau)d\xi d\tau.
$$

此即第 3 章求得的波动方程的 Kirchhoff 解.

例 5.3.6 * 求解初值问题

$$
\begin{cases}
u_{tt} = -a^2 u_{xxxx}, & -\infty < x < +\infty, \quad t>0, \\
u(x,0) = \phi(x), \quad u_t(x,0)=0, & -\infty < x < +\infty.
\end{cases}
$$

解 记 $\mathscr{F}[u(x,t)] = U(\alpha,t)$, $\mathscr{F}[\phi(x)] = \Phi(\alpha)$, 则有

$$
\begin{cases}
U_{tt}(\alpha,t) + \alpha^4 a^2 U(\alpha,t) = 0, & t>0, \\
U(\alpha,0) = \Phi(\alpha), \quad U_t(\alpha,0)=0.
\end{cases}
$$

解得

$$
U(\alpha,t) = \Phi(\alpha)\cos(\alpha^2 at).
$$

于是

$$
u(x,t) = \phi(x) * \mathscr{F}^{-1}[\cos(\alpha^2 at)].
$$

查表知, 当 $A > 0$ 时, 有

$$\mathscr{F}[\cos(Ax^2)] = \sqrt{\frac{\pi}{A}} \cos\left(\frac{\alpha^2}{4A} - \frac{\pi}{4}\right),$$

$$\mathscr{F}[\sin(Ax^2)] = \sqrt{\frac{\pi}{A}} \cos\left(\frac{\alpha^2}{4A} + \frac{\pi}{4}\right).$$

两方程联立, 解得

$$\mathscr{F}^{-1}\left[\cos\left(\frac{\alpha^2}{4A}\right)\right] = \sqrt{\frac{A}{\pi}} \cos\left(Ax^2 - \frac{\pi}{4}\right), \quad A > 0.$$

取 $A = \dfrac{1}{4at}$, 得到

$$\mathscr{F}^{-1}[\cos(\alpha^2 at)] = \frac{1}{2\sqrt{at\pi}} \cos\left(\frac{x^2}{4at} - \frac{\pi}{4}\right).$$

因此

$$u(x,t) = \phi(x) * \frac{1}{2\sqrt{at\pi}} \cos\left(\frac{x^2}{4at} - \frac{\pi}{4}\right)$$

$$= \frac{1}{2\sqrt{at\pi}} \int_{-\infty}^{+\infty} \phi(\xi) \cos\left[\frac{(x-\xi)^2}{4at} - \frac{\pi}{4}\right] d\xi.$$

5.3.4 求解拉普拉斯方程的边值问题

例 5.3.7 解半平面 $y > 0$ 上的 Dirichlet 问题

$$\begin{cases} \Delta u = u_{xx} + u_{yy} = 0, & -\infty < x < +\infty, \quad y > 0, \\ u(x,0) = f(x), & -\infty < x < +\infty, \\ \text{当} y \to +\infty \text{时}, u(x,y)\text{关于}x\text{在}(-\infty,+\infty)\text{上有界}, \\ \text{当}|x| \to +\infty\text{时}, u\text{及}u_x\text{的极限为}0. \end{cases} \tag{5.3.5}$$

解 记 $\mathscr{F}[u(x,y)] = U(\alpha,y)$, $\mathscr{F}[f(x)] = F(\alpha)$, 则有带参数 α 的关于变量 y 的常微分方程问题

$$\begin{cases} -\alpha^2 U(\alpha,y) + U_{yy}(\alpha,y) = 0, & y > 0, \\ U(\alpha,0) = F(\alpha). \end{cases} \tag{5.3.6}$$

方程组 (5.3.6) 中第一个式子通解为

$$U(\alpha,y) = A(\alpha)e^{\alpha y} + B(\alpha)e^{-\alpha y}.$$

由方程组 (5.3.5) 中第三个式子知, 当 $y \to +\infty$ 时, $U(\alpha,y)$ 也有界. 故当 $\alpha > 0$ 时, 有 $A(\alpha) = 0$, 即 $U(\alpha,y) = B(\alpha)e^{-\alpha y}$. 而 $U(\alpha,0) = F(\alpha)$, 故 $U(\alpha,y) = F(\alpha)e^{-\alpha y}$. 当 $\alpha < 0$ 时, 类似可得 $U(\alpha,y) = F(\alpha)e^{\alpha y}$. 故式 (5.3.6) 的解为

$$U(\alpha,y) = F(\alpha)e^{-|\alpha|y}.$$

于是

$$u(x,y) = \mathscr{F}^{-1}[U(\alpha,y)] = \mathscr{F}^{-1}[F(\alpha)e^{-|\alpha|y}] = f(x) * \mathscr{F}^{-1}[e^{-|\alpha|y}].$$

由定义, 有

$$\mathscr{F}^{-1}[e^{-|\alpha|y}] = \frac{1}{2\pi} \int_{-\infty}^{+\infty} e^{-|\alpha|y} e^{i\alpha x} d\alpha = \frac{1}{2\pi} \int_{-\infty}^{+\infty} e^{-|\alpha|y} \cos(\alpha x) d\alpha$$

$$= \frac{1}{\pi} \int_0^{+\infty} e^{-\alpha y} \cos(\alpha x) d\alpha = \frac{y}{\pi(x^2 + y^2)}.$$

故

$$u(x,y) = f(x) * \frac{y}{\pi(x^2 + y^2)} = \frac{y}{\pi} \int_{-\infty}^{+\infty} \frac{f(\xi)}{(x-\xi)^2 + y^2} d\xi.$$

5.3.5 半无界问题——傅里叶正 (余) 弦变换法*

利用傅里叶正 (余) 弦变换法可求解半无界问题.

例 5.3.8 用正弦变换解定解问题

$$\begin{cases} u_t = a^2 u_{xx}, & 0 < x < +\infty, \quad t > 0, \\ u(x,0) = 0, & 0 < x < +\infty, \\ u(0,t) = p(t), & t > 0, \\ \text{当}x \to \infty\text{时}, u, u_x \to 0. \end{cases} \tag{5.3.7}$$

解 记 $U_s(\alpha,t) = \mathscr{F}_s[u(x,t)] = \int_0^{+\infty} u(x,t)\sin(\alpha x)dx$, 对问题 (5.3.7) 取正弦变换, 得

$$\begin{cases} \dfrac{d}{dt} U_s(\alpha,t) = -\alpha^2 a^2 U_s(\alpha,t) + \alpha a^2 u(0,t) = -\alpha^2 a^2 U_s(\alpha,t) + \alpha a^2 p(t), \\ U_s(\alpha,0) = 0, \end{cases}$$

其解为

$$U_s(\alpha,t) = \int_0^t \alpha a^2 p(\tau) e^{-\alpha^2 a^2 (t-\tau)} d\tau.$$

于是

$$\begin{aligned} u(x,t) &= \mathscr{F}_s^{-1}[U_s(\alpha,t)] = \frac{2}{\pi} \int_0^{+\infty} \left[\int_0^t \alpha a^2 p(\tau) e^{-\alpha^2 a^2(t-\tau)} d\tau \right] \sin(\alpha x) d\alpha \\ &= \frac{2a^2}{\pi} \int_0^t p(\tau) \left[\int_0^{+\infty} \alpha e^{-\alpha^2 a^2(t-\tau)} \sin(\alpha x) d\alpha \right] d\tau \\ &= \frac{2a^2}{\pi} \int_0^t p(\tau) \left[-\frac{1}{2a^2(t-\tau)} \int_0^{+\infty} \sin(\alpha x) de^{-\alpha^2 a^2(t-\tau)} \right] d\tau \\ &= -\frac{1}{\pi} \int_0^t p(\tau) \frac{1}{t-\tau} \left[e^{-\alpha^2 a^2(t-\tau)} \sin(\alpha x) \big|_{\alpha=0}^{+\infty} \right. \\ &\quad \left. -x \int_0^{+\infty} e^{-\alpha^2 a^2(t-\tau)} \cos(\alpha x) d\alpha \right] d\tau \\ &= \frac{1}{\pi} \int_0^t p(\tau) \frac{x}{t-\tau} \frac{\sqrt{\pi}}{2a\sqrt{t-\tau}} e^{-\frac{x^2}{4a^2(t-\tau)}} d\tau \\ &= \frac{x}{2\sqrt{\pi}a} \int_0^t p(\tau)(t-\tau)^{-\frac{3}{2}} e^{-\frac{x^2}{4a^2(t-\tau)}} d\tau. \end{aligned}$$

例 5.3.9 用余弦变换解定解问题

$$\begin{cases} u_t = a^2 u_{xx}, & 0 < x < +\infty, \quad t > 0, \\ u(x,0) = 0, & 0 < x < +\infty, \\ u_x(0,t) = q(t), & t > 0, \\ \text{当}x \to \infty\text{时}, u, u_x \to 0. \end{cases} \tag{5.3.8}$$

解 记 $U_c(\alpha,t) = \mathscr{F}_c[u(x,t)] = \int_0^{+\infty} u(x,t)\cos(\alpha\tau)\mathrm{d}\tau$, 对问题 (5.3.8) 取余弦变换, 得

$$\begin{cases} \dfrac{\mathrm{d}}{\mathrm{d}t}U_c(\alpha,t) = -\alpha^2 a^2 U_c(\alpha,t) - u_x(0,t) = -\alpha^2 a^2 U_c(\alpha,t) - q(t), \\ U_c(\alpha,0) = 0, \end{cases}$$

其解为

$$U_c(\alpha,t) = -\int_0^t q(\tau)\mathrm{e}^{-\alpha^2 a^2(t-\tau)}\mathrm{d}\tau.$$

于是

$$\begin{aligned} u(x,t) &= \mathscr{F}_c^{-1}[U_c(\alpha,t)] = -\frac{2}{\pi}\int_0^{+\infty}\left[\int_0^t q(\tau)\mathrm{e}^{-\alpha^2 a^2(t-\tau)}\mathrm{d}\tau\right]\cos(\alpha x)\mathrm{d}\alpha \\ &= -\frac{2}{\pi}\int_0^t q(\tau)\left[\int_0^{+\infty}\mathrm{e}^{-\alpha^2 a^2(t-\tau)}\cos(\alpha x)\mathrm{d}\alpha\right]\mathrm{d}\tau \\ &= -\frac{2}{\pi}\int_0^t q(\tau)\frac{\sqrt{\pi}}{2a\sqrt{t-\tau}}\mathrm{e}^{-\frac{x^2}{4a^2(t-\tau)}}\mathrm{d}\tau \\ &= -\frac{1}{a\sqrt{\pi}}\int_0^t \frac{q(\tau)}{\sqrt{t-\tau}}\mathrm{e}^{-\frac{x^2}{4a^2(t-\tau)}}\mathrm{d}\tau. \end{aligned}$$

5.3.6 半无界问题——延拓法*

对半无界问题, 也可利用类似于第 3 章的延拓法, 转化为整个空间上的初值问题, 再借助于傅里叶变换方法或求解公式进行求解, 最后定出半无界问题的解.

引理 5.3.1 若 $f(x,t)$, $\phi(x)$ 关于 x 是奇 (偶, 周期) 函数, 则初值问题

$$\begin{cases} u_t = a^2 u_{xx} + f(x,t), & -\infty < x < +\infty, \quad t > 0, \\ u(x,0) = \phi(x), & -\infty < x < +\infty \end{cases}$$

的解 $u(x,t)$ 关于 x 也是奇 (偶, 周期) 函数.

证明 只对奇函数情形进行证明. 由式 (5.3.2), 得

$$u(x,t) = \frac{1}{2a\sqrt{\pi t}}\int_{-\infty}^{+\infty}\mathrm{e}^{-\frac{(x-\xi)^2}{4a^2 t}}\phi(\xi)\mathrm{d}\xi + \int_0^t\int_{-\infty}^{+\infty}\frac{f(\xi,\tau)}{2a\sqrt{\pi(t-\tau)}}\mathrm{e}^{-\frac{(x-\xi)^2}{4a^2(t-\tau)}}\mathrm{d}\xi\mathrm{d}\tau.$$

故有

$$\begin{aligned} u(-x,t) &= \frac{1}{2a\sqrt{\pi t}}\int_{-\infty}^{+\infty}\mathrm{e}^{-\frac{(x+\xi)^2}{4a^2 t}}\phi(\xi)\mathrm{d}\xi + \int_0^t\int_{-\infty}^{+\infty}\frac{f(\xi,\tau)}{2a\sqrt{\pi(t-\tau)}}\mathrm{e}^{-\frac{(x+\xi)^2}{4a^2(t-\tau)}}\mathrm{d}\xi\mathrm{d}\tau \\ &= \frac{1}{2a\sqrt{\pi t}}\int_{-\infty}^{+\infty}\mathrm{e}^{-\frac{(x-\eta)^2}{4a^2 t}}\phi(-\eta)\mathrm{d}\eta + \int_0^t\int_{-\infty}^{+\infty}\frac{f(-\eta,\tau)}{2a\sqrt{\pi(t-\tau)}}\mathrm{e}^{-\frac{(x-\eta)^2}{4a^2(t-\tau)}}\mathrm{d}\eta\mathrm{d}\tau \\ &= -\frac{1}{2a\sqrt{\pi t}}\int_{-\infty}^{+\infty}\mathrm{e}^{-\frac{(x-\eta)^2}{4a^2 t}}\phi(\eta)\mathrm{d}\eta - \int_0^t\int_{-\infty}^{+\infty}\frac{f(\eta,\tau)}{2a\sqrt{\pi(t-\tau)}}\mathrm{e}^{-\frac{(x-\eta)^2}{4a^2(t-\tau)}}\mathrm{d}\eta\mathrm{d}\tau \\ &= -u(x,t). \end{aligned}$$

例 5.3.10 求解热传导方程的半无界问题 (其中, $\phi(0)=0$)

$$\begin{cases} u_t = a^2 u_{xx}, & 0 < x < +\infty, \quad t > 0, \\ u(x,0) = \phi(x), & 0 < x < +\infty, \\ u(0,t) = 0, & t \geqslant 0. \end{cases} \tag{5.3.9}$$

解 为使问题 (5.3.9) 的解 $u(x,t)$ 满足 $u(0,t) = 0$, 只要 $u(x,t)$ 是关于 x 的奇函数即可. 为此, 对 $\phi(x)$ 作奇延拓, 即定义

$$\Phi(x) = \begin{cases} \phi(x), & x \geqslant 0, \\ -\phi(-x), & x < 0. \end{cases}$$

考虑初值问题

$$\begin{cases} U_t = a^2 U_{xx}, & -\infty < x < +\infty, \quad t > 0, \\ U(x,0) = \Phi(x), & -\infty < x < +\infty. \end{cases}$$

由式 (5.3.2), 其解为

$$U(x,t) = \frac{1}{2a\sqrt{\pi t}} \int_{-\infty}^{+\infty} \Phi(\xi) e^{-\frac{(x-\xi)^2}{4a^2 t}} \mathrm{d}\xi$$

$$= \frac{1}{2a\sqrt{\pi t}} \int_{-\infty}^{0} \Phi(\xi) e^{-\frac{(x-\xi)^2}{4a^2 t}} \mathrm{d}\xi + \frac{1}{2a\sqrt{\pi t}} \int_{0}^{+\infty} \Phi(\xi) e^{-\frac{(x-\xi)^2}{4a^2 t}} \mathrm{d}\xi$$

$$= \frac{1}{2a\sqrt{\pi t}} \int_{0}^{+\infty} \Phi(-\eta) e^{-\frac{(x+\eta)^2}{4a^2 t}} \mathrm{d}\eta + \frac{1}{2a\sqrt{\pi t}} \int_{0}^{+\infty} \Phi(\xi) e^{-\frac{(x-\xi)^2}{4a^2 t}} \mathrm{d}\xi$$

$$= -\frac{1}{2a\sqrt{\pi t}} \int_{0}^{+\infty} \Phi(\eta) e^{-\frac{(x+\eta)^2}{4a^2 t}} \mathrm{d}\eta + \frac{1}{2a\sqrt{\pi t}} \int_{0}^{+\infty} \Phi(\xi) e^{-\frac{(x-\xi)^2}{4a^2 t}} \mathrm{d}\xi.$$

于是, 当 $x \geqslant 0$, $t > 0$ 时, 有

$$u(x,t) = U(x,t) = \frac{1}{2a\sqrt{\pi t}} \int_{0}^{+\infty} \phi(\xi) \left[e^{-\frac{(x-\xi)^2}{4a^2 t}} - e^{-\frac{(x+\xi)^2}{4a^2 t}} \right] \mathrm{d}\xi.$$

注 5.3.2 类似地, 对于非齐次热传导方程的半无界问题

$$\begin{cases} u_t = a^2 u_{xx} + f(x,t), & 0 < x < +\infty, \quad t > 0, \\ u(x,0) = \phi(x), & 0 \leqslant x < +\infty, \\ u(0,t) = 0, & t \geqslant 0, \end{cases}$$

其中, $\phi(0) = 0$, $f(0,t) = 0$, 可求得其解为

$$u(x,t) = \frac{1}{2a\sqrt{\pi t}} \int_{0}^{+\infty} \phi(\xi) \left[e^{-\frac{(x-\xi)^2}{4a^2 t}} - e^{-\frac{(x+\xi)^2}{4a^2 t}} \right] \mathrm{d}\xi$$

$$+ \int_{0}^{t} \int_{0}^{+\infty} \frac{f(\xi,\tau)}{2a\sqrt{\pi(t-\tau)}} \left[e^{-\frac{(x-\xi)^2}{4a^2(t-\tau)}} - e^{-\frac{(x+\xi)^2}{4a^2(t-\tau)}} \right] \mathrm{d}\xi \mathrm{d}\tau.$$

5.4 拓展: 傅里叶变换在海洋学中的应用一例*

本节介绍傅里叶变换在三维空间海洋中的应用. 考虑在地转偏向力、压强梯度力和湍流摩擦力平衡时, 在风应力作用下所产生的海水流动问题. 取直角坐标系的原点在平均海平面上, x 轴沿纬圈指向东, y 轴沿经圈指向北, z 轴垂直海平面指向下方. 略去非线性项后, 海流运动方程为

$$N_h \left(\frac{\partial^2 u}{\partial x^2} + \frac{\partial^2 u}{\partial y^2} \right) + N_V \frac{\partial^2 u}{\partial z^2} + fv = \frac{1}{\rho} \frac{\partial P}{\partial x},$$

$$N_h \left(\frac{\partial^2 v}{\partial x^2} + \frac{\partial^2 v}{\partial y^2} \right) + N_V \frac{\partial^2 v}{\partial z^2} - fu = \frac{1}{\rho} \frac{\partial P}{\partial y},$$

连续方程为

$$\frac{\partial u}{\partial x} + \frac{\partial v}{\partial y} + \frac{\partial w}{\partial z} = 0,$$

其中, u,v,w 分别为流速在 x,y,z 方向的分量; P 为压强; ρ 为海水密度; $f = 2\Omega\sin\varphi$, Ω 为地转角速度, φ 为地理纬度; N_h, N_V 分别为水平和铅直湍流运动黏滞系数, 均设为常量.

假设海面受风应力作用, 海的深处流速为零, 于是水平流速的边界条件为

$$z = -\zeta : -N_V\frac{\partial u}{\partial z} = \frac{T_x(x,y)}{\rho(x,y)}, \quad -N_V\frac{\partial v}{\partial z} = \frac{T_y(x,y)}{\rho(x,y)},$$

$$z \to \infty : u, v \to 0,$$

其中, ζ 为海面升高; T_x, T_y 分别为风应力在 x,y 方向的分量.

水平流速 u,v 可由上述海流运动方程、水平流速的边界条件确定.

对于问题的求解, 引入水平复流速 $W = u + \mathrm{i}v$, 于是求解 u,v 的问题合并为求解 W 的问题:

$$N_h\left(\frac{\partial^2 W}{\partial x^2} + \frac{\partial^2 W}{\partial y^2}\right) + N_V\frac{\partial^2 W}{\partial z^2} - \mathrm{i}fW = \frac{1}{\rho}\left(\frac{\partial P}{\partial x} + \mathrm{i}\frac{\partial P}{\partial y}\right), \tag{5.4.1}$$

$$z = -\zeta : -N_v\frac{\partial W}{\partial z} = \frac{1}{\rho}(T_x + \mathrm{i}T_y) \equiv T(x,y), \tag{5.4.2}$$

$$z \to \infty : W \to 0. \tag{5.4.3}$$

由问题 (5.4.1)∼ 问题 (5.4.3) 解出 W 后, 分出实部和虚部即得到水平流速 u,v.

作自变量变换

$$\xi = \sqrt{\frac{N_V}{N_h}}x, \quad \eta = \sqrt{\frac{N_V}{N_h}}y.$$

于是方程 (5.4.1) 及边界条件 (5.4.2) 和边界条件 (5.4.3) 分别变为

$$\frac{\partial^2 W}{\partial \xi^2} + \frac{\partial^2 W}{\partial \eta^2} + N_V\frac{\partial^2 W}{\partial z^2} - a^2 W = P(\xi,\eta,z), \tag{5.4.4}$$

$$z = -\zeta : -N_V\frac{\partial W}{\partial z} = T(\xi,\eta), \tag{5.4.5}$$

$$z \to \infty : W \to 0, \tag{5.4.6}$$

其中,

$$a = \sqrt{\frac{\mathrm{i}f}{N_V}}, \quad P = \frac{1}{\sqrt{N_hN_V}}\left(\frac{1}{\rho}\frac{\partial P}{\partial \xi} + \mathrm{i}\frac{1}{\rho}\frac{\partial P}{\partial \eta}\right).$$

现在用傅里叶变换解边值问题 (5.4.4)∼ 问题(5.4.6). 类似于式(5.1.7)和式(5.1.8), 将函数 $U(\xi,\eta)$ 的二维傅里叶变换记为

$$\overline{U}(\lambda,\mu) = \iint_{\mathbb{R}^2} U(\xi,\eta)\mathrm{e}^{-\mathrm{i}(\lambda\xi+\mu\eta)}\mathrm{d}\xi\mathrm{d}\eta,$$

逆变换记为

$$U(\xi,\eta) = \frac{1}{(2\pi)^2}\iint_{\mathbb{R}^2}\bar{U}(\lambda,\mu)\mathrm{e}^{\mathrm{i}(\lambda\xi+\mu\eta)}\mathrm{d}\lambda\mathrm{d}\mu.$$

在问题 (5.4.4)∼ 问题(5.4.6) 两端对变量 ξ,η 进行傅里叶变换得

$$\frac{\mathrm{d}^2\overline{W}}{\mathrm{d}z^2} - (\lambda^2 + \mu^2 + a^2)\overline{W} = \overline{P}, \tag{5.4.7}$$

$$z = -\zeta : -N_V \frac{\partial \overline{W}}{\partial z} = \overline{T}, \tag{5.4.8}$$

$$z \to \infty : \overline{W} \to 0. \tag{5.4.9}$$

用常数变易法, 可求出常微分方程 (5.4.7) 在条件 (5.4.8) 和条件 (5.4.9) 下的解为

$$\overline{W} = \frac{\overline{T}}{rN_V} e^{-r(z+\zeta)} - \frac{1}{2r} \int_{-\zeta}^{\infty} \left[e^{-r(z'+z+2\zeta)} + e^{-r|z'-z|} \right] \overline{P} dz',$$

其中, $r = \sqrt{\lambda^2 + \mu^2 + a^2}, \operatorname{Re} r > 0$, 进行逆变换得

$$W = \frac{1}{(2\pi)^2} \iint_{\mathbb{R}^2} \overline{W} e^{i(\lambda\xi + \mu\eta)} d\lambda d\mu$$

$$= \frac{1}{4\pi^2 N_V} \iiiint_{\mathbb{R}^4} \frac{T}{r} e^{-r(z+\zeta)} e^{i[\lambda(\xi-\xi') + \mu(\eta-\eta')]} d\lambda d\mu d\xi' d\eta'$$

$$- \frac{1}{8\pi^2} \int_{-\zeta}^{\infty} dz' \iiiint_{\mathbb{R}^4} \frac{1}{r} \left[e^{-r(z'+z+2\zeta)} + e^{-r|z'-z|} \right] P e^{i[\lambda(\xi-\xi') + \mu(\eta-\eta')]} d\lambda d\mu d\xi' d\eta',$$

为变换右端的积分, 引进极坐标

$$\begin{cases} \lambda = \rho\cos\theta, \\ \mu = \rho\sin\theta, \end{cases} \quad \begin{cases} \xi' - \xi = k\cos\theta', \\ \eta' - \eta = k\sin\theta', \end{cases}$$

有

$$k^2 = (\xi' - \xi)^2 + (\eta' - \eta)^2,$$

$$\lambda(\zeta' - \zeta) + \mu(\eta' - \eta) = k\rho\cos(\theta - \theta'),$$

$$r = \sqrt{\lambda^2 + \mu^2 + a^2} = \sqrt{\rho^2 + a^2}.$$

利用公式

$$\int_0^{2\pi} e^{-ix\cos\theta} d\theta = 2\pi J_0(x), \quad \int_0^{\infty} \frac{J_0(k\rho)}{\sqrt{\rho^2 + a^2}} e^{-\beta\sqrt{\rho^2+a^2}} \rho d\rho = \frac{1}{\sqrt{\beta^2 + k^2}} e^{-a\sqrt{\beta^2+k^2}}$$

(其中，J_0 为贝塞尔函数, 见第 9 章) 可推得

$$W(\xi, \eta, z) = \frac{1}{2\pi N_V} \iint_{\mathbb{R}^2} \frac{1}{r_1} e^{-ar_1} T(\xi', \eta') d\xi' d\eta'$$

$$- \frac{1}{4\pi} \int_{-\zeta}^{\infty} dz' \iint_{\mathbb{R}^2} \left(\frac{1}{r_2} e^{-ar_2} + \frac{1}{r_3} e^{-ar_3} \right) \times P(\xi', \eta', z') d\xi' d\eta', \tag{5.4.10}$$

其中,

$$r_1 = \sqrt{(\xi - \xi')^2 + (\eta - \eta')^2 + (z + \zeta)^2}, \quad r_2 = \sqrt{(\xi - \xi')^2 + (\eta - \eta')^2 + (z + z' + 2\zeta)^2},$$

$$r_3 = \sqrt{(\xi - \xi')^2 + (\eta - \eta')^2 + (z - z')^2}.$$

将 W 的实部、虚部分开得水平流速为

$$u(\xi, \eta, z) = \iint_{\mathbb{R}^2} \left[G_1(r_1) \frac{T_\xi(\xi', \eta')}{\rho(\xi', \eta')} + G_2(r_1) \frac{T_\eta(\xi', \eta')}{\rho(\xi', \eta')} \right] d\xi' d\eta'$$

$$+ \int_{-\zeta}^{\infty} dz' \iint_{\mathbb{R}^2} \left[G_3(r_2, r_3) \frac{1}{\rho} \frac{\partial P}{\partial \xi} \bigg|_{(\xi', \eta', z')} + G_4(r_2, r_3) \frac{1}{\rho} \frac{\partial P}{\partial \eta} \bigg|_{(\xi', \eta', z')} \right] d\xi' d\eta',$$

$$v(\xi,\eta,z)=\iint\limits_{\mathbb{R}^2}\left[-G_2(r_1)\frac{T_\xi(\xi',\eta')}{\rho(\xi',\eta')}+G_1(r_1)\frac{T_\eta(\xi',\eta')}{\rho(\xi',\eta')}\right]\mathrm{d}\xi'\mathrm{d}\eta'$$

$$+\int_{-\zeta}^{\infty}\mathrm{d}z'\iint\limits_{\mathbb{R}^2}\left[-G_4(r_2,r_3)\frac{1}{\rho}\left.\frac{\partial P}{\partial\xi}\right|_{(\xi',\eta',z')}+G_3(r_2,r_3)\frac{1}{\rho}\left.\frac{\partial P}{\partial\eta}\right|_{(\xi',\eta',z')}\right]\mathrm{d}\xi'\mathrm{d}\eta',$$

其中,

$$G_1(r_1)=\frac{\mathrm{e}^{-br_1}}{2\pi N_V r_1}\cos(br_1),\quad G_2(r_1)=\frac{\mathrm{e}^{-br_1}}{2\pi N_V r_1}\sin(br_1),\quad b=\sqrt{\frac{f}{2N_V}},$$

$$G_3(r_2,r_3)=\frac{1}{4\pi\sqrt{N_h N_V}}\times\left[\frac{\mathrm{e}^{-br_2}}{r_2}\cos(br_2)+\frac{\mathrm{e}^{-br_3}}{r_3}\cos(br_3)\right],$$

$$G_4(r_2,r_3)=-\frac{1}{4\pi\sqrt{N_h N_V}}\times\left[\frac{\mathrm{e}^{-br_2}}{r_2}\sin(br_2)+\frac{\mathrm{e}^{-br_3}}{r_3}\sin(br_3)\right].$$

在已知海面风应力场, 密度场及空间压强场的条件下, 式 (5.4.10) 给出水平流速与海面升高的关系. 确定海面升高通常是比较困难的, 但对于无限深的海, 可以忽略海面升高和海面垂直流速. 利用连续方程, 可以确定出深度 z 处的垂直流速

$$W=\int_z^0\left(\frac{\partial u}{\partial x}+\frac{\partial v}{\partial y}\right)\mathrm{d}z.$$

历史人物: 傅里叶

傅里叶 (Jean-Baptiste Joseph Fourier, 1768~1830), 法国数学家、物理学家. 他最突出的贡献是对热传导问题的研究和新的普遍性数学方法的创造. 此外他还被归功为温室效应的发现者.

1780 年, 傅里叶就读于地方军校. 1795 年, 在巴黎综合工科大学任助教, 协助拉格朗日和蒙日从事数学教学. 1798 年, 随拿破仑军队远征埃及, 受拿破仑器重. 回国后于 1801 年被任命为伊泽尔省地方长官.

1807 年, 傅里叶写成关于热传导的基本论文《热的传播》, 向巴黎科学院呈交, 但经拉格朗日、拉普拉斯和勒让德审阅后被科学院拒绝. 1811 年又提交了修改的论文, 该文获科学院大奖, 却未正式发表. 傅里叶在该论文中推导出著名的热传导方程, 并发现解函数可以由三角函数构成的级数形式表示, 由此创立了傅里叶级数 (即三角级数)、傅里叶分析理论. 1817 年当选为法国科学院院士. 1822 年成为科学院终身秘书. 同年, 傅里叶终于出版了经典专著《热的解析理论》.

傅里叶在《热的传播》和《热的解析理论》中创立了一套数学理论, 提出了傅里叶级数. 《热的解析理论》是一部经典的文献, 包含了他的数学思想和数学成就. 在数学中, 傅里叶大胆地断言: "任意" 函数 (实际上是在有限区间上只有有限个间断点的函数) 都可以展开成三角级数, 并列举了大量函数和图形来说明该结论的普遍性. 虽然他没有给出明确的条件和严格的证明, 但毕竟由此开创了 "傅里叶分析" 这一重要的数学分支, 拓广了传统的函数概念. 正是从傅里叶级数提出的许多问题直接引导了狄利克雷、黎曼、斯托克斯、海涅、康托尔、勒贝格和里斯等在实分析方面取得了卓越的研究成果, 产生了一些重要的数学分支, 如泛函分析、集合论等. 傅里叶的工作对纯数学的发展产生了深远的影响, 这种影响至今还在发展之中.

傅里叶应用三角级数求解热传导方程问题, 在处理无穷区域的热传导问题时导出了当前所称的 "傅里叶积分". 傅里叶的创造性工作为偏微分方程边值问题的求解提供了基本的求解方法——傅里叶级数法, 这极大地推动了偏微分方程边值问题的研究. 傅里叶变换最初是作为热过程的解析分析的工具, 但是其思想方法仍然具有典型的还原论和分析主义的特征. 现代数学发现傅里叶变换具有非常好的性质, 使得它如此好用和有用, 让人不得不感叹造物的神奇. 正由于傅里叶变换的良好性质, 其在物理学、数论、组合数学、信号处理、统计学、密码学、声学、光学等领域都有着广泛的应用.

傅里叶坚信数学是解决实际问题的最卓越的工具, 并且认为 "对自然界的深刻研究是数学最富饶的源泉". 这一见解是傅里叶一生从事学术研究的指导性观点, 也已成为数学史上强调通过研究实际问题发展数学的一种代表性观点.

习 题 5

◎ 由定义求函数的傅里叶变换

5.1 求下列函数的傅里叶变换:

(1) $f(x)=\begin{cases} |x|, & |x|\leqslant a, \\ 0, & |x|>a>0; \end{cases}$ (2) $f(x)=\begin{cases} \sin(\lambda_0 x), & |x|\leqslant a, \\ 0, & |x|>a>0; \end{cases}$

(3) $f(x)=\begin{cases} 1-x^2, & |x|\leqslant 1, \\ 0, & |x|>1; \end{cases}$ (4) $f(x)=\begin{cases} \mathrm{e}^{-ax}\sin(bx), & x\geqslant 0, \\ 0, & x<0, \end{cases}$ 其中, $a>0$.

5.2 设 $F(\alpha)=\mathcal{F}[f(x)]$ 是 $f(x)$ 的傅里叶变换, 证明

$$\mathcal{F}[f(x)\cos(\omega x)]=\frac{1}{2}\left[F(\alpha-\omega)+F(\alpha+\omega)\right],$$

$$\mathcal{F}[f(x)\sin(\omega x)]=\frac{1}{2\mathrm{i}}\left[F(\alpha-\omega)-F(\alpha+\omega)\right].$$

5.3 求函数 $f(x)=\mathrm{e}^{-|x|}\cos x$ 的傅里叶变换, 并由此证明

$$\int_0^{+\infty}\frac{2+t^2}{4+t^4}\cos(tx)\mathrm{d}t=\frac{\pi}{2}\mathrm{e}^{-|x|}\cos x.$$

◎ 由定义求函数的傅里叶正弦变换和傅里叶余弦变换

5.4 求解下列函数的对应变换:

(1) 求函数 $f(x)=\mathrm{e}^{-ax}$ $(a>0)$ 的傅里叶正弦变换和傅里叶余弦变换;

(2) 求函数 $f(x)=\begin{cases} \mathrm{e}^{-x}, & 0<x\leqslant 1, \\ 0, & x>1 \end{cases}$ 的傅里叶余弦变换.

◎ 特殊函数的广义傅里叶变换

5.5* 证明单位阶跃函数

$$H(x)=\begin{cases} 0, & x<0, \\ 1, & x>0 \end{cases}$$

的傅里叶变换为 $\frac{1}{\mathrm{i}\alpha}+\pi\delta(\alpha)$, 其中, $\delta(x)$ 为狄拉克函数.

5.6* 求正弦函数 $f(x)=\sin(\alpha_0 x)$ 的傅里叶变换.

◎ 利用性质求函数的傅里叶变换

5.7 利用相似性质, 求函数 $f(x)=\mathrm{e}^{-b|x|}$ 的傅里叶变换, 其中, b 为正常数.

5.8 利用乘多项式性质, 求函数 $f(x)=x\mathrm{e}^{-a|x|}$ 和 $g(x)=x^2\mathrm{e}^{-a|x|}$ 的傅里叶变换, 其中, a 为正常数.

5.9 利用微分性质, 求函数 $f(t)=\begin{cases} 0, & t<0, \\ t\mathrm{e}^{-t}, & t>0 \end{cases}$ 的傅里叶变换.

5.10 利用性质求函数的傅里叶变换.

(1) $f(x)=\begin{cases} \mathrm{e}^{ax}, & |x|\leqslant a, \\ 0, & |x|>a, \end{cases}$ 其中, 常数 $a>0$;

(2) $f(x)=\mathrm{e}^{-a|x|}\sin(\lambda_0 x)$, 其中, 常数 $a>0$.

5.11 设

$$f_1(x)=\begin{cases} 0, & x<0, \\ 1, & x\geqslant 0, \end{cases} \qquad f_2(x)=\begin{cases} 0, & x<0, \\ \mathrm{e}^{-x}, & x\geqslant 0. \end{cases}$$

求 $(f_1*f_2)(x)$.

5.12 设

$$f_1(x)=\begin{cases} \mathrm{e}^{-x}, & x\geqslant 0, \\ 0, & x<0, \end{cases} \qquad f_2(x)=\begin{cases} \sin x, & 0\leqslant x\leqslant\frac{\pi}{2}, \\ 0, & \text{其他}. \end{cases}$$

求 $(f_1*f_2)(x)$.

5.13 设 $a > 0, b$ 是任意实数, 证明

$$\int_{-\infty}^{+\infty} \mathrm{e}^{-ax^2 - 2bx} \mathrm{d}x = \left(\frac{\pi}{a}\right)^{\frac{1}{2}} \mathrm{e}^{\frac{b^2}{a}}.$$

5.14 求函数 $F(\alpha, t) = \mathrm{e}^{-\alpha^2 t - \mathrm{i}\alpha t}$ 的傅里叶逆变换.

5.15 求函数 $\sin(9x^2)$ 的傅里叶变换.

◎ 利用傅里叶变换求解常微分方程

5.16 利用傅里叶变换解下列常微分方程:

(1) $y''(t) - y(t) = -f(t)$, 其中, $f(t)$ 是已知函数;

(2) 阻尼谐振动方程

$$\frac{\mathrm{d}^2 x}{\mathrm{d}t^2} + 2\alpha \frac{\mathrm{d}x}{\mathrm{d}t} + \omega_0^2 x = f(t),$$

其中, α 和 ω_0 为正常数, $f(t)$ 是已知函数.

◎ 利用傅里叶变换求解热传导方程的初值问题

5.17 利用傅里叶变换求解热传导方程的初值问题:

(1) $\begin{cases} u_t = a^2 u_{xx}, & x \in \mathbb{R}, \quad t > 0, \\ u(x, 0) = \cos x, & x \in \mathbb{R}; \end{cases}$ (2) $\begin{cases} u_t = a^2 u_{xx}, & x \in \mathbb{R}, \quad t > 0, \\ u(x, 0) = 1 + x^2, & x \in \mathbb{R}; \end{cases}$

(3) $\begin{cases} u_t = u_{xx} + 3t^2, & x \in \mathbb{R}, \quad t > 0, \\ u(x, 0) = \sin x, & x \in \mathbb{R}; \end{cases}$ (4) $\begin{cases} u_t = a^2 \Delta u, & x \in \mathbb{R}^n, \quad t > 0, \\ u(x, 0) = \varphi(x), & x \in \mathbb{R}^n. \end{cases}$

◎ 利用傅里叶变换求解波动方程的初值问题

5.18 利用傅里叶变换求下列定解问题

$$\begin{cases} u_t + a u_x = f(x, t), & -\infty < x < +\infty, \quad t > 0, \\ u(x, 0) = \varphi(x), & -\infty < x < +\infty. \end{cases}$$

5.19 利用傅里叶变换求解波动方程的初值问题

$$\begin{cases} u_{tt} + 2u_t = u_{xx} - u, & -\infty < x < +\infty, \quad t > 0, \\ u(x, 0) = 0, \quad u_t(x, 0) = x, & -\infty < x < +\infty. \end{cases}$$

5.20 利用傅里叶变换求解

$$\begin{cases} u_{tt} + a^2 u_{xxxx} = 0, & -\infty < x < +\infty, \quad t > 0, \\ u(x, 0) = f(x), \quad u_t(x, 0) = g''(x), & -\infty < x < +\infty. \end{cases}$$

◎ 利用傅里叶变换求解拉普拉斯方程的边值问题

5.21 利用傅里叶变换求解拉普拉斯方程的边值问题

(1) $\begin{cases} u_{xx} + u_{yy} = 0, & -\infty < x < +\infty, \quad y > 0, \\ u(x, 0) = x^2 \cos x, & -\infty < x < +\infty, \\ \lim_{|x| \to \infty} u = 0, \quad \lim_{|x| \to \infty} u_x = 0, \\ \text{当 } y \to 0 \text{ 时,} u(x, y) \text{ 有界;} \end{cases}$

(2) $\begin{cases} u_{xx} + u_{yy} = 0, & -\infty < x < +\infty, \quad 0 < y < \pi, \\ u(x, 0) = \phi(x), \quad u(x, \pi) = 0, & -\infty < x < +\infty. \end{cases}$

◎ 利用正弦变换或余弦变换求解半无界问题

5.22 利用正弦变换或余弦变换求解半无界问题:

(1) $\begin{cases} u_{xx} + u_{yy} = 0, & 0 < x < +\infty, \quad 0 < y < a, \\ u(x, 0) = \mathrm{e}^{-2x}, \quad u(x, a) = 0, & 0 \leqslant x < +\infty, \\ u(0, y) = 0, & 0 \leqslant y \leqslant a, \\ \lim_{x \to +\infty} u_x(x, y) = 0; \end{cases}$

$(2)\begin{cases} u_{xx} + u_{yy} = 0, & x > 0, \quad y > 0, \\ u(x,0) = \varphi(x), & x \geqslant 0, \\ u_x(0,y) = 0, & y \geqslant 0, \\ u(x,y) \text{ 有界}; \end{cases}$

$(3)\begin{cases} u_{tt} = a^2 u_{xx}, & x > 0, \quad t > 0, \\ u(x,0) = 0, \quad u_x(x,0) = A, & x \geqslant 0, \\ \lim\limits_{x \to +\infty} u = \lim\limits_{x \to +\infty} u_x = 0, \end{cases}$ 　其中，A 为常数.

◎ 利用延拓法求解半无界问题

5.23 利用延拓法求解半无界问题:

$(1)\begin{cases} u_t = a^2 u_{xx}, & x > 0, \quad t > 0, \\ u(x,0) = x^2 \cos x, & x \geqslant 0, \\ u(0,t) = 0, & t > 0; \end{cases}$ $(2)\begin{cases} u_t = a^2 u_{xx} + tu, & x > 0, \quad t > 0, \\ u(x,0) = f(x), & x \geqslant 0, \\ u(0,t) = 0, & t \geqslant 0. \end{cases}$

◎ 利用高维傅里叶变换求解定解问题

5.24 求解定解问题:

$(1)\begin{cases} u_t - a^2(u_{xx} + u_{yy}) = 0, & -\infty < x,y < +\infty, \quad t > 0, \\ u(x,y,0) = \varphi(x,y), & -\infty < x,y < +\infty; \end{cases}$

$(2)^*\begin{cases} u_t = u_{xx} + u_{yy} + u_{zz}, & -\infty < x,y,z < +\infty, \quad t > 0, \\ u(x,y,z,0) = \mathrm{e}^{-x^2}\cos(2y-z), & -\infty < x,y,z < +\infty. \end{cases}$

◎ 应用问题

5.25 (中子的减缓) 考察定解问题

$$\begin{cases} u_\tau = u_{xx} + \delta(x)\delta(\tau), & -\infty < x < +\infty, \quad \tau > 0, \\ u(x,0) = \delta(x), & -\infty < x < +\infty, \\ \lim\limits_{|x| \to \infty} u(x,\tau) = 0. \end{cases}$$

这是一个无限介质中的缓慢中子的运动问题，而在介质中有一个中子源，这里 $u(x,\tau)$ 表示单位体积在单位时间内到达了年代 τ 的中子数，而 $\delta(x)\delta(\tau)$ 表示源函数，其中，$\delta(x)$ 是狄拉克函数.

第 6 章　拉普拉斯变换

应用傅里叶变换求解定解问题时常会遇到两个方面的困难. 一方面, 对函数在 $(-\infty, +\infty)$ 上绝对可积的要求太为苛刻, 而一般的常数函数、三角函数、多项式函数等都不满足这个条件. 另一方面, 函数必须在 $(-\infty, +\infty)$ 上有意义, 而通常遇到的是定义在 $[0, +\infty)$ 上以时间 t 为自变量的函数. 为此, 引入拉普拉斯变换, 它对函数的要求相对傅里叶变换而言会弱很多. 不过, 尽管傅里叶变换与逆变换的求解难易相当, 而拉普拉斯逆变换会比变换难求得多.

★ 问题思考
为什么要引入拉普拉斯变换?

6.1　拉普拉斯变换的定义与性质

6.1.1　拉普拉斯变换的定义

拉普拉斯变换是在傅里叶变换的基础上引入的. 现在考虑对一个任意函数 $g(t)$ $(t \geqslant 0)$ 进行傅里叶变换, 为使其在 $(-\infty, +\infty)$ 上有定义, 给其乘以单位跃迁函数 $u(t)$; 为使其容易满足绝对可积条件, 再乘以衰减因子 $\mathrm{e}^{-\beta t}$ $(\beta > 0)$, 然后对 $g(t)u(t)\mathrm{e}^{-\beta t}$ 进行傅里叶变换

⊞ 课件 6.1

⊞ 微课 6.1-1

$$\int_{-\infty}^{+\infty} g(t)u(t)\mathrm{e}^{-\beta t}\mathrm{e}^{-\mathrm{i}\alpha t}\mathrm{d}t = \int_0^{+\infty} f(t)\mathrm{e}^{-st}\mathrm{d}t, \tag{6.1.1}$$

其中, $f(t) = g(t)u(t)$, $s = \beta + \mathrm{i}\alpha$. 式(6.1.1)右边展示了一种如下所定义的新的积分变换——拉普拉斯变换.

定义 6.1.1　设 $f(t)$ 在 $[0, +\infty)$ 上有意义, 对于复数 $s = \beta + \mathrm{i}\alpha$, 定义 $f(t)$ 的拉普拉斯变换为

$$\mathscr{L}[f(t)] = F(s) = \int_0^{+\infty} f(t)\mathrm{e}^{-st}\mathrm{d}t.$$

$F(s)$ 也称为 $f(t)$ 的像函数. 同时, $f(t)$ 称为 $F(s)$ 的拉普拉斯逆变换或像原函数, 记为

$$f(t) = \mathscr{L}^{-1}[F(s)],$$

其形式表达式为

$$f(t) = \frac{1}{2\pi\mathrm{i}} \int_{\beta-\mathrm{i}\infty}^{\beta+\mathrm{i}\infty} F(s)\mathrm{e}^{st}\mathrm{d}s.$$

关于拉普拉斯变换的存在性, 有下列定理.

定理 6.1.1　设 $f(t)$ 在 $[0, +\infty)$ 上有意义, 且满足

(1) 在 $[0, +\infty)$ 上的任何有界区间上分段连续,

(2) 当 $t \to +\infty$ 时, $f(t)$ 的增长速度不超过某一个指数函数, 即 ∃ 常数 $M, \lambda \geqslant 0$, 使得 $|f(t)| \leqslant M\mathrm{e}^{\lambda t}$,

则 $f(t)$ 的拉普拉斯变换在半平面 $\mathrm{Re}\, s > \lambda$ 上存在.

★ 应用拓展
Mellin 变换: 以幂函数为核的积分变换

例 6.1.1　求下列函数的拉普拉斯变换, 其中, C, k 为常数.

(1) $f(t) = C$;　　　　　　　　　　　　(2) $f(t) = \mathrm{e}^{kt}$;

(3) $f(t) = t^2$;　　　　　　　　　　　　(4) $f(t) = \sin(kt)$;

(5) Heaviside 函数

$$H(t-a) = \begin{cases} 0, & t < a, \\ 1, & t \geqslant a. \end{cases}$$

解　由定义, 有

$$\mathscr{L}[C] = \int_0^{+\infty} C\mathrm{e}^{-st}\mathrm{d}t = -\frac{C\mathrm{e}^{-st}}{s}\Big|_{t=0}^{+\infty} = \frac{C}{s}, \quad \operatorname{Re} s > 0;$$

$$\mathscr{L}[\mathrm{e}^{kt}] = \int_0^{+\infty} \mathrm{e}^{kt}\mathrm{e}^{-st}\mathrm{d}t = \int_0^{+\infty} \mathrm{e}^{-(s-k)t}\mathrm{d}t = \frac{1}{s-k}, \quad \operatorname{Re} s > k;$$

$$\mathscr{L}[t^2] = \int_0^{+\infty} t^2\mathrm{e}^{-st}\mathrm{d}t = -\frac{1}{s}t^2\mathrm{e}^{-st}\Big|_{t=0}^{+\infty} + \frac{2}{s}\int_0^{+\infty} t\mathrm{e}^{-st}\mathrm{d}t$$

$$= -\frac{2}{s^2}t\mathrm{e}^{-st}\Big|_{t=0}^{+\infty} + \frac{2}{s^2}\int_0^{+\infty} \mathrm{e}^{-st}\mathrm{d}t = \frac{2}{s^3}, \quad \operatorname{Re} s > 0;$$

$$\mathscr{L}[\sin(kt)] = \int_0^{+\infty} \sin(kt)\mathrm{e}^{-st}\mathrm{d}t = -\int_0^{+\infty} \frac{1}{s}\sin(kt)\mathrm{d}\mathrm{e}^{-st}$$

$$= -\frac{1}{s}\left[\sin(kt)\mathrm{e}^{-st}\Big|_{t=0}^{+\infty} - k\int_0^{+\infty} \cos(kt)\mathrm{e}^{-st}\mathrm{d}t\right]$$

$$= -\frac{k}{s^2}\left[\cos(kt)\mathrm{e}^{-st}\Big|_{t=0}^{+\infty} + k\int_0^{+\infty} \sin(kt)\mathrm{e}^{-st}\mathrm{d}t\right]$$

$$= \frac{k}{s^2} - \frac{k^2}{s^2}\mathscr{L}[\sin(kt)],$$

故

$$\mathscr{L}[\sin(kt)] = \frac{k}{s^2+k^2}, \quad \operatorname{Re} s > 0;$$

$$\mathscr{L}[H(t-a)] = \int_a^{+\infty} \mathrm{e}^{-st}\mathrm{d}t = \frac{\mathrm{e}^{-as}}{s}, \quad \operatorname{Re} s > 0.$$

6.1.2　拉普拉斯变换的性质

假定下列性质中要取拉普拉斯变换的函数都满足定理 6.1.1中的条件, 且这些函数的增长指数都统一地取 λ.

(1) **线性性质**

拉普拉斯变换和逆变换都是线性变换, 即

$$\mathscr{L}[c_1f_1 + c_2f_2] = c_1\mathscr{L}[f_1(t)] + c_2\mathscr{L}[f_2(t)],$$

$$\mathscr{L}^{-1}[c_1F_1(s) + c_2F_2(s)] = c_1f_1(t) + c_2f_2(t).$$

证明　由定义和定积分的性质即得.

(2) **相似性质**

对 $c > 0$ 及 $\operatorname{Re} s > c\lambda$, 有

田 微课 6.1-2

$$\mathscr{L}[f(ct)] = \frac{1}{c}F\left(\frac{s}{c}\right).$$

证明 由定义, 有

$$\mathscr{L}[f(ct)] = \int_0^{+\infty} f(ct)\mathrm{e}^{-st}\mathrm{d}t = \frac{1}{c}\int_0^{+\infty} f(\xi)\mathrm{e}^{-\frac{s}{c}\xi}\mathrm{d}\xi = \frac{1}{c}F\left(\frac{s}{c}\right).$$

(3) 微分性质

若在 $[0, +\infty]$ 上, $f^{(n)}(t)$ 分段连续, $f^{(k)}(t)$ 连续 $(k = 0, 1, \cdots, n-1)$ 且不超过指数增长, 则 $\mathscr{L}[f^{(n)}(t)]$ 存在, 且

$$\mathscr{L}[f^{(n)}(t)] = s^n F(s) - s^{n-1}f(0) - s^{n-2}f'(0) - \cdots - sf^{(n-2)}(0) - f^{(n-1)}(0).$$

★ 问题思考
与傅里叶变换的
区别及原因

特别地, 有

$$\mathscr{L}[f'(t)] = sF(s) - f(0), \quad \mathscr{L}[f''(t)] = s^2 F(s) - sf(0) - f'(0).$$

证明 由定义及关系 $|f(t)| \leqslant M\mathrm{e}^{\lambda t}$, 有

$$\mathscr{L}[f'(t)] = \int_0^{+\infty} f'(t)\,\mathrm{e}^{-st}\mathrm{d}t = \mathrm{e}^{-st}f(t)\big|_{t=0}^{+\infty} + s\int_0^{+\infty} f(t)\mathrm{e}^{-st}\mathrm{d}t = -f(0) + sF(s).$$

类似地, 可证其他等式.

注 6.1.1 由微分性质, 有

$$\mathscr{L}[\cos(kt)] = \frac{1}{k}\mathscr{L}[\sin(kt)'] = \frac{1}{k}\{s\mathscr{L}[\sin(kt)] - 0\} = \frac{s}{k}\frac{k}{s^2+k^2} = \frac{s}{s^2+k^2}, \quad \mathrm{Re}\,s > 0.$$

(4) 积分性质

对 $\mathrm{Re}\,s > \lambda$, 有

$$\mathscr{L}\left[\int_0^t f(\tau)\mathrm{d}\tau\right] = \frac{F(s)}{s}, \quad \mathscr{L}^{-1}\left[\frac{F(s)}{s}\right] = \int_0^t f(\tau)\mathrm{d}\tau.$$

证明 设 $g(t) = \int_0^t f(\tau)\mathrm{d}\tau$, 则 $g'(t) = f(t)$, $g(0) = 0$. 由微分性质, 有

$$\mathscr{L}[g'(t)] = s\mathscr{L}[g(t)] - g(0) = s\mathscr{L}[g(t)],$$

即

$$F(s) = \mathscr{L}[f(t)] = s\mathscr{L}\left[\int_0^t f(\tau)\mathrm{d}\tau\right].$$

(5) 乘多项式性质

对 $n = 1, 2\cdots$, 成立

$$\mathscr{L}[t^n f(t)] = (-1)^n F^{(n)}(s), \quad \mathscr{L}^{-1}[F^{(n)}(s)] = (-1)^n t^n f(t).$$

证明 由定义有

$$F(s) = \int_0^{+\infty} f(t)\mathrm{e}^{-st}\mathrm{d}t.$$

两端关于 s 求 n 阶导数, 有

$$F^{(n)}(s) = (-1)^n \int_0^{+\infty} \mathrm{e}^{-st}t^n f(t)\mathrm{d}t = (-1)^n \mathscr{L}[t^n f(t)].$$

注 6.1.2 由乘多项式性质, 有

$$\mathscr{L}[t^n] = (-1)^n(-1)^n n!s^{-(n+1)} = \frac{n!}{s^{n+1}}, \quad \mathrm{Re}\,s > 0.$$

(6) 位移性质

对 $\operatorname{Re}(s-a) > \lambda$, 有

$$\mathscr{L}[e^{at}f(t)] = F(s-a), \quad \mathscr{L}^{-1}[F(s-a)] = e^{at}f(t).$$

证明　由定义, 有

$$\mathscr{L}[e^{at}f(t)] = \int_0^{+\infty} e^{at}f(t)e^{-st}dt = \int_0^{+\infty} e^{-(s-a)t}f(t)dt = F(s-a).$$

注 6.1.3　由位移性质, 可得

$$\mathscr{L}[t^n e^{at}] = \frac{n!}{(s-a)^{n+1}}, \quad \operatorname{Re}s > a;$$

$$\mathscr{L}[e^{at}\sin(kt)] = \frac{k}{(s-a)^2 + k^2}, \quad \operatorname{Re}s > a;$$

$$\mathscr{L}[e^{at}\cos(kt)] = \frac{s-a}{(s-a)^2 + k^2}, \quad \operatorname{Re}s > a.$$

(7) 卷积定理

定义 $f(t)$ 和 $g(t)$ 的卷积为 (与 5.1 节定义不同)

$$(f * g)(t) = \int_0^t f(t-\tau)g(\tau)d\tau,$$

则有

$$\mathscr{L}[(f * g)(t)] = F(s)G(s), \quad \mathscr{L}^{-1}[F(s)G(s)] = (f * g)(t).$$

证明　由定义, 有

$$\begin{aligned}
\mathscr{L}[(f * g)(t)] &= \int_0^{+\infty}\left[\int_0^t f(t-\tau)g(\tau)d\tau\right]e^{-st}dt \\
&= \int_0^{+\infty} g(\tau)\left[\int_\tau^{+\infty} e^{-st}f(t-\tau)dt\right]d\tau \\
&= \int_0^{+\infty} g(t)\left[\int_0^{+\infty} e^{-s(\tau+\xi)}f(\xi)d\xi\right]d\tau \\
&= \left[\int_0^{+\infty} g(\tau)e^{-s\tau}d\tau\right]\left[\int_0^{+\infty} e^{-s\xi}f(\xi)d\xi\right] = G(s)F(s).
\end{aligned}$$

两边取逆变换, 得证第二式.

　　注 6.1.4　此处的卷积定义可看成傅里叶变换的卷积定义在拉普拉斯变换情形下的简约形式. 事实上, 因此处 $f(t)$、$g(t)$ 定义在区间 $[0, +\infty)$, 可认为, 当 $t < 0$ 时, $f(t)$、$g(t)$ 均取 0. 则

$$\begin{aligned}
\int_{-\infty}^{+\infty} f(t-\tau)g(\tau)d\tau &= \left(\int_{-\infty}^0 + \int_0^t + \int_t^{+\infty}\right)f(t-\tau)g(\tau)d\tau \\
&= \int_0^t f(t-\tau)g(\tau)d\tau + \int_{-\infty}^0 f(\tau)g(t-\tau)d\tau \\
&= \int_0^t f(t-\tau)g(\tau)d\tau.
\end{aligned}$$

(8) 延迟性质

$$\mathscr{L}[H(t-a)f(t-a)] = e^{-as}F(s),$$

$$\mathscr{L}^{-1}[e^{-as}F(s)] = H(t-a)f(t-a).$$

证明 由定义, 有

$$\mathscr{L}[H(t-a)f(t-a)] = \int_a^{+\infty} \mathrm{e}^{-st} f(t-a)\mathrm{d}t = \int_0^{+\infty} \mathrm{e}^{-s(\xi+a)} f(\xi)\mathrm{d}\xi = \mathrm{e}^{-as} F(s).$$

注 6.1.5 对

$$f(t) = \left.\begin{cases} 0, & t < a \\ t-a, & t \geqslant a \end{cases}\right\} = (t-a)H(t-a),$$

由延迟性质, 有

$$\mathscr{L}[f(t)] = \mathscr{L}[(t-a)H(t-a)] = \mathrm{e}^{-as}\frac{1}{s^2}.$$

(9) 像函数的积分性质

设 $\mathscr{L}[f(t)] = F(s)$ 且 $\dfrac{f(t)}{t}$ 的拉普拉斯变换存在, 则

$$\mathscr{L}\left[\frac{f(t)}{t}\right] = \int_s^{+\infty} F(\tau)\mathrm{d}\tau.$$

证明 由定义, 有

$$\mathscr{L}[f(t)] = F(s) = \int_0^{+\infty} \mathrm{e}^{-st} f(t)\mathrm{d}t.$$

两边积分, 得

$$\int_s^{+\infty} F(\tau)\mathrm{d}\tau = \int_s^{+\infty} \left(\int_0^{+\infty} \mathrm{e}^{-\tau t} f(t)\mathrm{d}t\right)\mathrm{d}\tau = \int_0^{+\infty} \left(\int_s^{+\infty} f(t)\mathrm{e}^{-\tau t}\mathrm{d}\tau\right)\mathrm{d}t$$

$$= \int_0^{+\infty} \frac{f(t)}{t}\mathrm{e}^{-st}\mathrm{d}t = \mathscr{L}\left[\frac{f(t)}{t}\right].$$

6.1.3 拉普拉斯逆变换求解的例子

例 6.1.2 求拉普拉斯逆变换:

(1) $\mathscr{L}^{-1}\left[\dfrac{1}{s^2(s^2+k^2)}\right]$; (2) $\mathscr{L}^{-1}\left[\dfrac{1}{s^2(s+k)^2}\right]$.

 微课 6.1-3

解 (1) 解法一: 因 $\mathscr{L}[\sin(kt)] = \dfrac{k}{s^2+k^2}$, 即 $\mathscr{L}^{-1}\left[\dfrac{1}{s^2+k^2}\right] = \dfrac{\sin(kt)}{k}$,
故由积分性质, 有

$$\mathscr{L}^{-1}\left[\frac{1}{s(s^2+k^2)}\right] = \mathscr{L}^{-1}\left[\frac{\frac{1}{s^2+k^2}}{s}\right] = \int_0^t \frac{\sin(k\tau)}{k}\mathrm{d}\tau = \frac{1}{k^2}[1-\cos(kt)],$$

$$\mathscr{L}^{-1}\left[\frac{1}{s^2(s^2+k^2)}\right] = \mathscr{L}^{-1}\left[\frac{\frac{1}{s(s^2+k^2)}}{s}\right] = \int_0^t \frac{1-\cos(k\tau)}{k^2}\mathrm{d}\tau = \frac{1}{k^3}[kt-\sin(kt)].$$

解法二: 查表知 $\dfrac{1}{s^2} = \mathscr{L}[t]$, $\dfrac{1}{s^2+k^2} = \mathscr{L}\left[\dfrac{1}{k}\sin(kt)\right]$, 由卷积定理

$$\mathscr{L}^{-1}\left[\frac{1}{s^2(s^2+k^2)}\right] = \mathscr{L}^{-1}\left[\frac{1}{s^2}\frac{1}{s^2+k^2}\right] = t * \left[\frac{1}{k}\sin(kt)\right]$$

$$= \int_0^t (t-\tau)\frac{1}{k}\sin(k\tau)\mathrm{d}\tau = \frac{1}{k}\left[t\int_0^t \sin(k\tau)\mathrm{d}\tau - \int_0^t \tau\sin(k\tau)\mathrm{d}\tau\right]$$

$$= \frac{1}{k}\left[\frac{t}{k} - \frac{t\cos(kt)}{k} - \frac{1}{k^2}\sin(kt) + \frac{1}{k}t\cos(kt)\right] = \frac{1}{k^3}[kt - \sin(kt)].$$

解法三：查表知 $\dfrac{1}{s^2} = \mathscr{L}[t]$，$\dfrac{1}{s^2+k^2} = \mathscr{L}\left[\dfrac{1}{k}\sin(kt)\right]$，故由线性性质，有

$$\mathscr{L}^{-1}\left[\frac{1}{s^2(s^2+k^2)}\right] = \mathscr{L}^{-1}\left[\frac{1}{k^2}\left(\frac{1}{s^2} - \frac{1}{s^2+k^2}\right)\right]$$

★ 知识回顾
有理分式分解

$$= \frac{1}{k^2}\left\{\mathscr{L}^{-1}\left[\frac{1}{s^2}\right] - \mathscr{L}^{-1}\left[\frac{1}{s^2+k^2}\right]\right\} = \frac{1}{k^2}\left[t - \frac{1}{k}\sin(kt)\right].$$

(2) 由有理分式分解及线性性质，有

$$\mathscr{L}^{-1}\left[\frac{1}{s^2(s+k)^2}\right]$$

$$= \mathscr{L}^{-1}\left[\frac{-2}{k^3}\frac{1}{s} + \frac{1}{k^2}\frac{1}{s^2} + \frac{2}{k^3}\frac{1}{s+k} + \frac{1}{k^2}\frac{1}{(s+k)^2}\right]$$

★ 历史人物
拉普拉斯

$$= -\frac{2}{k^3}\mathscr{L}^{-1}\left[\frac{1}{s}\right] + \frac{1}{k^2}\mathscr{L}^{-1}\left[\frac{1}{s^2}\right] + \frac{2}{k^3}\mathscr{L}^{-1}\left[\frac{1}{s+k}\right] + \frac{1}{k^2}\mathscr{L}^{-1}\left[\frac{1}{(s+k)^2}\right]$$

$$= -\frac{2}{k^3} + \frac{t}{k^2} + \frac{2}{k^3}\mathrm{e}^{-kt} + \frac{1}{k^2}t\mathrm{e}^{-kt}.$$

6.2   拉普拉斯变换的应用

类似于傅里叶变换，拉普拉斯变换在求解常微分方程 (组) 的初值问题、微
分积分方程问题和偏微分方程定解问题中有着广泛应用.

⊞ 课件 6.2

6.2.1   求解常微分方程 (组) 的初值问题

例 6.2.1   利用拉普拉斯变换，求解下列定解问题：

(1) $\begin{cases} y''(t) + 2y'(t) + y(t) = 4\mathrm{e}^{-t}, & t > 0, \\ y(0) = 2, \quad y'(0) = -1. \end{cases}$

⊞ 微课 6.2-1

(2) $\begin{cases} 2x''(t) + 6x(t) - 2y(t) = 0, & t > 0, \\ y''(t) + 2y(t) - 2x(t) = 40\sin(3t), & t > 0, \\ x(0) = x'(0) = y(0) = y'(0) = 0. \end{cases}$

解   (1) 设 $\mathscr{L}[y(t)] = Y(s)$. 对方程两边取拉普拉斯变换，由线性性质和微分性质，有

$$s^2Y(s) - sy(0) - y'(0) + 2[sY(s) - y(0)] + Y(s) = \frac{4}{s+1}.$$

将初始条件代入得

$$s^2Y(s) + 2sY(s) + Y(s) = \frac{4}{s+1} + 2s + 3,$$

解得

$$Y(s) = \frac{4}{(s+1)^3} + \frac{1}{(s+1)^2} + \frac{2}{s+1}.$$

取逆变换并查表, 得原初始问题的解为

$$y(t) = \mathscr{L}^{-1}[Y(s)] = 2\mathscr{L}^{-1}\left[\frac{2}{(s+1)^3}\right] + \mathscr{L}^{-1}\left[\frac{1}{(s+1)^2}\right] + 2\mathscr{L}^{-1}\left[\frac{1}{s+1}\right]$$
$$= 2t^2 e^{-t} + t e^{-t} + 2 e^{-t}.$$

(2) 设 $\mathscr{L}[x(t)] = X(s)$, $\mathscr{L}[y(t)] = Y(s)$, 则 $\mathscr{L}[x''(t)] = s^2 X(s)$, $\mathscr{L}[y''(t)] = s^2 Y(s)$, $\mathscr{L}[\sin(3t)] = \dfrac{3}{s^2+9}$. 对方程组两边取拉普拉斯变换, 得

$$\begin{cases} 2s^2 X(s) + 6X(s) - 2Y(s) = 0, \\ s^2 Y(s) + 2Y(s) - 2X(s) = \dfrac{120}{s^2+9}, \end{cases}$$

解得

$$\begin{cases} X(s) = \dfrac{5}{s^2+1} - \dfrac{8}{s^2+4} + \dfrac{3}{s^2+9}, \\ Y(s) = \dfrac{10}{s^2+1} + \dfrac{8}{s^2+4} - \dfrac{18}{s^2+9}, \end{cases}$$

故

$$\begin{cases} x(t) = 5\sin t - 4\sin(2t) + \sin(3t), \\ y(t) = 10\sin t + 4\sin(2t) - 6\sin(3t). \end{cases}$$

6.2.2 求解积分方程问题或微分积分方程问题

例 6.2.2 利用拉普拉斯变换和卷积性质求解积分方程问题或微分积分方程问题

(1) $y(t) = \cos t - 2\displaystyle\int_0^t y(\tau) \cos(t-\tau)\mathrm{d}\tau$;

(2) $\begin{cases} y'(t) + 2y(t) = -\displaystyle\int_0^t y(s)\mathrm{d}s, \quad t \geqslant 0, \\ y(0) = 1. \end{cases}$

田 微课 6.2-2

解 设 $\mathscr{L}[y(t)] = Y(s)$.

(1) 方程两边取拉普拉斯变换并利用卷积性质, 有

$$Y(s) = \mathscr{L}[\cos t] - 2\mathscr{L}[y(t) * \cos t] = \mathscr{L}[\cos t] - 2\mathscr{L}[y(t)]\mathscr{L}[\cos t]$$
$$= \frac{s}{s^2+1} - 2Y(s)\frac{s}{s^2+1},$$

解得

$$Y(s) = \frac{s}{(s+1)^2} = \frac{1}{s+1} - \frac{1}{(s+1)^2},$$

★ 问题思考
这两小题的其他
求解方法

故

$$y(t) = \mathscr{L}^{-1}[Y(s)] = \mathscr{L}^{-1}\left[\frac{1}{s+1}\right] - \mathscr{L}^{-1}\left[\frac{1}{(s+1)^2}\right] = e^{-t} - t e^{-t}.$$

(2) 方程两边取拉普拉斯变换并利用 $y(0) = 1$, 有

$$sY(s) - 1 + 2Y(s) = -\frac{Y(s)}{s},$$

解得

$$Y(s) = \frac{s}{(s+1)^2},$$

故原问题的解为

$$y(t) = \mathscr{L}^{-1}[Y(s)] = e^{-t} - te^{-t}.$$

6.2.3　求解波动方程的初边值问题

将二元函数 $u(x, t)$ 关于变量 $t\,(0 < t < +\infty)$ 的拉普拉斯变换记为

田 微课 6.2-3

$$U(x, s) = \mathscr{L}[u(x, t)] = \int_0^{+\infty} u(x, t)e^{-st}dt.$$

对 $u_x(x, t), u_{xx}(x, t)$ 关于 t 作拉普拉斯变换, 有

$$\mathscr{L}[u_x(x, t)] = \int_0^{+\infty} u_x(x, t)e^{-st}dt = \frac{\partial}{\partial x}\left[\int_0^{+\infty} u(x, t)e^{-st}dt\right] = U_x(x, s),$$

$$\mathscr{L}[u_{xx}(x, t)] = \int_0^{+\infty} u_{xx}(x, t)e^{-st}dt = \frac{\partial^2}{\partial x^2}\left[\int_0^{+\infty} u(x, t)e^{-st}dt\right] = U_{xx}(x, s).$$

而利用拉普拉斯变换的微分性质, 有

★ 问题思考
与傅里叶变换
方法的区别

$$\mathscr{L}[u_t(x, t)] = sU(x, s) - u(x, 0),$$

$$\mathscr{L}[u_{tt}(x, t)] = s^2U(x, s) - su(x, 0) - u_t(x, 0).$$

例 6.2.3* 利用拉普拉斯变换求解半无界问题

$$\begin{cases} u_{tt} = a^2 u_{xx} + f(t), & 0 < x < +\infty, \quad t > 0, \\ u(x, 0) = 0, \quad u_t(x, 0) = 0, & 0 < x < +\infty, \\ u(0, t) = 0, \quad \lim_{x \to +\infty} u_x(x, t) = 0, & t > 0. \end{cases} \tag{6.2.1}$$

解　因泛定方程关于 t、x 都是二阶偏导数, 且没有给出 u_x 在 $x = 0$ 处的值, 故只能对 t 作拉普拉斯变换, 记 $\mathscr{L}[u(x, t)] = U(x, s), \mathscr{L}[f(t)] = F(s)$. 对方程关于 t 施行拉普拉斯变换并利用初始条件, 得

$$s^2U(x, s) - 0 = a^2\frac{d^2U(x, s)}{dx^2} + F(s).$$

即有以 s 为参数, 以 x 为自变量的二阶线性非齐次常微分方程

$$\frac{d^2U(x, s)}{dx^2} - \frac{s^2}{a^2}U(x, s) = -\frac{F(s)}{a^2},$$

其通解为

$$U(x, s) = A(s)e^{\frac{sx}{a}} + B(s)e^{-\frac{sx}{a}} + \frac{F(s)}{s^2}.$$

由边界条件, 有

$$U(0, s) = \mathscr{L}[u(0, t)] = 0,$$

$$\lim_{x \to +\infty} U_x(x, s) = \lim_{x \to +\infty} \mathscr{L}[u_x(x, t)] = \mathscr{L}\left[\lim_{x \to +\infty} u_x(x, t)\right] = 0.$$

即有

$$\begin{cases} A(s) + B(s) + \frac{F(s)}{s^2} = 0, \\ \lim_{x \to +\infty}\left[A(s)\frac{s}{a}e^{\frac{sx}{a}} - B(s)\frac{s}{a}e^{-\frac{sx}{a}}\right] = 0 \end{cases}$$

故 $A(s) = 0, B(s) = -\dfrac{F(s)}{s^2}$. 因此

$$U(x,s) = \frac{F(s)}{s^2} - \frac{F(s)}{s^2}\mathrm{e}^{-\frac{sx}{a}}.$$

两边取逆变换, 由积分性质和延迟性质, 有

$$u(x,t) = \mathscr{L}^{-1}[U(x,s)] = \mathscr{L}^{-1}\left[\frac{F(s)}{s^2}\right] - \mathscr{L}^{-1}\left[\frac{F(s)}{s^2}\mathrm{e}^{-\frac{sx}{a}}\right]$$

$$= \int_0^t \int_0^\xi f(\tau)\mathrm{d}\tau\mathrm{d}\xi - H\left(t - \frac{x}{a}\right)\left\{\mathscr{L}^{-1}\left[\frac{F(s)}{s^2}\right]\right\}$$

$$= \int_0^t \int_0^\xi f(\tau)\mathrm{d}\tau\mathrm{d}\xi - H\left(t - \frac{x}{a}\right)\int_0^{t-\frac{x}{a}}\int_0^\xi f(\tau)\mathrm{d}\tau\mathrm{d}\xi.$$

例 6.2.4 利用拉普拉斯变换求解初边值问题

$$\begin{cases} u_{tt} = u_{xx} + k\sin(\pi x), & 0 < x < 1, \quad t > 0, \\ u(x,0) = u_t(x,0) = 0, & 0 \leqslant x \leqslant 1, \\ u(0,t) = u(1,t) = 0, & t \geqslant 0. \end{cases}$$

解 对泛定方程关于 t 作拉普拉斯变换, 并记 $\mathscr{L}[u(x,t)] = U(x,s)$, 有

$$s^2 U(x,s) - su(x,0) - u_t(x,0) = \frac{\mathrm{d}^2}{\mathrm{d}x^2}U(x,s) + \frac{k\sin(\pi x)}{s}.$$

代入初始条件, 有

$$\frac{\mathrm{d}^2}{\mathrm{d}x^2}U(x,s) - s^2 U(x,s) = -\frac{k\sin(\pi x)}{s},$$

其通解为

$$U(x,s) = A(s)\mathrm{e}^{sx} + B(s)\mathrm{e}^{-sx} + \frac{k}{s(s^2 + \pi^2)}\sin(\pi x).$$

由边界条件, 有

$$U(0,s) = \mathscr{L}[u(0,t)] = 0, \quad U(1,s) = \mathscr{L}[u(1,t)] = 0.$$

即有

$$\begin{cases} A(s) + B(s) = 0, \\ A(s)\mathrm{e}^s + B(s)\mathrm{e}^{-s} = 0. \end{cases}$$

故 $A(s) = B(s) = 0$, 因此

$$U(x,s) = \frac{k}{s(s^2 + \pi^2)}\sin(\pi x) = \frac{k}{\pi^2}\left(\frac{1}{s} - \frac{s}{s^2 + \pi^2}\right)\sin(\pi x).$$

两边取逆变换,

$$u(x,t) = \frac{k}{\pi^2}[1 - \cos(\pi t)]\sin(\pi x).$$

6.2.4 求解热传导方程的初边值问题

例 6.2.5 利用拉普拉斯变换求解初边值问题

$$\begin{cases} u_t = a^2 u_{xx}, & 0 < x < +\infty, \quad t > 0, \\ u(x,0) = 0, & 0 < x < +\infty, \\ u(0,t) = f(t), \quad \lim_{x \to +\infty} u(x,t) = 0, & t \geqslant 0. \end{cases}$$

田 微课 6.2-4

解　对泛定方程关于 t 作拉普拉斯变换, 并代入初始条件, 记 $\mathscr{L}[u(x,t)] = U(x,s)$, 有

$$sU(x,s) = a^2 \frac{\mathrm{d}^2}{\mathrm{d}x^2} U(x,s),$$

其通解为

$$U(x,s) = A(s)\mathrm{e}^{\frac{\sqrt{s}}{a}x} + B(s)\mathrm{e}^{-\frac{\sqrt{s}}{a}x}.$$

由边界条件, 有

$$\begin{cases} U(0,s) = \mathscr{L}[u(0,t)] = \mathscr{L}[f(t)] := F(s), \\ \lim\limits_{x \to +\infty} U(x,s) = \lim\limits_{x \to +\infty} \mathscr{L}[u(x,t)] = \mathscr{L}\left[\lim\limits_{x \to +\infty} u(x,t)\right] = 0. \end{cases}$$

即

$$\begin{cases} A(s) + B(s) = F(s), \\ A(s) = 0. \end{cases}$$

故 $A(s) = 0, B(s) = F(s)$, 于是

$$U(x,s) = F(s)\mathrm{e}^{-\frac{\sqrt{s}}{a}x}.$$

两边取逆变换, 有

$$u(x,t) = \mathscr{L}^{-1}[U(x,s)] = \mathscr{L}^{-1}[F(s)\mathrm{e}^{-\frac{\sqrt{s}}{a}x}]$$

$$= f(t) * \mathscr{L}^{-1}\left[\mathrm{e}^{-\frac{\sqrt{s}}{a}x}\right] = f(t) * \left(\frac{x}{a}\frac{1}{2\sqrt{\pi}}t^{-\frac{3}{2}}\mathrm{e}^{-\frac{x^2}{4a^2 t}}\right)$$

$$= \int_0^t f(t-\tau)\frac{x}{2a\sqrt{\pi\tau^3}}\mathrm{e}^{-\frac{x^2}{4a^2\tau}}\mathrm{d}\tau.$$

例 6.2.6　利用拉普拉斯变换求解初边值问题

$$\begin{cases} u_t = a^2 u_{xx}, & 0 < x < l, \quad t > 0, \\ u(x,0) = u_0, & 0 \leqslant x \leqslant l, \\ u_x(0,t) = 0, \quad u(l,t) = u_1, & t \geqslant 0. \end{cases}$$

解　对泛定方程关于 t 作拉普拉斯变换, 记 $\mathscr{L}[u(x,t)] = U(x,s)$, 有

$$sU(x,s) - u(x,0) = a^2\frac{\mathrm{d}^2}{\mathrm{d}x^2} U(x,s),$$

代入初始条件, 有

$$\frac{\mathrm{d}^2}{\mathrm{d}x^2} U(x,s) - \frac{s}{a^2} U(x,s) = -\frac{u_0}{a^2},$$

其通解为

$$U(x,s) = A(s)\mathrm{e}^{\frac{\sqrt{s}}{a}x} + B(s)\mathrm{e}^{-\frac{\sqrt{s}}{a}x} + \frac{u_0}{s}.$$

由边界条件, 有

$$U_x(0,s) = \mathscr{L}[u_x(0,t)] = 0, \quad U(l,s) = \mathscr{L}[u(l,t)] = \mathscr{L}[u_1] = \frac{u_1}{s},$$

即

$$\begin{cases} [A(s) - B(s)]\dfrac{\sqrt{s}}{a} = 0, \\ A(s)\mathrm{e}^{\frac{\sqrt{s}}{a}l} + B(s)\mathrm{e}^{-\frac{\sqrt{s}}{a}l} + \dfrac{u_0}{s} = \dfrac{u_1}{s}. \end{cases}$$

故

$$A(s) = B(s) = \frac{u_1 - u_0}{2s} \frac{1}{\cosh\left(\dfrac{\sqrt{s}}{a}l\right)}.$$

于是

$$U(x,s) = \frac{u_1 - u_0}{s} \frac{\cosh\left(\dfrac{\sqrt{s}}{a}x\right)}{\cosh\left(\dfrac{\sqrt{s}}{a}l\right)} + \frac{u_0}{s}.$$

★ 另辟蹊径
用分离变量法
求解本题

两边取逆变换 (类似于习题 6.5 (2)), 有

$$u(x,t) = \mathscr{L}^{-1}[U(x,s)] = (u_1 - u_0)\mathscr{L}^{-1}\left[\frac{1}{s}\frac{\cosh\left(\dfrac{\sqrt{s}}{a}x\right)}{\cosh\left(\dfrac{\sqrt{s}}{a}l\right)}\right] + u_0\mathscr{L}^{-1}\left[\frac{1}{s}\right]$$

$$= u_1 + \frac{4(u_1 - u_0)}{\pi}\sum_{k=1}^{\infty}\frac{(-1)^k}{2k-1}\cos\left[\frac{(2k-1)\pi x}{2l}\right]\mathrm{e}^{-\frac{a^2\pi^2(2k-1)^2}{4l^2}t}.$$

6.3 应用: 拉普拉斯变换方法求解大气对流扩散方程*

本节介绍拉普拉斯变换在大气对流扩散方程中的应用. 对流扩散方程的定解问题是关于物质输运与分子扩散的物理过程和黏性流体运动的数学模型, 它可以用来描述大气污染、河流污染、核污染中的污染物质的分布, 流体的流动和流体中的热传导等众多物理现象.

田 微课 6.3

描述空气污染的对流扩散方程在大气中本质上是悬浮物质的守恒:

$$\frac{\partial C}{\partial t} + u\frac{\partial C}{\partial x} + v\frac{\partial C}{\partial y} + w\frac{\partial C}{\partial z} = -\frac{\partial \overline{u'c'}}{\partial x} - \frac{\partial \overline{v'c'}}{\partial y} - \frac{\partial \overline{w'c'}}{\partial z} + S, \tag{6.3.1}$$

其中, C 为平均浓度; u,v,w 分别为风在笛卡儿坐标下的分量; S 为源项; $\overline{u'c'}, \overline{v'c'}, \overline{w'c'}$ 分别为污染物在纵向、侧向和垂直方向的湍流通量. 由菲克理论 (Fick theory), 可假设湍流通量浓度与平均浓度的梯度成正比, 即

$$\overline{u'c'} = -K_x\frac{\partial C}{\partial x}, \quad \overline{v'c'} = -K_y\frac{\partial C}{\partial y}, \quad \overline{w'c'} = -K_z\frac{\partial C}{\partial z}, \tag{6.3.2}$$

其中, K_x, K_y, K_z 为涡流扩散系数的笛卡儿坐标分量, z 为高度. 设 $\bar{C} = \displaystyle\int_{-\infty}^{+\infty}C(x,y,z)\mathrm{d}y$, 结合式(6.3.1)和式(6.3.2), 得到如下对流扩散方程

$$\frac{\partial \bar{C}}{\partial t} + u\frac{\partial \bar{C}}{\partial x} + w\frac{\partial \bar{C}}{\partial z} = \frac{\partial}{\partial x}\left(K_x\frac{\partial \bar{C}}{\partial x}\right) + \frac{\partial}{\partial z}\left(K_z\frac{\partial \bar{C}}{\partial z}\right) + S. \tag{6.3.3}$$

为了应用拉普拉斯变换, 可将高度 z 离散化成 N 份用 z_n 表示. 相应地, 可记

$$K_{zn} = (z_{n+1} - z_n)^{-1}\int_{z_n}^{z_{n+1}}K_z(z)\mathrm{d}z, \quad n = 1,\cdots,N,$$

★ 应用拓展
拉普拉斯变换在
其他领域的重要
应用

$$\bar{C}_n = (z_{n+1} - z_n)^{-1}\int_{z_n}^{z_{n+1}}\bar{C}(z)\mathrm{d}z, \quad n = 1,\cdots,N.$$

为方便起见, 仅考虑一维对流扩散方程的定解问题

$$\frac{\partial \bar{C}}{\partial t} = \frac{\partial}{\partial z}\left(K_z \frac{\partial \bar{C}}{\partial z}\right), \quad 0 < z < z_n, \quad t > 0,$$

$$K_z \frac{\partial \bar{C}}{\partial z} = 0, \qquad\qquad z = 0, \quad z_n, \qquad\qquad (6.3.4)$$

$$\bar{C} = Q\delta(z - H_s), \qquad t = 0,$$

其中, H_s 为污染源的高度, Q 为污染源的发射率. 假设非均匀湍流是由关于高度的涡流扩散率所决定的, 则对流扩散方程可改写为

$$\frac{\partial \bar{C}_n}{\partial t} = K_{zn} \frac{\partial^2 \bar{C}_n}{\partial z^2}, \quad z_n < z < z_{n+1}, \quad n = 1, \cdots, N. \qquad (6.3.5)$$

设 $\bar{C}_n(z,t)$ 关于时间 t 的拉普拉斯变换为 $\tilde{C}_n(z,s)$, 即

$$\tilde{C}_n(z,s) = \mathscr{L}[\bar{C}_n(z,t)].$$

对方程(6.3.5)关于 t 作拉普拉斯变换, 可得

$$\frac{\partial^2}{\partial z^2}\tilde{C}(z,s) - \frac{s}{K_{zn}}\tilde{C}(z,s) = -\frac{1}{K_{zn}}\bar{C}_n(z,0). \qquad (6.3.6)$$

由此, 可求得

$$\tilde{C}(z,s) = A_n e^{-R_n z} + B_n e^{R_n z} - \frac{Q}{R_a}\cosh[R_n(z - H_s)]H(z - H_s), \qquad (6.3.7)$$

其中, $H(z - H_s)$ 为 Heaviside 函数, $R_n = \sqrt{s/K_{zn}}$, $R_a = \sqrt{K_{zn}s}$. 对式(6.3.7)作拉普拉斯逆变换, 可得

$$\bar{C}(z,t) = \sum_{i=1}^{k} \frac{a_i p_i}{t}\left\{A_{ni} e^{-R_{ni} z} + B_{ni} e^{R_{ni} z} - \frac{Q}{R_{ai}}\cosh[R_{ni}(z - H_s)]H(z - H_s)\right\}, \qquad (6.3.8)$$

其中, k 为积分点的个数, $R_n = \sqrt{p_i/(tK_{zn})}$, $R_a = \sqrt{K_{zn}p_i/t}$. 这里 a_i 和 p_i 为高斯积分中的参数.

类似地, 也可运用拉普拉斯变换求解二维的对流扩散问题. 限于篇幅, 此处不再展开.

历史人物: 拉普拉斯

拉普拉斯 (Pierre-Simon Laplace, 1749~1827), 法国著名数学家和天文学家, 天体力学的主要奠基人, 天体演化学的创立者之一, 分析概率论的创始人.

1749 年 3 月生于法国西北部卡尔瓦多斯的博蒙昂诺日, 曾任巴黎军事学院数学教授. 1795 年任巴黎综合工科学校教授, 后又在高等师范学校任教授. 1799 年担任过法国经度局局长, 并在拿破仑政府中担任过六个星期的内政部长. 1816 年当选法国科学院院士, 并于次年担任该院院长.

拉普拉斯对天体物理学有着巨大的贡献. 1773 年, 解决了一个当时著名的难题, 即木星轨道为什么在不断收缩, 而同时土星轨道又在不断膨胀. 他用数学方法证明 (尽管是近似的), 行星的轨道大小只有周期性变化, 这就是著名的拉普拉斯定理. 1784~1785 年, 他求得天体对其外任一质点的引力分量可以用一个势函数来表示, 这个势函数满足一个偏微分方程, 即著名的拉普拉斯方程. 1786 年, 证明了行星轨道的偏心率和倾角总保持很小和恒定, 即摄动效应是守恒和周期性的. 1787 年, 又发现了月球的加速度同地球轨道的偏心率有关, 从理论上解决了太阳系动态中观测到的最后一个反常问题. 拉普拉斯还是黑洞的首个预言者, 早在 1796 年, 他就预言: "一个密度如地球而直径为 250 个太阳的发光恒星, 由于其引力的作用, 将不允许任何光线离开它. 由于这个原因, 宇宙中最大的发光天体却不会被我们看见".

1812 年, 拉普拉斯发表了重要的《概率分析理论》, 在该书中总结了当时整个概率论的研究, 并导入了 "拉普拉斯变换" 的概念. 拉普拉斯变换可以说是现代工程学使用最广泛的数学工具, 它通过数学变换将微积分方程转化成代数方程, 为求解连续空间连续时间的方程提供了可能.

拉普拉斯一生学识渊博, 学而不厌, 他最后的遗言是: "我们知道的是很微小的, 我们不知道的是无限的".

习 题 6

◎ 拉普拉斯变换性质的运用

6.1 利用拉普拉斯变换的性质求下列函数的拉普拉斯变换:

(1) $f(t) = t^n$;

(2) $f(t) = \cos(\omega t)$;

(3) $f(t) = \sinh(\omega t)$;

(4) $f(t) = \cosh(\omega t)$;

(5) $f(t) = \mathrm{e}^{at} \sin(\omega t)$;

(6) $f(t) = \mathrm{e}^{at} \cos(\omega t)$;

(7) $f(t) = t\mathrm{e}^{-4t} \sin(2t)$;

(8) $f(t) = (1+t)^2 \mathrm{e}^{-at}$;

(9) $f(t) = \dfrac{1}{t} \sin(\omega t)$;

(10) $f(t) = \dfrac{1}{t} \mathrm{e}^{at} \sin(\omega t)$;

(11) $f(t) = \displaystyle\int_0^t \dfrac{\sin x}{x} \mathrm{d}x$;

(12)* $f(t) = \displaystyle\int_t^{+\infty} \dfrac{\cos x}{x} \mathrm{d}x$.

6.2 求下列函数的卷积:

(1) $x * \mathrm{e}^{-x}$;

(2) $\sin kx * \sin kx$.

6.3* 利用拉普拉斯变换的性质计算下列积分:

(1) $\displaystyle\int_0^{+\infty} \dfrac{\mathrm{e}^{-ax} \cos bx - \mathrm{e}^{-cx} \cos \mathrm{d}x}{x} \mathrm{d}x$;

(2) $\displaystyle\int_0^{+\infty} x\mathrm{e}^{-5x} \sin 3x \mathrm{d}x$;

(3) $\displaystyle\int_0^{+\infty} \int_0^{+\infty} \dfrac{\cos xt}{x^2 + 2} \mathrm{d}x\mathrm{d}t$.

◎ 求函数的拉普拉斯逆变换

6.4 求下列函数的拉普拉斯逆变换:

(1) $\dfrac{s}{s^2 - a^2}$;

(2) $\dfrac{1}{(s+a)^2 + b^2}$;

(3) $\dfrac{s+8}{s^2 + 4s + 5}$;

(4) $\dfrac{s^2 + 1}{(s^2 + 2s + 2)(s - 2)}$;

(5) $\dfrac{1}{(s^2 + 2s + 2)^2}$;

(6) $\dfrac{2s+3}{s^2 + 9} - \dfrac{1}{s+3}$;

(7) $\ln \dfrac{s^2 - 1}{s^2}$;

(8) $\left(1 + \mathrm{e}^{-3s}\right) s^{-3}$.

6.5 利用卷积定理求下列函数的拉普拉斯逆变换:

(1) $\dfrac{1}{(s-a)(s-b)}$;

(2) $\dfrac{1}{s^2(s^2 - 1)}$.

6.6 求下列函数的拉普拉斯逆变换:

(1) $\dfrac{\mathrm{e}^{-\pi s}}{s^2 + 1}$;

(2)* $\dfrac{\cosh(x\sqrt{s})}{s \cosh \sqrt{s}}$, $\quad 0 < x < 1$.

◎ 用拉普拉斯变换求解常微分方程（组）

6.7 利用拉普拉斯变换求解下列常微分方程的初值问题：

(1) $\begin{cases} y''(t) + y'(t) + 3y(t) = \mathrm{e}^{-t}, & t > 0, \\ y(0) = 1, \quad y'(0) = 1; \end{cases}$
　　　　(2) $\begin{cases} y''(t) - 3y'(t) + 2y(t) = 4\mathrm{e}^{2t}, & t > 0, \\ y(0) = -3, \quad y'(0) = 5; \end{cases}$

(3) $\begin{cases} y''(t) + 2y'(t) + y(t) = t\mathrm{e}^{-t}, & t > 0, \\ y(0) = 1, \quad y'(0) = -2; \end{cases}$
　　　　(4) $\begin{cases} x''(t) - 4x'(t) + 20x(t) = 3\mathrm{e}^{2t} \cos 4t, & t > 0, \\ x(0) = 0, \quad x'(0) = 0; \end{cases}$

(5) $\begin{cases} y''(t) + 3y'(t) + 2y(t) = t\mathrm{e}^{-t}, & t > 0, \\ y(0) = 1, \quad y'(0) = 0; \end{cases}$
　　　　(6)* $\begin{cases} ty''(t) + y'(t) + ty(t) = 0, & t > 0, \\ y(0) = 1, \quad y'(0) = 0. \end{cases}$

6.8 利用拉普拉斯变换求解下列常微分方程组的初值问题：

(1) $\begin{cases} x'(t) = 2x(t) - 3y(t), & t > 0, \\ y'(t) = y(t) - 2x(t), & t > 0, \\ x(0) = 8, \quad y(0) = 3; \end{cases}$
　　　(2) $\begin{cases} x'(t) - y(t) = \mathrm{e}^t, & t > 0, \\ y'(t) + x(t) = \sin t, & t > 0, \\ x(0) = 1, \quad y(0) = 0; \end{cases}$

(3) $\begin{cases} x'(t) - x(t) - 2y(t) = t, & t > 0, \\ y'(t) - y(t) - 2x(t) = t, & t > 0, \\ x(0) = 2, \quad y(0) = 4. \end{cases}$

6.9 利用拉普拉斯变换求解常微分方程的初值问题：
$$\begin{cases} T_n''(t) + \left(\dfrac{n\pi a}{l}\right)^2 T_n(t) = f_n(t), & t > 0, \\ T_n(0) = a_n, \quad T_n'(0) = b_n, \end{cases}$$

其中，$f_n(t)$, a_n 和 b_n 均已知.

◎ 拉普拉斯变换在微分积分方程的应用

6.10 利用拉普拉斯变换和卷积性质求解下列积分方程问题：

(1) $y(t) = t + \displaystyle\int_0^t y(\tau) \sin(t - \tau)\mathrm{d}\tau;$ 　　　　　(2) $y(t) = \sin 2t + \displaystyle\int_0^t (t - \tau)\mathrm{e}^{-(t-\tau)} y(\tau)\mathrm{d}\tau;$

(3) $y(t) = \sin t + \displaystyle\int_0^t y(\tau) \sin(t - \tau)\mathrm{d}\tau.$

6.11 利用拉普拉斯变换求解下列定解问题：

(1) 微分积分方程
$$f'(t) + 5\int_0^t \cos[2(t - \tau)]f(\tau)\mathrm{d}\tau = 10, \quad f(0) = 2;$$

(2) 微分差分方程
$$f'(t) + f(t - 1) = t^2, \quad \text{当} t \leqslant 0 \text{时}, \ f(t) = 0.$$

◎ 用拉普拉斯变换求解波动方程的初值问题

6.12 求解半无界问题
$$\begin{cases} u_{tt} - a^2 u_{xx} = 0, & x > 0, \quad t > 0, \\ u|_{t=0} = u_t|_{t=0} = 0, & x \geqslant 0, \\ u|_{x=0} = A\sin(\omega t), & t \geqslant 0, \\ \displaystyle\lim_{x \to +\infty} |u(x, t)| < \infty, \end{cases}$$

其中，A 和 ω 为常数，并给出物理解释.

6.13 用拉普拉斯变换求下列问题的解：

$$(1)\begin{cases} u_{tt} - a^2 u_{xx} = 0, & x > 0, \quad t > 0, \\ u(0,t) = f(t), \quad \lim\limits_{x \to +\infty} |u(x,t)| < \infty, & t \geqslant 0, \\ u(x,0) = 0, \quad u_t(x,0) = 0, & x \geqslant 0; \end{cases}$$

$$(2)\begin{cases} u_{tt} = a^2 u_{xx} + a^2 \cos(\omega t), & x > 0, \quad t > 0, \\ u(x,0) = u_t(x,0) = 0, & x \geqslant 0, \\ u(0,t) = 0, & t \geqslant 0, \text{ 当} x \to +\infty \text{时}, u(x,t)\text{有界}; \end{cases}$$

$$(3)\begin{cases} u_{tt} = u_{xx}, & 0 < x < L, \quad t > 0, \\ u(x,0) = 0, \quad u_t(x,0) = 0 & 0 \leqslant x \leqslant L, \\ u(0,t) = 0, \quad u(L,t) = A, & t \geqslant 0, \end{cases} \quad \text{其中}, A \text{ 为常数}.$$

◎ 用拉普拉斯变换求解热传导方程的初值问题

6.14 用拉普拉斯变换求下列问题的解:

$$(1)\begin{cases} u_t - a^2 u_{xx} = 0, & x > 0, \quad t > 0, \\ u(0,t) = t, \quad \lim\limits_{x \to +\infty} u(x,t) = 0, & t \geqslant 0, \\ u(x,0) = 0, & x \geqslant 0; \end{cases}$$

$$(2)\begin{cases} u_t - a^2 u_{xx} = 0, & x > 0, \quad t > 0, \\ u(0,t) = f_1, \quad \lim\limits_{x \to +\infty} u(x,t) = f_0, & t \geqslant 0, \\ u(x,0) = f_0, & x \geqslant 0, \end{cases} \quad \text{其中}, f_0, f_1 \text{ 都为常数};$$

$$(3)\begin{cases} u_t = u_{xx}, & x > 0, \quad t > 0, \\ u(x,0) = 1, & x > 0, \\ u(0,t) = 0, & t > 0, \\ \lim\limits_{x \to +\infty} u(x,t) = 1. \end{cases}$$

◎ 用拉普拉斯变换求解其他偏微分方程的定解问题

6.15 求解一阶偏微分方程的定解问题

$$\begin{cases} xu_t + u_x = x, & x > 0, \quad t > 0, \\ u(0,t) = 0, & t \geqslant 0, \\ u(x,0) = 0, & x \geqslant 0. \end{cases}$$

6.16 求解一阶偏微分方程的定解问题

$$\begin{cases} x^2 u_t + u_x = x^2, & x > 0, \quad t > 0, \\ u(0,t) = 0, & t \geqslant 0, \\ u(x,0) = 0, & x \geqslant 0. \end{cases}$$

6.17 利用拉普拉斯变换求解下列偏微分方程的定解问题:

$$(1)\begin{cases} u_{xy} = 1, & x > 0, \quad y > 0, \\ u(0,y) = 1+y, & y \geqslant 0, \\ u(x,0) = 1, & x \geqslant 0; \end{cases} \qquad (2)\begin{cases} u_{xy} = x^2 y, & x > 1, \quad y > 0, \\ u|_{y=0} = x^2, & x \geqslant 1, \\ u|_{x=1} = \cos y, & y \geqslant 0; \end{cases}$$

◎ 求解实际应用问题

6.18 设有一初始温度为 $3\sin(2\pi x)$ 的单位长度的均匀杆, 杆的侧面绝热而两端温度保持为零, 试求杆内温度分布.

6.19 在传输线的一端输入电压信号 $f(t)$, 初始条件均为零, 求解传输线上电压的变化.

第 7 章 格林函数方法

本章介绍求解偏微分方程的另一种重要方法: **格林函数方法**. 首先利用格林公式讨论方程解的一些重要性质; 其次引入格林函数的概念, 运用镜像法求一些特殊区域上的拉普拉斯方程 Dirichlet 边值问题的解; 最后介绍三类典型方程的基本解.

格林函数方法的基本思想是把一个线性齐次方程和带有非齐次边值条件的问题转化为求一个特殊的边值问题. 这个问题的解称为格林函数. 此方法的优点在于, 只要能够求出定解问题的格林函数, 将其代入相应的求解公式, 就可以求得定解问题. 但求解一般区域上的格林函数并非易事, 本章中所介绍的问题都是在一些比较规则的区域上讨论的.

7.1 格林公式及其应用

7.1.1 格林公式

1. 三维情形

(1) 高斯公式回顾

田 课件 7.1

设 Ω 是 $\mathbb{R}^3$ 中以足够光滑的曲面 $\partial\Omega$ 为边界的有界区域, 函数 $P(x,y,z)$, $Q(x,y,z)$, $R(x,y,z)$ 在 $\bar{\Omega} = \Omega \cup \partial\Omega$ 上连续且在 Ω 内具有一阶连续偏导数, 则有如下**高斯公式**:

田 微课 7.1-1

$$\iiint_{\Omega} \left(\frac{\partial P}{\partial x} + \frac{\partial Q}{\partial y} + \frac{\partial R}{\partial z} \right) \mathrm{d}V = \oiint_{\partial\Omega} [P\cos(n,x) + Q\cos(n,y) + R\cos(n,z)] \mathrm{d}S, \tag{7.1.1}$$

其中, n 为 $\partial\Omega$ 上的单位外法线方向; $\cos(n,x), \cos(n,y), \cos(n,z)$ 为 n 的方向余弦. 公式 (7.1.1) 反映了三重积分与曲面积分之间的内在联系.

(2) 第一格林公式

设函数 $u, v \in C^2(\Omega) \cap C^1(\bar{\Omega})$. 在式 (7.1.1) 中取

$$P = u\frac{\partial v}{\partial x}, \quad Q = u\frac{\partial v}{\partial y}, \quad R = u\frac{\partial v}{\partial z},$$

得

$$\iiint_{\Omega} \left[\frac{\partial}{\partial x}\left(u\frac{\partial v}{\partial x} \right) + \frac{\partial}{\partial y}\left(u\frac{\partial v}{\partial y} \right) + \frac{\partial}{\partial z}\left(u\frac{\partial v}{\partial z} \right) \right] \mathrm{d}x\mathrm{d}y\mathrm{d}z$$

$$= \oiint_{\partial\Omega} \left[u\frac{\partial v}{\partial x}\cos(n,x) + u\frac{\partial v}{\partial y}\cos(n,y) + u\frac{\partial v}{\partial z}\cos(n,z) \right] \mathrm{d}S,$$

计算并利用

$$\frac{\partial v}{\partial n} = \frac{\partial v}{\partial x}\cos(n,x) + \frac{\partial v}{\partial y}\cos(n,y) + \frac{\partial v}{\partial z}\cos(n,z),$$

得

$$\iiint\limits_{\Omega} u\Delta v \mathrm{d}x\mathrm{d}y\mathrm{d}z + \iiint\limits_{\Omega} \left(\frac{\partial u}{\partial x}\frac{\partial v}{\partial x} + \frac{\partial u}{\partial y}\frac{\partial v}{\partial y} + \frac{\partial u}{\partial z}\frac{\partial v}{\partial z}\right)\mathrm{d}x\mathrm{d}y\mathrm{d}z = \oiint\limits_{\partial\Omega} u\frac{\partial v}{\partial n}\mathrm{d}S,$$

或

$$\iiint\limits_{\Omega} u\Delta v \mathrm{d}x\mathrm{d}y\mathrm{d}z = \oiint\limits_{\partial\Omega} u\frac{\partial v}{\partial n}\mathrm{d}S - \iiint\limits_{\Omega} \boldsymbol{\nabla} u \cdot \boldsymbol{\nabla} v \mathrm{d}x\mathrm{d}y\mathrm{d}z, \tag{7.1.2}$$

其中, $\dfrac{\partial v}{\partial n}$ 为 v 沿方向 n 的方向导数; $\boldsymbol{\nabla} u = \left(\dfrac{\partial u}{\partial x}, \dfrac{\partial u}{\partial y}, \dfrac{\partial u}{\partial z}\right)$ 为 u 的梯度. 式 (7.1.2) 称为**第一格林**[①]**公式**.

(3) 第二格林公式

将式 (7.1.2) 中的 u, v 的位置互换, 得

$$\iiint\limits_{\Omega} v\Delta u \mathrm{d}x\mathrm{d}y\mathrm{d}z = \oiint\limits_{\partial\Omega} v\frac{\partial u}{\partial n}\mathrm{d}S - \iiint\limits_{\Omega} \boldsymbol{\nabla} v \cdot \boldsymbol{\nabla} u \mathrm{d}x\mathrm{d}y\mathrm{d}z.$$

与式 (7.1.2) 相减, 得**第二格林公式**

$$\iiint\limits_{\Omega} (u\Delta v - v\Delta u)\mathrm{d}x\mathrm{d}y\mathrm{d}z = \oiint\limits_{\partial\Omega} \left(u\frac{\partial v}{\partial n} - v\frac{\partial u}{\partial n}\right)\mathrm{d}S. \tag{7.1.3}$$

(4) 第三格林公式

设 Ω 为 $\mathbb{R}^3$ 中的给定区域, $M_0(x_0, y_0, z_0)$ 为 Ω 中某固定点, $M(x, y, z)$ 为 Ω 中的动点, 记

田 微课 7.1-2

$$r_{MM_0} = |\overline{MM_0}| = \sqrt{(x - x_0)^2 + (y - y_0)^2 + (z - z_0)^2}$$

为 M_0 与 M 两点间的距离. 易证, 当 $M \neq M_0$ 时, 函数

$$v = -\frac{1}{4\pi r_{MM_0}}$$

满足三维拉普拉斯方程, 即

$$\Delta v = 0, \quad M \neq M_0,$$

称 v 为**三维拉普拉斯方程的基本解**. 从第二格林公式和基本解出发, 可推出一个在应用上很重要的公式, 即**第三格林公式**.

定理 7.1.1 若 $u(M) \in C^2(\Omega) \cap C^1(\bar{\Omega})$, 则对任意 $M_0(x_0, y_0, z_0) \in \Omega$, 成立第三格林公式

$$u(M_0) = \frac{1}{4\pi}\iint\limits_{\partial\Omega} \left[\frac{1}{r_{MM_0}}\frac{\partial u(M)}{\partial n} - u(M)\frac{\partial}{\partial n}\left(\frac{1}{r_{MM_0}}\right)\right]\mathrm{d}S - \frac{1}{4\pi}\iiint\limits_{\Omega} \frac{\Delta u(M)}{r_{MM_0}}\mathrm{d}x\mathrm{d}y\mathrm{d}z. \tag{7.1.4}$$

证明 在式 (7.1.3) 中取 $v = \dfrac{1}{r_{MM_0}}$. 显然 v 在 Ω 内有奇异点 M_0, 故不满足公式中对 v 的要求. 为此, 在 Ω 中挖去一个以 M_0 为球心, 充分小的正数 ε 为半径的小球 $B_{M_0}^{\varepsilon}$, 记小球面为 $\partial B_{M_0}^{\varepsilon}$ 且全部落在区域 Ω 中. 在 $\Omega \setminus \overline{B_{M_0}^{\varepsilon}}$ 中应用第二格林公式 (7.1.3), 有

$$\iiint\limits_{\Omega \setminus B_{M_0}^{\varepsilon}} \left[u(M)\Delta\left(\frac{1}{r_{MM_0}}\right) - \frac{1}{r_{MM_0}}\Delta u(M)\right]\mathrm{d}x\mathrm{d}y\mathrm{d}z$$

---

① George Green, 1793~1841, 英国数学家、物理学家.

$$= \iint\limits_{\partial \Omega \cup \partial B_{M_0}^{\varepsilon}} \left[u(M) \frac{\partial}{\partial n} \left(\frac{1}{r_{MM_0}} \right) - \frac{1}{r_{MM_0}} \frac{\partial u(M)}{\partial n} \right] \mathrm{d}S. \tag{7.1.5}$$

在 $\Omega \setminus B_{M_0}^{\varepsilon}$ 上, $\Delta \left(\frac{1}{r_{MM_0}} \right) = 0$. 在 $\partial B_{M_0}^{\varepsilon}$ 上, 有

$$\frac{\partial}{\partial n} \left(\frac{1}{r_{MM_0}} \right) = -\frac{\partial}{\partial r} \left(\frac{1}{r} \right) = \frac{1}{r^2} = \frac{1}{\varepsilon^2}.$$

所以, 当 $\varepsilon \to 0$ 时,

$$\iint\limits_{\partial B_{M_0}^{\varepsilon}} u(M) \frac{\partial}{\partial n} \left(\frac{1}{r_{MM_0}} \right) \mathrm{d}S = \frac{1}{\varepsilon^2} \iint\limits_{\partial B_{M_0}^{\varepsilon}} u(M) \mathrm{d}S = \frac{1}{\varepsilon^2} \bar{u} 4\pi \varepsilon^2 = 4\pi \bar{u} \to 4\pi u(M_0),$$

其中, $\bar{u}$ 为 u 在 $\partial B_{M_0}^{\varepsilon}$ 上的平均值. 而当 $\varepsilon \to 0$ 时,

$$\iint\limits_{\partial B_{M_0}^{\varepsilon}} \frac{1}{r_{MM_0}} \frac{\partial u(M)}{\partial n} \mathrm{d}S = \frac{1}{\varepsilon} \iint\limits_{\partial B_{M_0}^{\varepsilon}} \frac{\partial u(M)}{\partial n} \mathrm{d}S = 4\pi \varepsilon \overline{\frac{\partial u}{\partial n}} \to 0,$$

其中, $\overline{\frac{\partial u}{\partial n}}$ 为 $\frac{\partial u}{\partial n}$ 在 $\partial B_{M_0}^{\varepsilon}$ 上的平均值.

于是, 在式 (7.1.5) 中令 $\varepsilon \to 0$, 得

$$-\iiint\limits_{\Omega} \frac{1}{r_{MM_0}} \Delta u(M) \mathrm{d}x\mathrm{d}y\mathrm{d}z = \iint\limits_{\partial \Omega} \left[u(M) \frac{\partial}{\partial n} \left(\frac{1}{r_{MM_0}} \right) - \frac{1}{r_{MM_0}} \frac{\partial u(M)}{\partial n} \right] \mathrm{d}S + 4\pi u(M_0),$$

即有式 (7.1.4) 成立.

2. 二维情形

设闭区域 $D \subset \mathbb{R}^2$ 由分段光滑的正向边界曲线 L 围成, 函数 $P(x,y)$ 及 $Q(x,y)$ 在 D 上具有一阶连续偏导数, 则有平面上的格林公式

$$\iint\limits_{D} \left(\frac{\partial Q}{\partial x} - \frac{\partial P}{\partial y} \right) \mathrm{d}x\mathrm{d}y = \oint\limits_{L} P\mathrm{d}x + Q\mathrm{d}y,$$

其中, L 为平面区域 D 的正向边界曲线, 其反映了二重积分与曲线积分之间的内在联系.

设函数 $u, v \in C^2(D) \cap C^1(\overline{D})$. 取 $P = -u\frac{\partial v}{\partial y}$, $Q = u\frac{\partial v}{\partial x}$, 类似于三维情形可推得平面情形的第二格林公式

$$\iint\limits_{D} (u\Delta v - v\Delta u) \mathrm{d}x\mathrm{d}y = \oint\limits_{L} \left(u\frac{\partial v}{\partial n} - v\frac{\partial u}{\partial n} \right) \mathrm{d}S.$$

7.1.2 格林公式的应用——调和函数的基本性质

定义 7.1.1 若 $u(x,y,z)$ 在区域 Ω 内具有二阶连续偏导数, 且在 Ω 内满足拉普拉斯方程 (即 $\Delta u = 0$), 则称 $u(x,y,z)$ 为 Ω 内的调和函数 (**Harmonic function**), 称 $\Delta u = 0$ 为调和方程.

利用格林公式可推出调和函数的一些性质.

田 微课 7.1-3

1. 调和函数的基本积分表达式

定理 7.1.2 设 $u(M) \in C^2(\Omega) \cap C^1(\overline{\Omega})$ 且在 Ω 上是三维调和函数 (即 $\Delta u = 0$), 则对任意 $M_0(x_0, y_0, z_0) \in \Omega$, 有三维调和函数的基本积分形式

$$u(M_0) = \frac{1}{4\pi} \iint\limits_{\partial\Omega} \left[\frac{1}{r_{MM_0}} \frac{\partial u(M)}{\partial n} - u(M) \frac{\partial}{\partial n} \left(\frac{1}{r_{MM_0}} \right) \right] \mathrm{d}S. \tag{7.1.6}$$

证明 运用第三格林公式 (7.1.4) 于调和函数 $u(M)$ 上即可.

注 7.1.1 式 (7.1.6) 表明, 调和函数在区域内任何点的值, 都可以由其在区域的边界 $\partial\Omega$ 上的值以及外法向导数值来表达.

注 7.1.2 类似定理 7.1.1, 还可以证明, 当 M_0 取在 Ω 的边界 $\partial\Omega$ 或外部时, 有

$$\frac{1}{2\pi} \iint\limits_{\partial\Omega} \left[\frac{1}{r_{MM_0}} \frac{\partial u(M)}{\partial n} - u(M) \frac{\partial}{\partial n} \left(\frac{1}{r_{MM_0}} \right) \right] \mathrm{d}S = \begin{cases} u(M_0), & M_0 \in \partial\Omega, \\ 0, & M_0 \notin \bar{\Omega}. \end{cases}$$

2. Neumann 边值问题有解的必要条件

定理 7.1.3 若 $u(x,y,z) \in C^2(\Omega) \cap C^1(\bar{\Omega})$ 是 Neumann 边值问题

$$\begin{cases} -\Delta u = F(x,y,z), & (x,y,z) \in \Omega, \\ \dfrac{\partial u}{\partial n} = f(x,y,z), & (x,y,z) \in \partial\Omega \end{cases}$$

的解, 则

$$\iiint\limits_{\Omega} F(x,y,z)\mathrm{d}x\mathrm{d}y\mathrm{d}z = -\iint\limits_{\partial\Omega} \frac{\partial u}{\partial n}\mathrm{d}S = -\iint\limits_{\partial\Omega} f\mathrm{d}S. \tag{7.1.7}$$

若 $u(x,y,z) \in C^2(\Omega) \cap C^1(\bar{\Omega})$ 在 Ω 内调和, 则

$$\iint\limits_{\partial\Omega} \frac{\partial u}{\partial n}\mathrm{d}S = \iint\limits_{\partial\Omega} f\mathrm{d}S = 0. \tag{7.1.8}$$

证明 在第二格林公式 (7.1.3) 中取 $v = 1$ 即得式 (7.1.7). 若 u 在 Ω 内调和, 则对应的 $F = 0$, 于是式 (7.1.8) 成立.

3. 调和函数的平均值公式

定理 7.1.4 设 $u(M(x,y,z))$ 是 Ω 上的调和函数, $B_{M_0}^a$ 是以 $M_0 \in \Omega$ 为球心, a 为半径的球域, 且 $B_{M_0}^a \subset \Omega$, 则成立**三维调和函数的球面平均值公式**

$$u(M_0) = \frac{1}{4\pi a^2} \iint\limits_{\partial B_{M_0}^a} u(M)\mathrm{d}S. \tag{7.1.9}$$

证明 因 u 是调和函数, 故式 (7.1.6) 成立 (取 $\Omega = B_{M_0}^a$). 又因外法线方向 n 与球的半径方向相同, 故在 $\partial B_{M_0}^a$ 上有

$$\frac{\partial}{\partial n} \left(\frac{1}{r_{MM_0}} \right) = \frac{\partial}{\partial r} \left(\frac{1}{r} \right) \bigg|_{r=a} = -\frac{1}{a^2}.$$

从而式 (7.1.6) 变成

$$u(M_0) = \frac{1}{4\pi a} \iint\limits_{\partial B_{M_0}^a} \frac{\partial u(M)}{\partial n}\mathrm{d}S + \frac{1}{4\pi a^2} \iint\limits_{\partial B_{M_0}^a} u(M)\mathrm{d}S.$$

★ 问题思考
球体上是否也有
平均值公式成
立?

又由于 u 是 Ω 上的调和函数, 故式 (7.1.8) 成立, 从而式 (7.1.9) 成立.

注 7.1.3 式 (7.1.9) 表明, 调和函数在球心的值等于其在球面上的平均值.

7.2 格林函数及其性质

7.2.1 格林函数的引入

田 课件 7.2

由式 (7.1.6) 知, 对于在区域 Ω 内调和, 在 $\bar{\Omega}$ 上有一阶连续偏导数的函数 u, 有

$$u(M_0) = \frac{1}{4\pi} \iint\limits_{\partial\Omega} \left[\frac{1}{r_{MM_0}} \frac{\partial u}{\partial n} - u \frac{\partial}{\partial n} \left(\frac{1}{r_{MM_0}} \right) \right] \mathrm{d}S.$$

田 微课 7.2

这个公式用函数 u 及其外法向导数 $\dfrac{\partial u}{\partial n}$ 在边界 $\partial\Omega$ 上的值把函数 u 在区域 Ω 内部任一点 M_0 的值表示出来. 但它不能用来求解拉普拉斯方程的 Dirichlet 问题或 Neumann 问题, 其原因是对于 Dirichlet 问题, $\dfrac{\partial u}{\partial n}\bigg|_{\partial\Omega}$ 未知而 $u|_{\partial\Omega}$ 已知. 由解的唯一性, 拉普拉斯方程的任意边值问题都不可能同时给出 $u|_{\partial\Omega}$ 和 $\dfrac{\partial u}{\partial n}\bigg|_{\partial\Omega}$ 的信息. 为了得到 Dirichlet 问题的解, 需设法消去 $\dfrac{\partial u}{\partial n}\bigg|_{\partial\Omega}$ 项, 这就需要引进格林函数的概念.

以三维情形为例, 即 $\Omega \subset \mathbb{R}^3$. 在第二格林公式 (7.1.3) 中, 取 u 和 v 为调和函数, 则有

$$0 = \iint\limits_{\partial\Omega} \left(u \frac{\partial v}{\partial n} - v \frac{\partial u}{\partial n} \right) \mathrm{d}S,$$

其被基本积分公式减去, 得

$$u(M_0) = -\iint\limits_{\partial\Omega} \left[u \frac{\partial}{\partial n} \left(v + \frac{1}{4\pi} \frac{1}{r_{MM_0}} \right) - \frac{\partial u}{\partial n} \left(v + \frac{1}{4\pi} \frac{1}{r_{MM_0}} \right) \right] \mathrm{d}S.$$

若能选取调和函数 $v(M, M_0)$, 使它满足当 $M \in \partial\Omega$ 时, $v = -\dfrac{1}{4\pi} \dfrac{1}{r_{MM_0}}$, 则带 $\dfrac{\partial u}{\partial n}$ 的项就消失了, 便可得到

$$u(M_0) = -\iint\limits_{\partial\Omega} u(M) \frac{\partial}{\partial n} \left(v(M) + \frac{1}{4\pi} \frac{1}{r_{MM_0}} \right) \mathrm{d}S.$$

记

$$G(M, M_0) = v + \frac{1}{4\pi} \frac{1}{r_{MM_0}}, \tag{7.2.1}$$

则

$$u(M_0) = -\iint\limits_{\partial\Omega} u(M) \frac{\partial G(M, M_0)}{\partial n} \mathrm{d}S. \tag{7.2.2}$$

即由式 (7.2.1) 求出 $G(M, M_0)$ 后, 拉普拉斯方程的 Dirichlet 问题

$$\begin{cases} \Delta u = 0, & (x, y, z) \in \Omega, \\ u(x, y, z) = f(x, y, z), & (x, y, z) \in \partial\Omega \end{cases} \tag{7.2.3}$$

的解便表示为

$$u(M_0) = -\iint\limits_{\partial\Omega} f(M) \frac{\partial G(M, M_0)}{\partial n} \mathrm{d}S, \tag{7.2.4}$$

称 $G(M, M_0)$ 为拉普拉斯方程 Dirichlet 问题在区域 Ω 上的**格林函数**.

可见, 对任意连续函数 f, 问题 (7.2.3) 的求解可转化为求解格林函数 G, 而要确定 G 又必须求解一个特殊的 Dirichlet 问题

$$\begin{cases} \Delta v = 0, & (x, y, z) \in \Omega, \\ v(x, y, z) = -\dfrac{1}{4\pi} \dfrac{1}{r_{MM_0}}, & (x, y, z) \in \partial\Omega. \end{cases} \tag{7.2.5}$$

对于一般的区域 Ω, 求解问题 (7.2.5) 并不容易. 虽如此, 但不能就此否认格林函数的作用, 这是因为:

(1) 问题 (7.2.5) 是一个特殊问题 (边界值函数是一个给定的比较简单的函数), 只与区域有关, 因此格林函数也只与区域有关. 只要求出此区域上的格林函数, 就可以解决该区域上的所有 Dirichlet 问题, 且它的解可用积分形式 (7.2.4) 表示出来.

(2) 对一些特殊的区域 Ω, 如球域、半球域、半空间等, 可用初等方法求出格林函数, 而这些特殊区域上的 Dirichlet 问题在椭圆型偏微分方程的研究中起着重要作用. 下一节将具体来介绍这一方面.

7.2.2 格林函数的性质

下面不加证明地叙述格林函数的几个重要性质.

性质 7.2.1 格林函数 $G(M, M_0)$ 除 $M = M_0$ 外, 处处满足方程 $\Delta G(M, M_0) = 0$; 当 $M \to M_0$ 时, $G(M, M_0)$ 趋于无穷大, 其阶数和 $\dfrac{1}{r_{MM_0}}$ 相等.

性质 7.2.2 在边界 $\partial\Omega$ 上, 格林函数 $G(M, M_0) = 0$.

性质 7.2.3 在区域 Ω 内, 成立 $0 < G(M, M_0) < \dfrac{1}{4\pi} \dfrac{1}{r_{MM_0}}$.

性质 7.2.4 格林函数 G 满足 $\displaystyle\iint_{\partial\Omega} \dfrac{\partial G(M, M_0)}{\partial n} \mathrm{d}S = -1$.

性质 7.2.5 格林函数 G 具有对称性, 即对 $\forall M_1, M_2 \in \Omega$, 有 $G(M_1, M_2) = G(M_2, M_1)$.

7.2.3 格林函数的物理意义

格林函数有明显的物理意义. 设在闭曲面 Γ 所围的空间区域 Ω (导体) 中一点 M_0 处放置一单位正电荷. 由静电感应性质, 在曲面 Γ 的内侧, 就感应有一定分布密度的负电荷, 而在曲面 Γ 的外侧, 分布有相应的正电荷. 如果把外侧接地, 则外侧正电荷消失, 且电位为零. 现在考察 Ω 内任意一点 M, 由 M_0 处正电荷所产生的电位是 $\dfrac{1}{4\pi} \dfrac{1}{r_{MM_0}}$ (在有理化单位制中, 这个电位应为 $\dfrac{1}{4\pi\epsilon} \dfrac{1}{r_{MM_0}}$, 此处为了方便, 取介电系数 $\epsilon = 1$). Γ 内侧负电荷所产生的电位设为 v, 此时在 M 处的电位和是

$$G(M, M_0) = \dfrac{1}{4\pi} \dfrac{1}{r_{MM_0}} + v.$$

而当 M 在 Γ 上时电位为零, 即当 $M \in \Gamma$ 时 $G(M, M_0) = 0$.

因此格林函数的物理意义是: 某导体 Ω 表面接地, 在内部点 M_0 处放置一单位正电荷, 那么在导体内部所产生的电位分布就是格林函数. 因此, 格林函数又称为**源函数**或**影响函数**.

7.3　一些特殊区域上格林函数和拉普拉斯方程的 Dirichlet 问题的解

7.3.1　格林函数的求解: 镜像法

从格林函数的物理意义中得到启发, 某些特殊区域的格林函数可以通过**镜像法** (method of images) 求得. 从静电学中知道, 若在点 $M_0 \in \Omega$ 处放置一单位正电荷 (称为源点 (source point)), 它对另一点 M 处所产生的正电位是 $\dfrac{1}{4\pi}\dfrac{1}{r_{MM_0}}$. 格林函数 $G(M, M_0)$ 需要满足在 $\partial\Omega$ 上的值为零.

镜像法, 就是在 Ω 外找出点 $M_0 \in \Omega$ 关于边界 $\partial\Omega$ 的像点 (image point) M_1, 然后在此像点处放置适当的负电荷, 由它产生的负电位与点 M_0 处单位正电荷所产生的正电位在边界 $\partial\Omega$ 上相互抵消, 即实现了物理意义上的接地效应.

田 课件 7.3

设在点 $M_0 \in \Omega$ 关于边界 $\partial\Omega$ 的像点 M_1 处放置 q 电量的负电荷, 它在点 M 处产生的电位是 $v = -\dfrac{q}{4\pi}\dfrac{1}{r_{M_1M}}$. 在 $\partial\Omega$ 上, 像点 M_1 满足与点 M_0 所产生的电位相互抵消, 即

田 微课 7.3-1

$$\frac{1}{4\pi}\frac{1}{r_{MM_0}} - \frac{q}{4\pi}\frac{1}{r_{M_1M}} = 0, \quad M \in \partial\Omega.$$

因此, 可取 Ω 内的格林函数为

$$G(M, M_0) = \frac{1}{4\pi}\frac{1}{r_{MM_0}} - \frac{q}{4\pi}\frac{1}{r_{M_1M}}. \tag{7.3.1}$$

由式 (7.3.1) 知, 格林函数 $G(M, M_0)$ 依赖于像点 M_1 的位置以及点 M_1 处的电荷 q. 对于一般区域来说, 要同时决定这两点是比较困难的, 但对于一些特殊区域, 如半空间、球域、半球域、半平面、圆域和四分之一平面等, 利用镜像法可以比较容易求得格林函数.

下面两节将介绍如何运用格林函数求解拉普拉斯方程的 Dirichlet 问题. 事实上, 运用格林函数法也可求解 Neumann 问题和 Robin 问题, 参见 7.6节和本章习题 7.11.

7.3.2　三维特殊区域上的求解

田 微课 7.3-2

如果能够用镜像法求出格林函数 $G(M, M_0)$, 那么 Dirichlet 问题可直接运用公式 (7.2.4) 来求解. 因此, 分别对半空间、球域、半球域讨论格林函数和 Dirichlet 问题的解.

例 7.3.1　求三维拉普拉斯方程在半空间 $z \geqslant a(a$ 为常数) 上的 Dirichlet 问题的解:

$$\begin{cases} \Delta u = u_{xx} + u_{yy} + u_{zz} = 0, & -\infty < x, y < +\infty, \quad z > a, \\ u(x, y, a) = f(x, y), & -\infty < x, y < +\infty, \end{cases} \tag{7.3.2}$$

其中, a 为常数.

解　在半空间 $z > a$ 上任取一点 $M_0 = M_0(x_0, y_0, z_0)$ 处放置一单位正电荷, 它在全空间上形成电场.

第一步: 确定点 M_0 的对称点位置

作点 M_0 关于边界 $z = a$ 的对称点 $M_1 = M_1(x_0, y_0, 2a - z_0)$. 见图 7.3.1.

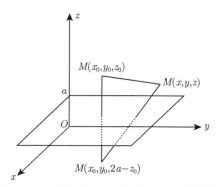

图 7.3.1 确定点 M_0 的对称点 M_1 的位置

第二步: 确定点 M_1 处负电荷的电量大小

在点 M_1 处放置 $q = 1$ 单位的负电荷, 则 M_1 点处负电荷产生的电位 $-\dfrac{1}{4\pi}\dfrac{1}{r_{MM_1}}$ 与点 M_0 处正电荷产生的电位 $\dfrac{1}{4\pi}\dfrac{1}{r_{MM_0}}$ 在平面 $z = a$ 上相互抵消.

第三步: 格林函数 $G(M, M_0)$ 的求解

对于 $M = M(x, y, z)$, 由于 $\dfrac{1}{4\pi r_{MM_1}}$ 在 $z > a$ 上是调和函数, 在闭域 $z \geqslant a$ 上具有一阶偏导数, 故

$$G(M, M_0) = \frac{1}{4\pi}\left(\frac{1}{r_{MM_0}} - \frac{1}{r_{MM_1}}\right) \tag{7.3.3}$$

为半空间 $z > a$ 上的格林函数, 其中, $r_{MM_0} = \sqrt{(x - x_0)^2 + (y - y_0)^2 + (z - z_0)^2}$, $r_{MM_1} = \sqrt{(x - x_0)^2 + (y - y_0)^2 + (z + z_0 - 2a)^2}$.

第四步: 平面 $z = a$ 上外法向导数 $\left.\dfrac{\partial G}{\partial n}\right|_{z=a}$ 的计算

由于在平面 $z = a$ 上的外法线方向是 z 轴的负方向, 故可求得

$$\left.\frac{\partial G}{\partial n}\right|_{z=a} = -\left.\frac{\partial G}{\partial z}\right|_{z=a} = -\frac{1}{2\pi}\frac{z_0 - a}{[(x - x_0)^2 + (y - y_0)^2 + (a - z_0)^2]^{3/2}}.$$

第五步: u 的求解

运用式 (7.2.4) 可求得 Dirichlet 问题 (7.3.2) 的解为

$$u(M_0) = u(x_0, y_0, z_0) = \frac{z_0 - a}{2\pi}\int_{-\infty}^{+\infty}\int_{-\infty}^{+\infty}\frac{f(\xi, \eta)\mathrm{d}\xi\mathrm{d}\eta}{[(\xi - x_0)^2 + (\eta - y_0)^2 + (a - z_0)^2]^{3/2}}.$$

注 7.3.1 当式 (7.2.4) 用于无界区域时, 只要函数 $u(x, y, z)$ 在无穷远处满足以下条件: 存在常数 $r_0 > 0, A > 0$, 当 $r \geqslant r_0$ 时, 有

$$|u(x, y, z)| \leqslant \frac{A}{r}, \quad |\boldsymbol{\nabla}u(x, y, z)| \leqslant \frac{A}{r^2}$$

成立, 则式 (7.2.4) 对于包含无穷远点的区域仍成立, 这里 $r = \sqrt{x^2 + y^2 + z^2}$.

例 7.3.2 求解三维球域上拉普拉斯方程的 Dirichlet 问题:

$$\begin{cases} \Delta u = u_{xx} + u_{yy} + u_{zz} = 0, & x^2 + y^2 + z^2 < R^2, \\ u(x, y, z) = f(x, y, z), & x^2 + y^2 + z^2 = R^2. \end{cases} \tag{7.3.4}$$

解　记球域 $B_R = \{(x,y,z)|x^2+y^2+z^2 < R^2\}$，边界为 $S_R = \{(x,y,z)|x^2+y^2+z^2 = R^2\}$，在球域 B_R 内任意取一点 M_0(不与球心重合)，在点 M_0 处放置一单位正电荷.

第一步: 确定点 M_0 的对称点位置

作点 M_0 关于球面 S_R 的对称点 (或反演点)M_1 使得

$$\rho_0\rho_1 = R^2, \tag{7.3.5}$$

其中，$\rho_0 = r_{OM_0}$，$\rho_1 = r_{OM_1}$. 见图 7.3.2.

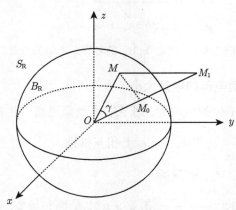

图 7.3.2　确定点 M_0 的对称点 M_1 的位置

第二步: 确定点 M_1 处负电荷的电量大小

在点 M_1 处放置 $q = \dfrac{R}{\rho_0}$ 单位的负电荷, 则这两个电荷所产生的电位在球面 S_R 上相互抵消, 即

$$\frac{1}{4\pi}\frac{1}{r_{MM_0}} - \frac{1}{4\pi}\frac{R}{\rho_0 r_{MM_1}} = 0, \quad M \in S_R. \tag{7.3.6}$$

此式成立是因为由式 (7.3.5) 可知 $\triangle OM_0M$ 与 $\triangle OMM_1$ 相似, 从而可推出 $\dfrac{R}{\rho_0} = \dfrac{r_{MM_1}}{r_{MM_0}}$.

第三步: 格林函数 $G(M, M_0)$ 的求解

由于函数 $\dfrac{1}{4\pi}\dfrac{R}{\rho_0 r_{MM_1}}$ 在球域 $\bar{B}_R$ 上具有一阶连续偏导数, 故

$$G(M, M_0) = \frac{1}{4\pi}\left(\frac{1}{r_{MM_0}} - \frac{R}{\rho_0 r_{MM_1}}\right) \tag{7.3.7}$$

为球域 B_R 上的格林函数, 其中，$r_{MM_0} = \sqrt{\rho_0^2 + \rho^2 - 2\rho\rho_0\cos\gamma}$, $r_{MM_1} = \sqrt{\rho_1^2 + \rho^2 - 2\rho\rho_1\cos\gamma}$, $\rho = r_{OM}$, γ 为 $\overrightarrow{OM}$ 与 $\overrightarrow{OM_0}$ 的夹角. 注意到式 (7.3.5), 格林函数 (7.3.7) 可表示为

$$G(M, M_0) = \frac{1}{4\pi}\left(\frac{1}{\sqrt{\rho_0^2 + \rho^2 - 2\rho\rho_0\cos\gamma}} - \frac{R}{\sqrt{\rho_0^2\rho^2 - 2R^2\rho_0\rho\cos\gamma + R^4}}\right). \tag{7.3.8}$$

第四步: 球面上外法向导数 $\left.\dfrac{\partial G}{\partial n}\right|_{S_R}$ 的计算

在球面 S_R 上, 外法向 n 与半径 ρ 方向一致. 因此

$$\left.\frac{\partial G}{\partial n}\right|_{S_R} = \left.\frac{\partial G}{\partial \rho}\right|_{\rho=R} = -\frac{1}{4\pi R}\frac{R^2 - \rho_0^2}{(R^2 + \rho_0^2 - 2R\rho_0\cos\gamma)^{3/2}}.$$

第五步: u 的求解

运用式 (7.2.4) 可求得球域 B_R 内定解问题 (7.3.4) 的解为

$$u(M_0) = \frac{1}{4\pi R} \iint\limits_{S_R} \frac{(R^2 - \rho_0^2)f(M)}{(R^2 + \rho_0^2 - 2R\rho_0\cos\gamma)^{3/2}} \mathrm{d}S, \tag{7.3.9}$$

或写成球坐标形式

$$u(\rho_0, \theta_0, \phi_0) = \frac{R}{4\pi} \int_0^{2\pi}\int_0^{\pi} \frac{(R^2 - \rho_0^2)f(R, \theta, \phi)}{(R^2 + \rho_0^2 - 2R\rho_0\cos\gamma)^{3/2}} \sin\theta\mathrm{d}\theta\mathrm{d}\phi, \tag{7.3.10}$$

其中, $f(R, \theta, \phi) = f(R\sin\theta\cos\phi, R\sin\theta\sin\phi, R\cos\theta)$; $(\rho_0, \theta_0, \phi_0)$ 为点 M_0 的球面坐标; R, θ, ϕ 为球面上点 M 的球面坐标; $\cos\gamma$ 为 $\overrightarrow{OM_0}$ 与 $\overrightarrow{OM}$ 夹角的余弦. 因为向量 $\overrightarrow{OM_0}$ 与向量 $\overrightarrow{OM}$ 的方向余弦分别为 $\sin\theta_0\cos\phi_0, \sin\theta_0\sin\phi_0, \cos\theta_0$ 和 $\sin\theta\cos\phi, \sin\theta\sin\phi, \cos\theta$, 所以

$$\cos\gamma = \cos\theta\cos\theta_0 + \sin\theta\sin\theta_0(\cos\phi\cos\phi_0 + \sin\phi\sin\phi_0)$$
$$= \cos\theta\cos\theta_0 + \sin\theta\sin\theta_0\cos(\phi - \phi_0).$$

式 (7.3.10) 称为球域上的 Dirichlet 问题解的**泊松公式**. 它是问题 (7.3.4) 的形式解. 关于古典解, 有如下结论.

定理 7.3.1 设 $f \in C(S_R)$, 则由式 (7.3.10) 所定义的函数是定解问题 (7.3.4) 的唯一古典解. (证明略)

例 7.3.3 试作出上半球域的格林函数.

解 设球的中心坐标原点为 O, 半径为 R, 点 M_0 为上半球域内的任一点 (与球心不重合), 点 M_1 是点 M_0 关于球面的对称点, 点 M_0' 和点 M_1' 分别是点 M_0 和点 M_1 关于坐标面 $z = 0$ 的对称点. 见图 7.3.3.

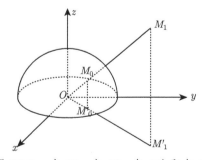

图 7.3.3　点 M_0, 点 M_1, 点 M_0' 和点 M_1'

在点 M_0 处放置一单位正电荷, 在点 M_1 处放置 $\dfrac{R}{\rho_0}$ 单位负电荷 (其中, $\rho_0 = r_{OM_0}$); 在点 M_0' 处放置一单位负电荷, 在点 M_1' 处放置 $\dfrac{R}{\rho_0}$ 单位正电荷. 则由这四个点处所产生的电位在上半球域表面 (包含半球面、以及球与平面 $z = 0$ 相交的部分) 相互抵消, 所以上半球域的格林函数为

$$\begin{aligned}
G(M, M_0) &= \frac{1}{4\pi}\left(\frac{1}{r_{MM_0}} - \frac{1}{r_{MM_0'}}\right) + \frac{R}{4\pi\rho_0}\left(\frac{1}{r_{MM_1'}} - \frac{1}{r_{MM_1}}\right) \\
&= \frac{1}{4\pi}\left(\frac{1}{r_{MM_0}} - \frac{R}{\rho_0}\frac{1}{r_{MM_1}}\right) - \frac{1}{4\pi}\left(\frac{1}{r_{MM_0'}} - \frac{R}{\rho_0}\frac{1}{r_{MM_1'}}\right) \\
&= G_B(M, M_0) - G_B(M, M_0'),
\end{aligned} \tag{7.3.11}$$

其中, $G_B(M, M_0) = \dfrac{1}{4\pi}\left(\dfrac{1}{r_{MM_0}} - \dfrac{R}{\rho_0}\dfrac{1}{r_{MM_1}}\right)$, $G_B(M, M_0') = \dfrac{1}{4\pi}\left(\dfrac{1}{r_{MM_0'}} - \dfrac{R}{\rho_0}\dfrac{1}{r_{MM_1'}}\right)$ 表示

式 (7.3.7) 中所定义的球域上的格林函数.

7.3.3　二维特殊区域上的求解

 微课 7.3-3

类似 7.2.1 节, 可引入二维拉普拉斯方程 Dirichlet 问题的格林函数和解
的积分表达式. 此时格林函数为

$$G(M, M_0) = v + \dfrac{1}{2\pi}\ln\dfrac{1}{r_{MM_0}}, \tag{7.3.12}$$

其中, $M_0 = M_0(x_0, y_0)$, $M = M(x, y) \in D \subset \mathbb{R}^2$; $r_{MM_0} = \sqrt{(x-x_0)^2 + (y-y_0)^2}$ 和 $v = v(x, y)$ 满足

$$\begin{cases} \Delta v = v_{xx} + v_{yy} = 0, & (x, y) \in D, \\ v(x, y) = -\dfrac{1}{2\pi}\ln\dfrac{1}{r_{MM_0}}, & (x, y) \in \partial D. \end{cases} \tag{7.3.13}$$

那么平面区域 D 上拉普拉斯方程的 Dirichlet 问题

$$\begin{cases} \Delta u = u_{xx} + u_{yy} = 0, & (x, y) \in D, \\ u(x, y) = f(x, y), & (x, y) \in \partial D \end{cases} \tag{7.3.14}$$

的解可以表示为

$$u(M_0) = -\int_{\partial D} f(M)\dfrac{\partial G(M, M_0)}{\partial n}\,\mathrm{d}s. \tag{7.3.15}$$

下面利用式 (7.3.15) 和 7.3.2 节中的方法, 研究平面上几类特殊区域的格林函数和二维拉普拉斯方程 Dirichlet 问题解的积分表达式.

例 7.3.4　求上半平面内二维拉普拉斯方程的 Dirichlet 问题

$$\begin{cases} \Delta u = u_{xx} + u_{yy} = 0, & -\infty < x < +\infty, \quad y > 0, \\ u(x, 0) = f(x), & -\infty < x < +\infty \end{cases} \tag{7.3.16}$$

解的表达式, 并求出当 $f(x)$ 分别是下列函数时的解:

(1) $f(x)$ 为有界连续函数;

(2) $f(x) = \begin{cases} 1, & x \in [a, b], \\ 0, & x \notin [a, b]; \end{cases}$

(3) $f(x) = \dfrac{1}{1 + x^2}$.

解　设 $M_0 = M_0(x_0, y_0)$ 是上半平面内一点, 关于直线 $y = 0$ 的对称点为 $M_1 = M_1(x_0, -y_0)$. 在点 M_0 和点 M_1 处分别放置一单位正电荷和一单位负电荷, 于是可得到格林函数为

$$G(M, M_0) = \dfrac{1}{2\pi}\left(\ln\dfrac{1}{r_{MM_0}} - \ln\dfrac{1}{r_{MM_1}}\right).$$

经计算可得

$$\left.\dfrac{\partial G}{\partial n}\right|_{y=0} = -\left.\dfrac{\partial G}{\partial y}\right|_{y=0} = -\dfrac{1}{\pi}\dfrac{y_0}{(x-x_0)^2 + y_0^2}.$$

由式 (7.3.15) 可求得定解问题 (7.3.16) 的解为

$$u(x_0, y_0) = \frac{y_0}{\pi} \int_{-\infty}^{+\infty} \frac{f(x)}{(x - x_0)^2 + y_0^2} \mathrm{d}x,$$

习惯上, 将其写成

$$u(x, y) = \frac{y}{\pi} \int_{-\infty}^{+\infty} \frac{f(\xi)}{(\xi - x)^2 + y^2} \mathrm{d}\xi. \tag{7.3.17}$$

(1) 当 $f(x)$ 是有界连续函数时, 其解的表达式就是式 (7.3.17).

(2) 利用式 (7.3.17), 有

$$u(x, y) = \frac{y}{\pi} \int_a^b \frac{1}{(\xi - x)^2 + y^2} \mathrm{d}\xi = \frac{1}{\pi} \left(\arctan \frac{b - x}{y} - \arctan \frac{a - x}{y} \right).$$

(3) 利用式 (7.3.17) 及傅里叶变换, 可得

$$u(x, y) = \frac{y}{\pi} \int_{-\infty}^{+\infty} \frac{1}{(1 + \xi^2)[(\xi - x)^2 + y^2]} \mathrm{d}\xi = \frac{y}{\pi} \frac{1}{1 + x^2} * \frac{1}{x^2 + y^2}$$

$$= \frac{y}{\pi} \mathscr{F}^{-1} \left[\mathscr{F} \left[\frac{1}{1 + x^2} \right] \cdot \mathscr{F} \left[\frac{1}{x^2 + y^2} \right] \right] = \mathscr{F}^{-1} \left[\pi \mathrm{e}^{-(y+1)|\alpha|} \right]$$

$$= \frac{1 + y}{x^2 + (1 + y)^2}.$$

注 7.3.2 与例 7.3.1 类似, 例 7.3.4 中也可考虑更一般的 $y \geqslant a$ (a 为常数) 的情形, 此时对应于式 (7.3.17) 的解 $u(x, y)$ 为

$$u(x, y) = \frac{y - a}{\pi} \int_{-\infty}^{+\infty} \frac{f(\xi)}{(\xi - x)^2 + (y - a)^2} \mathrm{d}\xi.$$

例 7.3.5 求解圆域上二维拉普拉斯方程的 Dirichlet 问题

$$\begin{cases} \Delta u = u_{xx} + u_{yy} = 0, & (x, y) \in D, \\ u(x, y) = f(x, y), & (x, y) \in \partial D, \end{cases} \tag{7.3.18}$$

其中, $D = \{(x, y) | x^2 + y^2 < a^2\}$.

解 采用例 7.3.3 中的方法, 可得圆域上的格林函数为

$$G(M, M_0) = \frac{1}{2\pi} \left(\ln \frac{1}{r_{MM_0}} - \ln \frac{a}{\rho_0 r_{MM_1}} \right), \tag{7.3.19}$$

其中, $M_0, M_1 \in D$; $\rho = r_{OM}$, $\rho_0 = r_{OM_0}$, $\rho_1 = r_{OM_1}$; 点 M_1 为点 M_0 关于圆周 ∂D 的对称点, 即 $\rho_0 \rho_1 = a^2$. 设 γ 是 $\overrightarrow{OM_0}$ 与 $\overrightarrow{OM}$ 的夹角 (图 7.3.4), 经计算可得 $r_{MM_0} = \sqrt{\rho_0^2 + \rho^2 - 2\rho_0 \rho \cos \gamma}$, $r_{MM_1} = \sqrt{\rho_1^2 + \rho^2 - 2\rho_1 \rho \cos \gamma}$. 由于 $\overrightarrow{OM_0}$ 与 $\overrightarrow{OM}$ 的方向余弦分别是 $(\cos \theta_0, \sin \theta_0)$ 和 $(\cos \theta, \sin \theta)$, 所以可求得 $\cos \gamma = \cos(\theta_0 - \theta)$.

因此, 在极坐标 (ρ, θ) 下, 圆域上的格林函数为

$$G(M, M_0) = \frac{1}{2\pi} \left(\ln \frac{1}{\sqrt{\rho_0^2 + \rho^2 - 2\rho_0 \rho \cos \gamma}} - \ln \frac{a}{\rho_0 \sqrt{\rho_1^2 + \rho^2 - 2\rho_1 \rho \cos \gamma}} \right),$$

经计算可得

$$\left. \frac{\partial G}{\partial n} \right|_{\rho = a} = \left. \frac{\partial G}{\partial \rho} \right|_{\rho = a} = -\frac{1}{2\pi a} \frac{a^2 - \rho_0^2}{a^2 - 2a\rho_0 \cos(\theta_0 - \theta) + \rho_0^2}.$$

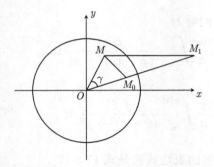

图 7.3.4　OM_0 与 OM 的夹角 γ

★ 应用拓展
基于格林函数的
图像增强算法

由式 (7.3.15) 可求得定解问题 (7.3.18) 的解为

$$u(\rho_0, \theta_0) = \frac{1}{2\pi a} \int_{\partial D} \frac{(a^2 - \rho_0^2) f(M)}{a^2 - 2a\rho_0 \cos(\theta_0 - \theta) + \rho_0^2} \mathrm{d}s$$

$$= \frac{1}{2\pi} \int_0^{2\pi} \frac{(a^2 - \rho_0^2) f(\theta)}{a^2 - 2a\rho_0 \cos(\theta_0 - \theta) + \rho_0^2} \mathrm{d}\theta,$$

(7.3.20)

其中, $f(\theta) = f(a\cos\theta, a\sin\theta)$. 式 (7.3.20) 称为**圆域内 Dirichlet 问题解的泊松公式**. 它是问题 (7.3.18) 的形式解.

★ 问题思考
由此如何推知
二维调和函数的
平均值公式

关于古典解, 有如下结论.

定理 7.3.2　设 $f \in C(\partial D)$, 则由式 (7.3.20) 所定义的函数是定解问题 (7.3.18) 的唯一古典解. (证明略)

例 7.3.6　作出四分之一平面区域 $D = \{(x,y) | x > 0, y > 0\}$ 上的格林函数.

解　在 D 上任取一点 $M_0(x_0, y_0)$, 得到三个对称点 $M_1(x_0, -y_0)$, $M_2(-x_0, y_0)$, $M_3(-x_0, -y_0)$. 见图 7.3.5.

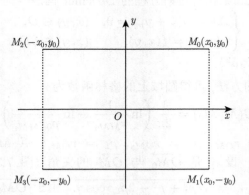

图 7.3.5　点 M_0, 点 M_1, 点 M_2 和点 M_3

应用镜像法, 容易得到区域 D 上的格林函数

$$G(M, M_0) = \frac{1}{2\pi} \left(\ln \frac{1}{r_{MM_0}} - \ln \frac{1}{r_{MM_1}} - \ln \frac{1}{r_{MM_2}} + \ln \frac{1}{r_{MM_3}} \right)$$

$$= \frac{1}{4\pi} \ln \frac{[(x - x_0)^2 + (y + y_0)^2][(x + x_0)^2 + (y - y_0)^2]}{[(x - x_0)^2 + (y - y_0)^2][(x + x_0)^2 + (y + y_0)^2]}.$$

(7.3.21)

7.4 拉普拉斯方程的基本解

7.4.1 狄拉克函数与基本解

众所周知, 二元函数

$$u(x,y) = -\frac{1}{2\pi}\ln\frac{1}{\sqrt{x^2+y^2}}$$

⊞ 课件 7.4

满足方程

$$\Delta u = u_{xx} + u_{yy} = \delta(x,y),$$

这里的 δ 为**狄拉克**[①]δ **函数** (Dirac delta function), 即满足

$$\delta(x,y) = \begin{cases} +\infty, & (x,y) = 0, \\ 0, & (x,y) \neq 0 \end{cases}$$

⊞ 微课 7.4

和

$$\iint\limits_{\mathbb{R}^2} \delta(x,y)\mathrm{d}x\mathrm{d}y = 1.$$

三元函数

$$u(x,y,z) = -\frac{1}{4\pi}\frac{1}{\sqrt{x^2+y^2+z^2}}$$

满足方程

$$\Delta u = u_{xx} + u_{yy} + u_{zz} = \delta(x,y,z),$$

其中, δ 函数满足

$$\delta(x,y,z) = \begin{cases} +\infty, & (x,y,z) = 0, \\ 0, & (x,y,z) \neq 0 \end{cases}$$

和

$$\iiint\limits_{\mathbb{R}^3} \delta(x,y,z)\mathrm{d}x\mathrm{d}y\mathrm{d}z = 1.$$

这样的函数 $u(x,y) = -\dfrac{1}{2\pi}\ln\dfrac{1}{\sqrt{x^2+y^2}}$ 和 $u(x,y,z) = -\dfrac{1}{4\pi}\dfrac{1}{\sqrt{x^2+y^2+z^2}}$ 分别称为二维和三维拉普拉斯方程的基本解. 下面给出更广泛的一类偏微分方程基本解的定义.

定义 7.4.1 设 L 是关于自变量 x,y,z 的常系数线性偏微分算子, 称方程

$$Lu = \delta(M) = \begin{cases} +\infty, & M = 0, \\ 0, & M \neq 0 \end{cases} \tag{7.4.1}$$

的解 $U(M)$ 为方程

$$Lu = 0 \tag{7.4.2}$$

的**基本解**. 这里点 $M = M(x,y,z)$.

---

① Paul Adrien Maurice Dirac, 1902~1984, 英国理论物理学家, 量子力学的创始人之一, 1933 年获诺贝尔物理学奖.

由叠加原理可知, 如果 U 是方程 (7.4.2) 的基本解, u 是方程 (7.4.2) 的任一解, 则 $U+u$ 仍是方程的基本解, 因此基本解不是唯一的.

定理 7.4.1　设 $U(M)$ 是 $Lu=0$ 的基本解, $f(M)$ 连续, 则卷积函数

$$U(M)*f(M)=\iiint\limits_{\mathbb{R}^3}U(M-M_0)f(M_0)\mathrm{d}M_0 \tag{7.4.3}$$

是非齐次方程

$$Lu=f(M) \tag{7.4.4}$$

的解, 这里点 $M_0=M_0(x_0,y_0,z_0)$ 是空间 $\mathbb{R}^3$ 中的点坐标, $\mathrm{d}M_0$ 是体积元 $\mathrm{d}x_0\mathrm{d}y_0\mathrm{d}z_0$.

证明　因为 $LU(M)=\delta(M)$, 所以

$$LU(M-M_0)=\delta(M-M_0).$$

交换微分和积分的次序, 得

$$\begin{aligned}L(U*f)&=\iiint\limits_{\mathbb{R}^3}LU(M-M_0)f(M_0)\mathrm{d}M_0\\&=\iiint\limits_{\mathbb{R}^3}\delta(M-M_0)f(M_0)\mathrm{d}M_0=f(M).\end{aligned} \tag{7.4.5}$$

定理证毕.

注 7.4.1　最后一个等式应用了 δ 函数的性质: 对于定义在 $\mathbb{R}^3$ 上的连续函数 g, 有

$$\iiint\limits_{\mathbb{R}^3}\delta(M-M_0)g(M)\mathrm{d}M=g(M_0),$$

其中, $M=M(x,y,z)$, $M_0=M_0(x_0,y_0,z_0)$.

注 7.4.2　从物理的角度来看, 非齐次方程的右端 $f(M)$ 是场源的强度 (可能相差一个常数因子), $\delta(M)$ 则表示点源. 所以本定理表明, 求得了点源产生的场, 就可以求得任何连续分布源的场. 因此, 基本解也称为**点源函数**.

7.4.2　基本解的求法

求基本解的常用方法有乘子法、傅里叶变换法和格林公式法等. 下面通过例子来介绍这几种求基本解的方法.

例 7.4.1　求方程 $y'+ay=0$ 的基本解, 这里 $a>0$ 为常数.

解　将方程

$$y'+ay=\delta(x)$$

两边同乘以 e^{ax}, 并注意到

$$\mathrm{e}^{ax}\delta(x)=\delta(x),$$

得到

$$\frac{\mathrm{d}}{\mathrm{d}x}(\mathrm{e}^{ax}y)=\delta(x).$$

由此可得

$$\mathrm{e}^{ax}y=H(x)=\begin{cases}0,&x<0,\\1,&x\geqslant0.\end{cases}$$

这里的函数 $H(x)$ 称为赫维赛德[①]函数, 它满足 $H'(x) = \delta(x)$. 因此, 方程 $y' + ay = 0$ 的基本解为

$$Y_0(x) = \mathrm{e}^{-ax}H(x).$$

注 7.4.3 (1) 本例中运用的方法称为乘子法.
(2) 利用定理 7.4.1, 可求得非齐次方程

$$y' + ay = f(x)$$

的一个特解为

$$y(x) = Y_0(x) * f(x) = \int_{-\infty}^{+\infty} \mathrm{e}^{-a\xi}H(\xi)f(x-\xi)\mathrm{d}\xi = \int_0^{+\infty} \mathrm{e}^{-a\xi}f(x-\xi)\mathrm{d}\xi.$$

下面的两个例子是求拉普拉斯方程的基本解, 运用的方法分别是傅里叶变换法和格林公式法.

例 7.4.2 用傅里叶变换法求三维拉普拉斯方程的基本解.
解 记

$$U(\alpha) = \mathscr{F}[u(x,y,z)]$$

为 $u(x,y,z)$ 的傅里叶变换 (多元函数的傅里叶变换的定义可参见 5.1.2 节), 其中, $\alpha = (\alpha_1, \alpha_2, \alpha_3)$. 对方程

$$\Delta u = u_{xx} + u_{yy} + u_{zz} = \delta(x,y,z)$$

两边作傅里叶变换, 并应用

$$\mathcal{F}[\delta(x,y,z)] = 1,$$

可得

$$U(\alpha) = -\frac{1}{\rho^2}, \quad \rho = |\alpha| = \sqrt{\alpha_1^2 + \alpha_2^2 + \alpha_3^2}.$$

两边作傅里叶逆变换, 可得

$$u(x,y,z) = \mathscr{F}^{-1}[U(\alpha)] = -\frac{1}{(2\pi)^3} \iiint_{\mathbb{R}^3} \frac{1}{\rho^2} \mathrm{e}^{\mathrm{i}(\alpha_1 x + \alpha_2 y + \alpha_3 z)}\mathrm{d}\alpha_1\mathrm{d}\alpha_2\mathrm{d}\alpha_3.$$

由对称性, 不妨把 α_3 轴的方向取为 $\boldsymbol{r} = (x,y,z)$ 的方向, 令 $r = |\boldsymbol{r}| = \sqrt{x^2+y^2+z^2}$. 作球坐标变换为

$$\alpha_1 = \rho\sin\theta\cos\phi, \quad \alpha_2 = \rho\sin\theta\sin\phi, \quad \alpha_3 = \rho\cos\theta.$$

因为

$$\alpha_1 x + \alpha_2 y + \alpha_3 z = \alpha \cdot \boldsymbol{r} = \rho r\cos\theta,$$

所以

$$u(x,y,z) = -\frac{1}{(2\pi)^3}\int_0^{+\infty}\int_0^{2\pi}\int_0^{\pi} \mathrm{e}^{\mathrm{i}\rho r\cos\theta}\sin\theta\mathrm{d}\theta\mathrm{d}\phi\mathrm{d}\rho = -\frac{1}{(2\pi)^2}\int_0^{+\infty}\int_0^{\pi} \mathrm{e}^{\mathrm{i}\rho r\cos\theta}\sin\theta\mathrm{d}\theta\mathrm{d}\rho$$

$$= \frac{1}{(2\pi)^2}\int_0^{+\infty} \left.\frac{\mathrm{e}^{\mathrm{i}\rho r\cos\theta}}{\mathrm{i}\rho r}\right|_0^{\pi}\mathrm{d}\rho = \frac{1}{2\pi^2 r}\int_0^{+\infty}\frac{\mathrm{e}^{-\mathrm{i}\rho r} - \mathrm{e}^{\mathrm{i}\rho r}}{2\mathrm{i}\rho}\mathrm{d}\rho$$

$$= -\frac{1}{2\pi^2 r}\int_0^{+\infty}\frac{\sin\rho r}{\rho}\mathrm{d}\rho = -\frac{1}{2\pi^2 r}\int_0^{+\infty}\frac{\sin\xi}{\xi}\mathrm{d}\xi.$$

---

① Oliver Heaviside, 1850~1925, 英国物理学家、数学家、电气工程师.

由

$$\int_0^{+\infty} \frac{\sin \xi}{\xi} \mathrm{d}\xi = \frac{\pi}{2}$$

★ 问题探究
如何由傅里叶变
换或拉普拉斯变
换求解该等式

可得

$$u(x,y,z) = -\frac{1}{4\pi r} = -\frac{1}{4\pi} \frac{1}{\sqrt{x^2+y^2+z^2}}.$$

例 7.4.3   用格林公式求二维拉普拉斯方程的基本解.

解   第一步: 求径向对称的基本解

设 $u(x,y)$ 为二维拉普拉斯方程的基本解, 则 $u(x,y)$ 满足 $u_{xx}+u_{yy}=\delta(x,y)$. 设 $u=u(r)$, $r=\sqrt{x^2+y^2}$, 它满足方程

$$\frac{1}{r}(ru_r)' = \delta(r).$$

其通解为

$$u(r) = C\ln r + C', \quad r > 0,$$

其中, C 和 C' 为常数. 由于常数 C' 在 $\mathbb{R}^2$ 上处处满足二维拉普拉斯方程, 所以仅考虑 $u(r)=C\ln r$ 形式的基本解.

第二步: 确定系数 C

设 D 为 $\mathbb{R}^2$ 上包含原点的有界开区域, $B_\epsilon \subset D$ 为以原点为圆心, ϵ 为半径的圆域. 对于任意一个无穷次连续可微的二元函数 $\phi(x,y)$, 若 $\phi(x,y)$ 满足

$$\phi(x,y)=0, \quad (x,y)\in\mathbb{R}^n\backslash D, \qquad \frac{\partial\phi(x,y)}{\partial n}=0, \quad (x,y)\in\partial D,$$

应用格林公式, 可得

$$\phi(0,0) = \iint_{\mathbb{R}^2} \phi(x,y)\delta(x,y)\mathrm{d}x\mathrm{d}y = \iint_D \phi\Delta u \mathrm{d}x\mathrm{d}y$$

$$= \iint_D u\Delta\phi \mathrm{d}x\mathrm{d}y + \int_{\partial D}\left(\phi\frac{\partial u}{\partial n}-u\frac{\partial\phi}{\partial n}\right)\mathrm{d}s$$

$$= \lim_{\epsilon\to 0}\iint_{D\backslash\overline{B}_\epsilon} u\Delta\phi \mathrm{d}x\mathrm{d}y = \lim_{\epsilon\to 0}\iint_{D\backslash\overline{B}_\epsilon}(u\Delta\phi-\phi\Delta u)\mathrm{d}x\mathrm{d}y$$

$$= \lim_{\epsilon\to 0}\int_{\partial D\cup\partial B_\epsilon}\left(u\frac{\partial\phi}{\partial n}-\phi\frac{\partial u}{\partial n}\right)\mathrm{d}s = \lim_{\epsilon\to 0}\int_{\partial B_\epsilon}\left(u\frac{\partial\phi}{\partial n}-\phi\frac{\partial u}{\partial n}\right)\mathrm{d}s$$

$$= \lim_{\epsilon\to 0}\int_{\partial B_\epsilon}\left(-C\ln r\frac{\partial\phi}{\partial r}+C\phi\frac{1}{r}\right)\mathrm{d}s$$

$$= \lim_{\epsilon\to 0}2\pi\epsilon\left(-C\ln\epsilon\frac{\partial\phi}{\partial r}+C\phi\frac{1}{\epsilon}\right) = 2\pi C\phi(0,0),$$

从而推出 $C=\frac{1}{2\pi}$.

因此, 所求的基本解为

$$u(r) = \frac{1}{2\pi}\ln r = -\frac{1}{2\pi}\ln\frac{1}{r} = -\frac{1}{2\pi}\ln\frac{1}{\sqrt{x^2+y^2}}.$$

注 7.4.4   采用例 7.4.3 的方法和步骤, 也可求得三维拉普拉斯方程的基本解为

$$u(r) = -\frac{1}{4\pi}\frac{1}{r} = -\frac{1}{4\pi}\frac{1}{\sqrt{x^2+y^2+z^2}}.$$

7.5 发展方程的基本解和格林函数方法

⊞ 课件 7.5

7.5.1 热传导方程的基本解和格林函数方法

1. 热传导方程的基本解

定义 7.5.1 设 L 是关于变量 x 的常系数线性微分算子, 称初值问题

$$\begin{cases} U_t = LU, & -\infty < x < +\infty, \quad t > 0, \\ U(x,0) = \delta(x), & -\infty < x < +\infty \end{cases}$$

的解 $U(x,t)$ 为初值问题

$$\begin{cases} u_t = Lu + f(x,t), & -\infty < x < +\infty, \quad t > 0, \\ u(x,0) = \phi(x), & -\infty < x < +\infty \end{cases} \tag{7.5.1}$$

的基本解. 类似地, 可以定义多维热传导方程的基本解.

定理 7.5.1 设函数 $\phi(x)$, $f(x,t)$ 连续, $U(x,t)$ 是问题 (7.5.1) 的基本解, 则

$$u(x,t) = U(x,t) * \phi(x) + \int_0^t U(x,t-\tau) * f(x,\tau)\mathrm{d}\tau$$

是初值问题 (7.5.1) 的解.

证明 设 $u_1 = U(x,t) * \phi(x)$, $u_2 = \int_0^t U(x,t-\tau) * f(x,\tau)\mathrm{d}\tau$. 直接验证, 得

$$\begin{aligned} \frac{\partial u_1}{\partial t} &= \frac{\partial}{\partial t} \int_{-\infty}^{+\infty} U(x-\xi,t)\phi(\xi)\mathrm{d}\xi \\ &= \int_{-\infty}^{+\infty} U_t(x-\xi,t)\phi(\xi)\mathrm{d}\xi \\ &= \int_{-\infty}^{+\infty} LU(x-\xi,t)\phi(\xi)\mathrm{d}\xi \\ &= L\left(\int_{-\infty}^{+\infty} U(x-\xi,t)\phi(\xi)\mathrm{d}\xi\right) = Lu_1 \end{aligned}$$

⊞ 微课 7.5-1

以及

$$u_1|_{t=0} = U(x,t)|_{t=0} * \phi(x) = \delta(x) * \phi(x) = \phi(x).$$

同理, 可得

$$\begin{aligned} \frac{\partial u_2}{\partial t} &= \frac{\partial}{\partial t} \iint_0^t{}_{-\infty}^{+\infty} U(x-\xi,t-\tau)f(\xi,\tau)\mathrm{d}\xi\mathrm{d}\tau \\ &= \iint_0^t{}_{-\infty}^{+\infty} U_t(x-\xi,t-\tau)f(\xi,\tau)\mathrm{d}\xi\mathrm{d}\tau + \int_{-\infty}^{+\infty} U(x-\xi,0)f(\xi,t)\mathrm{d}\xi \\ &= \iint_0^t{}_{-\infty}^{+\infty} LU(x-\xi,t-\tau)f(\xi,\tau)\mathrm{d}\xi\mathrm{d}\tau + \int_{-\infty}^{+\infty} \delta(x-\xi)f(\xi,t)\mathrm{d}\xi \end{aligned}$$

$$= L\left[\int_0^t\int_{-\infty}^{+\infty} U(x-\xi,t-\tau)f(\xi,\tau)\mathrm{d}\xi\mathrm{d}\tau\right] + f(x,t) = Lu_2 + f(x,t)$$

和 $u_2(x,0)=0$. 所以由叠加原理知, $u=u_1+u_2$ 是初值问题 (7.5.1) 的解. 定理证毕.

例 7.5.1　求三维热传导方程初值问题的基本解, 即求解下列问题

$$\begin{cases} U_t = a^2\Delta U, & (x,y,z)\in\mathbb{R}^3, \quad t>0, \\ U(x,y,z,0) = \delta(x,y,z), & (x,y,z)\in\mathbb{R}^3. \end{cases} \tag{7.5.2}$$

解　用 $\bar U(\alpha_1,\alpha_2,\alpha_3,t)$ 表示函数 $U(x,y,z,t)$ 关于空间变量 (x,y,z) 的傅里叶变换. 对上述方程和初始条件作傅里叶变换, 得

$$\begin{cases} \bar U_t + a^2(\alpha_1^2+\alpha_2^2+\alpha_3^2)\bar U = 0, & t>0, \\ \bar U(\alpha_1,\alpha_2,\alpha_3,0) = 1, \end{cases}$$

容易求得这个常微分方程初值问题的解为

$$\bar U(\alpha_1,\alpha_2,\alpha_3,t) = \exp\left[-a^2(\alpha_1^2+\alpha_2^2+\alpha_3^2)t\right].$$

再作傅里叶逆变换, 即得所求的解为

$$U(x,y,z,t) = \mathscr{F}^{-1}[\bar U(\alpha_1,\alpha_2,\alpha_3,t)]$$

$$= \frac{1}{8\pi^3}\iiint_{\mathbb{R}^3} \bar U(\alpha_1,\alpha_2,\alpha_3,t)\exp[\mathrm{i}(\alpha_1 x+\alpha_2 y+\alpha_3 z)]\mathrm{d}\alpha_1\mathrm{d}\alpha_2\mathrm{d}\alpha_3$$

$$= \frac{1}{8\pi^3}\int_{-\infty}^{+\infty} \mathrm{e}^{-a^2\alpha_1^2 t+\mathrm{i}\alpha_1 x}\mathrm{d}\alpha_1 \int_{-\infty}^{+\infty} \mathrm{e}^{-a^2\alpha_2^2 t+\mathrm{i}\alpha_2 y}\mathrm{d}\alpha_2 \int_{-\infty}^{+\infty} \mathrm{e}^{-a^2\alpha_3^2 t+\mathrm{i}\alpha_3 z}\mathrm{d}\alpha_3.$$

由式 (5.2.2), 有

$$\mathscr{F}^{-1}[\mathrm{e}^{-a^2\alpha^2 t}] = \frac{1}{2\pi}\int_{-\infty}^{+\infty} \mathrm{e}^{-a^2\alpha^2 t+\mathrm{i}\alpha\xi}\mathrm{d}\alpha = \frac{1}{2a\sqrt{\pi t}}\exp\left(-\frac{\xi^2}{4a^2 t}\right).$$

从而, 问题 (7.5.2) 的解为

$$U(x,y,z,t) = \frac{1}{(2a\sqrt{\pi t})^3}\exp\left(-\frac{x^2+y^2+z^2}{4a^2 t}\right), \quad (x,y,z)\in\mathbb{R}^3, \quad t>0,$$

它是三维热传导方程的基本解. 类似地, 可以得到 n 维热传导方程的基本解为

$$U(\vec x,t) = \frac{1}{(2a\sqrt{\pi t})^n}\exp\left(-\frac{|x|^2}{4a^2 t}\right), \quad \vec x=(x_1,x_2,\cdots,x_n)\in\mathbb{R}^n, \quad t>0.$$

进一步地, 同定理 7.5.1 的证明相类似, 可以得到三维热传导方程初值问题

$$\begin{cases} u_t = a^2\Delta u + f(x,y,z,t), & (x,y,z)\in\mathbb{R}^3, \quad t>0, \\ u(x,y,z,0) = \phi(x,y,z), & (x,y,z)\in\mathbb{R}^3 \end{cases}$$

解的表达式为

$$u(x,y,z,t) = U(x,y,z,t)*\phi(x,y,z) + \int_0^t U(x,y,z,t-\tau)*f(x,y,z,\tau)\mathrm{d}\tau$$

$$= \frac{1}{(2a\sqrt{\pi t})^3}\iiint_{\mathbb{R}^3} \phi(\xi,\eta,\zeta)\exp\left(-\frac{\rho^2}{4a^2 t}\right)\mathrm{d}\xi\mathrm{d}\eta\mathrm{d}\zeta$$

$$+ \frac{1}{(2a\sqrt{\pi})^3}\int_0^t\iiint_{\mathbb{R}^3} \frac{f(\xi,\eta,\zeta,\tau)}{(t-\tau)^{3/2}}\exp\left[-\frac{\rho^2}{4a^2(t-\tau)}\right]\mathrm{d}\xi\mathrm{d}\eta\mathrm{d}\zeta\mathrm{d}\tau,$$

其中, $\rho=\sqrt{(x-\xi)^2+(y-\eta)^2+(z-\zeta)^2}$.

2. 热传导方程的格林函数

下面讨论热传导方程的格林函数. 为了方便起见, 只给出一维热传导方程初值问题和第一类初边值问题格林函数的定义. 其他初边值问题格林函数的定义可以类似地给出.

定义 7.5.2 如果函数 $G = G(x, t; \xi, \tau)$ 是初值问题

$$\begin{cases} G_t - a^2 G_{xx} = \delta(x - \xi)\delta(t - \tau), & -\infty < x, \xi < +\infty, \quad t, \tau > 0, \\ G|_{t=0} = 0 \end{cases}$$

的解, 则称 G 是初值问题

$$\begin{cases} u_t - a^2 u_{xx} = f(x, t), & -\infty < x < +\infty, \quad t > 0, \\ u(x, 0) = 0, & -\infty < x < +\infty \end{cases} \tag{7.5.3}$$

的格林函数.

利用傅里叶变换, 容易求得

$$G(x, t; \xi, \tau) = \begin{cases} \dfrac{1}{2a\sqrt{\pi(t - \tau)}} \exp\left[-\dfrac{(x - \xi)^2}{4a^2(t - \tau)} \right], & t > \tau, \\ 0, & t < \tau, \end{cases} \tag{7.5.4}$$

这样初值问题 (7.5.3) 的解可以用格林函数 G 表示为

$$u(x, t) = \int_0^t \int_{-\infty}^{+\infty} f(\xi, \tau) G(x, t; \xi, \tau) \mathrm{d}\xi \mathrm{d}\tau.$$

对于热传导方程的初边值问题也可以定义格林函数.

定义 7.5.3 如果函数 $G = G(x, t; \xi, \tau)$ 是初边值问题

$$\begin{cases} G_t - a^2 G_{xx} = \delta(x - \xi)\delta(t - \tau), & 0 < x, \xi < l, \quad t, \tau > 0, \\ G|_{x=0} = G|_{x=l} = 0, & 0 \leqslant \xi \leqslant l, \quad t, \tau \geqslant 0, \\ G|_{t=0} = 0, & 0 \leqslant x, \xi \leqslant l, \quad \tau \geqslant 0 \end{cases} \tag{7.5.5}$$

的解, 则称 G 是初边值问题

$$\begin{cases} u_t - a^2 u_{xx} = f(x, t), & 0 < x < l, \quad t > 0, \\ u(0, t) = u(l, t) = 0, & t \geqslant 0, \\ u(x, 0) = 0, & 0 \leqslant x \leqslant l \end{cases} \tag{7.5.6}$$

的格林函数.

利用特征函数展开法, 可得问题 (7.5.5) 的解为

$$G(x, t; \xi, \tau) = \frac{2}{l} \sum_{n=1}^{\infty} \exp\left[-\left(\frac{n\pi a}{l} \right)^2 (t - \tau) \right] \sin \frac{n\pi \xi}{l} \sin \frac{n\pi x}{l}, \tag{7.5.7}$$

其中, $\tau \in [0, t]$, $x, \xi \in [0, l]$, 以及当 $t \leqslant \tau$ 时, $G(x, t; \xi, \tau) = 0$. 这样容易证明问题 (7.5.6) 的解可以表示为

$$u(x, t) = \int_0^t \int_0^l f(\xi, \tau) G(x, t; \xi, \tau) \mathrm{d}\xi \mathrm{d}\tau.$$

7.5.2 波动方程的基本解和格林函数方法

1. 波动方程的基本解

定义 7.5.4 设 L 是关于变量 x 的常系数线性微分算子, 称初值问题

$$\begin{cases} U_{tt} = LU, & -\infty < x < +\infty, \quad t > 0, \\ U(x,0) = 0, \quad U_t(x,0) = \delta(x), & -\infty < x < +\infty \end{cases}$$

的解 $U(x,t)$ 为一维波动方程的初值问题

$$\begin{cases} u_{tt} = Lu + f(x,t), & -\infty < x < +\infty, \quad t > 0, \\ u(x,0) = \phi(x), \quad u_t(x,0) = \psi(x), & -\infty < x < +\infty \end{cases} \tag{7.5.8}$$

的基本解. 类似地, 可以定义 n 维波动方程的初值问题的基本解.

可以建立如下定理.

定理 7.5.2 若 $U(x,t)$ 是问题 (7.5.8) 的基本解, 则

$$u(x,t) = U(x,t) * \psi(x) + \frac{\partial}{\partial t}[U(x,t) * \phi(x)] + \int_0^t U(x,t-\tau) * f(x,\tau)\mathrm{d}\tau$$

是初值问题 (7.5.8) 的解.

2. 波动方程的格林函数

定义 7.5.5 如果函数 $G = G(x,t;\xi,\tau)$ 是初值问题

$$\begin{cases} G_{tt} - a^2 G_{xx} = \delta(x-\xi)\delta(t-\tau), & -\infty < x, \xi < +\infty, \quad t, \tau > 0, \\ G|_{t=0} = G_t|_{t=0} = 0, & -\infty < x, \xi < +\infty, \quad \tau \geqslant 0 \end{cases} \tag{7.5.9}$$

的解, 则称 G 是初值问题

$$\begin{cases} u_{tt} - a^2 u_{xx} = f(x,t), & -\infty < x < +\infty, \quad t > 0, \\ u(x,0) = u_t(x,0) = 0, & -\infty < x < +\infty \end{cases} \tag{7.5.10}$$

的格林函数.

利用傅里叶变换, 容易求得问题 (7.5.9) 的解为

$$G(x,t;\xi,\tau) = \begin{cases} \dfrac{1}{2a}, & x - a(t-\tau) < \xi < x + a(t-\tau), \\ 0, & 其他. \end{cases} \tag{7.5.11}$$

这样初边值问题 (7.5.10) 的解可以用格林函数 G 表示为

$$u(x,t) = \int_0^t \int_{-\infty}^{+\infty} f(\xi,\tau)G(x,t;\xi,\tau)\mathrm{d}\xi\mathrm{d}\tau = \frac{1}{2a}\int_0^t \int_{x-a(t-\tau)}^{x+a(t-\tau)} f(\xi,\tau)\mathrm{d}\xi\mathrm{d}\tau.$$

对于波动方程的初边值问题也可以定义格林函数.

定义 7.5.6 如果函数 $G = G(x,t;\xi,\tau)$ 满足

$$\begin{cases} G_{tt} - a^2 G_{xx} = \delta(x-\xi)\delta(t-\tau), & 0 < x, \xi < l, \quad t, \tau > 0, \\ G|_{x=0} = G|_{x=l} = 0, & 0 \leqslant \xi \leqslant l, \quad t, \tau \geqslant 0, \\ G|_{t=0} = G_t|_{t=0} = 0, & 0 \leqslant x, \xi \leqslant l, \quad \tau \geqslant 0, \end{cases} \tag{7.5.12}$$

则称 G 是波动方程的初边值问题

$$\begin{cases} u_{tt} - a^2 u_{xx} = f(x,t), & 0 < x < l, \quad t > 0, \\ u(0,t) = u(l,t) = 0, & t \geqslant 0, \\ u(x,0) = u_t(x,0) = 0, & 0 \leqslant x \leqslant l \end{cases} \tag{7.5.13}$$

的格林函数.

利用特征函数展开法, 可得问题 (7.5.12) 的解为

$$G(x,t;\xi,\tau) = \frac{2}{\pi a} \sum_{n=1}^{\infty} \frac{1}{n} \sin\frac{n\pi\xi}{l} \sin\frac{n\pi a(t-\tau)}{l} \sin\frac{n\pi x}{l}, \quad t > \tau \tag{7.5.14}$$

和 $G(x,t;\xi,\tau) = 0,\ t \leqslant \tau$. 这样问题 (7.5.13) 的解可以表示为

$$u(x,t) = \int_0^t \int_0^l f(\xi,\tau) G(x,t;\xi,\tau) \mathrm{d}\xi \mathrm{d}\tau.$$

7.6 应用: 地温问题的求解*

本节讨论地温问题的求解, 并通过这个问题介绍格林函数的应用.

7.6.1 地温问题的建模

众多研究表明, 地球内部热状态对地球物理现象有着显著影响. 在长期天气演变中, 下垫面的热作用是重要因素. 太阳供给地球的热量主要为下垫面所吸收, 一部分以长波辐射、湍流和蒸发的形式供给大气, 另一部分则传给更深的地层或海洋. 随着地气交界面热力平衡状态的变化, 下表面和深层的温度又会对大气热力状态起一定的控制和调节作用. 因此, 了解下垫面表层温度及深层温度的传递, 对研究长期天气过程的形成和发展很有意义.

首先介绍几个相关概念. **热通量**: 单位面积单位时间的热输送量. **湍流**: 流体中任意一点的物理量均有快速的大幅度起伏, 并随时间和空间位置而变化, 各层流体间有强烈混合. **距平**: 某一系列数值中的某一个数值与平均值的差, 分正距平和负距平.

大气和下垫面各种形式的热交换满足**热量平衡方程**:

$$R = P + A + LE, \tag{7.6.1}$$

其中, R 为辐射热通量; P 为下垫面与大气之间的湍流热通量; A 为下垫面与其下层之间的热通量; LE 为蒸发消耗的热通量 (L 为蒸发潜热, E 为蒸发速度). 如果考虑距平情况, 方程 (7.6.1) 可以写成:

$$R' = P' + A' + LE', \tag{7.6.2}$$

其中,

$$R' = (1+\delta)R, \quad P' = (1+\delta)P, \quad A' = (1+\delta)A, \quad E' = (1+\delta)E,$$

表示被扰动的辐射热通量、下垫面与大气之间的湍流热通量、下垫面与其下层之间的热通量和蒸发速度, 这里 δ 是一个扰动常数. 下面来推导用地温距平和高度距平表示的地气界面上的热量平衡方程. 由方程 (7.6.2) 有

$$z = 0, \quad \frac{\partial T_s'}{\partial z} - hT_s' = \tilde{f}(t), \tag{7.6.3}$$

其中,

$$h = -\frac{\rho L K_T \bar{\gamma} \dfrac{\mathrm{d}\ln\overline{e_s}}{\mathrm{d}\overline{T}} \dfrac{\partial \overline{q_s}}{\partial \overline{T}}}{\rho_s C_{ps} K_s}, \quad \tilde{f} = \frac{\dfrac{cl_b}{W^*}\zeta_{0g}'}{\rho_s C_{ps} K_s}.$$

其中, T_s' 为地表面温度距平; ρ 为空气密度; K_T 为湍流导热系数; γ 为气温垂直递减率的气候值; $\overline{e_s}$ 为饱和水汽压的气候值; $\overline{q_s}$ 为海面上空气比湿的气候值; ρ_s、C_{ps} 和 K_s 分别为水 (或土壤) 的密度、比热和导热系数; $c = \overline{(S_0+s_0)^*}(1-\tilde{a})c_s - \overline{I}^* c_i$, 其中, $\overline{(S_0+s_0)^*}$ 为直接辐射总量与散射辐射总量在无云条件下的气候值, $\tilde{a}$ 为地球反射率, $\overline{I}^*$ 为有效辐射在无云条件下的气候值, c_s、c_i 分别为表征云量对总辐射和有效辐射影响的经验系数; l_b 为行星边界层厚度; W^* 为与云量有关的经验系数; ζ_{0g}' 为地面地转涡度的距平值. 考虑到

$$\zeta_{0g}' = \frac{1}{f}\Delta\phi' = \frac{1}{f}\left[\Delta\phi_0' + \left(\frac{p}{p_1}\right)^\mu \Delta\phi_1'\right],$$

设

$$N = \frac{f\dfrac{cl_b}{W^*}}{\rho_s C_{ps} K_s},$$

于是式 (7.6.3) 变成:

$$z=0, \quad \frac{\partial T_s'}{\partial z} - hT_s' = N\left[\Delta\phi_0' + \left(\frac{p}{p_1}\right)^\mu \Delta\phi_1'\right], \tag{7.6.4}$$

这就是所要求的用地温距平和高度距平表示的地气界面上的热量平衡方程.

地温的传递满足热传导方程, 利用条件 (7.6.4), 地温问题可以表示为

$$\frac{\partial T_s'}{\partial s} - K^2\frac{\partial^2 T_s'}{\partial z^2} = 0, \tag{7.6.5}$$

$$T_s'(z,t)|_{t=0} = T_s'(z), \tag{7.6.6}$$

$$\left(\frac{\partial T_s'}{\partial z} - hT_s'\right)\Big|_{z=0} = \tilde{f}(t), \tag{7.6.7}$$

$$T_s'|_{z=\infty} = 0. \tag{7.6.8}$$

这里的地温泛指下垫面的温度, 因为如果不考虑海流作用时, 海洋和陆地温度在垂直方向的变化都满足方程 (7.6.5), 只是热导系数不同.

7.6.2　应用格林函数求解地温问题

现在求问题 (7.6.5)~ 问题 (7.6.8) 的解. 根据定义, 热传导方程的 Robin 边值问题的格林函数应该由下面的问题求得:

$$\frac{\partial G}{\partial t} + K^2\frac{\partial^2 G}{\partial z^2} = -\delta(z-\zeta)\delta(t-\tau), \tag{7.6.9}$$

$$\left(\frac{\partial G}{\partial z} - hG\right)\Big|_{z=0} = 0. \tag{7.6.10}$$

求得方程 (7.6.9) 和边界条件 (7.6.10) 的解为

$$G(z,t;\zeta,\tau) = \frac{1}{2K\sqrt{\pi(\tau-t)}}\left[e^{-\frac{(z-\zeta)^2}{4K^2(\tau-t)}} + e^{-\frac{(z+\zeta)^2}{4K^2(\tau-t)}} - 2h\int_0^\infty e^{-h\eta-\frac{(z+\zeta+\eta)^2}{4K^2(\tau-t)}}d\eta\right], \tag{7.6.11}$$

这就是所要求的热传导方程 Robin 边值问题的格林函数. 利用格林函数 (7.6.11) 的性质, 经计算可得

$$T_s'(z,t) = -\int_0^t \frac{K}{\sqrt{\pi(t-\tau)}}\left[e^{-\frac{z^2}{4K^2(t-\tau)}} - h\int_0^\infty e^{-h\eta-\frac{(z+\eta)^2}{K^2(t-\tau)}}d\eta\right]f(\tau)d\tau$$

$$+ \frac{1}{2K\sqrt{\pi(t-\tau)}}\int_0^1\left[e^{-\frac{(z-\zeta)^2}{4K^2t}} + e^{-\frac{(z+\zeta)^2}{4K^2t}} - 2h\int_0^\infty e^{-h\eta-\frac{(z+\tau+\eta)^2}{4K^2t}}d\eta\right]T_s'(\xi)d\xi,$$

这就是不考虑海流作用时地温热传导问题的解. 当 $z = 0$ 时, 表示地表面温度距平值.

如果考虑海流作用, 地温热传导方程的形式更加复杂, 在这里不作讨论.

历史人物: 格林

格林 (George Green, 1793~1841), 英国数学家、物理学家. 他通过艰苦的自学掌握了高等数学, 主要受法国学派 (拉普拉斯、拉格朗日、泊松等) 的影响, 将分析应用于电磁领域并引出了他在数学物理中的一系列重要研究.

格林的一生传奇在于他几乎是自学成才. 他出身于英国诺丁汉郡的斯奈顿, 父亲是一名面包师傅. 年轻的格林只在八至九岁上过一年学校, 便在父亲的风车磨坊工作, 父子二人惨淡经营, 但格林始终未忘记他对数学的爱好, 以惊人的毅力坚持白天工作, 晚上自学, 把磨坊顶楼当作书斋, 攻读从本市布朗利图书馆借来的数学书籍. 布朗利图书馆是由诺丁汉郡知识界与商业界人士赞助创办的, 收藏有当时出版的各种重要的学术著作.

1833 年格林进入剑桥大学学习. 经过 4 年艰苦的学习, 1837 年获剑桥数学荣誉考试一等第四名, 翌年获学士学位. 1839 年当选为冈维尔与凯厄斯学院院委. 正当一条更加宽广的科学道路在格林面前豁然展现之时, 这位磨坊工出身的数学家却积劳成疾, 不得不回家乡休养, 于 1841 年 5 月 31 日在诺丁汉郡病故.

1828 年, 格林发表完成了他的第一篇也是最重要的论文——《论数学分析在电磁理论中的应用》. 书中他引入了位势概念, 提出了著名的格林函数与格林定理, 证明了在现在的高等数学教材中必不可少的格林公式, 也是偏微分方程理论研究中应用很广的公式. 格林的学术成就不俗, 除发展了电磁理论, 还发展了能量守恒定律, 得出了弹性理论的基本方程. 变分法中的狄利克雷原理、超球面函数的概念等最初都是由他提出来的. 后来又完成了三篇论文——《关于与电流相似的流体平衡定律的数学研究及其他类似研究》《论变密度椭圆体外部与内部引力的计算》和《流体介质中摆的振动研究》.

格林在世时, 他的工作在数学界并不知名. 在格林去世后, 首先是开尔文发现了格林研究成果的重要性, 他把格林的研究成果介绍到了当时法国的科学中心巴黎. 大数学家刘维尔、斯图姆等人研究了他的发现, 并为应用格林函数法能有效解决问题而感到激动. 19 世纪 50 年代, 格林的研究成果在欧洲大陆已经广泛传播开来.

历史人物: 狄拉克

狄拉克 (Paul Adrien Maurice Dirac, 1902~1984), 英国理论物理学家, 量子力学的创始人之一. 主要从事理论物理学的研究.

1918 年, 狄拉克进入布里斯托尔大学学习电机工程. 1921 年大学毕业, 进入剑桥大学学习物理. 1923 年, 成为剑桥大学圣约翰学院数学系的研究生. 1926 年, 获博士学位. 1932~1969 年任剑桥大学教授. 1971 年起任美国佛罗里达州立大学教授, 进行科学研究. 1933 年诺贝尔物理学奖得主. 1939 年, 获颁皇家奖章; 1952 年获颁科普利奖章以及马克斯·普朗克奖章.

于剑桥读书时, 在福勒的指导下, 狄拉克开始接触原子理论. 1926 年, 狄拉克发表《量子力学》论文, 凭这项工作获得博士学位. 狄拉克青年时代正好是原子物理学实验积累了大量材料、量子理论处于急剧变革的时代. 由于深受以爱因斯坦为代表的 20 世纪物理学中理性论思潮的影响, 狄拉克在量子力学的理论基础特别是普遍变换理论的建立方面, 在相对论性电子理论的创立方面, 以及在量子电动力学和量子场论的建立方面, 都做出了重大的贡献. 1926~1927 年, 研究出量子力学的数学工具变换理论.

1927 年, 提出二次量子化方法, 把量子论应用于电磁场, 并得到第一个量子化场的模型. 1928 年与海森伯合作, 发现交换相互作用, 引入交换力. 同年, 建立了相对论性电子理论, 提出描写电子运动并且满足相对论不变性的波动方程 (相对论量子力学). 在这个理论中得出一个重要结论: 电子可以有负能值. 由此出发, 于1930 年提出"空穴"理论, 预言了带正电的电子 (即正电子) 的存在.

狄拉克提出的狄拉克函数是物理量集中在空间中的某一点或者时间中的某一瞬时的表达, 其在偏微分方程的点源中有着广泛应用. 同时, 狄拉克函数也促进了广义函数的发展. 狄拉克函数是偏微分方程基本解表达中不可或缺的工具, 也为之后位势理论的发展作了准备.

英国剑桥大学有一个灿耀得无与伦比的卢卡斯数学荣誉讲座教授职位, 于 1663 年根据当时著名的大学议会议员亨利·卢卡斯的捐款和遗愿而设立. 曾荣登此宝座的有大名鼎鼎的牛顿和霍金. 1932 年, 30 岁的狄拉克便荣膺这个桂冠. 翌年, 狄拉克和薛定谔一起分享了当年的诺贝尔物理奖. 狄拉克终其一生都在遵循 "一个物理定律必须具有数学美" 的标准.

习　题　7

◎ 格林公式

7.1 设常数 $\sigma > 0$. 利用第一格林公式, 证明拉普拉斯方程的 Robin 边值问题

$$\begin{cases} \Delta u = 0, & x \in \Omega, \\ \dfrac{\partial u}{\partial n} + \sigma u = f, & x \in \partial\Omega \end{cases}$$

解的唯一性.

7.2 证明

$$\int_\Omega v\Delta(\Delta u)\mathrm{d}V = \int_\Omega u\Delta(\Delta v)\mathrm{d}V + \int_{\partial\Omega} \left(v\frac{\partial(\Delta u)}{\partial n} - \Delta u\frac{\partial v}{\partial n} + \Delta v\frac{\partial u}{\partial n} - u\frac{\partial(\Delta v)}{\partial n} \right)\mathrm{d}S.$$

7.3 设 Ω 是 $\mathbb{R}^n$ 中的光滑有界区域, 函数 $u \in C^2(\Omega) \cap C^1(\bar{\Omega})$. 证明:

$$\iiint_\Omega u^2\Delta u\,\mathrm{d}x\mathrm{d}y\mathrm{d}z = \oiint_{\partial\Omega} u^2\frac{\partial u}{\partial n}\mathrm{d}S - 2\iiint_\Omega u|\nabla u|^2\mathrm{d}x\mathrm{d}y\mathrm{d}z.$$

7.4 在三维区域 Ω 上, 利用第二格林公式和方程 $\Delta v = v$ 的球对称解 $v = \dfrac{1}{r}\mathrm{e}^{-r}$, 推导方程

$$\Delta u - u = f$$

的解的积分表达式. 这里 $r = |x|$.

◎ 调和函数的基本性质

7.5 判断以下问题是否有解; 若有解, 求出解.

(1) $\begin{cases} \Delta u = 3, & r < 1, \\ \dfrac{\partial u}{\partial n} = 0, & r = 1; \end{cases}$
(2) $\begin{cases} \Delta u = 1, & r < 2, \\ \dfrac{\partial u}{\partial n} = 0, & r = 2; \end{cases}$

(3) $\begin{cases} \Delta u = 2, & r < 1, \\ \dfrac{\partial u}{\partial n} = 1, & r = 1; \end{cases}$
(4) $\begin{cases} \Delta u = 1, & r < 1, \\ \dfrac{\partial u}{\partial n} = \dfrac{1}{3}, & r = 1. \end{cases}$

7.6 判断如下 Neumann 边值问题在 $C^2(B_0^1) \cap C^1(\overline{B_0^1})$ 中是否存在解:

$$\begin{cases} -\Delta u = 1, & (x,y,z) \in B_0^1, \\ \dfrac{\partial u}{\partial n} = 0, & (x,y,z) \in \partial B_0^1, \end{cases}$$

其中, $B_0^1 \subset \mathbb{R}^3$ 为球心在原点半径为 1 的球, n 为 ∂B_0^1 上的单位外法向量.

7.7 证明拉普拉斯方程的第二类边值问题:

$$\begin{cases} u_{xx} + u_{yy} = 0, & 0 < x < a, \quad 0 < y < b, \\ u_x(0,y) = f_1(y), \quad u_x(a,y) = f_2(y), & 0 \leqslant y \leqslant b, \\ u_y(x,0) = g_1(x), \quad u_y(x,b) = g_2(x), & 0 \leqslant x \leqslant a \end{cases}$$

有解的必要条件是函数 $f_1(y), f_2(y), g_1(x), g_2(x)$ 满足相容性条件

$$\int_0^a [g_1(x) - g_2(x)]\mathrm{d}x + \int_0^b [f_1(y) - f_2(y)]\mathrm{d}y = 0.$$

7.8 若 $u(r,\theta)$ 是单位圆上的调和函数, 且 $u(1,\theta) = \sin^2\theta$. 求函数 u 在原点的值.

7.9 设 u 是 $\Omega \subset \mathbb{R}^3$ 上的调和函数, $B_{M_0}^R$ 是以 $M_0 \in \Omega$ 为球心 R 为半径的球域, 且 $B_{M_0}^R \subset \Omega$. 证明: 三维调和函数在球域上的平均值公式

$$u(M_0) = \frac{3}{4\pi R^3} \iiint_{B_{M_0}^R} u \mathrm{d}x\mathrm{d}y\mathrm{d}z.$$

7.10 利用上题结论证明 Liouville 定理: 在全空间 $\mathbb{R}^3$ 上有界的调和函数必是常数.

7.11 如果 $u = u(r, \theta)$ 是调和函数, 证明 $v = ru_r$ 也是调和函数. 并由此证明当

$$\int_0^{2\pi} \varphi(\theta)\mathrm{d}\theta = 0$$

时第二类边值问题

$$\begin{cases} \Delta u = u_{xx} + u_{yy} = 0, & 0 < r < R, \\ \dfrac{\partial u}{\partial r} = \varphi(\theta), & r = R \end{cases}$$

的解可以写成

$$u(r, \theta) = -\frac{R}{2\pi} \int_0^{2\pi} \varphi(\beta) \ln[R^2 + r^2 - 2Rr\cos(\beta - \theta)]\mathrm{d}\beta + C,$$

其中, C 为任意常数.

◎ 两类重要的函数变换

7.12 设 $u \in C^2(\mathbb{R}^n)$ 是径向对称函数, $n \geqslant 3$, 作 Emden-Fowler 变换

$$v(t) = r^{\frac{2}{p-1}} u(|x|), \quad t = -\ln|x|, \quad p > 1.$$

证明:

$$\Delta u = \mathrm{e}^{\frac{2pt}{p-1}} (v'' + av' - bv),$$

其中, $x = (x_1, \cdots, x_n)$,

$$a = \frac{n-2}{p-1}\left(\frac{n+2}{n-2} - p\right), \quad b = \frac{4p}{(p-1)^2} - \frac{2n}{p-1}.$$

7.13 记 $x = (x_1, \cdots, x_n)$, 证明: 若 $\Delta u(x) = 0$, 则当 $\dfrac{x}{|x|^2}$ 在 u 的定义域中时, 也有

$$\Delta\left[|x|^{2-n} u\left(\frac{x}{|x|^2}\right)\right] = 0.$$

(这里从 $u(x)$ 到 $u_1(x) = |x|^{2-n} u\left(\dfrac{x}{|x|^2}\right)$ 的变换称为 Kelvin 变换).

◎ 特殊区域上的格林函数

7.14 作出上半圆区域的格林函数.

7.15 求区域 Ω 上调和函数 Dirichlet 边值问题的格林函数, 其中, Ω 分别为

(1) 四分之一平面: $H_+ = \{(x, y) : x > 0, y > 0\}$;

(2) 半球域: $B_R^+ = \{x = (x_1, x_2, x_3) \in \mathbb{R}^3 : |x| < R, x_3 > 0\}$;

(3) 层状空间: $H_h = \{x = (x_1, x_2, x_3) \in \mathbb{R}^3 : 0 < x_3 < h\}$.

7.16 求 $\mathbb{R}^2$ 中调和方程在两平行线间的格林函数.

◎ 利用格林函数法求解问题

7.17 利用圆域上调和函数的泊松公式求函数 u, 使其在半径为 a 的圆内调和, 在圆周 C 上分别取下列值:

(1) $u|_C = A\cos\phi$,

(2) $u|_C = A + B\sin\phi$,

(3) $u|_C = A\sin^2\phi + B\cos^2\phi$,

其中, A, B 都为常数.

7.18 求区域 $x \geqslant 0, y \geqslant 0$ 上的格林函数, 并由此求解下列 Dirichlet 问题:
$$\begin{cases} \Delta u = u_{xx} + u_{yy} = 0, & x > 0, \quad y > 0, \\ u(0, y) = 0, & y \geqslant 0, \\ u(x, 0) = f(x), & x \geqslant 0, \end{cases}$$

其中, $f(x)$ 为已知连续函数, 且 $f(0) = 0$.

7.19 先求出单位圆外区域上的格林函数, 然后求 Dirichlet 外问题的解:
$$\begin{cases} \Delta u = u_{xx} + u_{yy} = 0, & x^2 + y^2 > 1, \\ u(x, y) = f(x, y), & x^2 + y^2 = 1. \end{cases}$$

7.20 求三维拉普拉斯方程在半空间 $y \leqslant a$ (a 为常数) 上 Dirichlet 问题的解:
$$\begin{cases} \Delta u = u_{xx} + u_{yy} + u_{zz} = 0, & -\infty < x, z < +\infty, \quad y < a, \\ u(x, a, z) = f(x, z), & -\infty < x, z < +\infty. \end{cases}$$

7.21 求二维拉普拉斯方程在半平面 $x \leqslant a$ (a 为常数) 上 Dirichlet 问题的解:
$$\begin{cases} \Delta u = u_{xx} + u_{yy} = 0, & x < a, \quad -\infty < y < +\infty, \\ u(a, y) = f(y), & -\infty < y < +\infty. \end{cases}$$

7.22 求解二维调和方程在上半平面的 Dirichlet 边值问题
$$\begin{cases} \Delta u = 0, & x \in \mathbb{R}, \quad y > 0, \\ u(x, 0) = f(x), & x \in \mathbb{R}, \end{cases}$$

其中, $f(x)$ 为下列函数:

(1) $f(x) = \begin{cases} x, & x \in [a, b], \\ 0, & x \notin [a, b]; \end{cases}$ 　　　　　　　　(2) $f(x) = \dfrac{1}{4 + x^2}$.

7.23 求初值问题
$$\begin{cases} u_t = a^2 u_{xx} + bu, & -\infty < x < +\infty, \quad t > 0, \\ u(x, 0) = 0, & -\infty < x < +\infty \end{cases}$$

的格林函数 (其中, b 为常数), 并且写出初值问题
$$\begin{cases} u_t = a^2 u_{xx} + bu + f(x, t), & -\infty < x < +\infty, \quad t > 0, \\ u(x, 0) = \phi(x), & -\infty < x < +\infty \end{cases}$$

解的表达式, 其中, $\phi(x)$ 适当光滑和 $f(x, t)$ 连续.

7.24 求三维拉普拉斯方程在半空间 $x \leqslant b$ (b 为常数) 上的 Dirichlet 问题的解:
$$\begin{cases} \Delta u = 0, & x < b, \quad -\infty < y, z < +\infty, \\ u(b, y, z) = f(y, z), & -\infty < y, z < +\infty. \end{cases}$$

7.25 利用泊松公式 (7.3.10) 求
$$\begin{cases} u_{xx} + u_{yy} + u_{zz} = 0, & x^2 + y^2 + z^2 < 1, \\ u(\rho, \theta, \phi)|_{\rho=1} = A + B \cos 2\theta \end{cases}$$

的解.

7.26 求解调和方程在半圆区域上的 Dirichlet 问题:
$$\begin{cases} u_{xx} + u_{yy} = 0, & x^2 + y^2 < 1, \quad y > 0, \\ u|_{x^2+y^2=1, y>0} = \theta(\pi - \theta), \ u(x, 0) = 0, \end{cases}$$

其中, $\theta = \arctan \dfrac{y}{x}$.

◎ 基本解相关问题

7.27 利用格林公式求三维拉普拉斯方程的基本解.

7.28 利用傅里叶变换求二维拉普拉斯方程的基本解.

7.29 求下列定解问题的解:

(1) $\begin{cases} u_t = a^2 u_{xx}, & 0 < x < L, \quad t > 0, \\ u(0,t) = u(L,t) = 0, & t \geqslant 0, \\ u(x,0) = \delta(x-\xi), & 0 \leqslant x, \xi \leqslant L; \end{cases}$

(2) $\begin{cases} u_{tt} = a^2 u_{xx}, & 0 < x < L, \quad t > 0, \\ u_x(0,t) = u_x(L,t) = 0, & t \geqslant 0, \\ u(x,0) = 0, \quad u_t(x,0) = \delta(x-\xi), & 0 \leqslant x, \xi \leqslant L; \end{cases}$

(3) $\begin{cases} u_{xx} + u_{yy} = 0, & 0 < x < a, \quad 0 < y < b, \\ u(0,y) = u(a,y) = 0, & 0 \leqslant y \leqslant b, \\ u(x,0) = \delta(x-\xi), \quad u(x,b) = 0, & 0 \leqslant x, \xi \leqslant a. \end{cases}$

7.30 利用拉普拉斯方程的基本解, 求解下列方程的基本解:

(1) $\alpha^2 u_{xx} + \beta^2 u_{yy} = \delta(x,y)$ $(x > 0, \, \alpha, \beta > 0$ 为常数$)$;

(2) $\Delta^2 u = u_{xxxx} + 2u_{xxyy} + u_{yyyy} = \delta(x,y)$.

7.31 验证 (7.2.1) 中定义的格林函数 $G(M, M_0)$ 满足

$$\begin{cases} \Delta G = \delta(M - M_0), & M \in \Omega, \\ G = 0, & M \in \partial\Omega, \end{cases}$$

其中,

$$\delta(M - M_0) = \begin{cases} +\infty, & M = M_0, \\ 0, & M \neq M_0. \end{cases}$$

7.32 用傅里叶变换法求二维拉普拉斯方程的基本解.

7.33 用格林公式验证注 7.4.4 中的函数 u 为三维拉普拉斯方程的基本解.

7.34 验证式 (7.5.4)、式 (7.5.7)、式 (7.5.11) 和式 (7.5.14) 中的函数 $G(x,t;\xi,\tau)$ 是相应基本解问题的解.

7.35 验证

$$\begin{cases} C_n r^{4-n} \ln r, & n = 2, 4, \\ C_n r^{4-n}, & n = 3, n > 4 \end{cases}$$

为 $\mathbb{R}^n$ 中重调和算子 $\Delta^2 = \Delta(\Delta)$ 的基本解.

第 8 章   极值原理与能量方法

本章介绍研究偏微分方程中的两个重要技巧——极值原理和能量方法.
极值原理是研究偏微分方程最基本的方法, 是证明偏微分方程解的唯一性和
稳定性的有力工具. 能量方法在偏微分方程的先验估计和解的渐近性质研究
中有着广泛的应用.

★ 问题背景
最小作用量原理

8.1   极值原理及其应用

在这一节, 首先讨论泊松方程和热传导方程的极值原理. 然后介绍极值原理在证明相应
(初) 边值问题解的唯一性和稳定性、泊松方程和热传导方程的比较原理及最大模估计中的
应用.

8.1.1   泊松方程的极值原理

田 课件 8.1

先看一个 "高等数学" 课程中的例子. 这个例子的证明过程可以为证明泊
松方程的极值原理提供启发.

例 8.1.1   设 $f(x) \in C^2(0,1) \cap C[0,1]$, 且 $-f''(x) < 0, x \in (0,1)$. 则 $f(x)$ 在区间 $[0,1]$ 上
的最大值只能在端点 $x = 0$ 或 $x = 1$ 取得.

证明   设 f 在区间内部 $(0,1)$ 内某点 x_0 取得最大值. 利用二阶泰勒公式可得, 存在 $\xi \in (0,1)$, 使得

$$f(x) = f(x_0) + f'(x_0)(x - x_0) + \frac{f''(\xi)}{2!}(x - x_0)^2. \tag{8.1.1}$$

由费马定理知内部最值点 x_0 的导数为零, 即 $f'(x_0) = 0$. 那么当 $x \neq x_0$ 时, $f(x) = f(x_0) + \frac{f''(\xi)}{2!}(x - x_0)^2 > f(x_0)$. 这与 $f(x_0)$ 是 $[0,1]$ 区间上的最大值矛盾.

对于泊松方程, 通过类似的证明就可以导出其极值原理. 设 Ω 是 $\mathbb{R}^N$ 中具有光滑边界 $\partial\Omega$
的有界区域. 考虑 Ω 上的泊松方程

$$-\Delta u(x) = f(x), \quad x \in \Omega. \tag{8.1.2}$$

引理 8.1.1   设 $u \in C^2(\Omega) \cap C(\overline{\Omega})$, f 在 Ω 内满足 $f(x) < 0$. 则 u 不可能在 Ω 的内部取
到最大值.

证明   这个引理的证明与例 8.1.1 类似. 假定 u 在 Ω 内部某点 x_0 处取得 $\overline{\Omega}$ 上的最大值,
则

$$u_{xx}(x_0) \leqslant 0, \quad u_{yy}(x_0) \leqslant 0, \quad u_{zz}(x_0) \leqslant 0,$$

所以

田 微课 8.1-1

$$f(x_0) = -\Delta u(x_0) \geqslant 0.$$

这与 f 在 Ω 内小于零矛盾.

定理 8.1.1 (泊松方程的极值原理) 设 $u \in C^2(\Omega) \cap C(\overline{\Omega})$, f 在 Ω 内满足 $f(x) \leqslant 0$. 那么 u 在 $\overline{\Omega}$ 上的最大值在 $\partial\Omega$ 上达到, 因此

$$\max_{\overline{\Omega}} u \leqslant \max_{\partial\Omega} u. \tag{8.1.3}$$

证明 当 f 在 Ω 内满足 $f < 0$ 时, 由引理 8.1.1 可得结论显然成立. 下面引入一个变换将 f 修正为一个满足 $f_\varepsilon < 0$ 的函数 f_ε. 对于任意的 $\varepsilon > 0$, 有

$$\begin{aligned} f_\varepsilon : &= -\Delta(u + \varepsilon e^{x_1}) \\ &= f - \varepsilon e^{x_1} < 0. \end{aligned}$$

★ 应用拓展
一般椭圆型方程
的极值原理

应用引理 8.1.1, 有

$$\max_{\overline{\Omega}} u \leqslant \max_{\overline{\Omega}}(u + \varepsilon e^{x_1}) \leqslant \max_{\partial\Omega}(u + \varepsilon e^{x_1}) \leqslant \max_{\partial\Omega} u + \varepsilon \max_{\partial\Omega} e^{x_1}$$

对所有的 $\varepsilon > 0$ 都成立. 令 $\varepsilon \to 0^+$ 便得式 (8.1.3). 定理证毕.

注 8.1.1 若将定理中 $f(x) \leqslant 0$ 改为 $f(x) \geqslant 0$, 其他的条件不变, 则可得

$$\min_{\overline{\Omega}} u \geqslant \min_{\partial\Omega} u.$$

由定理 8.1.1, 可以直接推知.

定理 8.1.2 $\mathbb{R}^N$ 中一个有界区域 Ω 上的调和函数一定在边界 $\partial\Omega$ 上达到 $\overline{\Omega}$ 上的最大值和最小值, 即

$$\max_{x \in \overline{\Omega}} u = \max_{x \in \partial\Omega} u, \quad \min_{x \in \overline{\Omega}} u = \min_{x \in \partial\Omega} u. \tag{8.1.4}$$

例 8.1.2 利用定理 8.1.2 求函数 $u(x, y) = x^2 - y^2$ 在区域 $\Omega = \{(x, y)|\ 0 \leqslant x \leqslant 2,\ 0 \leqslant y \leqslant 1\}$ 上的最大值和最小值.

解 容易验证 $u(x, y) = x^2 - y^2$ 是 Ω 上的调和函数, 所以由定理 8.1.2 知 u 的最大值和最小值在 Ω 的边界上取得. 记 $\partial\Omega = L_1 \cup L_2 \cup L_3 \cup L_4$, 其中,

$$L_1 = \{(x, y)|\ 0 \leqslant x \leqslant 2,\ y = 0\}, \quad L_2 = \{(x, y)|\ 0 \leqslant x \leqslant 2,\ y = 1\},$$

$$L_3 = \{(x, y)|\ x = 0,\ 0 \leqslant y \leqslant 1\}, \quad L_4 = \{(x, y)|\ x = 2,\ 0 \leqslant y \leqslant 1\}.$$

记 L_i 上的最大值为 M_i, 最小值为 m_i. 简单计算可得 $m_1 = 0$, $M_1 = 4$, $m_2 = -1$, $M_2 = 3$, $m_3 = -1$, $M_3 = 0$, $m_4 = 3$, $M_4 = 4$, 故 $-1 \leqslant u \leqslant 4$.

考虑泊松方程的 Dirichlet 内问题

$$\begin{cases} -\Delta u = f(x), & x \in \Omega, \\ u(x) = \varphi(x), & x \in \partial\Omega. \end{cases} \tag{8.1.5}$$

例 8.1.3 证明泊松方程的 Dirichlet 内问题 (8.1.5) 在 $C^2(\Omega) \cap C(\overline{\Omega})$ 中的解是唯一的.

证明 设 u_1 和 u_2 是问题 (8.1.5) 的两个解, 则令 $w = u_1 - u_2$ 满足

$$\begin{cases} -\Delta w(x) = 0, & x \in \Omega, \\ w(x) = 0, & x \in \partial\Omega. \end{cases} \tag{8.1.6}$$

由定理 8.1.2 得

$$\max_{x \in \overline{\Omega}} w = \max_{x \in \partial\Omega} w = 0, \quad \min_{x \in \overline{\Omega}} w = \min_{x \in \partial\Omega} w = 0.$$

所以在 Ω 内有 $w = 0$, 即 $u_1 = u_2$.

注意到这里的 Ω 是一个有界区域. 无界域上的边值问题, 解的唯一性不一定是对的. 比如

下面的拉普拉斯方程外问题

$$\begin{cases} -\Delta u(x,y)=0, & x^2+y^2>4, \\ u(x,y)=1, & x^2+y^2=4. \end{cases} \tag{8.1.7}$$

容易验证 $u=1$ 和 $u=\ln\sqrt{x^2+y^2}/\ln 2$ 都是该外问题的解. 此时为保证解的唯一性, 需要附加额外的条件, 如 $\lim_{r\to+\infty}u(x,y)=0$, 这里 $r=\sqrt{x^2+y^2}$.

　　在物理上, Ω 上的调和函数表示一个稳定的温度场. 定理 8.1.2 表明当 Ω 内没有热源时, Ω 内部不会有最高的温度和最低的温度. 如若不然, 热量必定会由温度高的地方向温度低的地方扩散. 这在稳定的温度场中是不可能的, 除非温度场是一个常值温度场, 即下面的定理.

　　定理 8.1.3　$\mathbb{R}^N$ 中一个有界区域 Ω 上的调和函数 u 在内部 Ω 取到最大值或最小值, 那么调和函数 u 在 Ω 上为常值函数.

　　证明　只对在 Ω 内部取得最大值的情形证明, 取得最小值时的证明是类似的. 设调和函数 u 在 $x_0\in\Omega$ 取得最大值 M. 那么对于任意的 $x\in\Omega$, 有 $u(x)\leqslant M$. 以 x_0 为中心, 取半径为 r 的球面 $S_r^{x_0}$. 只要球面 $S_r^{x_0}$ 含在 Ω 内, 那么由调和函数的平均值公式, 有

$$M=u(x_0)=\frac{1}{|S_r^{x_0}|}\int_{S_r^{x_0}}u(x)\mathrm{d}S. \tag{8.1.8}$$

下证

$$u(x)\equiv M, \quad x\in S_r^{x_0}. \tag{8.1.9}$$

为叙述方便, 以二维为例证明式 (8.1.9). 引入极坐标变换, 式 (8.1.8) 变为

$$M=\frac{1}{2\pi}\int_0^{2\pi}u(r\cos\theta,r\sin\theta)\mathrm{d}\theta.$$

构造辅助函数

$$f(t)=\frac{1}{2\pi}\int_0^t[M-u(r\cos\theta,r\sin\theta)]\mathrm{d}\theta,$$

易知 $f(0)=f(2\pi)=0$, 且

$$f'(t)=\frac{1}{2\pi}[M-u(r\cos t,r\sin t)]\geqslant 0,$$

故 $f(t)\equiv 0$, $t\in[0,2\pi]$. 因此 $f'(t)\equiv 0$, $t\in[0,2\pi]$, 即 $u(r\cos t,r\sin t)\equiv M$, $t\in[0,2\pi]$.

　　因为 r 是任意的, 所以在以 x_0 为中心, r 为半径的圆盘 $C_r^{x_0}$ 内都有 $u(x)\equiv M$. 下面证明 Ω 内任意一点 y 的值 $u(y)=M$. 从 x_0 出发, 用 Ω 内的光滑曲线 L 连接 x_0 和 y. 在 L 上插入足够多的节点 x_i, $i=1,2,\cdots,n$, 并在每个节点 x_i 处作圆盘 $C_{r_i}^{x_i}$, 使得每个圆盘 $C_{r_i}^{x_i}$ 都含在 Ω 内, 且满足 $x_i\in C_{r_{i-1}}^{x_{i-1}}$, $y\in C_{r_n}^{x_n}$. 由前面的证明可知, 因为 $x_1\in C_{r_0}^{x_0}$, 所以 $u(x_1)=M$. 同理 $u(x_2)=u(x_3)=\cdots u(x_n)=M$. 而 y 含在 $C_{r_n}^{x_n}$ 中, 所以 $u(y)=M$.

　　从定理 8.1.3 可以看出, 非常数的调和函数不可能在有界区域 Ω 的内部取得最大或最小值.

8.1.2　热传导方程的极值原理

　　设 Ω 是 $\mathbb{R}^N$ 中的有界区域, Q_T 表示 $\mathbb{R}^{N+1}$ 中的柱体 $\Omega\times(0,T)$. 并记侧面为 $\Sigma_T=\partial\Omega\times(0,T)$, 底面为 $S=\overline{\Omega}\times\{t=0\}$, 侧面和底面统称为抛物边界, 记为 Γ_T, 即 $\Gamma_T=\Sigma_T\cup S$. 考虑 Q_T 中的热传导方程

$$u_t-a^2\Delta u=f(x,t), \quad x\in\Omega, \quad t\in(0,T), \tag{8.1.10}$$

其中, $a>0$ 为常数.

如果 $f \geqslant 0$, 则表示 Ω 内有 "热源"; 如果 $f \leqslant 0$, 则表示 Ω 内有 "冷源".

定理 8.1.4 (热传导方程的极值原理) 设 $u \in C^2(Q_T) \cap C(\overline{Q_T})$, 且在 Q_T 内满足 $f \leqslant 0$. 那么 u 在 $\overline{Q_T}$ 上的最大值在抛物边界 Γ_T 上达到, 即

$$\max_{\overline{Q_T}} u(x,t) \leqslant \max_{\Gamma_T} u(x,t). \tag{8.1.11}$$

证明 先证明 $f < 0$ 的情形. 如若不然, 则 u 在某一点 $P_0 = (x_0, t_0) \in Q_T$ 达到最大值. 那么有

$$u_{xx}(P_0) \leqslant 0, \quad u_{yy}(P_0) \leqslant 0, \quad u_{zz}(P_0) \leqslant 0,$$

且

田 微课 8.1-2

$$\begin{cases} u_t(P_0) = 0, & 0 < t_0 < T, \\ u_t(P_0) \geqslant 0, & t_0 = T. \end{cases}$$

从而

$$(u_t - a^2 \Delta u)\big|_{P_0} \geqslant 0.$$

这与 $f < 0$ 矛盾.

对于更一般的情形, 即 $f \leqslant 0$ 时, 引入变换

$$v(x,t) = u(x,t) - \varepsilon t, \quad \varepsilon > 0. \tag{8.1.12}$$

则对于 v 而言, 有

$$v_t - a^2 \Delta v < 0, \tag{8.1.13}$$

这就归结为第一种情形. 因此

$$\max_{\overline{Q_T}} u(x,t) = \max_{\overline{Q_T}} v(x,t) + \varepsilon T \leqslant \max_{\Gamma_T} v(x,t) + \varepsilon T \leqslant \max_{\Gamma_T} u(x,t) + \varepsilon T.$$

令 $\varepsilon \to 0$ 即得式 (8.1.11). 定理得证.

条件 $f \leqslant 0$ 在物理上表示在 Ω 的内部没有为正的 "热源". 因为温度是从高处向低处传递, 当边界上没有热源时温度的最大值只能在初始时刻达到, 即 $t_0 = 0$ 时; 或者当边界有 "热源" 时, 温度的最大值在边界上达到, 即 $(x_0, t_0) \in \Sigma_T$.

例 8.1.4 验证热传导方程初边值问题

$$\begin{cases} u_t - u_{xx} = -4t - 1, & x \in (0,1), \quad t \in (0,1), \\ u(x,0) = x^2 - x, & x \in [0,1], \\ u(0,t) = u(1,t) = -2t^2 + t, & t \in [0,1] \end{cases} \tag{8.1.14}$$

满足极值原理.

解 易证 $u(x,t) = x^2 - 2t^2 - x + t$ 是问题 (8.1.14) 的解, 解的唯一性可以由下节的能量方法推知. 下面计算 u 在 $\overline{Q_T} = [0,1] \times [0,1]$ 上的最大值. 对 u 求一阶偏导数, 得

$$u_x(x,t) = 2x - 1, \quad u_t(x,t) = -4t + 1. \tag{8.1.15}$$

故 u 在 $\overline{Q_T}$ 上存在唯一的驻点 $(1/2, 1/4)$, 该点的函数值为 $u(1/2, 1/4) = -1/8$. 又当 $t = 0$ 时, $u(x,t) = x^2 - x$ 在 $[0,1]$ 上的最大值为 $u(0,0) = u(1,0) = 0$. 在边界 $\{(x,t) \,|\, x = 0, 1, \ 0 \leqslant t < 1\}$ 上, $u(x,t) = -2t^2 + t$ 在 $[0,1)$ 上的最大值为 $u(x,t) = u(0, 1/4) = u(1, 1/4) = 1/8$. 因此 u 在

$[0, 1] \times [0, 1]$ 上的最大值为

$$\max_{(x,t) \in \overline{Q_T}} u(x, t) = \max\{-1/8, 0, 1, 8\} = 1/8,$$

此时的最大值点 $(0, 1/4)$, $(1, 1/4)$ 在抛物边界上.

作为定理 8.1.4 的推论, 对于齐次方程

$$u_t(x, t) - a^2 \Delta u(x, t) = 0, \quad x \in \Omega, \quad t \in (0, T), \tag{8.1.16}$$

有下面的结论.

定理 8.1.5 设 $u \in C^2(Q_T) \cap C(\overline{Q_T})$ 满足方程 (8.1.16), 那么 u 在 $\overline{Q_T}$ 上的最大值和最小值必在 Γ_T 上达到, 即

$$\max_{\overline{Q_T}} u(x, t) = \max_{\Gamma_T} u(x, t), \quad \min_{\overline{Q_T}} u(x, t) = \min_{\Gamma_T} u(x, t). \tag{8.1.17}$$

证明 首先由定理 8.1.4 可以直接推知 $\max\limits_{\overline{Q_T}} u(x, t) = \max\limits_{\Gamma_T} u(x, t)$. 为证明 $\min\limits_{\overline{Q_T}} u(x, t) = \min\limits_{\Gamma_T} u(x, t)$, 令 $v = -u$, 则

$$v_t - a^2 \Delta v \leqslant 0,$$

所以

$$\max_{\overline{Q_T}} [-u(x, t)] = \max_{\Gamma_T} [-u(x, t)].$$

此即

$$\min_{\overline{Q_T}} u(x, t) = \min_{\Gamma_T} u(x, t).$$

★ 应用拓展
一般抛物型方程
的极值原理

这个推论表明, 如果一个物体内部没有热源 (数学上体现为方程 (8.1.16) 的右端项为零), 那么在整个热传导的过程中, 温度总是趋于平衡的, 温度最高处的热量会向周围扩散, 温度最低处的热量趋于上升, 因此物理的最高温度和最低温度总在初始时或物理的边界 (即抛物边界 Γ_T) 上取得.

对于一般的一维常系数热传导方程

$$u_t - a^2 u_{xx} = b u_x + c u, \tag{8.1.18}$$

可以通过变换

$$v = u \mathrm{e}^{-(\lambda x + \mu t)}, \quad \lambda = -\frac{b}{2a^2}, \quad \mu = c - \frac{b^2}{4a^2}$$

将方程 (8.1.18) 化为方程 (8.1.16) 的形式.

同样, 热传导方程的极值原理可以用来证明解的唯一性. 考虑第一初边值问题

$$\begin{cases} u_t - a^2 \Delta u = f, & x \in \Omega, \quad t \in (0, T), \\ u(x, t) = g(x, t), & x \in \partial\Omega, \quad t \in [0, T], \\ u(x, 0) = \varphi(x), & x \in \overline{\Omega}. \end{cases} \tag{8.1.19}$$

例 8.1.5 热传导方程的第一初边值问题 (8.1.19) 在 $C^{2,1}(Q_T) \cap C(\overline{Q_T})$ 中的解是唯一的.

解 设 u_1 和 u_2 是问题 (8.1.19) 的两个解. 令 $w = u_1 - u_2$, 则 v 满足

$$\begin{cases} w_t - a^2 \Delta w = 0, & x \in \Omega, \quad t \in (0, T), \\ w(x, t) = 0, & x \in \partial\Omega, \quad t \in [0, T], \\ w(x, 0) = 0, & x \in \overline{\Omega}. \end{cases} \tag{8.1.20}$$

由定理 8.1.5, 得

$$\max_{\overline{Q_T}} w = \max_{\Gamma_T} w = 0, \quad \min_{\overline{Q_T}} w = \min_{\Gamma_T} w = 0.$$

所以在 Q_T 内有 $w = 0$, 即 $u_1 = u_2$.

8.1.3 极值原理的应用

极值原理的一个重要应用是证明泊松方程和热传导方程各类问题的唯一性和稳定性. 另一个重要应用是导出泊松方程和热传导方程的比较原理. 比较原理在处理 (非) 线性偏微分方程 (组) 的存在性问题中有着广泛的应用. 最后, 本节给出泊松方程和热传导方程的最大模估计. 从最大模估计出发, 也可以直接导出相应问题的解的唯一性.

田 微课 8.1-3

1. 证明唯一性和稳定性

设 $\Omega \subset \mathbb{R}^N$ 是一有界区域. 考虑泊松方程的第一边值问题

$$\begin{cases} -\Delta u = f(x), & x \in \Omega, \\ u(x) = \varphi(x), & x \in \partial\Omega. \end{cases} \tag{8.1.21}$$

定理 8.1.6 泊松方程第一边值问题 (8.1.21) 在 $C^2(\Omega) \cap C(\overline{\Omega})$ 中的解是唯一的, 且连续依赖于边界数据 φ.

证明 解的唯一性在 例 8.1.3 中已证. 下证稳定性. 设 u_1 和 u_2 分别是问题 (8.1.21) 对应 φ_1 和 φ_2 的两个解, 那么 $v = u_1 - u_2$ 满足

$$\begin{cases} -\Delta v = 0, & x \in \Omega, \\ v(x) = \psi(x), & x \in \partial\Omega, \end{cases}$$

其中, $\psi = \varphi_1 - \varphi_2$. 如果在 $\partial\Omega$ 上 $|\varphi_1 - \varphi_2| < \varepsilon$, 那么由定理 8.1.2 得

$$-\varepsilon \leqslant \min_{\partial\Omega} \psi = \min_{\overline{\Omega}} v \leqslant v \leqslant \max_{\overline{\Omega}} v = \max_{\partial\Omega} \psi \leqslant \varepsilon,$$

即 $|u_1 - u_2| \leqslant \varepsilon$. 所以泊松方程的第一边值问题 (8.1.21) 的解连续依赖于边界数据 φ.

考虑热传导方程的初值问题

$$\begin{cases} u_t - a^2 u_{xx} = f(x, t), & x \in (-\infty, +\infty), \quad t \in (0, T), \\ u(x, 0) = \varphi(x), & x \in (-\infty, +\infty). \end{cases} \tag{8.1.22}$$

设未知函数 u 在整个区域上是有界的, 即存在某一正常数 M, 使得

$$|u(x, t)| \leqslant M, \quad x \in (-\infty, +\infty), \quad t \in [0, T). \tag{8.1.23}$$

对于无界区域上的热传导方程, 附加解的一些先验条件 (如条件 (8.1.23)) 是必须的. 事实上, 对于齐次的初值问题

$$\begin{cases} u_t - a^2 u_{xx} = 0, & x \in (-\infty, +\infty), \quad t \in (0, T), \\ u(x, 0) = 0, & x \in (-\infty, +\infty), \end{cases} \tag{8.1.24}$$

可以找到一个不满足条件

$$|u(x,t)| \leqslant M \mathrm{e}^{Nx^2}$$

的非零解, 这里 M, N 是两个正常数, 参见 Copson (1975) 的文献.

定理 8.1.7 初值问题 (8.1.22) 满足条件 (8.1.23) 的古典解是唯一的, 且连续依赖于初始数据 φ.

证明 先证明唯一性. 只需证明

$$\begin{cases} v_t - a^2 v_{xx} = 0, & x \in (-\infty, +\infty), \quad t \in (0, T), \\ v(x, 0) = 0, & x \in (-\infty, +\infty) \end{cases} \tag{8.1.25}$$

只有零解. 因为区域是无界的, 不能直接应用极值原理. 对于任一个点 $M_0(x_0, t_0)$, 考虑下面的矩形区域

$$R_0: \ x_0 - L \leqslant x \leqslant x_0 + L, \quad 0 \leqslant t \leqslant t_0,$$

其中, L 为一个任意的正数. 记其抛物边界 $\Gamma_T := \{(x, t) \mid x = x_0 \pm L, \ 0 < t < t_0\} \cup \{(x, t) \mid x_0 - L \leqslant x \leqslant x_0 + L, \ t = 0\}$. 令

$$w(x, t) = \frac{4M}{L^2} \left[\frac{(x - x_0)^2}{2} + a^2 t \right],$$

其在 R_0 内连续, 并满足

$$(w - v)_t - a^2 (w - v)_{xx} = 0, \quad (x, t) \in R_0.$$

由定理 8.1.5 可得

$$\min_{R_0}(w - v) = \min_{\Gamma_T}(w - v).$$

而

$$(w - v)(x, 0) = \frac{2M(x - x_0)^2}{L^2} \geqslant 0, \quad (w - v)(x_0 \pm L, t) \geqslant 2M - M \geqslant 0,$$

所以

$$w(x, t) - v(x, t) \geqslant 0, \quad (x, t) \in R_0.$$

这蕴含着 $v(x_0, t_0) \leqslant \dfrac{4M}{L^2} a^2 t_0$. 同理可证 $v(x_0, t_0) \geqslant -\dfrac{4M}{L^2} a^2 t_0$. 因此

$$|v(x_0, t_0)| \leqslant \frac{4M}{L^2} a^2 t_0 \to 0, \quad L \to +\infty.$$

由 (x_0, t_0) 的任意性推知在整个区域上 $v \equiv 0$, 这就证明了解的唯一性.

其次证明初值问题的有界解对初始条件的连续依赖性. 为此, 只需证明当 $|\varphi(x)| < \varepsilon$ 时, 整个区域 $(-\infty, +\infty) \times (0, T)$ 上都有 $|u(x, t)| \leqslant \varepsilon$. 这与证明解的唯一性的过程是完全相似的, 只要取函数

$$w(x, t) = \frac{4M}{L^2} \left[\frac{(x - x_0)^2}{2} + a^2 t \right] + \varepsilon$$

代替原来的 w 即可.

2. 比较原理

★ 拓展应用
上下解方法

记泊松方程的第一边值问题 (8.1.21) 的解为 $u = u[f, \varphi]$.

定理 8.1.8 (泊松方程的比较原理) 设 $u_i = u_i[f_i, \varphi_i] \in C^2(\Omega) \cap C(\overline{\Omega})$, $i = 1, 2$, $f_1(x) \leqslant f_2(x)$, $\varphi_1(x) \leqslant \varphi_2(x)$, 则

$$u_1(x) \leqslant u_2(x), \quad x \in \Omega. \tag{8.1.26}$$

证明 令 $v = u_1 - u_2$, 则

$$-\Delta v = f_1(x) - f_2(x) \leqslant 0, \quad x \in \Omega.$$

那么由定理 8.1.1, 可得

$$\max_{\overline{\Omega}} v(x) \leqslant \max_{\partial\Omega} v = \max_{\partial\Omega}[\varphi_1(x) - \varphi_2(x)] \leqslant 0,$$

这蕴含着式 (8.1.26). 定理得证.

类似地, 基于热传导方程的极值原理, 也有其比较原理. 记 $Q_T = \Omega \times (0, T)$, $\Sigma_T = \partial\Omega \times (0, T)$. 考虑热传导方程的第一初边值问题

$$\begin{cases} u_t - a^2 \Delta u = f(x, t), & x \in \Omega, \quad t \in (0, T), \\ u(x, t) = \varphi(x, t), & x \in \partial\Omega, \quad t \in [0, T], \\ u(x, 0) = g(x), & x \in \overline{\Omega}. \end{cases} \tag{8.1.27}$$

记该问题的解为 $u = u[f, g, \varphi]$.

定理 8.1.9 (热传导方程的比较原理) 设 $u_i = u_i[f_i, g_i, \varphi_i] \in C^2(Q_T) \cap C(\overline{Q_T})$, $i = 1, 2$, $f_1(x, t) \leqslant f_2(x, t)$, $g_1(x) \leqslant g_2(x)$, $\varphi_1(x, t) \leqslant \varphi_2(x, t)$, 则

$$u_1(x, t) \leqslant u_2(x, t), \quad (x, t) \in Q_T. \tag{8.1.28}$$

证明略去.

3. 最大模估计

基于泊松方程的比较原理, 可以得到下面的最大模估计.

定理 8.1.10 (泊松方程的最大模估计) 设 $u \in C^2(\Omega) \cap C(\overline{\Omega})$ 是问题 (8.1.21) 的解, 则

$$\max_{\Omega} |u| \leqslant \max_{\partial\Omega} |\varphi| + C \max_{\Omega} |f|, \tag{8.1.29}$$

其中, C 为仅依赖于 Ω 的正常数.

证明 因为 Ω 有界, 可以选择适当大的 d, 使得 Ω 含在带状区域 $0 < x_1 < d$ 内. 定义

$$v(x) = \max_{\partial\Omega} |\varphi| + \left(e^d - e^{x_1}\right) \max_{\Omega} |f|. \tag{8.1.30}$$

由

$$-\Delta \left(e^{x_1}\right) = -e^{x_1},$$

有

$$-\Delta v = e^{x_1} \max_{\Omega} |f| \geqslant f(x). \tag{8.1.31}$$

另外, 显然有

$$v(x)|_{\partial\Omega} \geqslant \varphi(x) = u(x)|_{\partial\Omega}. \tag{8.1.32}$$

应用定理 8.1.8, 可得在 Ω 内 $u(x) \leqslant v(x)$ 成立.

类似可证在 Ω 内 $u(x) \geqslant -v(x)$. 所以 $|u| \leqslant v$, 即

$$\max_{\Omega} |u| \leqslant \max_{\partial\Omega} |\varphi| + C \max_{\Omega} |f|.$$

应用热传导方程的比较原理, 也可证明热传导方程的最大模估计.

定理 8.1.11 设 $u \in C^2(Q_T) \cap C(\overline{Q_T})$ 是问题 (8.1.27) 的解, 则

$$\max_{Q_T} |u| \leqslant \max_{\Sigma_T} |\varphi| + \max_{\Omega} |g| + C \max_{Q_T} |f|, \tag{8.1.33}$$

其中, C 为仅依赖于 Ω, T 和 a 的正常数.

证明略去.

注 8.1.2　由最大模估计立刻可以得到热传导方程的第一初边值问题 (8.1.27) 的解的唯一性.

从极值原理出发, 也可以直接证明最大模估计. 考虑拉普拉斯方程的第三边值问题

$$\begin{cases} -\Delta u = 0, & x \in \Omega, \\ \dfrac{\partial u}{\partial n} + au(x) = \varphi(x), & x \in \partial\Omega, \end{cases} \tag{8.1.34}$$

其中, n 为 $\partial\Omega$ 上的单位外法方向, $a > 0$ 为常数.

例 8.1.6　设 $u \in C^2(\Omega) \cap C^1(\overline{\Omega})$ 是拉普拉斯方程第三边值问题 (8.1.34) 的解, 则

$$\max_{\Omega} |u| \leqslant \frac{1}{a} \max_{\partial\Omega} |\varphi|. \tag{8.1.35}$$

解　记 $K = \dfrac{1}{a} \max_{\partial\Omega} |\varphi|$, $v = K \pm u$, 则只需证明 $v \geqslant 0$. 如若不然, v 在某点取负值, 则 $\min_{\overline{\Omega}} v = m < 0$. 不难验证

$$-\Delta v = -\Delta(K \pm u) = 0, \quad x \in \Omega.$$

由定理 8.1.2 知, v 的负最小值必在边界 $\partial\Omega$ 上取得. 设 v 在 $P_0 \in \partial\Omega$ 处取到 m, 则

$$\left. \frac{\partial v}{\partial n} \right|_{P_0} \leqslant 0.$$

于是

$$\left(\frac{\partial v}{\partial n} + av \right)\Big|_{P_0} \leqslant am < 0.$$

而

$$\left(\frac{\partial v}{\partial n} + av \right)\Big|_{P_0} = aK \pm \left(\frac{\partial u}{\partial n} + au \right)\Big|_{P_0} = aK \pm \varphi(P_0) \geqslant 0,$$

这是一个矛盾, 所以在 Ω 上 $v \geqslant 0$ 成立, 此即式 (8.1.35).

8.2　能量方法及其应用

田 课件 8.2

在微分方程定性理论以及解的先验估计的研究中, 能量方法是一种最基本和常用的方法. 这种方法也可以用于微分方程差分格式的收敛性证明中, 甚至在微分方程反演问题唯一性的证明中也有广泛的应用.

首先来了解这种方法的物理背景, 以波动方程为例. 设 $\Omega \subset \mathbb{R}^2$ 是一有界开区域, 并记 $Q_T = \Omega \times (0, T)$, $\Sigma_T = \partial\Omega \times (0, T)$. 考虑线性波动方程的初边值问题

$$\begin{cases} \rho u_{tt} - a\Delta u = f(x, t), & x \in \Omega, \quad t \in (0, T), \\ u(x, 0) = u_0(x), \quad u_t(x, 0) = u_1(x), & x \in \overline{\Omega}, \\ u(x, t) = 0, & x \in \partial\Omega, \quad t \in [0, T]. \end{cases} \tag{8.2.1}$$

式 (8.2.1) 可以表示一个二维区域 Ω 上的薄膜振动问题. 假设 $f(x, t) \equiv 0$, 这表示振动过程中没有外力的作用. 方程中的参数 ρ 为薄膜的面密度, a 为膜的张力. 由物理知识可知, 薄膜在时刻 t 的动能 K 为

$$K = \frac{\rho}{2} \int_{\Omega} |u_t(x, t)|^2 \mathrm{d}x.$$

薄膜的位能 V 可以表示为张力 a 与膜的形变所产生的面积增量的乘积. 利用面积元计算公式可得面积增量为

$$\Delta S = S_1 - S_2 = \int_\Omega \left[\sqrt{1 + |\boldsymbol{\nabla} u(x,t)|^2} - 1 \right] \mathrm{d}x$$

$$\approx \frac{1}{2} \int_\Omega |\boldsymbol{\nabla} u(x,t)|^2 \mathrm{d}x,$$

其中, S_1 为振动发生在 t 时刻时薄膜的面积; S_2 为平衡状态下薄膜的面积. 于是

$$V = a\Delta S = \frac{a}{2} \int_\Omega |\boldsymbol{\nabla} u(x,t)|^2 \mathrm{d}x.$$

定义能量

$$E(t) = K + V$$

$$= \int_\Omega \left[\frac{\rho}{2} u_t^2(x,t) + \frac{a}{2} |\boldsymbol{\nabla} u(x,t)|^2 \right] \mathrm{d}x, \quad 0 \leqslant t \leqslant T,$$

其表示 t 时刻时薄膜振动过程中的总能量. 当 $t = 0$ 时, 初始的能量为

$$E(0) = \int_\Omega \left[\frac{\rho}{2} u_1^2(x) + \frac{a}{2} |\boldsymbol{\nabla} u_0(x)|^2 \right] \mathrm{d}x.$$

因为没有外力作用, 所以整个薄膜的振动过程遵循能量守恒定律, 即

$$E(t) = E(0), \quad t \in [0,T]. \tag{8.2.2}$$

如何在数学上证明式 (8.2.2), 这就是能量模估计.

⊞ 微课 8.2-1

8.2.1 波动方程的能量模估计

设 $\Omega \subset \mathbb{R}^N$, 考虑更一般的非齐次波动方程的第三初边值问题

$$\begin{cases} \rho u_{tt} - a\Delta u = f(x,t), & x \in \Omega, \quad t \in (0,T), \\ u(x,0) = u_0(x), \quad u_t(x,0) = u_1(x), & x \in \overline{\Omega}, \\ \alpha \dfrac{\partial u}{\partial n}(x,t) + \beta u(x,t) = 0, & x \in \partial\Omega, \quad t \in [0,T], \end{cases} \tag{8.2.3}$$

其中, n 为 $\partial\Omega$ 上的单位外法方向; $\alpha, \beta \geqslant 0, \ \alpha + \beta > 0$.

能量模估计时往往需要应用下面的 Gronwall 引理.

引理 8.2.1 (Gronwall 引理) 设 $c_1 \in C^1[0,T]$ 非负单调递增, c_2 为正常数, $w \in C^1[0,T]$ 非负, 并满足

$$w(t) \leqslant c_1(t) + c_2 \int_0^t w(s)\mathrm{d}s, \quad t \in [0,T], \tag{8.2.4}$$

则有

$$w(t) \leqslant c_1(t)\mathrm{e}^{c_2 t}, \quad t \in [0,T]. \tag{8.2.5}$$

证明 令

$$\varphi(t) = \mathrm{e}^{-c_2 t} \left[w(t) - c_1(t)\mathrm{e}^{c_2 t} \right],$$

则

$$\varphi'(t) = -c_2 \mathrm{e}^{-c_2 t} \left[w(t) - c_1(t)\mathrm{e}^{c_2 t} \right] + \mathrm{e}^{-c_2 t} \left[w'(t) - c_2 c_1(t)\mathrm{e}^{c_2 t} - c_1'(t)\mathrm{e}^{c_2 t} \right]$$

$$= \mathrm{e}^{-c_2 t} \left[w'(t) - c_1'(t)\mathrm{e}^{c_2 t} - c_2 w(t) \right]. \tag{8.2.6}$$

因为 c_1 单调递增, 所以 $c_1'(t) \geqslant 0$. 于是

$$\varphi'(t) \leqslant \mathrm{e}^{-c_2 t} \left[w'(t) - c_1'(t) - c_2 w(t) \right]. \tag{8.2.7}$$

由条件 (8.2.4) 可知, 对于所有的 $t \in [0, T]$, 有 $w'(t) \leqslant c_1'(t) + c_2 w(t)$. 因此

$$\varphi'(t) \leqslant 0, \quad t \in [0, T]. \tag{8.2.8}$$

这表明 $\varphi(t)$ 在 $[0, T]$ 上单调递减, 并注意到

$$\varphi(0) = w(0) - c_1(0) \leqslant 0,$$

则可得不等式 (8.2.5).

下面应用能量积分方法和 Gronwall 引理证明波动方程第三初边值问题 (8.2.3) 的能量模估计. 记

$$E(t) = \int_\Omega \left[\frac{\rho}{2} u_t^2(x, t) + \frac{a}{2} |\boldsymbol{\nabla} u(x, t)|^2 \right] \mathrm{d}x + V(t), \quad 0 \leqslant t \leqslant T,$$

其中,

$$V(t) = \begin{cases} \int_{\partial\Omega} \frac{\beta}{2\alpha} u^2(x, t) \mathrm{d}t, & \alpha \neq 0, \\ 0, & \alpha = 0, \end{cases}$$

在物理上表示弹性支承情形下位移所做的功. 那么, 初始能量为

$$E(0) = \int_\Omega \left[\frac{\rho}{2} u_1^2(x) + \frac{a}{2} |\boldsymbol{\nabla} u_0(x)|^2 \right] \mathrm{d}x + V(0).$$

定理 8.2.1　设 $f(x, t) \in C(\overline{Q_T})$, $u \in C^2(Q_T) \cap C^1(\overline{Q_T})$ 是波动方程第三初边值问题 (8.2.3) 的解, 则

$$E(t) \leqslant \mathrm{e}^{Ct} \left[E(0) + \int_0^t \int_\Omega f^2 \mathrm{d}x \mathrm{d}t \right], \quad 0 \leqslant t \leqslant T, \tag{8.2.9}$$

其中, C 为仅依赖于 ρ 的正常数.

证明　为简单起见, 假设 $\rho = a = \alpha = \beta = 1$. 将式 (8.2.3) 中的方程两边乘以 u_t, 并在 $\Omega \times (0, t)$ 上积分, 得

$$\int_0^t \int_\Omega u_t (u_{tt} - \Delta u) \mathrm{d}x \mathrm{d}t = \int_0^t \int_\Omega u_t f \mathrm{d}x \mathrm{d}t. \tag{8.2.10}$$

易知

$$\int_0^t \int_\Omega u_t u_{tt} \mathrm{d}x \mathrm{d}t = \frac{1}{2} \int_0^t \frac{\mathrm{d}}{\mathrm{d}t} \int_\Omega u_t^2 \mathrm{d}x \mathrm{d}t$$
$$= \frac{1}{2} \left[\int_\Omega u_t^2(x, t) \mathrm{d}x - \int_\Omega u_1^2(x) \mathrm{d}x \right]. \tag{8.2.11}$$

另外, 利用格林公式及边界条件, 有

$$-\int_0^t \int_\Omega u_t \Delta u \mathrm{d}x \mathrm{d}t = \int_0^t \int_\Omega \boldsymbol{\nabla} u \cdot \boldsymbol{\nabla} u_t \mathrm{d}x \mathrm{d}t - \int_0^t \int_{\partial\Omega} u_t \frac{\partial u}{\partial n} \mathrm{d}S \mathrm{d}t$$
$$= \frac{1}{2} \int_0^t \frac{\mathrm{d}}{\mathrm{d}t} \int_\Omega |\boldsymbol{\nabla} u|^2 \mathrm{d}x \mathrm{d}t + \frac{1}{2} \int_0^t \frac{\mathrm{d}}{\mathrm{d}t} \int_{\partial\Omega} u^2 \mathrm{d}S \mathrm{d}t$$
$$= \frac{1}{2} \int_\Omega \left[|\boldsymbol{\nabla} u(x, t)|^2 - |\boldsymbol{\nabla} u_0(x)|^2 \right] \mathrm{d}x + \frac{1}{2} \int_{\partial\Omega} \left[u^2(x, t) - u_0^2(x) \right] \mathrm{d}S. \tag{8.2.12}$$

将式 (8.2.11) 和式 (8.2.12) 代入式 (8.2.10), 可得

$$E(t) = E(0) + I(x, t), \tag{8.2.13}$$

这里

$$I(x,t) = \int_0^t \int_\Omega f u_t \mathrm{d}x\mathrm{d}t. \tag{8.2.14}$$

由基本不等式可得 I 的估计:

$$
\begin{aligned}
I(x,t) &\leqslant \int_0^t \int_\Omega \frac{1}{2}|u_t|^2 \mathrm{d}x\mathrm{d}t + \int_0^t \int_\Omega \frac{1}{2}|f|^2 \mathrm{d}x\mathrm{d}t \\
&\leqslant \int_0^t E(\tau)\mathrm{d}t + \int_0^t \int_\Omega f^2 \mathrm{d}x\mathrm{d}t,
\end{aligned}
\tag{8.2.15}
$$

于是

$$E(t) \leqslant E(0) + \int_0^t \int_\Omega f^2 \mathrm{d}x\mathrm{d}t + \int_0^t E(t)\mathrm{d}t. \tag{8.2.16}$$

最后, 由引理 8.2.1 即得式 (8.2.9).

注 8.2.1 当 $\alpha = 0$ 时, 问题 (8.2.3) 变为带 Neumann 边界条件的第二初边值问题; 当 $\beta = 0$ 时, 问题 (8.2.3) 变为带 Dirichlet 边界条件的第一初边值问题. 从定理 8.2.1 可以直接推知这些问题的能量模估计.

考虑齐次波动方程的第一初边值问题

$$
\begin{cases}
u_{tt} - \Delta u = 0, & (x,t) \in Q_T, \\
u(x,0) = u_0(x), \quad u_t(x,0) = u_1(x), & x \in \Omega, \\
u(x,t) = 0, & (x,t) \in \Sigma_T.
\end{cases}
\tag{8.2.17}
$$

在这个初边值问题中没有方程和边界上的 "源项", 物理上表示振动只是由初始的位移 u_0 和速度 u_1 引起, 振动的过程中没有任何外力的影响. 此时在任何时刻的能量和初始的能量相等, 即在振动过程中保持能量守恒. 在数学上可以表示为下面的定理.

定理 8.2.2 设 $u \in C^2(Q_T) \cap C^1(\overline{Q_T})$ 是波动方程第一初边值问题 (8.2.17) 的解, 则

$$E(t) = E(0), \quad 0 \leqslant t \leqslant T. \tag{8.2.18}$$

证明 注意到 $f \equiv 0$, 有式 (8.2.13) 中的 $I = 0$, 故可得式 (8.2.18).

从能量模估计可直接推知解的唯一性.

定理 8.2.3 波动方程的第三初边值问题 (8.2.3) 在空间 $C^2(Q_T) \cap C^1(\overline{Q_T})$ 中的解是唯一的.

证明 只对 $\beta > 0$ 的情形证明. 当 $\beta = 0$ 时的情形更为简单. 不妨仍然假设 $\alpha = \beta = 1$. 设波动方程的第三初边值问题 (8.2.3) 在空间 $C^2(Q_T) \cap C^1(\overline{Q_T})$ 中有两个解 u_1 和 u_2. 令 $u = u_1 - u_2$, 则

$$
\begin{cases}
v_{tt} - \Delta v = 0, & x \in \Omega, \quad t \in (0,T), \\
v(x,0) = 0, \quad v_t(x,0) = 0, & x \in \overline{\Omega}, \\
v(x,t) + \dfrac{\partial v}{\partial n}(x,t) = 0, & x \in \partial\Omega, \quad t \in [0,T].
\end{cases}
\tag{8.2.19}
$$

应用定理 8.2.1, 得

$$E(t) = 0, \quad 0 \leqslant t \leqslant T. \tag{8.2.20}$$

这蕴含着

$$v_t(x,t) = |\boldsymbol{\nabla} v(x,t)| = 0, \quad (x,t) \in \overline{Q_T}. \tag{8.2.21}$$

所以对于所有 $(x,t) \in \overline{Q_T}$, 有 $v(x,t) \equiv C$. 又因为 $v(x,0) \equiv 0$, 所以

$$v(x,t) \equiv 0, \quad (x,t) \in \overline{Q_T}.$$

此即 $u_1 = u_2$.

例 8.2.1　考虑下面双曲型方程的初边值问题

$$\begin{cases} u_{tt} - \Delta u - u_t - u = 0, & x \in \Omega, \quad t \in (0,T), \\ u(x,0) = \varphi(x), \quad u_t(x,0) = \psi(x), & x \in \overline{\Omega}, \\ u(x,t) = 0, & x \in \partial\Omega, \quad t \in [0,T]. \end{cases} \tag{8.2.22}$$

定义该问题的能量

$$E(t) = \frac{1}{2} \int_\Omega \left[|u_t(x,t)|^2 + |\boldsymbol{\nabla} u(x,t)|^2 + |u(x,t)|^2 \right] \mathrm{d}x.$$

证明

★ 应用拓展
阻尼振动方程
解的衰减

$$E(t) \leqslant \frac{1}{2}\mathrm{e}^{4t} \int_\Omega \left[|\psi(x)|^2 + |\boldsymbol{\nabla}\varphi(x)|^2 + |\varphi(x)|^2 \right] \mathrm{d}x, \quad t \in (0,T). \tag{8.2.23}$$

证明　简单计算可得

$$\frac{\mathrm{d}}{\mathrm{d}t} E(t) = \int_\Omega \left(u_t u_{tt} + \boldsymbol{\nabla} u \cdot \boldsymbol{\nabla} u_t + u u_t \right) \mathrm{d}x. \tag{8.2.24}$$

另一方面, 用 u_t 乘以问题 (8.2.22) 中的方程, 并在 Ω 上积分, 然后利用分部积分公式, 得

$$\int_\Omega \left(u_{tt} u_t + \boldsymbol{\nabla} u \cdot \boldsymbol{\nabla} u_t \right) \mathrm{d}x = \int_\Omega |u_t|^2 \mathrm{d}x + \int_\Omega u u_t \mathrm{d}x. \tag{8.2.25}$$

将式 (8.2.25) 代入式 (8.2.24), 有

$$\frac{\mathrm{d}}{\mathrm{d}t} E(t) = \int_\Omega |u_t|^2 \mathrm{d}x + 2\int_\Omega u u_t \mathrm{d}x \leqslant 2\int_\Omega \left(|u_t|^2 + |u|^2 \right) \mathrm{d}x \leqslant 4E(t). \tag{8.2.26}$$

所以

$$\frac{\mathrm{d}}{\mathrm{d}t} \left[\mathrm{e}^{-4t} E(t) \right] \leqslant 0, \tag{8.2.27}$$

对式 (8.2.27) 两边在 0 到 t 上积分, 可得式 (8.2.23).

田 微课 8.2-2

8.2.2　泊松方程的能量模估计

能量方法也可应用于泊松方程. 考虑泊松方程的第三边值问题

$$\begin{cases} -\Delta u + c(x)u = f(x), & x \in \Omega, \\ \dfrac{\partial u}{\partial n}(x) + au(x) = 0, & x \in \partial\Omega, \end{cases} \tag{8.2.28}$$

其中, n 为 $\partial\Omega$ 上单位外法方向, $a > 0$ 为常数.

定理 8.2.4　设 $c(x) \geqslant c_0 > 0$, $u \in C^2(\Omega) \cap C^1(\overline{\Omega})$ 是泊松方程第三边值问题的解, 则存在仅依赖于 c_0 的常数 C, 使得

$$\int_\Omega |\boldsymbol{\nabla} u|^2 \mathrm{d}x + \frac{c_0}{2} \int_\Omega |u|^2 \mathrm{d}x + a \int_{\partial\Omega} |u|^2 \mathrm{d}x \leqslant C \int_\Omega |f|^2 \mathrm{d}x. \tag{8.2.29}$$

证明　用 u 乘以式 (8.2.28) 中的方程, 并在 Ω 上积分, 然后应用格林公式, 得

$$\int_\Omega |\boldsymbol{\nabla} u|^2 \mathrm{d}x + \int_\Omega c(x)|u|^2 \mathrm{d}x - \int_{\partial\Omega} u \frac{\partial u}{\partial n} \mathrm{d}S = \int_\Omega f u \mathrm{d}x.$$

代入边界条件, 并应用 $c(x) \geqslant c_0$ 及基本不等式, 得

$$\int_\Omega |\nabla u|^2 \mathrm{d}x + c_0 \int_\Omega |u|^2 \mathrm{d}x + a \int_{\partial\Omega} |u|^2 \mathrm{d}S \leqslant \frac{c_0}{2} \int_\Omega |u|^2 \mathrm{d}x + \frac{1}{2c_0} \int_\Omega |f|^2 \mathrm{d}x. \tag{8.2.30}$$

将不等式中右端的 u 项移到左端就得到估计 (8.2.29).

注 8.2.2　泊松方程的能量模估计是用 u 乘以方程的两边, 波动方程的能量模估计是用 u_t 乘以方程的两边, 这主要是由方程的不同类型引起的.

注 8.2.3　定理中 $c(x)$ 的正性是不可缺少的, 从证明中可以看到如果缺乏这样的条件, 就无法吸收式 (8.2.30) 中右端的 u 项.

注 8.2.4　如果 $c(x) = f(x) \equiv 0$, $a = 0$, 则类似可证

$$\int_\Omega |\nabla u|^2 \mathrm{d}x \leqslant 0. \tag{8.2.31}$$

由此可得 $u \equiv C$. 这说明对于泊松方程的第二边值问题的解在相差一个常数的意义下是唯一的.

例 8.2.2　证明如下问题在 $C^2(\Omega) \cap C^1(\overline{\Omega})$ 中的解是唯一的.

$$\begin{cases} -\Delta u = f(x), & x \in \Omega = B_{2R}(0) \setminus B_R(0), \\ \dfrac{\partial u}{\partial n}(x) - au(x) = f_1(x), & x \in \partial B_R(0), \\ \dfrac{\partial u}{\partial n}(x) + bu(x) = f_2(x), & x \in \partial B_{2R}(0), \end{cases} \tag{8.2.32}$$

其中, $a, b > 0$ 为常数; $B_r(0)$ 为以原点为圆心, r 为半径的球; $\partial B_r(0)$ 为球 $B_r(0)$ 的表面; n 为 $\partial\Omega$ 上朝外的单位法方向.

证明　设 u_1, u_2 是问题 (8.2.32) 的两个解, 则 $v = u_1 - u_2$ 满足

$$\begin{cases} -\Delta v = 0, & x \in \Omega, \\ \dfrac{\partial v}{\partial n}(x) - av(x) = 0, & x \in \partial B_R(0), \\ \dfrac{\partial v}{\partial n}(x) + bv(x) = 0, & x \in \partial B_{2R}(0). \end{cases} \tag{8.2.33}$$

用 v 乘以问题 (8.2.33) 中的方程, 在 Ω 上积分, 并应用格林公式, 得

$$0 = \int_\Omega v\Delta v \mathrm{d}x = -\int_{\partial B_R(0)} \frac{\partial v}{\partial n} v \mathrm{d}S + \int_{\partial B_{2R}(0)} \frac{\partial v}{\partial n} v \mathrm{d}S - \int_\Omega |\nabla v|^2 \mathrm{d}x,$$

代入边界条件, 得

$$a \int_{\partial B_R(0)} |v|^2 \mathrm{d}S + b \int_{\partial B_{2R}(0)} |v|^2 \mathrm{d}S + \int_\Omega |\nabla v|^2 \mathrm{d}x = 0.$$

于是, $|\nabla v| \equiv 0$, 即 $v \equiv C$. 又因为 $a, b > 0$, 所以在 $\partial B_R(0)$ 和 $\partial B_{2R}(0)$ 上 $v \equiv 0$. 因此 $v \equiv 0$, 也就是问题 (8.2.32) 的解是唯一的.

田 微课 8.2-3

8.2.3　热传导方程的能量模估计

记 $Q_T = \{(x, t) \mid 0 < x < L, \ 0 < t < T\}$, 考虑热传导方程的混合边值问题

$$\begin{cases} u_t - a^2 u_{xx} = f, & 0 < x < L, \quad 0 < t < T, \\ u(x, 0) = \varphi(x), & 0 \leqslant x \leqslant L, \\ u(0, t) = 0, \quad u_x(L, t) = 0, & 0 \leqslant t \leqslant T. \end{cases} \tag{8.2.34}$$

定理 8.2.5　设 $u \in C^{2,1}(Q_T) \cap C^1(\overline{Q_T})$ 是热传导方程混合边值问题 (8.2.34) 的解, 则存在

只依赖于 T 的常数 C, 使得

$$\int_0^L |u(x,t)|^2 \mathrm{d}x + 2a^2 \int_0^t \int_0^L |u_x|^2 \mathrm{d}x\mathrm{d}t \leqslant C \left(\int_0^L |\varphi|^2 \mathrm{d}x + \int_0^t \int_0^L |f|^2 \mathrm{d}x\mathrm{d}t \right). \quad (8.2.35)$$

证明　用 u 乘以式 (8.2.34) 中的方程, 并在 Q_t 上积分, 可得

$$\frac{1}{2} \int_0^t \frac{\mathrm{d}}{\mathrm{d}t} \int_0^L |u|^2 \mathrm{d}x\mathrm{d}t - a^2 \int_0^t \int_0^L u u_{xx} \mathrm{d}x\mathrm{d}t = \int_0^t \int_0^L u f \mathrm{d}x\mathrm{d}t. \quad (8.2.36)$$

应用边界条件及格林公式, 进一步可得

$$\frac{1}{2} \int_0^L |u(x,t)|^2 \mathrm{d}x + a^2 \int_0^t \int_0^L |u_x|^2 \mathrm{d}x\mathrm{d}t$$

$$\leqslant \frac{1}{2} \int_0^L |\varphi|^2 \mathrm{d}x + \frac{1}{2} \int_0^t \int_0^L |u|^2 \mathrm{d}x\mathrm{d}t + \frac{1}{2} \int_0^t \int_0^L |f|^2 \mathrm{d}x\mathrm{d}t. \quad (8.2.37)$$

记

$$F(t) = \int_0^t \int_0^L |u|^2 \mathrm{d}x\mathrm{d}t, \quad G(t) = \int_0^L |\varphi|^2 \mathrm{d}x + \int_0^t \int_0^L |f|^2 \mathrm{d}x\mathrm{d}t.$$

★ 应用拓展
热传导方程
反向唯一性

由式 (8.2.37), 得

$$\frac{\mathrm{d}}{\mathrm{d}t} F(t) \leqslant F(t) + G(t), \quad F(0) = 0. \quad (8.2.38)$$

两端从 0 到 t 积分, 得

$$F(t) \leqslant \int_0^t G(\tau)\mathrm{d}\tau + \int_0^t F(\tau)\mathrm{d}\tau \leqslant tG(t) + \int_0^t F(\tau)\mathrm{d}\tau. \quad (8.2.39)$$

于是, 由 Gronwall 引理推知

$$F(t) \leqslant te^t G(t). \quad (8.2.40)$$

代入式 (8.2.37), 则有

$$\frac{1}{2} \int_0^L |u(x,t)|^2 \mathrm{d}x + a^2 \int_0^t \int_0^L |u_x|^2 \mathrm{d}x\mathrm{d}t$$

$$\leqslant \frac{1}{2}(1+te^t) \left(\int_0^L |\varphi|^2 \mathrm{d}x + \int_0^t \int_0^L |f|^2 \mathrm{d}x\mathrm{d}t \right). \quad (8.2.41)$$

由此立即可得式 (8.2.35).

由能量模估计可以立刻推知热传导方程解的唯一性, 也可证明相应初边值问题的稳定性. 这样的稳定性只有平均意义下的稳定性, 这要弱于由极值原理得到的稳定性. 另外对于其他类型的边界条件, 这样的能量模方法也是适用的.

8.2.4　能量方法的应用

能量积分方法就是在方程的两边乘以 u 或 u_t, 再在区域上积分, 借助格林公式、Gronwall 引理等技术构造能量不等式, 得到能量模估计. 除了应用于各类偏微分方程的能量模估计, 能量方法在许多领域都有广泛的应用. 本节以几个具体问题为例, 介绍能量积分方法的使用技巧.

1. KdV 方程解的先验估计

1985 年, Korteweg 和 des Vris 在研究浅水波时导出了 KdV 方程, 用以描述浅水波中的孤立波现象. 考虑 KdV 方程的初值问题

$$\begin{cases} u_t + \nu uu_x + u_{xxx} = 0, & -\infty < x < +\infty, \quad 0 < t < T, \\ u(x,0) = u_0(x), & -\infty < x < +\infty, \\ u, u_x, u_{xx} \to 0, & |x| \to \infty, \end{cases} \tag{8.2.42}$$

其中, ν 为一个正常数.

定理 8.2.6　设 u 是 KdV 方程的解, 则对任意 $t \in [0, T]$ 成立下面的守恒律:

$$\int_{-\infty}^{+\infty} u^2(x,t)\mathrm{d}x = \int_{-\infty}^{+\infty} u_0^2(x)\mathrm{d}x, \tag{8.2.43}$$

$$\int_{-\infty}^{+\infty} \left[u_x^2(x,t) - \frac{\nu}{3}u^3(x,t) \right]\mathrm{d}x = \int_{-\infty}^{+\infty} \left[(u_0)_x^2(x) - \frac{\nu}{3}u_0^3(x) \right]\mathrm{d}x. \tag{8.2.44}$$

证明　式 (8.2.42) 中的方程两边同时乘以 u, 并积分可得

田 微课 8.2-4

$$\int_{-\infty}^{+\infty} u_t u\mathrm{d}x + \nu \int_{-\infty}^{+\infty} u^2 u_x\mathrm{d}x + \int_{-\infty}^{+\infty} uu_{xxx}\mathrm{d}x = 0,$$

即

$$\frac{1}{2}\frac{\mathrm{d}}{\mathrm{d}t}\int_{-\infty}^{+\infty} u^2\mathrm{d}x = -\frac{\nu}{3}\int_{-\infty}^{+\infty} (u^3)_x\mathrm{d}x + \frac{1}{2}\int_{-\infty}^{+\infty} (u_x^2)_x\mathrm{d}x. \tag{8.2.45}$$

进一步, 注意到 $u(\pm\infty, t) = u_x(\pm\infty, t) = 0$, 有

$$\frac{\mathrm{d}}{\mathrm{d}t}\int_{-\infty}^{+\infty} u^2(x,t)\mathrm{d}x = 0. \tag{8.2.46}$$

这就证明了式 (8.2.43).

下面证明式 (8.2.44). 问题 (8.2.42) 中的方程两边同时乘以 u^2, 并积分可得

$$\frac{1}{3}\frac{\mathrm{d}}{\mathrm{d}t}\int_{-\infty}^{+\infty} u^3\mathrm{d}x + \int_{-\infty}^{+\infty} u^2 u_{xxx}\mathrm{d}x = -\frac{\nu}{4}\int_{-\infty}^{+\infty} (u^4)_x\mathrm{d}x. \tag{8.2.47}$$

利用格林公式, 并利用 $u(\pm\infty, t) = u_x(\pm\infty, t) = 0$, 得

$$\int_{-\infty}^{+\infty} u^2 u_{xxx}\mathrm{d}x = -2\int_{-\infty}^{+\infty} uu_x u_{xx}\mathrm{d}x = 2\int_{-\infty}^{+\infty} u_x^3\mathrm{d}x + 2\int_{-\infty}^{+\infty} uu_x u_{xx}\mathrm{d}x, \tag{8.2.48}$$

这蕴含着

$$\int_{-\infty}^{+\infty} u^2 u_{xxx}\mathrm{d}x = -2\int_{-\infty}^{+\infty} uu_x u_{xx}\mathrm{d}x = \int_{-\infty}^{+\infty} u_x^3\mathrm{d}x. \tag{8.2.49}$$

将式 (8.2.49) 代入式 (8.2.47), 得

$$\frac{\mathrm{d}}{\mathrm{d}t}\int_{-\infty}^{+\infty} u^3\mathrm{d}x + 3\int_{-\infty}^{+\infty} u_x^3\mathrm{d}x = 0. \tag{8.2.50}$$

另一方面, 用 u_{xx} 乘以问题 (8.2.42) 中的方程, 然后再积分可得

$$-\frac{1}{2}\frac{\mathrm{d}}{\mathrm{d}t}\int_{-\infty}^{+\infty} |u_x|^2\mathrm{d}x + \nu\int_{-\infty}^{+\infty} uu_x u_{xx}\mathrm{d}x = -\frac{1}{2}\int_{-\infty}^{+\infty} (u_{xx}^2)_x\mathrm{d}x. \tag{8.2.51}$$

利用 $u_{xx}(\pm\infty, t) = 0$, 并代入式 (8.2.49), 得

$$\frac{\mathrm{d}}{\mathrm{d}t}\int_{-\infty}^{+\infty} u_x^2\mathrm{d}x + \nu\int_{-\infty}^{+\infty} u_x^3\mathrm{d}x = 0. \tag{8.2.52}$$

从而, 由式 (8.2.50) 和式 (8.2.52) 得

$$\frac{\mathrm{d}}{\mathrm{d}t}\int_{-\infty}^{+\infty}(3u_x^2 - \nu u^3)\,\mathrm{d}x = 0. \tag{8.2.53}$$

这蕴含着式 (8.2.44). 定理得证.

2. Navier-Stokes 方程解的衰减

Navier-Stokes 方程是流体力学中描述不可压缩流体动量守恒的运动方程. 记 $\varOmega \subset \mathbb{R}^3$, $v_{i,t} = (v_i)_t$, $v_{i,j} = (v_i)_{x_j}$, 则 Navier-Stokes 方程可以表示为

$$\begin{cases} v_{i,t} + \displaystyle\sum_{j=1}^{3} v_j v_{i,j} = -\frac{1}{\rho}P_{,i} + \Delta v_i + f_i, & x \in \varOmega, \quad t \in (0,T), \\ \displaystyle\sum_{i=1}^{3} v_{i,i} = 0, & x \in \varOmega, \quad t \in (0,T), \end{cases} \tag{8.2.54}$$

其中, $\boldsymbol{V} = (v_1, v_2, v_3)$ 为流体的速度场; P 为压力; ρ 为密度; $\boldsymbol{F} = (f_1, f_2, f_3)$ 为外力. 方程 (8.2.54) 在向量形式下的方程为

$$\begin{cases} \boldsymbol{V}_t + (\boldsymbol{V} \cdot \boldsymbol{\nabla})\boldsymbol{V} = -\dfrac{\boldsymbol{\nabla} P}{\rho} + \Delta \boldsymbol{V} + \boldsymbol{F}, & x \in \varOmega, \quad t \in (0,T), \\ \boldsymbol{\nabla} \cdot \boldsymbol{V} = 0, & x \in \varOmega, \quad t \in (0,T). \end{cases} \tag{8.2.55}$$

假定 $\boldsymbol{V}$ 满足如下的初边值条件

$$\begin{cases} \boldsymbol{V}(x,0) = \boldsymbol{V}_0(x), & x \in \varOmega, \\ \boldsymbol{V}(x,t) = 0, & x \in \partial\varOmega, \quad t \in [0,T]. \end{cases} \tag{8.2.56}$$

定义能量

$$E(t) = \int_{\varOmega} |\boldsymbol{V}|^2 \mathrm{d}x = \sum_{i=1}^{3}\int_{\varOmega} |v_i|^2 \mathrm{d}x.$$

定理 8.2.7　设密度 ρ 是常数, 外力是一个梯度场, 即 $\boldsymbol{F} = -\boldsymbol{\nabla}\phi$, 则存在某个正常数 C, 使得

$$E(t) \leqslant \mathrm{e}^{-Ct} E(0), \quad t \in [0,T]. \tag{8.2.57}$$

证明　对 $E(t)$ 求导, 得

$$\begin{aligned} \frac{\mathrm{d}E}{\mathrm{d}t} &= 2\sum_{i=1}^{3}\int_{\varOmega} v_i v_{i,t}\,\mathrm{d}x \\ &= 2\sum_{i=1}^{3}\int_{\varOmega} v_i\left(-\sum_{j=1}^{3} v_j v_{i,j} - \frac{1}{\rho}P_{,i} + \Delta v_i + f_i\right)\mathrm{d}x \end{aligned} \tag{8.2.58}$$

令 $p = \dfrac{P}{\rho} + \phi$, 并应用格林公式, 得

$$\begin{aligned} \frac{\mathrm{d}E}{\mathrm{d}t} &= -\sum_{i=1}^{3}\sum_{j=1}^{3}\int_{\varOmega} v_j(v_i^2)_{,j}\,\mathrm{d}x + 2\sum_{i=1}^{3}\int_{\varOmega} v_i\Delta v_i\,\mathrm{d}x - 2\sum_{i=1}^{3}\int_{\varOmega} v_i p_{,i}\,\mathrm{d}x \\ &= \int_{\varOmega}\sum_{j=1}^{3} v_{j,j}\sum_{i=1}^{3} v_i^2\,\mathrm{d}x - \sum_{i=1}^{3}\sum_{j=1}^{3}\int_{\partial\varOmega} v_j v_i^2 n_j\,\mathrm{d}x - 2\sum_{i=1}^{3}\int_{\varOmega} |\boldsymbol{\nabla} v_i|^2 \mathrm{d}x \end{aligned}$$

$$+ 2 \sum_{i=1}^{3} \int_{\partial\Omega} v_i \frac{\partial v_i}{\partial n} \mathrm{d}S + 2 \int_{\Omega} \sum_{i=1}^{3} v_{i,i} p \mathrm{d}x - 2 \sum_{i=1}^{3} \int_{\partial\Omega} v_i p n_i \mathrm{d}S, \tag{8.2.59}$$

其中, $n = (n_1, n_2, n_3)$ 为 $\partial\Omega$ 上的单位外法方向. 应用边界条件及 $\sum\limits_{i=1}^{3} v_{i,i} = 0$ 进一步得到

$$\frac{\mathrm{d}E}{\mathrm{d}t} = -2 \sum_{i=1}^{3} \int_{\Omega} |\boldsymbol{\nabla} v_i|^2 \mathrm{d}x. \tag{8.2.60}$$

由 Poincaré 不等式 (伍卓群等, 2003), 有

$$C \sum_{i=1}^{3} \int_{\Omega} |v_i|^2 \mathrm{d}x \leqslant \sum_{i=1}^{3} \int_{\Omega} |\boldsymbol{\nabla} v_i|^2 \mathrm{d}x. \tag{8.2.61}$$

将式 (8.2.61) 代入式 (8.2.60), 得

$$\frac{\mathrm{d}E}{\mathrm{d}t} \leqslant -CE(t),$$

这蕴含着估计式 (8.2.57).

3. 反源问题解的唯一性

反问题是一个新兴的研究领域. 不同于传统的数学物理方程的正问题 (由已知的数学物理方程、边界、初始条件确定方程的解), 反问题是由解的部分信息反向推知数学物理方程定解问题中的未知部分, 如方程中的物理参数、边界形状、初始数据等. 这类问题在材料物理、石油勘探、气象预报等许多应用领域都有广泛的应用. 反问题的唯一性是反问题理论研究的核心内容之一. 下面借助能量估计的方法证明一个线性抛物方程反源问题的唯一性.

设 $\Omega \subset \mathbb{R}^N$ 是一个具有光滑边界的有界开区域, 并记 $Q_T = \Omega \times (0, T)$, 考虑下面的线性抛物方程

$$\begin{cases} u_t - \Delta u + \sum\limits_{i=1}^{N} b_i(x,t) u_{x_i} + c(x,t) u = f(x,t), & x \in \Omega, \quad t \in (0, T), \\ u(x, 0) = u_0(x), & x \in \overline{\Omega}, \\ u(x, t) = \varphi(x, t), & x \in \partial\Omega, \quad t \in [0, T], \end{cases} \tag{8.2.62}$$

这里假定源项 f 为

$$f(x, t) = g(x, t) h(x), \tag{8.2.63}$$

其中, g 为已知的函数; h 为需要确定的未知函数, 其在热传导过程中可以看成每一点的热源强度. 为反演未知函数 f, 需要额外的测量

$$u(x, T) = \psi(x), \quad x \in \Omega. \tag{8.2.64}$$

定义 h 的容许集

$$H = \left\{ h \middle|\ \|h\|_{C(\overline{\Omega})} \leqslant M \right\},$$

其中, M 为一个正常数.

讨论下述反源问题.

反源问题: 由测量数据 (8.2.64) 确定线性抛物方程中的未知函数 h.

首先给出定理的条件:

(1)　$b_i,\ c \in C^1(\overline{Q_T})$, $\varphi \in C^3(\overline{Q_T})$, $u_0 \in C^3(\overline{\Omega})$;

(2)　$g \in C^1(\overline{Q_T})$, 且满足 $g(x,0)=0$ 及 $|g(x,T)|>0$.

定理 8.2.8　设 $h \in H$, 且条件 (1), (2) 成立, 则存在充分小的 T, 反源问题的解是唯一的.

证明　设 $u_i = u_i[h_i]$ ($i=1,2$) 是分别对应于两个源项 h_i ($i=1,2$) 的两个解. 令

$$\tilde{u} = u_1 - u_2, \quad \tilde{h} = h_1 - h_2,$$

那么有

$$\begin{cases} \tilde{u}_t - \Delta \tilde{u} + \sum_{i=1}^N b_i(x,t)\tilde{u}_{x_i} + c(x,t)\tilde{u} = g(x,t)\tilde{h}(x), & x \in \Omega, \quad t \in (0,T), \\ \tilde{u}(x,0) = 0, & x \in \overline{\Omega}, \\ \tilde{u}(x,t) = 0, & x \in \partial\Omega, \quad t \in [0,T] \end{cases} \tag{8.2.65}$$

和

$$\tilde{u}(x,T) = 0, \quad x \in \Omega. \tag{8.2.66}$$

用 $2\tilde{u}$ 乘以问题 (8.2.65) 中抛物方程的两端, 在 $\Omega \times (0,t)$ 上积分, 并应用格林公式, 可得

$$\int_0^t \frac{\partial}{\partial t}\int_\Omega |\tilde{u}|^2 \mathrm{d}x\mathrm{d}t + 2\int_0^t \int_\Omega |\boldsymbol{\nabla}\tilde{u}|^2 \mathrm{d}x\mathrm{d}t$$
$$= -2\int_0^t \int_\Omega \sum_{i=1}^N b_i\tilde{u}_{x_i}\tilde{u}\,\mathrm{d}x\mathrm{d}t - 2\int_0^t\int_\Omega c|\tilde{u}|^2\mathrm{d}x\mathrm{d}t + 2\int_0^t\int_\Omega g\tilde{h}(x)\tilde{u}\,\mathrm{d}x\mathrm{d}t. \tag{8.2.67}$$

利用 Cauchy-Schwarz 不等式, 得

$$-2\int_0^t\int_\Omega \sum_{i=1}^N b_i\tilde{u}_{x_i}\tilde{u}\,\mathrm{d}x\mathrm{d}t \leqslant \int_0^t\int_\Omega |\boldsymbol{\nabla}\tilde{u}|^2\mathrm{d}x\mathrm{d}t + \int_0^t\int_\Omega \sum_{i=1}^N |b_i|^2|\tilde{u}|^2\mathrm{d}x\mathrm{d}t \tag{8.2.68}$$

和

$$2\int_0^t\int_\Omega g\tilde{h}(x)\tilde{u}\,\mathrm{d}x\mathrm{d}t \leqslant \int_0^t\int_\Omega |g|^2|\tilde{h}(x)|^2\mathrm{d}x\mathrm{d}t + \int_0^t\int_\Omega |\tilde{u}|^2\mathrm{d}x\mathrm{d}t. \tag{8.2.69}$$

将估计式 (8.2.68) 和式 (8.2.69) 代入式 (8.2.67), 得

$$\int_\Omega |\tilde{u}(x,t)|^2\mathrm{d}x + \int_0^t\int_\Omega |\boldsymbol{\nabla}\tilde{u}|^2\mathrm{d}x\mathrm{d}t \leqslant Ct\int_\Omega |\tilde{h}(x)|^2\mathrm{d}x + C\int_0^t\int_\Omega |\tilde{u}|^2\mathrm{d}x\mathrm{d}t. \tag{8.2.70}$$

应用 Gronwall 引理, 得

$$\int_\Omega |\tilde{u}(x,t)|^2\mathrm{d}x \leqslant Ct\mathrm{e}^{Ct}\int_\Omega |\tilde{h}(x)|^2\mathrm{d}x, \quad t \in [0,T]. \tag{8.2.71}$$

进一步, 将式 (8.2.71) 代入式 (8.2.70), 得

$$\int_0^t\int_\Omega |\boldsymbol{\nabla}\tilde{u}(x,t)|^2\mathrm{d}x\mathrm{d}t \leqslant Ct\int_\Omega |\tilde{h}(x)|^2\mathrm{d}x + Ct^2\mathrm{e}^{Ct}\int_\Omega |\tilde{h}(x)|^2\mathrm{d}x. \tag{8.2.72}$$

令 $w = \tilde{u}_t$. 问题 (8.2.65) 对 t 求导, 并应用 $g(x,0)=0$, 得

$$\begin{cases} w_t - \Delta w + \sum_{i=1}^N b_i(x,t)w_{x_i} + c(x,t)w = F(x,t) + g_t(x,t)\tilde{h}(x), & (x,t) \in Q_T, \\ w(x,0) = 0, & x \in \Omega, \\ w(x,t) = 0, & (x,t) \in \Sigma_T, \end{cases} \tag{8.2.73}$$

其中,

$$F(x,t) = -\sum_{i=1}^{N}(b_i)_t(x,t)\tilde{u}_{x_i}(x,t) - c_t(x,t)\tilde{u}(x,t).$$

类似于式 (8.2.70), 得到

$$\int_{\Omega}|w(x,t)|^2\mathrm{d}x + \int_0^t\int_{\Omega}|\boldsymbol{\nabla}w|^2\mathrm{d}x\mathrm{d}t$$

$$\leqslant C\int_0^t\int_{\Omega}|F|^2\mathrm{d}x\mathrm{d}t + t\int_{\Omega}|\tilde{h}(x)|^2\mathrm{d}x + C\int_0^t\int_{\Omega}|w|^2\mathrm{d}x\mathrm{d}t, \qquad (8.2.74)$$

这蕴含着

$$\int_{\Omega}|\tilde{u}_t(x,t)|^2\mathrm{d}x \leqslant Ct\mathrm{e}^{Ct}\int_{\Omega}|\tilde{h}(x)|^2\mathrm{d}x + C\mathrm{e}^{Ct}\int_0^t\int_{\Omega}|F(x,t)|^2\mathrm{d}x\mathrm{d}t, \quad t\in[0,T]. \qquad (8.2.75)$$

由 F 的定义及式 (8.2.71) 和式 (8.2.72)可推知

$$\int_0^t\int_{\Omega}|F|^2\mathrm{d}x\mathrm{d}t \leqslant C\int_0^t\int_{\Omega}\left(|\tilde{u}|^2 + |\boldsymbol{\nabla}\tilde{u}|^2\right)\mathrm{d}x\mathrm{d}t \leqslant C(t+t^2)\mathrm{e}^{Ct}\int_{\Omega}|\tilde{h}(x)|^2\mathrm{d}x. \qquad (8.2.76)$$

由式 (8.2.75) 和式 (8.2.76) 知

$$\int_{\Omega}|\tilde{u}_t(x,t)|^2\mathrm{d}x \leqslant C(t+t^2)\mathrm{e}^{Ct}\int_{\Omega}|\tilde{h}(x)|^2\mathrm{d}x. \qquad (8.2.77)$$

因此, 令式 (8.2.77) 中的 $t=T$, 并注意到

$$\tilde{u}_t(x,T) = g(x,T)\tilde{h}(x),$$

可得

$$\int_{\Omega}|g(x,T)\tilde{h}(x)|^2\mathrm{d}x \leqslant C(T+T^2)\mathrm{e}^{CT}\int_{\Omega}|\tilde{h}(x)|^2\mathrm{d}x.$$

此即

$$\int_{\Omega}|g(x,T)|^2|\tilde{h}(x)|^2\mathrm{d}x \leqslant C(T+T^2)\mathrm{e}^{CT}\int_{\Omega}|\tilde{h}(x)|^2\mathrm{d}x. \qquad (8.2.78)$$

取 T 充分小, 并利用条件 (2) 得

$$\int_{\Omega}|\tilde{h}(x)|^2\mathrm{d}x \leqslant 0.$$

这表明 $h_1(x) = h_2(x)$. 定理证毕.

历史人物: 霍普夫

　　霍普夫 (Heinz Hopf, 1894~1971), 德国数学家. 主要从事代数拓扑和微分几何方面的研究, 对数论亦有深入研究.

　　1914 年霍普夫进入布雷斯劳大学学习, 由于第一次世界大战爆发, 旋即被征入伍. 1920 年, 先后在柏林大学、海德堡大学及格丁根大学继续求学. 1925 年, 在施密特指导下发表了关于流形的拓扑学的博士论文. 之后曾任教于哥廷根大学、柏林大学、普林斯顿大学、苏黎世联邦理工学院等. 1955~1958 年任国际数学联盟主席.

　　霍普夫创新性地将抽象代数引入拓扑学. 霍普夫将原来的工具——线性代数中的矩阵和行列式转化为阿贝尔群及其同态. 由此, 原来的贝蒂数及挠系数纳入阿贝尔群之中而成为同调群. 他与亚历山德罗夫合著的《拓扑学 I》系统总结了当时的点集拓扑及代数拓扑的理论, 特别是若尔当 (Jordan) 定理、区域不变性定理、对偶定理、映射度、不动点定理及向量场理论.

　　整体微分几何是霍普夫的另一个重要贡献. 霍普夫最关心的问题是 "整体微分几何学中的拓扑问题与拓扑学中的几何问题", 即拓扑与几何的边缘地带. 他的博士论文后来分成两部分发表, 一部分是 "论克里福德–克莱因空间问题", 另一部分是 "论闭超曲面的全曲率". 前者继续基灵 (Killing) 的工作, 对于三维单连通常曲率完备黎曼流形从整体上等距于欧氏空间、球状空间或双曲空间这个基本定理给出一个严密的证明, 并且通过构造一系列球状空间型完成其分类.

　　在偏微分方程理论中的霍普夫引理是线性椭圆方程从弱极值原理到强极值原理的桥梁. 而极值原理是线性偏微分方程研究中的重要工具, 其在解的存在性、唯一性及先验估计中都有着极广的应用.

　　著名数学家陈省身称赞霍普夫的工作为: "霍普夫是一位能通过特款发现重要数学思想和新的数学现象的数学家, 在最简单的背景中, 问题的核心思想或其难点, 通常变得十分明澈, 霍普夫的数学表述是精确性和明澈性的典范."

历史人物: 狄利克雷

　　狄利克雷 (Johann Peter Gustav Lejeune Dirichlet, 1805~1859), 德国数学家. 主要从事解析数论、函数论、位势论和三角级数论等方面的研究.

　　狄利克雷出生于一个具有法兰西血统的家庭. 1822 年, 狄利克雷到达巴黎, 选定在法兰西学院和巴黎理学院攻读数学. 1822 年到 1827 年间旅居巴黎当家庭教师. 在此期间, 他参加了以傅里叶为首的青年数学家小组的活动, 深受傅里叶学术思想的影响. 1829 年任教于柏林大学, 1839 年晋升为教授. 1855 年, 狄利克雷作为高斯的继任者被哥廷根大学聘任为教授, 直至逝世. 1832 年, 他被选为普鲁士科学院院士; 1855 年被选为英国皇家学会会员.

　　数论是狄利克雷最感兴趣的领域, 其是解析数论的创始人. 1837 年, 他发表了关于算术级数的定理, 用数学分析的概念来处理一个代数问题, 从而开创了解析数论的研究. 1842 年, 狄利克雷首次提出了 "抽屉原理", 它在现代数论的许多论证中起重要作用.

　　在分析方面, 狄利克雷最卓越的工作是对傅里叶级数收敛性的研究. 他在 1822~1825 年期间在巴黎会见傅里叶之后, 对傅里叶级数产生了兴趣. 狄利克雷建立了众所周知的傅里叶级数收敛定理——狄利克雷定理, 这是第一个严格证明了的有关傅里叶级数收敛的充分条件, 开创了三角级数理论的精密研究.

　　在偏微分方程理论中, 狄利克雷提出了拉普拉斯方程的边值问题, 现称狄利克雷问题或第一边值问题. 这一类型的问题在热力学和电动力学中特别重要, 也是数理方程研究中的基本课题. 狄利克雷将求解拉普拉斯方程狄利克雷问题化为变分问题的方法, 被称为狄利克雷原理, 其与能量极小密切相关. 1852 年, 他讨论球在不可压缩流体中的运动, 得到流体动力学方程的第一个精确解.

　　除了在学术上的杰出成就, 狄利克雷的讲课也非常精彩. 他讲课清晰, 思想深邃, 为人谦逊, 谆谆善诱, 培养了一批优秀数学家, 对德国在 19 世纪后期成为国际上又一个数学中心产生了巨大影响.

习　题　8

◎ 泊松方程的极值原理

　　8.1 举例说明, 当 $c < 0$ 时, 方程
$$-u_{xx} + cu = f(x), \quad x \in (0, L)$$
的极值原理不成立.

　　8.2 设 $u \in C^2(\Omega) \cap C(\overline{\Omega})$ 是椭圆方程
$$-\Delta u + \sum_{i=1}^{N} b_i(x)u_{x_i} + c(x)u = f(x), \quad x \in \Omega \subset \mathbb{R}^N$$
的解, 其中, $f \leqslant 0$, b_i, c 有界, 并且 $c \geqslant 0$. 证明 u 在 $\overline{\Omega}$ 上的非负最大值在 $\partial\Omega$ 上达到, 即
$$\max_{\overline{\Omega}} u = \max_{\partial\Omega}\{u, 0\}.$$

◎ 热传导方程的极值原理

8.3 设
$$L[u] = u_t - a^2 u_{xx} + b(x,t)u_x + c(x,t)u,$$
其中, $c(x,t) \geqslant -c_0$ ($c_0 > 0$). 如果 $u \in C^{2,1}(Q_T) \cap C(\overline{Q_T})$ 满足 $L[u] \leqslant 0$, $\max\limits_{\Gamma_T} u \leqslant 0$, 则 $\max\limits_{\overline{Q_T}} u \leqslant 0$.

8.4 设 $u \in C^{2,1}(Q_T) \cap C(\overline{Q_T})$ 满足
$$u_t - a^2 u_{xx} + cu \leqslant 0, \quad (x,t) \in Q_T,$$
其中, $c \geqslant 0$. 证明如果 u 在 $\overline{Q_T}$ 取得非负的最大值, 则 u 必在抛物边界 Γ_T 上取得此最大值.

◎ 极值原理的应用

8.5 设 $u \in C^2(\Omega) \cap C(\overline{\Omega})$ 是
$$\begin{cases} -\Delta u = u(a-u), & x \in \Omega, \\ u = 0, & x \in \partial\Omega \end{cases}$$
的非负解, 则 $u \equiv 0$ 或者 $0 < u(x) < a$ 在 Ω 内成立.

8.6 应用极值原理证明泊松方程的第三边值问题
$$\begin{cases} -\Delta u = f, & x \in \Omega, \\ \dfrac{\partial u}{\partial n} + a(x)u = \varphi, & x \in \partial\Omega \end{cases}$$
在 $C^2(\Omega) \cap C^1(\overline{\Omega})$ 中的解是唯一的, 其中, n 是边界上的单位外法方向, $a(x) \geqslant a_0 > 0$.

8.7 证明定理 8.1.9.

8.8 证明定理 8.1.11.

8.9 考虑热传导方程的初边值问题
$$\begin{cases} u_t(x,t) - \Delta u(x,t) = f(x,t), & x \in \Omega, \quad t \in (0,T), \\ u(x,0) = u_0(x), & x \in \overline{\Omega}, \\ \dfrac{\partial u}{\partial n}(x,t) - au(x,t) = \varphi(x,t), & x \in \partial\Omega, \quad t \in [0,T], \end{cases}$$
其中, $a > 0$ 为常数. 证明问题的解满足
$$\sup_{Q_T} |u| \leqslant T \max_{Q_T} |f| + \max\left\{ \frac{1}{a}\max_{\Sigma_T}|\varphi|, \max_\Omega |u_0| \right\},$$
其中, $Q_T = \Omega \times (0,T)$, $\Sigma_T = \partial\Omega \times (0,T)$.

8.10 设 $u \in C^2(\Omega) \cap C(\overline{\Omega})$ 是边值问题
$$\begin{cases} -\Delta u + c(x)u = f(x), & x \in \Omega, \\ u(x) = 0, & x \in \partial\Omega \end{cases}$$
的解. 试证明

(1) 如果 $c(x) \geqslant c_0 > 0$, 则有估计
$$\max_{x\in\Omega}|u| \leqslant \frac{1}{c_0}\max_{x\in\Omega}|f|;$$

(2) 如果 $c(x) \geqslant 0$ 且有界, 则存在一个依赖于 $c(x)$ 的界和 Ω 的正常数 C, 使得
$$\max_{x\in\Omega}|u| \leqslant C\max_{x\in\Omega}|f|;$$

(3) 如果 $c(x) < 0$, 试举例说明上述最大模估计不成立.

8.11 设 $u \in C^{2,1}(Q_T) \cap C(\overline{Q_T})$ 是定解问题
$$\begin{cases} u_t - u_{xx} = f(x,t), & x \in (0,L), \quad t \in (0,T), \\ u(x,0) = \varphi(x), & x \in [0,L], \\ u(0,t) = u(L,t) = 0, & t \in [0,T] \end{cases}$$

的解. 证明下面估计式

$$\max_{Q_T} |u_t| \leqslant T \max_{Q_T} |f_t| + \max_{[0,L]} |\varphi''(x) + f(x,0)|,$$

其中, $Q_T = (0, L) \times (0, T)$.

◎ 波动方程的能量模估计

8.12 考虑 $Q_T = (0, L) \times (0, T)$ 上的波动方程的初边值问题

$$\begin{cases} u_{tt} - [k(x)u_x]_x + q(x)u = f(x,t), & x \in (0, L), \quad t \in (0, T), \\ u(x,0) = \varphi(x), \quad u_t(x,0) = \psi(x) & x \in [0, L], \\ u(0,t) = u(L,t) = 0, & t \in [0, T], \end{cases}$$

其中, $k(x) > 0$, $q(x) > 0$ 和 $f(x,t)$ 都为 $\overline{Q_T}$ 上的光滑函数. 试证明问题的解关于源项是稳定的, 即如果 f 在 $\overline{Q_T}$ 上有微小扰动, 那么由此引起的解在 $\overline{Q_T}$ 上的扰动也是微小的.

◎ 泊松方程的能量模估计

8.13 应用能量方法证明泊松方程的第三边值问题

$$\begin{cases} -\Delta u = f, & x \in \Omega, \\ \dfrac{\partial u}{\partial n} + a(x)u = \varphi, & x \in \partial\Omega \end{cases}$$

在 $C^2(\Omega) \cap C^1(\overline{\Omega})$ 中的解是唯一的, 其中, n 是边界上的单位外法方向, $a(x) \geqslant a_0 > 0$.

8.14 考虑定解问题

$$\begin{cases} -\Delta u + \displaystyle\sum_{i=1}^N b_i(x)u_{x_i} + c(x)u = f(x), & x \in \Omega, \\ u(x) = 0, & x \in \partial\Omega, \end{cases}$$

其中, $c(x) - \dfrac{1}{4} \displaystyle\sum_{i=1}^N b_i^2(x) > 0$. 试用能量方法证明上述边值问题解的唯一性.

8.15 设 α, β 为正常数, 边值问题

$$\begin{cases} \Delta u = \alpha uv, \quad \Delta v = \beta uv, & x \in \Omega, \\ u = \varphi(x), \quad v = \psi(x), & x \in \partial\Omega \end{cases}$$

有非负解 (u, v) 和 $(\overline{u}, \overline{v})$. 试证明:

(1) $\beta u - \alpha v = \beta\overline{u} - \alpha\overline{v}$; 　　　　　　　　(2) $u = \overline{u}, v = \overline{v}$.

◎ 热传导方程的能量模估计

8.16 设 $u \in C^{2,1}(Q_T) \cap C^1(\overline{Q_T})$ 满足

$$\begin{cases} u_t - u_{xx} = 0, & x \in (0, L), \quad t \in (0, T), \\ (u_x - hu)|_{x=0} = 0, \quad u|_{x=L} = 0, & t \in [0, T], \\ u(x,0) = \varphi(x), & x \in [0, L], \end{cases}$$

其中, h, u_0 都是正常数. 记

$$E(t) = \frac{1}{2} \int_0^L u^2(x,t)\mathrm{d}x.$$

试证明:

(1) $E(t)$ 关于 t 单调递减;

(2) $\displaystyle\int_0^L u^2(x,t)\mathrm{d}x \leqslant \int_0^L \varphi^2(x)\mathrm{d}x, \quad \forall t \geqslant 0$;

(3) 解的唯一性.

8.17 设 $u,v \in C^{2,1}(Q_T) \cap C(\overline{Q_T})$ 是定解问题

$$\begin{cases} u_t - u_{xx} + u - v = f, & x \in (0,L), \quad t \in (0,T), \\ v_t - v_{xx} + v - u = g, & x \in (0,L), \quad t \in (0,T), \\ u(x,0) = v(x,0) = 0, & x \in [0,L], \\ u(0,t) = u(L,t) = v(0,t) = v(L,t) = 0, & t \in [0,T] \end{cases}$$

的解. 试证明存在正常数 C, 使得

$$\sup_{t \in [0,T]} \int_\Omega \left(|u|^2 + |v|^2 \right) \mathrm{d}x \leqslant C \int_{Q_T} (|f|^2 + |g|^2) \mathrm{d}x \mathrm{d}t.$$

◎ 能量方法的应用

8.18 证明 Schrödinger 方程的初边值问题

$$\begin{cases} w_t - \mathrm{i}\Delta w = F, & x \in \Omega, t \in (0,T), \\ w(x,0) = \Phi(x), & x \in \overline{\Omega}, \\ w(x,t) = 0, & x \in \partial\Omega, \quad t \in [0,T] \end{cases}$$

的解满足

$$\int_\Omega |w|^2 \mathrm{d}x \leqslant C \left(\int_\Omega |\Phi|^2 \mathrm{d}x + \int_0^T \int_\Omega |F|^2 \mathrm{d}x \mathrm{d}t \right),$$

其中, C 只依赖于 T.

8.19 考虑阻尼波动方程

$$\begin{cases} u_{tt} - \Delta u + k u_t = 0, & x \in \Omega, t \in (0,T), \\ u(x,0) = \Phi(x), \quad u_t(x,0) = \psi(x), & x \in \overline{\Omega}, \\ u(x,t) = 0, & x \in \partial\Omega, \quad t \in [0,T], \end{cases}$$

其中, 常数 $k > 0$. 记

$$E(t) = \int_\Omega \left(u_t^2 + |\nabla u|^2 \right) \mathrm{d}x.$$

证明阻尼波动方程的能量 $E(t)$ 是单调递减的.

8.20 设 $u \in C^{2,1}(Q_T) \cap C(\overline{Q_T})$ 满足

$$\begin{cases} u_t - u_{xx} = f, & x \in (0,L), \quad t \in (0,T), \\ u(0,t) = u(L,t) = 0, & t \in [0,T], \\ u(x,0) = \varphi(x), & x \in [0,L]. \end{cases}$$

(1) 证明存在充分大的 s_0, 当 $s \geqslant s_0$ 时, 成立下列带权的能量估计

$$s \int_0^T \int_0^L u^2 \mathrm{e}^{-st} \mathrm{d}x \mathrm{d}t + \int_0^T \int_0^L u_x^2 \mathrm{e}^{-st} \mathrm{d}x \mathrm{d}t$$

$$\leqslant C \int_0^T \int_0^L f^2 \mathrm{e}^{-st} \mathrm{d}x \mathrm{d}t + \int_0^T \int_0^L \varphi^2 \mathrm{e}^{-st} \mathrm{d}x \mathrm{d}t,$$

这里, C 是独立于 s 的正常数;

(2) 设 $f = f(t)$, 证明由 $u_x(0,t), u_x(L,t)$ 反演 $f(t)$ 是唯一的.

第 9 章　特殊函数及其应用

第 4 章介绍了用分离变量法求解直线段、长方形、长方体等一些简单区域上的定解问题. 对圆域、扇形域、圆柱体、球体、椭球体等一些较复杂区域上的定解问题, 同样也可以用分离变量法求解. 但是, 如果仍选用直角坐标系, 无论怎样放置直角坐标架, 总不能使边界面全部和坐标面重合. 即使边界条件是齐次的, 也无法分离变量. 需要选取其他适当的坐标系, 如极坐标系、柱坐标系、球坐标系等, 使相应的边界条件有分离变量的形式. 此时, 对应的施图姆-刘维尔问题要复杂得多, 由此求出的特征函数通常不是初等函数而是特殊函数. 因此, 如何求解特殊函数的常微分方程, 掌握其解的基本性质就成为一个重要的问题.

本章主要介绍两类常用的特殊函数: 贝塞尔函数 (Bessel function) 和勒让德函数 (Legendre function), 以及如何在特殊域上利用分离变量法和这两类特殊函数求解定解问题.

9.1　特殊函数的常微分方程

利用变量分离, 偏微分方程的边值问题或者混合问题可转化为常微分方程的边值问题 (特征值问题). 这些常微分方程虽然形式不同, 但它们的解具有正交性. 因此, 可以将任意一个函数展成这些正交的特解的级数形式.

田 课件 9.1

田 微课 9.1

本节分别在柱坐标系和球坐标系下对拉普拉斯方程进行分离变量, 得到两类变系数常微分方程; 随后, 介绍几类常见的正交函数系.

9.1.1　柱坐标系下的分离变量

当边界的形状复杂时, 例如边界为圆、圆柱面、抛物柱面等时, 需要选用其他合适的正交坐标系, 使得边界曲面正好平行于一个坐标面. 例如, 若边界为圆柱面, 选用柱坐标系最为方便, 因为此时曲面边界满足 ρ 为一常数. 当然, 此时泛定方程的变量分离结果随之变得复杂, 得到的通常是关于特殊函数的常微分方程.

例 9.1.1　(柱坐标系下拉普拉斯方程的分离变量) 求三维拉普拉斯方程

$$\Delta u = \frac{\partial^2 u}{\partial x^2} + \frac{\partial^2 u}{\partial y^2} + \frac{\partial^2 u}{\partial z^2} = 0 \tag{9.1.1}$$

在柱坐标系下进行分离变量所得到的常微分方程.

解　设柱坐标变换为

$$x = \rho\cos\theta, \quad y = \rho\sin\theta, \quad z = z.$$

则方程(9.1.1)化为

$$\Delta u = \frac{\partial^2 u}{\partial \rho^2} + \frac{1}{\rho}\frac{\partial u}{\partial \rho} + \frac{1}{\rho^2}\frac{\partial^2 u}{\partial \theta^2} + \frac{\partial^2 u}{\partial z^2} = 0. \tag{9.1.2}$$

设方程(9.1.2)有变量分离的形式解

$$u(\rho, \theta, z) = R(\rho)\Theta(\theta)Z(z),$$

代入方程(9.1.2), 得

$$\Theta Z \frac{\mathrm{d}^2 R}{\mathrm{d}\rho^2} + \frac{\Theta Z}{\rho} \frac{\mathrm{d} R}{\mathrm{d}\rho} + \frac{RZ}{\rho^2} \frac{\mathrm{d}^2 \Theta}{\mathrm{d}\theta^2} + R\Theta \frac{\mathrm{d}^2 Z}{\mathrm{d}z^2} = 0,$$

上式可化为

$$\frac{1}{R} \frac{\mathrm{d}^2 R}{\mathrm{d}\rho^2} + \frac{1}{\rho R} \frac{\mathrm{d} R}{\mathrm{d}\rho} + \frac{1}{\rho^2 \Theta} \frac{\mathrm{d}^2 \Theta}{\mathrm{d}\theta^2} + \frac{1}{Z} \frac{\mathrm{d}^2 Z}{\mathrm{d}z^2} = 0. \tag{9.1.3}$$

令

$$\frac{1}{Z} \frac{\mathrm{d}^2 Z}{\mathrm{d}z^2} = k^2 \qquad (k\text{为常数}),$$

即

$$\frac{\mathrm{d}^2 Z}{\mathrm{d}z^2} - k^2 Z = 0. \tag{9.1.4}$$

将式(9.1.4)代入方程(9.1.3), 得

$$\frac{1}{R} \frac{\mathrm{d}^2 R}{\mathrm{d}\rho^2} + \frac{1}{\rho R} \frac{\mathrm{d} R}{\mathrm{d}\rho} + \frac{1}{\rho^2 \Theta} \frac{\mathrm{d}^2 \Theta}{\mathrm{d}\theta^2} + k^2 = 0. \tag{9.1.5}$$

再令

$$\frac{1}{\Theta} \frac{\mathrm{d}^2 \Theta}{\mathrm{d}\theta^2} = -\nu^2 \qquad (\nu\text{为常数}),$$

即

$$\frac{\mathrm{d}^2 \Theta}{\mathrm{d}\theta^2} + \nu^2 \Theta = 0. \tag{9.1.6}$$

将式 (9.1.6) 代入方程 (9.1.5), 得

$$\frac{\mathrm{d}^2 R}{\mathrm{d}\rho^2} + \frac{1}{\rho} \frac{\mathrm{d} R}{\mathrm{d}\rho} + \left(k^2 - \frac{\nu^2}{\rho^2} \right) R = 0. \tag{9.1.7}$$

则拉普拉斯方程通过柱坐标系下的分离变量化为三个二阶常微分方程 (9.1.4)、(9.1.6) 和 (9.1.7). 前两个为常系数的二阶常微分方程, 容易求解. 对方程 (9.1.7), 做变量代换 $x = k\rho$, 可化为二阶变系数常微分方程

$$x^2 R''(x) + x R'(x) + \left(x^2 - \nu^2 \right) R(x) = 0. \tag{9.1.8}$$

该方程称为**贝塞尔方程**, 其解是特殊函数. 我们将在 9.2 节介绍其解法和性质.

9.1.2　球坐标系下的分离变量

从实际问题引出的物理模型也常在球域内讨论. 若边界曲面为球面, 选择原点为球心的球坐标系最为方便, 因为此时该球面边界方程最为简单. 当然, 对应的泛定方程的形式复杂化, 变量分离结果也随之复杂化.

例 9.1.2 (球坐标系下拉普拉斯方程的分离变量法)　求三维拉普拉斯方程

$$\Delta u = \frac{\partial^2 u}{\partial x^2} + \frac{\partial^2 u}{\partial y^2} + \frac{\partial^2 u}{\partial z^2} = 0 \tag{9.1.9}$$

在球坐标系下进行分离变量所得到的常微分方程.

解　设球坐标变换为

$$x = r \sin\theta \cos\varphi, \quad y = r \sin\theta \sin\varphi, \quad z = r \cos\theta.$$

则方程(9.1.9)化为

$$\frac{1}{r^2} \frac{\partial}{\partial r} \left(r^2 \frac{\partial u}{\partial r} \right) + \frac{1}{r^2 \sin\theta} \frac{\partial}{\partial \theta} \left(\sin\theta \frac{\partial u}{\partial \theta} \right) + \frac{1}{r^2 \sin^2\theta} \frac{\partial^2 u}{\partial \varphi^2} = 0. \tag{9.1.10}$$

设

$$u(r, \theta, \varphi) = R(r)Y(\theta, \varphi),$$

代入方程(9.1.10), 得

$$\frac{Y}{r^2} \frac{\partial}{\partial r}\left(r^2 \frac{\partial R}{\partial r}\right) + \frac{R}{r^2 \sin\theta} \frac{\partial}{\partial \theta}\left(\sin\theta \frac{\partial Y}{\partial \theta}\right) + \frac{R}{r^2 \sin^2\theta} \frac{\partial^2 Y}{\partial \varphi^2} = 0,$$

方程两边同乘 $\dfrac{r^2}{RY}$, 上式可化为

$$\frac{1}{R} \frac{\partial}{\partial r}\left(r^2 \frac{\partial R}{\partial r}\right) = -\frac{1}{Y \sin\theta} \frac{\partial}{\partial \theta}\left(\sin\theta \frac{\partial Y}{\partial \theta}\right) - \frac{1}{Y \sin^2\theta} \frac{\partial^2 Y}{\partial \varphi^2}. \tag{9.1.11}$$

上式左端只与 r 有关, 右端只与 θ, φ 有关, 要使它们相等只有当它们都是常数时才可能. 令

$$\frac{1}{R} \frac{\partial}{\partial r}\left(r^2 \frac{\partial R}{\partial r}\right) = -\frac{1}{Y \sin\theta} \frac{\partial}{\partial \theta}\left(\sin\theta \frac{\partial Y}{\partial \theta}\right) - \frac{1}{Y \sin^2\theta} \frac{\partial^2 Y}{\partial \varphi^2} = \mu,$$

其中, μ 为常数. 上式可改写为

$$r^2 \frac{\mathrm{d}^2 R}{\mathrm{d}r^2} + 2r \frac{\mathrm{d}R}{\mathrm{d}r} - \mu R = 0 \tag{9.1.12}$$

和

$$\frac{1}{\sin\theta} \frac{\partial}{\partial \theta}\left(\sin\theta \frac{\partial Y}{\partial \theta}\right) + \frac{1}{\sin^2\theta} \frac{\partial^2 Y}{\partial \varphi^2} + \mu Y = 0. \tag{9.1.13}$$

其中, 式 (9.1.12) 是一个欧拉方程, 式(9.1.13)称为球函数方程. 令 $Y = \Theta(\theta)\Phi(\varphi)$, 代入方程(9.1.13), 得

$$\frac{\Phi}{\sin\theta} \frac{\mathrm{d}}{\mathrm{d}\theta}\left(\sin\theta \frac{\mathrm{d}\Theta}{\mathrm{d}\theta}\right) + \frac{\Theta}{\sin^2\theta} \frac{\mathrm{d}^2\Phi}{\mathrm{d}\varphi^2} + \mu\Theta\Phi = 0. \tag{9.1.14}$$

整理上式, 令

$$\frac{\sin\theta}{\Theta} \frac{\mathrm{d}}{\mathrm{d}\theta}\left(\sin\theta \frac{\mathrm{d}\Theta}{\mathrm{d}\theta}\right) + \mu\sin^2\theta = -\frac{1}{\Phi} \frac{\mathrm{d}^2\Phi}{\mathrm{d}\varphi^2} = \lambda$$

其中, λ 为常数. 上式可改写为

$$\frac{1}{\sin\theta} \frac{\mathrm{d}}{\mathrm{d}\theta}\left(\sin\theta \frac{\mathrm{d}\Theta}{\mathrm{d}\theta}\right) + \left(\mu - \frac{\lambda}{\sin^2\theta}\right)\Theta = 0 \tag{9.1.15}$$

和

$$\frac{\mathrm{d}^2\Phi}{\mathrm{d}\varphi^2} + \lambda\Phi = 0. \tag{9.1.16}$$

则拉普拉斯方程通过球坐标系下的分离变量化为三个二阶常微分方程 (9.1.12)、(9.1.15) 和 (9.1.16). 方程 (9.1.12) 为欧拉方程, 它和方程 (9.1.16) 均容易求解. 对方程 (9.1.15) 做变量代换 $x = \cos\theta$, 可化为二阶变系数常微分方程

$$(1 - x^2)\Theta''(x) - 2x\Theta'(x) + \left(\mu - \frac{\lambda}{1 - x^2}\right)\Theta(x) = 0. \tag{9.1.17}$$

该方程称为**连带勒让德方程** ($\lambda = 0$ 时称为**勒让德方程**), 其解也是特殊函数. 我们将在 9.3 节介绍其解法和性质.

9.1.3　正交多项式

　　分离变量法是求解有界域上常系数偏微分方程初边值问题的一个有效方法, 而这种方法的关键在于求正交特征函数系. 如果能求得对应问题的正交函数系, 那么就可以利用特征函数展开法求定解问题的解. 所以正交函数系在特征值问题中的地位非常重要. 在第 4 章中介绍了正

交函数系的概念. 正交函数系最简单的例子便是三角函数系. 例如, $\{\cos(nx)\}_{n=0}^{\infty}$ 在区间 $(0, \pi)$ 上关于权函数 $\rho(x) = 1$ 正交. 正交函数系在分析学中占有十分重要的地位. 如果某个正交函数系是完备的, 那么满足一定条件的函数可以按这个正交函数系展开为级数.

下面介绍几类常见的正交函数系, 这些函数系有一个共同特征, 它们都是多项式. 因为多项式计算方便、形式简单, 在实际使用中应用非常广泛.

为了方便讨论, 本节中所介绍的正交多项式最高项系数设为 1, 设

$$p_n(x) = x^n + a_{n-1}x^{n-1} + \cdots + a_1 x + a_0. \tag{9.1.18}$$

称为**首 1 多项式**. 当给定正交区间和权函数时, 对应的正交多项式是存在且唯一的, 有如下定理.

定理 9.1.1 *对于区间 (a, b) 上给定的任一权函数 $\rho(x)$, 存在唯一的多项式序列 $\{p_n(x)\}$, 其最高项系数均为正, 且满足加权标准正交化条件*

$$\int_a^b p_m(x)p_n(x)\rho(x)\mathrm{d}x = \begin{cases} 1, & m = n, \\ 0, & m \neq n. \end{cases} \tag{9.1.19}$$

限于篇幅, 定理证明略去, 可参见 Shen 等 (2006) 的文献.

在应用中常遇到的多项式, 如切比雪夫[①] (Chebyshev) 多项式、勒让德 (Legendre) 多项式、雅可比[②](Jacobi) 多项式、埃尔米特[③](Hermitian) 多项式和拉盖尔[④](Laguerre) 多项式等都是这类例子. 上述各种正交多项式除了具有正交性, 还有许多其他的重要性质. 例如, 它们都是简单微分方程的特征函数, 而且可以定义为某些适当选取的函数 $u(x, t)$ 按照 t 的幂展开式的系数, $u(x, t)$ 称为母函数.

1. 经典正交多项式

给定一个定义在某区间上的权函数, 就存在唯一的满足加权标准正交化条件的正交多项式序列 $\{p_n(x)\}_{n=0}^{\infty}$, 在理论上和应用中最重要的正交多项式是下列几种, 它们统称为 **经典正交多项式**.

(1) 切比雪夫多项式 $\{T_n(x)\}_{n=0}^{\infty}$, 在 $[-1, 1]$ 上加权正交, 权函数是

★ 应用拓展
切比雪夫最佳
逼近

$$\rho(x) = \frac{1}{\sqrt{1-x^2}},$$

其中, $T_n(x)$ 为奇异施图姆刘维尔问题

$$\left[\sqrt{1-x^2}T_n'(x)\right]' + \frac{n^2}{\sqrt{1-x^2}}T_n(x) = 0, \quad x \in (-1, 1) \tag{9.1.20}$$

的特征函数.

(2) 第二类切比雪夫多项式 $\{U_n(x)\}_{n=0}^{\infty}$, 在 $[-1, 1]$ 上加权正交, 权函数是

$$\rho(x) = \sqrt{1-x^2}, \tag{9.1.21}$$

其中, $U_n(x) = \dfrac{\sqrt{1-x^2}}{n}T_n'(x)$.

---

① Pafnuty Lvovich Chebyshev, 1821~1894, 俄罗斯数学家、力学家, 彼得堡科学院、法国科学院、意大利皇家科学院与瑞典皇家科学院院士.

② Carl Gustav Jacob Jacobi, 1804~1851, 德国数学家, 柏林科学院、彼得堡科学院、马德里科学院、巴黎科学院院士.

③ Charles Hermite, 1822~1901, 法国数学家, 法国科学院院士.

④ Edmond Nicolas Laguerre, 1834~1886, 法国数学家.

(3) **勒让德多项式** $\{L_n(x)\}_{n=0}^\infty$, 在 $(-1,1)$ 上加权正交, 权函数是

$$\rho(x) = 1, \tag{9.1.22}$$

其中, $L_n(x)$ 为奇异施图姆-刘维尔问题

$$[(1-x^2)L_n'(x)]' + n(n+1)L_n(x) = 0, \quad x \in (-1,1) \tag{9.1.23}$$

的特征函数.

(4) **雅可比多项式** $\{J_n(x,\alpha,\beta)\}_{n=0}^\infty$, 在 $(-1,1)$ 上加权正交, 权函数是

$$\rho(x) = (1-x)^\alpha (1+x)^\beta, \tag{9.1.24}$$

其中, $\alpha, \beta > -1$. $J_n x(,\alpha,\beta)\}$ 为奇异施图姆-刘维尔问题

$$(1-x)^{-\alpha}(1+x)^{-\beta}\frac{\mathrm{d}}{\mathrm{d}x}\left[(1-x)^{\alpha+1}(1+x)^{\beta+1}\frac{\mathrm{d}}{\mathrm{d}x}J_n(x,\alpha,\beta)\right]$$

$$+ n(n+1+\alpha+\beta)J_n(x,\alpha,\beta) = 0, \quad x \in (-1,1) \tag{9.1.25}$$

的特征函数.

(5) **埃尔米特多项式** $\{H_n(x)\}_{n=0}^\infty$, 在 $(-\infty,\infty)$ 上加权正交, 权函数是

$$\rho(x) = \mathrm{e}^{-x^2}, \tag{9.1.26}$$

其中, $H_n(x)$ 为施图姆-刘维尔问题

$$\mathrm{e}^{x^2}\left[\mathrm{e}^{-x^2}H_n'(x)\right]' + 2nH_n(x) = 0, \quad x \in (-\infty,\infty) \tag{9.1.27}$$

的特征函数.

(6) **拉盖尔多项式** $\{\mathscr{L}_n(x)\}_{n=0}^\infty$, 在 $(0,\infty)$ 上加权正交, 权函数是

$$\rho(x) = \mathrm{e}^{-x},$$

其中, $\mathscr{L}_n(x)$ 为施图姆-刘维尔问题

$$\mathrm{e}^x\left[x\mathrm{e}^{-x}\mathscr{L}_n'(x)\right]' + n\mathscr{L}_n(x) = 0, \quad x \in (0,\infty) \tag{9.1.28}$$

的特征函数.

有关这五类常用的正交多项式的基本性质, 读者可以参阅相关著作 (Shen et al., 2006).

2. 按正交多项式展开成广义傅里叶级数

在第 4 章中已经介绍了广义傅里叶级数的相关结论, 对于上述介绍的正交多项式也一样适用. 对于加权平方可积函数空间中的每一个函数 $f(x)$, 可以把它按以 $\rho(x)$ 为权函数的标准正交多项式序列 $\{p_n(x)\}$ 展成广义傅里叶级数

$$f(x) \sim \sum_{n=0}^\infty a_n p_n(x), \tag{9.1.29}$$

其中, 广义傅里叶系数为

$$a_n = \int_a^b \rho(x)f(x)p_n(x)\mathrm{d}x, \qquad n = 0,1,2,\cdots. \tag{9.1.30}$$

级数式 (9.1.29) 称为函数 $f(x)$ **按正交系** $\{p_n(x)\}$ **展成的傅里叶级数**.

当函数 $f(x)$ 满足 Dirichlet 条件时, 在 $f(x)$ 的连续点 x_0 处, 级数 (9.1.29) 收敛于 $f(x_0)$; 若 x_0 为第一类间断点, 则 (9.1.29) 的级数收敛于 $\dfrac{f(x_0^+) + f(x_0^-)}{2}$.

9.2 贝塞尔函数及其应用

对于上一节得到的两种变系数常微分方程, 其解通常不是初等函数, 而是特殊函数. 即其解一般不能由基本初等函数经过有限次初等运算得到, 但常可以用基本初等函数通过无限次初等运算得到. 最常用的形式就是关于初等函数的无穷级数、无穷乘积或者无穷积分, 特别是幂函数的级数. 接下来两节将对这两种方程分别进行求解, 并由此引入两类特殊函数: 本节的贝塞尔函数和下一节的勒让德函数.

课件 9.2

微课 9.2

9.2.1 贝塞尔方程与贝塞尔函数

通常把形如

$$x^2 y''(x) + x y'(x) + (x^2 - \nu^2) y(x) = 0 \tag{9.2.1}$$

的常微分方程称为**贝塞尔方程**, 其中, ν 为非负实数. 由于方程 (9.2.1) 是二阶变系数常微分方程, 这类线性二阶常微分方程一般不能用通常的解法解出. 下面介绍一种利用**广义幂级数**求解变系数常微分方程的方法, 这种方法常被称为弗罗贝尼乌斯[①]法 (Frobenius method).

设其解的形式为

$$y(x) = x^r (c_0 + c_1 x + c_2 x^2 + \cdots + c_m x^m + \cdots) = \sum_{m=0}^{\infty} c_m x^{r+m}, \tag{9.2.2}$$

其中, r 为待定常数, $c_0 \neq 0$ 和 $c_m (m = 1, 2, \cdots)$ 为展开系数. 下面将 y, y', y'' 代入式 (9.2.1), 得

$$\sum_{m=0}^{\infty} c_m (r+m)(r+m-1) x^{r+m} + \sum_{m=0}^{\infty} c_m (r+m) x^{r+m}$$
$$+ \sum_{m=2}^{\infty} c_{m-2} x^{r+m} - \nu^2 \sum_{m=0}^{\infty} c_m x^{r+m} = 0. \tag{9.2.3}$$

改写式 (9.2.3), 得

$$c_0 (r^2 - \nu^2) x^r + c_1 [(r+1)^2 - \nu^2] x^{r+1} + \sum_{m=2}^{\infty} \left\{ c_m [(r+m)^2 - \nu^2] + c_{m-2} \right\} x^{r+m} = 0.$$

由 x 各次幂的系数为 0, 得

$$c_0 (r^2 - \nu^2) = 0 \quad (m = 0), \tag{9.2.4}$$
$$c_1 [(r+1)^2 - \nu^2] = 0 \quad (m = 1), \tag{9.2.5}$$
$$c_m [(r+m)^2 - \nu^2] + c_{m-2} = 0 \quad (m \geqslant 2). \tag{9.2.6}$$

由式 (9.2.4) 及 $c_m \neq 0$, 可知 $r = \nu$ 或 $r = -\nu$. 若取 $r = \nu$, 由式 (9.2.6) 得到递推关系

$$c_m = \frac{-1}{m(m + 2\nu)} c_{m-2}, \quad m \geqslant 2. \tag{9.2.7}$$

将 $r = \nu$ 代入式 (9.2.5), 得 $c_1 = 0$.

这是一个双间隔递推关系式, 偶指标项与奇指标项必须分开确定. 因此, 当 m 为奇数时, 有

---

① Ferdinand Georg Frobenius, 1849~1917, 德国数学家, 普鲁士科学院院士.

$c_3 = c_5 = \cdots = 0.$ 而当 m 为偶数时
$$c_{2k} = \frac{-1}{2^2 k(k+\nu)} c_{2(k-1)}, \quad k \geqslant 1.$$

将上述系数代入式 (9.2.2), 得到贝塞尔方程 (9.2.1) 的一个特解
$$y = c_0 x^\nu \sum_{m=0}^{\infty} \frac{(-1)^m x^{2m}}{2^{2m} m!(1+\nu)(2+\nu)\cdots(m+\nu)}, \tag{9.2.8}$$

其中, c_0 为任意不为 0 的数. 利用 Γ 函数, 取
$$c_0 = \frac{1}{2^\nu \Gamma(\nu+1)},$$

由 Γ 函数的性质 $\Gamma(x+1) = x\Gamma(x)$, 可得 $\Gamma(1+\nu)[(1+\nu)(2+\nu)\cdots(m+\nu)] = \Gamma(m+\nu+1)$.
代入式 (9.2.8), 得到贝塞尔方程的特解, 记为
$$\mathrm{J}_\nu(x) = x^\nu \sum_{m=0}^{\infty} \frac{(-1)^m x^{2m}}{2^{2m+\nu} m!\Gamma(m+\nu+1)}, \quad \nu \geqslant 0, \tag{9.2.9}$$

称为 ν 阶**第一类贝塞尔函数**, 它是贝塞尔方程的第一个特解. 当 ν 取 0 或正整数时, 称为整数阶贝塞尔函数.

为了对整数阶贝塞尔函数有一个直观的了解, 作出 0 阶、1 阶、2 阶、3 阶第一类贝塞尔函数图像, 如图 9.2.1 所示. 图中曲线显示 $\mathrm{J}_0(0) = 1, \mathrm{J}_\nu(0) = 0 \ (\nu > 0)$. 读者也可利用伽马函数的性质与贝塞尔函数的定义式 (9.2.9) 验证这一点.

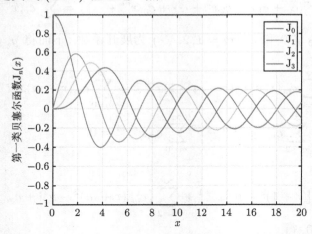

图 9.2.1　0 阶、1 阶、2 阶、3 阶第一类贝塞尔函数图像

由级数的达朗贝尔判别法, 可以判定上述级数对于任意实数 x 都收敛. 在式 (9.2.9) 中用 $-\nu$ 代替 ν, 可以得到方程的另一个特解
$$\mathrm{J}_{-\nu}(x) = x^{-\nu} \sum_{m=0}^{\infty} \frac{(-1)^m x^{2m}}{2^{2m-\nu} m!\Gamma(m-\nu+1)}. \tag{9.2.10}$$

由于当 ν 不为整数时, J_ν 与 $\mathrm{J}_{-\nu}$ 函数线性无关, 因此有如下定理.

定理 9.2.1　*如果 ν 不为整数, 则贝塞尔方程 (9.2.1) 的通解为*
$$y(x) = C_1 \mathrm{J}_\nu(x) + C_2 \mathrm{J}_{-\nu}(x), \quad x \neq 0, \tag{9.2.11}$$

其中, C_1, C_2 为任意常数.

在 ν 不为整数的情况下, 方程 (9.2.1) 的通解除了可以写为式 (9.2.11), 还可以写成其他形

式. 只要能够找到该方程的另外一个与 $\mathrm{J}_\nu(x)$ 函数线性无关的特解, 它与 $\mathrm{J}_\nu(x)$ 的线性组合就构成方程 (9.2.1) 的通解. 在有关文献中已经讨论了一些不同形式的特解, 其中最常用的一个特解是

$$\mathrm{Y}_\nu(x) = \cot \nu\pi \mathrm{J}_\nu(x) - \csc \nu\pi \mathrm{J}_{-\nu}(x), \tag{9.2.12}$$

其中, ν 不为整数.

显然 $\mathrm{Y}_\nu(x)$ 与 $\mathrm{J}_\nu(x)$ 函数线性无关, 故方程 (9.2.1) 的通解可写为

$$y(x) = A\mathrm{J}_\nu(x) + B\mathrm{Y}_\nu(x), \quad x \neq 0. \tag{9.2.13}$$

由式 (9.2.12) 所确定的函数 $\mathrm{Y}_\nu(x)$ 称为 ν 阶**第二类贝塞尔函数**, 或称为 ν 阶**诺依曼函数** (Neumann function).

0 阶、1 阶、2 阶、3 阶第二类贝塞尔函数图像如图 9.2.2 所示. 通过图像可以发现, 在 $x \to 0^+$ 时, 第二类贝塞尔函数通常不是有界的.

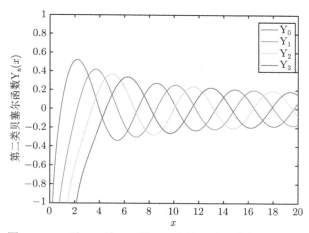

图 9.2.2　0 阶、1 阶、2 阶、3 阶第二类贝塞尔函数图像

函数 $\mathrm{Y}_\nu(x)$ 有时也记为 $\mathrm{N}_\nu(x)$. 当 ν 为整数时, 有如下定理.

定理 9.2.2　设 $\nu = n$ 为正整数, 则

$$\mathrm{J}_{-n}(x) = (-1)^n \mathrm{J}_n(x), \quad x \neq 0, \quad n = 1, 2, \cdots. \tag{9.2.14}$$

由此可见 $\mathrm{J}_n(x)$ 与 $\mathrm{J}_{-n}(x)$ 线性相关. 为了求出方程 (9.2.1) 的另外一个特解, 需要求出与 $\mathrm{J}_\nu(x)$ 线性无关的另外一个特解. 因此, 自然想到第二类贝塞尔函数. 但当 n 为整数时, 式 (9.2.12) 的右端没有意义. 要想把整数阶贝塞尔方程的通解也写成式 (9.2.13) 的形式, 需要修改第二类贝塞尔函数的定义. 如果 $\nu = n$ 为整数, 定义

$$\mathrm{Y}_n(x) = \lim_{\alpha \to n} \frac{\mathrm{J}_\alpha(x)\cos(\alpha\pi) - \mathrm{J}_{-\alpha}(x)}{\sin(\alpha\pi)}. \tag{9.2.15}$$

当 $\alpha \to n$ 时, 对式(9.2.15)右端应用洛必达法则, 得

$$\begin{aligned}
\mathrm{Y}_n(x) &= \lim_{\alpha \to n} \frac{-\pi\sin(\alpha\pi)\mathrm{J}_\alpha(x) + \cos(\alpha\pi)\dfrac{\partial \mathrm{J}_\alpha(x)}{\partial \alpha} - \dfrac{\partial \mathrm{J}_{-\alpha}(x)}{\partial \alpha}}{\pi\cos(\alpha\pi)} \\
&= \lim_{\alpha \to n} \frac{1}{\pi}\left[\frac{\partial \mathrm{J}_\alpha(x)}{\partial \alpha} - \frac{1}{\cos(\alpha\pi)}\frac{\partial \mathrm{J}_{-\alpha}(x)}{\partial \alpha}\right].
\end{aligned} \tag{9.2.16}$$

将 $J_\alpha(x)$ 与 $J_{-\alpha}(x)$ 的级数代入式 (9.2.16), 并且利用 $\Gamma(x)$ 函数的性质, 得

$$Y_n(x) = \frac{2}{\pi}J_n(x)\left(\ln\frac{x}{2}+\gamma\right) + \frac{x^n}{\pi}\sum_{m=0}^\infty \frac{(-1)^{m-1}(h_m+h_{n+m})}{2^{2m+n}m!(n+m)!}x^{2m}$$

$$-\frac{x^{-n}}{\pi}\sum_{m=0}^{n-1}\frac{(n-m-1)!}{2^{2m-n}m!}x^{2m}, \tag{9.2.17}$$

其中, $x>0$; $n=1,2,\cdots$,

$$h_0=0, \quad h_s=1+\frac{1}{2}+\cdots+\frac{1}{s}(s=1,2,\cdots),$$
$$\gamma = \lim_{s\to+\infty}(h_s-\ln s) = 0.57721566490\cdots,$$

γ 通常称为**欧拉常数**. 可以证明:

$$Y_{-n}(x) = (-1)^n Y_n(x).$$

当 $n=0$ 时, 有

$$Y_0(x) = \frac{2}{\pi}J_0(x)\left(\ln\frac{x}{2}+\gamma\right) + \frac{2}{\pi}\sum_{m=1}^\infty\frac{(-1)^{m-1}h_m}{2^{2m}(m!)^2}x^{2m}. \tag{9.2.18}$$

当 $n>0$ 时, 由式 (9.2.17) 可知 $\lim_{x\to0}Y_n(x)=\infty$, 而 $J_n(0)$ 是有界的, 故 $J_n(x)$ 与 $Y_n(x)$ 是线性无关的. 因此对任意实数 ν, 贝塞尔方程 (9.2.1) 的通解均可以表示为

$$y(x) = AJ_\nu(x) + BY_\nu(x), \tag{9.2.19}$$

其中, A,B 为任意常数.

9.2.2 贝塞尔函数的性质

在这一节里, 讨论贝塞尔函数的性质, 这些性质对于应用来讲是非常重要的.

性质 9.2.1 (奇偶性)

$$J_n(-x) = (-1)^n J_n(x), \quad n=1,2,\cdots. \tag{9.2.20}$$

证明 由 $J_n(x)$ 的级数定义式(9.2.9), 得

$$J_n(-x) = \sum_{m=0}^\infty \frac{(-1)^m(-x)^{2m+n}}{2^{2m+n}m!\Gamma(m+n+1)}$$

$$= (-1)^n\sum_{m=0}^\infty\frac{(-1)^m x^{2m+n}}{2^{2m+n}m!\Gamma(m+n+1)} = (-1)^n J_n(x).$$

性质 9.2.2 当 $x\to\infty$ 时, 有下列渐近公式

$$\begin{cases} J_\nu(x) = \sqrt{\frac{2}{\pi x}}\cos\left(x-\frac{\nu\pi}{2}-\frac{\pi}{4}\right) + O(x^{-\frac{3}{2}}), \\ Y_\nu(x) = \sqrt{\frac{2}{\pi x}}\sin\left(x-\frac{\nu\pi}{2}-\frac{\pi}{4}\right) + O(x^{-\frac{3}{2}}). \end{cases} \tag{9.2.21}$$

由上述渐近公式可以看到, $x\to\infty$ 时, $J_\nu(x),Y_\nu(x)$ 均按 $\frac{1}{\sqrt{x}}$ 的形式趋向于零, 它们之间的关系很像 $\cos x,\sin x$ 之间的关系. 特别地, 观察图 9.2.1, 当 x 较大时, $J_0(x)$ 和 $J_1(x)$ 几乎是以 2π 为周期的周期函数, 分别类似于余弦和正弦函数, 即

$$J_0(x)\to\cos x, J_1(x)\to\sin x.$$

关于贝塞尔函数与余弦和正弦函数的区别, 由 (9.2.21) 可以看出, 当 $x\to\infty$ 时, 整数阶第一类

贝塞尔函数 $J_n(\infty) \to 0$, 而余弦和正弦函数维持振荡.

性质 9.2.3 (微分递推关系) 设 $J_\nu(x)$ 是 ν 阶第一类贝塞尔函数, $\nu \geqslant 0$, 则下面微分关系成立:

$$\frac{\mathrm{d}}{\mathrm{d}x}(x^\nu J_\nu(x)) = x^\nu J_{\nu-1}(x), \tag{9.2.22}$$

$$\frac{\mathrm{d}}{\mathrm{d}x}(x^{-\nu} J_\nu(x)) = -x^{-\nu} J_{\nu+1}(x). \tag{9.2.23}$$

证明 先证式(9.2.22). 由定义

$$J_\nu(x) = x^\nu \sum_{m=0}^\infty \frac{(-1)^m x^{2m}}{2^{2m+\nu} m! \Gamma(m+\nu+1)}, \quad \nu \geqslant 0,$$

逐项求导, 得

$$\frac{\mathrm{d}}{\mathrm{d}x}(x^\nu J_\nu(x)) = \frac{\mathrm{d}}{\mathrm{d}x} \sum_{m=0}^\infty \frac{(-1)^m x^{2\nu+2m}}{2^{2m+\nu} m! \Gamma(m+\nu+1)}$$

$$= x^\nu \sum_{m=1}^\infty \frac{(-1)^m x^{\nu+2m-1}}{2^{2m+\nu-1} m! \Gamma(m+\nu)} = x^\nu J_{\nu-1}(x).$$

同理可证明式(9.2.23).

式(9.2.22)和式(9.2.23)还可以写成另外一种形式. 先把式(9.2.22)和(9.2.23)两边除以 x, 得

$$\frac{\mathrm{d}}{x\mathrm{d}x}[x^\nu J_\nu(x)] = x^{\nu-1} J_{\nu-1}(x),$$

$$\frac{\mathrm{d}}{x\mathrm{d}x}[x^{-\nu} J_\nu(x)] = -x^{-(\nu+1)} J_{\nu+1}(x).$$

把 $\dfrac{\mathrm{d}}{x\mathrm{d}x}$ 看成一个整体的运算符号, 再对函数作用一次, 得到

$$\left(\frac{\mathrm{d}}{x\mathrm{d}x}\right)^2 [x^\nu J_\nu(x)] = x^{\nu-2} J_{\nu-2}(x),$$

$$\left(\frac{\mathrm{d}}{x\mathrm{d}x}\right)^2 [x^{-\nu} J_\nu(x)] = -x^{-(\nu+2)} J_{\nu+2}(x).$$

注意这里

$$\left(\frac{\mathrm{d}}{x\mathrm{d}x}\right)^2 = \left(\frac{\mathrm{d}}{x\mathrm{d}x}\right)\left(\frac{\mathrm{d}}{x\mathrm{d}x}\right) \neq \frac{\mathrm{d}^2}{x^2\mathrm{d}x^2}.$$

一般地, 有

$$\left(\frac{\mathrm{d}}{x\mathrm{d}x}\right)^n [x^\nu J_\nu(x)] = x^{\nu-n} J_{\nu-n}(x), \tag{9.2.24}$$

和

$$\left(\frac{\mathrm{d}}{x\mathrm{d}x}\right)^n [x^{-\nu} J_\nu(x)] = -x^{-(\nu+n)} J_{\nu+n}(x). \tag{9.2.25}$$

阶数邻近的贝塞尔函数之间的微分递推关系得证.

特别地, 在式(9.2.22)中, 令 $\nu = 0$, 得到一个非常有用的递推公式

$$J_0'(x) = -J_1(x).$$

由此断言 $J_0(x)$ 的极值点就是 $J_1(x)$ 的零点.

如果将式(9.2.22)和式(9.2.23)中的导数求出, 并且分别相减和相加, 得到如下两个常用的递推公式.

性质 9.2.4　设 $J_\nu(x)$ 是 ν 阶第一类贝塞尔函数，$\nu \geqslant 0$，则下面递推关系成立：

$$J_{\nu-1}(x) + J_{\nu+1}(x) = \frac{2\nu}{x} J_\nu(x), \tag{9.2.26}$$

$$J_{\nu-1}(x) - J_{\nu+1}(x) = 2J'_\nu(x). \tag{9.2.27}$$

性质 9.2.4 表明，通过 ν 阶第一类贝塞尔函数，可求出低一阶或者高一阶的第一类贝塞尔函数. 例如

$$J_2(x) = 2x^{-1}J_1(x) - J_0(x), \tag{9.2.28}$$

$$J_3(x) = 4x^{-1}J_2(x) - J_1(x) = (8x^{-2} - 1)J_1(x) - 4x^{-1}J_0(x). \tag{9.2.29}$$

注意到关系 $J_{-n}(x) = (-1)^n J_n(x)$，可知所有整数阶的贝塞尔函数 $J_n(x)(n$ 为整数) 都可用 $J_0(x)$ 和 $J_1(x)$ 来表示. 这样，只要有了 $J_0(x)$ 和 $J_1(x)$ 的函数值就可求出 $J_2(x), J_3(x)$ 以及 $J_n(x)$ 在相应处的函数值.

利用这些基本的递推公式，可以来讨论一些有关贝塞尔函数的积分或者微分的计算.

例 9.2.1　利用递推公式，求不定积分 $\displaystyle\int xJ_2(x)\mathrm{d}x$.

解　利用递推关系式 (9.2.22) 和分部积分，得

$$\int xJ_2(x)\mathrm{d}x = \int x^2[x^{-1}J_2(x)]\mathrm{d}x = -\int x^2 \mathrm{d}[x^{-1}J_1(x)]$$

$$= -x^2[x^{-1}J_1(x)] + 2\int x[x^{-1}J_2(x)]\mathrm{d}x = -xJ_1(x) + 2\int J_2(x)\mathrm{d}x$$

$$= -xJ_1(x) - 2J_0(x) + C.$$

例 9.2.2　化简 $4J'''_0(x) + 2J'_0(x) + J_3(x)$.

解　利用性质 9.2.4，有

$$4J'''_0(x) + 2J'_0(x) + J_3(x) = -4J''_1(x) + 2J'_0(x) + J_3(x)$$

$$= -2[J'_0(x) - J'_2(x)] + 2J'_0(x) + J_3(x) = -2J'_0(x) + 2J'_2(x) + 2J'_0(x) + J_3(x)$$

$$= [J_1(x) - J_3(x)] + J_3(x) = J_1(x).$$

性质 9.2.5　贝塞尔函数的零点，有下列结论：

(1) $J_\nu(x)$ 有无穷多个单重零点，且这无穷多个实零点在 x 轴上关于原点对称分布，因而必有无穷多个正零点. 当 $\nu > -1$ 时，$J_\nu(x)$ 只有实零点.

(2) $J_\nu(x)$ 的零点与 $J_{\nu+1}(x)$ 的零点是彼此相间的，即 $J_\nu(x)$ 的任意两个相邻实零点之间必存在一个且仅有一个 $J_{\nu+1}(x)$ 的零点. $J_\nu(x)$ 与 $J_{\nu+1}(x)$ 没有非零的公共零点.

(3) 以 $\mu_{(m+1)\nu}, \mu_{m\nu}$ 表示 $J_\nu(x)$ 的两个相邻的正实零点，则当 $m \to \infty$ 时，$\mu_{(m+1)\nu} - \mu_{m\nu} \to \pi$，即 $J_\nu(x)$ 几乎是以 2π 为周期的周期函数.

(4) 第二类贝塞尔函数 $Y_\nu(x)$ 的零点分布在 $(0,\infty)$ 上，它与第一类贝塞尔函数 $J_\nu(x)$ 的零点有相似的结论.

(5) 第一类贝塞尔函数 $J_\nu(x)$ 的正零点与第二类贝塞尔函数 $Y_\nu(x)$ 的零点相间分布.

为了更直观地展现贝塞尔函数零点的这些特性，以 0 阶和 1 阶第一类贝塞尔函数的零点图像为例，如图 9.2.3 所示.

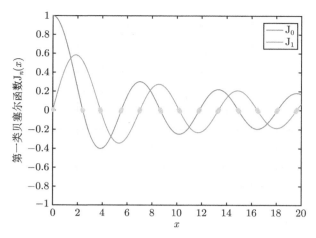

图 9.2.3 0 阶、1 阶第一类贝塞尔函数的零点

为了便于工程技术上的应用, 贝塞尔函数零点的数值已被详细地计算出来, 并列成表格, 表 9.2.1 给出了 $J_\nu(x)(\nu = 0, 1, 2, 3, 4, 5)$ 的前 10 个正零点 $\mu_{m\nu}(m = 1, 2, \cdots, 10)$ 的近似值.

★ 拓展
贝塞尔函数零点
数值计算方法

表 9.2.1 贝塞尔函数正零点 $\mu_{m\nu}$

m	ν					
	0	1	2	3	4	5
1	2.405	3.832	5.136	6.380	7.588	8.771
2	5.520	7.016	8.417	9.761	11.065	12.339
3	8.654	10.173	11.620	13.015	14.373	15.700
4	11.792	13.324	14.796	16.223	17.616	18.980
5	14.931	16.471	17.960	19.409	20.827	22.218
6	18.071	19.616	21.117	22.583	24.019	25.430
7	21.212	22.760	24.270	25.748	27.199	28.627
8	24.352	25.904	27.421	28.908	30.371	31.812
9	27.493	29.047	30.569	32.065	33.537	34.989
10	30.635	32.190	33.716	35.219	36.699	38.160

性质 9.2.6 (贝塞尔函数的正交性) 对每一非负整数 $n = 0, 1, 2, \cdots$, 设 $\mu_{mn}(m = 1, 2, \cdots)$ 是 $J_n(x)$ 的正零点. 记 $\lambda_{mn} = \dfrac{\mu_{mn}}{R}$. 那么 n 阶贝塞尔函数系 $J_n(\lambda_{1n}x)$, $J_n(\lambda_{2n}x), \cdots$ 在区间 $[0, R]$ 上关于权函数 $\rho(x) = x$ 构成一个正交函数系, 即

$$\int_0^R xJ_n(\lambda_{mn}x)J_n(\lambda_{kn}x)\mathrm{d}x = 0, \quad m \neq k, \quad m, k = 1, 2, \cdots, \tag{9.2.30}$$

以及

$$\int_0^R xJ_n^2(\lambda_{mn}x)\mathrm{d}x = \frac{R^2}{2}J_{n+1}^2(\lambda_{mn}R), \quad m = 1, 2, \cdots. \tag{9.2.31}$$

通常称

$$\sqrt{\int_0^R xJ_n^2(\lambda_{mn}x)\mathrm{d}x} = \frac{R}{\sqrt{2}}J_{n+1}(\lambda_{mn}R), \quad m = 1, 2, \cdots \tag{9.2.32}$$

为贝塞尔函数 $J_n(\lambda_{mn}x)$ 的模值, 记为 $\|J_n(\lambda_{mn}x)\|_2$.

证明　设 n 是非负整数. $J_n(s)$ 是 n 阶贝塞尔函数, 满足 n 阶贝塞尔方程

$$s^2\frac{\mathrm{d}^2}{\mathrm{d}s^2}J_n(s)+s\frac{\mathrm{d}}{\mathrm{d}s}J_n(s)+(s^2-n^2)J_n(s)=0.$$

令 $s=\lambda x$, 则 $J_n(\lambda x)$ 满足

$$x^2\frac{\mathrm{d}^2}{\mathrm{d}x^2}J_n(\lambda x)+x\frac{\mathrm{d}}{\mathrm{d}x}J_n(\lambda x)+(\lambda^2 x^2-n^2)J_n(\lambda x)=0.$$

方程两边同除以 x, 可以写为如下形式:

$$\frac{\mathrm{d}}{\mathrm{d}x}\left[x\frac{\mathrm{d}}{\mathrm{d}x}J_n(\lambda x)\right]+\left(\lambda^2 x-\frac{n^2}{x}\right)J_n(\lambda x)=0. \tag{9.2.33}$$

设 $J_n(\lambda_{mn}x)$ 与 $J_n(\lambda_{kn}x)$ 分别满足

$$\frac{\mathrm{d}}{\mathrm{d}x}\left[x\frac{\mathrm{d}}{\mathrm{d}x}J_n(\lambda_{mn}x)\right]+\left(\lambda_{mn}^2 x-\frac{n^2}{x}\right)J_n(\lambda_{mn}x)=0, \tag{9.2.34}$$

$$\frac{\mathrm{d}}{\mathrm{d}x}\left[x\frac{\mathrm{d}}{\mathrm{d}x}J_n(\lambda_{kn}x)\right]+\left(\lambda_{kn}^2 x-\frac{n^2}{x}\right)J_n(\lambda_{kn}x)=0. \tag{9.2.35}$$

用 $J_n(\lambda_{mn}x)$ 乘以式(9.2.34), 用 $J_n(\lambda_{kn}x)$ 乘以式(9.2.35), 相减后再在区间 $[0,R]$ 上积分, 得

$$(\lambda_{mn}^2-\lambda_{kn}^2)\int_0^R xJ_n(\lambda_{mn}x)J_n(\lambda_{kn}x)\mathrm{d}x$$

$$=\left[xJ_n(\lambda_{mn}x)\frac{\mathrm{d}}{\mathrm{d}x}J_n(\lambda_{kn}x)-xJ_n(\lambda_{kn}x)\frac{\mathrm{d}}{\mathrm{d}x}J_n(\lambda_{mn}x)\right]\Bigg|_0^R=0.$$

由于 $\lambda_{mn}\neq\lambda_{kn}$, 于是

$$\int_0^R xJ_n(\lambda_{mn}x)J_n(\lambda_{kn}x)\mathrm{d}x=0,\quad m\neq k,\quad m,k=1,2,\cdots. \tag{9.2.36}$$

下面证明式(9.2.32). 在式(9.2.34)中, 令 $\lambda_{mn}=\lambda$. 将 $2x\frac{\mathrm{d}}{\mathrm{d}x}J_n(\lambda x)$ 乘以式(9.2.34), 得

$$\frac{\mathrm{d}}{\mathrm{d}x}\left[x\frac{\mathrm{d}}{\mathrm{d}x}J_n(\lambda x)\right]^2+(\lambda^2 x^2-n^2)\frac{\mathrm{d}}{\mathrm{d}x}J_n^2(\lambda x)=0. \tag{9.2.37}$$

再由式(9.2.23)得

$$-\frac{n}{s}J_n(s)+\frac{\mathrm{d}}{\mathrm{d}s}J_n(s)=-J_{n+1}(s).$$

令 $s=\lambda x$ 得

$$x\frac{\mathrm{d}}{\mathrm{d}x}J_n(\lambda x)=nJ_n(\lambda x)-\lambda xJ_{n+1}(\lambda x). \tag{9.2.38}$$

由 $J_n(0)=0(n=1,2,\cdots)$, $\lambda=\lambda_{mn}$ 及 $J_n(\lambda R)=0$, 并且对方程(9.2.37)积分, 得

$$-\int_0^R(\lambda^2 x^2-n^2)\frac{\mathrm{d}}{\mathrm{d}x}J_n^2(\lambda x)\mathrm{d}x=\left[x\frac{\mathrm{d}}{\mathrm{d}x}J_n(\lambda x)\right]^2\Bigg|_0^R$$

$$=[nJ_n(\lambda x)-\lambda xJ_{n+1}(\lambda x)]^2\Big|_0^R$$

$$=\lambda_{mn}^2 R^2 J_{n+1}^2(\lambda_{mn}R). \tag{9.2.39}$$

利用分部积分, 式 (9.2.39) 左端等于

$$2\lambda_{mn}^2\int_0^R xJ_n^2(\lambda_{mn}x)\mathrm{d}x-\left[(\lambda_{mn}^2 x^2-n^2)J_n^2(\lambda_{mn}x)\right]\Big|_0^R=2\lambda_{mn}^2\int_0^R xJ_n^2(\lambda_{mn}x)\mathrm{d}x.$$

由此得到

$$\|J_n(\lambda_{mn}x)\|_2^2 = \int_0^R xJ_n^2(\lambda_{mn}x)\mathrm{d}x = \frac{R^2}{2}J_{n+1}^2(\lambda_{mn}R),$$

其中, $\lambda_{mn} = \mu_{mn}/R$. 定理证毕.

由于三角函数系 $\left\{\sin\dfrac{n\pi x}{L}, \cos\dfrac{n\pi x}{L}\right\}$ 在区间 $[-L, L]$ 上的正交性, 当函数 $f(x)$ 满足一定条件可进行傅里叶展开. 同样由于贝塞尔函数系 $\{J_n(\lambda_{mn}x)\}$ 的正交性, 考虑把函数 $f(x)$ 展开成 $\{J_n(\lambda_{mn}x)\}$ 的无穷级数. 不加证明地引用如下定理 (Asmar, 2012).

定理 9.2.3 设函数 $f(x)$ 在 $[0, R]$ 上满足 Dirichlet 条件, 且 $f(0)$ 有界, $f(R) = 0$, 则函数 $f(x)$ 在 $[0, R]$ 上可以展成傅里叶-贝塞尔级数

$$f(x) = \sum_{m=1}^{\infty} A_m J_n(\lambda_{mn}x), \quad n = 0, 1, 2, \cdots, \tag{9.2.40}$$

其中, $\lambda_{mn} = \dfrac{\mu_{mn}}{R}$. 而 μ_{mn} 是 $J_n(x)$ 的正零点, 系数为

$$A_m = \frac{2}{R^2 J_{n+1}^2(\mu_{mn})} \int_0^R xf(x)J_n(\lambda_{mn}x)\mathrm{d}x, \quad m = 1, 2, \cdots. \tag{9.2.41}$$

若 x_0 为 $f(x)$ 的间断点, 则式(9.2.40)右端的级数收敛于 $\dfrac{f(x_0^+) + f(x_0^-)}{2}$.

9.2.3 贝塞尔函数的应用

贝塞尔函数在求解定解问题时有着广泛的应用.

例 9.2.3 设半径为 1 的薄均匀圆盘, 边界上温度为零, 初始时刻圆盘内温度分布为 $1 - r^2$, 其中, r 是圆盘内任一点的极半径, 求圆盘内温度分布规律 u.

解 由于在圆域内求解问题, 故采用极坐标求解较为方便, 并考虑到定解条件与 θ 无关, 所以温度 u 只能是 r, t 的函数, 于是根据问题的条件, 可归结为求解下列定解问题:

$$\begin{cases} \dfrac{\partial u}{\partial t} = a^2 \left(\dfrac{\partial^2 u}{\partial r^2} + \dfrac{1}{r}\dfrac{\partial u}{\partial r}\right), & 0 \leqslant r < 1, \quad t > 0, & (9.2.42) \\[2mm] u|_{r=1} = 0, & t > 0, & (9.2.43) \\[2mm] u|_{t=0} = 1 - r^2, & 0 \leqslant r \leqslant 1. & (9.2.44) \end{cases}$$

此外, 由物理意义, 有条件 $|u| < \infty$, 且当 $t \to +\infty$ 时, $u \to 0$. 令 $u(r, t) = F(r)T(t)$, 代入方程(9.2.42) 得

$$FT' = a^2\left(F'' + \frac{1}{r}F'\right)T$$

或

$$\frac{T'}{a^2 T} = \frac{F'' + \dfrac{1}{r}F'}{F} = -\lambda,$$

由此得

$$r^2 F'' + rF' + \lambda r^2 F = 0, \tag{9.2.45}$$

$$T' + a^2 \lambda T = 0. \tag{9.2.46}$$

方程(9.2.46)的解为 $T(t) = Ce^{-a^2\lambda t}$, 因为 $t \to +\infty$ 时, $u \to 0$, 所以 λ 只能大于 0, 令 $\lambda = \beta^2$, 则

$$T(t) = Ce^{-a^2\beta^2 t}.$$

此时, 方程(9.2.45)的通解为

$$F(r) = C_1 \mathrm{J}_0(\beta r) + C_2 \mathrm{Y}_0(\beta r).$$

由 $u(r,t)$ 的有界性, 可知 $C_2 = 0$, 再由式(9.2.43)得 $\mathrm{J}_0(\beta) = 0$, 即 β 是 $\mathrm{J}_0(x)$ 的零点. 以 $\mu_n^{(0)}$ 表示 $\mathrm{J}_0(x)$ 的正零点, 则

$$\beta = \mu_n^{(0)}, \quad n = 1, 2, 3, \cdots.$$

综合以上结果, 可得

$$F_n(r) = \mathrm{J}_0(\mu_n^{(0)} r),$$
$$T_n(t) = C_n \mathrm{e}^{-a^2(\mu_n^{(0)})^2 t}.$$

从而, $u_n(r,t) = C_n \mathrm{e}^{-a^2(\mu_n^{(0)})^2 t} \mathrm{J}_0(\mu_n^{(0)} r).$

利用叠加原理, 可得原问题的解为

$$u(r,t) = \sum_{n=1}^{\infty} C_n \mathrm{e}^{-a^2(\mu_n^{(0)})^2 t} \mathrm{J}_0(\mu_n^{(0)} r).$$

由条件(9.2.44)得

$$1 - r^2 = \sum_{n=1}^{\infty} C_n \mathrm{J}_0(\mu_n^{(0)} r),$$

从而

$$C_n = \frac{2}{[\mathrm{J}_0'(\mu_n^{(0)})]^2} \int_0^1 (1 - r^2) r \mathrm{J}_0(\mu_n^{(0)} r) \mathrm{d}r$$

$$= \frac{2}{[\mathrm{J}_1(\mu_n^{(0)})]^2} \left[\int_0^1 r \mathrm{J}_0(\mu_n^{(0)} r) \mathrm{d}r - \int_0^1 r^3 \mathrm{J}_0(\mu_n^{(0)} r) \mathrm{d}r \right].$$

因 $\mathrm{d}[(\mu_n^{(0)} r) \mathrm{J}_1(\mu_n^{(0)} r)] = (\mu_n^{(0)} r)[\mathrm{J}_0(\mu_n^{(0)} r) \mathrm{d}(\mu_n^{(0)} r)]$, 即

$$\mathrm{d}\left[\frac{r \mathrm{J}_1(\mu_n^{(0)} r)}{\mu_n^{(0)}} \right] = r \mathrm{J}_0(\mu_n^{(0)} r) \mathrm{d}r,$$

故得

$$\int_0^1 r \mathrm{J}_0(\mu_n^{(0)} r) \mathrm{d}r = \left. \frac{r \mathrm{J}_1(\mu_n^{(0)} r)}{\mu_n^{(0)}} \right|_0^1 = \frac{\mathrm{J}_1(\mu_n^{(0)})}{\mu_n^{(0)}}.$$

另外

$$\int_0^1 r^3 \mathrm{J}_0(\mu_n^{(0)} r) \mathrm{d}r = \int_0^1 r^2 \mathrm{d}\left[\frac{r \mathrm{J}_1(\mu_n^{(0)} r)}{\mu_n^{(0)}} \right] = \left. \frac{r^3 \mathrm{J}_1(\mu_n^{(0)} r)}{\mu_n^{(0)}} \right|_0^1 - \frac{2}{\mu_n^{(0)}} \int_0^1 r^2 \mathrm{J}_1(\mu_n^{(0)} r) \mathrm{d}r$$

$$= \frac{\mathrm{J}_1(\mu_n^{(0)})}{\mu_n^{(0)}} - \frac{2 \mathrm{J}_2(\mu_n^{(0)})}{(\mu_n^{(0)})^2},$$

从而

$$C_n = \frac{4 \mathrm{J}_2(\mu_n^{(0)})}{[\mu_n^{(0)} \mathrm{J}_1(\mu_n^{(0)})]^2}.$$

故所求定解问题的解为

$$u(r,t) = \sum_{n=1}^{\infty} \frac{4 \mathrm{J}_2(\mu_n^{(0)})}{[\mu_n^{(0)} \mathrm{J}_1(\mu_n^{(0)})]^2} \mathrm{J}_0(\mu_n^{(0)} r) \mathrm{e}^{-a^2(\mu_n^{(0)})^2 t}. \tag{9.2.47}$$

9.3　勒让德函数及其应用

9.3.1　勒让德方程与勒让德函数

利用分离变量法求解球坐标系下的拉普拉斯方程时, 会得到形如

★ 引入
球坐标系下的
分离变量

$$(1 - x^2)y''(x) - 2xy'(x) + \mu y(x) = 0 \tag{9.3.1}$$

的二阶变系数常微分方程, 其中, μ 为实参数. 该方程称为**勒让德方程**, 它的任意非零解称为**勒让德函数**.

现在寻求方程 (9.3.1) 在闭区间 $[-1, 1]$ 上的有界解. 方程 (9.3.1) 可以化为二阶常微分方程的标准形式:

⊞ 课件 9.3

$$y''(x) - \frac{2x}{(1 - x^2)}y'(x) + \frac{\mu}{(1 - x^2)}y(x) = 0. \tag{9.3.2}$$

由于式 (9.3.2) 的系数 $p(x) = -\dfrac{2x}{1 - x^2}$, $q(x) = \dfrac{\mu}{1 - x^2}$ 在 $(-1, 1)$ 上都可以展开成 x 的幂级数, 故可设方程 (9.3.1) 的解为

$$y(x) = \sum_{m=0}^{\infty} c_m x^m. \tag{9.3.3}$$

把这个级数逐项微分并且代入方程 (9.3.1), 得到

⊞ 微课 9.3

$$(1 - x^2)\sum_{m=2}^{\infty} m(m-1)c_m x^{m-2} - 2x\sum_{m=1}^{\infty} mc_m x^{m-1} + \mu\sum_{m=0}^{\infty} c_m x^m = 0.$$

可改写为

$$\sum_{m=0}^{\infty}(m+2)(m+1)c_{m+2}x^m - \sum_{m=0}^{\infty} m(m-1)c_m x^m - \sum_{m=0}^{\infty} 2mc_m x^m + \mu\sum_{m=0}^{\infty} c_m x^m = 0.$$

上式求和的各项互相独立, 因此任意项 x^k 的系数为 0, 则可得

$$(m+2)(m+1)c_{m+2} - [m(m-1) - \mu]c_m = 0.$$

由于在实际应用中 μ 为整数时的情况最为重要, 所以取 $\mu = n(n+1)$. 得到幂级数系数的递推公式:

$$c_{m+2} = -\frac{(n-m)(n+m+1)}{(m+2)(m+1)}c_m, \qquad m = 0, 1, 2, \cdots. \tag{9.3.4}$$

这是一个双间隔系数递推公式, 由这个递推公式, 根据 c_0 可确定 $c_{2m}, m = 1, 2, \cdots$; 而根据 c_1 可确定 $c_{2m+1}, m = 1, 2, \cdots$, 其中, c_0 和 c_1 均为任意常数. 因此可得偶数幂的系数

$$c_2 = (-1)\frac{n(n+1)}{2!}c_0,$$

$$c_4 = (-1)\frac{(n-2)(n+3)}{4 \cdot 3}c_2 = (-1)^2\frac{(n-2)n(n+1)(n+3)}{4!}c_0,$$

$$\cdots$$

$$c_{2m} = (-1)^m\frac{n(n-1)\cdots(n-2m+2)(n+1)(n+3)\cdots(n+2m-1)}{(2m)!}c_0,$$

类似可得到奇数次幂的系数

$$c_{2m+1} = (-1)^m \frac{(n-1)(n-3)\cdots(n-2m+1)(n+2)(n+4)\cdots(n+2m)}{(2m+1)!} c_1.$$

将这些值代入式 (9.3.3), 得到勒让德方程的通解为

$$y(x) = c_0 y_1(x) + c_1 y_2(x), \tag{9.3.5}$$

其中,

$$y_1(x) = 1 - \frac{n(n+1)}{2!} x^2 + \frac{(n-2)n(n+1)(n+3)}{4!} x^4 - \cdots, \tag{9.3.6}$$

$$y_2(x) = x - \frac{(n-1)(n+2)}{3!} x^3 + \frac{(n-3)(n-1)(n+2)(n+4)}{5!} x^5 - \cdots. \tag{9.3.7}$$

不难证明这两个级数当 $x \in (-1, 1)$ 时收敛, 且 $y_1(x)$ 与 $y_2(x)$ 线性无关. 在许多情况下, 参数 n 为非负整数. 所以在式 (9.3.4) 中取 $s = n$, 可得 $c_{n+2} = 0, c_{n+4} = 0, \cdots$. 因此, 如果 n 是偶数, $y_1(x)$ 化为 n 阶多项式, 而 $y_2(x)$ 仍为无穷级数. 类似地, 当 n 是奇数时, $y_2(x)$ 化为 n 阶多项式, 而 $y_1(x)$ 是无穷级数. 当下面给出 $y_1(x)$ 或 $y_2(x)$ 为多项式的表达式. 由式 (9.3.4) 得

$$c_s = -\frac{(s+2)(s+1)}{(n-s)(n+s+1)} c_{s+2}, \qquad s \leqslant n-2. \tag{9.3.8}$$

即可以通过多项式的最高项的系数 c_n 来表示其他各次项的系数. 为了使多项式比较简洁且使多项式在 $x = 1$ 处取值为 1, 当 $n = 0$ 时, 取 $c_n = 1$; 当 $n = 1, 2, \cdots$ 时, 取

$$c_n = -\frac{(2n)!}{2^n (n!)^2} = \frac{1 \cdot 3 \cdot (2n-1)}{n!}, \tag{9.3.9}$$

那么, 由式 (9.3.8) 得

$$c_{n-2} = -\frac{n(n-1)}{2(2n-1)} c_n = -\frac{(2n-2)!}{2^n (n-1)!(n-2)!}.$$

类似地,

$$c_{n-4} = -\frac{(n-2)(n-3)}{4(2n-3)} c_{n-2} = \frac{(2n-4)!}{2^n 2!(n-2)!(n-4)!}.$$

一般地, 当 $n - 2m \geqslant 0$ 时, 有

$$c_{n-2m} = (-1)^m \frac{(2n-2m)!}{2^n m!(n-m)!(n-2m)!}. \tag{9.3.10}$$

这样得到的微分方程 (9.3.1) 的解称为 n **阶勒让德多项式**, 或者称为**第一类勒让德函数**. 记为 $\mathrm{P}_n(x)$, 即

$$\mathrm{P}_n(x) = \sum_{m=0}^{M} \frac{(-1)^m (2n-2m)!}{2^n m!(n-m)!(n-2m)!} x^{n-2m}, \tag{9.3.11}$$

其中, n 为非负整数. 当 n 为偶数时, 取 $M = \dfrac{n}{2}$; 当 n 为奇数时, 取 $M = \dfrac{n-1}{2}$. 容易得到

$$\mathrm{P}_0(x) = 1, \quad \mathrm{P}_1(x) = x,$$

$$\mathrm{P}_2(x) = \frac{1}{2}(3x^2 - 1), \quad \mathrm{P}_3(x) = \frac{1}{2}(5x^3 - 3x),$$

$$\mathrm{P}_4(x) = \frac{1}{8}(35x^4 - 30x^2 + 3), \quad \mathrm{P}_5(x) = \frac{1}{8}(63x^5 - 70x^3 + 15x),$$

$$\mathrm{P}_6(x) = \frac{1}{16}(231x^6 - 315x^4 + 105x^2 - 5). \tag{9.3.12}$$

为了更直观地了解第一类勒让德多项式, 画出 1 到 4 阶勒让德多项式的图像, 如图 9.3.1 所示.

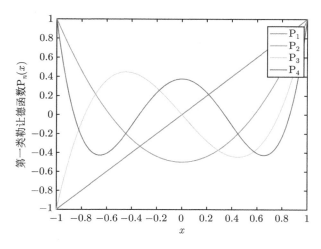

图 9.3.1 勒让德多项式图像

为了方便应用, 勒让德多项式 $\mathrm{P}_n(x)$ 可以写成微分形式

$$\mathrm{P}_n(x) = \frac{1}{2^n n!} \frac{\mathrm{d}^n}{\mathrm{d}x^n}(x^2-1)^n. \tag{9.3.13}$$

式 (9.3.13) 称为**勒让德多项式的罗德里格斯 (Rodrigues) 表达式**. 要验证这个公式, 只需要利用二项式定理将 $(x^2-1)^n$ 展开, 然后逐项求 n 阶导数, 读者可自己验证.

综合上述讨论, 可得到如下结论:

(1) 当 n 不为整数时, 方程 (9.3.1) 的通解为

$$y(x) = c_0 y_1(x) + c_1 y_2(x), \tag{9.3.14}$$

其中, c_0, c_1 为任意常数; $y_1(x), y_2(x)$ 分别由式(9.3.6)和式(9.3.7) 确定. 它们都是无穷级数, 且在闭区间 $[-1,1]$ 上无界. 因此方程(9.3.1)在 $[-1,1]$ 上无有界的解.

(2) 当 n 为整数时, $y_1(x), y_2(x)$ 中有一个是勒让德多项式, 另一个仍是无穷级数, 记作 $\mathrm{Q}_n(x)$, 称为**第二类勒让德函数**, 它在闭区间 $[-1,1]$ 上无界. 此时方程(9.3.1) 的通解为

$$y(x) = A\mathrm{P}_n(x) + B\mathrm{Q}_n(x), \tag{9.3.15}$$

其中, A, B 为任意常数.

9.3.2 勒让德函数的性质

本小节介绍一些勒让德函数的重要性质.

利用勒让德多项式的罗德里格斯表达式(9.3.13), 可以得到如下性质.

性质 9.3.1 (奇偶性)

$$\mathrm{P}_n(-x) = (-1)^n \mathrm{P}_n(x), \quad n = 1, 2, \cdots. \tag{9.3.16}$$

性质 9.3.2 (递推关系式)

$$\frac{\mathrm{d}}{\mathrm{d}x}\mathrm{P}_n(x) - x\frac{\mathrm{d}}{\mathrm{d}x}\mathrm{P}_{n-1}(x) = n\mathrm{P}_{n-1}(x), \tag{9.3.17}$$

$$x\frac{\mathrm{d}}{\mathrm{d}x}\mathrm{P}_n(x) - \frac{\mathrm{d}}{\mathrm{d}x}\mathrm{P}_{n-1}(x) = n\mathrm{P}_n(x), \tag{9.3.18}$$

$$(1-x^2)\frac{\mathrm{d}}{\mathrm{d}x}\mathrm{P}_n(x)=n\mathrm{P}_{n-1}(x)-nx\mathrm{P}_n(x),\tag{9.3.19}$$

$$(1-x^2)\frac{\mathrm{d}}{\mathrm{d}x}\mathrm{P}_{n-1}(x)=nx\mathrm{P}_{n-1}(x)-n\mathrm{P}_n(x),\tag{9.3.20}$$

$$(n+1)\mathrm{P}_{n+1}(x)=(2n+1)x\mathrm{P}_n(x)-n\mathrm{P}_{n-1}(x).\tag{9.3.21}$$

容易知道, 当 $\mathrm{P}_0(x),\mathrm{P}_1(x)$ 为已知时, 可以反复利用式(9.3.21)推出任意阶的勒让德多项式.

勒让德多项式的正交性和模, 有如下结果.

定理 9.3.1　勒让德多项式函数系 $\{\mathrm{P}_n(x)\}(n=0,1,2,\cdots)$ 在区间 $[-1,1]$ 上构成正交函数系, 即

$$\int_{-1}^{1}\mathrm{P}_m(x)\mathrm{P}_n(x)\mathrm{d}x=\begin{cases}0,&m\neq n,\\\dfrac{2}{2n+1},&m=n.\end{cases}\tag{9.3.22}$$

称

$$\|\mathrm{P}_n\|_2=\sqrt{\int_{-1}^{1}\mathrm{P}_n^2(x)\mathrm{d}x}=\sqrt{\frac{2}{2n+1}}\tag{9.3.23}$$

为 n 阶勒让德多项式 P_n 的模值.

证明　考虑勒让德方程

$$(1-x^2)y''-2xy'+\lambda(\lambda+1)y=0.$$

可改写为

$$[(1-x^2)y']'=-\lambda(\lambda+1)y.\tag{9.3.24}$$

若 $m\neq n$, 设 $\lambda=m$ 和 $\lambda=n$ 对应的微分方程的解分别为 P_m 和 P_n. 由式(9.3.24), 得

$$-\lambda_m\mathrm{P}_m=[(1-x^2)\mathrm{P}_m']',$$
$$-\lambda_n\mathrm{P}_n=[(1-x^2)\mathrm{P}_n']',$$

其中, $-\lambda_m=m(m+1)$, $-\lambda_n=n(n+1)$. 将上述第一个式子乘以 $-\mathrm{P}_n$, 第二个式子乘以 P_m, 再相加, 可得

$$\begin{aligned}(\lambda_m-\lambda_n)\mathrm{P}_m\mathrm{P}_n&=-[(1-x^2)\mathrm{P}_m']'\mathrm{P}_n+[(1-x^2)\mathrm{P}_n']'\mathrm{P}_m\\&=\frac{\mathrm{d}}{\mathrm{d}x}[(1-x^2)(\mathrm{P}_m\mathrm{P}_n'-\mathrm{P}_m'\mathrm{P}_n)].\end{aligned}\tag{9.3.25}$$

式(9.3.25)两边积分, 得

$$(\lambda_m-\lambda_n)\int_{-1}^{1}\mathrm{P}_m(x)\mathrm{P}_n(x)\mathrm{d}x=\{(1-x^2)[\mathrm{P}_m(x)\mathrm{P}_n'(x)-\mathrm{P}_m'(x)\mathrm{P}_n(x)]\}\big|_{-1}^{1}=0.$$

由 $\lambda_m\neq\lambda_n$, 得

$$\int_{-1}^{1}\mathrm{P}_m(x)\mathrm{P}_n(x)\mathrm{d}x=0,\quad m\neq n.\tag{9.3.26}$$

下面求 P_m 的模. 由式(9.3.21)得

$$(n+1)\mathrm{P}_{n+1}(x)+n\mathrm{P}_{n-1}(x)=(2n+1)x\mathrm{P}_n(x),$$
$$n\mathrm{P}_n(x)+(n-1)\mathrm{P}_{n-2}(x)=(2n-1)x\mathrm{P}_{n-1}(x).$$

上述第一式乘以 P_{n-1}, 第二式乘以 P_n, 再积分, 并由式(9.3.26) 得

$$n \int_{-1}^{1} P_{n-1}^2(x)\mathrm{d}x = (2n+1) \int_{-1}^{1} x P_n(x) P_{n-1}(x)\mathrm{d}x,$$

$$n \int_{-1}^{1} P_n^2(x)\mathrm{d}x = (2n-1) \int_{-1}^{1} x P_{n-1} P_n(x)(x)\mathrm{d}x.$$

比较上述两式的右端项, 可得

$$\int_{-1}^{1} P_n^2(x)\mathrm{d}x = \frac{2n-1}{2n+1} \int_{-1}^{1} P_{n-1}^2(x)\mathrm{d}x. \tag{9.3.27}$$

由 $P_0(x) = 1$, 可得 $\int_{-1}^{1} P_0^2(x)\mathrm{d}x = 2$, 代入式(9.3.27), 得

$$\int_{-1}^{1} P_1^2(x)\mathrm{d}x = \frac{2}{3}, \quad \int_{-1}^{1} P_2^2(x)\mathrm{d}x = \frac{2}{5},$$

由归纳法可证得式(9.3.23).

同贝塞尔函数系类似, 对于正交函数系 $\{P_n(x)\}$, 有下面的展开定理.

定理 9.3.2 设函数 $f(x)$ 在 $[-1, 1]$ 上满足 Dirichlet 条件, 则函数 $f(x)$ 在 $[-1, 1]$ 上可以展成勒让德多项式的级数, 即在 $f(x)$ 的连续点处有

$$f(x) = \sum_{n=0}^{\infty} C_n P_n(x), \tag{9.3.28}$$

其中, 系数

$$C_n = \frac{2n+1}{2} \int_{-1}^{1} f(x) P_n(x)\mathrm{d}x, \quad n = 0, 1, 2, \cdots. \tag{9.3.29}$$

式(9.3.28)右端级数称为**函数 $f(x)$ 的傅里叶 - 勒让德级数**. 若 x_0 为 $f(x)$ 的间断点, 则式(9.3.28)右端的级数收敛于 $[f(x_0^+ 0) + f(x_0^-)]/2$.

这个定理的证明从略, 只要式(9.3.28)成立, 利用定理 9.3.1 可以推出系数计算式(9.3.29). 它作为一个练习, 留给读者.

例 9.3.1 将函数 $f(x) = |x|$ 在 $(-1, 1)$ 上展开成傅里叶-勒让德级数.

解 由式 (9.3.29), 得

$$C_n = \frac{2n+1}{2} \int_{-1}^{1} |x| P_n(x)\mathrm{d}x, \quad n = 0, 1, 2, \cdots,$$

因为 $f(x)$ 在 $(-1, 1)$ 上是偶函数, 而 $P_{2n+1}(x)$ 是奇函数, $P_{2n}(x)$ 是偶函数, 故 $C_{2n+1} = 0, n = 0, 1, 2, \cdots$ 和

$$C_0 = \frac{1}{2} \int_{-1}^{1} |x|\mathrm{d}x = \frac{1}{2},$$

$$C_{2n} = \frac{4n+1}{2} \int_{-1}^{1} |x| P_{2n}(x)\mathrm{d}x$$

$$= -\frac{4n+1}{2} \int_{-1}^{0} x P_{2n}(x)\mathrm{d}x + \frac{4n+1}{2} \int_{0}^{1} x P_{2n}(x)\mathrm{d}x$$

$$= -\frac{4n+1}{2} \int_{-1}^{0} \frac{x}{2^{2n}(2n)!} \frac{\mathrm{d}^{2n}}{\mathrm{d}x^{2n}}(x^2-1)^{2n}\mathrm{d}x$$

$$+ \frac{4n+1}{2} \int_{0}^{1} \frac{x}{2^{2n}(2n)!} \frac{\mathrm{d}^{2n}}{\mathrm{d}x^{2n}}(x^2-1)^{2n}\mathrm{d}x$$

$$= \frac{4n+1}{2^{2n+1}(2n)!} \left[\frac{\mathrm{d}^{2n-2}}{\mathrm{d}x^{2n-2}}(x^2-1)^{2n} \Big|_{-1}^{0} - \frac{\mathrm{d}^{2n-2}}{\mathrm{d}x^{2n-2}}(x^2-1)^{2n} \Big|_{0}^{1} \right]$$

$$= \frac{4n+1}{2^{2n}(2n)!} \frac{\mathrm{d}^{2n-2}}{\mathrm{d}x^{2n-2}} \left[\sum_{k=0}^{2n} C_{2n}^k x^{2k}(-1)^{2n-k} \right] \Big|_{x=0}$$

$$= (-1)^{n+1} \frac{(4n+1)(2n-2)!}{2^{2n}(n-1)!(n+1)!}, \quad n = 1, 2, \cdots.$$

因此, 当 $x \in (-1, 1)$ 时, 有

$$|x| = \frac{1}{2} + \sum_{n=1}^{\infty} \frac{(-1)^{n+1}(4n+1)(2n-2)!}{2^{2n}(n-1)!(n+1)!} \mathrm{P}_{2n}(x).$$

9.3.3　连带勒让德多项式

在球坐标系内对拉普拉斯方程进行分离变量便引出形如

$$(1-x^2)y''(x) - 2xy'(x) + \left[n(n+1) - \frac{m^2}{1-x^2} \right] y(x) = 0 \tag{9.3.30}$$

的二阶变系数微分方程, 其中, m 为正整数. 称该方程为**连带勒让德方程**.

如果引入 $x = \cos\theta$ 为自变量, 并将 $y(x)$ 改记为 $H(\theta)$, 则式 (9.3.30) 变为

$$H''(\theta) + \cot\theta H'(\theta) + \left[n(n+1) - \frac{m^2}{\sin\theta} \right] H(\theta) = 0. \tag{9.3.31}$$

现在来寻求方程(9.3.30)的解. 由勒让德方程

$$(1-x^2)v''(x) - 2xv'(x) + n(n+1)v(x) = 0$$

两端对 x 微分 m 次, 得

$$\frac{\mathrm{d}^m}{\mathrm{d}x^m} \left[(1-x^2)\frac{\mathrm{d}^2 v}{\mathrm{d}x^2} \right] - \frac{\mathrm{d}^m}{\mathrm{d}x^m} \left(2x\frac{\mathrm{d}v}{\mathrm{d}x} \right) + n(n+1)\frac{\mathrm{d}^m v}{\mathrm{d}x^m} = 0, \tag{9.3.32}$$

运算以后可得

$$(1-x^2)\frac{\mathrm{d}^{m+2}v}{\mathrm{d}x^{m+2}} - 2(m+1)x\frac{\mathrm{d}^{m+1}v}{\mathrm{d}x^{m+1}} + [n(n+1) - m(m+1)]\frac{\mathrm{d}^m v}{\mathrm{d}x^m} = 0. \tag{9.3.33}$$

令 $u = \dfrac{\mathrm{d}^m v}{\mathrm{d}x^m}$, 则式(9.3.33)可化为

$$(1-x^2)\frac{\mathrm{d}^2 u}{\mathrm{d}x^2} - 2(m+1)x\frac{\mathrm{d}u}{\mathrm{d}x} + [n(n+1) - m(m+1)]u = 0. \tag{9.3.34}$$

若再引入新函数 $w = (1-x^2)^{\frac{m}{2}}u$, 则代入式(9.3.34)并化简, 可得

$$(1-x^2)\frac{\mathrm{d}^2 w}{\mathrm{d}x^2} - 2x\frac{\mathrm{d}w}{\mathrm{d}x} + \left[n(n+1) - \frac{m^2}{1-x^2} \right]w = 0. \tag{9.3.35}$$

这就说明, 若 v 是勒让德方程(9.3.1)的解, 则 $w = (1-x^2)^{\frac{m}{2}}\dfrac{\mathrm{d}^m v}{\mathrm{d}x^m}$ 必是连带勒让德方程(9.3.30) 的解. 已经知道, 当 n 为正整数时, 方程(9.3.1)有一个在 $[-1, 1]$ 上的有界解 $v = \mathrm{P}_n(x)$, 从而当 n 为正整数时, 函数

$$w = (1-x^2)^{\frac{m}{2}}\frac{\mathrm{d}^m \mathrm{P}_n(x)}{\mathrm{d}x^m} \tag{9.3.36}$$

是连带勒让德方程(9.3.30)在 $[-1, 1]$ 上的有界解, 这个解以 $\mathrm{P}_n^m(x)$ 表示, 即

$$\mathrm{P}_n^m(x) = (1-x^2)^{\frac{m}{2}}\frac{\mathrm{d}^m \mathrm{P}_n(x)}{\mathrm{d}x^m}, \quad m \leqslant n, \quad |x| \leqslant 1,$$

称它为 n 次 m 阶的**连带勒让德多项式**.

从施图姆–刘维尔定理可知, 连带勒让德多项式 $\{\mathrm{P}_n^m(x)\}(n=0,1,2,\cdots)$ 在区间 $[-1,1]$ 也构成正交完备系. 经计算还可得到它的模值的平方为

$$\int_{-1}^1 [\mathrm{P}_n^m(x)]^2 \mathrm{d}x = \frac{2(n+m)!}{(2n+1)(n-m)!}. \tag{9.3.37}$$

利用式(9.3.37)和 $\{\mathrm{P}_n^m(x)\}$ 的正交完备性, 可以把一个在 $[-1,1]$ 上满足按特征函数系展开条件的函数 $f(x)$ 展成如下的级数

$$f(x) = \sum_{n=0}^\infty C_n \mathrm{P}_n^m(x),$$

其中, 系数

$$C_n = \frac{(2n+1)(n-m)!}{2(n+m)!} \int_{-1}^1 f(x)\mathrm{P}_n^m(x)\mathrm{d}x, \quad n=0,1,2,\cdots.$$

9.3.4 勒让德函数的应用

例 9.3.2 (球域内的电位分布) 在半径为 1 的球内, 求调和函数, 使它在球面上满足
$$u|_{r=1} = \cos^2 \theta.$$

解 由于方程的自由项及定解条件中的已知函数均与变量 φ 无关, 故可以推知, 所求的调和函数只与 r, θ 两个变量有关, 而与变量 φ 无关, 因此, 所提问题可以归结为下列定解问题

$$\begin{cases} \dfrac{1}{r^2}\dfrac{\partial}{\partial r}\left(r^2\dfrac{\partial u}{\partial r}\right) + \dfrac{1}{r^2\sin\theta}\dfrac{\partial}{\partial\theta}\left(\sin\theta\dfrac{\partial u}{\partial\theta}\right) = 0, 0\leqslant r<1, \quad 0<\theta<\pi, & (9.3.38)\\ u|_{r=1} = \cos^2\theta, & 0\leqslant\theta<\pi, & (9.3.39) \end{cases}$$

用分离变量法来求解. 令 $u(r,\theta) = R(r)H(\theta)$, 代入原方程(9.3.38), 得
$$\left(r^2 R'' + 2rR'\right)H + \left(H'' + \cot\theta H'\right)R = 0,$$

$$\frac{r^2 R'' + 2rR'}{R} = -\frac{H'' + \cot\theta H'}{H} = \lambda.$$

从而得到

$$r^2 R'' + 2rR' - \lambda R = 0, \tag{9.3.40}$$

$$H'' + \cot\theta H' - \lambda H = 0. \tag{9.3.41}$$

若常数 $\lambda = n(n+1)$, 则方程(9.3.41)就是连带勒让德方程(9.3.31)当 $m=0$ 时的特例, 所以它就是勒让德方程. 由问题的物理意义, 函数 $u(r,\theta)$ 应该是有界的, 从而 $H(\theta)$ 也应是有界的, 由 9.3.1节中的结论可知, 只有当 n 为整数时, 方程(9.3.41)在 $0\leqslant\theta\leqslant\pi$ 才有有界的解 $H_n(\theta)=\mathrm{P}_n(\cos\theta)$, 这里 $\mathrm{P}_n(\cos\theta)\ (n=0,1,2,\cdots)$ 就是方程(9.3.41)在自然边界条件 $|H(0)|<+\infty, H(\pi)<+\infty$ 下的特征函数系, 即

$$\begin{cases} H''(\theta) + \cot\theta H'(\theta) - \lambda H(\theta) = 0,\\ |H(0)|<+\infty, \quad H(\pi)<+\infty. \end{cases}$$

该方程的通解为 $H(\theta) = D_1\mathrm{P}_n(\cos\theta) + D_2\mathrm{Q}_n(\cos\theta)$, 由于第二类勒让德函数在 $\theta=0$ 和 $\theta=\pi$ 处均有奇点, 故需 $D_2=0$, 从而 $H(\theta)=D_n\mathrm{P}_n(\cos\theta)$.

欧拉方程(9.3.40)的通解为

$$R_n = C_1 r^n + C_2 r^{-(n+1)},$$

要使 u 有界, 必须 R_n 也有界, 故 $C_2 = 0$, 即

$$R_n = C_n r^n.$$

利用叠加原理, 原问题的解为

$$u(r, \theta) = \sum_{n=0}^{\infty} C_n r^n \mathrm{P}_n(\cos\theta). \tag{9.3.42}$$

由边界条件(9.3.39)得

$$\cos^2\theta = \sum_{n=0}^{\infty} C_n \mathrm{P}_n(\cos\theta). \tag{9.3.43}$$

若在式(9.3.43)中以 x 代替 $\cos\theta$, 则得

$$x^2 = \sum_{n=0}^{\infty} C_n \mathrm{P}_n(x).$$

由于

$$x^2 = \frac{1}{3}\mathrm{P}_0(x) + \frac{2}{3}\mathrm{P}_2(x),$$

比较两端系数, 可得

$$C_0 = \frac{1}{3}, \quad C_2 = \frac{2}{3}, \quad C_n = 0 \ (n \neq 0, 2).$$

因此, 所求的定解问题的解为

$$u(r, \theta) = \frac{1}{3} + \frac{2}{3}r^2\mathrm{P}_2(\cos\theta) = \frac{1}{3} + r^2\left(\cos^2\theta - \frac{1}{3}\right).$$

当然, 式(9.3.42)中的系数 C_n 也可以按式(9.3.29)来计算, 读者可以按这个公式再计算一遍.

9.4　拓展: 二维正压无散线性涡度方程的初值问题 *

在研究罗斯贝波频散问题时, 通常可以将问题归结为求解正压无散线
性涡度方程的定解问题, 这个结果很好地解释了上游效应.

★ 拓展
涡度方程的上游效应

例 9.4.1　求解二维正压无散线性涡度方程的初值问题

$$\begin{cases} \left(\dfrac{\partial}{\partial t} + \bar{u}\dfrac{\partial}{\partial x}\right)\Delta\psi + \beta\dfrac{\partial\psi}{\partial x} = 0, & (9.4.44) \\[2mm] \psi|_{t=0} = \psi_0(x, y), & (9.4.45) \end{cases}$$

其中, 未知函数 ψ 为流函数; $\dfrac{\partial\psi}{\partial x}$ 为涡度; $\bar{u}, \beta$ 为常数, $\bar{u}$ 为平均风速, β 为与科氏参数有关的常数.

解　应用二重傅里叶积分变换法求解 ψ, 设

$$\begin{cases} \Psi(k, l, t) = \mathscr{F}[\psi(x, y, t)] = \dfrac{1}{2\pi}\displaystyle\int_{-\infty}^{\infty}\int_{-\infty}^{\infty}\psi(x, y, t)\mathrm{e}^{-\mathrm{i}(kx+ly)}\mathrm{d}x\mathrm{d}y, & (9.4.46) \\[3mm] \Psi_0(k, l) = \mathscr{F}[\psi_0(x, y)] = \dfrac{1}{2\pi}\displaystyle\int_{-\infty}^{\infty}\int_{-\infty}^{\infty}\psi_0(x, y)\mathrm{e}^{-\mathrm{i}(kx+ly)}\mathrm{d}x\mathrm{d}y, & (9.4.47) \end{cases}$$

则问题(9.4.44)和问题(9.4.45)作傅里叶变换后化为

$$\begin{cases} \dfrac{\partial\Psi}{\partial t} + \dfrac{\mathrm{i}k(K^2\bar{u} - \beta)}{K^2}\Psi = 0, \\[3mm] \Psi|_{t=0} = \Psi_0(k, l), \end{cases} \tag{9.4.48}$$

其中, $K^2 = k^2 + l^2$. 上述问题的解为

$$\Psi(k, l, t) = \Psi_0(k, l) \mathrm{e}^{-\frac{\mathrm{i}k(K^2\bar{u} - \beta)}{K^2}t}. \tag{9.4.49}$$

对式(9.4.49)求傅里叶逆变换, 得

$$\psi(x, y, t) = \mathscr{F}^{-1}[\Psi(k, l, t)] = \mathscr{F}^{-1}[\Psi_0(k, l)] * \mathscr{F}^{-1}\left[\mathrm{e}^{-\frac{\mathrm{i}k(K^2\bar{u} - \beta)}{K^2}t}\right]. \tag{9.4.50}$$

则

$$\mathscr{F}^{-1}[\Psi_0(k, l)] = \psi_0(x, y), \tag{9.4.51}$$

$$\mathscr{F}^{-1}\left[\mathrm{e}^{-\frac{\mathrm{i}k(K^2\bar{u} - \beta)}{K^2}t}\right] = \frac{1}{2\pi}\int_{-\infty}^{\infty}\int_{-\infty}^{\infty}\mathrm{e}^{-\frac{\mathrm{i}k(K^2\bar{u} - \beta)}{K^2}t}\mathrm{e}^{\mathrm{i}(kx + ly)}\mathrm{d}k\mathrm{d}l$$

$$= \frac{1}{2\pi}\int_{-\infty}^{\infty}\int_{-\infty}^{\infty}\mathrm{e}^{\mathrm{i}[k(x - ct) + ly]}\mathrm{d}k\mathrm{d}l, \tag{9.4.52}$$

其中, $c = \bar{u} - \dfrac{\beta}{K^2}$ 为罗斯贝[①]波速.

下面在极坐标系中计算式(9.4.52)的积分, 设 $\boldsymbol{K} = k\boldsymbol{i} + l\boldsymbol{j}$, $\boldsymbol{R} = (x - ct)\boldsymbol{i} + y\boldsymbol{j}$, 记 $\|\boldsymbol{K}\|_2 = K = \sqrt{k^2 + l^2}$, $\|\boldsymbol{R}\|_2 = R = \sqrt{(x - ct)^2 + y^2}$, 则

$$\begin{cases} k = K\cos\alpha, \quad l = K\sin\alpha, \\ x - ct = R\cos\theta, \quad y = R\cos\theta. \end{cases} \tag{9.4.53}$$

且使 $\boldsymbol{R}$ 与 $k\boldsymbol{i}$ 重合, 则

$$\begin{cases} k(x - ct) + ly = \boldsymbol{K} \cdot \boldsymbol{R} = KR\cos\alpha, \\ \mathrm{d}k\mathrm{d}l = K\mathrm{d}K\mathrm{d}\alpha. \end{cases} \tag{9.4.54}$$

则由式(9.4.52), 得

$$\mathscr{F}^{-1}\left[\mathrm{e}^{-\frac{\mathrm{i}k(K^2\bar{u} - \beta)}{K^2}t}\right] = \frac{1}{2\pi}\int_0^{\infty}\int_0^{2\pi}\mathrm{e}^{\mathrm{i}kR\cos\alpha}K\mathrm{d}K\mathrm{d}\alpha = \int_0^{\infty}\mathrm{J}_0(KR)K\mathrm{d}K. \tag{9.4.55}$$

将式(9.4.51)与式(9.4.55)代入式(9.4.50), 得

$$\psi(x, y, t) = \frac{1}{2\pi}\int_{-\infty}^{\infty}\int_{-\infty}^{\infty}\psi_0(\xi, \eta)\left[\int_0^{\infty}\mathrm{J}_0(KR_1)K\mathrm{d}K\right]\mathrm{d}\xi\mathrm{d}\eta, \tag{9.4.56}$$

其中,

$$R_1 = \sqrt{(x - ct - \xi)^2 + (y - \eta)^2}. \tag{9.4.57}$$

注 9.4.1 解式(9.4.56)还可以改变一下形式, 令 $t = 0$, 有

$$R_1|_{t=0} = \sqrt{(x - \xi)^2 + (y - \eta)^2} \equiv R_0,$$

则

$$\psi_0(x, y) = \frac{1}{2\pi}\int_{-\infty}^{\infty}\int_{-\infty}^{\infty}\psi_0(\xi, \eta)\left[\int_0^{\infty}\mathrm{J}_0(KR_0)K\mathrm{d}K\right]\mathrm{d}\xi\mathrm{d}\eta, \tag{9.4.58}$$

式(9.4.56)减去式(9.4.58), 得

$$\psi(x, y, t) = \psi_0(x, y) + \frac{1}{2\pi}\int_{-\infty}^{\infty}\int_{-\infty}^{\infty}\psi_0(\xi, \eta)G(x - \xi, y - \eta, t)\mathrm{d}\xi\mathrm{d}\eta, \tag{9.4.59}$$

其中, $G(x, y, t)$ 为格林函数,

$$G(x - \xi, y - \eta, t) = \int_0^{\infty}[\mathrm{J}_0(KR_1) - \mathrm{J}_0(KR_0)]K\mathrm{d}K.$$

---

① Carl-Gustaf Arvid Rossby, 1898~1957, 瑞典气象学家, 现代气象学和海洋学的开拓者.

历史人物: 勒让德

勒让德 (Adrien Marie Legendre, 1752~1833), 法国数学家. 主要从事分析学、数论、初等几何和天体力学等方面的研究.

勒让德于 1770 年毕业于马萨林学院. 1782 年以外弹道方面的论文获柏林科学院奖. 1783 年被选为巴黎科学院助理院士, 两年后升为院士. 他对欧几里得平行线公设进行了近 20 年的研究, 试图证明这一"公设". 1795 年当选为法兰西研究院常任院士. 在担任了三年拉普拉斯的教学助手后, 作为继任者, 出任巴黎高等师范学院的数学教授. 1813 年继任拉格朗日在天文事务所的职位, 直至 1833 年去世.

椭圆积分是 19 世纪分析学的重要课题, 勒让德在椭圆积分上做了很多的重要工作, 是椭圆函数论的奠基人之一. 在著作《椭圆函数论》中, 勒让德首创提出三类基本椭圆积分, 证明每个椭圆积分可以表示为这三类积分的组合, 并编制了详尽的椭圆积分数值表, 还引用若干新符号. 除了椭圆函数, 他从 1793 年起研究欧拉积分, 算出了 Gamma 函数的表, 恰好对应于高斯于 1812 年的超几何级数理论中的表. 勒让德还研究了 Beta 函数、微分方程的解、变分法中的优化问题等. 为了减少物理测量中遇到的误差问题, 1805 年, 勒让德创造性地引入了"最小二乘法".

在早期的学术生涯中, 勒让德研究了关于地球对其外的点的引力, 对于相关方程的研究引导他去研究了一些特殊函数的性质. 1784 年, 勒让德在拉普拉斯方程的基础上, 经过球函数方程再变换得到了著名的勒让德函数. 由于天体运行和大地测量是当时的流行问题, 而在使用球坐标求解数学物理方程时, 经常会用到勒让德多项式. 因此, 即使在今天, 勒让德多项式在物理和工程中都具有较重要的位置.

勒让德的这些卓越贡献让他在 18~19 世纪的数学领域占有一席之地. 埃菲尔在建造法国地标建筑埃菲尔铁塔时, 勒让德和对法国有巨大贡献的科学家们的名字, 一起被永远地刻在牌匾上, 以纪念他们对人类数学文明发展做出的巨大贡献.

历史人物: 贝塞尔

贝塞尔 (Friedrich Wilhelm Bessel, 1784~1846), 德国天文学家、数学家. 主要从事天体测量学的研究.

贝塞尔 15 岁辍学到不来梅一家出口公司当学徒, 在学习航海术的同时学习天文、地理和数学. 20 岁时发表了有关彗星轨道测量的论文. 1806 年成为天文学家施特勒尔的助手. 1810 年, 奉普鲁士国王之命, 任新建的柯尼斯堡天文台台长, 直至逝世. 1812 年当选为柏林科学院院士.

贝塞尔在天文学上有较多贡献, 在天体测量方面, 他重新修订《巴拉德雷星表》, 加上岁差和章动以及光行差的改正, 并把位置归算到 1760 年的春分点. 经过修订的星表于 1818 年发表, 其中还列有他求得的较精确的岁差常数、章动常数和光行差常数等数值. 在此期间, 他还编制出一份相当精确的大气折射表, 建立了计算大气折射的对数公式, 以修正其对天文观测的影响. 1837 年, 贝塞尔发现天鹅座 61 正在非常缓慢地改变位置. 第二年, 他宣布这颗星的视差是 0.31 弧秒, 这是世界上最早测定的恒星视差之一. 贝塞尔还预言伴星的存在, 导出用于天文计算的贝塞尔公式. 他在数学研究中提出了贝塞尔函数, 讨论了该函数的一系列性质及其求值方法, 为解决物理学和天文学的有关问题提供了重要工具. 此外, 他在大地测量学方面也做出一定贡献, 贝塞尔在 1831~1838 年, 制定了东普鲁士的弧度测量方案, 并亲自参加工作. 他在地球形状理论的研究中, 曾 3 次推导出地球椭球参数, 后人称 1841 年发表的地球椭球为"贝塞尔椭球".

1817 年, 贝塞尔在研究开普勒提出的三体万有引力系统的运动问题时, 第一次系统地提出了贝塞尔函数的理论框架. 为了纪念他, 后人以他的名字来命名了这种函数. 贝塞尔讨论了该函数的一系列性质及其求值方法. 从贝塞尔方程中解出来的特殊函数——贝塞尔函数, 是除初等函数外, 在物理和工程中最常用的函数之一. 贝塞尔函数在波动问题以及各种涉及有势场的问题中占有非常重要的地位, 在信号处理中的调频合成以及波动声学中也都要用到这类函数.

德国洪堡基金会以他名字设立的贝塞尔研究奖, 是著名的重要奖项, 每年授予大约 15 位来自德国以外世界各地在自己的研究领域做出杰出贡献的年轻顶尖科学家和学者. 1984 年, 德国发行了纪念贝塞尔诞生 200 周年的邮票.

习 题 9

◎ 正交坐标系下的分离变量法

9.1 证明二维空间中拉普拉斯方程在极坐标系下可化为

$$\Delta u = \frac{\partial^2 u}{\partial \rho^2} + \frac{1}{\rho}\frac{\partial u}{\partial \rho} + \frac{1}{\rho^2}\frac{\partial^2 u}{\partial \theta^2} = 0.$$

9.2 (1) 证明三维空间拉普拉斯方程在球坐标系下可化为

$$\Delta u = \frac{\partial^2 u}{\partial r^2} + \frac{2}{r}\frac{\partial u}{\partial r} + \frac{1}{r^2}\left(\frac{\partial^2 u}{\partial \theta^2} + \cot\theta\frac{\partial u}{\partial \theta} + \csc^2\theta\frac{\partial^2 u}{\partial \varphi^2}\right) = 0.$$

(2) 写出 (1) 中方程变量分离后得到的常微分方程组.

9.3 利用分离变量法求解圆域内的狄利克雷问题

$$\begin{cases} \Delta u = 0, \rho < a, \\ u|_{\rho=a} = A + B\sin\theta, \end{cases}$$

其中, a, A, B 为常数.

◎ 正交多项式

9.4 证明下列函数在给定的区间上关于指定的权函数是正交函数:

(1) $1, \quad x, \quad -1+2x^2; \quad \rho(x) = (1-x^2)^{-\frac{1}{2}}, \quad x \in [-1, 1].$

(2) $1, \quad 2x, \quad -1+4x^2; \quad \rho(x) = (1-x^2)^{\frac{1}{2}}, \quad x \in [-1, 1].$

(3) $1, \quad 1-x, \quad (2-4x+x^2)/2; \quad \rho(x) = e^{-x}, \quad x \in [0, \infty).$

(4) $1, \quad 2x, \quad -2+4x^2; \quad \rho(x) = e^{-x^2}, \quad x \in (-\infty, \infty).$

9.5 证明切比雪夫多项式满足下面的递推关系:

$$T_{n+1}(x) = 2xT_n(x) - T_{n-1}(x), \quad n \geqslant 1,$$
$$T_0(x) = 1, \quad T_1(x) = x.$$

◎ 贝塞尔函数的性质

9.6 证明 $y_1 = x^n J_n(x)$ 与 $y_2 = x^n Y_n(x)(n = 1, 2, \cdots)$ 为方程

$$xy'' + (1-2n)y' + xy = 0, \quad x > 0$$

线性无关的解.

9.7 将下列函数展成傅里叶-贝塞尔级数:

(1) $f(x) = x^2;$ (2) $f(x) = \cos x.$

9.8 计算积分 $\displaystyle\int J_4(x)dx.$

9.9 计算积分 $\displaystyle\int x^4 J_1(x)dx.$

9.10 证明贝塞尔函数满足递推公式 $J_2(x) = J_0''(x) - \dfrac{1}{x}J_0'(x).$

9.11 证明 $J_{\frac{1}{2}}(x) = \sqrt{\dfrac{2}{\pi x}}\sin x.$

9.12 计算积分 $I = \displaystyle\int_0^\infty e^{-ax}J_0(bx)dx, a, b$ 为实数, 且 $a > 0.$

◎ 贝塞尔方程

9.13 贝塞尔方程 (9.2.1) 的通解是什么? 有限解是什么?

9.14 试写出方程

$$x^2 y'' + xy' + \left(x^2 - \frac{1}{4}\right)y = 0$$

的一个有限解.

9.15 将下列方程化为标准的贝塞尔方程, 并求出通解:

$$x^2y'' + xy' + (\lambda^2x^2 - n^2)y = 0,$$

其中, λ 为实数, $n = 1, 2, \cdots$.

◎ 贝塞尔方程的应用——柱坐标系下拉普拉斯方程的求解

9.16 求解圆柱内的拉普拉斯方程定解问题

$$\begin{cases} \Delta u = 0, & 0 < \rho < 1, \quad 0 < z < 2, \\ u(\rho, 0) = u(\rho, 2) = 0, & 0 \leqslant \rho \leqslant 1, \\ u(1, z) = 10z, & 0 \leqslant z \leqslant 2. \end{cases}$$

9.17 圆柱空腔内的电磁振荡的定解问题

$$\begin{cases} \Delta u + \lambda u = 0, & 0 < \rho < a, \quad 0 < z < l, \\ \dfrac{\partial u}{\partial z}\Big|_{z=0} = \dfrac{\partial u}{\partial z}\Big|_{z=l} = 0, & 0 \leqslant \rho \leqslant a, \\ u(a, z) = 0, & 0 \leqslant z \leqslant l. \end{cases}$$

其中, $\sqrt{\lambda} = \dfrac{\omega}{c}$. 试证: 电磁振荡的固有频率为

$$\omega_{mn} = c\sqrt{\lambda} = c\sqrt{\left(\frac{x_m^0}{a}\right)^2 + \left(\frac{n\pi}{l}\right)^2}, \quad n = 0, 1, 2, \cdots; m = 1, 2, \cdots$$

其中, x_m^0 为 $\mathrm{J}_0(x) = 0$ 的第 m 个正根.

9.18 有均匀的圆柱体半径为 a, 高为 h, 柱侧面绝热, 上下两底温度分别为 $f(\rho)$ 与 $g(\rho)$, 求解圆柱体内稳定的温度分布满足的定解问题

$$\begin{cases} \Delta u = 0, & \rho < a, \quad 0 < z < h, \\ \dfrac{\partial u}{\partial \rho}\Big|_{\rho=a} = 0, & 0 \leqslant z \leqslant h, \\ u|_{z=0} = g(\rho), u|_{z=h} = f(\rho), & \rho \leqslant a. \end{cases}$$

◎ 勒让德函数的性质

9.19 证明 $\mathrm{P}_{2n}(0) = 0$ $(n = 0, 1, 2, \cdots)$.

9.20 证明勒让德函数满足

(1) $\mathrm{P}_n'(1) = \dfrac{1}{2}n(n+1)$ $(n = 1, 2, \cdots)$;   (2) $\mathrm{P}_n''(1) = \dfrac{1}{8}(n-1)n(n+1)(n+2)$ $(n = 1, 2, \cdots)$.

9.21 证明当 $n \geqslant 1$ 时, 勒让德函数满足递推关系式

$$(x^2 - 1)\mathrm{P}_n'(x) = nx\mathrm{P}_n(x) - n\mathrm{P}_{n-1}(x).$$

9.22 计算含有勒让德函数的下列积分 $(n = 1, 2, \cdots)$:

(1) $\displaystyle\int_{-1}^{1} \mathrm{P}_n(x)\mathrm{d}x$;   (2) $\displaystyle\int_{-1}^{1} x\mathrm{P}_n(x)\mathrm{P}_{n+1}(x)\mathrm{d}x$;

(3) $\displaystyle\int_{-1}^{1} x^2\mathrm{P}_n(x)\mathrm{P}_{n+2}(x)\mathrm{d}x$.

9.23 证明勒让德函数的导数 $\mathrm{P}_n'(x)(n = 1, 2, \cdots)$ 满足正交性

$$\int_{-1}^{1} (1-x^2)\mathrm{P}_m'(x)\mathrm{P}_n'(x)\mathrm{d}x = 0, \quad m \neq n.$$

9.24 设 $g(x)$ 为一个 m 次多项式, 证明: 当 $m < l$ 时,

$$\int_{-1}^{1} g(x)\mathrm{P}_l(x)\mathrm{d}x = 0.$$

9.25 将下列函数在 $x \in (-1, 1)$ 上展成傅里叶-勒让德级数:

(1) $f(x) = \dfrac{1}{\sqrt{1 - 2ax + a^2}}$;   (2) $f(x) = \mathrm{P}_n'(x)$ $(n = 0, 1, 2, \cdots)$.

◎ 勒让德方程

9.26 试写出方程

$$(1-x^2)y'' - 2xy' + 6y = 0$$

在 $[-1,1]$ 区间上的一个有限解.

9.27 设做变换 $x = \cos\alpha$, 证明勒让德方程可化为

$$\frac{\mathrm{d}^2 y}{\mathrm{d}\alpha^2} + \cot\alpha \frac{\mathrm{d}y}{\mathrm{d}\alpha} + n(n+1)y = 0 \ (n = 0,1,2,\cdots).$$

◎ 勒让德方程的应用——球坐标系下拉普拉斯方程的求解

9.28 求解单位球内部的狄利克雷定解问题

$$\begin{cases} \Delta u = 0, & x^2 + y^2 + z^2 < 1, \\ u(1,\theta,\varphi) = \cos^2\theta + 2. & 0 \leqslant \theta \leqslant \pi, 0 \leqslant \varphi \leqslant 2\pi. \end{cases}$$

9.29 求解单位球内部亥姆霍兹方程的定解问题

$$\begin{cases} \Delta u = -ku, & r < a, \\ u(a,\theta,\varphi) = 0. & 0 \leqslant \theta \leqslant \pi, 0 \leqslant \varphi \leqslant 2\pi. \end{cases}$$

其中, $k > 0$ 为常数.

9.30 有一个半径为 R 的均匀球体, 表面的温度永远保持零, 初始时刻球体内的温度为径向对称的已知函数, 球内的温度分布规律满足

$$\begin{cases} u_t = \dfrac{a^2}{r^2}\dfrac{\partial}{\partial r}\left(r^2\dfrac{\partial u}{\partial r}\right), & 0 < r < R, \quad t > 0 \\ u(R,t) = 0, & t \geqslant 0, \\ u(r,0) = f(r), & 0 \leqslant r \leqslant R. \end{cases}$$

求温度 u.

9.31 求同心球壳内电势分布

$$\begin{cases} \Delta u = 0, & a < r < b, 0 < \theta < \pi, 0 < \varphi < 2\pi. \\ u|_{r=a} = 0, u|_{r=b} = A\cos\dfrac{\theta}{2}, & 0 \leqslant \theta \leqslant \pi, 0 \leqslant \varphi \leqslant 2\pi. \end{cases}$$

第 10 章 数值解法与可视化

在前面章节中, 我们使用行波法、分离变量法、积分变换法、格林函数法等得到了线性偏微分方程定解问题的解的表达式. 这些解往往是一个复杂的积分或级数, 甚至还有一些比较特殊的函数. 尽管其都有明确的物理意义, 可是怎样从复杂的表达式中看出其直观的物理演示? 本章将介绍如何用 MATLAB 编程语言和绘图工具将解表达并展示出来, 以加深对解的理解.

另外, 对于一些复杂的、非线性的偏微分方程, 一般很难求出其解析解. 本章试图从数值求解角度出发, 讨论偏微分方程数值解的一些最基础的知识和方法. 将借助热传导方程、波动方程以及泊松方程等典型方程的数值求解过程, 介绍有限差分方法的主要思想和原理、相关概念、实施步骤等, 以及利用深度学习求解偏微分方程这一前沿领域.

10.1 解析解的 MATLAB 可视化

MATLAB 是一个集数学运算、图形处理、程序设计和系统建模的著名语言软件, 被广泛应用于数据分析、信号处理、深度学习、图像处理与计算机视觉、控制系统等领域. 本节将对波动方程的行波解、热传导方程的解析解以及泊松方程的解析解进行可视化, 以了解 MATLAB 软件在数学物理方程解的可视化中的应用.

田 课件 10.1

田 微课 10.1

例 10.1.1 (无界弦的自由振动问题的可视化) 考虑初值问题

$$\begin{cases} u_{tt} = a^2 u_{xx}, & -\infty < x < +\infty, \ t > 0, \\ u(x,0) = \phi(x), \quad u_t(x,0) = \psi(x), & -\infty < x < +\infty. \end{cases}$$

解 根据达朗贝尔公式

$$u(x,t) = \frac{1}{2}\left[\phi(x+at) + \phi(x-at)\right] + \frac{1}{2a}\int_{x-at}^{x+at} \psi(\xi)\mathrm{d}\xi,$$

★ 程序代码
Fig_10_1_1.m

只要我们知道初始位移 $\phi(x)$ 和初始速度 $\psi(x)$, 以及波速 a, 代入公式便可得问题的解. 这里取 $a = 200$, $\phi(x) = \dfrac{0.02}{1+9x^2}$, $\psi(x) = 0$, 通过 MATLAB 编程直接得到波形演化过程. 从图 10.1.1 所得数值结果可以看到, 初始波形分为相等的左行波 $\phi(x+at)$ 和右行波 $\phi(x-at)$, 所以达朗贝尔公式解有时也称为行波解.

例 10.1.2 (热传导方程的求解与可视化) 考虑一维热传导方程的初边值问题

$$\begin{cases} u_t = a^2 u_{xx}, & 0 < x < l, \ t > 0, \\ u(x,0) = \dfrac{A}{l}x, & 0 \leqslant x \leqslant l, \\ u(0,t) = 0, \ u_x(l,t) = 0, & t \geqslant 0. \end{cases}$$

解 利用分离变量法, 可得该问题的解析解为

$$u(x,t) = \frac{2A}{\pi^2} \sum_{n=0}^{\infty} \frac{(-1)^n \cdot 8A}{(2n+1)^2 \pi^2} \mathrm{e}^{-\frac{(2n+1)^2 \pi^2 a^2}{4l^2}} \sin\frac{(2n+1)\pi x}{2l}.$$

★ 程序代码
Fig_10_1_2.m

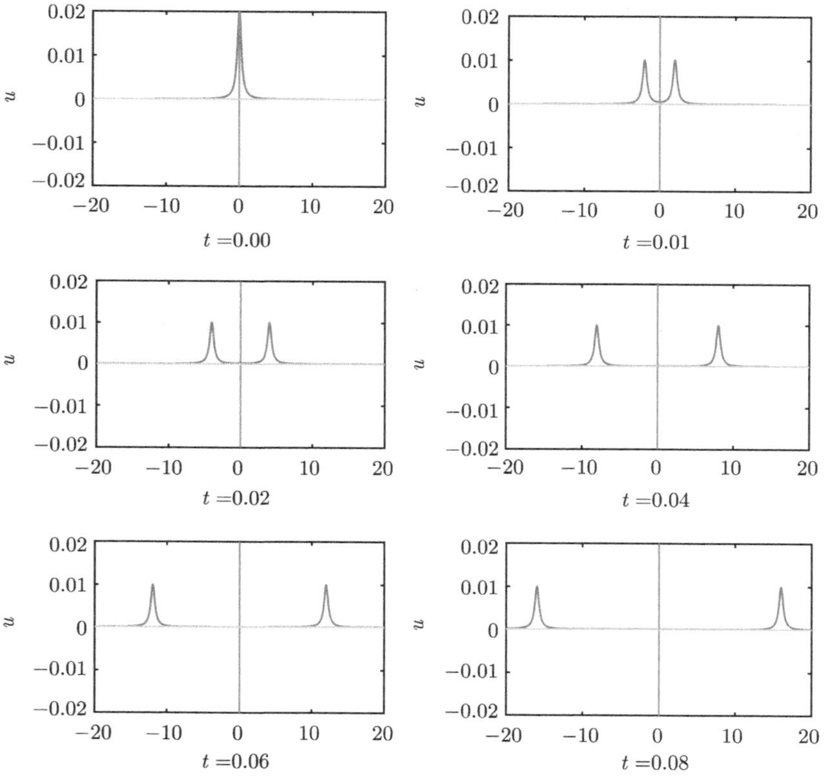

图 10.1.1 无界弦的自由振动问题的可视化

因为解析解为无穷多项求和的形式, 这里取前 20 项求和作为其近似, 并令 $a = 4, A = 10$, $l = 10$, 通过 MATLAB 编程得到的结果及其对应的瀑布图如图 10.1.2 所示.

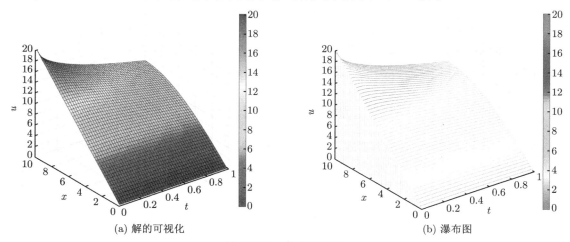

(a) 解的可视化   (b) 瀑布图

图 10.1.2 热传导问题

例 10.1.3 (泊松方程的求解与可视化)　考虑泊松方程的定解问题

$$\begin{cases} -\Delta u = x^2 y, & 0 < x < a, \ -\dfrac{b}{2} < y < \dfrac{b}{2}, \\ u(0,y) = u(a,y) = 0, & -\dfrac{b}{2} \leqslant y \leqslant \dfrac{b}{2}, \\ u\left(x, -\dfrac{b}{2}\right) = u\left(x, \dfrac{b}{2}\right) = 0, & 0 \leqslant x \leqslant a. \end{cases}$$

解　利用第 4 章的方法, 可求得该问题的解析解为

$$u(x,y) = \frac{xy}{12}(a^3 - x^3) + \sum_{n=1}^{\infty} \frac{a^4 b[(-1)^n n^3 \pi^2 + 2 - 2(-1)^n]}{n^5 \pi^5 \sinh[n\pi b/(2a)]} \sinh \frac{n\pi x}{a} \sinh \frac{n\pi y}{a}.$$

★ 程序代码
Fig_10_1_3.m

此时所得解为一长串表达式, 看起来相当复杂. 下面, 我们通过 MATLAB 编程来实现可视化. 这里不妨取 $a = 16$, $b = 16$. 同时, 注意到表达式里有无穷多项累加求和, 只能取有限项来近似 (这里取 $n = 10$). 所得结果如图 10.1.3 所示, 相比于复杂的解析表达式要直观许多.

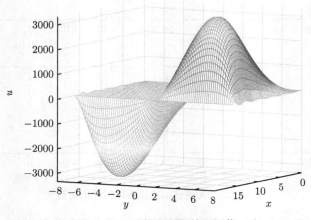

图 10.1.3　泊松方程解的可视化

从以上几个简单例子可以看出, 通过 MATLAB 编程实现对解析解的可视化, 能将原本枯燥的公式和计算结果形象生动地用图像展现出来. 当然, 这些例子都需要先求出解析解. 从下一节开始, 我们将介绍偏微分方程的数值解法. 该方法无需先求出解析解, 可以跳过许多复杂的计算和推导, 直接用离散格式来求解并结合 MATLAB 编程来实现可视化.

10.2　热传导方程的差分解法

偏微分方程的数值解法主要有有限差分法、有限体积法、有限元法等. 其中, 有限差分法是最简单、用得最早, 也是用得最普遍的一种数值方法. 早在 20 世纪初期, 就有人试图用有限差分法进行天气预报. 英国气象学家 Richardson 首次进行数值天气预报的试验尝试, 由于没有对数据做平滑处理以排除非物理因素对气压值带来的影响而未获成功, 但却为后来开展相关的数值试验工作积累了宝贵经验. 1950 年, 查尼 (J. G. Charney)、约托夫特 (R. Fjortoft) 和冯·诺依曼 (J. von Neumann) 用简化的准地转正压涡度方程成功计算出历史上第一张数值天气预报图, 成为现代数值天气预报的开端, 在计算数学发展史上具有里程碑意义.

本节首先对数值求解的有限差分方法 (finite difference method, FDM) 作一简要介绍, 然后给出热传导方程初边值问题的有限差分数值求解过程及求解结果.

课件 10.2

10.2.1 有限差分方法简介

有限差分法是一种数值离散方法, 该方法的主要思想就是用差商替代微商, 即用离散点上的未知函数值去表达导数. 将 x 所属空间区域, 如 $[0, l]$ 进行等间隔 Δx 离散, $x_j = j\Delta x$ 称为**离散点** (或**格点**), $u_j = u(x_j)$ 表示 x_j 处函数 $u(x)$ 的取值.

将 $u_{j\pm 1}$ 在 x_j 处做 Taylor 级数展开, 可得

微课 10.2-1

$$u_{j\pm 1} = u(x_j \pm \Delta x) = u_j \pm \Delta x \frac{\partial u}{\partial x} + \frac{(\Delta x)^2}{2}\frac{\partial^2 u}{\partial x^2} \pm \frac{(\Delta x)^3}{6}\frac{\partial^3 u}{\partial x^3} + \cdots.$$

容易得到如下关系式

$$\frac{\partial u}{\partial x}(x_j) = \frac{u_{j+1} - u_j}{\Delta x} + O(\Delta x), \tag{10.2.1}$$

$$\frac{\partial u}{\partial x}(x_j) = \frac{u_j - u_{j-1}}{\Delta x} + O(\Delta x), \tag{10.2.2}$$

$$\frac{\partial u}{\partial x}(x_j) = \frac{u_{j+1} - u_{j-1}}{2\Delta x} + O(\Delta x^2), \tag{10.2.3}$$

$$\frac{\partial^2 u}{\partial x^2}(x_j) = \frac{u_{j+1} - 2u_j + u_{j-1}}{\Delta x^2} + O(\Delta x^2).$$

上述关系式中等号右端第二项 $O(\Delta x^n), n = 1, 2$ 称为**局部截断误差**, 当 Δx 很小时, 截断误差 $O(\Delta x^n)$ 被省略. 对 $\frac{\partial u}{\partial x}(x_j)$ 来说, 式(10.2.1)和式(10.2.2)等号右端第一项称为其**一阶 (单边) 差分近似**, 而式(10.2.3)右端第一项为它的二阶中心差分近似. 而对二阶导数 $\frac{\partial^2 u}{\partial x^2}$, 用二阶差分格式 $\frac{u_{j+1} - 2u_j + u_{j-1}}{\Delta x^2}$ 替代它便得到 $\frac{\partial^2 u}{\partial x^2} = \frac{u_{j+1} - 2u_j + u_{j-1}}{\Delta x^2}$, 此时近似精度为 $O(\Delta x^2)$. 同样的方法也适用于时间 t 方向导数以及多变量函数导数的差分近似.

下面将有限差分方法应用于热传导方程定解问题的数值求解并给出计算结果.

10.2.2 热传导方程的有限差分格式

微课 10.2-2

热传导方程是常见且重要的一类偏微分方程, 它描述一个区域内的温度如何随时间变化, 首先由傅里叶在他于 1822 年出版的著作《热的解析理论》中给出. 考虑热传导方程的初边值问题

$$\begin{cases} u_t = a^2 u_{xx}, & 0 < x < l, 0 < t < T, \\ u(x, 0) = f(x), & 0 \leqslant x \leqslant l, \\ u(0, t) = u(l, t) = 0, & 0 \leqslant t \leqslant T, \end{cases} \tag{10.2.4}$$

其中, $u(x, t)$ 为未知函数, 表示温度 (或物质浓度), $f(x)$ 为初始条件. 用差分方法求解上述问题, 其基本步骤如下:

第一步: 定解区域的网格离散化

用时间间隔为 Δt、空间间隔为 Δx 的两组平行于坐标轴的直线把区域离散化, 两组直线的那些交点称为网格点. 若将 $[0, L]$ 分为 N 等份, 则有 $x_0 = 0, x_1 = \Delta x, x_2 = 2\Delta x, \cdots, x_N = N\Delta x$,

一般地有 $x_j = j\Delta x$. 同理, 在时间方向上, 将 $[0, T]$ 分为 M 等份得到 $t_M = M\Delta t$, $\Delta t, \Delta x$ 分别为时间步长和空间格距, 位于区域 D 内部的格点为内节点, 位于边界上的节点叫界点.

第二步: 差商代替微商

对于 $(10.2.4)_1$ 的左端, 由 Taylor 级数展开, 在点 (x_j, t_m) 处, 时间 t 方向有

$$\frac{u(x_j, t_m + \Delta t) - u(x_j, t_m)}{\Delta t} = \frac{\partial u}{\partial t}\Big|_{(x_j, t_m)} + \frac{\Delta t}{2}\frac{\partial^2 u(x_j, \tilde{t})}{\partial t^2}, (t_m \leqslant \tilde{t} \leqslant t_m + \Delta t).$$

★ 问题思考
如何 Taylor
展开?

而在空间 x 方向, 当 x 满足 $|x - x_j| \leqslant \Delta x$ 这个条件时, 有

$$\frac{u(x_j + \Delta x, t_m) - 2u(x_j, t_m) + u(x_j - \Delta x, t_m)}{\Delta x^2} = \frac{\partial^2 u}{\partial x^2}\Big|_{(x_j, t_m)} + \frac{\Delta x^2}{12}\frac{\partial^4 u(\tilde{x}, t_m)}{\partial x^4}.$$

将上述两式的右端第一项均代入热传导方程, 得到

$$\frac{u(x_j, t_m + \Delta t) - u(x_j, t_m)}{\Delta t} = a^2\frac{u(x_j + \Delta x, t_m) - 2u(x_j, t_m) + u(x_j - \Delta x, t_m)}{\Delta x^2} + R_j^m,$$

其中, $R_j^m = O(\Delta t + \Delta x^2)$ 为局部截断误差. 由于 R_j^m 未知, 若忽略它并记 u_j^m 为 $u(x_j, t_m)$ 的近似值, 则热传导方程的差分格式为

$$\frac{u_j^{m+1} - u_j^m}{\Delta t} = \frac{a^2}{\Delta x^2}(u_{j+1}^m - 2u_j^m + u_{j-1}^m), \tag{10.2.5}$$

其中, $j = 1, 2, \cdots, N-1; m = 0, 1, \cdots, M-1$.

第三步: 初边值条件的离散化

$$u_j^0 = f(x_j), \qquad j = 1, 2, \cdots, N-1,$$
$$u_0^m = u_N^m = 0, \quad m = 0, 1, \cdots, M-1.$$

第四步: 求解差分方程组

$$\begin{cases} u_j^{m+1} = ru_{j-1}^m + (1-2r)u_j^m + ru_{j+1}^m, \\ u_j^0 = f(x_j), \\ u_0^m = u_N^m = 0, \end{cases}$$

其中, $r = \dfrac{a^2\Delta t}{\Delta x^2}$ 为网格比. 为了计算方便, 其矩阵表达形式为

$$\boldsymbol{U}^{m+1} = \boldsymbol{A}\boldsymbol{U}^m, \tag{10.2.6}$$

其中, $\boldsymbol{U}^m = (u_1^m, u_2^m, \cdots, u_{N-1}^m)^{\mathrm{T}}$,

$$\boldsymbol{A}_1 = \begin{bmatrix} 1-2r & r & & & \\ r & 1-2r & r & & \\ & \ddots & \ddots & r \\ & & r & 1-2r \end{bmatrix}.$$

格式(10.2.5)称为**古典显格式**, 利用这个格式来计算网格点上的数值解是方便的, 借助 $m = 0$ 层 (初始层) 上的已知的数值 (初值), 即可逐点算出 $m = 1$ 层上全部离散节点上的近似值, 以此类推, 直到完成最后时间层上所有点上的近似值为止. 但在执行计算过程中, 网格化比 r 的取值是关键的, 它要满足条件 $r \leqslant \dfrac{1}{2}$, 这会涉及解的稳定性问题, 这是我们接下来要准备讨论的内容.

另外, 如果在时间方向上, 对 $\dfrac{\partial u}{\partial t}\Big|_{(x_j, t_m)}$ 用其他差分格式来近似, 比如:

$$\frac{\partial u}{\partial t}\Big|_{(x_j, t_m)} = \frac{u(x_j, t_m) - u(x_j, t_{m-1})}{\Delta t} + O(\Delta t) = \frac{u(x_j, t_{m+1}) - u(x_j, t_{m-1})}{2\Delta t} + O(\Delta t^2),$$

则相应得到热传导方程的另外三个差分格式, 如

(1) 古典隐格式

$$\frac{u_j^m - u_j^{m-1}}{\Delta t} = \frac{a^2}{\Delta x^2}(u_{j-1}^m - 2u_j^m + u_j^m), \tag{10.2.7}$$

截断误差为 $O(\Delta t + \Delta x^2)$. 与显式格式(10.2.5)相比, 时间方向导数采用向后差分, 相应的差分方程组变为

$$\begin{cases} -ru_{j+1}^m + (1+2r)u_j^m - ru_{j-1}^m = u_j^{m-1}, \\ u_j^0 = f(x_j), \\ u_0^m = u_N^m = 0, \end{cases} \tag{10.2.8}$$

其矩阵表达形式为

$$\boldsymbol{A}_2 \boldsymbol{U}^m = \boldsymbol{U}^{m-1}, \tag{10.2.9}$$

其中, $\boldsymbol{A}_2$ 表示为

$$\boldsymbol{A}_2 = \begin{bmatrix} 1+2r & -r & & \\ -r & 1+2r & -r & \\ & \ddots & \ddots & -r \\ & & -r & 1+2r \end{bmatrix}.$$

这意味着, 每当利用 $m-1$ 时间层上各点的近似值 $\boldsymbol{U}^{m-1}$ 执行向后差分格式计算第 m 层上的数值解 $\boldsymbol{U}^m$ 时, 可通过求解线性方程组(10.2.9)来完成, 这是与关系式(10.2.6)的不同之处.

(2) Crank-Nicolson 格式

$$\frac{u_j^{m+1} - u_j^m}{2\Delta t} = \frac{1}{2}\frac{a^2}{\Delta x^2}[(u_{j-1}^{m+1} - 2u_j^{m+1} + u_{j+1}^{m+1}) + (u_{j-1}^m - 2u_j^m + u_{j+1}^m)], \tag{10.2.10}$$

局部截断误差为 $O(\Delta t^2 + \Delta x^2)$.

(3) Richardson 格式

$$\frac{u_j^{m+1} - u_j^{m-1}}{2\Delta t} = \frac{a^2}{\Delta x^2}(u_{j-1}^m - 2u_j^m + u_{j+1}^m), \tag{10.2.11}$$

局部截断误差为 $O(\Delta t^2 + \Delta x^2)$.

从以上讨论可知, 构造差分格式是方便和灵活的, 这些格式是否都可用于实际计算呢? 对格式进行理论分析是必要的, 比如: 差分近似的相容性、收敛性和稳定性.

10.2.3 差分格式的相容性和收敛性

根据上一小节讨论, 局部截断误差是在用离散方程替代微分方程的过程中产生的, 如对热传导方程构造古典显格式的过程产生的截断误差 $R_j^m = O(\Delta t + \Delta x^2)$. 当 $\Delta t \to 0, \Delta x \to 0$ 时, 若截断误差趋于零, 我们就称相应的差分格式是**相容的**. 一般情况下, 利用泰勒展开作为工具构造差分格式时, 总会舍去高阶无穷小量 R_j^m, 结果的差分方程都会与微分方程相容. 然而这并不意味着离散方程的解在极限 $(\Delta x \to 0, \Delta t \to 0)$ 意义下会一定逼近或达到微分方程的精确解. 例如, 在初值有小扰动的情况下, 这种小扰动不会随着数值解的计算被 "磨灭", 而是扩大传播, 这就涉及差分方程数值解的稳定性问题, 即数值解的质量保证问题.

初始干扰被放大传播的现象的确是存在的, 我们以古典显格式为例, 观察其数值解计算中误差的变化情况. 古典显格式为

$$u_j^{m+1} = u_j^m + r(u_{j-1}^m - 2u_j^m + u_{j+1}^m).$$

记误差为 $e_j^m = \tilde{u}_j^m - u_j^m$, 这里, $\tilde{u}_j^m$ 和 u_j^m 都适合上式, 只不过 $\tilde{u}_j^m$ 是实际计算值, 它至少包含了舍入误差. 假设在第 0 层仅于 x_{j_0} 处有误差 $e_{j_0}^0 = \varepsilon$, 而这一层其他点处无误差, 那么利用误差方程

$$e_j^{m+1} = e_j^m + r(e_{j-1}^m - 2e_j^m + e_{j+1}^m),$$

可计算出 $r = 1$ 或 $r = \dfrac{1}{2}$ 时的误差传播情况: 当 $r = \dfrac{1}{2}$ 时, 误差随着时间逐渐减小, 此时显格式是稳定的; 当 $r = 1$ 时, 误差的影响越来越大, 古典显格式关于初值是不稳定的. 这种情况数值解将被歪曲得越来越严重, 甚至无法计算下去. 在数值天气预报中, 尤其是在制作短期数值天气预报时, 由于时间步长取得小, 迭代时间会变长, 舍入误差的传播更值得注意, 因此研究差分格式的稳定性特别重要.

用差分方法求解偏微分方程需要研究另外一个重要问题, 即差分格式的收敛性. 在求解域所有格点上, 固定 $m\Delta t$, 考察微分方程初值问题的真解 $u(x_j, t_m)$ 和与之相容的差分格式的解 u_j^m, 它们之差为 $|u_j^m - u(x_j, t_m)|$. 当 $\Delta x, \Delta t \to 0$ 时, 满足

$$\max_{j,m}\left(|u_j^m - u(x_j, t_m)|\right) \to 0,$$

则称差分格式是**收敛的**. 对于一个线性适定的初值问题, 若与它相容的格式是稳定的, 则其收敛性也就有了保证. 这就是 Lax 等价性定理的有关内容, 具体可参看偏微分方程数值解的有关专著. 鉴于此, 对于本章提到的热传导方程以及波动方程, 与其相容的差分格式主要以稳定性分析为主, 而对定常的椭圆方程, 才考虑它们差分方程的收敛性问题.

10.2.4　差分格式的稳定性分析

为了研究差分格式的稳定性, 我们采用傅里叶级数法, 也称冯·诺依曼[①]方法. 下面以热传导方程古典显式差分格式为例来说明该方法分析和判别其稳定性的过程.

热传导方程的古典显式差分格式为

$$u_j^{m+1} = ru_{j-1}^m + (1-2r)u_j^m + ru_{j+1}^m, r = \frac{a^2\Delta t}{\Delta x^2}.$$

在上式两边取离散傅里叶变换, 得到如下关系式:

$$
\begin{aligned}
\hat{u}^{m+1}(w) &= \frac{1}{\sqrt{2\pi}} \sum_{j=-\infty}^{+\infty} u_j^{m+1}\mathrm{e}^{-\mathrm{i}jw} \\
&= \frac{1}{\sqrt{2\pi}} \sum_{j=-\infty}^{+\infty} [ru_{j-1}^m + (1-2r)u_j^m + ru_{j+1}^m]\mathrm{e}^{-\mathrm{i}jw} \\
&= r\frac{1}{\sqrt{2\pi}} \sum_{j=-\infty}^{+\infty} u_{j-1}^m\mathrm{e}^{-\mathrm{i}jw} + (1-2r)\frac{1}{\sqrt{2\pi}} \sum_{j=-\infty}^{+\infty} u_j^m\mathrm{e}^{-\mathrm{i}jw} + r\frac{1}{\sqrt{2\pi}} \sum_{j=-\infty}^{+\infty} u_{j+1}^m\mathrm{e}^{-\mathrm{i}jw} \\
&= [r\mathrm{e}^{-\mathrm{i}w} + (1-2r) + r\mathrm{e}^{\mathrm{i}w}]\hat{u}^m(w).
\end{aligned}
$$

若取

$$G(\Delta t, \Delta x, w) = r\mathrm{e}^{-\mathrm{i}w} + (1-2r) + r\mathrm{e}^{\mathrm{i}w} = 2r\cos w + 1 - 2r = 1 - 4r\sin^2\frac{w}{2},$$

则傅里叶变换后的古典显式差分格式变为

$$\hat{u}^{m+1}(w) = G(\Delta t, \Delta x, w)\hat{u}^m(w),$$

---

① John von Neumann, 1903~1957, 匈牙利裔美籍数学家、计算机科学家、物理学家, 是 20 世纪最重要的数学家之一.

其中, G 为传播因子 (或增长因子). 反复利用上式得到

$$\hat{u}^m(w) = G^m \hat{u}^0(w).$$

由此可见, 通过离散傅里叶变换差分格式稳定性的讨论就转为关于傅里叶级数展开系数在传播过程中的稳定性讨论. 此时, 通常利用 $|G| \leqslant 1$ 作为判别稳定性的充分条件. 这里若限制 r 满足

$$\left| 1 - 4r \sin^2 \frac{w}{2} \right| \leqslant 1,$$

则得到 $r \leqslant \frac{1}{2}$. 因此 $r \leqslant \frac{1}{2}$ 是古典显式格式稳定的充分条件, 再由 Lax 等价性定理可知, $r \leqslant \frac{1}{2}$ 也是该格式收敛的充分必要条件.

利用离散傅里叶级数法来判定差分格式的稳定性是方便的, 由该方法的实施过程可知, 实际使用时, 可简单地将 u_j^m 改写成

$$u_j^m = \hat{u}^m(w) e^{ijw}. \tag{10.2.12}$$

也就是说, 在稳定性分析中, 只需考虑 e^{ijw} 成分的增长情况, 而

$$u_{j\pm 1}^m = \hat{u}^m(w) e^{iw(j\pm 1)} = e^{\pm iw} \hat{u}^m(w) e^{ijw}, \tag{10.2.13}$$

然后再将它们代入差分方程, 消去公因子后即得相应关系式. 接下来, 我们用它判定热传导方程古典隐格式的稳定性情况. 对于关系式(10.2.8)中隐格式的差分方程

$$-r u_{j+1}^m + (1+2r) u_j^m - r u_{j-1}^m = u_j^{m-1}.$$

把式(10.2.12)和(10.2.13)代入后得到

$$[1 + 2r - r(e^{-iw} + e^{iw})] e^{ijw} \hat{u}^m(w) = e^{ijw} \hat{u}^{m-1}(w).$$

从而, 其传播因子 G 为

$$G = \frac{1}{1 + 2r - r(e^{-iw} + e^{iw})} = \frac{1}{1 + 4r \sin^2 \frac{w}{2}}.$$

因此, 对一切 r, 均满足 $|G| \leqslant 1$, 古典隐格式是无条件稳定的.

10.2.5 热传导方程的数值求解结果

基于以上数值有限差分格式相关内容的讨论结果, 将古典显式格式和隐式格式分别应用于热传导方程初边值问题(10.2.4) 进行数值求解, 在具体计算中体会两种格式的性能和特点.

★ 程序代码
Fig_10_2_1.m

例 10.2.1 令 $l = 1$, $T = 0.1$, $a = 1$, $N = 100$, $f(x) = \sin \pi x$, 分别取 $M = 20, 25$, 相应地有 $r = 0.4 < \frac{1}{2}$ 和 $r = 0.625 > \frac{1}{2}$. 应用两种格式计算的结果如图 10.2.1 所示.

通过以上分析和计算可知, 显格式尽管计算方便, 但时间步长取法需要满足稳定性条件 $r \leqslant \frac{1}{2}$, 这在要求高精度计算时通常意味着巨大的工作量. 为克服这一困难, 我们转向隐格式. 若从 $m-1$ 时间层上各点的近似值 $\boldsymbol{U}^{m-1}$ 计算第 m 层上的数值解 $\boldsymbol{U}^m$, 利用隐格式可通过求解线性方程组(10.2.9)来获得. 在这点上虽然比显格式求解稍微复杂, 但它不再需要考虑稳定性条件的约束. 从图 10.2.1 看到, 对隐格式即使 $r = 0.625 > \frac{1}{2}$, 解的计算仍然是稳定的, 这是该数值格式的优点.

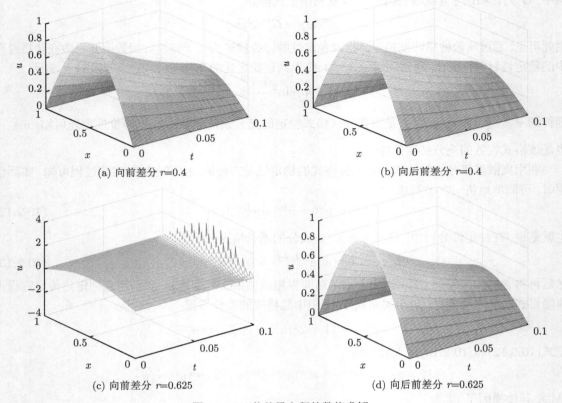

图 10.2.1　热传导方程的数值求解

10.3　波动方程的差分解法

本节内容将利用有限差分法求解波动方程的初边值问题. 和热传导方程相比, 此时时间方向的导数是二阶, 这就导致相应的差分格式构造涉及三个时间层. 由初始层推进到第一层是有效利用三层格式的关键, 在此基础上验证弦振动的共振现象.

10.3.1　波动方程的有限差分格式与稳定性条件

考虑波动方程的定解问题

$$\begin{cases} u_{tt} = a^2 u_{xx} + f(x,t), & 0 < x < l, 0 < t < T, \\ u(0,t) = u(l,t) = 0, & 0 \leqslant t \leqslant T, \\ u(x,0) = \varphi(x), u_t(x,0) = \psi(x), & 0 \leqslant x \leqslant l. \end{cases} \tag{10.3.1}$$

类似于热传导方程的初边值问题的数值求解过程, 接下来将用如下步骤对定解问题(10.3.1)在其求解区域内进行空间和时间上的离散.

1. 将求解区域离散

将时间区域 $[0,T]$ 和空间区域 $[0,l]$ 用一定数量的格点来取代, 如

$$0 = t_0 < t_1 < \cdots < t_{N_t-1} < t_{N_t} = T;$$

$$0 = x_0 < x_1 < \cdots < x_{N_x-1} < x_{N_x} = L.$$

当然, 容易看到 (x,t) 平面上的两维求解区域 $[0,l] \times [0,T]$ 已被网格点 $(x_j, t_n), j = 0, \cdots, N_x; n = 0, \cdots, N_t$ 替代. 这样, 在 $[0,l] \times [0,T]$ 连续区域上求解 $u(x,t)$ 转化为在网格点 (x_j, t_n) 上求其近似解 $u(x_j, t_n) := u_j^n$.

2. 方程(10.3.1)离散转化为代数方程

在格点 (x_j, t_n) 上, $u_{tt} = a^2 u_{xx} + f(x,t)$ 变为

$$\frac{\partial^2}{\partial t^2} u(x_j, t_n) = a^2 \frac{\partial^2}{\partial x^2} u(x_j, t_n) + f(x_j, t_n), \tag{10.3.2}$$

其中, $j = 1, 2, \cdots, N_x - 1; n = 1, 2, \cdots, N_t - 1$.

对 $n = 0$, 有初始条件 (10.3.1) 第三式; 对 $j = 0, N_x$, 有边界条件 (10.3.1) 第二式. 对方程(10.3.2) 两边的二阶导数用二阶差商代替, 得

$$\frac{u_j^{n+1} - 2u_j^n + u_j^{n-1}}{\Delta t^2} = a^2 \frac{u_{j+1}^n - 2u_j^n + u_{j-1}^n}{\Delta x^2} + f(x_j, t_n). \tag{10.3.3}$$

初始条件中导数的离散形式为

$$\frac{\partial}{\partial t} u(x_j, t_0) \approx \frac{u_j^1 - u_j^{-1}}{2\Delta t}.$$

相应的初始条件 $u_t(x, 0) = \psi(x)$ 变为

$$\frac{u_j^1 - u_j^{-1}}{2\Delta t} = \psi(x_j), j = 0, 1, \cdots, N_x. \tag{10.3.4}$$

而由另一个初始条件 $u(x, 0) = \varphi(x)$ 可直接得到

$$u_j^0 = \varphi(x_j), j = 0, 1, \cdots, N_x.$$

3. 稳定性条件

根据上述讨论, 若取 $r = a\dfrac{\Delta t}{\Delta x}$, 则波动方程 $u_{tt} = a^2 u_{xx}$ 的有限差分格式变为

$$u_j^{n+1} = r^2 u_{j+1}^n + 2(1 - r^2)u_j^n + r^2 u_{j-1}^n - u_j^{n-1}. \tag{10.3.5}$$

关于其稳定性, 我们可利用冯·诺依曼方法, 将 $u_j^n = \hat{u}^n \mathrm{e}^{ijw}$ 代入式(10.3.5)检验是否有空间周期波动增大现象. 于是得到

$$\hat{u}^{n+1} = [r^2(\mathrm{e}^{iw} + \mathrm{e}^{-iw}) + 2(1 - r^2)]\hat{u}^n - \hat{u}^{n-1}.$$

通过关系式 $\hat{u}^{n+1} = G\hat{u}^n$ 引入传播因子 G, 代入上述差分方程得到关于方程 G 的二次方程 (差分方程的特征方程), 即

$$G^2 - (\sigma + 2)G + 1 = 0,$$

其中, $\sigma = r^2(\mathrm{e}^{iw} - 2 + \mathrm{e}^{-iw}) = 2r^2(\cos w - 1)$. 该方程的解为

$$G = \frac{(\sigma + 2) \pm \sqrt{(\sigma + 2)^2 - 4}}{2},$$

这两个根对应于波随时间传播的两种方式.

若 $-2 < \sigma + 2 < 2$, 它们互为共轭, 此时

$$G^n = (P\mathrm{e}^{i\theta})^n = P^n \mathrm{e}^{in\theta},$$

其中, $P = |G|, \theta = \arg G$. 由于

$$|G|^2 = \frac{(\sigma + 2)^2}{4} + \frac{4 - (\sigma + 2)^2}{4} = 1,$$

这就意味着, 若 $-2 < \sigma + 2 < 2$, 解是稳定的, 考虑到 σ 的表达式, 有

$$\frac{a}{\Delta x / \Delta t} \leqslant 1.$$

此时格式(10.3.5)是稳定的, 这称为柯朗[①]**稳定性条件**. 该条件可解释为波动在一个时间步长内移动传播的距离不会超过一个空间格距, 同时也可理解为差分格式数值解的依赖区域必须包含微分方程解析解的依赖区域.

4. 递推算法

对 $j = 0, 1, \cdots, N_x$, 我们假定 u_j^n, u_j^{n-1} 可获得, 则唯一待求的量为 u_j^{n+1}. 从方程(10.3.3), 可以得到

$$u_j^{n+1} = -u_j^{n-1} + 2u_j^n + r^2(u_{j+1}^n - 2u_j^n + u_{j-1}^n) + f(x_j, t_n)\Delta t^2. \tag{10.3.6}$$

其中, $r = a\frac{\Delta t}{\Delta x}$ 称为**柯朗常数**, 它在计算方程数值解的过程中发挥着关键作用, 为保证数值求解的稳定性, r 必须满足一定的要求 $r \leqslant 1$. 当计算 u_3^4 时, 我们只需用到第三个时间层的 u_2^3, u_3^3, u_4^3 以及第二个时间层的 u_3^2, 对边界点 $j = 0$ 以及 $j = N_x$, 则应用边界条件 $u_j^{n+1} = 0$ 即可.

从 $n = 1$ 出发, 这意味着我们从 u^1 和 u^0 两个已知时间层的值来计算 u^2. 然而, 我们并不知道 u^1. u^1 可按如下关系式计算:

$$u_j^1 = -u_j^{-1} + 2u_j^0 + r^2(u_{j+1}^0 - 2u_j^0 + u_{j-1}^0) + f(x_j, t_0)\Delta t^2. \tag{10.3.7}$$

为消去 u_j^{-1}, 考虑方程(10.3.4)得

$$u_j^{-1} = -2\Delta t\psi(x_j) + u_j^1. \tag{10.3.8}$$

将式(10.3.8)代入式(10.3.7)得

$$u_j^1 = -u_j^1 + 2\Delta t\psi(x_j) + 2u_j^0 + r^2(u_{j+1}^0 - 2u_j^0 + u_{j-1}^0) + f(x_j, t_0)\Delta t^2.$$

即

$$u_j^1 = u_j^0 + \frac{1}{2}r^2(u_{j+1}^0 - 2u_j^0 + u_{j-1}^0) + \frac{1}{2}f(x_j, t_0)\Delta t^2 + \psi(x_j)\Delta t. \tag{10.3.9}$$

上述过程可归纳为:

(1) 首先, 根据关系式 $u_j^0 = \varphi(x_j), j = 0, 1, \cdots, N_x$ 计算初始层格点的值 u_j^0;

(2) 其次, 计算时间层 $n = 1$ 各个格点上的近似解, 即有 $u_j^1 = u_j^0 + \frac{1}{2}r^2(u_{j+1}^0 - 2u_j^0 + u_{j-1}^0) + \frac{1}{2}f(x_j, t_0)\Delta t^2 + \psi(x_j)\Delta t, i = 1, 2, \cdots, N_x - 1$, 令 $u_j^1 = 0, j = 0, j = N_x$;

(3) 在 (1) 和 (2) 基础上, 根据(10.3.9)计算其他每一个时间层的数值解 u_j^{n+1}, $n = 1, 2, \cdots, N_t - 1$, $j = 1, 2, \cdots, N_x - 1$, 而在边界 $j = 0, j = N_x$ 上, 设置 $u_j^{n+1} = 0$.

10.3.2　波动方程的数值求解结果

例 10.3.1　为实施上述过程, 我们对波动方程的初边值问题(10.3.1)进行数值求解.

令 $a = 1, l = 1, T = 2, N_x = 20, N_t = 50, f(x, t) = 0$, $\varphi(x) = x(1 - x), \psi(x) = 0$, 计算结果如图 10.3.1 所示.　　★程序代码　Fig_10_3_1.m

基于上述相同的网格划分条件和参数设置, 我们接下来考虑在周期强迫 $f(x, t) = \sin wt$ 下弦振动方程的共振现象.

---

① Richard Courant, 1888~1972, 德裔美籍数学家, 美国科学院、苏联科学院院士. 1907 年成为希尔伯特的助手, 是哥廷根学派的重要成员.

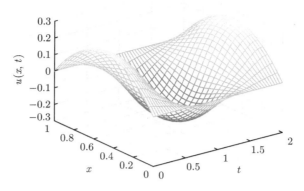

图 10.3.1　波动方程的数值求解

例 10.3.2　讨论如下弦振动方程的共振问题

$$\begin{cases} u_{tt} = a^2 u_{xx} + \sin \omega t, & 0 < x < l, 0 < t < T, \\ u(x,0) = u_t(x,0) = 0, & 0 \leqslant x \leqslant l, \\ u(0,t) = u(l,t) = 0, & 0 \leqslant t \leqslant T. \end{cases} \qquad (10.3.10)$$

解　首先分析弦振动在周期强迫下产生共振的原因, 然后进行数值验证.

根据特征函数展开法可知, 定解问题(10.3.10)的解为

$$u(x,t) = \sum_{n=1}^{\infty} \frac{l}{n\pi a} \left[\int_0^t f_n(\tau) \sin \frac{n\pi a(t-\tau)}{l} \, \mathrm{d}\tau \right] \sin \frac{n\pi x}{l},$$

其中,

$$f_n(t) = \frac{2}{l} \int_0^l \sin wt \sin \frac{n\pi x}{l} \mathrm{d}x = \frac{2}{l} \sin wt \int_0^l \sin \frac{n\pi x}{l} \mathrm{d}x$$

$$= \frac{2}{n\pi} \sin wt \, (1 - \cos(n\pi)) = \begin{cases} 0, & n = 2k, \\ \dfrac{4 \sin wt}{(2k-1)\pi}, & n = 2k - 1. \end{cases}$$

因此

$$u(x,t) = \sum_{k=1}^{\infty} \frac{l}{(2k-1)\pi a} \left[\int_0^t \frac{4 \sin w\tau}{(2k-1)\pi} \sin \frac{(2k-1)\pi a(t-\tau)}{l} \, \mathrm{d}\tau \right] \sin \frac{(2k-1)\pi x}{l}.$$

令 $w_{2k-1} = \dfrac{(2k-1)\pi a}{l}$, 则上式变为

$$u(x,t) = \sum_{k=1}^{\infty} \frac{4}{(2k-1)\pi w_{2k-1}} \left[\int_0^t \sin w\tau \sin w_{2k-1}(t-\tau) \, \mathrm{d}\tau \right] \sin \frac{(2k-1)\pi x}{l}$$

$$= \sum_{k=1}^{\infty} \frac{4}{(2k-1)\pi w_{2k-1}} \frac{w \sin w_{2k-1}t - w_{2k-1} \sin wt}{w^2 - w_{2k-1}^2} \sin \frac{(2k-1)\pi x}{l}.$$

当外界输入频率 w 与振动系统中的某一固有频率 w_{2k_0-1} 非常接近时, 即 $w \to w_{2k_0-1}$, 这时 $u(x,t)$ 可写成下列形式:

$$u(x,t) = \sum_{k \neq k_0} \frac{4}{(2k-1)\pi w_{2k-1}} \frac{w \sin w_{2k-1}t - w_{2k-1} \sin wt}{w^2 - w_{2k-1}^2} \sin \frac{(2k-1)\pi x}{l}$$

$$+ \frac{4}{(2k_0 - 1)\pi w_{2k_0-1}} \frac{w \sin w_{2k_0-1}t - w_{2k_0-1}\sin wt}{w^2 - w_{2k_0-1}^2} \sin \frac{(2k_0-1)\pi x}{l}.$$

考察上述关系式右端第二项中的因子 $\dfrac{w \sin w_{2k_0-1}t - w_{2k_0-1}\sin wt}{w^2 - w_{2k_0-1}^2}$, 按如下方式取极限得到

$$\lim_{w \to w_{2k_0-1}} \frac{w \sin w_{2k_0-1}t - w_{2k_0-1}\sin wt}{w^2 - w_{2k_0-1}^2} = \frac{\sin w_{2k_0-1}t - tw_{2k_0-1}\cos w_{2k_0-1}t}{2w_{2k_0-1}}.$$

可以看到, 结果分子中出现的因子 tw_{2k_0-1} 随 t 的增大而无限增大, 即 $tw_{2k_0-1} \to \infty (t \to \infty)$, 因而发生所谓共振现象.

分别取 $w = \dfrac{2\pi a}{l}, \dfrac{3\pi a}{l}$, 其结果如图 10.3.2 所示.

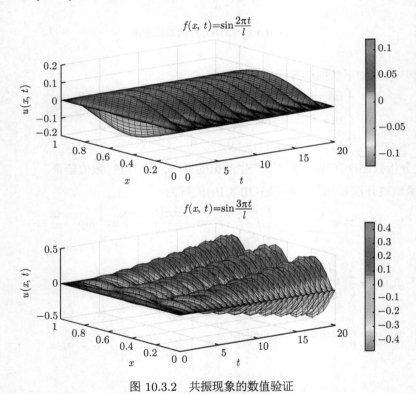

图 10.3.2   共振现象的数值验证

从试验结果看到, 不同的 w 取值导致不同的结果. 当 $w = \dfrac{3\pi a}{l}$ 时, 振幅随着时间演变越来越大, 导致共振发生. 这完全是由外强迫频率某些特定输入导致.

★ 程序代码
Fig_10_3_2.m

10.3.3   关于收敛阶估计问题

收敛阶的经验估计依靠如下假设:

$$E = C_t(\Delta t)^s + C_x(\Delta x)^p,$$

即某一数值误差度量 E 与离散参数 (比如 $\Delta t, \Delta x$) 联系在一起, 其中, C_t, C_x, s, p 是常数, 而 s 和 p 称为**收敛率**. 从波动方程有限差分近似来看, 我们期待 $s = p = 2$. 至于 C_t, C_x 这两个常数, 它们的取值并不影响收敛阶的估计. 因为柯朗数 $r = a\dfrac{\Delta t}{\Delta x}$, 则 $\Delta t = r\dfrac{\Delta x}{a}$, 令 $h = \Delta t$, 则有

$\Delta x = \dfrac{ha}{r}$, 于是

$$E = C_t h^s + C_x \left(\frac{a}{r}\right)^s h^s = Dh^s,$$

其中,

$$D = C_t + C_x \left(\frac{a}{r}\right)^s.$$

误差度量 E 的选择一般为误差网格点函数 $e_i^n = u_e(x_i, t_n) - u_i^n$ 的 l^2 和 l^∞ 范数, 即

$$E =\| e_i^n \|_{l^2} = \left(\Delta t \Delta x \sum_{n=0}^{N_t} \sum_{i=0}^{N_x} (e_i^n)^2\right)^{\frac{1}{2}},$$
$$E =\| e_i^n \|_{l^\infty} = \max_{i,n} |e_i^n|.$$

取初始离散参数 h_0, 然后在接下来的实验中取 $h_i = 2^{-i}h_0$, $i = 1, 2, \cdots, m$. 在每一个实验中, 记录误差度量 E_i 和相应的 (空间或时间) 离散参数 h_i, 利用前后两次实验:

$$E_{i+1} = Dh_{i+1}^s, \tag{10.3.11}$$
$$E_i = Dh_i^s, \tag{10.3.12}$$

去估计 s. 根据式(10.3.11)和式(10.3.12)容易求得

$$s_i = \frac{\ln(E_{i+1}/E_i)}{\ln(h_{i+1}/h_i)}.$$

假如我们得到 m 组实验结果: $(h_0, E_0), \cdots, (h_{m-1}, E_{m-1})$, 随着计算增加, 则会有 s_i 收敛到 2.

10.4 泊松方程的差分解法

椭圆型方程通常被用来描述定常态物理现象, 如理想流体无旋流动中速度势计算, 热传导中的定常温度分布问题等都可以用相应的椭圆型方程定解问题来描述和表达. 在流体力学、大气和海洋模式中, 最重要的椭圆偏微分方程莫过于亥姆霍兹[1]方程:

$$\Delta u - P(x,y)u = F(x,y), \tag{10.4.1}$$

其中, P 和 F 为自变量 x,y 的已知函数, u 为未知函数. 当 $P = 0$ 时, 方程(10.4.1)为泊松方程; 当 $P = F = 0$ 时, 方程(10.4.1)变为拉普拉斯方程. 在大气模式中, 椭圆型方程也经常以如下形式出现.

(1) 正压涡度方程

$$\Delta \psi_t = -J(\psi, f + \zeta),$$

其中, 下标 t 表示关于 t 的导数, ψ 为流函数, f 为科氏参数, $\zeta = \Delta \psi$ 为涡度, $J(a,b)$ 为函数行列式. 尽管含有时间导数, 但在求 ψ_t 时却是一个边值问题, 即 Poisson 问题.

(2) 平衡方程

$$f\Delta\psi + \nabla\psi \cdot \nabla f + 2(\psi_{xx}\psi_{yy} - \psi_{xy}^2) = \Delta\varphi, \tag{10.4.2}$$

其中, 下标 x,y 表示 x,y 的偏导数. 这个方程可作为一个诊断方程使用, 它把位势高度场和风场联系在一起, 若要由流函数 ψ 求位势高度 φ, 则(10.4.2)就是一个 Poisson 方程.

---

[1] Hermann von Helmholtz, 1821~1894, 德国物理学家、数学家、生理学家. 在生理学、光学、电动力学、数学、热力学等领域中均有重大贡献.

　　由于大量复杂问题计算都可以转化为 Poisson 方程求解, 接下来我们将重点介绍该方程定解问题的有限差分求解方法. 为叙述简便, 本部分仅限于 Poisson 方程 Dirichlet 问题的讨论, 这不会影响有限差分学习的完整性. 用有限差分法求解 Poisson 方程边值问题时, 首先将微分方程化为差分方程, 而差分方程连同定解条件 (边界条件) 一起组成一个代数方程组. 对于其求解, 经过多年发展, 现有如下一些算法: Gauss 消去法 (或 Cholesky 分解法), 其计算量为 $O(N^3)$; 雅可比 (Jacobi) 或高斯-赛德尔 (Gauss-Seidel) 迭代, 尽管其计算量为 $O(N^2)$, 但由于矩阵的稀疏性, 一般做到 $O(N)$ 次迭代; 利用 FFT (快速傅里叶变换), 计算量为 $O(N \ln N)$. 这里将着重介绍简便实用的迭代算法, 它包括雅可比迭代、高斯-赛德尔迭代以及超松弛迭代 (SOR, successive over-relaxation).

10.4.1　迭代法基本思想

　　对于代数方程组

$$Au = b, \tag{10.4.3}$$

令 $A = M - N$, 则方程组(10.4.3)变为

$$Mu = Nu + b. \tag{10.4.4}$$

利用迭代法 (iteration method) 求解方程组(10.4.3)可通过如下方式进行:

$$Mu^{r+1} = Nu^r + b, r = 0, 1, 2, \cdots,$$

其中, u^{r+1} 是 u 的 $r+1$ 次迭代近似, u^0 是 u 的一个初始猜测. 下面介绍三种常用的迭代方法: 雅可比迭代、高斯-赛德尔迭代以及超松弛迭代.

　　将 A 作分解: $A = L + D + U$, 其中, L 为 A 的下三角矩阵, U 为 A 的上三角矩阵, 而 D 为对角阵. 若令 $M = D, N = -L - U$, 则求 $Au = b$ 的方法为雅可比迭代法; 若令 $M = L + D, N = -U$, 则相应的迭代方法为 Gauss-Seidel 迭代法; 而在 SOR 方法中, $M = \frac{1}{w}D + L, N = \frac{1-w}{w}D - U$, 其中, w 为松弛因子.

10.4.2　三种方法的具体计算过程

　　用不同的迭代方法对如下代数方程组求解 (以 $n = 3$ 为例)

$$\begin{cases} a_{11}x_1 + a_{12}x_2 + a_{13}x_3 = b_1, \\ a_{21}x_1 + a_{22}x_2 + a_{23}x_3 = b_2, \\ a_{31}x_1 + a_{32}x_2 + a_{33}x_3 = b_3, \end{cases}$$

即

$$A = \begin{bmatrix} a_{11} & a_{12} & a_{13} \\ a_{21} & a_{22} & a_{23} \\ a_{31} & a_{32} & a_{33} \end{bmatrix}, \quad u = \begin{bmatrix} x_1 \\ x_2 \\ x_3 \end{bmatrix}, \quad b = \begin{bmatrix} b_1 \\ b_2 \\ b_3 \end{bmatrix}.$$

　　(1) 雅可比迭代

根据雅可比迭代法, u 可按如下方式求解

$$\begin{cases} x_1^{r+1} = x_1^r + \dfrac{1}{a_{11}}[b_1 - (a_{11}x_1^r + a_{12}x_2^r + a_{13}x_3^r)], \\[2mm] x_2^{r+1} = x_2^r + \dfrac{1}{a_{22}}[b_2 - (a_{21}x_1^r + a_{22}x_2^r + a_{23}x_3^r)], \\[2mm] x_3^{r+1} = x_3^r + \dfrac{1}{a_{33}}[b_3 - (a_{31}x_1^r + a_{32}x_2^r + a_{33}x_3^r)]. \end{cases}$$

(2) 高斯-赛德尔迭代

按照高斯-赛德尔迭代法的要求, $\boldsymbol{u}$ 可按如下方式计算

$$\begin{bmatrix} a_{11} & 0 & 0 \\ a_{21} & a_{22} & 0 \\ a_{31} & a_{32} & a_{33} \end{bmatrix} \begin{bmatrix} x_1 \\ x_2 \\ x_3 \end{bmatrix}^{r+1} = - \begin{bmatrix} 0 & a_{12} & a_{13} \\ 0 & 0 & a_{23} \\ 0 & 0 & 0 \end{bmatrix} \begin{bmatrix} x_1 \\ x_2 \\ x_3 \end{bmatrix}^{r} + \begin{bmatrix} b_1 \\ b_2 \\ b_3 \end{bmatrix}.$$

稍加整理和变化, 得

$$\begin{cases} x_1^{r+1} = x_1^r + \dfrac{1}{a_{11}}[b_1 - (a_{11}x_1^r + a_{12}x_2^r + a_{13}x_3^r)], \\[2mm] x_2^{r+1} = x_2^r + \dfrac{1}{a_{22}}[b_2 - (a_{21}x_1^{r+1} + a_{22}x_2^r + a_{23}x_3^r)], \\[2mm] x_3^{r+1} = x_3^r + \dfrac{1}{a_{33}}[b_3 - (a_{31}x_1^{r+1} + a_{32}x_2^{r+1} + a_{33}x_3^r)]. \end{cases}$$

和雅可比迭代法计算相比, Gauss-Seidel 迭代法是把第二个方程中的 x_1^r, 第三个方程中 x_1^r, x_2^r 分别替换为 x_1^{r+1}, 以及 x_1^{r+1}, x_2^{r+1} 所得到的. 这样可以适当减少迭代次数, 提高收敛率. 接下来, 我们介绍一种能更明显加速迭代的方法, 那就是 SOR 方法.

(3) 超松弛迭代

超松弛方法是一种通过一个子参数 w (松弛因子) 来加速 Gauss-Seidel 迭代法的方法. 它只需令: $\boldsymbol{M} = \dfrac{1}{w}\boldsymbol{D} + \boldsymbol{L}, \boldsymbol{N} = \dfrac{1-w}{w}\boldsymbol{D} - \boldsymbol{U}$ 即可. 具体来说, 它只要求在 Gauss-Seidel 迭代的修正余量上乘以松弛因子即可:

$$\begin{cases} x_1^{r+1} = x_1^r + \dfrac{w}{a_{11}}[b_1 - (a_{11}x_1^r + a_{12}x_2^r + a_{13}x_3^r)], \\[2mm] x_2^{r+1} = x_2^r + \dfrac{w}{a_{22}}[b_2 - (a_{21}x_1^{r+1} + a_{22}x_2^r + a_{23}x_3^r)], \\[2mm] x_3^{r+1} = x_3^r + \dfrac{w}{a_{33}}[b_3 - (a_{31}x_1^{r+1} + a_{32}x_2^{r+1} + a_{33}x_3^r)]. \end{cases}$$

上述三种方法的效果可通过求解如下线性方程组得到进一步体现:

$$\begin{bmatrix} 3 & 1 & 0 \\ -1 & 4 & 2 \\ 0 & 1 & 2 \end{bmatrix} \begin{bmatrix} x_1 \\ x_2 \\ x_3 \end{bmatrix} = \begin{bmatrix} 1 \\ 2 \\ 0 \end{bmatrix}.$$

解 为便于比较, 这里给出本题的精确解为 $x = [0.1, 0.7, -0.35]^{\mathrm{T}}$. 利用迭代法求解, 首先考虑 x 有一个初始猜测值, 假定为 $x^0 = [0,0,0]^{\mathrm{T}}$.

(1) 雅可比迭代:

$$r = 1:$$

$$x_1^{(1)} = \frac{1}{3}(1 - 1 \times 0) = 0.33333,$$

$$x_2^{(1)} = \frac{1}{4}[2 - (-1) \times 0 - 2 \times 0] = 0.5,$$

$$x_3^{(1)} = \frac{1}{2}(0 - 1 \times 0) = 0;$$

$r = 2:$

$$x_1^{(2)} = \frac{1}{3}(1 - 1 \times 0.5) = 0.16667,$$

$$x_2^{(2)} = \frac{1}{4}[2 - (-1) \times 0.33333 - 2 \times 0] = 0.58333,$$

$$x_3^{(2)} = \frac{1}{2}(0 - 1 \times 0.5) = -0.25;$$

$r = 3:$

$$x_1^{(3)} = \frac{1}{3}(1 - 1 \times 0.58333) = 0.13889,$$

$$x_2^{(3)} = \frac{1}{4}[2 - (-1) \times 0.16667 - 2 \times (-0.25)] = 0.66667,$$

$$x_3^{(3)} = \frac{1}{2}(0 - 1 \times 0.58333) = -0.29167.$$

(2) 超松弛迭代:

相应的计算结果通过运行代码 SOR.m 得到 (取 $w = 1.045549$), 具体见表 10.4.1.

表 10.4.1   超松弛迭代方法的求解结果 ($w = 1.045549$)

r	$x_1^{(r)}$	$x_2^{(r)}$	$x_3^{(r)}$	$\| X^k - X^{k-1} \|$
1	0.348516	0.613872	−0.320917	0.6012903
2	0.118697	0.693606	−0.347982	0.0599069
3	0.101377	0.699596	−0.349881	0.0003395
4	0.100078	0.699976	−0.349993	0.0000018

(3) 高斯-赛德尔迭代:

$r = 1:$

$$x_1^{(1)} = \frac{1}{3}(1 - 1 \times 0) = 0.33333,$$

$$x_2^{(1)} = \frac{1}{4}(2 - (-1) \times 0.33333 - 2 \times 0) = 0.58333,$$

$$x_3^{(1)} = \frac{1}{2}(0 - 1 \times 0.58333) = -0.29169;$$

$r = 2:$

$$x_1^{(2)} = \frac{1}{3}(1 - 1 \times (0.58333)) = 0.13889,$$

$$x_2^{(2)} = \frac{1}{4}(2 - (-1) \times 0.13889 - 2 \times (-0.29169)) = 0.68056,$$

$$x_3^{(2)} = \frac{1}{2}(0 - 1 \times (0.68056)) = -0.34028;$$

$r = 3:$

$$x_1^{(3)} = \frac{1}{3}(1 - 1 \times (0.68056)) = 0.10648,$$

$$x_2^{(3)} = \frac{1}{4}(2 - (-1) \times 0.10648 - 2 \times (-0.34028)) = 0.69676,$$

$$x_3^{(3)} = \frac{1}{2}(0 - 1 \times (0.69676)) = -0.34838.$$

注 10.4.1 对于雅可比迭代和高斯-赛德尔迭代来说, 上述过程计算仅限于 $r \leqslant 3$. 当迭代次数 $r > 3$ 时, 试运行 MATLAB 代码 job.m 和 SOR.m (其中, 令 $w = 1$) 得到. 并注意观察, 若获得相同效果, 利用高斯-赛德尔迭代 (包括 SOR) 所需迭代次数小于雅可比迭代所需次数. 下面将 SOR 法应用于 Poisson 方程定解问题求解中, 并考察如果在高斯-赛德尔迭代基础上借助松弛因子 w 的取值, 将期待获得比高斯-赛德尔迭代更少的迭代次数.

10.4.3 泊松方程的差分方法

考虑 Poisson 方程在平面区域 $\Omega + \Gamma$ 上 Dirichlet 问题

$$\begin{cases} -\Delta u = f(x,y), & (x,y) \in \Omega, \\ u|_\Gamma = \varphi(x,y), & (x,y) \in \Gamma, \end{cases} \tag{10.4.5}$$

其中, Γ 是有界区域 Ω 的边界, $\varphi(x,y)$ 是 Γ 上已知函数.

1. 求解区域离散化

用差分方法求解定解问题(10.4.5)时, 类似前面热传导方程的处理方式, 仍然采用对区域离散化矩形网格剖分的方式. 也就是说, 作平行于坐标轴的两族直线:

$$x = x_i = x_0 + (i-1)\Delta x, \quad y = y_j = y_0 + (j-1)\Delta y, \quad (i, j = 1, 2, \cdots)$$

构成矩形网格, 网格线的交点称为**节点** (i,j), 相邻网格线的距离 $\Delta x, \Delta y$ 分别称为 x, y 方向的**格距**. 当 $\Delta x = \Delta y$ 时, 网格称为正方形网格. 进一步, 若取 $\bar{\Omega} = \Omega \cup \Gamma$ 是矩形区域的情形, 如 $\bar{\Omega} = [x_0, x_L] \times [y_0, y_L]$, 可将 $[x_0, x_L]$ 等分为 N 等份, 记 $\Delta x = \dfrac{x_L - x_0}{N}$, 将 $[y_0, y_L]$ 等分为 M 等份, 记 $\Delta y = \dfrac{y_L - y_0}{M}$, 则 $\bar{\Omega}$ 离散化后的结果记为 Ω_h, 边界节点为 $i = 1$ 和 $N + 1$, $j = 1$ 和 $M + 1$, 而内节点为 $2 \leqslant i \leqslant N, 2 \leqslant j \leqslant M$.

2. 差分格式的建立

在网格区域 Ω_h 内任一节点 $(x(i), y(j))$ 处, Poisson 方程 (10.4.5) 第一式仍然成立, 即

$$-\left(\frac{\partial^2 u}{\partial x^2} + \frac{\partial^2 u}{\partial y^2}\right)\Big|_{(i,j)} = f(x_i, y_j). \tag{10.4.6}$$

根据之前提到的二阶差商公式, 我们有

$$\frac{u_{i+1,j} - 2u_{i,j} + u_{i-1,j}}{\Delta x^2} = \frac{\partial^2 u}{\partial x^2}(x_i, y_j) + O(\Delta x^2),$$

$$\frac{u_{i,j+1} - 2u_{i,j} + u_{i,j-1}}{\Delta y^2} = \frac{\partial^2 u}{\partial y^2}(x_i, y_j) + O(\Delta y^2).$$

在格距 $\Delta x, \Delta y$ 较小时, 用上式左边的差商近似代替右边的微商并代入方程(10.4.6) 中, 略去截断误差 $O(\Delta x^2 + \Delta y^2)$, 得到相应的差分格式

$$-\left(\frac{u_{i+1,j} - 2u_{i,j} + u_{i-1,j}}{\Delta x^2} + \frac{u_{i,j+1} - 2u_{i,j} + u_{i,j-1}}{\Delta y^2}\right) = f(x_i, y_j).$$

若取 $\Delta x = \Delta y = h$, 则上式可简化为

$$u_{ij} = \frac{1}{4}(u_{i+1,j} + u_{i,j+1} + u_{i-1,j} + u_{i,j-1}) + \frac{h^2}{4}f(x_i, y_j), \tag{10.4.7}$$

或者

$$-u_{i+1,j} + 4u_{i,j} - u_{i-1,j} - u_{i,j+1} - u_{i,j-1} = h^2 f_{ij}. \tag{10.4.8}$$

此式称为**泊松方程的五点差分格式**. 这意味着, (x_i, y_j) 点上的 u_{ij} 可通过其上下左右周围四个点的值即可得到确定.

如果在整个计算域 $\bar{\Omega}_h$ 内, 非齐次项 $f(x_i, y_j) = f_{ij}$ 在内点上计算出来, 而边界上的 $u(x_i, y_j)$ $= u_{ij}$ 值按 $(10.4.5)_2$ 给定, 则在所有内点上建立的差分格式 (10.4.7) 构成一个线性方程组, 求解此线性方程组就可获得 (10.4.5) 的近似解 u_{ij}.

3. 数值差分格式求解

对于简单的边值问题来说, 相应的差分方程可通过追赶法或矩阵求逆等直接方法求解. 而在实际计算中, 为了保证解的精度, $\Delta x, \Delta y$ 往往取得很小, 导致 $\bar{\Omega}_h$ 内点数目很大, 相应的线性方程组的阶数也很高, 因而采用直接法求解需要花费大量的运算. 在这种情况下, 通常选用迭代法求解.

由于 Poisson 方程五点差分格式在每一个内点上的值仅依赖于周围四个节点上的值. 采用迭代法求解可充分利用这个特点, 提高计算的效率. 接下来我们应用 Gauss-Seidel 迭代法求解 Poisson 方程定解问题(10.4.5). 为此, 在求解域 $\bar{\Omega}_h$ 内点上, 差分格式(10.4.8)可写为

$$AU = b,$$

其中,

$$A = \begin{bmatrix} A_N & -I_N & & \\ -I_N & \ddots & \ddots & \\ & \ddots & \ddots & -I_N \\ & & -I_N & A_N \end{bmatrix},$$

$$U = [U_{11}, U_{12}, \cdots, U_{1,N-1}, \cdots, U_{M-1,1}, \cdots, U_{M-1,N-1}]^{\mathrm{T}},$$

而 b 的分量为 $b_{ij} = h^2 f_{ij}$, I_N 为 N 阶单位矩阵,

$$A_N = \begin{bmatrix} 4 & -1 & 0 & \cdots & 0 & 0 \\ -1 & 4 & -1 & \cdots & 0 & 0 \\ 0 & -1 & 4 & \cdots & 0 & 0 \\ \vdots & \vdots & \vdots & & \vdots & \vdots \\ 0 & 0 & 0 & \cdots & -1 & 4 \end{bmatrix}.$$

若求解区域为方形区域, 则有 $M = N$. 对 $N = 3$, 一个完整的 A 可写为

$$A = \begin{bmatrix} 4 & -1 & 0 & -1 & 0 & 0 & 0 & 0 & 0 \\ -1 & 4 & -1 & 0 & -1 & 0 & 0 & 0 & 0 \\ 0 & -1 & 4 & 0 & 0 & -1 & 0 & 0 & 0 \\ -1 & 0 & 0 & 4 & -1 & 0 & -1 & 0 & 0 \\ 0 & -1 & 0 & -1 & 4 & -1 & 0 & -1 & 0 \\ 0 & 0 & -1 & 0 & -1 & 4 & 0 & 0 & -1 \\ 0 & 0 & 0 & -1 & 0 & 0 & 4 & -1 & 0 \\ 0 & 0 & 0 & 0 & -1 & 0 & -1 & 4 & -1 \\ 0 & 0 & 0 & 0 & 0 & -1 & 0 & -1 & 4 \end{bmatrix}$$

为给出具体计算结果, 取 $f(x,y) = 2\pi^2 \sin(\pi x)\sin(\pi y), \varphi(x,y)|_\Gamma = 0$, 相

★ 程序代码
Fig_10_4_1.m

应的 Poisson 方程 (10.4.5) 的精确解为 $u_e(x,y) = \sin(\pi x)\sin(\pi y)$.

取 Ω 区域为正方形区域, 即 $(x_0, y_0) = (0,0), (x_L, y_L) = (1,1)$, 且 x, y 方向均为 N 等份, 格距 $h = \dfrac{1}{N}$, 这里暂时取 $N = 40$. 则利用 Gauss-Seidel 迭代方法: 在 x, y 方向各取 40 个内点的情况下, 应用 Gauss-Seidel 方法终止计算过程受前后两次迭代解 l^2 误差 $\varepsilon = 10^{-9}$ 所控制, 结果迭代次数为 600. 如果同样条件下, 考虑松弛因子 $w = \dfrac{2}{1 + \sin(h\pi)} \approx 1.7406$ 的使用, 则所需迭代次数只有 99 次即可获得同精度的结果, 见图 10.4.1. 因此, 超松弛迭代方法 (SOR) 在松弛因子适当取值下, 可极大加速求解的进程.

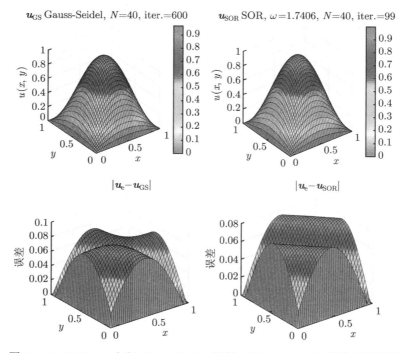

图 10.4.1 Poisson 方程 Gauss-Seidel 迭代方法与 SOR 方法数值求解结果

10.5 有限元法——PDE 工具箱简介

本节将简要介绍偏微分方程另外一个重要数值解法——有限元方法 (finite element method, FEM). 这里先介绍有限元方法的主要思想与步骤, 然后介绍如何使用 MATLAB 偏微分方程工具箱 (基于有限元方法) 求解典型偏微分方程问题.

田 课件 10.5

有限元法起步于 20 世纪 60 年代的刚体力学与弹性力学研究, 是一种求解偏微分方程的数值方法. 在其起步阶段, 有限元法被认为是基于变分原理的差分计算. 同时, 鉴于其工程力学背景, 有限元法在早期主要被用以求解椭圆型方程. 随着计算数学的发展, 在 Galerkin 等人的努力下, 有限元法已被广泛应用于各类物理过程中而不考虑泛函的极值问题. 我国著名应用数学家冯康院士对

有限元理论的发展与应用也做出了杰出的开创性工作. 他发表的《基于变分原理的差分格式》一文奠定了有限元计算方法的严格数学理论, 为有限元计算方法的实际应用提供了理论保证. 相比于有限差分法, 有限元法的优势是明显的. 首先, 有限元法能够很好地适应各类边界条件, 并自适应地调整网格的区域规模. 其次, 有限元法具有更好的稳定性, 其结果不直接依赖于剖分过程. 最后, 有限元法的理论基础更为可靠. 目前, 以传统有限元法为基础, 已有平滑有限元法 (smoothed finite element method)、无网格法 (meshfree method)、离散 Galerkin 法等改进算法被广泛应用.

另一方面, MATLAB 的 Partial Differential Equation Toolbox (偏微分方程工具箱) 提供利用有限元分析求解结构力学、热传递和一般偏微分方程的函数, 可以执行线性静力分析以计算形变、应力和应变. 对于结构动力学和振动的建模, 该工具箱提供了直接时间积分求解器. 通过执行模态分析确定自然频率和振幅, 从而分析组件的结构特性. 还可以对以传导为主的热传递问题进行建模, 以计算温度分布、热通量和通过表面的热流率等. 此外, 该工具箱允许从网格数据导入二维和三维几何结构, 也能自动生成包含三角形和四面体单元的网格.

10.5.1　有限元方法的基本思想与主要步骤

有限元法的核心思想是将求解域剖分为有限个元素的集合 (对二维问题通常剖分为三角形), 随后进行单元分析并求解有限元代数方程组得到数值近似结果.

有限元方法的基本步骤如下:

(1) 把微分方程转化成变分形式或弱形式. 如使用极小位能原理或者用分部积分得到其弱形式.

(2) 离散化求解域. 选定单元的形状 (二维情形一般为三角形) 对求解区域进行剖分. 有限元网格通常由预处理程序生成. 网格的描述由几个数组组成, 主要是节点坐标和单元连接.

(3) 构造基函数或单元形状函数, 形成有限元空间. 通常选多项式为插值函数或基函数. 多项式的次数取决于分配给元素的节点数.

(4) 形成有限元方程 (Ritz-Galerkin 方程). 为建立有限元的矩阵方程, 需将未知函数的节点值与其他参数联系起来. 对于这项任务, 可以使用不同的方法, 最方便的是变分法和 Galerkin 方法. 同时, 为了找到整个求解区域的全局方程组, 我们必须组装所有的单元方程. 换句话说, 我们必须为用于离散化的所有元素组合局部元素方程. 此外, 组装过程需考虑边界条件.

(5) 求解有限元全局代数方程组. 有限元全局代数方程的系数矩阵通常是稀疏的、对称的和正定的. 可采用 LU 分解直接法求解. 也可以使用如共轭梯度法、Krylov 子空间迭代法等来求解.

(6) 解的分析与可视化. 该步骤包括对数值解的收敛性及误差估计, 以及解的可视化输出和物理意义讨论.

10.5.2　MATLAB 的 PDE 工具箱的具体使用步骤

MATLAB 的偏微分方程 (PDE) 工具箱主要使用有限元方法解决下面四类问题:

(1) 椭圆型方程 (elliptic)

$$-\nabla \cdot (c\nabla u) + au = f.$$

(2) 抛物型方程 (parabolic)

$$mu_t - \nabla \cdot (c\nabla u) + au = f.$$

(3) 双曲型方程 (hyperbolic)

$$mu_{tt} - \nabla \cdot (c\nabla u) + au = f.$$

田 微课 10.5

(4) 特征值问题 (eigenvalue problem)

$$-\nabla \cdot (c\nabla u) + au = \lambda m u.$$

其中, 问题的边界条件可以是狄利克雷边界、诺依曼边界或者是混合边界条件. 同时, PDE 工具箱的使用步骤体现了有限元法求解问题的基本思路, 具体包括如下基本步骤:

① 定义 PDE 类型和 PDE 系数;

② 建立几何模型或求解区域;

③ 定义边界条件 (以及初始条件);

④ 三角形网格划分与细化;

⑤ 有限元求解;

⑥ 解的图形表达.

如果使用可视化界面, 以上步骤充分体现在 PDE 工具箱的菜单栏和工具栏顺序上. 本节主要以 MATLAB 编程为例, 通过 PDE 工具箱求解波动方程、热传导方程以及泊松方程. 此外读者也可以通过友好的可视化界面来设置相关参数并求解对应问题.

例 10.5.1 用 MATLAB 的 PDE 工具箱求解波动方程

$$u_{tt} - \nabla \cdot \nabla u = 0,$$

其满足的初始条件为

$$u(x,0) = \arctan\left(\cos\frac{\pi x}{2}\right), \qquad u_t(x,0) = 3\sin(\pi x)e^{\sin\frac{\pi y}{2}}.$$

满足的边界条件为: 在正方形的左右两边为第一类零边值条件, 在正方形的上下两边为第二类零边值条件.

解 下面来介绍用 MATLAB 的 PDE 工具箱求解此问题的具体步骤.

★ 程序代码
Fig_10_5_1.m

第一步: 定义 PDE 类型和 PDE 系数

由于此时要求解的波动方程为双曲方程 (hyperbolic), 在 MATLAB 的 PDE 工具箱中, 该问题的标准模型为

$$m\frac{\partial^2 u}{\partial t^2} - \nabla \cdot (c\nabla u) + au = f.$$

因此对于待求解问题, 这里需要令: $m=1$, $c=1$, $a=0$ 且 $f=0$.

第二步: 建立几何模型或求解区域

此时求解区域为方形区域, 边界为正方形的四条边. 如图 10.5.1(a) 所示.

第三步: 定义边界条件以及初始条件

此时边界条件四边并不完全一样. 在正方形的左右两边为第一类零边值条件 ($E2$ 和 $E4$), 在正方形的上下两边为第二类零边值条件 ($E1$ 和 $E3$). 初始条件也可根据题设编程设定.

第四步: 三角形网格划分与细化

这里是二维问题, 可采用经典的三角网格剖分, 如图 10.5.1(b) 所示. 有时根据求解问题需要, 还需对已经剖分好的网格进行细化.

第五步: 有限元求解并可视化

我们在时间 $[0,5]$ 区间上进行求解. 这里我们只展示瞬时图 ($t=5$): 图 10.5.1(c) (MATLAB 求解时, 可看到整个动态演化图).

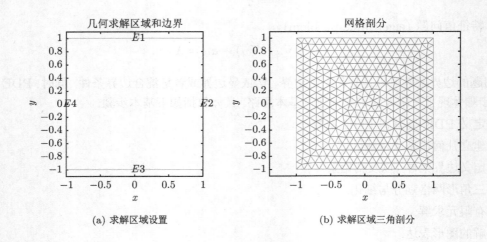

(a) 求解区域设置　　　　　　　　　　(b) 求解区域三角剖分

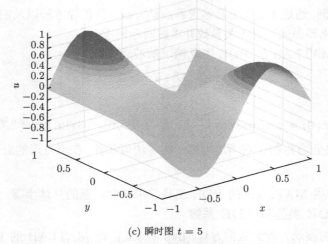

(c) 瞬时图 $t = 5$

图 10.5.1　用 PDE 工具箱求解波动方程的定解问题

例 10.5.2　用 MATLAB 的 PDE 工具箱求解如下带有源项的热传导方程

$$u_t(x, y, t) - \Delta u(x, y, t) = 1, \quad -1 < x < 1, \quad -1 < y < 1, \quad t > 0,$$

其中, 求解区域为以原点为中心的正方形区域, 边界取值为零. 这里初始条件为不连续条件, 即在以原点为圆心、半径为 0.5 的圆域内取值为 1, 其他区域取值为 0.

解　用 MATLAB 的 PDE 工具箱求解此问题步骤如下.

★ 程序代码
Fig_10_5_2.m

第一步: 定义 PDE 类型和 PDE 系数

由于此时要求解的热传导方程为抛物方程 (parabolic), 在 MATLAB 的 PDE 工具箱中, 该问题的标准模型为

$$m\frac{\partial u}{\partial t} - \nabla \cdot (c\nabla u) + au = f.$$

因此对待求解问题, 这里需要令系数为: $m = 1, c = 1, a = 0$ 且 $f = 1$.

第二步: 建立几何模型或求解区域

此时求解区域为方形区域, 内部为直径为 1 的圆, 边界为正方形的四条边. 如图 10.5.2(a) 所示.

第三步: 定义边界条件以及初始条件

此时边界条件四边 ($E1$, $E2$, $E3$ 和 $E4$) 完全一样, 均为第一类零边值条件. 初始条件这里需要注意的是内部圆域内 ($F2$) 为 1, 圆外 ($F1$) 为零.

第四步：三角形网格划分与细化

这里同样地采用经典的三角网格剖分, 如图 10.5.2(b) 所示. 有时根据求解问题需要, 可对已经剖分好的网格进行细化.

第五步：有限元求解并可视化

在时间 $[0, 0.05]$ 区间上进行求解. 这里我们只展示两个瞬时图: 图 10.5.2(c) 和图 10.5.2(d) (MATLAB 求解时, 可看到整个动态演化图).

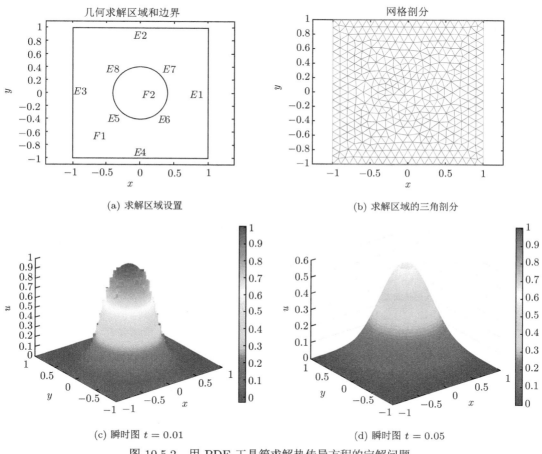

(a) 求解区域设置   (b) 求解区域的三角剖分

(c) 瞬时图 $t = 0.01$ (d) 瞬时图 $t = 0.05$

图 10.5.2 用 PDE 工具箱求解热传导方程的定解问题

例 10.5.3 用有限元方法求解单位圆周上满足狄利克雷边界条件的泊松方程

$$\begin{cases} -\Delta u = 1, & x \in \Omega, \\ u = 0, & x \in \partial\Omega, \end{cases}$$

这里 Ω 为单位圆周, 并将所得数值解与如下解析解作比较:

$$u(x, y) = \frac{1 - x^2 - y^2}{4}.$$

解 用 MATLAB 的 PDE 工具箱求解此问题的具体步骤与前面两个例子非常相似. 需要注意的是此时求解区域为圆域. 我们将给出网格剖分细化图以及与解析解对比的误差图.

具体步骤就不再赘述. 图 10.5.3 是该问题的主要求解区域图、网格剖分图、 ★ 程序代码 Fig_10_5_3.m 网格细化图、解的结果示意图以及误差比较图.

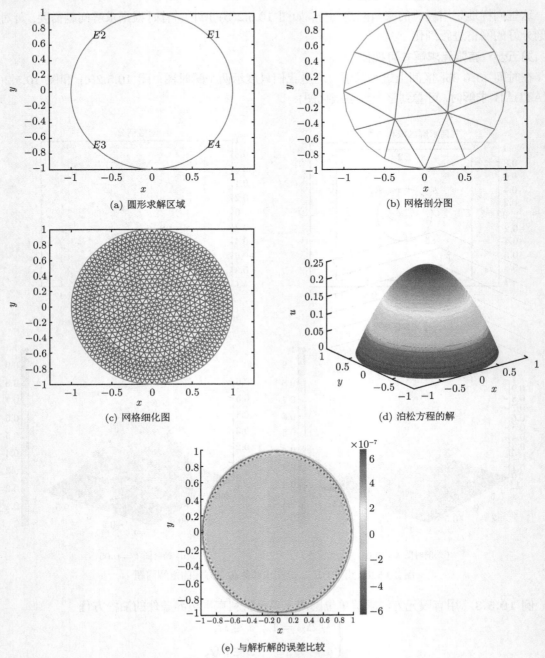

(a) 圆形求解区域

(b) 网格剖分图

(c) 网格细化图

(d) 泊松方程的解

(e) 与解析解的误差比较

图 10.5.3 用 PDE 工具箱求解泊松方程的定解问题

本节简要介绍了基于有限元方法的 MATLAB 的 PDE 工具箱的使用方法. 通过以上几个例子的介绍, 可以清晰看出 MATLAB 工具的优越性与强大功能. 此外, 读者还可以通过 PDE 工具箱的可视化界面进行相关问题求解, 操作起来比用编程更简洁方便.

10.6 拓展: 利用深度学习求解偏微分方程 *

前面几节介绍的有限差分法和有限元法都需要将定义域离散成一组网格点, 再计算得出网格点上的近似解, 这一类方法我们称之为**基于网格的方法**. 对于规则区域上的低维问题用基于网格的方法来求解十分有效, 然而在求解高维问题时这一类方法会遇到维度灾难 (the curse of dimensionality), 即计算量随维数的增加呈指数增长. 此外, 对于几何结构复杂的偏微分方程来说划分网格往往非常困难, 且基于网格的方法只能计算出网格点处对应的解, 而对非网格点处的解需要依赖插值或其他一些重建方法得到. 近些年来, 通过深度学习求解偏微分方程逐渐成为计算数学一个潜在的新领域. 与基于网格的方法相比, 深度学习利用其自动求微分的优势可在计算过程中不依赖于网格划分, 并且在求解高维问题时可破解维度灾难.

10.6.1 深度神经网络简介

在过去的几十年里, 深度学习已经成功地应用于不同领域, 如计算机视觉、自然语言处理、极端天气检测等. 深度学习的主要表现形式为深度神经网络, 它的运作方式可类比人脑, 都是由若干神经元相连接构成的复杂通信网络. 在数学上, 神经网络可以被定义为一个有向图, 顶点代表神经元, 边代表链接, 每个神经元的输入是与其传入的边相连的所有神经元输出的加权和的相关函数. 神经网络有许多种类, 比如前馈神经网络 (FNN)、卷积神经网络 (CNN)、循环神经网络 (RNN)、长短期记忆神经网络 (LSTM)、深度信念网络 (DBN) 和生成对抗网络 (GAN) 等, 其结构 (神经元的连接方式) 各不相同. 其中前馈神经网络是最一般的神经网络, 它向前输送信息, 故可以用一个有向无环图来表示, 如图 10.6.1 所示. 通常这类网络以层为单位, 其中层是一个神经元的集合, 可以被认为是一个计算单位, 层与层之间串联起来形成输出函数.

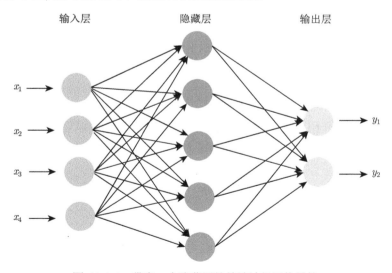

图 10.6.1 带有一个隐藏层的前馈神经网络结构

最简单的前馈神经网络仅由一个输入层和一个输出层构成, 其中输出向量 $\boldsymbol{y} = (y_1, y_2, \cdots)$ 是由输入向量 $\boldsymbol{x} = (x_1, x_2, \cdots)$ 通过有偏的加权运算和一个激活函数 ϕ_j 复合计算得出的, 即

$$y_j = \phi_j \left(b_j + \sum_{i=1}^{d} w_{i,j} x_i \right).$$

这里, 引入激活函数是为了增加神经网络模型的非线性性, 常用的激活函数有 Tanh 函数 $\left(\phi(\xi)\right.$ $= \dfrac{\mathrm{e}^{\xi} - \mathrm{e}^{-\xi}}{\mathrm{e}^{\xi} + \mathrm{e}^{-\xi}}\Big)$、ReLU 函数 $(\phi(\xi) = \max(0, \xi))$、Sigmoid 函数 $\left(\phi(\xi) = \dfrac{1}{1 + \mathrm{e}^{-\xi}}\right)$ 等.

除上述两层神经网络外, 也可以在输入和输出层之间加入额外的隐藏层. 比如, 加入一个隐藏层后输出将变成

$$y_j = \phi \left(\underbrace{ b_k^{(2)} + \sum_{j=1}^{d_2} w_{j,k}^{(2)} \psi \underbrace{\left(b_j^{(1)} + \sum_{i=1}^{d_1} w_{i,j}^{(1)} x_i \right)}_{\text{输入层到隐藏层}} }_{\text{隐藏层到输出层}} \right),$$

其中, 括号内的上标指的是有关的层, $d_i (i = 1, 2)$ 表示第 i 层的神经元总数, $\phi, \psi : \mathbb{R} \to \mathbb{R}$ 是各层的非线性激活函数.

所谓的深度神经网络和深度学习是指具有多个隐藏层的神经网络. 我们可以把多个隐藏层看做是多个非线性函数的复合, 例如

$$f(\boldsymbol{x}) = h_d \left(\cdots h_2(h_1(\boldsymbol{x})) \right),$$

这里, 网络的每一层都对应一个非线性函数 h_i, 包含了前一层的输入和连接输出的激活函数的加权和. 增加隐藏层的意义在于可以在某些应用中指数级地降低计算成本, 并指数级地减少学习某些函数所需的训练数据量.

建立好神经网络后, 需要估计神经网络由每层的权重和偏置项组成的参数集 $(\boldsymbol{w}, \boldsymbol{b})$. 为此, 我们定义一个损失函数 $L(\boldsymbol{w}, \boldsymbol{b})$, 目标是找到使损失函数最小的参数集, 即求解如下优化问题:

$$\min_{\boldsymbol{w}, \boldsymbol{b}} L(\boldsymbol{w}, \boldsymbol{b}).$$

上述问题可采用随机梯度下降等优化算法求解. 深度神经网络的一个挑战在于神经网络的高度非线性会导致损失函数的非凸性, 而非凸优化问题的数值解很难保证是全局最优的.

10.6.2 　求解偏微分方程的深度学习方法

这一小节我们将简单介绍利用深度神经网络求解偏微分方程的原理. 研究者们所关心的偏微分方程通常具有如下结构: 假设 u 是定义在区域 $D \times [0, T]$ 上的函数, 其中, $D \in \mathbb{R}^d$, u 满足如下偏微分方程:

$$\begin{cases} (\partial_t + \mathcal{L}) u(\boldsymbol{x}, t) = 0, & (\boldsymbol{x}, t) \in D \times [0, T], \\ u(\boldsymbol{x}, 0) = u_0(\boldsymbol{x}), & \boldsymbol{x} \in D, \\ u(\boldsymbol{x}, t) = g(\boldsymbol{x}, t), & (\boldsymbol{x}, t) \in \partial D \times [0, T], \end{cases} \tag{10.6.1}$$

其中, $\mathcal{L}$ 表示微分算子.

我们希望选择合适的参数集 $(\boldsymbol{w}, \boldsymbol{b})$ 使得深度神经网络函数近似方程的解 u. 下面将介绍两种应用深度神经网络求解偏微分方程的思路, 二者的主要区别在于损失函数的构造方式不同. 一种是从观测数据出发构造损失函数, 该方法需要已知定解问题(10.6.1)的 M 个观测值 $(\boldsymbol{x}^{(i)}, t_i; u_i)$. 设由深度神经网络得到的近似解用函数 $f(\boldsymbol{x}, t; \boldsymbol{w}, \boldsymbol{b})$ 表示, 定义该方法中的损失函数为

$$L(\boldsymbol{w}, \boldsymbol{b}) = \sum_{i=1}^{M} \| f(\boldsymbol{x}^{(i)}, t_i; \boldsymbol{w}, \boldsymbol{b}) - u_i \|^2.$$

从损失函数的定义可看出上述方法无需用到方程的具体表达式, 只需获得大量观测数据即可训练得出偏微分方程的解, 我们称该类方法为**数据驱动法**.

另一种方法则是从模型出发, 通过使深度神经网络近似函数满足泛定方程以及定解条件来求得最佳拟合的参数集. 该方法中的损失函数由三部分组成, 即

$$L(\boldsymbol{w}, \boldsymbol{b}) = \|(\partial_t + \mathcal{L})f(\boldsymbol{x}, t; \boldsymbol{w}, \boldsymbol{b})\|^2_{D \times [0,T]} + \|f(\boldsymbol{x}, t; \boldsymbol{w}, \boldsymbol{b}) - g(\boldsymbol{x}, t)\|^2_{\partial D \times [0,T]}$$
$$+ \|f(\boldsymbol{x}, t; \boldsymbol{w}, \boldsymbol{b}) - u_0(\boldsymbol{x})\|^2_D.$$

上式等号右端的三项依次代表深度神经网络近似函数和微分算子、边界条件以及初始条件的误差. 由于该方法与偏微分方程的表达式有关, 故被称为**模型驱动法**.

最后, 我们给出一个应用前馈神经网络求解二维拉普拉斯方程的例子, 设 u 是定义在二维区域 $D = [0,1] \times [0,1]$ 上的函数, 满足如下方程:

$$\begin{cases} \Delta u(x,y) = 0, & (x,y) \in D, \\ u(x,y) = 0, & (x,y) \in \Gamma_1 = \{(x,y) \in \partial D \,|\, y \neq 1\}, \\ u(x,y) = \sin(\pi x), & (x,y) \in \Gamma_2 = \{(x,y) \in \partial D \,|\, y = 1\}. \end{cases}$$

采用三层神经网络结构, 并取激活函数为 Sigmoid 函数. 令神经网络中输入与输出的函数关系为

$$f(\boldsymbol{x}; \boldsymbol{w}_1, w_2) = w_2 \mathrm{Sigmoid}(\boldsymbol{x} \cdot \boldsymbol{w}_1),$$

其中, $\boldsymbol{x} = (x,y)$, $\boldsymbol{w}_1 \in \mathbb{R}^2$, $w_2 \in \mathbb{R}$. 定义损失函数为

$$L(\boldsymbol{w}_1, w_2) = \|\Delta f(\boldsymbol{x}; \boldsymbol{w}_1, w_2)\|^2_D + \|f(\boldsymbol{x}; \boldsymbol{w}_1, w_2)\|^2_{\Gamma_1} + \|f(\boldsymbol{x}; \boldsymbol{w}_1, w_2) - \sin(\pi x)\|^2_{\Gamma_2}.$$

利用 MATLAB 编写程序可求得该问题的数值解, 如图 10.6.2 所示.

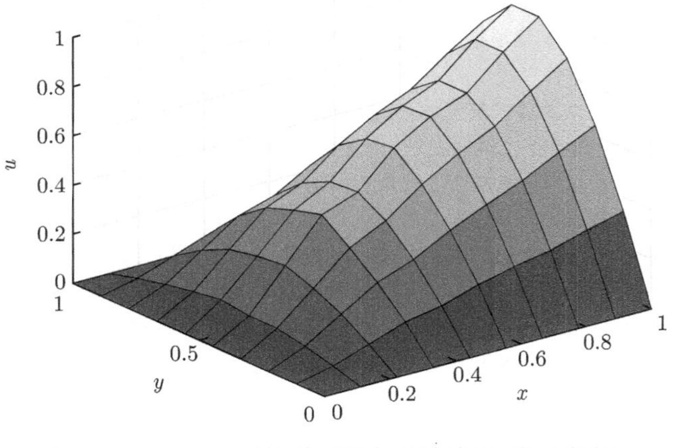

★ 拓展知识
我国学者的贡献

★ 程序代码包
Fig_10_6_2.rar

图 10.6.2　二维拉普拉斯方程的前馈神经网络近似解

历史人物: 冯康

冯康 (1920~1993), 我国著名数学家, 计算数学领域的奠基人, 有限元法创始人. 1944 年毕业于国立中央大学, 1945 年至 1951 年期间先后在复旦大学、清华大学担任助教. 随后调到中国科学院工作, 1978 年起任中国科学院计算中心主任, 1980 年当选中国科学院院士. 主要从事计算数学、应用数学、拓扑学、广义函数等方面的研究. 1997 年, 因 "哈密尔顿系统辛几何算法" 获得国家自然科学奖一等奖.

　　冯康早期从事拓扑群研究, 率先解决了线性李群的结构表征问题, 该研究成果在酉表现论和物理应用中发挥了重要的作用. 1954 年起, 转而研究广义函数系统性理论, 建立了广义函数的对偶定理与广义梅林变换理论, 这些研究成果被成功应用于偏微分方程和解析函数论等领域, 直到 20 世纪 60 年代国外才出现类似的工作.

　　1957 年, 冯康为参与祖国建设被调往新成立的计算技术研究所, 在这里他带领研究人员承担了大量国家发展需求的实际计算任务, 在核武器、数值天气预报、大型水坝、航天运输、大庆油田、汽轮机叶片等相关问题的计算方面取得了一系列的理论与实际效果, 为中国计算数学做出了开创性的工作. 20 世纪 50 年代末, 冯康在解决黄河刘家峡水坝工程计算问题时, 独立于西方创造了求解偏微分方程的有限元法, 这是我国计算数学领域中的重大成就. 有限元法在求解有界区域的椭圆边值问题上取得了巨大的成功, 被广泛应用于工程技术和科学计算中. 随后为解决无界区域问题, 冯康提出了自然边界元方法. 该方法可保证自然积分方程解的适定性, 且能与有限元法自然耦合, 形成一个有限元与边界元兼容的系统, 能够灵活适应于对大型复杂问题的分解计算, 是并行计算中区域分解法的先驱工作.

　　著名数学家、菲尔兹奖得主丘成桐院士曾说过: "中国近代数学能够超越西方或与之并驾齐驱的主要原因有三个 …… 一个是陈省身教授在示性类方面的工作, 一个是华罗庚在多复变函数方面的工作, 一个是冯康在有限元计算方面的工作."

历史人物: 查尼

　　查尼 (Jule Gregory Charney, 1917~1981), 美国气象学家, 美国科学院院士, 瑞典科学院和挪威科学院外籍院士, 主要从事大气动力学、数值天气预报以及物理海洋学等方面的研究. 1976 年, 查尼被授予威廉–鲍伊奖章, 这是美国地球物理学会的最高荣誉. 为了纪念他, 1982 年起美国气象学会将原 "后半世纪奖" 改名为 "查尼奖".

　　查尼出生于旧金山, 在加州大学洛杉矶分校学习数学和物理学. 1940 年硕士毕业后凭借着扎实的数学及流体力学功底开始研究气象学. 1946 年, 以斜压大气不稳定性方面的论文获博士学位. 先后在普林斯顿大学高级研究所、麻省理工学院气象系工作.

　　查尼在推动气象学由定性描述发展成基于数学、物理的定量描述方面做出了突出贡献. 先后提出了滤波理论、斜压大气西风带长波不稳定性理论、第二类条件不稳定性理论, 以及大气大尺度运动的分岔理论等, 发表了《大气运动的尺度》、《原始运动方程在数值预报中的应用》和《大尺度大气运动数值预报的物理基础》等论文, 为数值天气预报奠定了理论基础.

　　数值天气预报从数学上看就是数值求解流体动力学和热力学方程组的一个初值问题. 要获得未来大气运动状态较为理想的预报, 除了依赖于高性能计算机之外, 还需要借助资料同化方法将一定数量的地面、高空气象观测网所提供的气象数据进行相应的处理, 提供方程组最佳初始输入值. 不同于前辈理查德森 (Lewis Fry Richardson) 用大气运动原始方程进行天气预报的思路, 查尼针对大气大尺度运动过程建立了准地转涡度方程, 很好地解决了当时计算机计算能力有限的问题, 且带来了对大气层较大尺度内循环流动的新认识. 1950 年, 查尼和冯·诺依曼一起成功将电子计算机应用于天气预报, 作出了第一张数值天气预报图. 从查尼的成功工作开始, 数值预报步入了繁荣发展的时期. 伴随着气象及科技的飞速发展, 数值天气预报能力在过去的半个多世纪取得了长足进步, 数值预报水平的高低业已成为一个国家气象现代化水平的重要标志.

　　查尼在大气动力学等方面的学术成就和创新的研究方法给后来的研究者带来的启示是持久的, 其杰出的贡献和优雅的风度, 总能让人想起 "天气预报是一门艺术" 的说法.

习　题　10

◎ 求截断误差与格式稳定性

　　10.1 已知 $\dfrac{\partial u}{\partial x}$ 的三点 $(x + \Delta x, t)$, (x, t) 和 $(x + 2\Delta x, t)$ 差商近似式为

$$\frac{3}{2}\left(\frac{u(x + \Delta x, t) - u(x, t)}{\Delta x}\right) - \frac{1}{2}\left(\frac{-3u(x, t) + 4u(x + \Delta x, t) - u(x + 2\Delta x, t)}{2\Delta x}\right).$$

试证明其截断误差是 $O((\Delta x)^2)$.

10.2 对热传导方程

$$\frac{\partial u}{\partial t} = \frac{\partial^2 u}{\partial x^2},$$

取差分格式

$$\frac{u_i^{n+1} - u_i^n}{\Delta t} = \frac{u_{i+1}^n - 2u_i^n + u_{i-1}^n}{\Delta x^2}.$$

证明:

(1) 当 $r = \dfrac{\Delta t}{(\Delta x)^2} = \dfrac{1}{6}$ 时, 截断误差为 $O(\Delta t^2 + \Delta x^4)$;

(2) 当 $r = \dfrac{\Delta t}{(\Delta x)^2} \neq \dfrac{1}{6}$ 时, 截断误差为 $O(\Delta t + \Delta x^2)$.

10.3 利用傅里叶分析方法分别讨论本章中 Crank-Nicolson 格式(10.2.10)与 Richardson 格式(10.2.11) 稳定性.

◎ 热传导方程数值求解问题

10.4 针对本章中热传导方程初边值问题(10.2.4)采用和例 1 同样的参数条件设置, 用 Crank-Nicolson 格式进行数值求解 (编程实现).

10.5 用隐式差分格式求解定解问题

$$\begin{cases} \dfrac{\partial u}{\partial t} - \dfrac{\partial^2 u}{\partial x^2} = 0, & 0 < x < 1, t > 0, \\ u(x,0) = 4x(1-x), & 0 \leqslant x \leqslant 1 \\ u(0,t) = u(1,t) = 0, & t \geqslant 0. \end{cases}$$

取 $\Delta x = \dfrac{1}{3}, \dfrac{\Delta t}{(\Delta x)^2} = 1$, 计算第 1, 2 两层的数值解, 并用冯·诺依曼方法分析稳定性.

◎ 波动方程数值求解问题

10.6 考虑满足初值条件

$$u(x,0) = \begin{cases} 1, & \dfrac{L}{4} < x < \dfrac{3}{4}L, \\ 0, & \text{其他}, \end{cases}$$

$$\frac{\partial u}{\partial t}(x,0) = 0$$

和边界条件 $u(0,t) = 0, u(l,t) = 0$ 的波动方程

$$\frac{\partial^2 u}{\partial t^2} = a^2 \frac{\partial^2 u}{\partial x^2}.$$

请利用 9 个内部网格点, 用时间与空间中心差分方法计算, 并与精确解作比较.

(1) $\Delta t = \dfrac{\Delta x}{2a}$; 　　(2) $\Delta t = \dfrac{\Delta x}{a}$; 　　(3) $\Delta t = \dfrac{2\Delta x}{a}$.

10.7 用计算机求解如下问题

$$\begin{cases} \dfrac{\partial^2 u}{\partial t^2} = \dfrac{\partial^2 u}{\partial x^2}, & 0 < x < 1, t > 0, \\ u(0,t) = u(1,t) = 0, & t \geqslant 0 \\ u(x,0) = \sin(\pi x), & \dfrac{\partial u}{\partial t}(x,0) = 0, & 0 \leqslant x \leqslant 1. \end{cases}$$

令 $\Delta x = \dfrac{1}{100}$, 且对 $\dfrac{\partial u}{\partial t}(x,0) = 0$ 使用向前差分. 请计算数值解, 并将其与解析解作比较. 选择 Δt 使得

(1) $\dfrac{\Delta x}{\Delta t} = 1.5$;

(2) $\dfrac{\Delta x}{\Delta t} = 0.5$;

(3) 为了改进 (1) 的计算, 设 $\Delta x = \dfrac{1}{200}$, 但保持 $\dfrac{\Delta x}{\Delta t} = 1.5$;

(4) 比较 (1) 与 (3) 的误差.

10.8 已知方程定解问题

$$\begin{cases} u_{tt} = a^2 u_{xx}, & 0 < x < l, 0 < t < T, \\ u(0,t) = u(l,t) = 0, & 0 \leqslant t \leqslant T, \\ u(x,0) = \varphi(x), u_t(x,0) = 0, & 0 \leqslant x \leqslant l, \end{cases}$$

其中,

$$\varphi(x) = \begin{cases} x, & 0 \leqslant x \leqslant 0.4, \\ 1-x, & 0.4 < x \leqslant 1. \end{cases}$$

当 $a = l = T = 1$ 时, 把求解区域在 x 和 t 方向分别 5 等份, 请利用中心差分格式计算 $n = 1$ 层上每个格点的值.

10.9 写出如下定解问题

$$\begin{cases} u_{tt} = a^2 u_{xx} + f(x,t), & 0 < x < l, 0 < t < T, \\ u(0,t) = u(l,t) = 0, & 0 \leqslant t \leqslant T, \\ u(x,0) = 0, u_t(x,0) = 0, & 0 \leqslant x \leqslant l \end{cases}$$

的中心差分格式. 求解 $f(x,t) = \cos wt$ 的定解问题, 试问 w 取什么值时发出共振? 并用数值解进行验证.

◎ **泊松方程数值求解问题**

10.10 考虑 Poisson 方程第一边值问题

$$\begin{cases} -\left(\dfrac{\partial^2 u}{\partial x^2} + \dfrac{\partial^2 u}{\partial y^2} \right) = f(x,y), & (x,y) \in \Omega = (0,1) \times (0,1), \\ u(x,y) = g(x,y), & (x,y) \in \partial\Omega, \end{cases}$$

其中, $\partial\Omega$ 表示 Ω 的边界, 其五点差分格式是

$$\begin{cases} -\dfrac{u_{i+1,j} - 2u_{i,j} + u_{i-1,j}}{\Delta x^2} - \dfrac{u_{i,j+1} - 2u_{i,j} + u_{i,j-1}}{\Delta y^2} = f_{ij}, & (i,j) \in \Omega, \\ u_{ij} = g_{ij}, & (i,j) \in \partial\Omega. \end{cases}$$

设 u_{ij}^n 表示第 n 次的已知迭代值, u_{ij}^{n+1} 表示第 $n+1$ 次的未知迭代值, 构造如下格式

$$-\dfrac{u_{i+1,j}^n - 2u_{i,j}^{n+1} + u_{i-1,j}^n}{\Delta x^2} - \dfrac{u_{i,j+1}^n - 2u_{i,j}^{n+1} + u_{i,j-1}^n}{\Delta y^2} = f_{ij}.$$

(1) 请说明这就是 Jacobi 迭代法;

(2) 如何对该格式作一个修改, 使得它为 Gauss-Seidel 迭代格式.

10.11 在方形区域 $0 \leqslant x \leqslant 1, 0 \leqslant y \leqslant 1$ 上, 考虑拉普拉斯方程 $\Delta u = 0$, 其在三边上满足 $u = 0$, 第四边上满足 $u = 1$.

(1) 用 Jacobi 迭代求解 $\left(\text{设 } \Delta x = \Delta y = \dfrac{1}{10} \right)$;

(2) 用 Gauss-Seidel 迭代法求解 $\left(\text{设 } \Delta x = \Delta y = \dfrac{1}{10} \right)$;

(3) 用 SOR 迭代求解 $\left(\text{设 } \Delta x = \Delta y = \dfrac{1}{10}, \text{ 且 } w = \dfrac{1}{2}(1 - \pi/10) \right)$;

(4) 用分离变量法求解, 数值计算前 10 项或 20 项的值;

(5) 对上述结果给出尽可能多的比较结论.

参 考 文 献

蔡志杰. 2019. 高温作业专用服装设计. 数学建模及其应用, 8(1): 44–52.

陈才生. 2008. 数学物理方程. 北京: 科学出版社.

陈文斌, 程晋, 吴新明, 等. 2014. 微分方程数值解. 上海: 复旦大学出版社.

戴嘉尊. 2003. 数学物理方程. 南京: 东南大学出版社.

顾樵. 2012. 数学物理方法. 北京: 科学出版社.

郭秉荣, 丑纪范, 杜行远. 1986. 大气科学中数学方法的应用. 北京: 气象出版社.

郭时光. 2005. 两类二阶线性偏微分方程的通解. 四川理工学院学报: 自然科学版, 18(3): 2–4.

胡嗣柱, 徐建军. 1997. 数学物理方法解题指导. 北京: 高等教育出版社.

吕美仲, 侯志明, 周毅. 2004. 动力气象学. 北京: 气象出版社.

滕加俊, 张瑰, 黄思训. 2007. 资料变分同化中的若干理论问题. 应用数学和力学, 28(5): 581–591.

王杰. 2020. 音乐与数学, 数学文化, 11(1): 74–93.

王明新. 2005. 数学物理方程. 北京: 清华大学出版社.

王元明. 2004. 工程数学: 数学物理方程与特殊函数学习指南. 北京: 高等教育出版社.

伍卓群, 尹景学, 王春朋. 2003. 椭圆与抛物型方程引论. 北京: 科学出版社.

徐长发, 李红. 2000. 实用偏微分方程数值解法. 2 版. 武汉: 华中科技大学出版社.

严镇军. 2004. 数学物理方程. 合肥: 中国科学技术大学出版社.

姚端正. 2001. 数学物理方法学习指导. 北京: 科学出版社.

姚端正, 李中辅. 1997. 用达朗贝尔公式求解二、三维波动方程的初值问题. 大学物理, 16(4): 18–21.

张关泉, 张宇. 1997. 漫谈反问题——从"盲人听鼓"说起. 科学中国人, (Z1): 36–38.

张文生. 2006. 科学计算中的偏微分方程有限差分法. 北京: 高等教育出版社.

朱抱真, 金飞飞, 刘征宇. 1991. 大气和海洋的非线性动力学概论. 北京: 海洋出版社.

Asmar N H. 2012. 偏微分方程. 2 版. 北京: 机械工业出版社.

Copson E T. 1975. Partial Differential Equations. Cambridge: Cambridge University Press.

Debnath L. 2006. Linear Partial Differential Equations for Scientists and Engineers. Boston: Birkhauser.

Kalnay E. 2003. Atmospheric Modeling, Data Assimilation and Predictability. Cambridge: Cambridge University Press.

Shen J, Tang T. 2006. Spectral and High-Order Methods with Applications. Beijing: Science Press.

典型习题参考答案

习 题 1

1.1 (1) 一阶完全非线性; (2) 一阶拟线性; (3) 二阶线性非齐次; (4) 二阶完全非线性; (5) 三阶拟线性; (6) 三阶半线性. 1.4 $u(x,y) = F(y+x) + G(y+3x)$.

1.5 (1) $u(x,y) = \begin{cases} F(y)\cos\sqrt{c}x + G(y)\sin\sqrt{c}x, & c > 0, \\ F(y) + G(y)x, & c = 0, \\ F(y)\mathrm{e}^{\sqrt{-c}x} + G(y)\mathrm{e}^{-\sqrt{-c}x}, & c < 0. \end{cases}$

1.16 $u_{tt} = \dfrac{1}{2}\omega^2 \dfrac{\partial}{\partial x}\left[(L^2 - x^2)\dfrac{\partial u}{\partial x}\right]$. 1.17 $\dfrac{\partial^2 u}{\partial t^2} = g\dfrac{\partial}{\partial x}\left[(l-x)\dfrac{\partial u}{\partial x}\right]$.

1.18 提示: 在推导弦振动方程受力分析时, 增加阻力项即可. 1.20 $u_{tt} + bu_t = a^2 u_{xx}$.

1.21 $u_{tt} = a^2 \Delta u + f(x,y,t)$, 其中, $f(x,y,t) = \dfrac{F(x,y,t)}{\rho}$.

1.22 $u_t = a^2 u_{xx} - \dfrac{4k_1}{c\rho l}(u - u_1)$, 其中, $a^2 = k/c\rho$.

1.23 $u_t = a^2(u_{xx} + u_{yy} + u_{zz}) + \dfrac{\beta Q_0}{c\rho}\mathrm{e}^{-\beta t}$, 其中, $a^2 = \dfrac{k}{c\rho}$.

1.25 $u(x,0) = \begin{cases} \dfrac{F(L-x_0)}{TL}x, & 0 \leqslant x \leqslant x_0, \\ \dfrac{Fx_0}{TL}(L-x), & x_0 \leqslant x \leqslant L. \end{cases}$

1.26 (1) $u(0,t) = u(l,t) = 0$; (2) $u_x(0,t) = u_x(l,t) = 0$; (3) $(u_x + \sigma u)|_{x=0} = f_1(t)$, $(u_x + \sigma u)|_{x=l} = f_2(t)$.

1.27 (1) $u(0,t) = u(l,t) = 0$; (2) $u_x(0,t) = u_x(l,t) = 0$; (3) $u(0,t) = u_x(l,t) = 0$.

1.28 $\begin{cases} u_t - a^2 u_{xx} = 0, & 0 < x < l, t > 0, \\ u(0,t) = 0, u_x(l,t) = \dfrac{q}{k}, & t \geqslant 0, \\ u(x,0) = \dfrac{x(l-x)}{2}, & 0 \leqslant x \leqslant l. \end{cases}$ 1.29 $\begin{cases} u_{tt} = a^2 u_{xx}, & 0 < x < l, t > 0 \\ u(x,0) = 0, u_t(x,0) = 9\sin\left(\dfrac{\pi}{l}x\right), & 0 \leqslant x \leqslant l \\ u(0,t) = u(l,t) = 0, & t \geqslant 0. \end{cases}$

1.30 若 $\beta = 0$, a 可任意取, $b = \beta = 0$; 若 $\beta \neq 0$, $b = \pm\beta$, $a = \alpha\beta^2$.

1.31 $\begin{cases} u_{tt} = a^2 u_{xx}, & 0 < x < l, t > 0, \\ u(0,t) = 0, u_x(l,t) = \dfrac{A\cos\omega t}{\rho}, & t \geqslant 0, \\ u(x,0) = \begin{cases} \dfrac{h}{c}x, & 0 \leqslant x \leqslant x_0, \\ \dfrac{h}{c-l}(x-l), & x_0 \leqslant x \leqslant l, \end{cases} & u_t(x,0) = 0, \ 0 \leqslant x \leqslant l. \end{cases}$

1.32 $\begin{cases} u_t = a^2 u_{xx}, & 0 < x < +\infty, t > 0, \\ u_x(0,t) = Q_0, & t \geqslant 0, \\ u(x,0) = 0, & 0 \leqslant x \leqslant +\infty. \end{cases}$

1.33 (2) 对初始条件增加小扰动 $\dfrac{1}{n}\sin(nx)$. 1.34 提示: 讨论解 $u_n(x,y) = \dfrac{1}{n^2}\mathrm{e}^{ny}\sin(\sqrt{n^2+1}x)$.

1.35 $u(x,y) = F(x+\mathrm{i}y) + G(x-\mathrm{i}y) + \dfrac{1}{12}(x^4 + 6x^3 y + y^4)$.

习　题　2

2.1 (1) 双曲型; (2) 椭圆型; (3) 在坐标轴上为抛物型, 其余处为双曲型;

(4) 在直线 $x+y=0$ 上, $\Delta=0$, 方程为抛物型; 其余处 $\Delta<0$, 方程为椭圆型;

(5) 在坐标轴上, $\Delta=0$, 方程为抛物型; 在一、三象限中, $\Delta<0$, 方程为椭圆型; 在二、四象限中, $\Delta>0$, 方程为双曲型;

(6) 在坐标轴上 $\Delta>0$, 方程为双曲型; 在一、三象限内 $\Delta=0$, 方程为抛物型; 在二、四象限内 $\Delta>0$, 方程为双曲型.

2.2 (1) $2u_{\xi\eta}+u_\xi=0$; (2) $u_{\xi\xi}+u_{\eta\eta}+u_\eta=0$; (3) $u_{\eta\eta}+\dfrac{c-b}{a}u_\xi+\dfrac{b}{a}u_\eta+\dfrac{1}{a}u=0$.

2.3 (1) 方程为抛物型且已为标准形式;

(2) 当 $y=0$ 时 $\Delta=0$, 方程为抛物型, 标准型为 $u_{xx}=0$; 当 $y\neq 0$ 时 $\Delta<0$, 方程为椭圆型, 标准型为 $u_{\xi\xi}+u_{\eta\eta}=\mathrm{e}^\eta+u_\eta$;

(3) 当 $y=0$ 时, 方程是抛物型, 标准型 $u_{xx}+\dfrac{1}{2}u_y=0$; 当 $y>0$ 时, 方程是椭圆型, 标准型 $u_{\xi\xi}+u_{\eta\eta}+\dfrac{1}{\xi}u_\xi=0$; 当 $y<0$ 时, 方程是双曲型, 标准型 $u_{ss}-u_{tt}=0$;

(4) 方程为抛物型, 标准型 $\eta^2 u_{\eta\eta}-2\xi u_\xi=\mathrm{e}^{\frac{\xi}{\eta}}$;

(5) 当 $y=0$ 时, 方程为抛物型, 标准型 $u_{xx}=0$; 当 $y\neq 0$ 时, 方程为双曲型, 标准型 $u_{\xi\eta}=\dfrac{\eta-\ln\xi+1}{\xi}u_\eta+u_\xi+\dfrac{u}{\xi}$;

(6) 当 $xy=0$ 时, 即在坐标轴上时, 方程为抛物型, 且此时标准型为 $u_{xx}=0$; 当 $xy>0$ 时, 即在第一、三象限时, 方程为椭圆型, 不妨设 $x>0,y>0$, 标准型为 $u_{\xi\xi}+u_{\eta\eta}=\dfrac{1}{\xi}u_\xi-\dfrac{1}{3\eta}u_\eta$; 当 $xy<0$ 时, 即第二、四象限, 方程为双曲型, 不妨设 $x<0,y>0$, 标准型为 $\left[\dfrac{1}{2\sqrt{-x}}-\dfrac{1}{2}xy^{-\frac{1}{2}}\right]u_\xi+\left[-\dfrac{1}{2\sqrt{-x}}-\dfrac{1}{2}xy^{-\frac{1}{2}}\right]u_\eta+4xu_{\xi\eta}=0$.

2.5 (1) $a=-\dfrac{4}{5}, b=-\dfrac{1}{4}$, 标准型 $v_{\xi\eta}=\dfrac{1}{16}v$; (2) $a=\dfrac{3}{25}, b=\dfrac{3}{25}$, 标准型 $v_{\xi\eta}=\dfrac{84}{625}v$.

2.8 (1) 当 $y\neq 0$ 时, $u(x,y)=F\left(\dfrac{y}{x}\right)y+G(y)$; 当 $y=0$ 时, $u(x,y)=F(y)x+G(y)$;

(2) 当 $c=0$ 时, $u(r,t)=f(r)t+g(r)$; 当 $r=0$ 时, $u(r,t)=f(t)$; 当 $c,r\neq 0$ 时, $u(r,t)=\dfrac{1}{2r}[F(r+ct)+G(r-ct)]$;

(3) $u(x,y)=C_1(2y-3x)\mathrm{e}^y+C_2(2y-3x)\mathrm{e}^{-y}-1$;

(4) $u(x,y)=\mathrm{e}^{(2x-y)}[(x+y)(y-2x-1)\mathrm{e}^{(y-2x)}+f(y-2x)+g(x+y)]$;

(5) $u(x,y)=-\dfrac{1}{\xi}(f(\xi)+g(\eta))=-\dfrac{1}{y}(f(y)+g(3x-y))$;

(6) $u(x,y)=f(x+2y\mathrm{i})+g(x-2y\mathrm{i})$;

(7) $u(x,y)=xf(y-2x)+g(y-2x)$;

(8) $u(x,y)=f\left(\dfrac{2\sqrt{2}-2}{3}x+y\right)+g\left(\dfrac{-2\sqrt{2}-2}{3}x+y\right)$;

(9) $u(x,y)=\mathrm{e}^x\left[\int\cos(y+x)\,\mathrm{e}^{-x}\mathrm{d}x+F(x)+G(x-\ln y)\right]$.

2.9 (1) $u(x,y)=\dfrac{1}{6}x^3y^2+x^2+\cos y-\dfrac{1}{6}y^2-1$; (2) $u(x,y)=f\left(x-\dfrac{2}{3}y^3\right)+\dfrac{1}{2}\int_{x-\frac{2}{3}y^3}^{x+2y}g(\tau)\mathrm{d}\tau$.

2.10 (1) 当 $\alpha\neq 0$ 时, 双曲型, 当 $\alpha=0$ 时, 抛物型;

(2) 当 $\alpha\neq 0$ 时, 标准型 $16\alpha^2 u_{\xi\eta}-4\alpha u_\xi=0$; 当 $\alpha=0$ 时, 标准型 $u_{xx}+u_x=0$;

(3) 当 $\alpha\neq 0$ 时, 通解 $F(y+3\alpha x)\mathrm{e}^{\frac{y-\alpha x}{4\alpha}}+G(y-\alpha x)$; 当 $\alpha=0$ 时, 通解 $F(y)+G(y)\mathrm{e}^{-x}$.

2.12 双曲型.

2.13 (1) $u_{\xi\xi}+u_{\eta\eta}+u_{\varsigma\varsigma}=0$; (2) $u_{\xi\xi}-u_{\eta\eta}+u_{\varsigma\varsigma}+u_\eta=0$; (3) $u_{\xi\xi}-u_{\eta\eta}+2u_\xi=0$;

(4) $u_{\xi\xi}+u_{\eta\eta}-u_{\varsigma\varsigma}+u_{\tau\tau}=0$; (5) $-3u_{\xi\xi}+u_{\eta\eta}+u_{\varsigma\varsigma}+u_{\tau\tau}=0$.

2.14 $u(x,y,z) = \mathrm{e}^x f(y-x, z-x) + \mathrm{e}^{-x} g(y-x, z-x)$.

习　题　3

3.1 (1) $u(x,t) = t$; (2) $u(x,t) = \sin x \cos(ct) + \dfrac{c^2 t^3}{3} + tx^2$; (3) $u(x,t) = 3xc^2t^2 + x^3 + xt$;

(4) $u(x,t) = \cos x \cos(ct) + \dfrac{t}{\mathrm{e}}$; (5) $u(x,t) = \dfrac{\ln(-3x^2c^2t^2 + c^4t^4 + 2c^2t^2 + x^4)}{2} + 2t$;

(6) $u(x,t) = \dfrac{x}{c} + \dfrac{\sin(ct)\sin x}{c}$.

3.2 $u(x,t) = \phi(x - at)$.　3.3 $V(x,t) = A\cos k(x - at)$.

3.4 $u(x,t) = \dfrac{1}{x}\left[f_1(x+at) + f_2(x-at)\right]$.

3.5 (1) $u(x,y) = 3x^2 + y^2$; (2) $u(x,y) = xy + \dfrac{1}{4}y^2 + \dfrac{1}{3}\cos(x+y) + \dfrac{2}{3}\cos\left(x - \dfrac{1}{2}y\right)$.

3.7 当 $\phi,\ \psi$ 满足相容性条件 $\phi(0) = \psi(0)$ 时, 古尔萨问题解为 $u(x,t) = \psi\left(\dfrac{x+t}{2}\right) + \phi\left(\dfrac{x-t}{2}\right) - \phi(0)$; 否则, 无解.

3.8 提示: 利用初始速度函数的原函数, 将达朗贝尔公式写成左右行波和的形式, 如果只有右行波, 则含有左行波的所有项的和为常数; 或直接设解的形式只含有右行波, 验证初始条件.

3.10 提示: 将通解写为左行波和右行波和的形式, 验证定解条件.

3.11 提示: 将波动方程通解写为左行波和右行波和的形式, 代入第二个方程.

3.12 $u(x,t) = \mathrm{e}^{-t}(x + xt + t)$.　3.13 $\mathrm{e}^{-\frac{R}{L}t}\left\{\dfrac{1}{2}[\varphi(x+at) + \varphi(x-at)]\right\} + \dfrac{1}{2a}\displaystyle\int_{x-at}^{x+at}\psi(\xi)\mathrm{d}\xi$.

3.14 $\dfrac{C}{L} = \dfrac{G}{R}$.

3.15 (1) $u(x,t) = 3t + \dfrac{xt^2}{2}$;

(2) $u(x,t) = x + \dfrac{\sin(ct)\sin x}{c} + \dfrac{1}{2}xt^2 + \dfrac{1}{6}ct^3$; (3) $u(x,t) = 5 + \dfrac{c^2t^3}{3} + tx^2 + \dfrac{t(\mathrm{e}^{ct-cy+x} - \mathrm{e}^{-ct+cy+x})}{2c}$;

(4) $u(x,t) = \cos x\cos(ct) + tx + t + \dfrac{t[\cos(-ct+cy+x) - \cos(ct-cy+x)]}{2c}$;

(5) $u(x,t) = \sin(ct)\sin x + \dfrac{t\mathrm{e}^y[(ct-cy+x)^2 - (-ct+cy+x)^2]}{4c}$;

(6) $u(x,t) = x^2 + (c^2+1)t^2 + \dfrac{\sin(ct)\cos x}{c}$.

3.16 $u(x,y) = \sin x\cos y + xy - \dfrac{y^2}{2}$.　　3.17 $u(x,t) = \sin x(t - \sin t)$.

3.18 $u(x,t) = x^2 + \dfrac{3}{2}t^2 + t$.

3.20 当 $x - 2t < 0, x > 0$ 时, $u(x,t) = 16xt(x^2 + 4t^2)$; 当 $x - 2t > 0$ 时, $u(x,t) = \dfrac{1}{2}\left[(x+2t)^4 + (x-2t)^4\right]$.

3.23 相容性条件: $f(0) = \displaystyle\lim_{x\to\infty} f(x) = 0$.

3.24 $u(x,t) = \begin{cases} 0, & x \geqslant at, \\[2mm] -\dfrac{A}{\omega} a\sin\omega\left(t - \dfrac{x}{a}\right), & 0 < x < at. \end{cases}$　　3.26 $u(x,t) = \begin{cases} 0, & x \geqslant at, t > 0, \\[2mm] -a\displaystyle\int_0^{t-\frac{x}{a}} q(\tau)\mathrm{d}\tau, & 0 \leqslant x \leqslant at. \end{cases}$

3.27 $u(x,t) = \begin{cases} 0, & x > t, \\[2mm] \dfrac{t-x}{1+t-x}, & 0 \leqslant x \leqslant t, \end{cases}\quad \displaystyle\lim_{x\to+\infty} u(cx, x) = 1$.

3.28 $u(x,t) = \begin{cases} x^2 + t^2, & x - t > 0, \\ \left(1 - \dfrac{A}{2}\right)(x^2 + t^2) + Axt, & x > 0, x - t < 0, \end{cases}$ $A = 10.$

3.31 $u(r,t) = \dfrac{1}{2r(m+2)}[(r+t)^{m+2} - (t-r)^{m+2}], r > 0.$

3.32 (1) 若 M 点在球外, 则 $r \geqslant R$, 所以 $r + at \geqslant R$, 即 $\phi(r + at) = 0$, 此时有

$$u(r,t) = \frac{(r-at)\phi(r-at)}{2r} = \begin{cases} \dfrac{r-at}{2r}u_0, |r-at| < R, \\ \\ 0, \quad |r-at| \geqslant R; \end{cases}$$

(2) 若 M 点在球内, 则 $r < R$,

(i) 当 $r + at < R$ 时, 更有 $|r - at| < R$, 得 $u = \dfrac{(r-at)u_0 + (r+at)u_0}{2r} = u_0$;

(ii) 当 $r + at \geqslant R$ 时, 而当 $|r - at| < R$ 时, $\phi(r-at) = u_0$,

$$u(r,t) = \frac{(r-at)u_0 + (r-at)0}{2r} = \frac{r-at}{2r}u_0;$$

(iii) 当 $|r - at| \geqslant R$, 更有 $r + at > R$, 所以, $\phi(r \pm at) = 0$, 此时有 $u(r,t) = 0$.

3.33 (1) $u(x,y,z,t) = x + 2y$; (2) $u(x,y,z,t) = x^2 + yz + a^2t^2$; (3) $u(x,y,z,t) = 2xyt$.

3.34 $u(x,y,z,t) = \dfrac{1}{4\pi}\left(\dfrac{\partial}{\partial t}\displaystyle\int_{r=t}\dfrac{\phi(\xi,\eta,|\zeta|)}{t}\mathrm{d}S + \int_{r=t}\dfrac{\psi(\xi,\eta,|\zeta|)}{t}\mathrm{d}S\right).$

3.36 $u(x,y,z,,t) = \dfrac{1}{2}[f(x+t) + f(x-t) + g(y+t) + g(y-t)] + \dfrac{1}{2}\displaystyle\int_{y-t}^{y+t}\phi(\xi)\mathrm{d}\xi + \dfrac{1}{2}\int_{z-t}^{z+t}\psi(\xi)\mathrm{d}\xi.$

3.37 (1) $u(x,y,z,t) = \dfrac{f_0}{\omega^2}(1 - \cos\omega t)$; (2) $u(x,y,z,t) = x^2 + y^2 - 2z^2 + t + t^2xyz$;

(3) $u(x,y,z,t) = x + z + (x^2 + yz)t + yt^2.$

3.38 $u(x,y,z,t) = \dfrac{1}{12}x^2t^4 + y^2 + tz^2 + \dfrac{2}{45}t^6 + 8t^2 + \dfrac{8}{3}t^3.$

3.39 $u(x,y,t) = x^3(x+y) + 3a^2t^2x(2x+y) + a^4t^4.$

3.40 $u(r,t) = \dfrac{1}{2\pi a}\left[\dfrac{\partial}{\partial t}\displaystyle\int_0^{at}\int_0^{2\pi}\dfrac{\phi\sqrt{r^2+s^2+2rs\cos\theta}}{\sqrt{(at)^2-s^2}}s\mathrm{d}s\mathrm{d}\theta + \int_0^{at}\int_0^{2\pi}\dfrac{\psi(\sqrt{r^2+s^2-2r\cos\theta}}{\sqrt{(at)^2-s^2}}s\mathrm{d}s\mathrm{d}\theta\right].$

3.41 (1) $u(x,y,t) = \dfrac{1}{2\pi}\left(x^2 - y^2 + tx^2 + ty^2 + tr^2 + \dfrac{2}{3}t^3\right)$; (2) $u(x,y,t) = x^2 + t^2 + t\sin y.$

3.46 $u(x,y,t) = \dfrac{1}{2\pi a}\displaystyle\int_0^t\int_0^{a(t-\tau)}\int_0^{2\pi}\dfrac{f(x + r\cos\theta, y + r\sin\theta, \tau)}{\sqrt{a^2(t-\tau)^2 - r^2}}r\mathrm{d}r\mathrm{d}\theta\mathrm{d}\tau.$

习 题 4

4.4 (1) (i) $f(x) = 2\displaystyle\sum_{n=1}^{\infty}(-1)^{n+1}\dfrac{\sin nx}{n}$; (ii) $f(x) = \pi - 2\displaystyle\sum_{n=1}^{\infty}\dfrac{\sin nx}{n}$;

(2) (i) $f(x) = \dfrac{\pi^2}{3} + 4\displaystyle\sum_{n=1}^{\infty}(-1)^n\dfrac{\sin nx}{n^2}$; (ii) $f(x) = \dfrac{4\pi^2}{3} + 4\displaystyle\sum_{n=1}^{\infty}\left(\dfrac{\cos nx}{n^2} - \dfrac{\pi\sin nx}{n^2}\right).$

4.5 (1) $f(x) = \dfrac{2\sqrt{2}}{\pi} - \dfrac{4\sqrt{2}}{\pi}\displaystyle\sum_{n=1}^{\infty}\dfrac{1}{4n^2-1}\cos nx$; (2) $f(x) = \dfrac{1}{2} - \dfrac{1}{\pi}\displaystyle\sum_{n=1}^{\infty}\dfrac{1}{n}\sin 2n\pi x$;

(3) $f(x) = \dfrac{2}{3} + \dfrac{3}{\pi^2}\displaystyle\sum_{n=1}^{\infty}\left[-\dfrac{1}{n^2} + \dfrac{1}{n^2}\cos\dfrac{2n\pi}{3}\right]\cos\dfrac{2n\pi x}{3}.$

4.6 正弦级数: $f(x) = \dfrac{4}{\pi}\displaystyle\sum_{n=1}^{\infty}\left[(-1)^n\left(\dfrac{2}{n^3} - \dfrac{\pi^2}{n}\right) - \dfrac{2}{n^3}\right]\sin nx \ (0 \leqslant x \leqslant \pi)$;

余弦级数: $f(x) = \dfrac{2}{3}\pi^2 + 8\sum\limits_{n=1}^{\infty}\dfrac{(-1)^n}{n^2}\cos nx \ (0 \leqslant x \leqslant \pi)$.

4.7 $y = \mathrm{e}^x(C_1\cos 2x + C_2\sin 2x)$.　　4.8 $y = (1+4x)\mathrm{e}^{-3x}$.

4.9 $y = (C_1 + C_2\ln|x|)\dfrac{1}{x}$.　　4.10 $y = C_1 + \dfrac{C_2}{x} + C_3 x^3 - \dfrac{1}{2}x^2$.

4.11 (1) $\lambda_n = \left(\dfrac{n\pi}{b-a}\right)^2, y_n(x) = \sin\dfrac{n\pi}{b-a}(x-a),\ n = 1,2,3,\cdots$;

(2) $\lambda_n = \left(\dfrac{(2n-1)\pi}{2l}\right)^2, y_n(x) = C_n\cos\dfrac{(2n-1)\pi}{2l}x,\ n = 1,2,\cdots$;

(3) $\lambda_n = n^2, y_n(x) = A_n\cos nx + B_n\sin nx,\ n = 1,2,\cdots$.

4.12 (1) $\lambda_n = a^2 + n^2\pi^2, y_n(x) = \mathrm{e}^{-ax}\sin n\pi x,\ n = 1,2,\cdots$;

(2) $\lambda_n = a^{-2}n^2\pi^2, R_n(x) = \dfrac{1}{r}\sin\dfrac{n\pi r}{a},\ n = 1,2,\cdots$.

4.17 (1) $u(x,t) = \dfrac{4}{\pi^4 a}\sum\limits_{n=1}^{\infty}\dfrac{1-(-1)^n}{n^4}\sin n\pi at\sin n\pi x$;

(2) $u(x,t) = \dfrac{3}{4}\cos t\sin x + \dfrac{1}{2}\sin 2t\sin 2x - \dfrac{1}{4}\cos 3t\sin 3x$;

(3) $u(x,t) = \dfrac{16L^2}{\pi^3 a}\sum\limits_{n=1}^{\infty}\dfrac{(-1)^{n+1}}{(2n-1)^3}\sin\dfrac{(2n-1)}{2L}\pi at\sin\dfrac{(2n-1)}{2L}\pi x$;

(4) $u(x,t) = \dfrac{8}{\pi}\sum\limits_{n=1}^{\infty}\left[\dfrac{(-1)^{n+1}\cos\lambda_n at}{(2n-1)^2} + \dfrac{\sin\lambda_n at}{a(2n+3)(2n-5)}\right]\sin\lambda_n x,\ 其中,\ \lambda_n = \dfrac{2n-1}{2}$;

(5) $u(x,t) = \sum\limits_{n=1}^{\infty}\dfrac{4L^2}{n^3\pi^3}[1-(-1)^2]\cos\dfrac{n^2\pi^2 at}{L^2}\sin\dfrac{n\pi x}{L}$.

4.18 $u(x,t) = \dfrac{2n_0^2 h}{\pi^2(n_0-1)}\sum\limits_{n=1}^{\infty}\dfrac{1}{n^2}\sin\dfrac{n\pi}{n_0}\cos\dfrac{n\pi at}{l}\sin\dfrac{n\pi x}{l}$.

4.19 (1) $f\left(\dfrac{1}{3}\right) = 30 + 36\pi^2$; (2) $u(x,2) = 4\sin^3\pi x$.　4.20 $k \geqslant \dfrac{1}{\pi}$.

4.21 $u(x,t) = \sum\limits_{n=1}^{\infty}\sum\limits_{m=1}^{\infty}\dfrac{16a^2 b^2}{n^3 m^3\pi^6}[(-1)^n-1][(-1)^m-1]\cos\lambda_{nm}ct\sin\dfrac{n\pi x}{a}\sin\dfrac{m\pi y}{b},\ 其中,$

$$\lambda_{nm} = \pi\sqrt{\dfrac{n^2}{a^2} + \dfrac{m^2}{b^2}},\ n,m = 1,2,\cdots$$

4.22 $u(x,t) = \sum\limits_{n=1}^{\infty}\dfrac{u_0}{N_n^2 l}\left(\dfrac{1}{\lambda_n^2}\sin\lambda_n l - \dfrac{1}{\lambda_n}\cos\lambda_n l\right)\sin\lambda_n x\mathrm{e}^{-a^2\lambda_n^2 t}, N_n$ 为归一化常数.

4.23 $\left(\dfrac{\pi}{\rho}\right)^2 - \beta > 0$.

4.24 (1) $u(x,t) = \sum\limits_{n=1}^{\infty}\left[C_n\mathrm{e}^{(h-n^2)t}\sin nx\right] = \sum\limits_{n=1}^{\infty}\left[\dfrac{8}{(2n-1)^3\pi}\mathrm{e}^{[h-(2n-1)^2]t}\sin(2n-1)x\right]$;

(2) 当 $h < 1$ 时, $\lim\limits_{t\to+\infty}u(x,t) = 0$; 当 $h = 1$ 时, $\lim\limits_{t\to+\infty}u(x,t) = \dfrac{8}{\pi}\sin x$, 当 $h > 1$ 时, $\lim\limits_{t\to+\infty}u(x,t) = +\infty$.

4.26 (1) $u(x,t) = \dfrac{2}{\pi}\sum\limits_{n=1}^{\infty}\dfrac{(-1)^{n+1}}{n}\mathrm{e}^{-(n^2\pi^2+1)t}\sin n\pi x$; (2) 由 (1) 的解的形式, 易证结论成立; (3) $\lim\limits_{t\to+\infty}u(x,t)$ 一定存在的充要条件为 $a_1 = 0$.

4.27 $u(x,y) = \dfrac{Ab}{2a}x + \dfrac{2bA}{\pi^2}\sum\limits_{n=1}^{\infty}\dfrac{[(-1)^n-1]\sinh\lambda_n x}{n^2\sinh\lambda_n a}\cos\dfrac{n\pi y}{b}\lambda_n = \dfrac{n\pi}{b},\ n = 1,2,\cdots$.

4.28 (1) $u(r,\theta) = \dfrac{a_0}{2} = A$; (2) $u(r,\theta) = \dfrac{Ar\cos\theta}{a}$; (3) $u(r,\theta) = 2A - B$.

4.31 $u(r,\theta)=\dfrac{3}{2}-\dfrac{\ln r}{\ln 2}-\dfrac{1}{6}(r^2-4r^{-2})\cos 2\theta+\dfrac{r^2}{4}$.　4.32 $y^*=\dfrac{1}{2}x-\dfrac{3}{4}$.　4.33 $y^*=\dfrac{5}{6}x^3\mathrm{e}^{-3x}$.

4.34 $y=C_1\cos 2x+C_2\sin 2x+\dfrac{1}{4}x+\dfrac{1}{4}+\dfrac{1}{3}\sin x$.

4.35 $x=C_1\cos t+C_2\sin t+\cos t\ln|\cos t|+t\sin t$.

4.36 (1) $u(x,t)=\dfrac{A}{2a^2}(2Lx-x^2)+\sum\limits_{n=1}^{\infty}\left(-\dfrac{2A}{L\lambda_n^3}\cos\lambda_n at+\dfrac{2v_0}{La\lambda_n^2}\sin\lambda_n at\right)\sin\lambda_n x$, 其中, $\lambda_n=\dfrac{2n-1}{2L}\pi$,

$n=1,2,\cdots$; (2) $u(x,t)=\dfrac{Al}{\pi a}\dfrac{1}{\omega^2-\left(\frac{\pi a}{l}\right)^2}\left(\omega\sin\dfrac{\pi at}{l}-\dfrac{\pi a}{l}\sin\omega t\right)\cos\dfrac{\pi x}{l}$;

(3) $u(x,t)=\cos t\sin x+\dfrac{8}{\pi}\sum\limits_{n=0}^{\infty}\dfrac{1}{(2n+1)^3}\left[-\dfrac{\sin(2n+1)t}{(2n+1)^2}+\dfrac{t}{2n+1}\right]\sin(2n+1)x$;

(4) $u(x,t)=\dfrac{1}{4b}\int_0^t\left[1-\mathrm{e}^{-2b(t-\tau)}\right]f_0(\tau)\mathrm{d}\tau+\sum\limits_{n=1}^{\infty}\dfrac{1}{\omega_n}\int_0^t f_n(\tau)\mathrm{e}^{-b(t-\tau)}\sin\omega_n(t-\tau)\cos\dfrac{n\pi x}{l}\mathrm{d}\tau$.

4.39 $u(x,t)=\dfrac{A}{\omega}(1-\cos\omega t)$.

4.40 $u(x,t)=\sum\limits_{n=1}^{\infty}\left(b_n\mathrm{e}^{-\lambda_n^2a^2t}+\dfrac{Aa_n}{a^2\lambda_n^2}\right)\sin\dfrac{n\pi x}{L}$, 其中, $b_n=\dfrac{2}{L}\int_0^L\phi(x)\sin\dfrac{n\pi x}{L}\mathrm{d}x-\dfrac{Aa_n}{a^2\lambda_n^2}$.

4.41 $\int_0^{\pi}\left[\dfrac{2}{\pi}\sum\limits_{n=1}^{\infty}\mathrm{e}^{-n^2a^2t}\cos nx\cos n\xi\right]\varphi(\xi)\mathrm{d}\xi+\int_0^t\int_0^l\left[\dfrac{2}{\pi}\sum\limits_{n=1}^{\infty}\mathrm{e}^{-n^2a^2(t-\tau)}\cos nx\cos n\xi\right]C\mathrm{d}\xi\mathrm{d}\tau$.

4.42 提示: 利用热传导定律、焦耳楞次定律、牛顿冷却定律和能量守恒定律建立一维非齐次热传导方程.

4.43 $u(x,y)=\sum\limits_{n=1}^{\infty}(a_n\mathrm{ch}n\pi y+b_n\mathrm{sh}n\pi y)\sin n\pi x+(x^2-x)$.

4.44 $u(x,t)=t\left(1-\dfrac{x}{l}\right)+\sum\limits_{n=1}^{\infty}\dfrac{2l^2}{(n\pi)^3a^2}\left[\mathrm{e}^{-t\left(\frac{na\pi}{l}\right)^2}-1\right]\sin\dfrac{n\pi x}{l}$.

4.45 定解问题为
$$\begin{cases}u_t=a^2u_{xx},\ 0<x<1,\qquad t>0,\\ u_x(0,t)=\dfrac{P}{k},u_x(1,t)=\dfrac{P}{k},\quad t\geqslant 0,\\ u(x,0)=A,\ 0\leqslant x\leqslant l;\end{cases}$$

解为 $u(x,t)=-\dfrac{P}{k}x^2+\dfrac{P}{k}x+A+\dfrac{P}{6k}-\dfrac{2P}{k}t+\sum\limits_{n=1}^{\infty}\dfrac{-4P}{4n^2\pi^2k^2}\mathrm{e}^{-\left(\frac{2n\pi a}{l}\right)^2t}\cos\dfrac{2n\pi}{l}x$.

4.46 $u(x,t)=2a^2Bl\sum\limits_{n=0}^{\infty}\left\{\dfrac{(-1)^n}{\alpha l^2-(n+1/2)^2a^2\pi^2}\left[\mathrm{e}^{-\lambda_n^2a^2t}-\mathrm{e}^{-\alpha t}\right]\sin\lambda_n x\right\}$, 其中, $\lambda_n=\dfrac{(2n+1)\pi}{2l}$.

4.47 (1) $u(x,t)=\mathrm{e}^l+t-\mathrm{e}^x-\dfrac{2}{l}\sum\limits_{n=1}^{\infty}\left(\dfrac{\beta_n+(-1)^{n+1}\mathrm{e}^l}{\beta_n(1+\beta_n^2)}\cos\beta_n t-\dfrac{(-1)^{n+1}}{\beta_n^2}\sin\beta_n t\right)\cos\beta_n x$;

(2) $u(x,t)=\dfrac{2}{\pi^2}\sum\limits_{n=1}^{\infty}\left[\dfrac{1-(-1)^n}{n^3\pi}(1-\cos n\pi t)+\dfrac{(-1)^n}{n^2}\sin n\pi t\right]\sin n\pi x$;

(3) $u(x,t)=w(x)+\sum\limits_{n=1}^{\infty}a_n\mathrm{e}^{-\left(\frac{an\pi}{L}\right)^2t}\sin\dfrac{n\pi x}{L}$, 其中,

$$w(x)=A+\dfrac{B-A}{L}x+\dfrac{x}{a^2L}\int_0^L(L-s)f(s)\mathrm{d}s-\dfrac{1}{a^2}\int_0^x(x-s)f(s)\mathrm{d}s;$$

(4) $u(x,y)=\sum\limits_{n=1}^{\infty}\mathrm{Y}_n(y)\sin\lambda_n x+\dfrac{1}{a}[\phi_2(y)-\phi_1(y)]x+\phi_1(y)$, 其中, $\lambda_n=\dfrac{n\pi}{a}$,

$$\mathrm{Y}_n(y)=C_1\mathrm{e}^{\lambda_n y}+C_2\mathrm{e}^{-\lambda_n y}+\dfrac{1}{2\lambda_n}\int_0^y F_n(y)[\mathrm{e}^{\lambda_n(y-s)}-\mathrm{e}^{-\lambda_n(y-s)}]\mathrm{d}s,$$

$$F_n(y) = \frac{2}{a}\int_0^a F(x,y)\sin\frac{n\pi x}{a}\mathrm{d}x,$$

常数 C_1, C_2 由下列方程组确定

$$\begin{cases} C_1 + C_2 = \dfrac{2}{a}\displaystyle\int_0^a \psi_1(x)\sin\lambda_n x\,\mathrm{d}x \\[2mm] C_1\mathrm{e}^{\lambda_n b} + C_2\mathrm{e}^{-\lambda_n b} + \dfrac{1}{2\lambda_n^2}F_n(b)[\mathrm{e}^{-\lambda_n y} - \mathrm{e}^{\lambda_n(b-y)} + \mathrm{e}^{\lambda_n y} - \mathrm{e}^{\lambda_n(y-b)}]. \end{cases}$$

4.48 $u(x,t) = u_0 + \mathrm{e}^{-\beta t}\displaystyle\sum_{n=1}^{\infty}\left(\frac{2}{l}\int_0^l (f(\xi) - u_0)\sin\frac{n\pi\xi}{l}\mathrm{d}\xi\right)\exp\left(-\left(\frac{n\pi}{l}\right)^2 t\right)\sin\frac{n\pi x}{l}.$

4.49 (1) $u(x,t) = -\dfrac{\omega^2 x}{2l}t^2 + \dfrac{a^2 x}{l}(\cos\omega t - 1) + \dfrac{x(\cos\omega t - \omega t)}{l} + \omega t.$

习　题　5

5.1 (1) $\dfrac{2a}{\alpha}\sin\alpha a + \dfrac{2}{\alpha^2}\cos\alpha a - \dfrac{2}{\alpha^2}$; (2) $-\mathrm{i}\left(\dfrac{\sin(\lambda_0-\alpha)a}{\lambda_0-\alpha} - \dfrac{\sin(\lambda_0+\alpha)a}{\lambda_0+\alpha}\right)$;

(3) $-\dfrac{4}{\alpha^2}\cos\alpha + \dfrac{4}{\alpha^3}\sin\alpha$; (4) $-\dfrac{b(a+\mathrm{i}\alpha)^2}{1+b^2(a+\mathrm{i}\alpha)^2}.$

5.3 $\dfrac{4+2\alpha^2}{4+\alpha^4}.$ 　5.4 (1) $F_s(\alpha) = \dfrac{\alpha}{a^2+\alpha^2}$, $F_c(\alpha) = \dfrac{a}{a^2+\alpha^2}$; (2) $\dfrac{-\mathrm{e}^{-1}\cos\alpha + 1 + \mathrm{e}^{-1}\alpha\sin\alpha}{1+\alpha^2}.$

5.7 $\mathcal{F}[g(x)] = \dfrac{1}{b}f\left(\dfrac{\alpha}{b}\right) = \dfrac{1}{b}\dfrac{2}{1+(\alpha/b)^2} = \dfrac{2b}{b^2+\alpha^2}.$

5.8 $\mathcal{F}[f(x)] = \mathrm{i}\dfrac{-4a\alpha\mathrm{i}}{(a^2+\alpha^2)^2}$; $\mathcal{F}[g(x)] = \dfrac{4a^3 - 12a\alpha^2}{(\alpha^2+a^2)^3}.$ 　5.9 $\dfrac{1-\alpha^2}{(1+\alpha^2)^2} - \mathrm{i}\dfrac{2\alpha}{(1+\alpha^2)^2}.$

5.10 (1) $\mathcal{F}[f(x)] = \dfrac{a^2+\alpha^2}{a^2}\left[\dfrac{\cos a\alpha}{a}\left(\mathrm{e}^{a^2} - \mathrm{e}^{-a^2}\right) + \dfrac{\alpha\sin a\alpha}{a^2}\left(\mathrm{e}^{a^2} + \mathrm{e}^{-a^2}\right)\right]$;

(2) $\dfrac{\mathrm{i}}{2}\left[\dfrac{2a}{\alpha^2+(\alpha+\lambda_0)^2} - \dfrac{2a}{\alpha^2+(\alpha-\lambda_0)^2}\right].$

5.11 $1 - \mathrm{e}^{-x}.$

5.12 $\begin{cases} 0, & x \leqslant 0, \\[2mm] \dfrac{\sin x - \cos x + \mathrm{e}^{-x}}{2}, & 0 < x \leqslant \dfrac{\pi}{2}, \\[2mm] \dfrac{\mathrm{e}^{-x}(1+\mathrm{e}^{\frac{\pi}{2}})}{2}, & x > \dfrac{\pi}{2}. \end{cases}$

5.14 $\dfrac{1}{2\sqrt{\pi t}}\mathrm{e}^{-\frac{(x-t)^2}{4t}}.$ 　5.15 $\sqrt{\dfrac{\pi}{9}}\sin\left(\dfrac{\pi}{4} - \dfrac{\alpha^2}{36}\right).$

5.16 (1) $y(t) = \dfrac{1}{2}\displaystyle\int_{-\infty}^{+\infty} f(\tau)\mathrm{e}^{-|t-\tau|}\mathrm{d}\tau$; (2) $x(t) = \dfrac{1}{2\pi}\displaystyle\int_{-\infty}^{+\infty}\dfrac{F(\omega)}{\omega_0^2 - \omega^2 + 2\alpha\mathrm{i}\omega}\mathrm{e}^{\mathrm{i}\alpha t}\mathrm{d}\omega.$

5.17 (1) $\dfrac{\cos x}{a\sqrt{\pi t}}\displaystyle\int_0^{+\infty}\mathrm{e}^{-\frac{\xi^2}{4a^2 t}}\cos\xi\mathrm{d}\xi = \mathrm{e}^{-a^2 t}\cos x$; (2) $1 + x^2 + 2a^2 t$; (3) $\mathrm{e}^{-t}\sin x + t^3$;

(4) $\dfrac{1}{(2a\sqrt{\pi t})^n}\displaystyle\int_{R^n}\varphi(\alpha)\mathrm{e}^{-\frac{|x-\alpha|^2}{4a^2 t}}\mathrm{d}\alpha.$

5.18 $\phi(x-at) + \displaystyle\int_0^t [x - a(t-\tau), \tau]\mathrm{d}\tau.$ 　5.19 $xt\mathrm{e}^{-t}.$

5.20 $\dfrac{1}{2\sqrt{at\pi}}\displaystyle\int_{-\infty}^{+\infty} f(y)\cos\left[\dfrac{(x-y)^2}{4at} - \dfrac{\pi}{4}\right]\mathrm{d}y + \dfrac{1}{2\sqrt{at\pi}}\displaystyle\int_{-\infty}^{+\infty}\dfrac{g(y)}{a}\sin\left[\dfrac{(x-y)^2}{4at} - \dfrac{\pi}{4}\right]\mathrm{d}y.$

5.21 (1) $\dfrac{y}{\pi}\displaystyle\int_{-\infty}^{+\infty}\dfrac{x^2\cos x}{(\xi-x)^2 + y^2}\mathrm{d}\xi$; (2) $\dfrac{\sin y}{2\pi}\displaystyle\int_{-\infty}^{+\infty}\dfrac{\phi(x)}{\mathrm{ch}(x-\xi) - \cos y}\mathrm{d}\xi.$

5.22 (1) $\dfrac{2}{\pi}\displaystyle\int_0^{+\infty}\mathrm{e}^{-2\xi}\int_0^{+\infty}\dfrac{\sinh(a-y)\alpha}{\sinh\alpha a}\sin\alpha\xi\sin\alpha x\mathrm{d}\alpha\mathrm{d}\xi$;

(2) $\dfrac{y}{\pi}\displaystyle\int_0^{+\infty}\phi(\xi)\left[\dfrac{1}{y^2+(x-\xi)^2}+\dfrac{1}{y^2+(x+\xi)^2}\right]\mathrm{d}t$; (3) $-\dfrac{Ax}{\sqrt{\pi}}\displaystyle\int_{\frac{x}{2a\sqrt{t}}}^{+\infty}y^{-2}\mathrm{e}^{-y^2}\mathrm{d}y$.

5.23 (1) $\dfrac{1}{2a\sqrt{\pi t}}\displaystyle\int_0^{+\infty}\xi^2\cos x\left[\mathrm{e}^{-\frac{(x-\xi)^2}{4a^2t}}-\mathrm{e}^{-\frac{(x+\xi)^2}{4a^2t}}\right]\mathrm{d}\xi$; (2) $\dfrac{\mathrm{e}^{\frac{t}{2}}}{2a\sqrt{\pi t}}\displaystyle\int_0^{+\infty}f(\xi)\left[\mathrm{e}^{-\frac{(x-\xi)^2}{4a^2t}}-\mathrm{e}^{-\frac{(x+\xi)^2}{4a^2t}}\right]\mathrm{d}\xi$.

5.24 (1) $\dfrac{1}{4\pi a^2t}\displaystyle\int_{-\infty}^{+\infty}\int_{-\infty}^{+\infty}\varphi(\xi,\eta)\mathrm{e}^{-\frac{(x-\xi)^2+(y-\eta)^2}{4a^2t}}\mathrm{d}\xi\mathrm{d}\eta$; (2) $(4t+1)^{-\frac{1}{2}}\mathrm{e}^{-\frac{x^2}{4t+1}}\mathrm{e}^{-5t}\cos(2y-z)$.

5.25 $\dfrac{1}{2\sqrt{\pi\tau}}\mathrm{e}^{-x^2/4\tau}$.

习 题 6

6.1 (1) $\dfrac{n!}{s^{n+1}}$; (2) $\dfrac{s}{s^2+\omega^2}$; (3) $\dfrac{\omega}{s^2-\omega^2}$; (4) $\dfrac{s}{s^2-\omega^2}$; (5) $\dfrac{\omega}{(s-a)^2+\omega^2}$; (6) $\dfrac{s-a}{(s-a)^2+\omega^2}$;

(7) $\dfrac{4(s+1)}{[(s+1)^2+4]^2}$; (8) $\dfrac{(s-a)^2+2(s-a)+2}{(s-a)^3}$; (9) $\dfrac{\pi}{2}-\arctan\dfrac{s}{\omega}$; (10) $\dfrac{1}{\omega^2}\left(\dfrac{\pi}{2}-\arctan\dfrac{\tau-a}{\omega}\right)$;

(11) $\dfrac{1}{s}\arctan\dfrac{1}{s}$; (12) $\dfrac{1}{s}\ln\sqrt{1+s^2}$.

6.2 (1) $x+\mathrm{e}^{-x}-1$; (2) $\dfrac{1}{2}x\cos kx+\dfrac{\sin kx}{2k}$.

6.3 (1) $\dfrac{1}{2}\ln\dfrac{\beta^2+d^2}{a^2+b^2}$; (2) $\dfrac{15}{578}$; (3) $\dfrac{\pi}{2\sqrt{2}}$.

6.4 (1) $\cosh ax$; (2) $\dfrac{1}{b}\mathrm{e}^{-ax}\sin bx$; (3) $\mathrm{e}^{-2t}\cos t+6\mathrm{e}^{-2t}\sin t$; (4) $\dfrac{1}{2}\mathrm{e}^{-t}\cos t-\dfrac{1}{2}\mathrm{e}^{-t}\sin t+\dfrac{1}{2}\mathrm{e}^{2t}$;

(5) $-\dfrac{1}{2}\mathrm{e}^{-t}(t\cos t-\sin t)$; (6) $2\cos 3t+\sin 3t-\mathrm{e}^{-3t}$; (7) $\dfrac{2}{x}(1-\cosh x)$; (8) $\begin{cases}\dfrac{t^2}{2}, & 0\leqslant t\leqslant 3,\\[2mm]\dfrac{t^2}{2}+t-3, & t\geqslant 3.\end{cases}$

6.5 (1) $\dfrac{1}{a-b}(\mathrm{e}^{ax}-\mathrm{e}^{bx})$; (2) $\sinh x-x$.

6.6 (1) $\begin{cases}-\sin t, t>\pi,\\ 0, \qquad 0\leqslant t\leqslant\pi;\end{cases}$ (2) $1+\dfrac{4}{\pi}\displaystyle\sum_{n=1}^{\infty}\dfrac{(-1)^n}{(2n-1)}\mathrm{e}^{-t(n-\frac{1}{2})^2\pi^2}\cos\dfrac{(2n-1)\pi x}{2}$.

6.7 (1) $\dfrac{7}{4}\mathrm{e}^{-t}-\dfrac{3}{4}\mathrm{e}^{-3t}+\dfrac{1}{2}t\mathrm{e}^{-t}$; (2) $-7\mathrm{e}^{-t}-4\mathrm{e}^{2t}+4t\mathrm{e}^{2t}$; (3) $\dfrac{t^3\mathrm{e}^{-1}}{3!}+\mathrm{e}^{-t}+t\mathrm{e}^{-t}$;

(4) $\dfrac{3(s-2)}{[(s-2)^2+4^2]^2}$; (5) $3\mathrm{e}^{-t}-2\mathrm{e}^{-2t}-t\mathrm{e}^{-t}+\dfrac{1}{2}t^2\mathrm{e}^{-t}$; (6) $y(t)=\mathrm{J}_0(T)$(零阶 Bessel 函数).

6.8 (1) $x(t)=5\mathrm{e}^{-t}+3\mathrm{e}^{4t}$; $y(t)=5\mathrm{e}^{-t}-2\mathrm{e}^{4t}$;

(2) $x(t)=\dfrac{1}{2}\left[\mathrm{e}^t+(1-t)\cos t+2\sin t\right]$, $y(t)=\dfrac{1}{2}\left[\cos t+(t-1)\sin t-\mathrm{e}^t\right]$;

(3) $x(t)=\dfrac{28}{9}\mathrm{e}^{3t}-\mathrm{e}^{-t}-\dfrac{1}{3}t-\dfrac{1}{9}(t)=\dfrac{28}{9}\mathrm{e}^{3t}+\mathrm{e}^{-t}-\dfrac{1}{3}t-\dfrac{1}{9}$.

6.9 $\dfrac{l}{an\pi}\displaystyle\int_0^t f_n(\tau)\sin\dfrac{an\pi(t-\tau)}{l}\mathrm{d}\tau+\phi_n\cos\dfrac{an\pi}{l}t+\dfrac{l}{an\pi}\psi_n\sin\dfrac{an\pi}{l}t$.

6.10 (1) $t+\dfrac{1}{6}t^3$; (2) $\dfrac{2(s+1)^2}{s(s+2)(s^2+4)}$; (3) t.

6.11 (1) $-\dfrac{5}{27}\sin(3t)+\dfrac{14}{9}t+\dfrac{2}{9}\cos(3t)$; (2) $L^{-1}\left[\dfrac{2}{s^3(s+\mathrm{e}^{-s})}\right]$. 6.12 $L^{-1}\left[\dfrac{A\omega}{s^2+\omega^2}\mathrm{e}^{-\frac{sx}{a}}\right]$.

6.13 (1) $f\left(t-\dfrac{x}{c}\right)H\left(t-\dfrac{x}{c}\right)$; (2) $\dfrac{a^2}{\omega^2}(1-\cos\omega t)-H\left(t-\dfrac{x}{a}\right)\cdot\dfrac{a^2}{\omega^2}\left[1-\cos\left(t-\dfrac{x}{a}\right)\right]$;

(3) $L^{-1}\left[\dfrac{A}{s}\cdot\dfrac{1}{e^{sL}-e^{-sL}}\right]\cdot L^{-1}\left(e^{sL}\right)+L^{-1}\left[-\dfrac{A}{s}\cdot\dfrac{1}{e^{sL}-e^{-sL}}\right]\cdot L^{-1}\left(e^{-sL}\right).$

6.14 (1) $\dfrac{x}{2a\sqrt{\pi}}\displaystyle\int_0^t(t-\tau)\dfrac{1}{\tau^{3/2}}e^{-\frac{x^2}{4a^2\tau}}\mathrm{d}\tau$; (2) $L^{-1}\left[\dfrac{f_1-f_0}{s}e^{-\frac{\sqrt{s}}{a}x}\right]$; (3) $-\mathrm{erfc}\left(\dfrac{x}{2\sqrt{t}}\right)+1.$

6.15 $t+\displaystyle\int_0^t\tau f(t-\tau)\mathrm{d}\tau.$

6.16 $\begin{cases}\dfrac{x^3}{3},& t\geqslant-\dfrac{x^3}{3},\\[2mm] t,& t<-\dfrac{x^3}{3}.\end{cases}$

6.17 (1) $u(x,y)=xy+y+1$; (2) $u(x,y)=x^2+\dfrac{1}{6}y^2\left(x^3-1\right)+\cos y-1.$

6.18 $3\sin2\pi x\cdot e^{-4\pi^2Dt}.$

6.19 $u(x,t)=\begin{cases}f(t-\sqrt{LC}x)e^{-\sqrt{RG}x},& t-\sqrt{LC}x<0,\\[1mm] 0,& t-\sqrt{LC}x>0.\end{cases}$

习 题 7

7.4 $\dfrac{1}{4\pi}\oiint\limits_{\partial\Omega}\left[\dfrac{1}{r_{MM_0}}e^{-r_{MM_0}}\dfrac{\partial u}{\partial n}-u\dfrac{\partial}{\partial n}\left(\dfrac{1}{r_{MM_0}}e^{-r_{MM_0}}\right)\right]\mathrm{d}S-\dfrac{1}{4\pi}\iiint\limits_{\Omega}\dfrac{1}{r_{MM_0}}e^{-r_{MM_0}}f\mathrm{d}x\mathrm{d}y\mathrm{d}z.$

7.5 (1) 无解; (2) 无解; (3) 无解; (4) 有解.　7.6 不存在解.

7.8 $\dfrac{1}{2}$.　7.14 $G(M,M_0)=\dfrac{1}{2\pi}\ln\dfrac{r_1r_2}{rr_3}.$

7.16 设平行线为 $y=0,y=l$, 则格林函数为 $G(M_1,M_1)=-\dfrac{1}{2\pi}\displaystyle\sum_{n=-\infty}^{+\infty}\ln\dfrac{r_n}{r'_n}$, 其中, $M_1(x_1,y_1)$, $M_2(x_2,y_2)$, $r_n=\sqrt{(x_1-x_2)^2+(y_1-y_2-2nl)^2}$, $r'_n=\sqrt{(x_1-x_2)^2+(y_1+y_2-2nl)^2}.$

7.17 (1) $u(r,\varphi)=\dfrac{A}{a}r\cos\varphi$; (2) $u(r,\varphi)=A+\dfrac{B}{a}r\sin\varphi$; (3)$u(r,\varphi)=\dfrac{A+B}{2}+\dfrac{B-A}{2a^2}r^2\cos2\varphi.$

7.18 $u(x,y)=\dfrac{y_0}{\pi}\displaystyle\int_0^{+\infty}\left[\dfrac{1}{(\xi-x)^2+y^2}-\dfrac{1}{(\xi+x)^2+y^2}\right]f(\xi)\mathrm{d}\xi.$

7.19 $u(\rho_0,\theta_0)=\dfrac{1}{2\pi}\displaystyle\int_0^{2\pi}\dfrac{(\rho_0^2-1)f(\theta)}{\rho_0^2+1-2\rho_0\cos(\theta-\theta_0)}\mathrm{d}\theta.$

7.20 $u(x,y,z)=\dfrac{a-y}{2\pi}\displaystyle\int_{-\infty}^{+\infty}\int_{-\infty}^{+\infty}\dfrac{f(\xi,\varsigma)}{(\xi-x)^2+(a-y)^2+(\varsigma-z)^2}\mathrm{d}\xi\mathrm{d}\varsigma.$

7.21 $u(x,y)=\dfrac{a-y}{2\pi}\displaystyle\int_{-\infty}^{+\infty}\dfrac{f(\eta)}{(a-x)^2+(\eta-y)^2}\mathrm{d}\eta.$

7.22 (1) $u(x,y)=\dfrac{y}{2\pi}\ln\dfrac{(b-x)^2+y^2}{(a-x)^2+y^2}+\dfrac{x}{\pi}\left(\arctan\dfrac{b-x}{y}-\arctan\dfrac{a-x}{y}\right)$; (2) $u(x,y)=\dfrac{2+y}{2[x^2+(2+y)^2]}.$

7.23 $u(x,t)=e^{bt}v(x,t).$　7.24 $u(x,y,z)=\dfrac{b-x}{2\pi}\displaystyle\int_{-\infty}^{+\infty}\int_{-\infty}^{+\infty}\dfrac{f(\eta,\varsigma)}{[(b-x)^2+(\eta-y)^2+(\varsigma-z)^2]^{3/2}}\mathrm{d}\eta\mathrm{d}\varsigma.$

7.25 $u(\rho,\theta,\phi)=2B\rho^2\cos^2\theta-\dfrac{2}{3}B\rho^2-\dfrac{B}{3}+A.$

7.26 $u(r,\theta)=\dfrac{8}{\pi}\displaystyle\sum_{k=1}^{\infty}\dfrac{r^{2k-1}}{(2k-1)^3}\sin(2k-1)\theta.$

7.29 (1) $u(x,t)=\dfrac{2}{L}\displaystyle\sum_{n=1}^{\infty}e^{-\left(\frac{an\pi}{L}\right)^2}\sin\dfrac{n\pi x}{L}\sin\dfrac{n\pi\xi}{L}$;

(2) $u(x,t)=\dfrac{t}{L}+\dfrac{2}{a\pi}\displaystyle\sum_{n=1}^{\infty}\dfrac{1}{n}\cos\dfrac{n\pi\xi}{L}\sin\dfrac{an\pi t}{L}\cos\dfrac{n\pi x}{L}$;

(3) $u(x,t) = \dfrac{2}{a} \displaystyle\sum_{n=1}^{\infty} \dfrac{1}{\sinh \dfrac{n\pi b}{a}} \sin \dfrac{n\pi \xi}{a} \sin \dfrac{n\pi x}{a} \sinh \dfrac{n\pi}{a}(b-y).$

7.30 (1) $u(x,y) = \dfrac{1}{4\pi\alpha\beta} \ln \left(\left(\dfrac{x}{a}\right)^2 + \left(\dfrac{y}{\beta}\right)^2 \right)$; (2) $u(r) = \dfrac{1}{8\pi} r^2 \ln r.$

习　题　8

8.1 提示: 考虑方程 $-u_{xx} - u = -\dfrac{1}{2}x$, $\quad x \in (0, \pi)$.

8.2 提示: 反证法假设在内部取得非负最大值, 导出矛盾.

8.3 提示: 不妨假设 $c(x,t) > 0$, 考虑 $v = ue^{-(c_0+1)t}$, 再用反证法证明.

8.4 提示: 先证明当 $u_t - a^2 u_{xx} + c(x,t)u < 0$ 时结论成立再考虑 $u_t - a^2 u_{xx} + c(x,t)u \leqslant 0$ 的情形.

8.5 提示: 先证 $u(x) \leqslant a$, 再应用泊松方程的极值原理.

8.6 提示: 令 $v = u_1 - u_2$, 其中, u_1 和 u_2 是两个解, 对 v 应用泊松方程的强极值原理.

8.7 提示: 类似于定理 8.1.8 的证明.　8.8 提示: 类似于定理 8.1.10 的证明.

8.9 提示: $v(x,t) = \max\limits_{Q_T} |f| t + \max \left\{ \dfrac{1}{a} \max\limits_{\Sigma_T} |\phi|, \max\limits_{\Omega} |u_0| \right\}$, 对 v 应用热传导方程的极值原理.

8.10 提示: (1) 引入辅助函数 $v = u - \dfrac{1}{c_0} \max\limits_{x \in \Omega} |f|$;

(2) 引入辅助函数 $v = u - (e^{\alpha d} - e^{\alpha x_1}) \max\limits_{x \in \Omega} |f|$, 其中, $|x_1| < d$, α 待定;

(3) 令 $c(x) = -1$, $f \equiv 0$, $\Omega = (0, L)$, 考虑方程 $\begin{cases} -u_{xx} - u = 0, \quad x \in (0, \pi), \\ u(0) = u(\pi) = 0. \end{cases}$

8.11 提示: 考虑 u_t 的方程, 再利用 8.9 的结论.

8.12 提示: 考虑 $v = u_1 - u_2$, 其中, u_1, u_2 是对应于 f_1, f_2 的解, 且 $\|f_1 - f_2\|_{L^2(Q_T)} \leqslant \varepsilon$ 对 v 应用波动方程的能量模估计.

8.13 提示: 考虑 $v = u_1 - u_2$, 其中, u_1 和 u_2 是两个解. 对 v 应用泊松方程的能量模估计.

8.14 提示: 类似于 8.13.

8.15 提示: (1) 令 $w_1 = \beta u - \alpha v$, $w_2 = \beta \bar{u} - \alpha \bar{v}$ 利用泊松方程的能量方法证明 $w_1 = w_2$;

(2) 令 $\hat{u} = u - \bar{u}$, $\hat{v} = v - \bar{v}$, 利用泊松方程的能量方法证明 $\hat{u} = 0$.

8.16 提示: (1) 证明 $E'(t) \leqslant 0$; (2) 利用 $E(t) \leqslant E(0)$; (3) 由 (2) 易证.

8.17 提示: 将 u, v 的能量估计相加.

8.18 提示: 作能量估计时, 方程两端同乘 $\bar{w}$.

8.19 提示: 证明 $E'(t) \leqslant 0$.

8.20 提示: (1) 作能量估计时, 方程两端同乘 ue^{-st} ; (2) 设 u_1, u_2 是分别对应 $f_1(t)$, $f_2(t)$ 的解, 记 $v = u_1 - u_2$, 对 v_x 应用 (1).

习　题　9

9.2 (2) 提示: 设 $u = R(r)\Theta(\theta)\Phi(\phi)$, 则有

$$\begin{cases} r^2 \dfrac{\mathrm{d}^2 R}{\mathrm{d}r^2} + 2r \dfrac{\mathrm{d}R}{\mathrm{d}r} - \mu R = 0, \\ \dfrac{1}{\sin\theta} \dfrac{\mathrm{d}}{\mathrm{d}\theta} \left(\sin\theta \dfrac{\mathrm{d}\Theta}{\mathrm{d}\theta} \right) + (\mu - \dfrac{\lambda}{\sin^2\theta})\Theta = 0, \\ \dfrac{\mathrm{d}^2 \Phi}{\mathrm{d}\phi^2} + \lambda\Phi = 0. \end{cases}$$

9.3 $u(\rho, \theta) = A + \dfrac{B}{a}\rho\sin\theta.$

9.7 (1) $x^2 = 2\sum\limits_{m=1}^{\infty}\dfrac{1}{\mu_{2m}\mathrm{J}_3(\mu_{2m})}\mathrm{J}_3(\mu_{2m}x)$；(2)$\cos x = \mathrm{J}_0(x) + 2\sum\limits_{m=1}^{\infty}(-1)^m\mathrm{J}_{2m}(x)$.

9.8 $-\mathrm{J}_3(x) - 3x^{-1}\mathrm{J}_2(x) + C$. 　9.9 $-x^4\mathrm{J}_0(x) + 4x^3\mathrm{J}_1(x) - 8x^2\mathrm{J}_2(x) + C$. 　9.12 $\dfrac{1}{\sqrt{a^2+b^2}}$.

9.13 通解: 当 n 不为整数时, $y = A\mathrm{J}_n(x) + B\mathrm{J}_{-n}(x)$; 当 n 为整数时, $y = A\mathrm{J}_n(x) + B\mathrm{Y}_n(x)$, 其中, A,B 为任意常数; 有限解: $\mathrm{J}_n(x), \mathrm{J}_{-n}(x), \mathrm{Y}_n(x)$.

9.14 $y = A\mathrm{J}_{1/2}(x) + B\mathrm{Y}_{1/2}(x)$, 其中, A,B 为任意常数.

9.15 $y = A\mathrm{J}_n(\lambda x) + B\mathrm{Y}_n(\lambda x)$, 其中, A,B 为任意常数.

9.16 $\sum\limits_{n=1}^{\infty} A_n\mathrm{sh}(2\mu_{0n})\mathrm{J}_0(\mu_{0n}\rho)$, 其中, $A_n = \dfrac{20z}{\mathrm{sh}(2\mu_{0n})\mathrm{J}_1^2(\mu_{0n})}\displaystyle\int_0^1 x\mathrm{J}_0(\mu_{0n}x)\mathrm{d}x, n=1,2,\cdots$.

9.18 $A_0 + B_0z + \sum\limits_{n=1}^{\infty}(A_n\mathrm{e}^{\frac{x_n^{(0)}}{a}z} + B_n\mathrm{e}^{-\frac{x_n^{(0)}}{a}z})\mathrm{J}_0\left(\dfrac{x_n^{(0)}}{a}\rho\right)$, 其中, $x_n^{(0)}$ 为 $\mathrm{J}_0'(x)$ 的第 n 个正零点. 提示: 由

$A_0 + \sum\limits_{n=1}^{\infty}[A_n + B_n]\mathrm{J}_0\left(\dfrac{x_n^{(0)}}{a}\rho\right) = g(\rho)A_0 + B_0h + \sum\limits_{n=1}^{\infty}[A_n\mathrm{e}^{\frac{x_n^{(0)}}{a}h} + B_n\mathrm{e}^{-\frac{x_n^{(0)}}{a}h}]\mathrm{J}_0\left(\dfrac{x_n^{(0)}}{a}\rho\right) = f(\rho)$, 求得系数 A_n, B_n.

9.22 (1) $n = 0, I = 2; n \geqslant 1 = 0$; (2) $\dfrac{2(n+1)}{(2n+3)(2n+1)}$; (3) $\dfrac{2(n+1)(n+2)}{(2n+1)(2n+3)(2n+5)}$.

9.25 (1) $\sum\limits_{n=0}^{\infty}\mathrm{P}_n(x)a^n, |a| < 1$;(2) $\sum\limits_{n=0}^{\infty}A_n\mathrm{P}_n(x)$, 其中, $A_n = \dfrac{2n+1}{4}\left[\mathrm{P}_n^2(1) - \mathrm{P}_n^2(-1)\right], n=0,1,2\cdots$.

9.26 $\mathrm{P}_2(x) = \dfrac{1}{2}(3x^2 - 1)$. 　9.28 $u(r,\theta) = \dfrac{7}{3} + \dfrac{5}{24}r^2(3\cos^2\theta - 1)$.

9.29 $u(r,\theta,\phi) = \sum\limits_{l,m=0}^{\infty}A_{l,m}\left[\mathrm{J}_l(\sqrt{k}r) + \mathrm{Y}_l(\sqrt{k}r)\right]\mathrm{P}_l^m(\cos\theta)\mathrm{e}^{im\phi}$, 其中, $A_{l,m} = \sqrt{\dfrac{2l+1}{4\pi}\dfrac{(l-m)!}{(l+m)!}}$.

9.30 $u(r,t) = \sum\limits_{n=0}^{\infty}A_n\mathrm{e}^{-a^2\mu_n^2t}\mathrm{J}_0(\mu_nr)$, 其中, μ_nR 为 $\mathrm{J}_0(x)$ 的第 n 个正零点.

9.31 $u(r,\theta) = \sum\limits_{n=0}^{\infty}(A_nr^n + B_nr^{-n-1})\mathrm{P}_n(\cos\theta)$, 其中, A_n, B_n 满足: $A_na^n + B_na^{-n-1} = 0$,

$$A_nb^n + B_nb^{-n-1} = \dfrac{2n+1}{2}\int_0^{\pi}A\cos\dfrac{\theta}{2}\mathrm{P}_n(\cos\theta)\mathrm{d}\theta, (n=0,1,\cdots).$$

习　题　10

10.3 热传导方程的 Crank-Nicolson 格式, 无条件稳定的; 热传导方程的 Richardson 格式, 无条件不稳定.

10.4 提示: 利用隐格式 $\dfrac{U_i^{n+1} - U_i^n}{\Delta t} = \dfrac{U_{i+1}^{n+1} - 2U_i^{n+1} + U_{i-1}^{n+1}}{\Delta x^2}$.

10.5 热传导方程的全隐格式是无条件稳定的.

10.6 提示:$s = \dfrac{a^2\Delta t^2}{\Delta x^2} \leqslant 1$ 时是稳定的, 时间和空间中心差分格式为

$$\dfrac{U_i^{n+1} - 2U_i^n + U_i^{n-1}}{\Delta t^2} = a^2\dfrac{U_{i+1}^n - 2U_i^n + U_{i-1}^n}{\Delta x^2}.$$

10.9 参考例 10.3.2. 数值实验参考 MATLAB 程序 Fig_10_3_2.m.

10.10 提示: 按时间层进行整理, 等式左端为 $n+1$ 层, 等式右端为 n 层.

10.11 程序参考 Fig_10_4_1.m, 离散格式为 $\dfrac{u_{i+1,j} - 2u_{i,j} + u_{i-1,j}}{\Delta x^2} + \dfrac{u_{i,j+1} - 2u_{i,j} + u_{i,j-1}}{\Delta y^2} = 0$.

附　　录

附 1　预 备 知 识

附 1.1　常微分方程相关知识

1. 代数方程

$$a_0 x^n + a_1 x^{n-1} + \cdots + a_{n-1} x + a_0 = 0,$$

其中, $a_0 \neq 0$, 在复数范围内有 n 个根.

2. 一阶常微分方程

(1) 可分离变量的常微分方程

$$\frac{\mathrm{d}y}{\mathrm{d}x} = f(x)g(y),$$

其中, f, g 都为连续函数, 则方程由分量变量法可得

$$\int \frac{\mathrm{d}y}{g(y)} = \int f(x)\mathrm{d}x + C,$$

积分后得到隐式通解 $G(y) = F(x) + C$.

(2) 一阶齐次常微分方程

$$\frac{\mathrm{d}y}{\mathrm{d}x} = f\left(\frac{y}{x}\right),$$

引入变量代换 $u = \dfrac{y}{x}$, 分离变量后积分, 可得

$$\int \frac{\mathrm{d}u}{f(u) - u} = \int \frac{\mathrm{d}x}{x},$$

计算积分后, 用 $\dfrac{y}{x}$ 代 u, 可得方程的通解.

(3) 一阶线性常微分方程

$$\frac{\mathrm{d}y}{\mathrm{d}x} + P(x)y = Q(x),$$

其中, P, Q 均为已知函数. $Q = 0$ 时称为齐次的, 否则称为非齐次的. 由分离变量法及常数变易法, 可得方程的通解

$$y = C\mathrm{e}^{-\int P(x)\mathrm{d}x} + \mathrm{e}^{-\int P(x)\mathrm{d}x} \int Q(x)\mathrm{e}^{\int P(x)\mathrm{d}x}\mathrm{d}x.$$

3. 一阶常微分方程初值问题解的存在唯一性

一阶常微分方程的初值问题

$$\begin{cases} \dfrac{\mathrm{d}y}{\mathrm{d}x} = f(x, y), \\ y(x_0) = y_0. \end{cases}$$

若存在常数 $L > 0$, 在矩形域 $R : |x - x_0| \leqslant a, |y - y_0| \leqslant b$ 上, 使得函数 $f(x, y)$ 满足不等式

$$|f(x, y_1) - f(x, y_2)| < L|y_1 - y_2|,$$

对所有的 $(x, y_1), (x, y_2) \in R$ 都成立, 则称函数 $f(x, y)$ 关于 y 满足利普希茨 (Lipschtiz) 条件.

定理　若函数 $f(x, y)$ 在矩形域 R 上关于 y 上满足利普希茨条件, 则初值问题存在唯一的连续解 $y = \varphi(x)$, 其中, $\varphi(x)$ 定义在区间 $|x - x_0| \leqslant h$ 上, 且满足初值条件 $\varphi(x_0) = y_0$. 这里 $h = \min\left(a, \dfrac{b}{M}\right)$, $M = \max\limits_{(x,y)\in R} |f(x, y)|$.

4. 二阶线性常微分方程及其通解

(1) 二阶线性齐次常微分方程

$$y'' + P(x)y' + Q(x)y = 0.$$

定理 (叠加原理)　若 $y_1(x), y_2(x)$ 是二阶线性齐次微分方程的两个特解, 则 $y = C_1 y_1(x) + C_2 y_2(x)$($C_1, C_2$ 是任意常数) 也是方程的解.

定理　若 $y_1(x), y_2(x)$ 是二阶线性齐次微分方程的两个线性无关的特解, 则 $y = C_1 y_1(x) + C_2 y_2(x)$($C_1, C_2$ 是任意常数) 是方程的通解.

(2) 二阶线性非齐次常微分方程

$$y'' + P(x)y' + Q(x)y = f(x).$$

定理　若 y^* 是二阶线性非齐次微分方程的一个特解, $\bar{y}$ 是对应的齐次微分方程的通解, 则 $y = y^* + \bar{y}$ 是非齐次方程的通解.

(3) 二阶线性常系数常微分方程

$$y'' + py' + qy = 0,$$

其中, p, q 为常数. 称 $r^2 + pr + q = 0$ 为对应的特征方程. 若特征方程有两个相异实根 r_1, r_2, 则常微分方程的通解为 $y = C_1 e^{r_1 x} + C_2 e^{r_2 x}$, 其中, C_1, C_2 为任意常数; 若特征方程有两个相等的实根 $r = r_1 = r_2$, 则常微分方程的通解为 $y = (C_1 + C_2 x)e^{rx}$, 其中, C_1, C_2 为任意常数; 若特征方程有一对共轭复根 $r_{1,2} = \alpha \pm \beta i$, 则常微分方程的通解为 $y = e^{\alpha x}[C_1 \cos(\beta x) + C_2 \sin(\beta x)]$, 其中, C_1, C_2 为任意常数.

(4) 二阶线性常系数非齐次常微分方程

$$y'' + py' + qy = f(x),$$

由二阶线性非齐次方程解的结构可知, 只要求出对应的二阶常系数齐次微分方程的通解 $\bar{y}$ 和二阶常系数线性非齐次微分方程的一个特解 y^* 即可. 上面 (3) 中二阶线性常系数常微分方程通解问题已解决, 因此只需求出非齐次方程的一个特解, 特解与自由项 $f(x)$ 有关, 附表列出几种常见的自由项以及对应的特解 y^*, 具体求解可参照有关常微分方程的教材 (王元明, 2004).

附表　二阶常系数非齐次方程特解举例

自由项 $f(x)$	特解 y^* 的形式	k 的取值
$P_m(x)e^{\lambda x}$, 其中, λ为实常数	$y^* = x^k Q_m(x)e^{\lambda x}$, 其中, Q_m是与P_m同次的多项式	λ 不是特征方程的根时, $k = 0$; λ 是特征方程的单根时, $k = 1$; λ 是特征方程的二重根时, $k = 2$
$[P_n(x)\cos(\beta x)$ $+P_l(x)\sin(\beta x)]e^{\alpha x}$, 其中, α, β 均为实常数	$y^* = x^k e^{\alpha x}[A_m(x)\cos(\beta x)$ $+B_m(x)\sin(\beta x)]$, 其中, $m = \max(l, n)$	$\alpha + \beta i$不是特征方程的根时,$k=0$; $\alpha + \beta i$是特征方程的根时, $k = 1$

5. n 阶线性常微分方程通解的结构

(1) n 阶线性齐次微分方程

$$y^{(n)} + a_1(x)y^{(n-1)} + \cdots + a_{n-1}(x)y' + a_n(x)y = 0.$$

定理   若 $y_1(x), y_2(x), \cdots, y_n(x)$ 是 n 阶线性齐次微分方程的 n 个线性无关的特解, 则 $y = C_1y_1(x) + C_2y_2(x) + \cdots + C_ny_n(x)(C_1, C_2, \cdots, C_n$ 是任意常数) 是方程的通解.

(2) n 阶线性非齐次微分方程

$$y^{(n)} + a_1(x)y^{(n-1)} + \cdots + a_{n-1}(x)y' + a_n(x)y = f(x).$$

定理   若 y^* 是 n 阶线性非齐次微分方程的一个特解, $\bar{y}$ 是其对应的 n 阶线性齐次微分方程的通解, 则 $y = y^* + \bar{y}$ 是 n 阶线性非齐次方程的通解.

附 1.2   微积分相关知识

1. 分部积分公式

定理   设在区间 $[a, b]$ 上函数 $u(x), v(x)$ 具有连续导数, 则

$$\int_a^b u(x)v'(x)\mathrm{d}x = u(x)v(x)\bigg|_a^b - \int_a^b u'(x)v(x)\mathrm{d}x.$$

2. 格林公式

定理   设闭区域 $D \subset \mathbb{R}^2$ 由分段光滑的曲线 L 围成, 函数 $P(x, y), Q(x, y)$ 在 D 上具有一阶连续偏导数, 则

$$\iint\limits_{D} \left(\frac{\partial Q}{\partial x} - \frac{\partial P}{\partial y} \right) \mathrm{d}x\mathrm{d}y = \oint_L P\mathrm{d}x + Q\mathrm{d}y.$$

3. 高斯公式

定理   设闭区域 $\Omega \subset \mathbb{R}^3$ 由光滑或者分片光滑的曲面 Σ 围成, 函数 $P(x, y, z), Q(x, y, z), R(x, y, z)$ 在 Ω 上具有一阶连续偏导数, 则

$$\iiint\limits_{\Omega} \left(\frac{\partial P}{\partial x} + \frac{\partial Q}{\partial y} + \frac{\partial R}{\partial y} \right) \mathrm{d}v = \iint\limits_{\Sigma} P\mathrm{d}y\mathrm{d}z + Q\mathrm{d}z\mathrm{d}x + R\mathrm{d}x\mathrm{d}y,$$

其中, Σ 为 Ω 整个边界曲面的外侧面.

4. 斯托克斯公式

定理   设 Γ 为三维空间中分段光滑的有向闭曲线, Σ 是以 Γ 为边界的分片光滑的有向曲面, Γ 的正向与 Σ 符合右手法则, 函数 $P(x, y, z), Q(x, y, z), R(x, y, z)$ 在 Σ 及其边界上具有一阶连续偏导数, 则

$$\iint\limits_{\Sigma} \left(\frac{\partial R}{\partial y} - \frac{\partial Q}{\partial z} \right) \mathrm{d}y\mathrm{d}z + \left(\frac{\partial P}{\partial z} - \frac{\partial R}{\partial x} \right) \mathrm{d}z\mathrm{d}x + \left(\frac{\partial Q}{\partial x} - \frac{\partial P}{\partial y} \right) \mathrm{d}x\mathrm{d}y$$

$$= \oint_\Gamma P\mathrm{d}x + Q\mathrm{d}y + R\mathrm{d}z,$$

其中, Σ 为 Ω 整个边界曲面的外侧面.

5. 多元复合函数求导法则

定理 若函数 $u(x,y), v(x,y)$ 在点 (x,y) 的偏导存在, 函数 $z = f(u,v)$ 在对应点 (u,v) 处可微, 则复合函数 $z = f[u(x,y), v(x,y)]$ 在点 (x,y) 处偏导存在, 且

$$\frac{\partial z}{\partial x} = \frac{\partial z}{\partial u}\frac{\partial u}{\partial x} + \frac{\partial z}{\partial v}\frac{\partial v}{\partial x},$$
$$\frac{\partial z}{\partial y} = \frac{\partial z}{\partial u}\frac{\partial u}{\partial y} + \frac{\partial z}{\partial v}\frac{\partial v}{\partial y}.$$

6. 坐标变换

(1) 极坐标变换

$$x = \rho\cos\theta, \quad y = \rho\sin\theta,$$

其中, $0 \leqslant \theta \leqslant 2\pi, \rho \geqslant 0$.

(2) 球坐标变换

$$x = r\sin\theta\cos\varphi, \quad y = r\sin\theta\sin\varphi, \quad z = r\cos\theta,$$

其中, $0 \leqslant \theta \leqslant \pi, 0 \leqslant \varphi \leqslant 2\pi, r \geqslant 0$.

(3) 柱坐标变换

$$x = \rho\cos\theta, \quad y = \rho\sin\theta, \quad z = z,$$

其中, $0 \leqslant \theta \leqslant 2\pi, \rho \geqslant 0, -\infty < z < +\infty$.

附 1.3 线性代数相关知识

1. 矩阵特征值与特征向量

设矩阵 $\boldsymbol{A}$ 是 n 阶实或者复方阵, $\lambda \in \mathbb{C}$, 若存在非零向量 $\boldsymbol{x} \in \mathbb{C}^n$, 使得 $\boldsymbol{A}\boldsymbol{x} = \lambda\boldsymbol{x}$, 称 λ 为矩阵 $\boldsymbol{A}$ 的特征值, $\boldsymbol{x}$ 为对应的特征向量. 特征值的全体称为 $\boldsymbol{A}$ 的谱.

特征值具有下列性质:

n 阶矩阵 $\boldsymbol{A}$ 具有 n 个特征值 $\lambda_1, \lambda_2, \cdots, \lambda_n$, 且 $\det(\boldsymbol{A}) = \prod_{i=1}^{n}\lambda_i$, $\operatorname{tr}(\boldsymbol{A}) = \sum_{i=1}^{n}\lambda_i$, 其中, $\det(\boldsymbol{A})$ 表示 $\boldsymbol{A}$ 的行列式, $\operatorname{tr}(\boldsymbol{A})$ 表示 $\boldsymbol{A}$ 的迹.

2. 合同矩阵

设 $\boldsymbol{A}, \boldsymbol{B}$ 是 n 阶方阵, 若存在可逆矩阵 $\boldsymbol{C}$, 使得 $\boldsymbol{B} = \boldsymbol{C}^{\mathrm{T}}AC$, 则称矩阵 $\boldsymbol{A}$ 与 $\boldsymbol{B}$ 合同. 合同关系具有传递性、反身性、对称性. 合同矩阵的秩相等.

矩阵合同的主要判别法:

(1) 设 $\boldsymbol{A}, \boldsymbol{B}$ 均为复数域上的 n 阶对称矩阵, 则 $\boldsymbol{A}$ 与 $\boldsymbol{B}$ 在复数域上合同等价于 $\boldsymbol{A}$ 与 $\boldsymbol{B}$ 的秩相同.

(2) 设 $\boldsymbol{A}, \boldsymbol{B}$ 均为实数域上的 n 阶对称矩阵, 则 $\boldsymbol{A}$ 与 $\boldsymbol{B}$ 在实数域上合同等价于 $\boldsymbol{A}$ 与 $\boldsymbol{B}$ 有相同的正、负惯性指数.

3. 二次型

含有 n 个变量 $x_1, x_2, \cdots, x_n$ 的二次齐次函数

$$f(x_1, x_2, \cdots, x_n) = \sum_{i=1}^{n}a_{ii}x_i^2 + 2\sum_{1\leqslant i<j\leqslant n}a_{ij}x_ix_j$$

称为二次型. 当 a_{ij} 为复数时称为复二次型, 当 a_{ij} 为实数时称为实二次型. 若记 $\boldsymbol{x} = (x_1, x_2, \cdots, x_n)^{\mathrm{T}}$, $\boldsymbol{A} = (a_{ij})$, 则二次型也可以表示为 $f = \boldsymbol{x}^{\mathrm{T}} \boldsymbol{A} \boldsymbol{x}$.

4. 非奇异线性变换与雅可比行列式

记 $\boldsymbol{x} = (x_1, x_2, \cdots, x_n)^{\mathrm{T}}$, $\boldsymbol{y} = (y_1, y_2, \cdots, y_n)^{\mathrm{T}}$, $\boldsymbol{C} = (c_{ij})$, 若行列式 $|\boldsymbol{C}| \neq 0$, 称线性变换 $\boldsymbol{x} = \boldsymbol{C} \boldsymbol{y}$ 为非奇异的线性变换. 经过非退化的线性替换, 新二次型的矩阵与原二次型的矩阵是合同的.

设 n 个函数组成的 n 元函数组

$$\begin{cases} y_1 = f_1(x_1, x_2, \cdots, x_n), \\ y_2 = f_2(x_1, x_2, \cdots, x_n), \\ \qquad\qquad \cdots \\ y_n = f_n(x_1, x_2, \cdots, x_n), \end{cases}$$

若它们对每个变量均存在偏导数 $\dfrac{\partial y_i}{\partial x_j}$, $(i, j = 1, 2, \cdots, n)$, 则矩阵

$$\begin{bmatrix} \dfrac{\partial y_1}{\partial x_1} & \dfrac{\partial y_1}{\partial x_2} & \cdots & \dfrac{\partial y_1}{\partial x_n} \\ \dfrac{\partial y_2}{\partial x_1} & \dfrac{\partial y_2}{\partial x_2} & \cdots & \dfrac{\partial y_2}{\partial x_n} \\ \vdots & \vdots & & \vdots \\ \dfrac{\partial y_n}{\partial x_1} & \dfrac{\partial y_n}{\partial x_2} & \cdots & \dfrac{\partial y_n}{\partial x_n} \end{bmatrix}$$

称为雅可比矩阵, 对应的行列式称为雅可比行列式.

附 1.4 复变函数相关知识

1. 解析函数及其留数

记 $z = x + \mathrm{i}y$ 为复的自变量. G 是 z 平面上的一个区域, 若单值函数 $\omega = f(z)$ 在 G 的每一点都是可导的, 称函数 f 在 G 内解析. 称一个函数在一点上解析是指在这个点的某邻域内是解析的, 这种点称为 f 的正则点, 将非正则点称为奇异点, 简称奇点. 若 $f(z)$ 在点 b 不解析, 但在点 b 的某一去心邻域 $0 < |z - b| < R$ 内解析, 则称点 b 是 $f(z)$ 的孤立奇点. 称积分

$$\mathrm{Re}\, s_{z=b} f(z) = \frac{1}{2\pi \mathrm{i}} \oint_l f(z) \mathrm{d}z$$

为 $f(z)$ 在孤立点 b 的留数, 其中, l 为圆周 $|z - b| = \rho$, $0 < \rho < R$.

2. 解析点处幂级数展开

定理 (泰勒定理) 若函数 $f(z)$ 在 $|z - b| < R$ 内解析, 则在该圆域内, $f(z)$ 可展为幂级数

$$f(z) = \sum_{k=0}^{\infty} a_k (z - b)^k$$

称为泰勒级数, 其中,

$$a_k = \frac{1}{2\pi \mathrm{i}} \oint_l \frac{f(\zeta)}{(\zeta - b)^{k+1}} \mathrm{d}\zeta = \frac{f^{(k)}(b)}{k!}$$

称为泰勒展开系数, l 为圆周 $|\zeta - b| = \rho < R$, 且此展式唯一.

3. 孤立奇点处洛朗级数展开和极点

定理 (洛朗定理)　　若点 b 是 $f(z)$ 的孤立奇点, 在点 b 的某一去心邻域 $0 < |z - b| < R$ 内, $f(z)$ 可展为洛朗级数

$$f(z) = \sum_{k=-\infty}^{\infty} a_k (z - b)^k,$$

其中,

$$a_k = \frac{1}{2\pi i} \oint_l \frac{f(\zeta)}{(\zeta - b)^{k+1}} d\zeta$$

称为洛朗展开系数, l 为圆周 $|\zeta - b| = \rho < R$, 且此展式唯一.

级数中 $\displaystyle\sum_{k=0}^{\infty} a_k (z - b)^k$ 称为洛朗级数的正则部分, $\displaystyle\sum_{k=1}^{\infty} a_{-k} (z - b)^{-k}$ 称为洛朗级数的主要部分. 显然, 正则部分在整个去心邻域内是解析的, 主要部分在去心邻域外是解析的.

根据单值函数在孤立奇点邻域内的洛朗级数展开式可将孤立奇点分类, 其中最常见的一类就是极点, 如果展开式中只含有有限个 $z - b$ 的负幂项, 则称点 b 是函数的一个极点.

4. 留数定理

定理 (留数定理)　　若函数 $f(z)$ 在区域 σ 内除有限个孤立奇点 $b_k (k = 1, 2, \cdots, n)$ 外解析, 在闭区域 $\overline{\sigma} = \sigma + l (l$ 为 σ 的边界围线) 上连续, 则

$$\oint_l f(z) dz = 2\pi i \sum_{k=1}^{n} \operatorname{Re} sf(b_k).$$

这个定理表明, 为了计算积分 $\displaystyle\oint_l f(z) dz$, 只要将 $f(z)$ 在 l 内各个奇点处的留数计算出来, 相加后乘以 $2\pi i$ 即可.

附 1.5　物理学相关定律

1. 牛顿第二定律

$$F = ma.$$

物体加速度的大小跟作用力成正比, 跟物体的质量成反比.

2. 傅里叶实验定律 (即热传导定律)

$$\boldsymbol{q} = -k\boldsymbol{\nabla} u.$$

方程表明热流强度与温度的下降成正比.

3. 牛顿冷却定律

$$\frac{du}{dt} = k(u - u_0).$$

方程表明对流换热时,　　物体温度变化速度与该物体的表面温度与其所在介质的温度之差成正比.

4. 电荷守恒定律

$$\frac{\partial \rho}{\partial t} = -\boldsymbol{\nabla} \cdot \boldsymbol{J},$$

其中, ρ 为电荷密度; $\boldsymbol{J}$ 为电流密度. 方程表明一个孤立系统中所有电荷的代数和永远保持不变.

5. 质量守恒定律

$$\frac{\partial \rho}{\partial t} + \boldsymbol{\nabla} \cdot (\rho \boldsymbol{u}) = 0,$$

其中, ρ 为流体密度, $\boldsymbol{u}$ 为流体速度. 方程称为三维连续性方程, 说明一个孤立系统中物体总质量永远保持不变.

6. 动量守恒定律

不可压且无黏性流体 (理想流体) 满足

$$\rho \frac{\partial \boldsymbol{u}}{\partial t} = \rho \boldsymbol{F}_b - \boldsymbol{\nabla} P,$$

其中, ρ 为流体密度, $\boldsymbol{u}$ 为流体速度, $\boldsymbol{F}_b$ 为单位质量力, P 为表面应力. 方程称为 Navier-Stokes 方程.

7. 能量守恒定律

无热源无耗散的不可压流体满足

$$\rho \frac{\partial T}{\partial t} = \frac{k}{c_p} \Delta T,$$

其中, ρ 为流体密度, T 为温度. 方程称为能量方程.

8. 菲克定律 (扩散定律)

$$\boldsymbol{J} = -D \boldsymbol{\nabla} C,$$

其中, $\boldsymbol{J}$ 为扩散通量, C 为浓度, D 为扩散系数. 方程说明浓度梯度越大, 扩散通量越大.

9. 高斯散度定律

$$\iiint\limits_{\Omega} \boldsymbol{\nabla} \cdot \boldsymbol{F} \mathrm{d}V = \iint\limits_{\Sigma} \boldsymbol{F} \cdot \mathrm{d}\boldsymbol{S}.$$

方程说明向量场某一处的散度是向量场在该处附近通量的体密度, 那么对某一个体积内的散度进行积分等于在这个体积内的总通量.

10. 胡克定律

$$F = -kx,$$

其中, k 为弹性系数. 方程表明受到的力与位移方向总是相反.

附 2　傅里叶变换表

序号	原函数	像函数
1	$f(x)$	$F(\alpha) = \displaystyle\int_{-\infty}^{\infty} f(x)\mathrm{e}^{-\mathrm{i}\alpha x}\mathrm{d}x$
2	$f'(x)$	$(\mathrm{i}\alpha)F(\alpha)$
3	$f^{(n)}(x)$	$(\mathrm{i}\alpha)^n F(\alpha)$
4	$f(x)\mathrm{e}^{\mathrm{i}a}$	$F(\alpha - a)$
5	$f_1(x) * f_2(x)$	$F_1(\alpha)F_2(\alpha)$
6	$f(x \pm x_0)$	$\mathrm{e}^{\pm \mathrm{i}\alpha x_0}F(\alpha)$
7	$\displaystyle\int_{-\infty}^{x} f(x)\mathrm{d}x$	$\dfrac{1}{\mathrm{i}\alpha}F(\alpha)$
8	$x^n f(x)$	$\mathrm{i}^n F^{(n)}(\alpha)$
9	$f(x) = \begin{cases} h, & -\tau < x < \tau, \\ 0, & \text{其他} \end{cases}$	$2h\dfrac{\sin(\alpha\tau)}{\alpha}$
10	$\delta(x)$	1
11	$\delta^n(x)$	$(\mathrm{i}\alpha)^n$
12	1	$2\pi\delta(\alpha)$
13	$H(x)$	$\dfrac{1}{\mathrm{i}\alpha} + \pi\delta(\alpha)$
14	$H(x)\mathrm{e}^{-ax}(a > 0)$	$\dfrac{1}{a + \mathrm{i}\alpha}$
15	e^{ax}	$2\pi\delta(\alpha + \mathrm{i}a)$
16	$\mathrm{e}^{-a|x|}(a > 0)$	$\dfrac{2a}{a^2 + \alpha^2}$
17	$\mathrm{e}^{-ax^2}(a > 0)$	$\sqrt{\dfrac{\pi}{a}}\mathrm{e}^{-\frac{\alpha^2}{4a^2}}$
18	$\begin{cases} \mathrm{e}^{\mathrm{i}hx}, & a < x < b, \\ 0, & \text{其他} \end{cases}$	$\dfrac{\mathrm{i}}{h - \alpha}\left[\mathrm{e}^{\mathrm{i}a(h-\alpha)} - \mathrm{e}^{\mathrm{i}b(h-\alpha)}\right]$
19	$\begin{cases} \mathrm{e}^{-cx+\mathrm{i}hx}, & x > 0, \\ 0, & x < 0 \end{cases}$	$\dfrac{\mathrm{i}}{h - \alpha + \mathrm{i}c}$
20	$H(x)x$	$\dfrac{1}{(\mathrm{i}\alpha)^2}$
21	$H(x)\cos(ax)$	$\dfrac{\mathrm{i}\alpha}{a^2 - \alpha^2}$
22	$H(x)\sin(ax)$	$\dfrac{a}{a^2 - \alpha^2}$
23	$\cos(ax)$	$\pi[\delta(\alpha - a) + \delta(\alpha + a)]$
24	$\sin(ax)$	$\mathrm{i}\pi[\delta(\alpha + a) - \delta(\alpha - a)]$
25	$\cosh(ax)$	$\pi[\delta(\alpha + \mathrm{i}a) + \delta(\alpha - \mathrm{i}a)]$
26	$\sinh(ax)$	$\pi[\delta(\alpha + \mathrm{i}a) - \delta(\alpha - \mathrm{i}b)]$
27	$\cos(ax^2)(a > 0)$	$\sqrt{\dfrac{\pi}{a}} \cdot \cos\left(\dfrac{\alpha^2}{4a} - \dfrac{\pi}{4}\right)$
28	$\sin(ax^2)(a > 0)$	$\sqrt{\dfrac{\pi}{a}} \cdot \cos\left(\dfrac{\alpha^2}{4a} + \dfrac{\pi}{4}\right)$
29	多项式 $P(x)$	$2\pi P\left(\mathrm{i}\dfrac{\mathrm{d}}{\mathrm{d}\alpha}\right)\delta(\alpha)$
30	x^{-1}	$-\mathrm{i}\pi\mathrm{sgn}\,\alpha$

序号	原函数	像函数
31	x^{-2}	$\pi\|\alpha\|$
32	x^{-n}	$-\mathrm{i}^n\dfrac{\pi}{(n-1)!}\alpha^{n-1}\mathrm{sgn}\,\alpha$
33	$\|x\|^a,\quad a\neq -1,-3,\cdots$	$-2\sin\dfrac{a\pi}{2}\Gamma(\alpha+1)\|\alpha\|^{-\alpha-1}$
34	$\|x\|^{-s},\quad 0<s<1$	$\dfrac{2}{\|\alpha\|^{1-s}}\Gamma(1-s)\sin\dfrac{\pi s}{2}$
35	$\dfrac{1}{\|x\|}$	$\dfrac{\sqrt{2\pi}}{\|\alpha\|}$
36	$\dfrac{1}{\|x\|}\mathrm{e}^{-a\|x\|}(a>0)$	$\dfrac{\sqrt{2\pi}}{(a^2+\alpha^2)^{1/2}}[(a^2+\alpha^2)^{1/2}+\alpha]^{1/2}$
37	$\dfrac{\sin(ax)}{x}(a>0)$	$\begin{cases}\pi,&\|\alpha\|<a,\\0,&\|\alpha\|>a\end{cases}$
38	$\dfrac{\cosh(ax)}{\sinh(\pi x)}(-\pi<a<\pi)$	$\dfrac{\sin a}{\cos a+\cosh\alpha}$
39	$\dfrac{\cosh(ax)}{\cosh(\pi x)}(-\pi<a<\pi)$	$\dfrac{2\cos\dfrac{a}{2}\cosh\dfrac{\alpha}{2}}{\cosh\alpha-\cos a}$
40	$\begin{cases}(a^2-x^2)^{-1/2},&\|x\|<a,\\0,&\|x\|>a\end{cases}$	$\pi\cdot\mathrm{J}_0(a\alpha)$
41	$\dfrac{\sin[b(a^2+x^2)^{1/2}]}{(a^2+x^2)^{1/2}}$	$\begin{cases}0,&\|\alpha\|>b,\\\pi\mathrm{J}_0(a\sqrt{b^2-\alpha^2}),&\|\alpha\|<b\end{cases}$
42	$\begin{cases}\dfrac{\cos[b(a^2-x^2)^{1/2}]}{(a^2-x^2)^{1/2}},&\|x\|<a,\\0,&\|x\|>a\end{cases}$	$\pi\mathrm{J}_0(a\sqrt{b^2+\alpha^2})$
43	$\begin{cases}\dfrac{\cosh[b(a^2-x^2)^{1/2}]}{(a^2-x^2)^{1/2}},&\|x\|<a,\\0,&\|x\|>a\end{cases}$	$\begin{cases}\pi\mathrm{J}_0(a\sqrt{\alpha^2-b^2}),&\|\alpha\|>b,\\0,&\|\alpha\|<b\end{cases}$
44	$\dfrac{1}{\sqrt{2\pi}\sigma}\mathrm{e}^{-\frac{x^2}{2\sigma^2}}$	$\mathrm{e}^{-\frac{\alpha^2\sigma^2}{2}}$
45	$\dfrac{1}{a^2+x^2}(\mathrm{Re}\,a<0)$	$\dfrac{\pi}{a}\mathrm{e}^{-a\|\alpha\|}$

附 3 拉普拉斯变换表

序号	原函数	像函数
1	$f(t)$	$F(s) = \int_0^\infty f(t)\mathrm{e}^{-st}\mathrm{d}t$
2	$f^{(n)}(t)$	$s^n F(s) - [s^{n-1}f(0) + s^{n-2}f'(0) + \cdots + f^{(n-1)}(0)]$
3	$(-t)^n f(t)$	$F^{(n)}(s)$
4	$\int_0^t f(\tau)\mathrm{d}\tau$	$\dfrac{F(s)}{s}$
5	$f(t - \tau)$	$\mathrm{e}^{-s\tau}F(s)$
6	$\mathrm{e}^{s_0 t}f(t)$	$F(s - s_0)$
7	c(常数)	$\dfrac{c}{s}$
8	$f_1(t) * f_2(t)$	$F_1(s)F_2(s)$
9	$\delta(t)$	1
10	$H(t)$	$\dfrac{1}{s}$
11	$\sin(\omega t)$	$\dfrac{\omega}{s^2 + \omega^2}$
12	$\cos(\omega t)$	$\dfrac{s}{s^2 + \omega^2}$
13	$\sinh(\omega t)$	$\dfrac{\omega}{s^2 - \omega^2}$
14	$\cosh(\omega t)$	$\dfrac{s}{s^2 - \omega^2}$
15	$t\sinh(\omega t)$	$\dfrac{2\omega s}{(s^2 - \omega^2)^2}$
16	$t\cosh(\omega t)$	$\dfrac{s^2 + \omega^2}{(s^2 - \omega^2)^2}$
17	$\mathrm{e}^{at}\sin(\omega t)$	$\dfrac{\omega}{(s - a)^2 + \omega^2}$
18	$\mathrm{e}^{at}\cos(\omega t)$	$\dfrac{s - a}{(s - a)^2 + \omega^2}$
19	$t^n (n = 1, 2, \cdots)$	$\dfrac{n!}{s^{n+1}}$
20	$t^\alpha (\alpha > -1)$	$\dfrac{\Gamma(\alpha + 1)}{s^{\alpha+1}}$
21	e^{at}	$\dfrac{1}{s - a}$
22	$\mathrm{e}^{at}t^\alpha (\alpha > -1)$	$\dfrac{\Gamma(\alpha + 1)}{(s - a)^{\alpha+1}}$
23	$\dfrac{1}{a}(1 - \mathrm{e}^{-at})$	$\dfrac{1}{s(s + a)}$
24	$\mathrm{e}^{at} - \mathrm{e}^{bt}(a > b)$	$\dfrac{a - b}{(s - a)(s - b)}$
25	$\dfrac{\mathrm{e}^{bt} - \mathrm{e}^{at}}{t}$	$\ln\dfrac{s - a}{s - b}$

序号	原函数	像函数
26	$\dfrac{1}{a}\sin(at) - \dfrac{1}{b}\sin(bt)$	$\dfrac{b^2 - a^2}{(s^2 + a^2)(s^2 + b^2)}$
27	$\cos(at) - \cos(bt)$	$\dfrac{(b^2 - a^2)s}{(s^2 + a^2)(s^2 + b^2)}$
28	$\sqrt{t}$	$\dfrac{\sqrt{\pi}}{2\sqrt{s^3}}$
29	$\dfrac{1}{\sqrt{t}}$	$\sqrt{\dfrac{\pi}{s}}$
30	$\dfrac{1}{\sqrt{\pi t}}$	$\dfrac{1}{\sqrt{s}}$
31	$\dfrac{1}{\sqrt{\pi t}}\mathrm{e}^{-\frac{a^2}{4t}}$	$\dfrac{1}{\sqrt{s}}\mathrm{e}^{-a\sqrt{s}}$
32	$\dfrac{1}{\sqrt{\pi t}}\mathrm{e}^{-2a\sqrt{t}}$	$\dfrac{1}{\sqrt{s}}\mathrm{e}^{\frac{a^2}{s}}\mathrm{erfc}\left(\dfrac{a}{\sqrt{s}}\right)$
33	$\dfrac{1}{\sqrt{\pi t}}\sin(2\sqrt{at})$	$\dfrac{1}{s\sqrt{s}}\mathrm{e}^{-\frac{a}{s}}$
34	$\dfrac{1}{\sqrt{\pi t}}\cos(2\sqrt{at})$	$\dfrac{1}{\sqrt{s}}\mathrm{e}^{-\frac{a}{s}}$
35	$\dfrac{1}{\sqrt{\pi t}}\sin\dfrac{1}{2t}$	$\dfrac{1}{\sqrt{s}}\mathrm{e}^{-\sqrt{s}}\sin\sqrt{s}$
36	$\dfrac{1}{\sqrt{\pi t}}\cos\dfrac{1}{2t}$	$\dfrac{1}{\sqrt{s}}\mathrm{e}^{-\sqrt{s}}\cos\sqrt{s}$
37	$t^{-\frac{3}{2}}\mathrm{e}^{-\frac{a^2}{4t}}$	$\dfrac{2\sqrt{\pi}}{a}\mathrm{e}^{-a\sqrt{s}}$
38	$\mathrm{erf}(\sqrt{at})$	$\dfrac{\sqrt{a}}{s\sqrt{s+a}}$
39	$\mathrm{erfc}(\dfrac{a}{2\sqrt{t}})$	$\dfrac{1}{s}\mathrm{e}^{-a\sqrt{s}}$
40	$\mathrm{e}^{t}\mathrm{erfc}(\sqrt{t})$	$\dfrac{1}{s+\sqrt{s}}$
41	$\dfrac{1}{\sqrt{\pi t}} - \mathrm{e}^{t}\mathrm{erfc}(\sqrt{t})$	$\dfrac{1}{1+\sqrt{s}}$
42	$\dfrac{1}{\sqrt{\pi t}}\mathrm{e}^{-at} + \sqrt{a}\,\mathrm{erf}(\sqrt{at})$	$\dfrac{\sqrt{s+a}}{s}$
43	$\mathrm{J}_0(at)$	$\dfrac{1}{\sqrt{s^2+a^2}}$
44	$\mathrm{J}_0(2\sqrt{t})$	$\dfrac{2}{p}\mathrm{e}^{-\frac{1}{p}}$
45	$\mathrm{J}_v(at)(\mathrm{Re}\,v > -1)$	$\dfrac{a^v}{\sqrt{a^2+s^2}}\left(\dfrac{1}{s+\sqrt{s^2+a^2}}\right)^v$
46	$\dfrac{\mathrm{J}_v(at)}{t}$	$\dfrac{1}{va^v}(\sqrt{s^2+a^2} - s)^v$
47	$t^n \mathrm{J}_v(at)(\mathrm{Re}\,v > -1)$	$\dfrac{(2a)^v}{\sqrt{\pi}}\Gamma\left(v+\dfrac{1}{2}\right)(s^2+a^2)^{-v-1/2}$
48	$t^{\frac{v}{2}}\mathrm{J}_v(2\sqrt{t})$	$\dfrac{1}{s^{1+v}}\mathrm{e}^{-1/s}$
49	$\displaystyle\int_t^\infty \dfrac{\mathrm{J}_0(\xi)}{\xi}\mathrm{d}\xi$	$\dfrac{1}{s}\ln(s+\sqrt{1+s^2})$

序号	原函数	像函数
50	$J_0(a\sqrt{t^2-\tau^2})H(t-\tau)$	$\dfrac{1}{\sqrt{s^2+a^2}}e^{-\tau\sqrt{s^2-a^2}}$
51	$\dfrac{J_1(a\sqrt{t^2-\tau^2})}{\sqrt{t^2-\tau^2}}H(t-\tau)$	$\dfrac{e^{-\tau s}-e^{-\tau\sqrt{s^2+a^2}}}{a\tau}$
52	$I_0(at)$	$\dfrac{1}{\sqrt{s^2-a^2}}$
53	$e^{-bt}I_0(at)$	$\dfrac{1}{\sqrt{(s+b)^2-a^2}}$
54	$\lambda^n e^{-\lambda t}I_n(\lambda t)$	$\dfrac{[\sqrt{s^2+2\lambda s}-(s+\lambda)]^n}{\sqrt{s^2+2\lambda s}}$
55	$\mathrm{si}\,t$	$\dfrac{\pi}{2s}-\dfrac{\arctan s}{s}$
56	$\mathrm{ci}\,t$	$\dfrac{1}{s}\ln\dfrac{1}{\sqrt{s^2+1}}$
57	$S(t)$	$\dfrac{-i}{2\sqrt{2}s}\dfrac{\sqrt{s+i}-\sqrt{s-i}}{\sqrt{s^2+1}}$
58	$C(t)$	$\dfrac{1}{2\sqrt{2}s}\dfrac{\sqrt{s+i}-\sqrt{s-i}}{\sqrt{s^2+1}}$
59	$-\mathrm{ei}(-t)$	$\dfrac{1}{s}\ln(1+s)$

注　(1) $\mathrm{erf}(x)=\dfrac{2}{\sqrt{\pi}}\int_0^x e^{-t^2}dt$, 称为误差函数.

(2) $\mathrm{erfc}(x)=1-\mathrm{erf}(x)=\dfrac{2}{\sqrt{\pi}}\int_x^{+\infty}e^{-t^2}dt$, 称为余误差函数.

(3) $J_v(x)=\sum\limits_{k=0}^{+\infty}\dfrac{(-1)^k}{k!\Gamma(v+k+1)}\left(\dfrac{x}{2}\right)^{v+2k}$ $(v\geqslant 0)$ 称为第一类 v 阶贝塞尔函数.

(4) $I_v(x)=(i)^{-v}J_v(ix)$ 称为第一类 v 阶变形的贝塞尔函数, 或称为虚宗量的贝塞尔函数.

(5) $\mathrm{si}\,t=\int_0^t\dfrac{\sin x}{x}dx$, $\quad \mathrm{ci}\,t=\int_{-\infty}^t\dfrac{\cos x}{x}dx$, $\quad \mathrm{ei}\,t=\int_0^t\dfrac{e^x}{x}dx$, $\quad S(t)=\int_0^t\dfrac{\sin x}{\sqrt{2\pi x}}dx$, $C(t)=\int_0^t\dfrac{\cos x}{\sqrt{2\pi x}}dx$.